电子元器件从入门到精通

韩雪涛 主编 吴 瑛 韩广兴 副主编

化学工业出版社

·北京·

《电子元器件从入门到精通》分为上、下两篇。

上篇为基础入门篇，以行业资格规范为标准，选用典型元器件，全面系统地介绍了各种常用电子元器件的功能、特点、识别、应用及检测方法。主要内容包括电子基础知识、电阻器的功能特点与识别检测、电容器的功能特点与识别检测、电感器的功能特点与识别检测、二极管的功能特点与识别检测、三极管的功能特点与识别检测、场效应晶体管的功能特点与识别检测、晶闸管的功能特点与识别检测、集成电路的功能特点与识别检测和常用电气部件的功能特点与识别检测等。

下篇为维修应用篇，以电子电工行业的技能要求为引导，从电路图的识读方法与技巧入手，详细介绍了电子元器件在电子产品及各控制电路中的维修检测技巧。主要内容包括电路图的识读方法与技巧、元器件拆卸焊接工具的特点与使用、空调器中元器件的检修、电冰箱中元器件的检修、液晶电视机中元器件的检修、电风扇中元器件的检修、电热水壶中元器件的检修、微波炉中元器件的检修、电磁炉中元器件的检修、电动机控制电路中元器件的检修、变频控制电路中元器件的检修和照明控制电路中元器件的检修等。

本书内容采用彩色图解的样式，内容由浅入深，层次分明，重点突出，理论和实践相结合，非常方便读者学习。本书在重要知识点附印二维码，读者只需用手机扫描书中的二维码，即可在手机上实时浏览对应知识点的教学视频，帮助读者轻松理解复杂难懂的专业知识。

本书可供电子电工技术人员学习使用，也可作为职业院校及培训学校相关专业教材使用。

图书在版编目（CIP）数据

电子元器件从入门到精通/韩雪涛主编. -- 北京：化学工业出版社，2018.12（2023.4重印）
ISBN 978-7-122-33135-9

Ⅰ. ①电… Ⅱ. ①韩… Ⅲ. ①电子元器件－基本知识 Ⅳ. ① TN6

中国版本图书馆 CIP 数据核字（2018）第 233592 号

责任编辑：李军亮 万忻欣 要利娜　　文字编辑：徐卿华
责任校对：宋 夏

出版发行：化学工业出版社（北京市东城区青年湖南街 13 号 邮政编码 100011）
印　　装：北京缤索印刷有限公司
787mm×1092mm 1/16 印张 $24^1/_4$ 字数 600 千字 2023 年 4 月北京第 1 版第 10 次印刷

购书咨询：010-64518888　　售后服务：010-64518899
网　　址：http://www.cip.com.cn
凡购买本书，如有缺损质量问题，本社销售中心负责调换。

定　　价：99.00 元

前言

随着社会整体电气化水平的提升，电子电工技术在各个领域得到日益广泛的应用。电子元器件的功能、应用、识别与检测技能是电子电工技术人员必须掌握的基础技能。因此，掌握电子元器件识别、检测及应用的技能是成为一名合格的电子电工技术人员的关键因素。为此我们从初学者的角度出发，根据实际岗位的需求，全面地介绍各种元器件的功能特点、识别、检测与应用技能。

本书是一本专门讲解各种电子元器件功能、识别、检测及应用的实用技能图书，分上、下两篇。上篇主要介绍各种电子元器件的功能、应用、识别和检测方法。下篇重点介绍各种电子元器件在检测维修中的应用案例。

本书采用彩色印刷，突出重点，其内容由浅入深，语言通俗易懂，初学者可以通过对本书的学习建立系统的知识架构。为了使读者能够在短时间内掌握电子元器件的知识技能，本书在知识技能的讲授中充分发挥图解的特色，将电子元器件的知识及应用以最直观的方式呈现给读者。本书以行业标准为依托，结合理论知识和实践操作，能帮助读者将所学内容真正运用到工作中。

本书由数码维修工程师鉴定指导中心组织编写，由全国电子行业专家韩广兴教授亲自指导，编写人员有行业工程师、高级技师和一线教师，使读者在学习过程中如同有一群专家在身边指导，将学习和实践中需要注意的重点、难点一一化解，大大提升学习效果。另外，本书充分结合多媒体教学的特点，图书不仅充分发挥图解的特点，还在重点难点处附印二维码，学习者可以通过手机扫描书中的二维码，通过观看教学视频同步实时学习对应知识点。数字媒体教学资源与书中知识点相互补充，帮助读者轻松理解复杂难懂的专业知识，确保学习者在短时间内获得最佳的学习效果。另外，读者可登录数码维修工程师的官方网站（www.chinadse.org）获得超值技术服务。

本书由韩雪涛任主编，吴瑛、韩广兴任副主编，参加本书编写的还有张丽梅、宋明芳、朱勇、吴玮、吴惠英、张湘萍、高瑞征、韩雪冬、周文静、吴鹏飞、唐秀鸯、王新霞、马梦霞、张义伟、冯晓茸。

编 者

读者通过学习与实践还可参加相关资质的国家职业资格或工程师资格认证，可获得相应等级的国家职业资格或数码维修工程师资格证书。如果读者在学习和考核认证方面有什么问题，可通过以下方式与我们联系：

数码维修工程师鉴定指导中心
网址：http://www.chinadse.org
联系电话：022-83718162/83715667/13114807267
E-mail:chinadse@163.com
地址：天津市南开区榕苑路4号天发科技园8-1-401
邮编 300384

上篇 基础入门

第1章 电子基础知识

第2章 电阻器的功能特点与识别检测

第 3 章　电容器的功能特点与识别检测

第 4 章　电感器的功能特点与识别检测

第 5 章　二极管的功能特点与识别检测

第 6 章 三极管的功能特点与识别检测

第 7 章 场效应晶体管的功能特点与识别检测

第 8 章 晶闸管的功能特点与识别检测

第 9 章 集成电路的功能特点与识别检测

第10章 常用电气部件的功能特点与识别检测

下篇 维修应用

第1章 电路图的识读方法与技巧

第2章 元器件拆卸焊接工具的特点与使用

第 8 章 微波炉中元器件的检修

第 9 章 电磁炉中元器件的检修

第 10 章 电动机控制电路中元器件的检修

第 11 章 变频控制电路中元器件的检修

第 12 章 照明控制电路中元器件的检修

上篇

基础入门

扫描书中的“二维码”，
开启全新微视频学习模式

上 篇

基础入门篇选用典型元器件，全面系统地介绍了各种常用电子元器件的功能、特点、识别、应用及检测方法。

主要内容包括：电子基础知识、电阻器的功能特点与识别检测、电容器的功能特点与识别检测、电感器的功能特点与识别检测、二极管的功能特点与识别检测、三极管的功能特点与识别检测、场效应晶体管的功能特点与识别检测、晶闸管的功能特点与识别检测、集成电路的功能特点与识别检测和常用电气部件的功能特点与识别检测等。

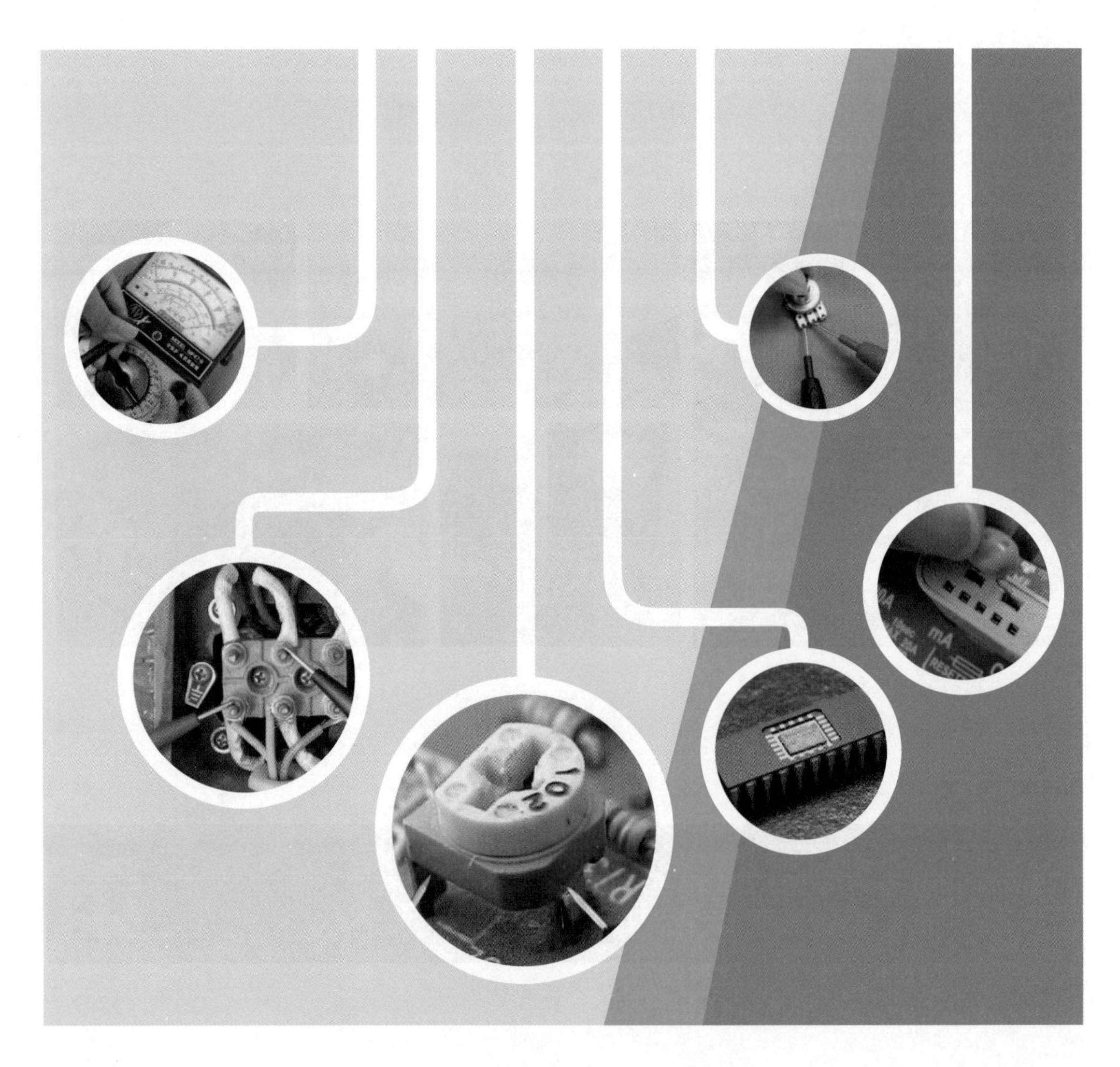

第1章

电子基础知识

1.1 欧姆定律

在导体的两端加上电压，导体内的电子就会在电场力的作用下作定向运动，形成电流。电流的方向规定为电子（负电荷）运动的反方向，即电流的方向与电子运动的方向相反。

图 1-1 为由电池、开关、灯泡组成的电路模型，当开关闭合时，电路形成通路，电池的电动势形成了电压，继而产生了电场力，在电场力的作用下，处于电场内的电子便会定向移动，这就形成了电流。

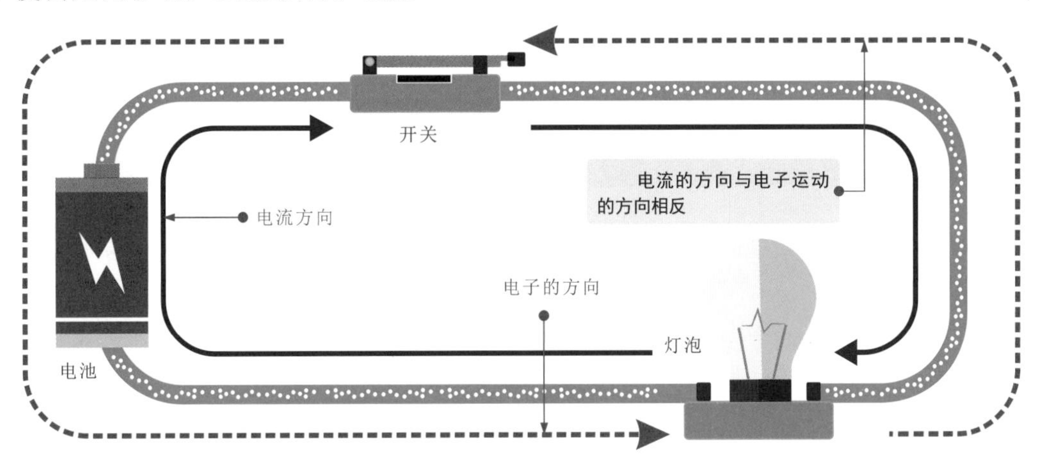

图 1-1　由电池、开关、灯泡组成的电路模型

电压也称电位差（或电势差），单位是伏特（V）。电流之所以能够在电路中流动是因为电路中存在电压，即高电位与低电位之间的差值。电位是指该点与指定的零电位的大小差距。电位也称电势，单位是伏特（V），用符号“φ”表示，它的值是相对的，电路中某点电位的大小与参考点的选择有关。

电阻是指物质对所通过的电流产生的阻碍作用。

欧姆定律规定了电压（U）、电流（I）和电阻（R）之间的关系。在电路中，流过电阻器的电流与电阻器两端的电压成正比，与电阻成反比，即 $I=U/R$，这就是欧姆定律的基本概念。欧姆定律是电路中最基本的定律之一。

1.1.1 电压对电流的影响

在电路中电阻阻值不变的情况下，电阻两端的电压升高，流经电阻的电流也成比例增加；电压降低，流经电阻的电流也成比例减小。

图 1-2 为电压变化对电流的影响。例如电压从 25 V 升高到 30 V 时，电流值也会从 2.5 A 升高到 3 A。

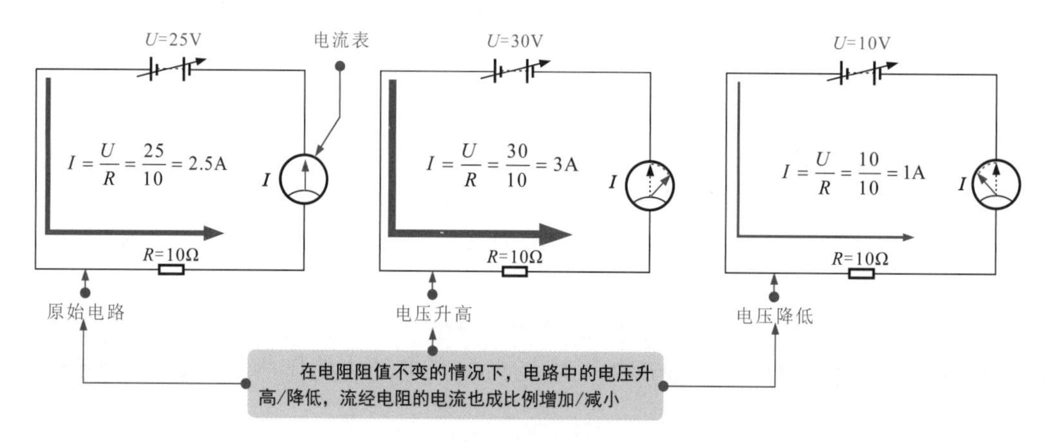

图 1-2　电压变化对电流的影响

1.1.2 电阻对电流的影响

在电路中电阻两端电压值不变的情况下，电阻阻值升高，流经电阻的电流成比例减小；电阻阻值降低，流经电阻的电流则成比例增加。

图 1-3 为电阻变化对电流的影响。例如电阻从 10 Ω 升高到 20 Ω 时，电流值会从 2.5 A 降低到 1.25 A。

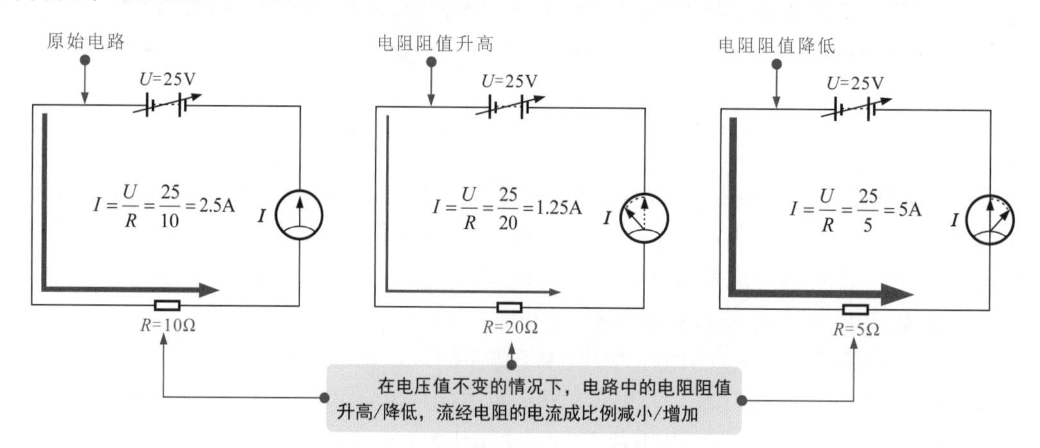

图 1-3　电阻变化对电流的影响

1.2 电功率和焦耳定律

1.2.1 电功与电功率

1 电功

能量被定义为做功的能力。它以各种形式存在，包括电能、热能、光能、机械能、化学能以及声能等。电能是指电荷移动所承载的能量。

电能的转换是在电流做功的过程中进行的。因此，电流做功所消耗电能的多少可以用电功来度量。电功的计算公式为

$$W = UIt$$

式中，U 为电压，V；I 为电流，A；W 为电功，J（焦耳）。

日常生产和生活中，电功也常用度作为单位，家庭用电能表如图 1-4 所示，是计量一段时间内家庭的所有电器耗电（电功）的综合。1 度 =1kW·h=1kV·A·h。

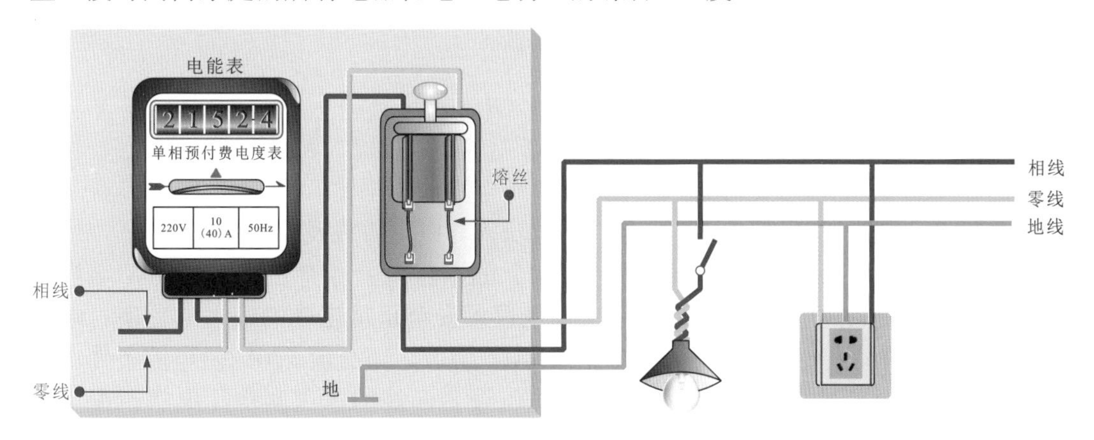

图 1-4 家庭用电能表

日常生活中使用的电能主要来自其他形式能量的转换，包括水能（水力发电）、热能（火力发电）、原子能（原子能发电）、风能（风力发电）、化学能（电池）及光能（光电池、太阳能电池等）等。电能也可转换成其他所需能量形式。它可以采用有线或无线的形式进行远距离传输。

2 电功率

功率是指做功的速率或者是利用能量的速率。电功率是指电流在单位时间内（秒）所做的功，以字母“P”标识，即

$$P = W/t = UIt/t = UI$$

式中，U 的单位为 V；I 的单位为 A；P 的单位为 W（瓦特）。例如图 1-5 为电功率的计算案例。

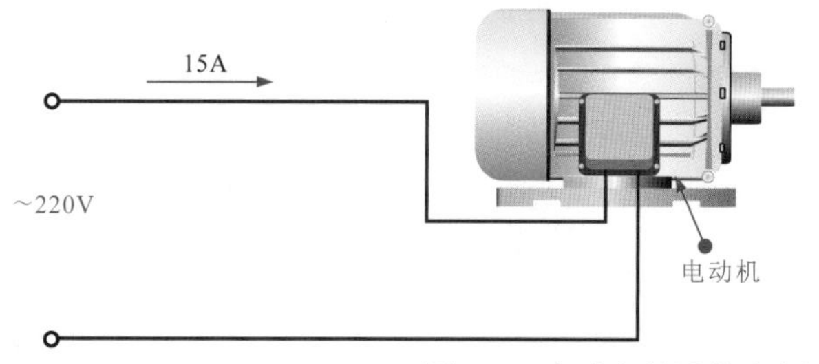

图 1-5　电功率的计算案例

电功率也常用千瓦（kW）、毫瓦（mW）来表示。例如某电极的功率标识为 2kW，表示其耗电功率为 2kW。也有用马力来表示的（非标准单位），它们之间的关系是

$$1\text{kW} = 10^3\text{W}$$
$$1\text{mW} = 10^{-3}\text{W}$$
$$1\text{ 马力} = 0.735\text{kW}$$

根据欧姆定律，电功率的表达式还可转化为：

由 $P = W/t = UIt/t = UI$，$U=IR$，因此可得

$$P = I^2 R$$

由 $P = W/t = UIt/t = UI$，$I=U/R$，因此可得

$$P= U^2/R$$

由以上公式可看出：

① 当流过负载电阻的电流一定时，电功率与电阻值成正比；

② 当加在负载电阻两端的电压一定时，电功率与电阻值成反比。

大多数电力设备都标有电瓦数或额定功率。如电烤箱上标有 220V　1200W 字样，则 1200W 为其额定电功率。额定电功率即电气设备安全正常工作的最大电功率。电气设备正常工作时的最大电压叫额定电压，例如 AC 220V，即交流 220V 供电的条件。在额定电压下的电功率叫额定功率。实际加在电气设备两端的电压叫实际电压，在实际电压下的电功率叫实际功率。只有在实际电压与额定电压相等时，实际功率才等于额定功率。

在一个电路中，额定功率大的设备实际消耗功率不一定大，应由设备两端实际电压和流过设备的实际电流决定。

1.2.2 焦耳定律

把手靠近点亮了一段时间的白炽灯泡，就会感到灯泡发热；电视机、计算机主机和显示器，长时间工作后外壳会发热，把这种现象称为电流的热效应。即：导体中有电流通过时，导体就会发热，这种现象叫做电流的热效应。

我们知道灯泡和电线串联在电路中，电流相同，灯泡发热、发光，电线却不怎么热；相同的导线如果将灯泡换成大功率的电炉，电线将显著发热，甚至烧坏电线；电熨斗

通电的时间过长，也会产生很多热量，一不小心，就会烫坏衣料。这些都说明电流产生的热量和导体的电阻、电流和通电时间有关。

英国物理学家焦耳做了大量的实验后于1840年最先确定了电流产生的热量跟电流、电阻和通电时间的定量关系：电流通过导体产生的热量与电流的平方成正比，与导体电阻成正比，与通电时间成正比。这个规律叫焦耳定律。

用 I 表示电流，R 表示电阻，t 为通电时间，Q 表示热量，则焦耳定律可以表示为

$$Q = I^2 Rt$$

电流的热效应在生产和生活中应用广泛。例如，电饭煲、电磁炉、电烙铁、电熨斗、电暖气等，这些电热器具有热效率高、调节温度方便、清洁卫生等优点，给生产和生活提供了极大的便利。但电流的热效应也有不利的地方，比如电动机、电视机等工作时也会有热量产生，这既浪费了电能，又可能在机器散热较差时被烧毁。在远距离输电时，由于输电线有电阻，不可避免地使一部分电能在输电线上转化为热能而损失。所以无论是利用电流的热效应，还是减少电流的热效应，都需要掌握有关热效应的规律。

1.3 电子电路的连接关系

1.3.1 串联电路

如果电路中多个负载首尾相连，那么就称它们的连接状态是串联的，该电路即称为串联电路。

串联电路可以分为电阻器的串联、电容器的串联、电感器的串联。

1 电阻器的串联

把两个或两个以上的电阻器依次首尾连接起来的方式称为串联。图 1-6 为电阻器的串联电路。

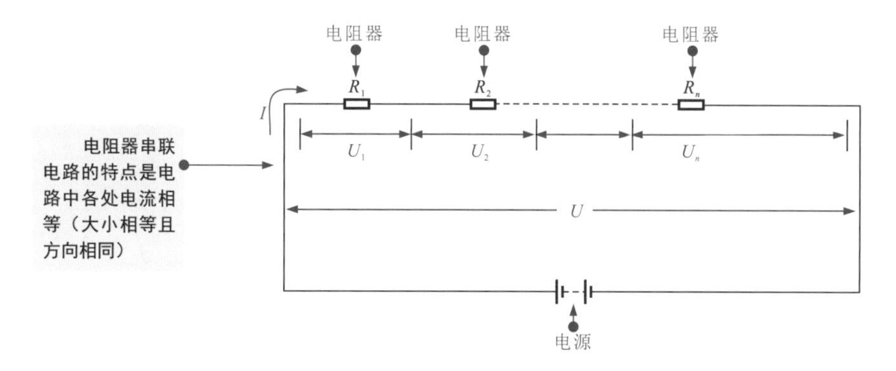

图 1-6　电阻器的串联电路

如果电阻器串联到电源两极，则电路中各处电流相等，有 $U_1=I R_1$，$U_2=I R_2$，…，$U_n=I R_n$，而 $U=U_1+U_2+\cdots+U_n$，所以有 $U=I(R_1+R_2+\cdots+R_n)$，因而串联后的总电阻 R 为 $R=U/I=R_1+R_2+\cdots+R_n$，即串联后的总电阻为各电阻之和。

2 电容器的串联

电容器是由两片极板组成的，具有存储电荷的功能。电容器所存的电荷量（Q）与电容器的容量和电容器两极板上所加的电压成正比。

图 1-7 为三个电容器串联的电路示意图及计算方法。串联电路中各点的电流相等。当外加电压为 U 时，各电容器上的电压分别为 U_1、U_2、U_3，三个电容器上的电压之和等于总电压。串联电容器的合成电容量的倒数等于各电容器电容量的倒数之和。

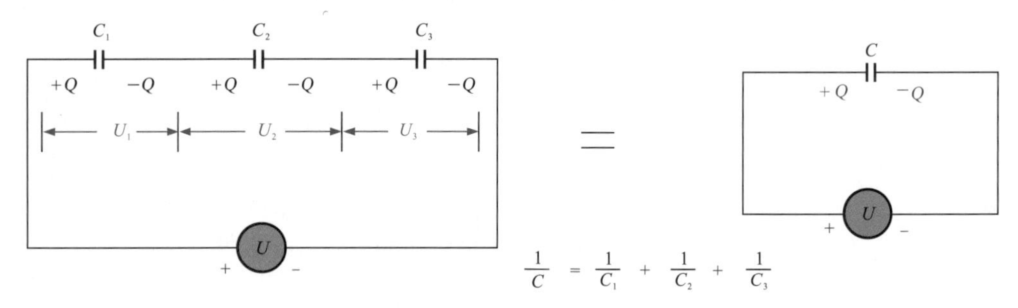

图 1-7　三个电容器串联的电路示意图及计算方法

如果电容器上的电荷量都为同一值 Q，则

$$U_1 = \frac{Q}{C_1}\ ,\ U_2 = \frac{Q}{C_2}\ ,\ U_3 = \frac{Q}{C_3}$$

将串联的三个电容器视为 1 个电容器 C，则

$$\frac{Q}{C} = \frac{Q}{C_1} + \frac{Q}{C_2} + \frac{Q}{C_3}$$

即

$$\frac{1}{C} = \frac{1}{C_1} + \frac{1}{C_2} + \frac{1}{C_3}$$

3 电感器的串联

图 1-8 为三个电感器串联的电路示意图及计算方法，串联电路的电流都相等，电感量与线圈的匝数成正比。

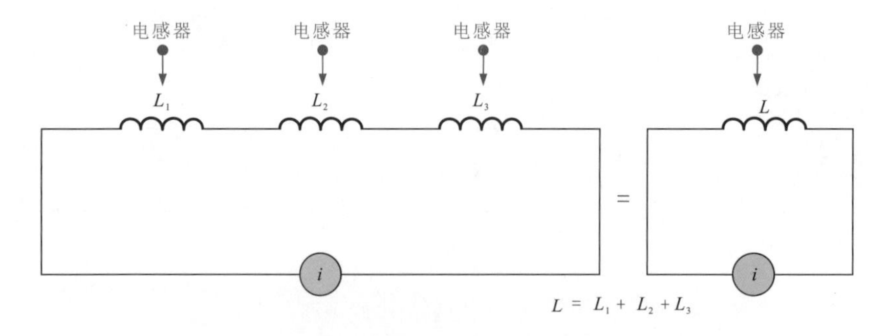

图 1-8　三个电感器串联的电路示意图及计算方法

电感器串联电路中，总电感量的计算方法与电阻器串联电路计算总电阻值的方法相同，即 $L=L_1+L_2+L_3$。

1.3.2 并联电路

两个或两个以上负载的两端都与电源两极相连，则称这种连接状态是并联的，该电路即为并联电路。

根据电路元器件的类型不同，并联电路又可以分为电阻器的并联、电容器的并联、电感器的并联等几种。

1 电阻器的并联

把两个或两个以上的电阻器（或负载）按首首和尾尾连接起来的方式称为电阻器的并联。图1-9为电阻器的并联电路。在并联电路中，各并联电阻器两端的电压是相等的。

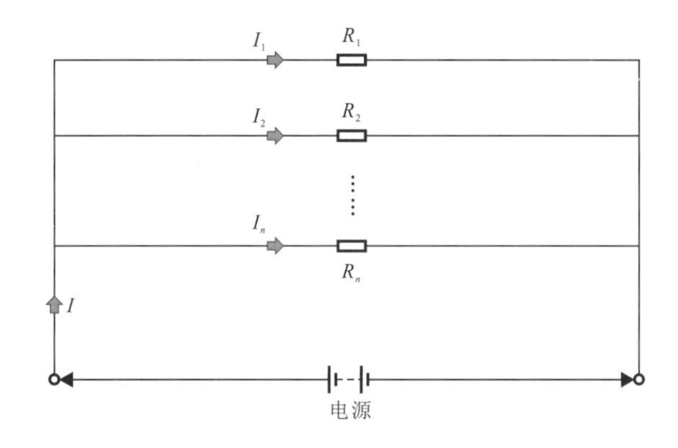

图 1-9　电阻器的并联电路

由图可见，假定将并联电路接到电源上，由于并联电路各并联电阻器两端的电压相同，因而根据欧姆定律有 $I_1=U/R_1$，$I_2=U/R_2$，…，$I_n=U/R_n$，而 $I=I_1+I_2+\cdots+I_n$，所以有

$$I = U\left(\frac{1}{R_1} + \frac{1}{R_2} + \cdots + \frac{1}{R_n}\right)$$

电路的总电阻（R）与电压（U）和总电流（I）也应满足欧姆定律，即 $I=U/R$，因而可得

$$\frac{1}{R} = \frac{1}{R_1} + \frac{1}{R_2} + \cdots + \frac{1}{R_n}$$

说明并联电路总电阻的倒数等于各并联支路电阻的倒数之和。

2 电容器的并联

图 1-10 为三个电容器并联的电路示意图及计算方法，总电流等于各分支电流之和。给三个电容器加上电压 U，各电容器上所储存的电荷量分别为 $Q_1=C_1U$、$Q_2=C_2U$ 和 $Q_3=C_3U$。

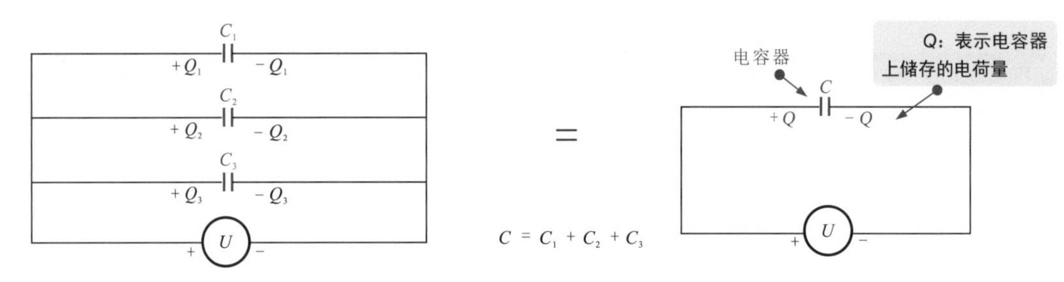

图 1-10　三个电容器并联的电路示意图及计算方法

如果将 C_1、C_2 和 C_3 三个电容器视为一个电容器 C，则合成电容的电荷量 $Q=CU$，合成电容器的电荷量等于每个电容器的电荷量之和，即

$$CU=C_1U+C_2U+C_3U=(C_1+C_2+C_3)U$$

即

$$C=C_1+C_2+C_3$$

并联电容器的合成电容等于三个电容之和。

3 电感器的并联

图 1-11 为三个电感器并联的电路示意图及计算方法，并联电感的倒数等于三个电感的倒数之和，即

$$\frac{1}{L}=\frac{1}{L_1}+\frac{1}{L_2}+\frac{1}{L_3}$$

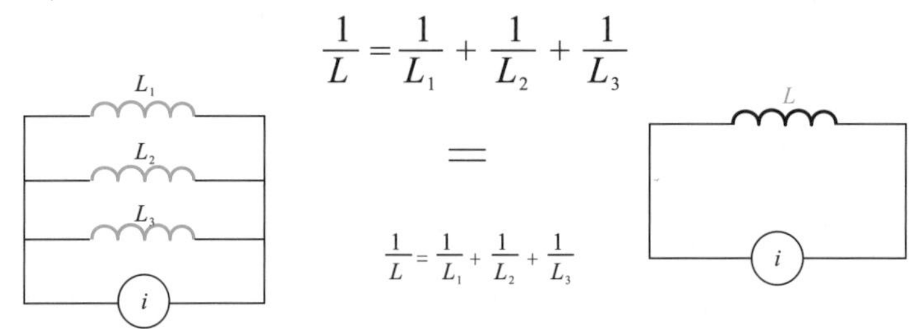

图 1-11　三个电感器并联的电路示意图及计算方法

1.3.3 混联电路

在一个电路中，把既有电阻器串联又有电阻器并联的电路称为混联电路。分析混联电路可采用下面的两种方法。

1 利用电流的流向及电流的分合将电路分解成局部串联和并联的方法

图 1-12 为电阻器的混联电路，分析电路，计算出 A、B 两端的等效电阻值。

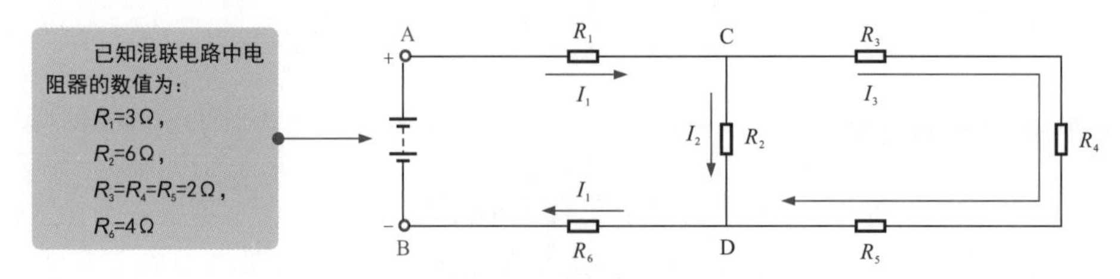

图 1-12　电阻器的混联电路

假设有一电源接在 A、B 两端，A 端为“+”，B 端为“－”，则电流流向如图中箭头所示。在 I_3 流向支路中，R_3、R_4、R_5 是串联的，因而该支路总电阻 R'_{CD} 为

$$R'_{CD}=R_3+R_4+R_5=6\ \Omega$$

由于 I_3 所在支路与 I_2 所在支路是并联的，所以

$$\frac{1}{R_{CD}}=\frac{1}{R_2}+\frac{1}{R'_{CD}}$$

即

$$R_{CD}=\frac{R'_{CD}R_2}{R'_{CD}+R_2}=3\Omega$$

R_1、R_{CD} 和 R_6 又是串联的，因而电路的总电阻为 $R_{AB}=R_1+R_{CD}+R_6=10\ \Omega$。

2 利用电路中等电位点分析混联电路

图 1-13 为利用电路中等电位点分析混联电路。

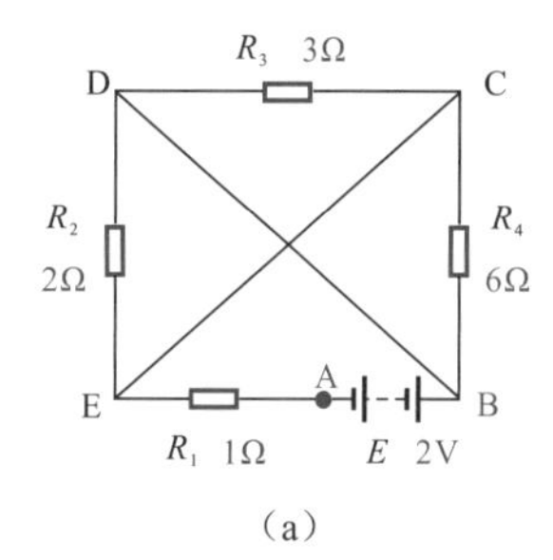

(a)

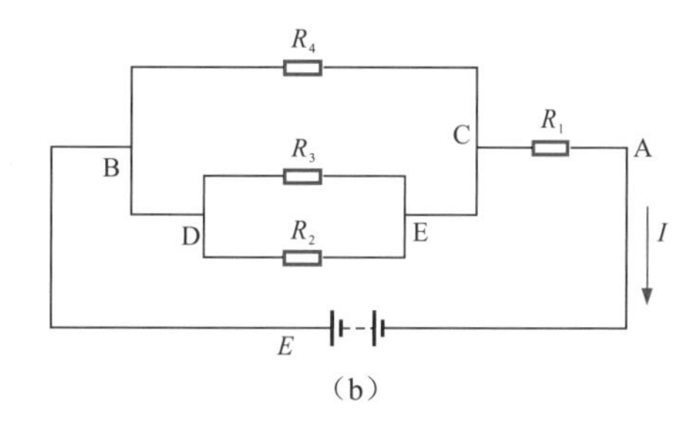

(b)

图 1-13 利用电路中等电位点分析混联电路

图 1-13（b）为根据等电位点画出的图 1-13（a）的等效电路。由图可见，R_2 和 R_3、R_4 并联再与 R_1 串联，因而总电阻 R_{AB} 为

$$R_{AB}=R_1+R_2//R_3//R_4=1+\frac{1}{\frac{1}{2}+\frac{1}{3}+\frac{1}{6}}=2\ \Omega$$

电路总电流为

$$I=E/R=\frac{2}{2}=1\text{A}$$

由欧姆定律可知，R_1 两端的电压为 $U_1=IR_1=1\times1=1\text{V}$。

1.4 直流电和交流电

1.4.1 直流电与直流电路

1 直流电

直流电（Direct Current，简称 DC）是指电流方向不随时间作周期性变化，由正极流向负极，但电流的大小可能会变化。

直流电可以分为脉动直流和恒定直流两种，如图 1-14 所示，脉动直流中电流大小不稳定，而恒定直流中的电流大小是恒定不变的。

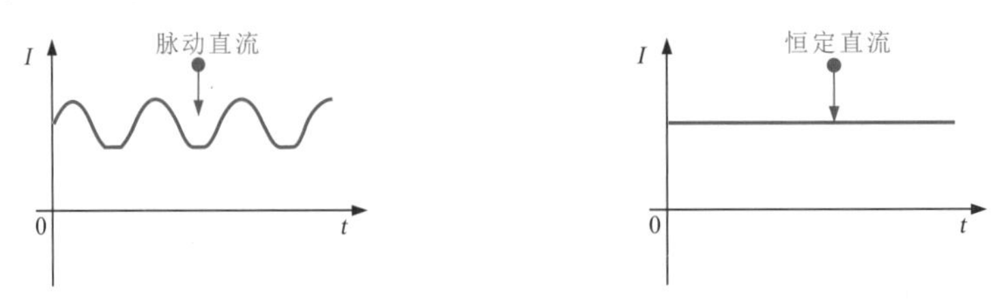

图 1-14　脉动直流和恒定直流

一般将可提供直流电的装置称为直流电源，例如干电池、蓄电池、直流发电机等。直流电源有正、负两极。当直流电源为电路供电时，直流电源能够使电路两端之间保持恒定的电位差，从而在外电路中形成由电源正极到负极的电流，如图 1-15 所示。

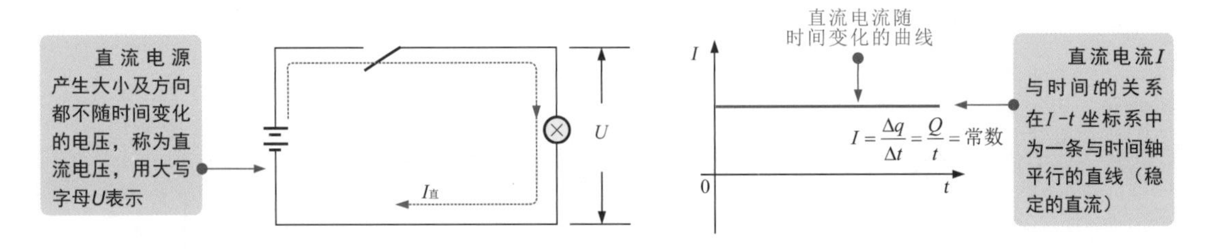

图 1-15　直流电的特点

2 直流电路

由直流电源作用的电路称为直流电路，它主要是由直流电源、负载构成的闭合电路。

在生活和生产中电池供电的电器，都属于直流供电方式，如低压小功率照明灯、直流电动机等。还有许多电器是利用交流 - 直流变换器，将交流变成直流再为电器产品供电。图 1-16 为直流电动机驱动电路，它采用的直流电源供电，这是一个典型的直流电路。

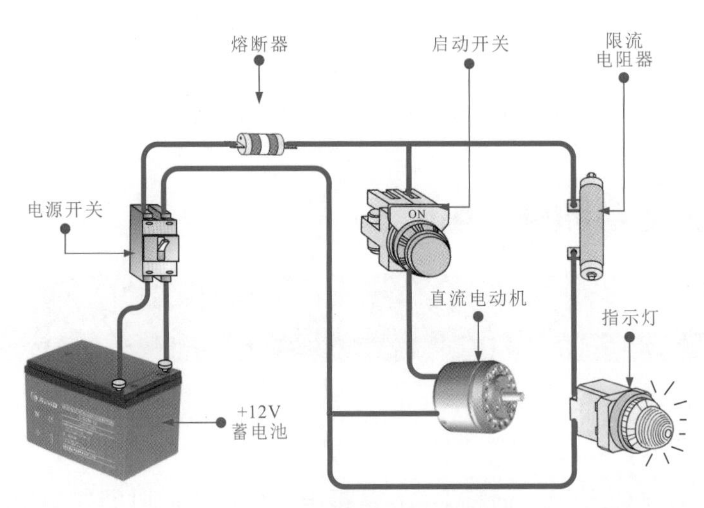

图 1-16　直流电动机驱动电路

家庭或企事业单位的供电都是采用交流 220V、50 Hz 的电源，而电子产品内部各电路单元及其元件则往往需要多种直流电压，因而需要一些电路将交流 220V 电压变为直流电压，供电路各部分使用。

如图 1-17 所示，由图可知，交流 220V 电压经变压器 T，先变成交流低压（12V）。再经整流二极管 VD 整流后变成脉动直流，脉动直流经 LC 滤波后变成稳定的直流电压。

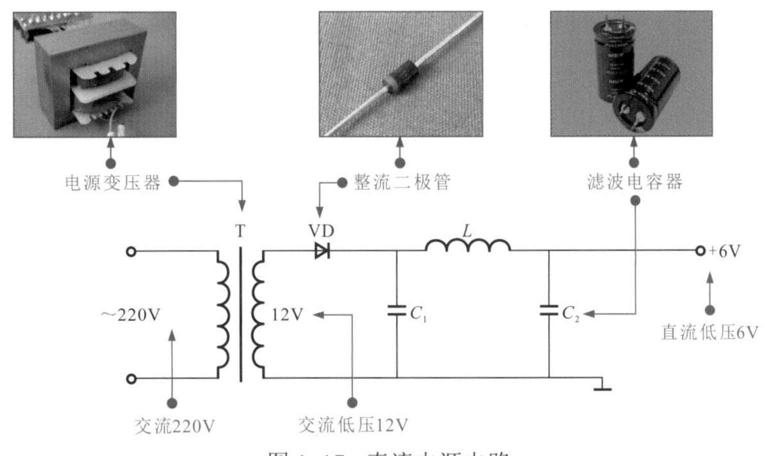

图 1-17　直流电源电路

1.4.2 交流电与交流电路

1 交流电

交流电（Alternating Current，简称 AC）是指大小和方向会随时间作周期性变化的电压或电流。在日常生活中所有的电器产品都需要有供电电源才能正常工作，大多数的电气设备都是由市电交流 220V、50Hz 作为供电电源，这是我国公共用电的统一标准，交流 220V 电压是指相线即火线对零线的电压。

如图 1-18 所示，交流电是由交流发电机产生的，交流发电机通常有产生单相交流电的机型和产生三相交流电的机型。

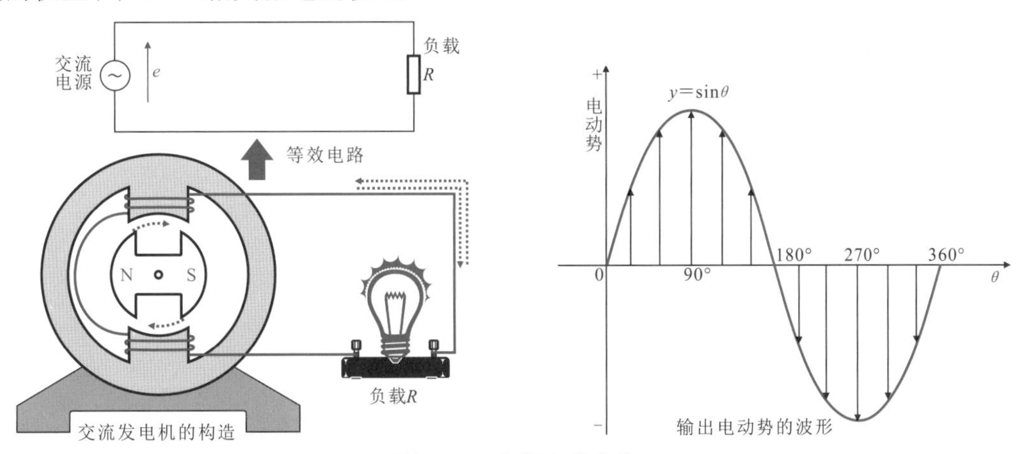

图 1-18　交流电的产生

（1）单相交流电

单相交流电在电路中具有单一交变的电压，该电压以一定的频率随时间变化，如图 1-19 所示。在单相交流发电机中，只有一个线圈绕制在铁芯上构成定子，转子是永磁体，当其内部的定子和线圈为一组时，它所产生的感应电动势（电压）也为一组（相），由两条线进行传输。

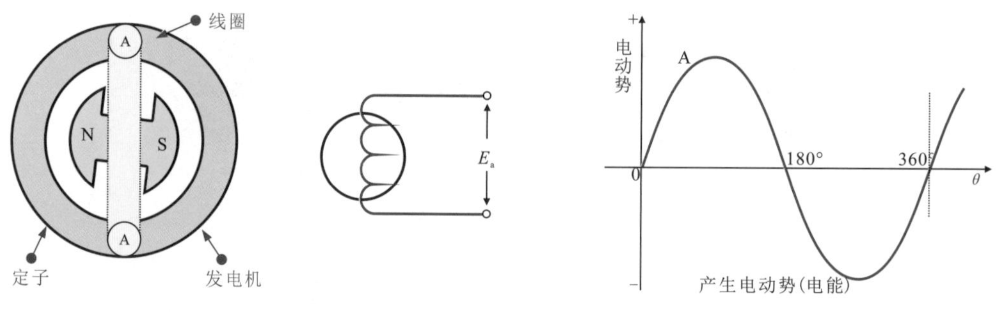

图 1-19　单相交流电的产生

（2）两相交流电

在发电机内设有两组定子线圈互相垂直地分布在转子外围，如图 1-20 所示。转子旋转时两组定子线圈产生两组感应电动势，这两组电动势之间有 90° 的相位差，这种电源为两相电源，这种方式多在自动化设备中使用。

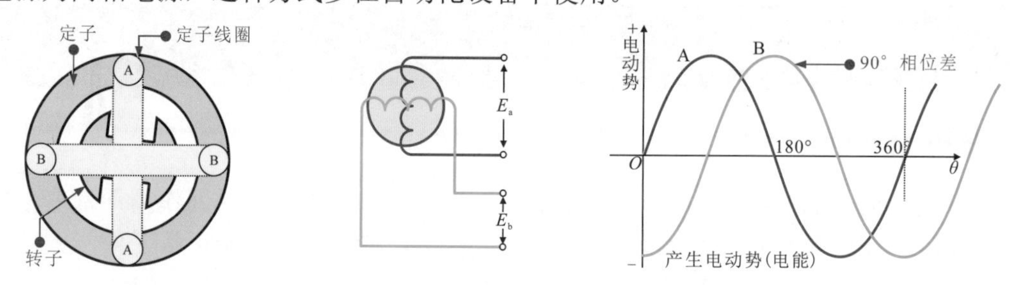

图 1-20　两相交流电的产生

（3）三相交流电

三相交流电是由三相交流发电机产生的。在定子槽内放置着三个结构相同的定子绕组 A、B、C，这些绕组在空间互隔 120° 。转子旋转时，其磁场在空间按正弦规律变化，当转子由水轮机或汽轮机带动以角速度 ω 等速地顺时针方向旋转时，在三个定子绕组中就产生频率相同、幅值相等、相位上互差 120° 的三个正弦电动势，即对称的三相电动势，如图 1-21 所示。

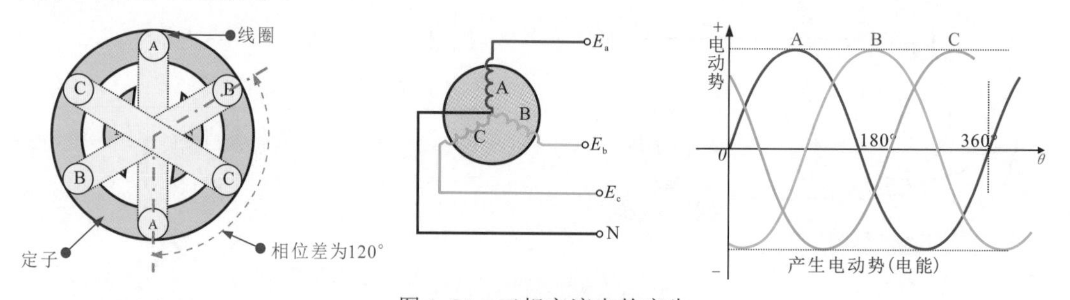

图 1-21　三相交流电的产生

2 交流电路

我们将交流电通过的电路称为交流电路。交流电路普遍用于人们的日常生活和生产中，下面就分别介绍一下单相交流电路和三相交流电路。

（1）单相交流电路

单相交流电路的供电方式主要有单相两线式、单相三线式供电方式，一般的家庭用电都是单相交流电路。

① 单相两线式　单相两线式是指供配电线路仅由一根相线（L）和一根零线（N）构成，通过这两根线获取220 V单相电压，分配给各用电设备。

图1-22为单相两线式交流电路在家庭照明中的应用。

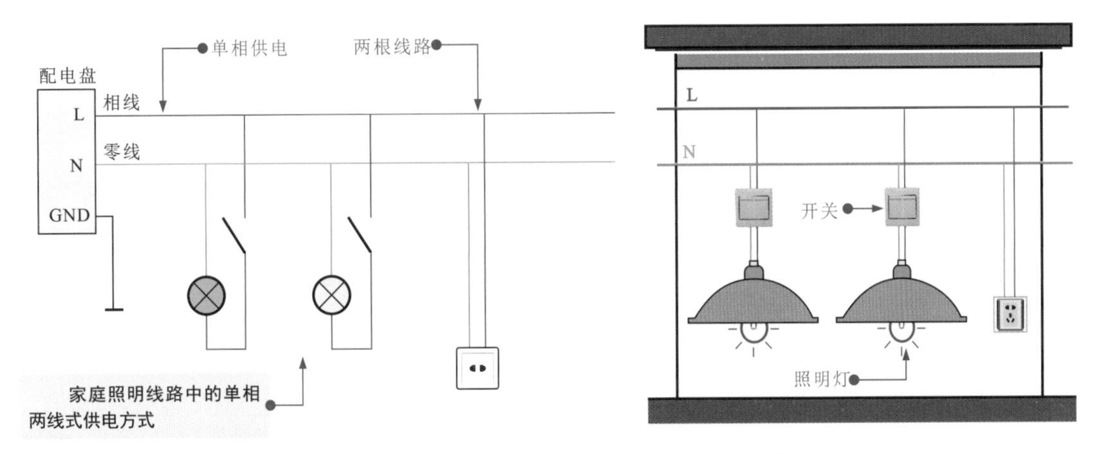

图1-22　单相两线式交流电路在家庭照明中的应用

② 单相三线式　单相三线式是在单相两线式的基础上添加一条地线，即由一根相线、零线和地线构成。其中，地线与相线之间的电压为220 V，零线（中性线N）与相线（L）之间的电压为220 V。由于不同接地点存在一定的电位差，因而零线与地线之间可能有一定的电压。

图1-23为单相三线式交流电路在家庭照明中的应用。

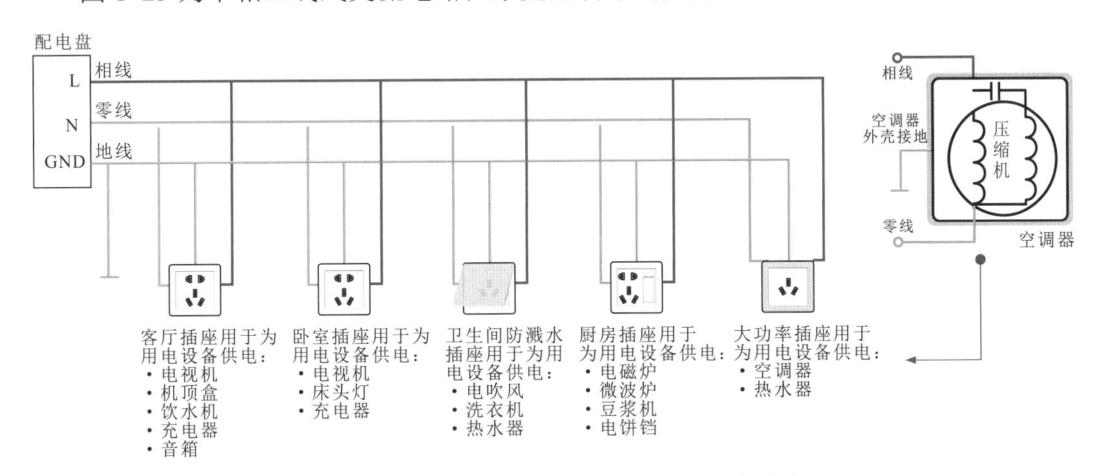

图1-23　单相三线式交流电路在家庭照明中的应用

（2）三相交流电路

三相交流电路的供电方式主要有三相三线式、三相四线式和三相五线式三种供电方法，一般工厂中的电气设备常采用三相交流电路。

① 三相三线式　三相三线式交流电路是指供电线路由三根相线构成，每根相线之间的电压为380V，额定电压为380V的电气设备可直接连接在相线上，如图1-24所示。这种供电方式多用在电能的传输系统中。

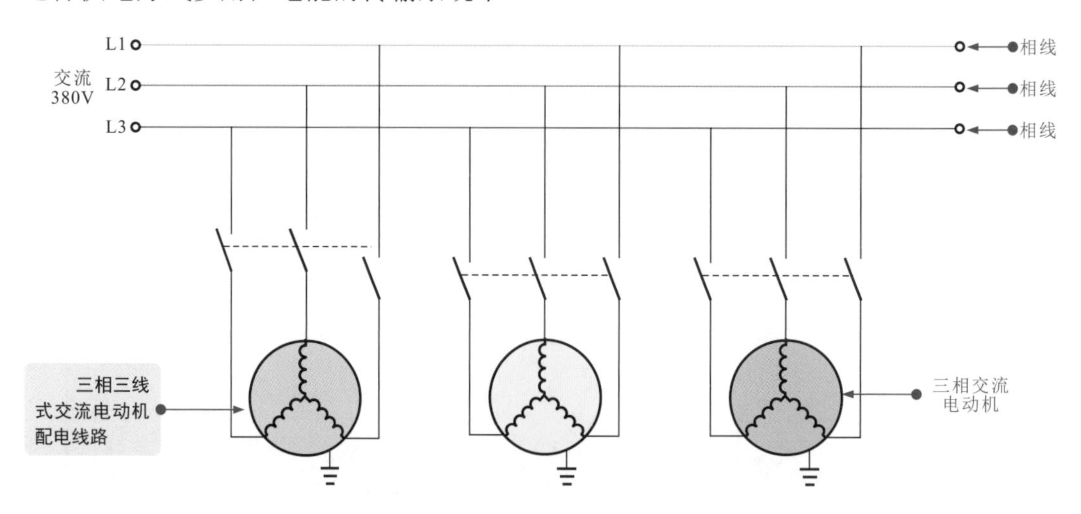

图1-24　三相三线式交流电路

② 三相四线式　三相四线式交流电路是指由变压器引出四根线的供电方式。其中三根为相线，另一根中性线为零线。零线接电动机三相绕组的中点，电气设备接零线工作时，电流经过电气设备做功，没有做功的电流可经零线回到电厂，对电气设备起到保护作用。这种供电方式常用于380/220V低压动力与照明混合配电，如图1-25所示。

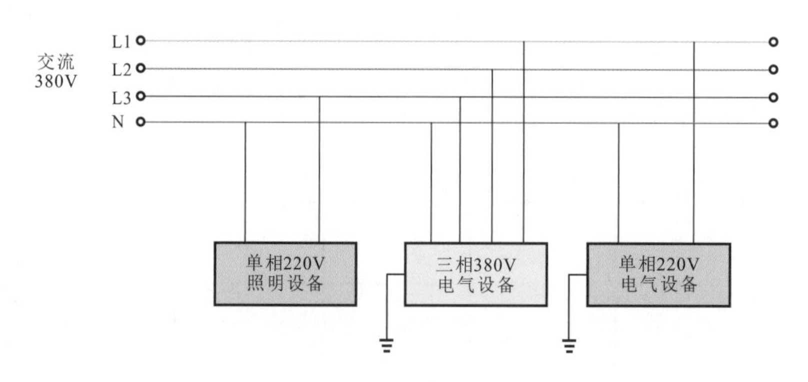

图1-25　三相四线式交流电路

注意：在三相四线式供电方式中，在三相负载不平衡时和低压电网的零线过长且阻抗过大时，零线将有零序电流通过，过长的低压电网，由于环境恶化、导线老化、受潮等因素，导线的漏电电流通过零线形成闭合回路，致使零线也带一定的电位，这对安全运行十分不利。在零线断线的特殊情况下，断线以后的单相设备和所有保护接零的设备会产生危险的电压，这是不允许的。

③ 三相五线式 图 1-26 为典型三相五线供电方式的示意图。在前面所述的三相四线式交流电路中，把零线的两个作用分开，即一根线作工作零线（N），另一根线作保护零线（PN），这样的供电接线方式称为三相五线式的交流电路。

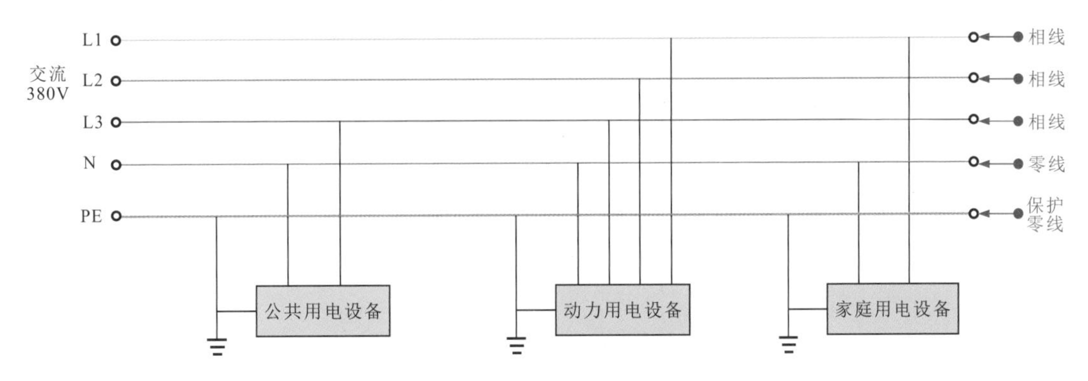

图 1-26 三相五线式交流电路

采用三相五线式交流电路中，用电设备上所连接的工作零线 N 和保护零线 PE 是分别敷设的，工作零线上的电位不能传递到用电设备的外壳上，这样就能有效隔离三相四线式供电方式所造成的危险电压，用电设备外壳上电位始终处在“地”电位，从而消除了设备产生危险电压的隐患。

1.5 万用表的特点与使用

1.5.1 万用表的种类特点

万用表是一种多功能、多量程的便携式测量仪表，是电子元器件的检测、检修中应用最多的检测仪表。根据结构原理和使用特点的不同，万用表主要可以分为指针万用表和数字万用表两大类。

1 指针万用表

指针万用表是由指针刻度盘、功能旋钮、表头校正钮、零欧姆调节旋钮、表笔连接端、表笔等构成。其最大特点就是能够直观地检测出电流、电压等参数的变化过程和变化方向。

图 1-27 为指针万用表的实物外形和键钮分布。

2 数字万用表

数字万用表是由液晶显示屏、量程旋钮、表笔接端、电源按键、峰值保持按键、背光灯按键、交 / 直流切断键等构成。其最大特点是读数方便，显示直观，测量精度高。

图 1-28 为数字万用表的实物外形和键钮分布。

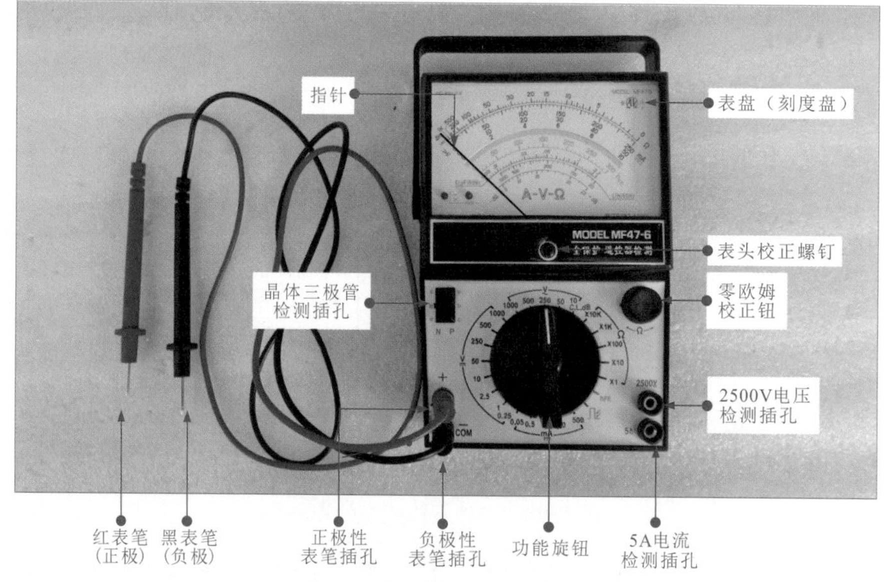

图 1-27 指针万用表的实物外形和键钮分布

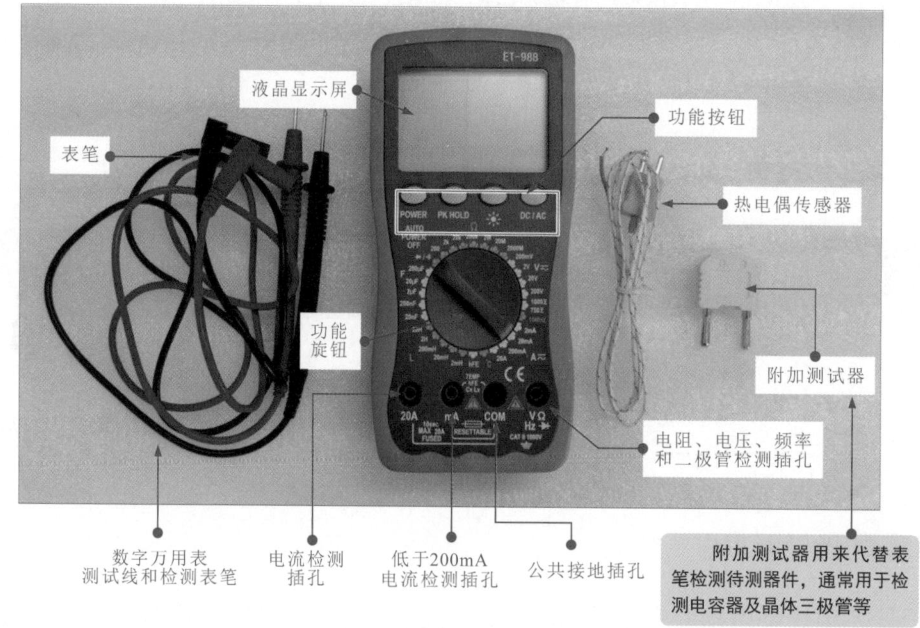

图 1-28 数字万用表的实物外形和键钮分布

1.5.2 指针万用表的使用规范和测量值的识读

使用指针式万用表时，需要先连接好表笔，然后根据需要测量的类型调整功能旋钮和量程，检测电阻值时，还需要欧姆调整操作，最后搭接表笔，读取测量值。

图 1-29 为指针万用表的使用规范。

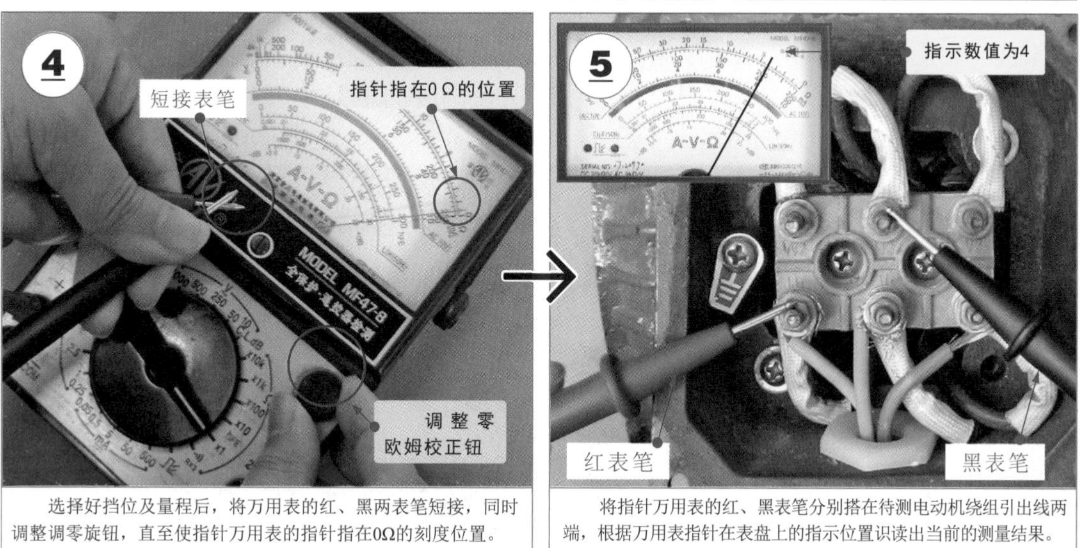

图 1-29　指针万用表的使用规范

测量完成，正确识读测量结果是检测的重要环节。下面分别介绍指针万用表测量电压、电流、电阻数值的识读方法。

用指针万用表检测出电压数据后，需要根据相应电压挡的量程，识读出当前所测的电压值，如图 1-30 所示。

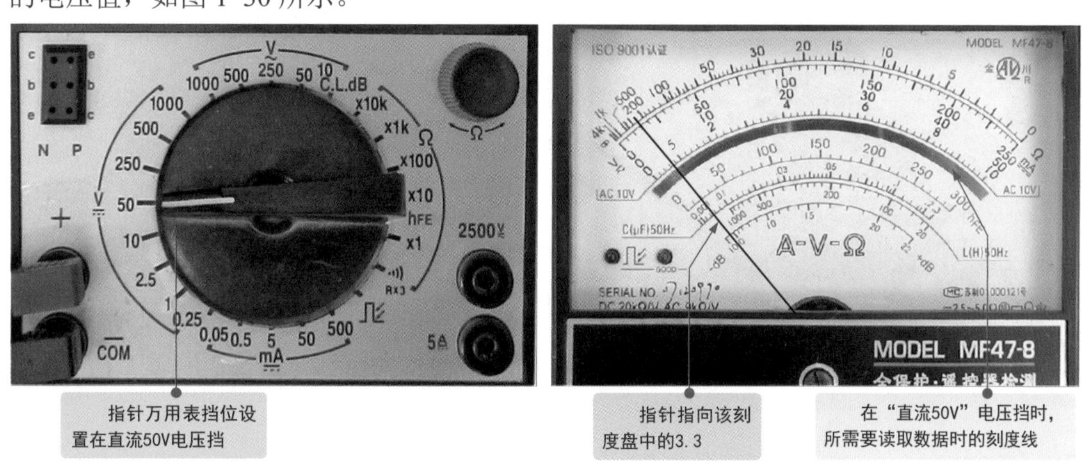

图 1-30　电压值的识读方法

量程“直流10V”“直流50V”“直流250V”均可以通过指针和相应的刻度盘位置直接读数，不需要换算，如指针指向3.3，那么最终测量值就是直流3.3V。

在检测直流电压时，若是将挡位设置在“直流1V”“直流2.5V”“直流500V”及“直流1000V”电压挡，需要根据刻度线的位置进行相应的换算。

指针万用表的最终直流电压值的读取规律是：表盘指针读数 ×（所选挡位量程/与此表盘指针读数所在刻度线的最大数值）。例如，选择的测量挡位为直流电压“2.5V”，指针读数为“0～250”上的刻度“175”，则最终读数为175×（2.5/250）=1.75V。

交流电压识读方法与直流电压相同。

用指针万用表检测出电流数据后，需要根据挡位量程的范围，识读出当前所测的电流值，如图1-31所示。图中，指针万用表最终电流测量值的读取规律为：表盘指针读数 ×（所选挡位量程/与此表盘指针读数所在刻度的最大数值），因此图中测量数据为18×（500/50）=180mA。

图1-31　电流测量值的识读方法

指针万用表测量电阻值结果识读比较特殊，需要先识读指针指示的数值，再乘以测量挡位，如图1-32所示。

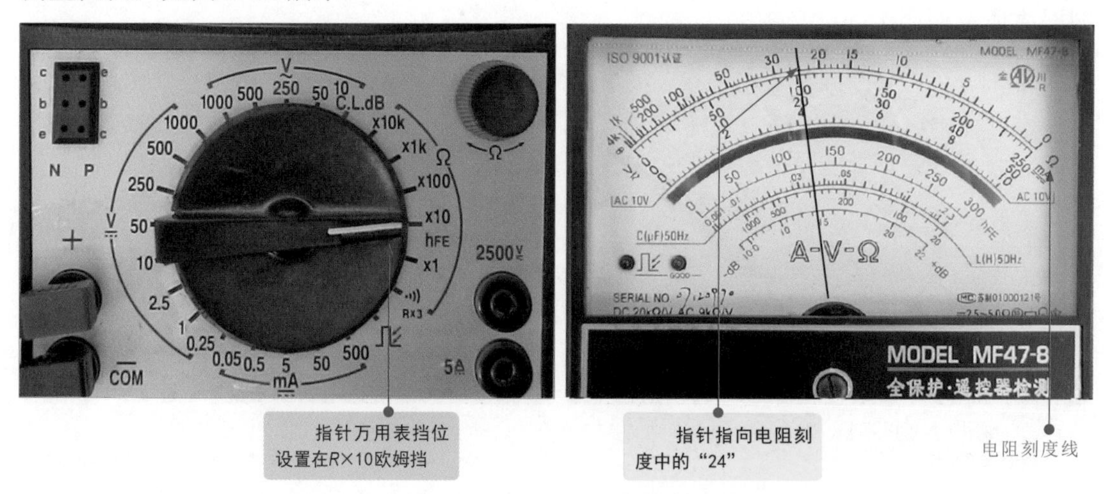

图1-32　电阻测量值的识读方法

由于指针万用表的电阻刻度线不均匀，所以在读取阻值时应遵循以下方法：刻度盘表盘指针读数 × 所选取的电阻测量挡的量程。例如，选取的电阻测量挡的量程为“×10”挡，指针读数为“24”，那么最终测量值就是 24×10=240Ω；若选取的电阻测量挡的量程为“×100”欧姆挡，指针读数为“20”，那么最终测量值就是 20×100=2000Ω。

1.5.3 数字万用表的使用规范和测量值的识读

使用数字万用表时，应先连接好表笔，然后打开电源，根据需要测量的类型调整功能旋钮和量程，最后搭接表笔，读取测量值。图 1-33 为数字万用表的使用规范。

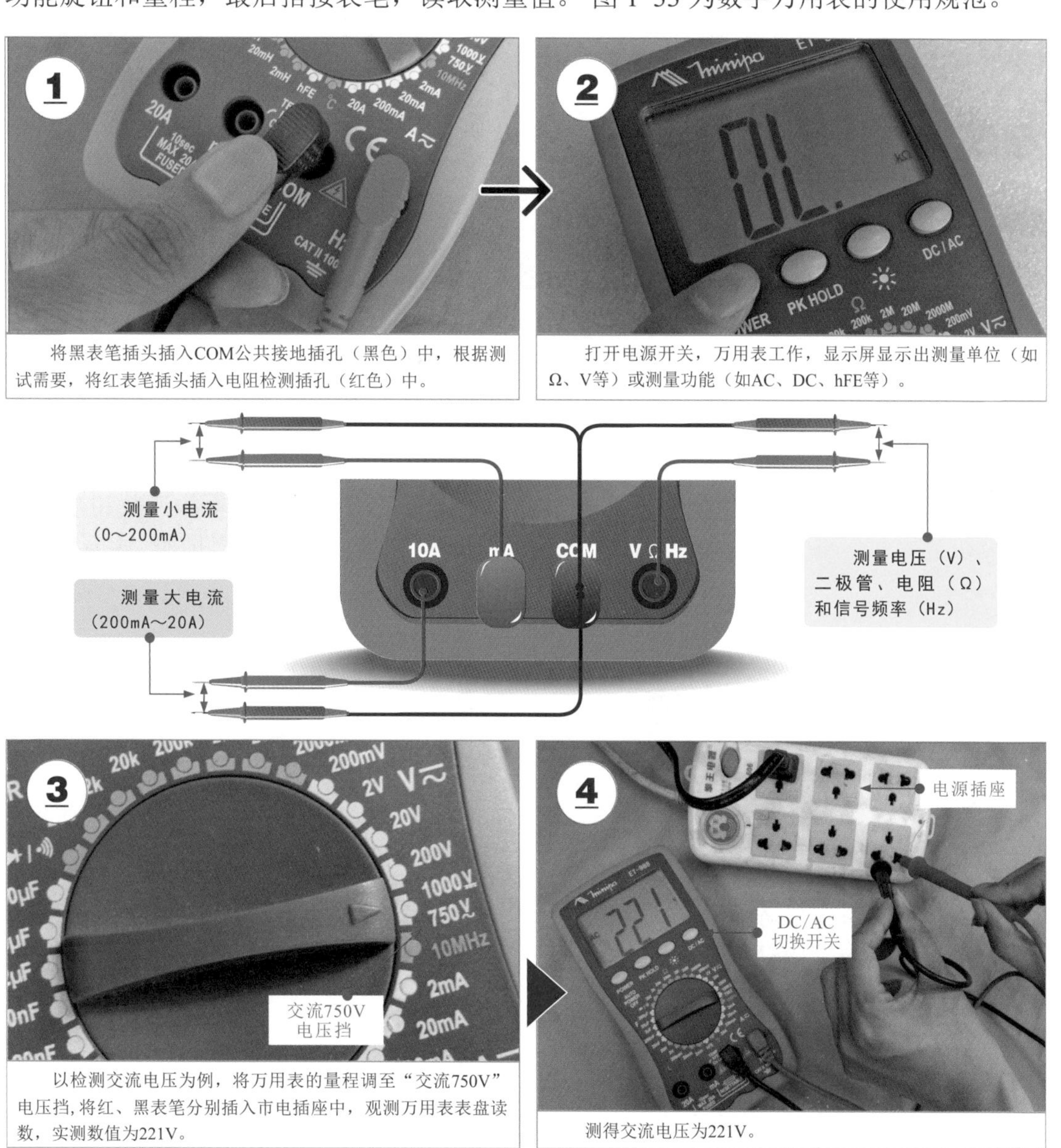

图 1-33 数字万用表的使用规范

测量完成，正确识读测量结果是检测的重要环节。根据测量种类的不同，识读数值时也有细微变化，需要将数值与当前的测量单位结合进行识读，即数字万用表检测某一数据时，测量结果会直接显示在液晶显示屏上，直接读取数值和单位即可，无需再将数值与量程挡位相乘，如图 1-34 所示。

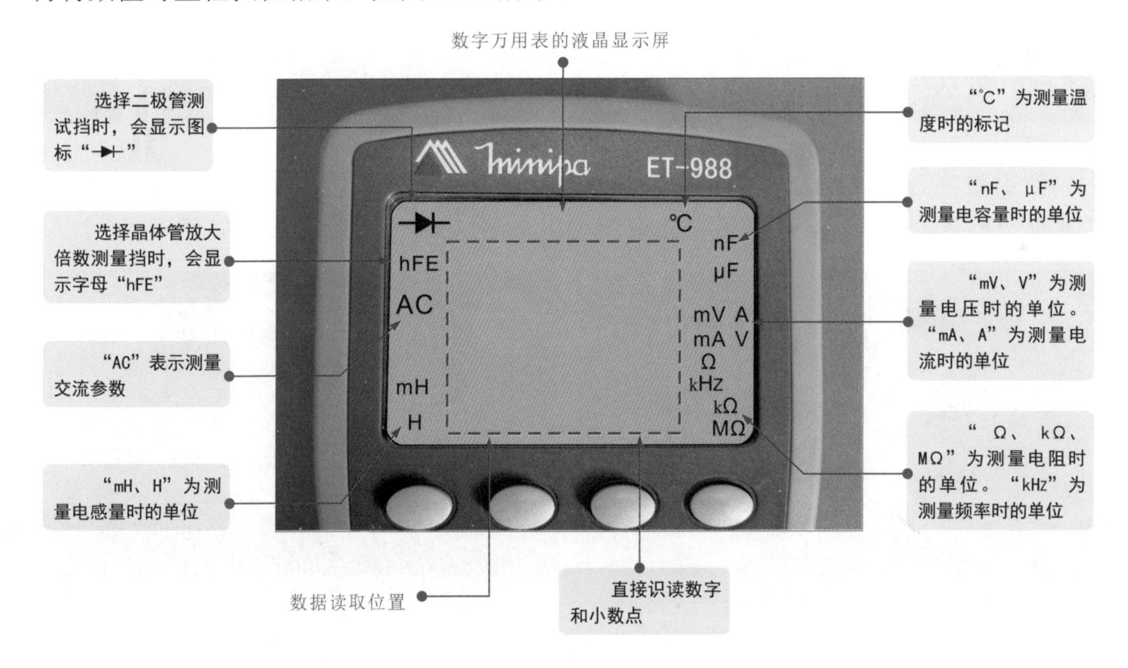

图 1-34　典型数字万用表测量结果显示方式

使用数字万用表测量电阻值的测量结果为直接读取液晶显示屏上的读数和单位即可。常见的电阻值单位为Ω、kΩ、MΩ。当小数点出现在读数的第一位之前时，表示“0.”。图 1-35 所示电阻值分别为 118.6 Ω 和 15.01kΩ。

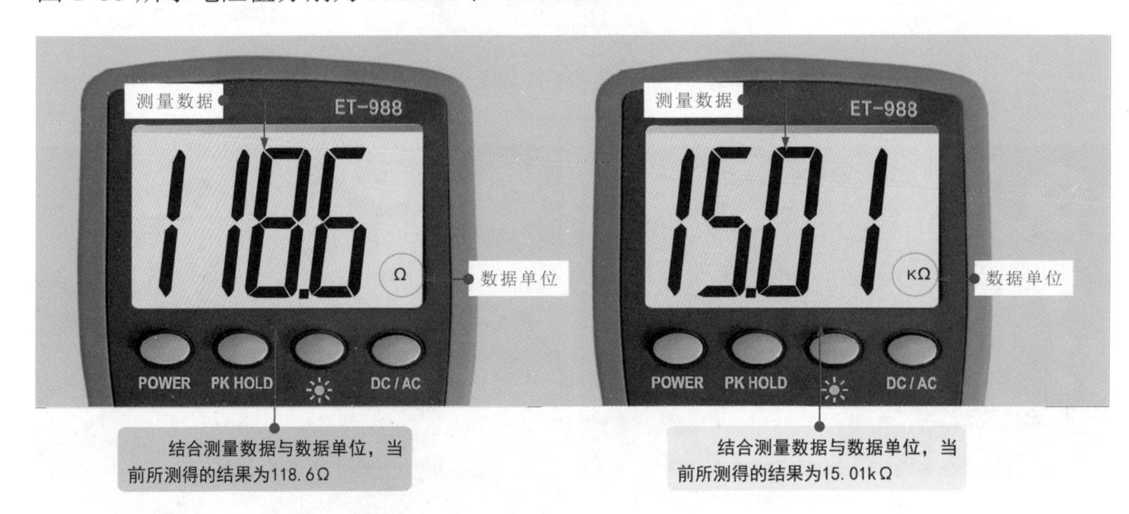

图 1-35　数字万用表电阻测量结果的读取

使用数字万用表测量电压值时直接读取即可，如图 1-36 所示。

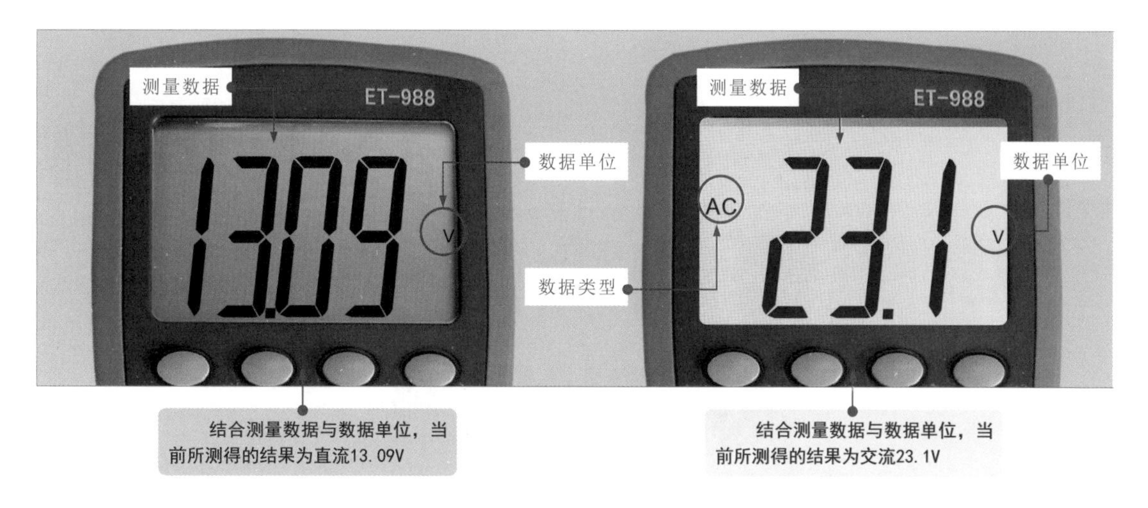

图 1-36 数字万用表测量电压结果的读取

使用数字万用表测量电流值时直接读取即可，如图 1-37 所示。

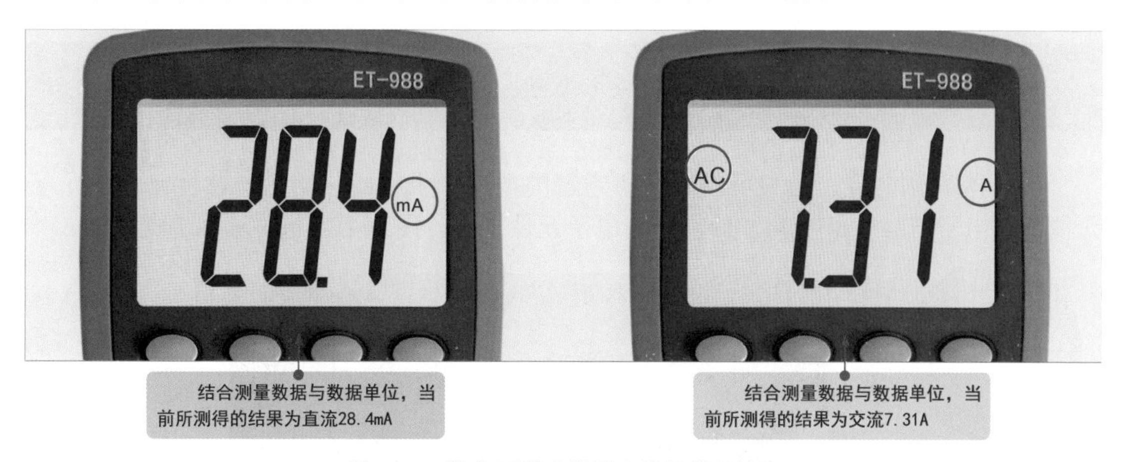

图 1-37 数字万用表测量电流结果的读取

使用数字万用表测量电容量时直接读取即可，如图 1-38 所示。

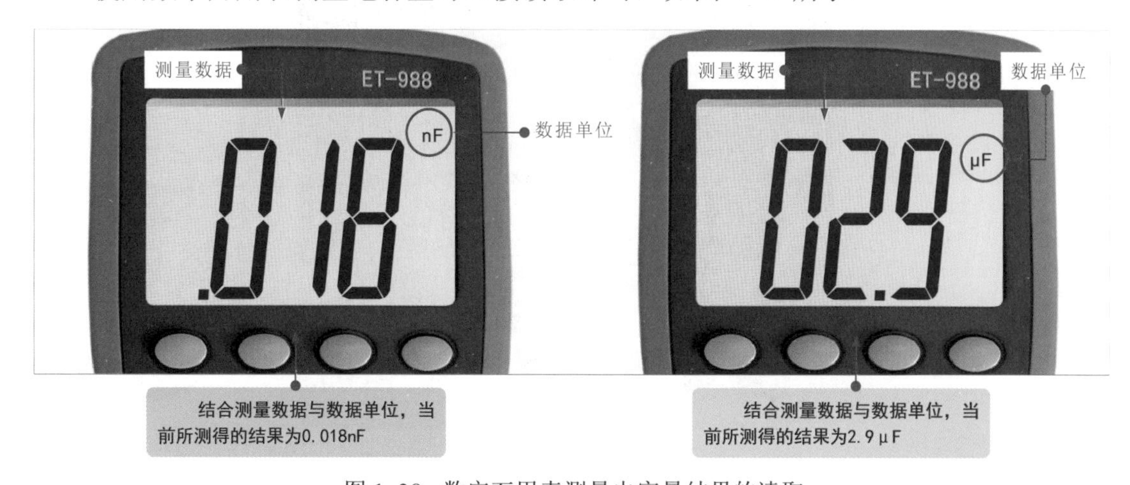

图 1-38 数字万用表测量电容量结果的读取

第2章 电阻器的功能特点与识别检测

2.1 电阻器的种类特点

2.1.1 了解电阻器的分类

电阻器简称电阻，是利用物质对所通过的电流产生阻碍作用这一特性制成的电子元件，是电子产品中最基本、最常用的电子元件之一。图2-1为电路板上的电阻器。

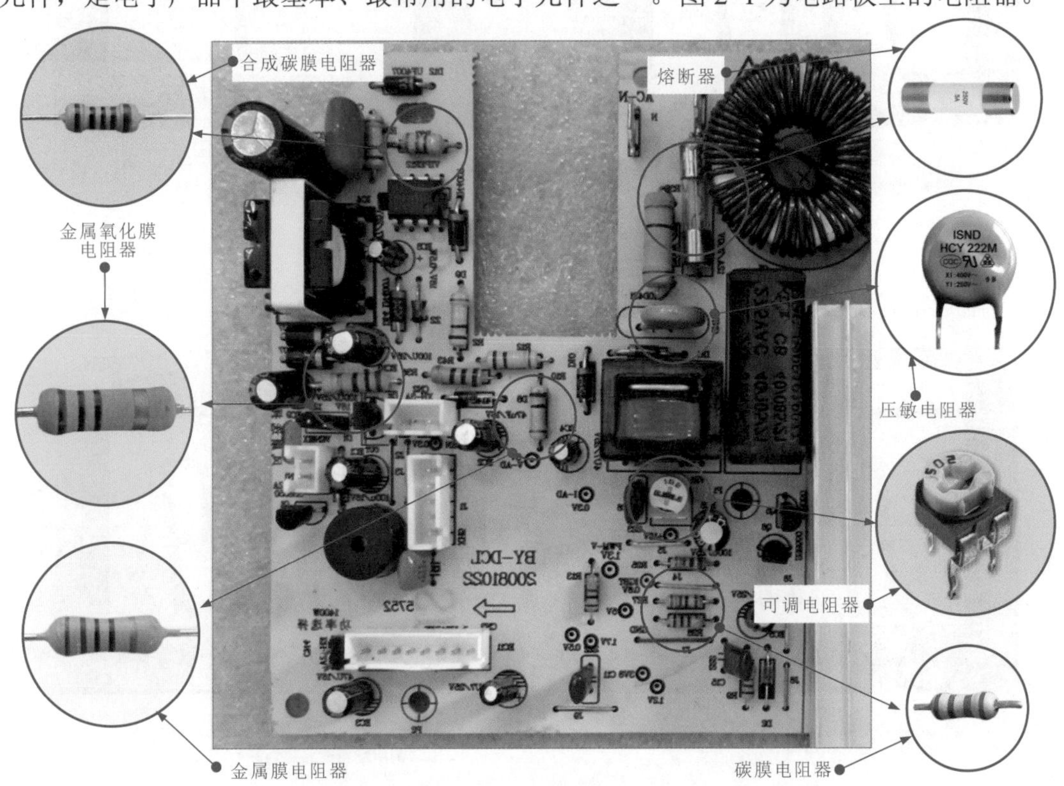

图2-1 典型电子产品电路板上的电阻器

在实际的电子产品电路板中基本都有电阻器，通常起限流、滤波或分压等作用。

由图可以看到，在电路板中安装着大量的、不同性能的电阻器。实际上，电阻器的种类很多，根据其功能和应用领域的不同，主要可分为普通电阻器、敏感电阻器、可调电阻器三大类。

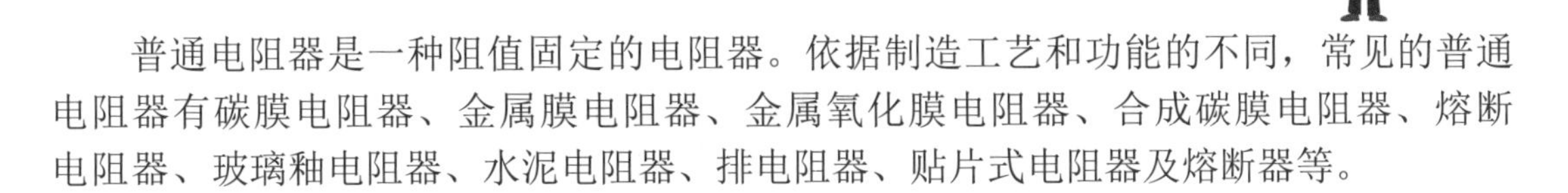

2.1.2 普通电阻器

普通电阻器是一种阻值固定的电阻器。依据制造工艺和功能的不同，常见的普通电阻器有碳膜电阻器、金属膜电阻器、金属氧化膜电阻器、合成碳膜电阻器、熔断电阻器、玻璃釉电阻器、水泥电阻器、排电阻器、贴片式电阻器及熔断器等。

1 碳膜电阻器

碳膜电阻器是将炭在真空高温条件下分解的结晶炭蒸镀沉积在陶瓷骨架上制成的，如图 2-2 所示。这种电阻器的电压稳定性好，造价低，在普通电子产品中应用非常广泛。

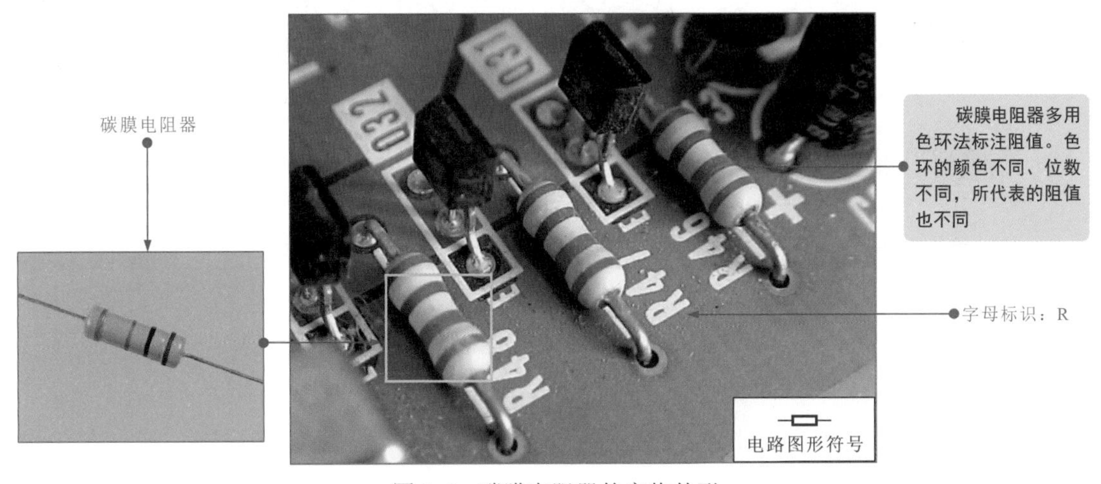

图 2-2 碳膜电阻器的实物外形

2 金属膜电阻器

金属膜电阻器是将金属或合金材料在真空高温的条件下加热蒸发沉积在陶瓷骨架上制成的。该类电阻器的阻值也采用色环标注的方法，具有较高的耐高温性能、温度系数小、热稳定性好、噪声小等优点。与碳膜电阻器相比，金属膜电阻器的体积小，但价格也较高。

图 2-3 为金属膜电阻器的实物外形。

3 金属氧化膜电阻器

金属氧化膜电阻器就是将锡和锑的金属盐溶液经过高温喷雾沉积在陶瓷骨架上制成的，如图 2-4 所示。这种电阻器比金属膜电阻器更为优越，具有抗氧化、耐酸、抗高温等特点。

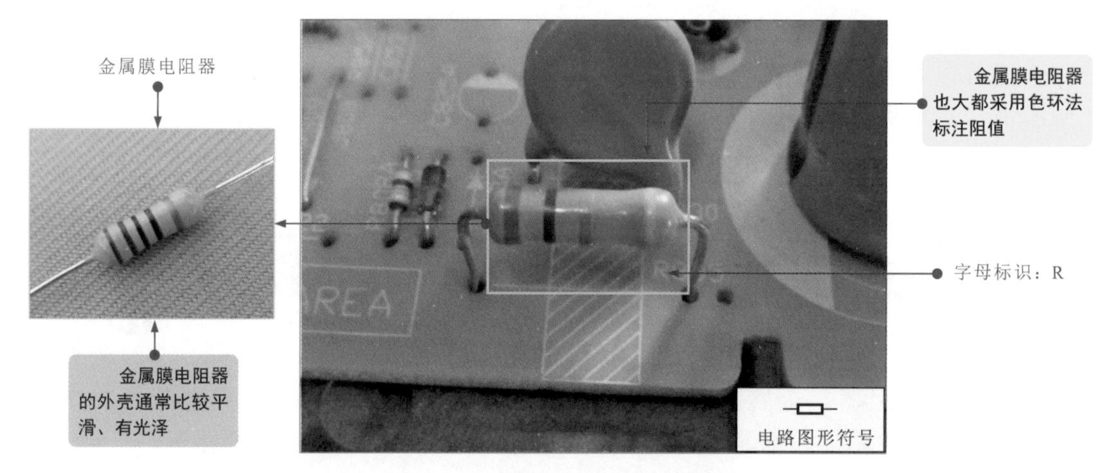

图 2-3 金属膜电阻器的实物外形

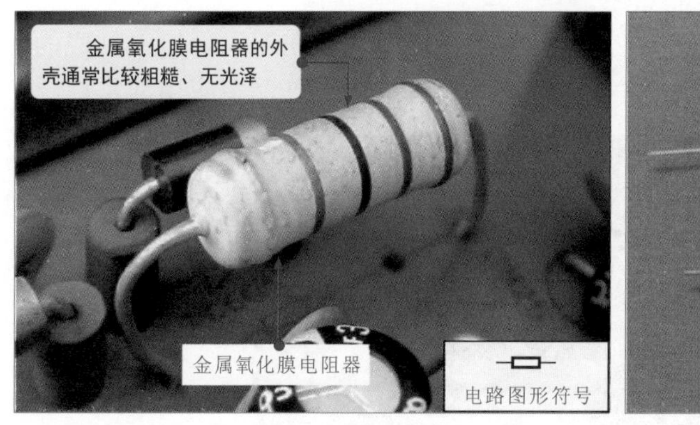

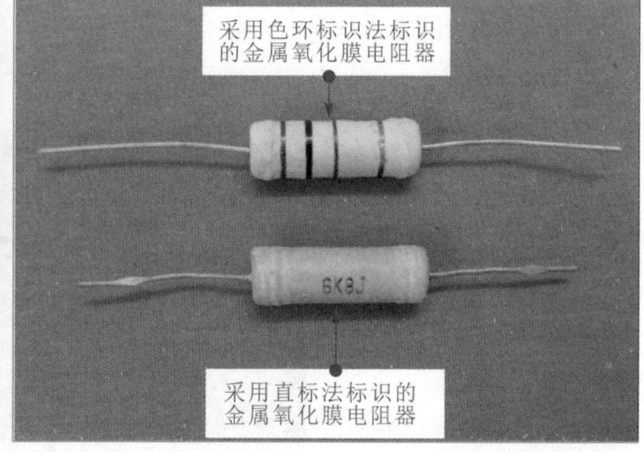

图 2-4 金属氧化膜电阻器的实物外形

4 合成碳膜电阻器

合成碳膜电阻器是将碳黑、填料还有一些有机黏合剂调配成悬浮液，喷涂在绝缘骨架上，再进行加热聚合而成的，如图 2-5 所示。合成碳膜电阻器是一种高压、高阻的电阻器，通常它的外层被玻璃壳封死。

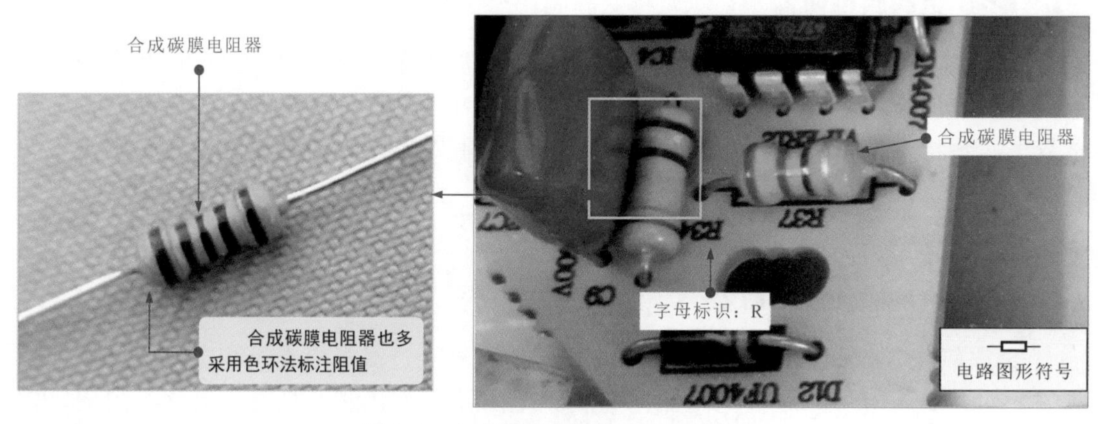

图 2-5 合成碳膜电阻器的实物外形

5 玻璃釉电阻器

玻璃釉电阻器是将银、铑、钌等金属氧化物和玻璃釉黏合剂调配成浆料，喷涂在绝缘骨架上，再经过高温聚合而成的，如图 2-6 所示。这种电阻器具有耐高温、耐潮湿、稳定、噪声小、阻值范围大等特点，通常采用直标法标注阻值。

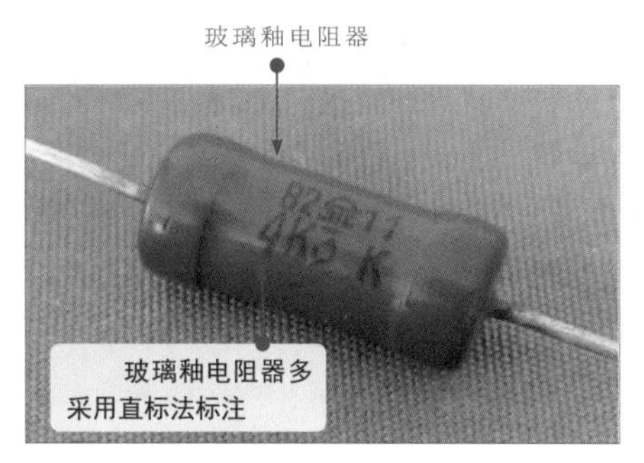

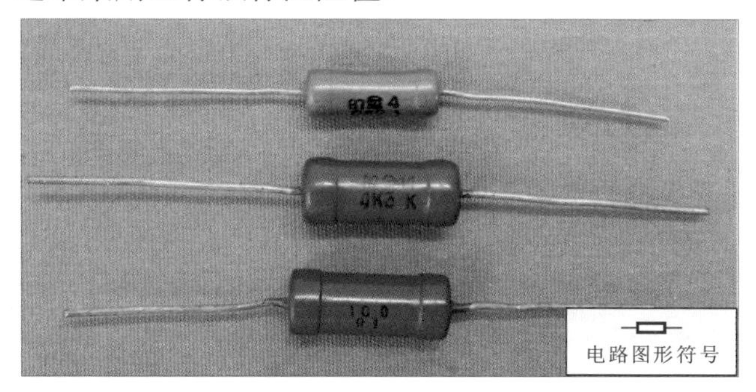

图 2-6 玻璃釉电阻器的实物外形

6 水泥电阻器

水泥电阻器是采用陶瓷、矿质材料封装的电阻器件，如图2-7所示。其特点是功率大、阻值小，具有良好的阻燃、防爆特性。

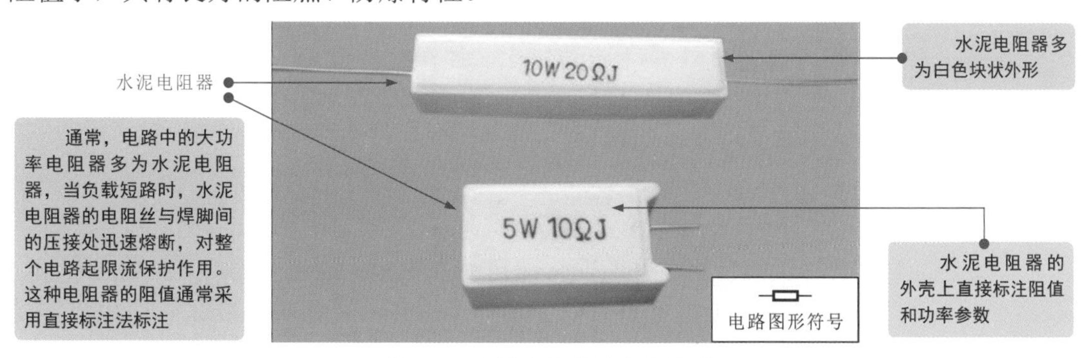

图 2-7 水泥电阻器的实物外形

7 排电阻器

排电阻器简称排阻。这种电阻器是将多个分立的电阻器按照一定的规律排列集成为一个组合型电阻器，也称为集成电阻器电阻阵列或电阻器网络。

图 2-8 为排电阻器的实物外形。

图 2-8 排电阻器的实物外形

8 贴片式电阻器

贴片式电阻器是指采用表面贴装技术安装的一种固定电阻器，该类电阻器一般体积较小，多应用于集成度较高的电子产品中。为适应表面安装工艺的要求，贴片式电阻器是一种无引脚电阻器，如图 2-9 所示。

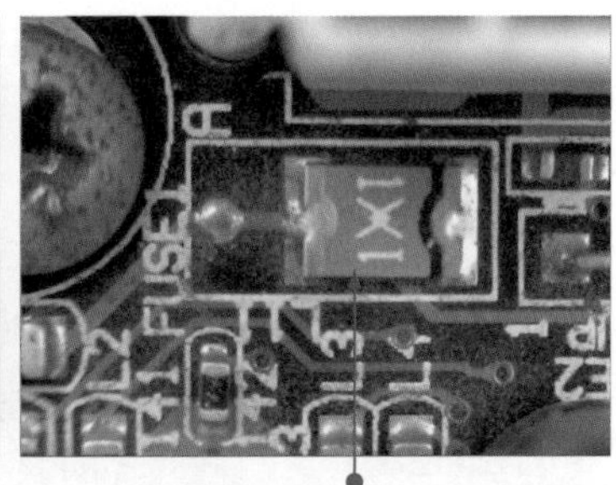

图 2-9　贴片式电阻器的实物外形

2.1.3　敏感电阻器

敏感电阻器是指可以通过外界环境的变化（如温度、湿度、光亮、电压等）改变自身阻值的大小，因此常用于一些传感器中。常用的主要有热敏电阻器、光敏电阻器、压敏电阻器、气敏电阻器、湿敏电阻器等。

1 热敏电阻器

热敏电阻器是一种阻值会随温度的变化而自动发生变化的电阻器，大多是由单晶、多晶半导体材料制成的，有正温度系数热敏电阻器（PTC）和负温度系数热敏电阻器（NTC）两种。图 2-10 为典型热敏电阻器的实物外形。

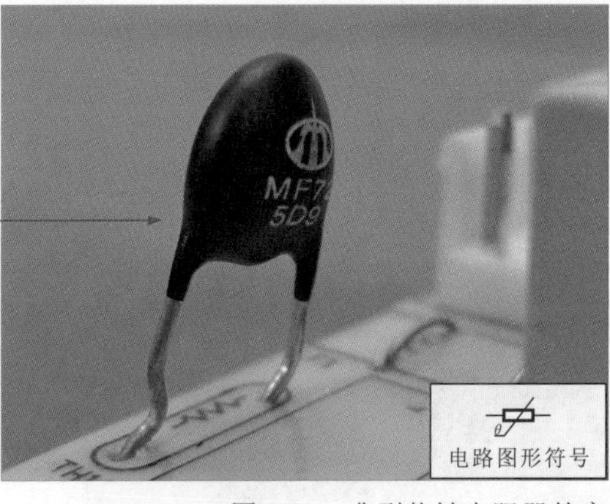

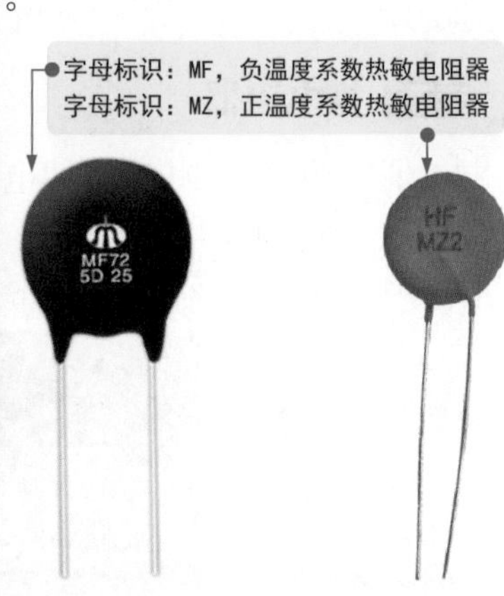

图 2-10　典型热敏电阻器的实物外形

正温度系数热敏电阻器（PTC）的阻值随温度的升高而升高，随温度的降低而降低；负温度系数热敏电阻器（NTC）的阻值随温度的升高而降低，随温度的降低而升高。在电视机、音响设备、显示器等电子产品的电源电路中，多采用 NTC 热敏电阻器。

2 光敏电阻器

光敏电阻器是一种由具有光导电特性的半导体材料制成的电阻器，如图 2-11 所示。光敏电阻器的特点是当外界光照强度变化时，光敏电阻器的阻值也会随之发生变化。

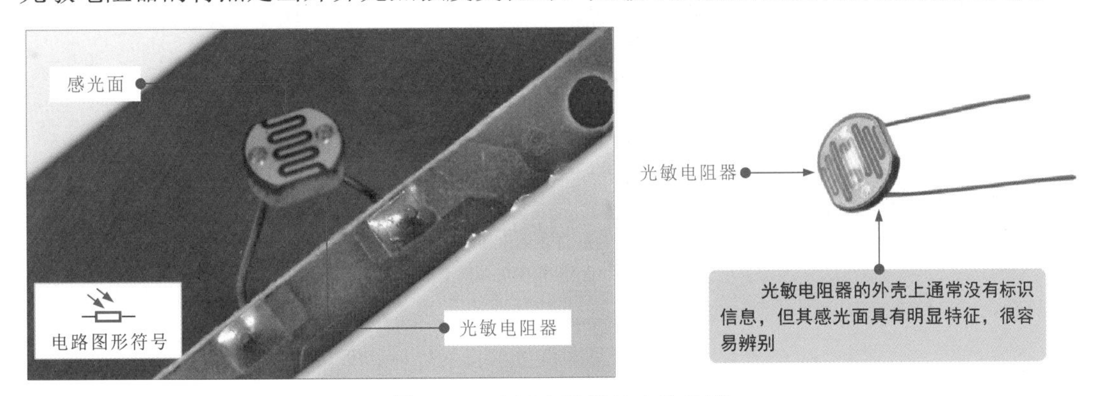

图 2-11　光敏电阻器的实物外形

光敏电阻器利用半导体的光导电特性，使电阻器的电阻值随入射光线的强弱发生变化，即：

当入射光线增强时，阻值会明显减小；

当入射光线减弱时，阻值会显著增大。

3 湿敏电阻器

湿敏电阻器的阻值会随周围环境湿度的变化而发生变化，常用作传感器，用来检测环境湿度。湿敏电阻器是由感湿片（或湿敏膜）、电极引线和具有一定强度的绝缘基体组成的，如图 2-12 所示。

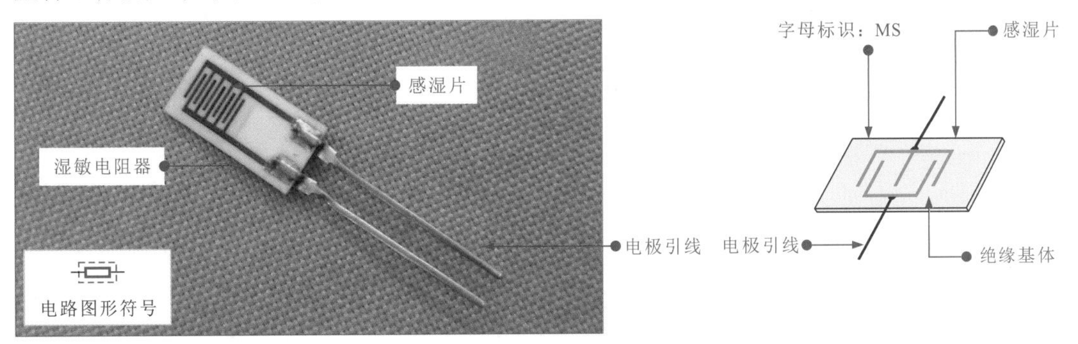

图 2-12　湿敏电阻器的实物外形

湿敏电阻器也可细分为正系数湿敏电阻器和负系数湿敏电阻器两种。

正系数湿敏电阻器是当湿度增大时，阻值明显增大；当湿度减小时，阻值会显著减小。

负系数湿敏电阻器是当湿度减小时，阻值会明显增大；当湿度增大时，阻值会显著减小。

4 压敏电阻器

压敏电阻器是利用半导体材料的非线性特性原理制成的电阻器，如图 2-13 所示。

压敏电阻器的特点是当外加电压施加到某一临界值时，阻值会急剧变小，常作为过压保护器件，应用在过压保护电路中。

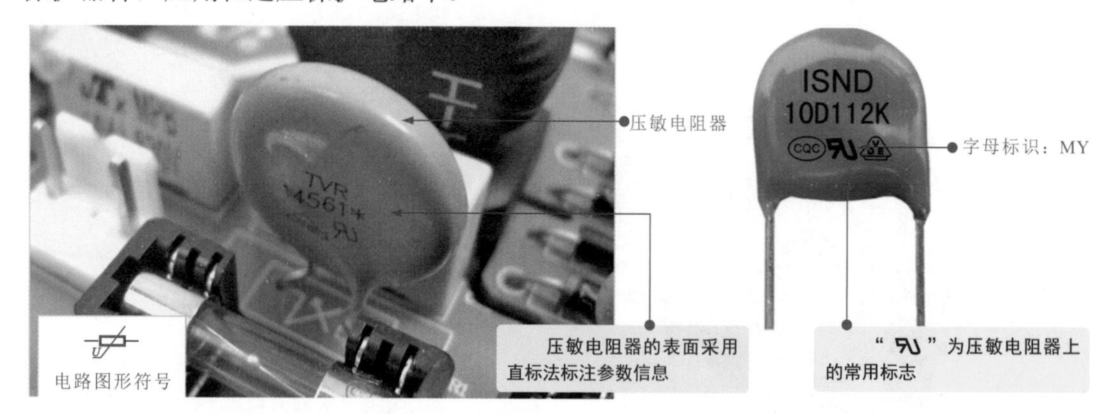

图 2-13　压敏电阻器的实物外形

5 气敏电阻器

气敏电阻器是利用金属氧化物半导体表面吸收某种气体分子时，会发生氧化反应或还原反应而使电阻值发生改变而制成的电阻器。

图 2-14 为气敏电阻器的实物外形。

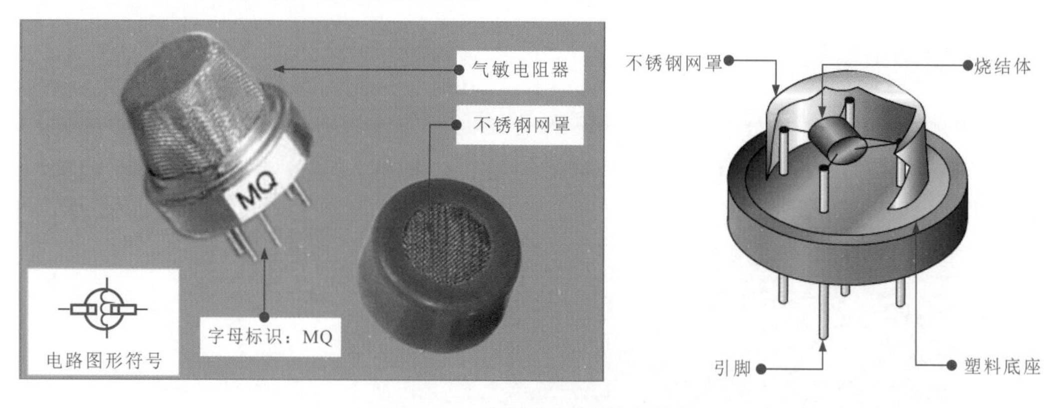

图 2-14　气敏电阻器的实物外形

通常，气敏电阻器是将某种金属氧化物粉料添加少量铂催化剂、激活剂及其他添加剂，按一定比例烧结而成的半导体器件。它可以把某种气体的成分、浓度等参数转换成电阻变化量，再转换为电流、电压信号。它常作为气体感测元件制成各种气体的检测仪器或报警器产品，如酒精测试仪、煤气报警器、火灾报警器等。

2.1.4 可调电阻器

可调电阻器是一种阻值可改变的电阻器。这种电阻器的外壳上带有调节部位，可以通过手动调整阻值，一般也称其为电位器。

图 2-15 为典型常见的可调电阻器。

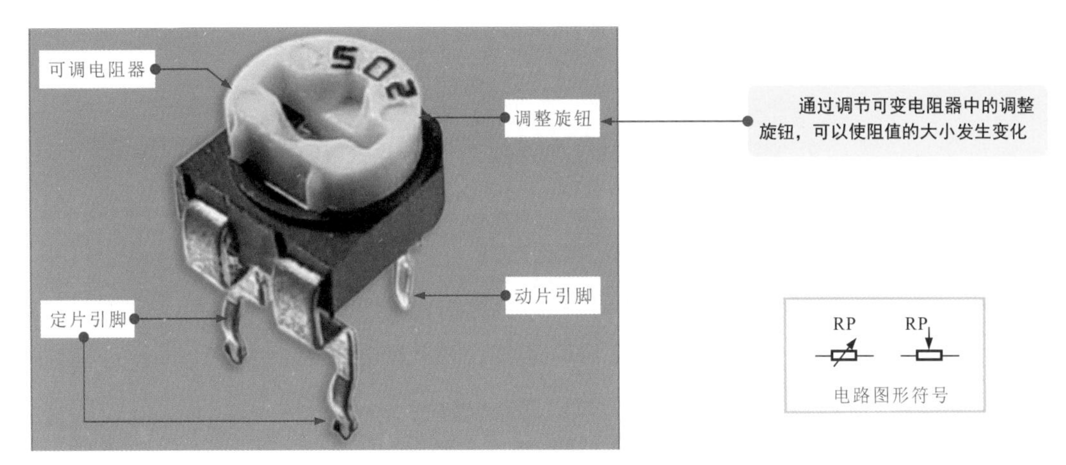

图 2-15　可调电阻器的实物外形

可调电阻器一般有 3 个引脚，其中有两个定片引脚和一个动片引脚，还有一个调整旋钮，可以通过它改变动片，从而改变可变电阻的阻值。可调电阻器常用在电阻值需要调整的电路中，如电视机的亮度调谐器件或收音机的音量调节器件等。

2.2　电阻器的识别

识别电阻器标识信息是认识电阻器的重要环节，主要是指根据电阻器本身的一些标识信息来了解该电阻器的阻值及相关参数。目前，固定电阻器多采用直接标注和色环标注来标识其阻值及相关参数；可变电阻器和敏感电阻器也多采用直标法。

2.2.1　固定电阻器直标标识的识别

玻璃釉电阻器、水泥电阻器等固定电阻器多采用直接标注法标注相关的参数信息，即通过一些代码符号将电阻器的阻值等参数标注在电阻器上，通过识别这些代码符号即可了解电阻器的电阻值及相关的参数，如图 2-16 所示。

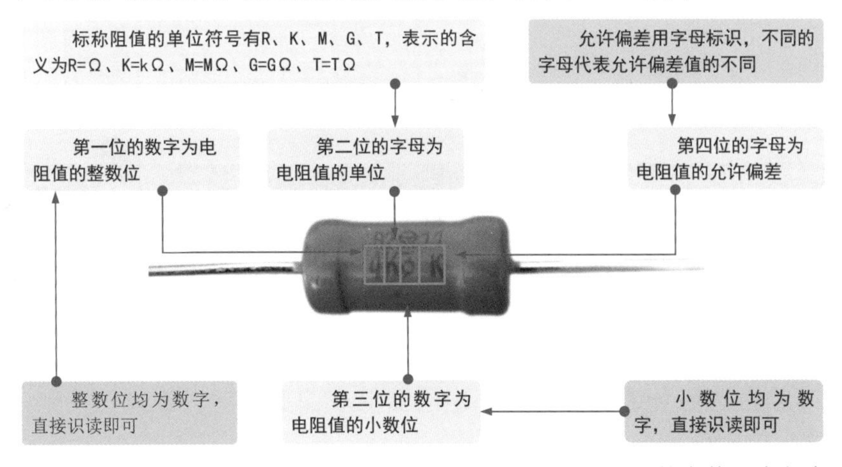

该固定电阻器的命名为“4K3K”。其中，“4”表示第一位有效数字4；“K”表示电阻器的单位为kΩ，“3”表示电阻值的小数位为3；“K”表示电阻器的允许偏差为±10%。因此，可以识别该电阻器上标识的信息为4.3 kΩ±10%

图 2-16　采用直接标注参数的电阻器的参数识读方法

普通电阻器允许偏差中的不同字母代表的含义不同，见表 2-1。

表 2-1　电阻器允许偏差中的字母含义对照

型号	意义	型号	意义	型号	意义	型号	意义
Y	±0.001%	P	±0.02%	D	±0. 5%	K	±10%
X	±0.002%	W	±0.05%	F	±1%	M	±20%
E	±0.005%	B	±0.1%	G	±2%	N	±30%
L	±0.01%	C	±0.25%	J	±5%		

在“数字 + 字母 + 数字”组合标注形式中，电阻器的字母代号所对应的名称对照见表 2-2。

表 2-2　电阻器字母代号含义对照

符号	意义	符号	意义	符号	意义	符号	意义
R	普通电阻	MZ	正温度系数热敏电阻	MG	光敏电阻	MQ	气敏电阻
MY	压敏电阻	MF	负温度系数热敏电阻	MS	湿敏电阻	MC	磁敏电阻
ML	力敏电阻						

在“数字 + 字母 + 数字”组合标注的形式中，电阻器导电材料符号及意义对照见表 2-3。

表 2-3　电阻器导电材料符号及意义对照

符号	意义	符号	意义	符号	意义	符号	意义
H	合成碳膜	N	无机实芯	T	碳膜	Y	氧化膜
I	玻璃釉膜	C	沉积膜	X	线绕	F	复合膜
J	金属膜	S	有机实芯				

在“数字 + 字母 + 数字”组合标注的形式中，电阻器类别符号及意义对照见表 2-4。

表 2-4　电阻器类别符号及意义对照

符号	意义	符号	意义	符号	意义	符号	意义
1	普通	5	高温	G	高功率	C	防潮
2	普通或阻燃	6	精密	L	测量	Y	被釉
3	超高频	7	高压	T	可调	B	不燃性
4	高阻	8	特殊（如熔断型等）	X	小型		

2.2.2　固定电阻器色环标识的识别

常见的固定电阻器中，如碳膜电阻器、金属膜电阻器、金属氧化膜电阻器和合成碳膜电阻器多采用色环标注相关的参数信息，通常也称这类电阻器为色环电阻器，即将电阻器的参数用不同颜色的色环或色点标注在电阻器的表面上，通过识别色环或色点的颜色和位置，识读出电阻值。

图 2-17 为固定电阻器色环标识的识读方法。

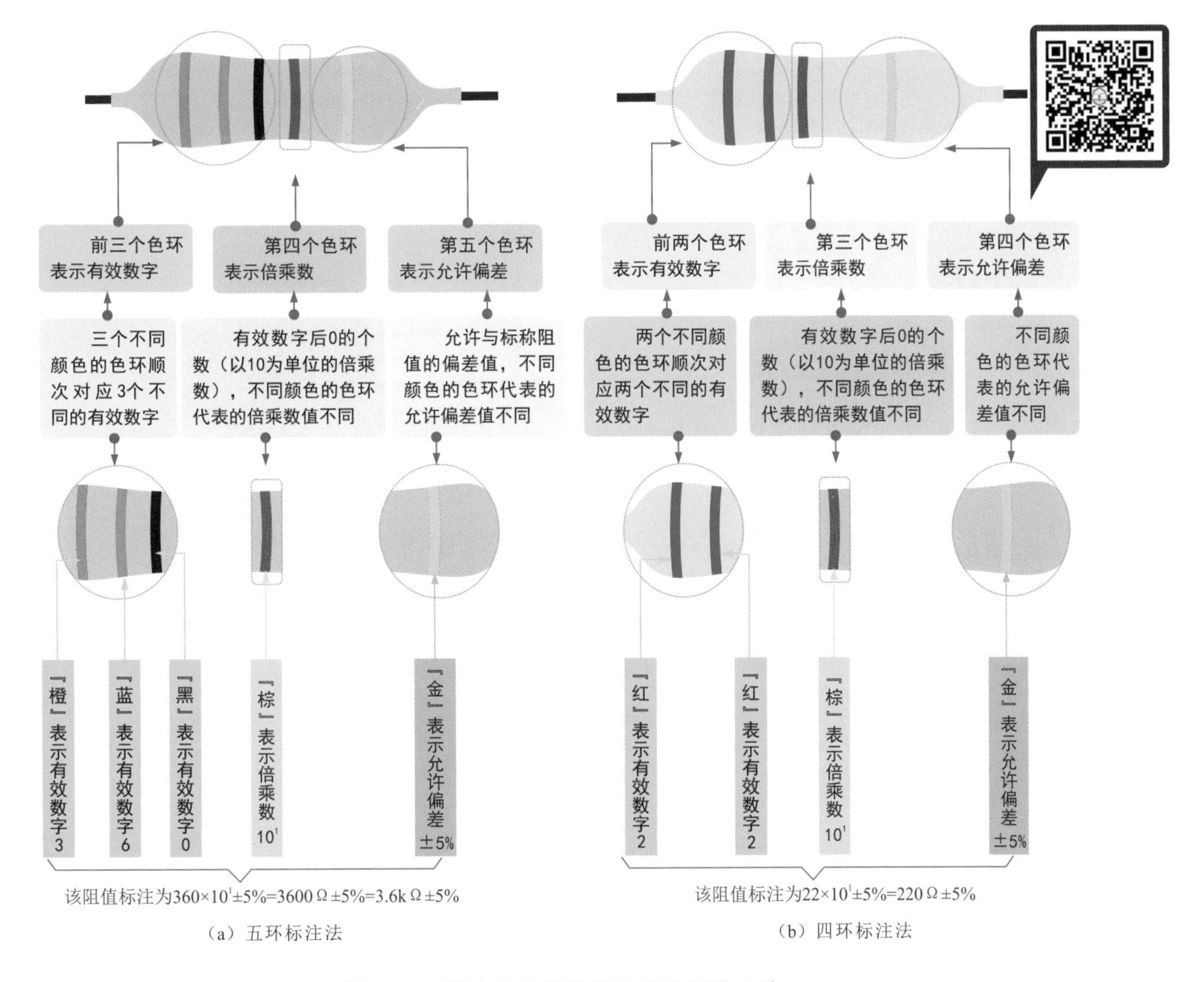

图 2-17 固定电阻器色环标识的识读方法

电阻器的色环标注主要是以不同的颜色来表示的，不同颜色代表不同的有效数字和倍乘数，具体色环颜色代表含义见表 2-5 所列。

表 2-5 不同位置的色环颜色所表示的含义

色环颜色	色环所处的排列位			色环颜色	色环所处的排列位		
	有效数字	倍乘数	允许偏差		有效数字	倍乘数	允许偏差
银色	—	10^{-2}	±10%	绿色	5	10^{5}	±0.5%
金色	—	10^{-1}	±5%	蓝色	6	10^{6}	±0.25%
黑色	0	10^{0}	—	紫色	7	10^{7}	±0.1%
棕色	1	10^{1}	±1%	灰色	8	10^{8}	—
红色	2	10^{2}	±2%	白色	9	10^{9}	±20%
橙色	3	10^{3}	—	无色	—	—	—
黄色	4	10^{4}	—				

在识读色环电阻时，一般可从四个方面入手找到起始端并识读，即通过允许偏差色环识读、色环位置识读、色环间距识读、电阻值与允许偏差识读，如图 2-18 所示。

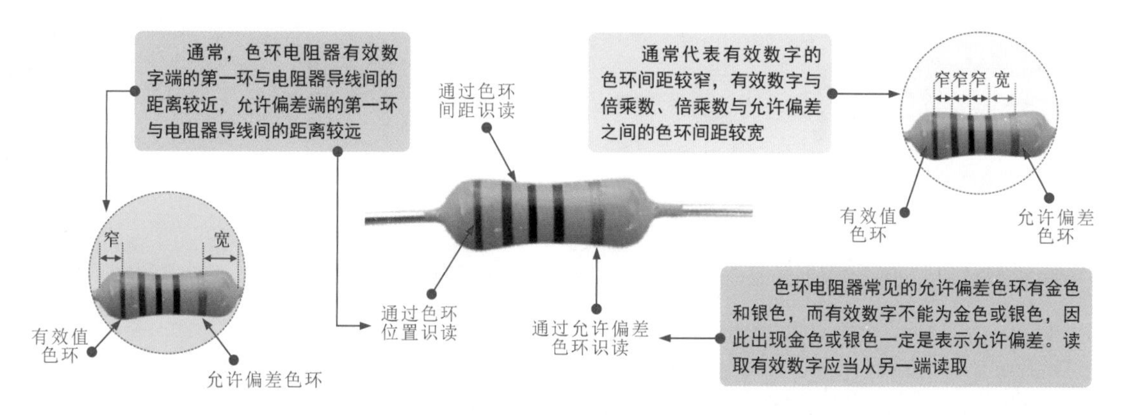

图 2-18　确定色环电阻器色环的起始端

图2-19为普通色环电阻器的识读，可根据以上内容，完成对色环电阻器阻值的识读。

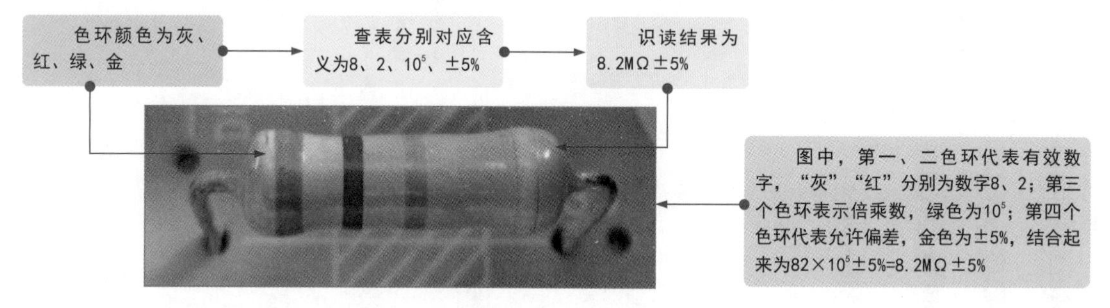

图 2-19　普通色环电阻器的识读示例

2.2.3　贴片电阻器标识的识别

由于贴片元器件的体积比较小，因此也都是采用直接标注法标注阻值。贴片元器件的直接标注法通常采用数字直接标注法、数字-字母直接标注法。

图 2-20 为贴片电阻器上几种常见标注的识读方法。

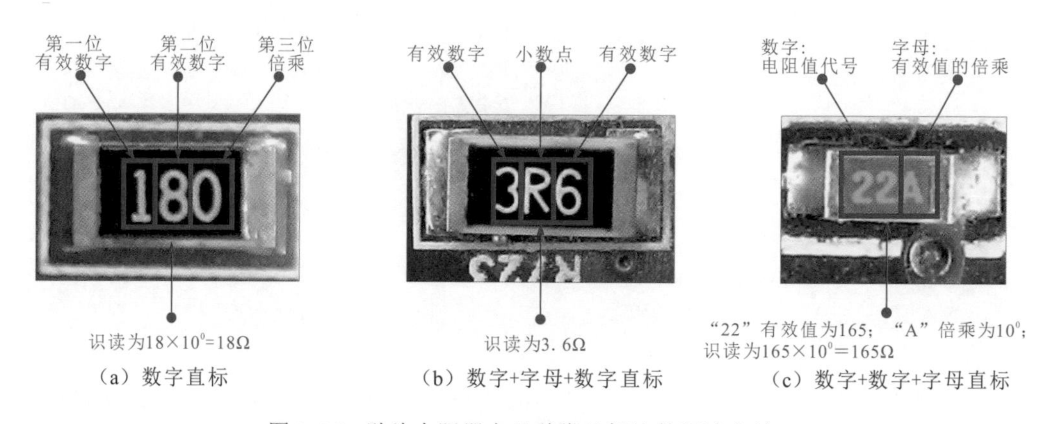

（a）数字直标　（b）数字+字母+数字直标　（c）数字+数字+字母直标

图 2-20　贴片电阻器上几种常见标注的识读方法

前两种标注方法的识读比较简单、直观，第三种标注方法需要了解不同数字所代表的有效值，以及不同字母对应的具体倍乘数，见表 2-6、表 2-7。

表 2-6　贴片电阻器数字 + 数字 + 字母直标法中不同数字代表的有效值对照

代码	有效值	代码	有效值	代码	有效值	代码	有效值	代码	有效值	代码	有效值
01_	100	17_	147	33_	215	49_	316	65_	464	81_	681
02_	102	18_	150	34_	221	50_	324	66_	475	82_	698
03_	105	19_	154	35_	226	51_	332	67_	487	83_	715
04_	107	20_	158	36_	232	52_	340	68_	499	84_	732
05_	110	21_	162	37_	237	53_	348	69_	511	85_	750
06_	113	22_	165	38_	243	54_	357	70_	523	86_	768
07_	115	23_	169	39_	249	55_	365	71_	536	87_	787
08_	118	24_	174	40_	255	56_	374	72_	549	88_	806
09_	121	25_	178	41_	261	57_	383	73_	562	89_	825
10_	124	26_	182	42_	267	58_	392	74_	576	90_	845
11_	127	27_	187	43_	274	59_	402	75_	590	91_	866
12_	130	28_	191	44_	280	60_	412	76_	604	92_	887
13_	133	29_	196	45_	287	61_	422	77_	619	93_	909
14_	137	30_	200	46_	294	62_	432	78_	634	94_	931
15_	140	31_	205	47_	301	63_	442	79_	649	95_	953
16_	143	32_	210	48_	309	64_	453	80_	665	96_	976

表 2-7　不同字母所代表的倍乘数

字母代号	A	B	C	D	E	F	G	H	X	Y	Z
被乘数	10^0	10^1	10^2	10^3	10^4	10^5	10^6	10^7	10^{-1}	10^{-2}	10^{-3}

2.2.4 热敏电阻器标识的识别

热敏电阻器的主要参数和类型等信息通常也直接标注在其表面，可通过识读标识含义了解热敏电阻器的参数等。

图 2-21 为热敏电阻器标识的识读方法。

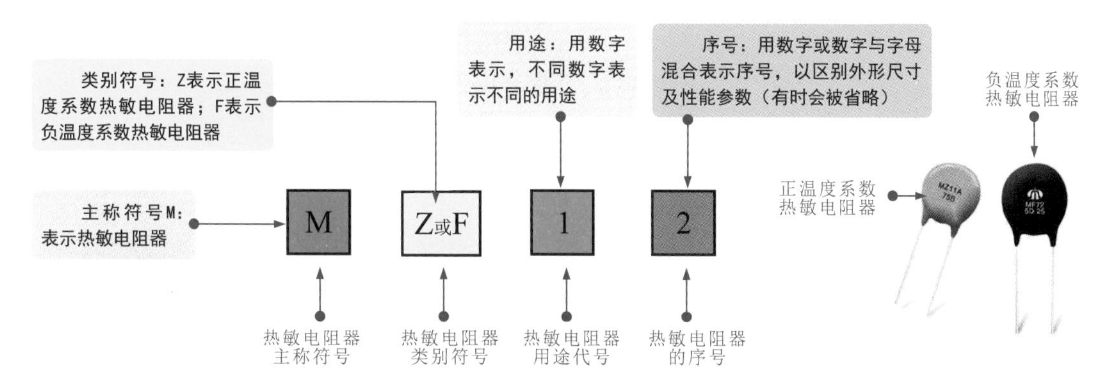

图 2-21　热敏电阻器标识的识读方法

热敏电阻器标识的具体含义见表 2-8。

表 2-8 热敏电阻器标识的具体含义

M（或MS）	Z	正温度系数热敏电阻器	1	2	3	4	5	6	7	0	用数字或数字与字母的混合表示序号，以区别电阻器的外形尺寸及性能参数
热敏电阻器的代号			普通型	限流用	延迟用	测温用	控温用	消磁用	恒温型	特殊型	
	F	负温度系数热敏电阻器	1	2	3	4	5	6	7	8	
			普通型	稳压型	微波测量型	旁热式	测温用	控温用	抑制浪涌型	线性型	

2.2.5 光敏电阻器标识的识别

光敏电阻器的参数是由字母和数字构成的，可根据型号中各字母或数字的意义识读光敏电阻器的参数信息。

图 2-22 为光敏电阻器标识的识读方法。

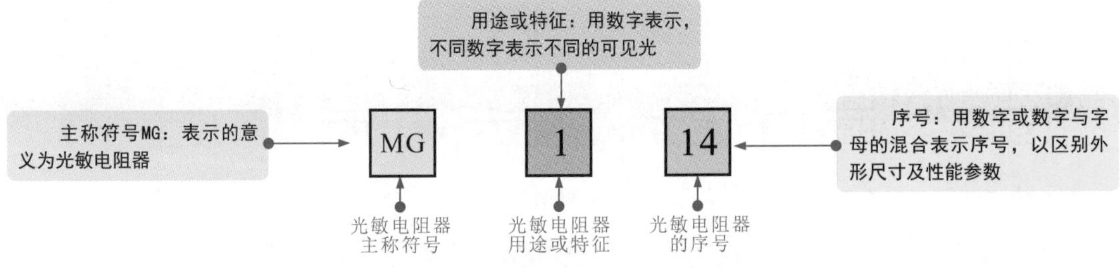

图 2-22 光敏电阻器标识的识读方法

光敏电阻器标识的具体含义见表 2-9。

表 2-9 光敏电阻器标识的具体含义

MG	0	1、2、3	4、5、6	7、8、9	序号
光敏电阻器的代号	特殊	紫外光	可见光	红外光	用数字或数字与字母的混合表示序号，以区别电阻器的外形尺寸及性能参数

2.2.6 湿敏电阻器标识的识别

湿敏电阻器本身一般没有标识信息，一般可根据其型号等信息识读参数。

图 2-23 为湿敏电阻器标识的识读方法。

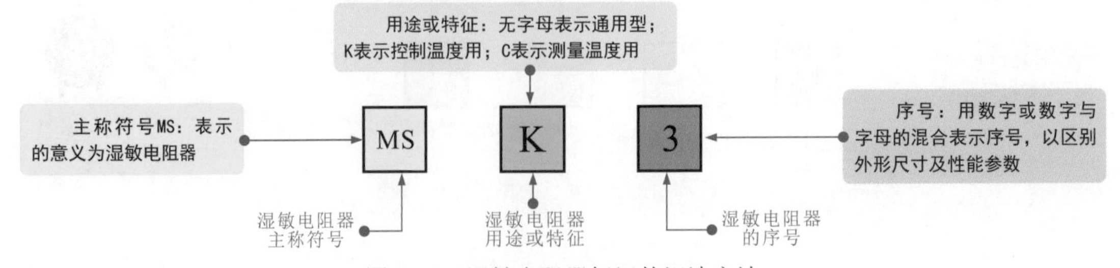

图 2-23 湿敏电阻器标识的识读方法

湿敏电阻器标识的具体含义见表2-10。

表2-10 湿敏电阻器标识的具体含义

第一部分：主称		第二部分：用途或特征		第三部分：序号
字母	含义	字母	含义	
MS	湿敏电阻器	无字母	通用型	序号：用数字或数字与字母的混合表示序号，以区别外形尺寸及性能参数
		K	控制温度用	
		C	测量温度用	

2.2.7 压敏电阻器标识的识别

压敏电阻器的参数通常是由字母构成的，可根据型号中各字母的意义识读压敏电阻器的参数信息。

图2-24为压敏电阻器标识的识读方法。

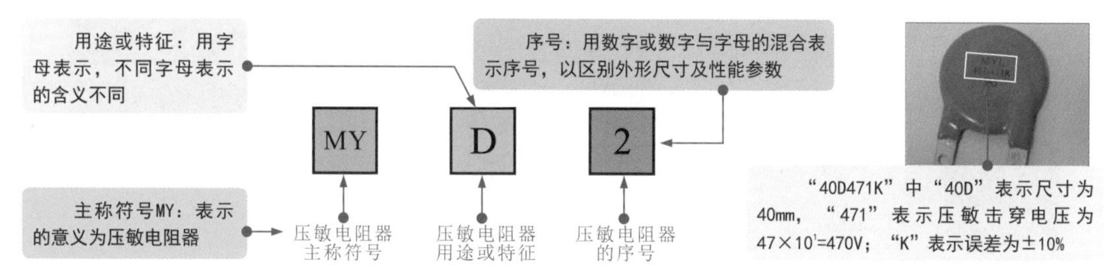

图2-24 压敏电阻器标识的识读方法

压敏电阻器各参数的具体含义见表2-11。

表2-11 压敏电阻器各参数的具体含义

第一部分：主称		第二部分：用途或特征				第三部分：序号
字母	含义	字母	含义	字母	含义	
MY	压敏电阻器	无	普通型	M	防静电用	用数字表示序号，有的在序号的后面还标有标称电压、通流容量或电阻体直径、电压误差等
		D	通用型	N	高能用	
		B	补偿用	P	高频用	
		C	消磁用	S	元件保护用	
		E	消噪用	T	特殊用	
		G	过压保护用	W	稳压用	
		H	灭弧用	Y	环型	
		K	高可靠用	Z	组合型	
		L	防雷用			

2.2.8 气敏电阻器标识的识别

气敏电阻器的表面标注有相关的参数，可根据型号中各字母或数字的意义识读气敏电阻器的参数。

图 2-25 为气敏电阻器参数的识读方法。

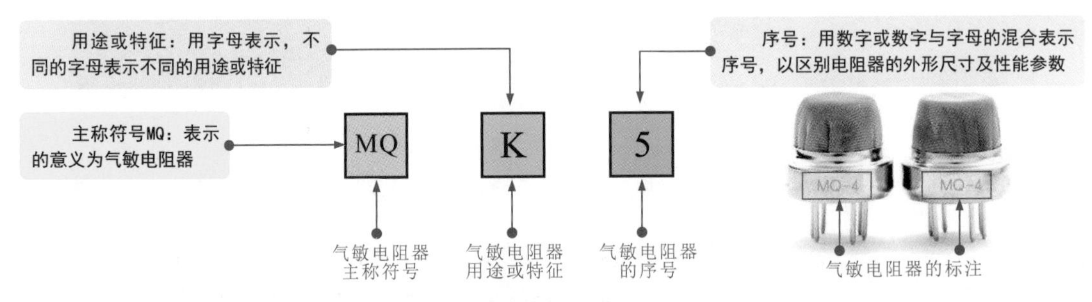

图 2-25　气敏电阻器参数的识读方法

气敏电阻器标识的具体含义见表 2-12。

表 2-12　气敏电阻器标识的具体含义

第一部分：主称		第二部分：用途或特征		第三部分：序号
字母	含义	字母	含义	
MQ	气敏电阻器	J	酒精检测用	用数字或数字与字母的混合表示序号，以区别电阻器的外形尺寸及性能参数
		K	可燃气体检测用	
		Y	烟雾检测用	
		N	N型气敏电阻器	
		P	P型气敏电阻器	

2.2.9　可调电阻器标识的识别

可调电阻器多采用直标法标注产品相关参数信息，其标注内容包括产品名称、类型、标称电阻值和额定功率等。

图 2-26 为可调电阻器参数的识读方法。

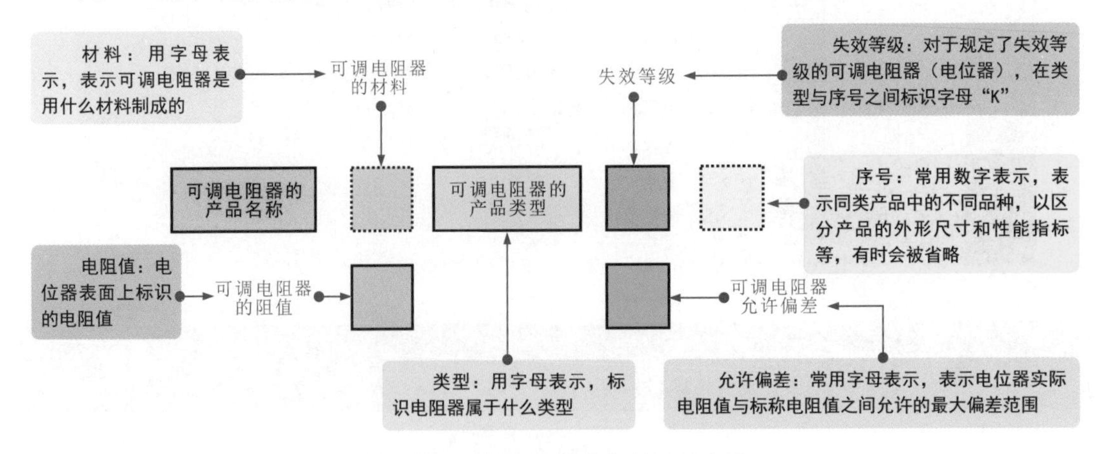

图 2-26　可调电阻器参数的识读方法

可调电阻器的产品名称和类型字母含义见表2-13、表2-14。

表2-13　可调电阻器产品名称字母含义

符号	WX	WH	WN	WD	WS	WI	WJ	WY	WF
产品名称	线绕型电位器	合成炭膜电位器	无机实芯电位器	导电塑料电位器	有机实芯电位器	玻璃釉膜电位器	金属膜电位器	氧化膜电位器	复合膜电位器

表2-14　可调电阻器类型字母含义

符号	G	H	B	W	Y	J	D	M	X	Z	P	T
产品类型	高压类	组合类	片式类	螺杆驱动预调类	旋转预调类	单圈旋转精密类	多圈旋转精密类	直滑式精密类	旋转式低功率	直滑式低功率	旋转式功率类	特殊类

2.3 电阻器的功能应用

电阻器自身对电流具有阻碍作用，应用在电路中可根据所构成电路的不同形式，起到限流、降压、分压等作用。

2.3.1 电阻器的限流功能

电阻器阻碍电流的流动是它最基本的功能。根据欧姆定律，当电阻两端的电压固定时，电阻值越大流过它的电流越小，因而电阻器常用作限流器件。

图2-27为电阻器的限流功能示意图。

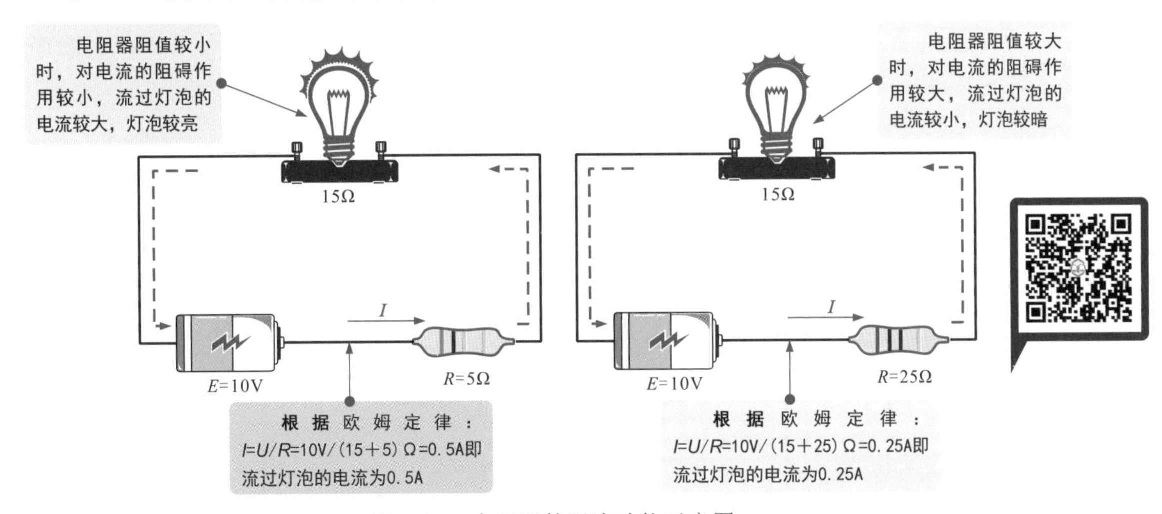

图2-27　电阻器的限流功能示意图

在该电路中，当电阻器的阻值较小时，它所限制的电流比较小，则流过灯泡的电流较大，灯泡较亮 当电阻器的阻值较大时，它所限制的电流比较大，则流过灯泡的电流较小，灯泡较暗。

2.3.2 电阻器的降压功能

电阻器的降压功能与限流功能相似，它是通过自身的阻值产生一定的压降，将送入的电压降低后再为其他部件供电，以满足电路中低电压的供电需求。

图 2-28 为电阻器的降压功能示意图。

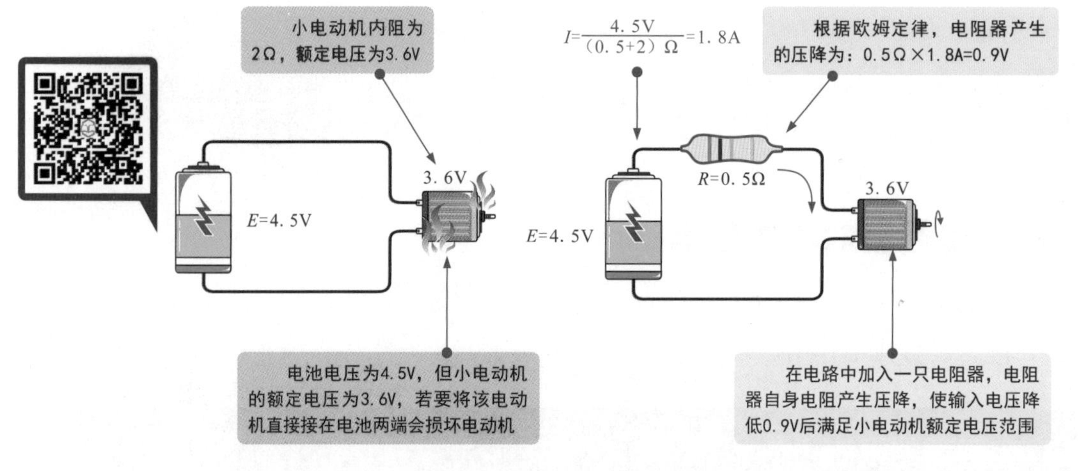

图 2-28　电阻器的降压功能示意图

2.3.3 电阻器的分压功能

电阻器的分压功能的实现通常需要两个或两个以上的电阻器串联起来接在电路中，那么两个电阻器可将送入的电压进行分压，电阻之间分别为不同的分压点。

图 2-29 为电阻器的分压功能示意图。

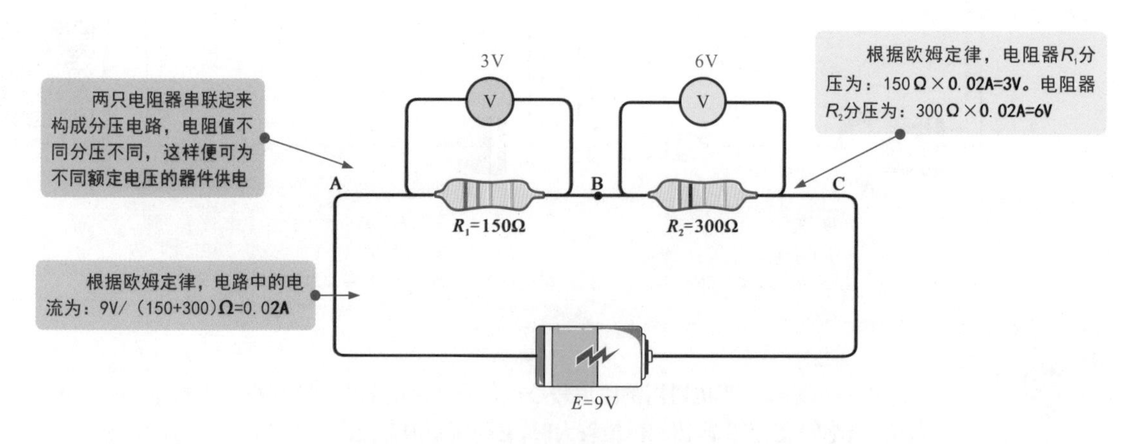

图 2-29　电阻器的分压功能示意图

2.3.4 热敏电阻器的功能应用

图 2-30 为热敏电阻器的典型应用。图中电路是由热敏电阻器（温度传感器）RT、电压比较器和音效电路等部分构成的。

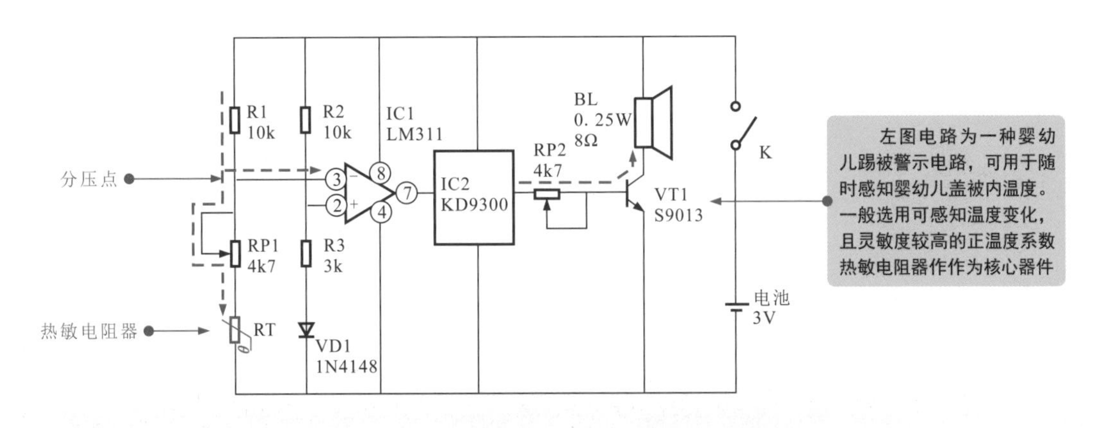

图 2-30　热敏电阻器作为温度传感器的典型应用

上图中，当外界温度降低时，RT 感知温度变化后，自身阻值减小，加到 LM311 的 3 脚直流电压会上升，从而使 IC1 的 7 脚的电压下降，IC2 被触发而发出音频信号，经 VT1 放大后驱动扬声器。

2.3.5 光敏电阻器的功能应用

图 2-31 为光敏电阻器的典型应用。图中电路是一种光控开关电路。当光照强度下降时，光敏电阻的阻值会随之升高，使 V1、V2 相继导通，继电器得电其常开触点闭合，从而实现对外电路的控制。

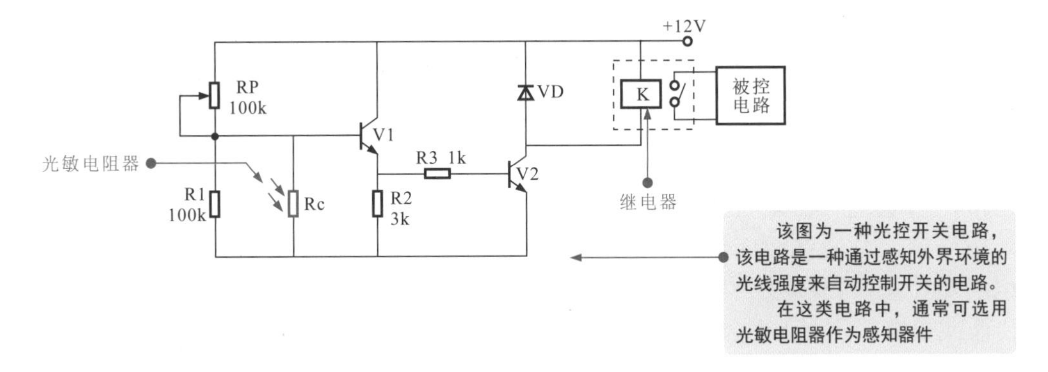

图 2-31　光敏电阻器作为环境光传感器的典型应用

2.3.6 湿敏电阻器的功能应用

图 2-32 为湿敏电阻器的典型应用。湿敏电阻器常作为检测湿度的传感器器件应用在电路中。

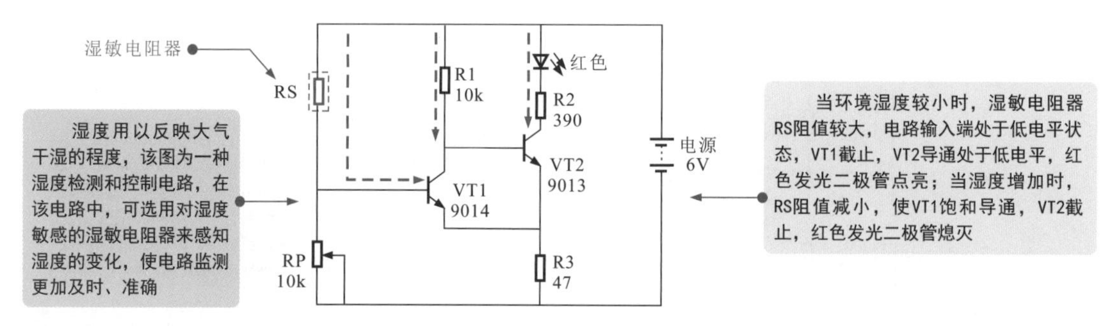

图 2-32　湿敏电阻器作为湿度传感器的典型应用

2.3.7 压敏电阻器的功能应用

图 2-33 为压敏电阻器的典型应用。压敏电阻器多应用于电源电路的交流输入部分，作为过压保护器件使用。

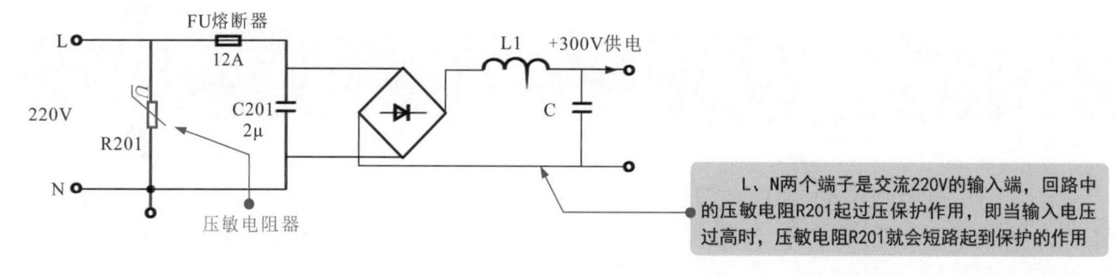

图 2-33　压敏电阻器的典型应用

2.3.8 气敏电阻器的功能应用

通常，气敏电阻器是将某种金属氧化物粉料添加少量铂催化剂、激活剂及其他添加剂，按一定比例烧结而成的半导体器件。它可以把某种气体的成分、浓度等参数转换成电阻变化量，再转换为电流、电压信号。常作为气体感测元件，制成各种气体的检测仪器或报警器产品，如酒精测试仪、煤气报警器、火灾报警器等。

图 2-34 为气敏电阻器的典型应用。该电路为煤气泄漏检测报警电路。它是由气敏传感器、晶闸管和报警音响产生芯片等器件构成的。

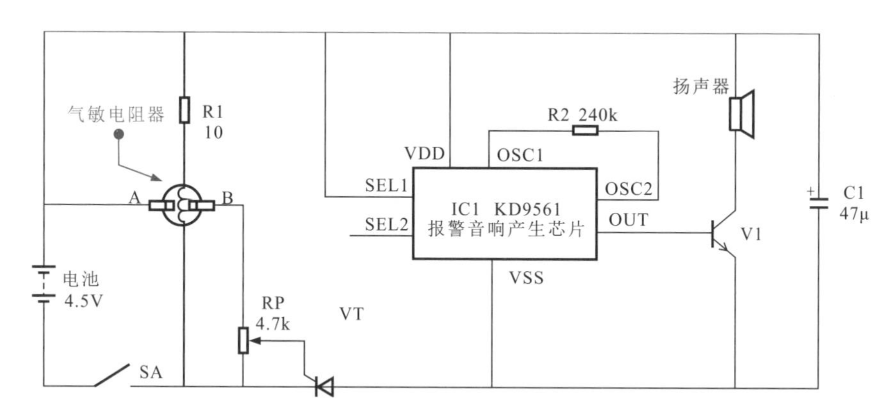

图 2-34 气敏电阻器的典型应用

该电路为煤气泄漏检测报警电路。它是由气敏传感器、晶闸管和报警音响产生芯片等器件构成的。当煤气等可燃性气体有泄漏时，气敏传感器 A、B 电极之间的阻抗会降低，则 B 极的电压会升高，该电压触发晶闸管 VT，使之导通，音响芯片和输出电路的电源被接通，IC1 输出报警声信号经 V1 放大后驱动扬声器（或蜂鸣器）报警。

2.3.9 可变电阻器的功能应用

图 2-35 为可变电阻器的典型应用，该电路利用可变电路器阻值可手动调整的特点，为电路输入端提供不同参数值，实现电路设计功能。

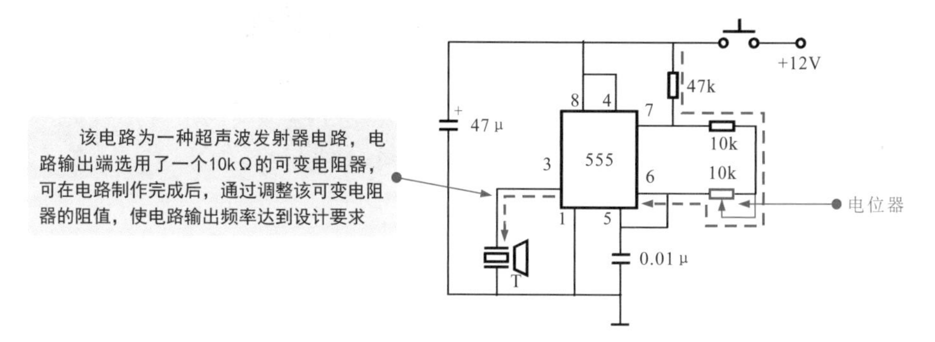

图 2-35 可变电阻器的典型应用

集成电路 555 的 3 脚输出驱动信号，并加到超声波发射器（T）上。555 集成电路的振荡频率取决于 5、6 脚外接的 *RC* 时间常数，为了使 555 电路的输出信号频率稳定在 40kHz（超声波频率）。在 555 集成电路的 5、6 脚外设有一个电位器（10 kΩ），在进行调试时，微调电位器，可使输出频率很容易达到设计要求。

在实际应用中，虽然可变电阻器的阻值可调，但一般在调整至设计要求的阻值后，便不再经常调整（一般可用胶固化，避免阻值发生变化引起电路参数变化）。而需要经常调整的可变电阻器又可称为电位器，适用于阻值经常调整且要求阻值稳定可靠的场合，例如作为电视机的亮度调谐器件、收音机的音量调节器件、VCD/DVD 操作面板上的调节器件等。

2.4 电阻器的检测方法

检测电阻器时，首先要识读待测电阻器的基本参数信息，然后使用万用表检测电阻器的阻值，并将测量结果与识读的参数信息比对，从而判别电阻器的性能。

2.4.1 色环电阻器的检测方法

检测色环电阻器时，一般先识读待测色环电阻器的标称阻值，然后使用万用表检测色环电阻器的实际阻值，将测量结果与识读的阻值比对，从而判别色环电阻器是否正常。图 2-36 为一只待测色环电阻器，色环颜色清晰，外观良好，首先对电阻器的阻值进行识读，确定电阻器的标称阻值后，使用万用表对该电阻器进行检测，根据测量结果判断该电阻器是否损坏。

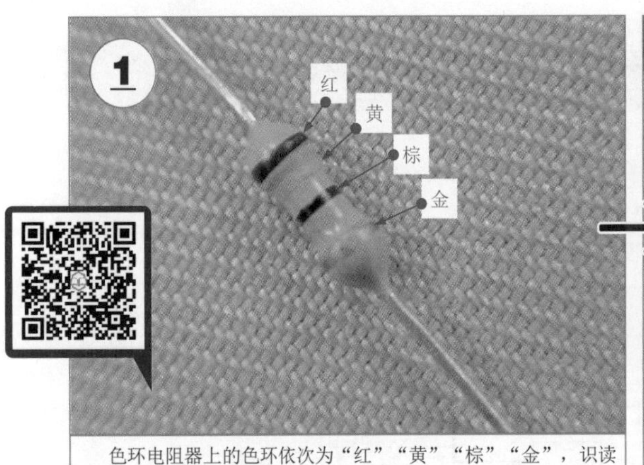

色环电阻器上的色环依次为“红”“黄”“棕”“金”，识读标称值为“240 Ω”，允许偏差为“±5%”。

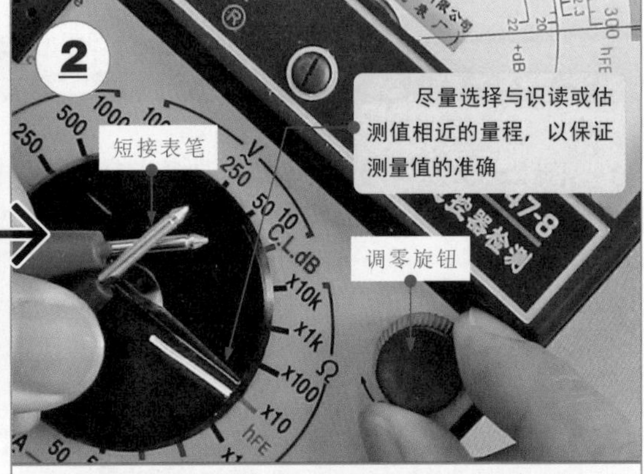

调整万用表的量程旋钮至“×10”欧姆挡，短接表笔进行零欧姆校正操作。

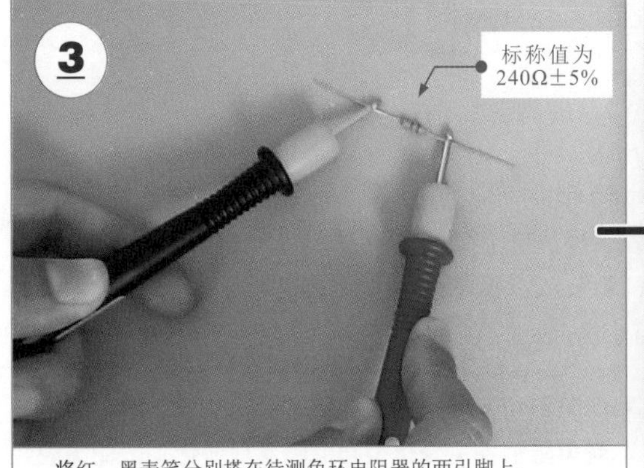

将红、黑表笔分别搭在待测色环电阻器的两引脚上。

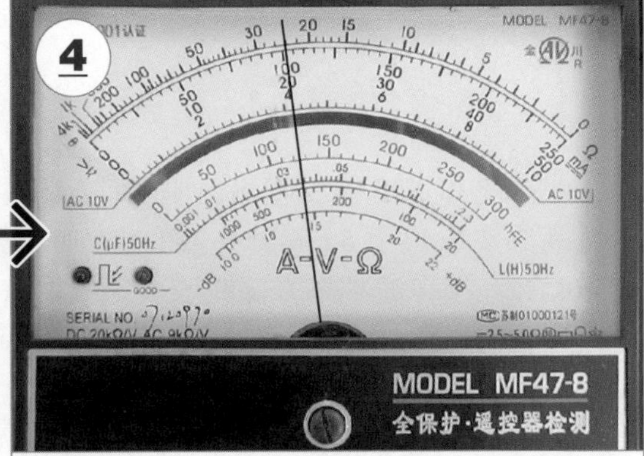

结合挡位设置（“×10”欧姆挡），观察指针指示的位置，识读当前测量值为24×10Ω＝240Ω，与标称值对照，电阻器正常。

图 2-36　色环电阻器的检测方法

借助万用表检测电阻器的注意事项和对测量结果的判断如下。

测量时，手不要碰到表笔的金属部分，也不要碰到电阻器的两只引脚，否则人体电阻并联在待测电阻器上会影响测量的准确性。若检测电路板上的电阻器，则可先将待测电阻器焊下，从电路板上取下（或使其中一个引脚脱离焊盘）进行开路检测，避免在路检测时因电路中其他元器件的影响造成测量值的偏差。一般有以下几种情况。

◆ 实测结果等于或十分接近所测量电阻器的标称阻值：这种情况表明所测电阻器正常。

◆ 实测结果远远大于所测量电阻器的标称阻值：这种情况可以直接判断该电阻器存在开路或阻值增大（比较少见）的现象，电阻器损坏。

提示说明

◆ 实测结果十分接近 0Ω：这种情况不能直接判断电阻器短路（电阻器短路故障不常见），可能是由于电阻器两端并联有小阻值的电阻器或电感器造成的，如图 2-37 所示，在这种情况下测量 R1 的电阻值，实际上测量的是线路中电感器 L1 的直流电阻，而电感器的直流电阻值通常很小。此时可将电阻器焊下后再进一步证实。

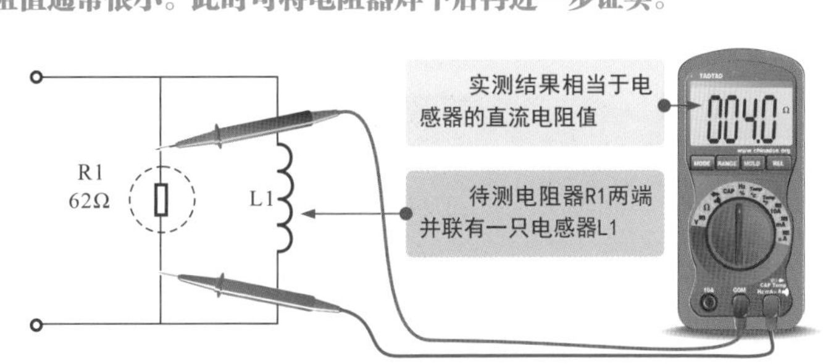

图 2-37 电阻器在路检测示意图

2.4.2 热敏电阻器的检测方法

检测热敏电阻器时，可使用万用表检测在不同温度下热敏电阻器的阻值，根据检测结果判断热敏电阻器是否正常。检测前，先识读热敏电阻器上的基本标识作为检测结果的对照依据，如图 2-38 所示。

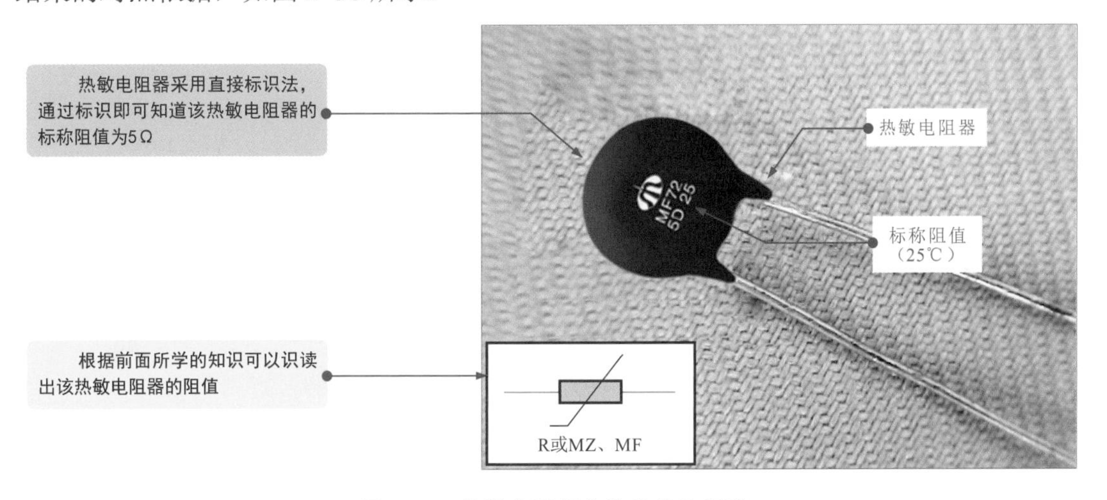

图 2-38 热敏电阻器参数信息的识读

图 2-39 为热敏电阻器的检测方法。

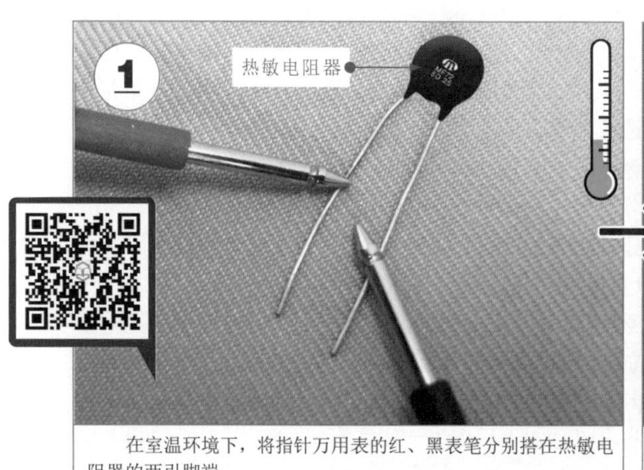

在室温环境下，将指针万用表的红、黑表笔分别搭在热敏电阻器的两引脚端。

万用表指针指示“5”（挡位设置为“×1”欧姆挡），识读测量值为5Ω，与标称值相同，正常。

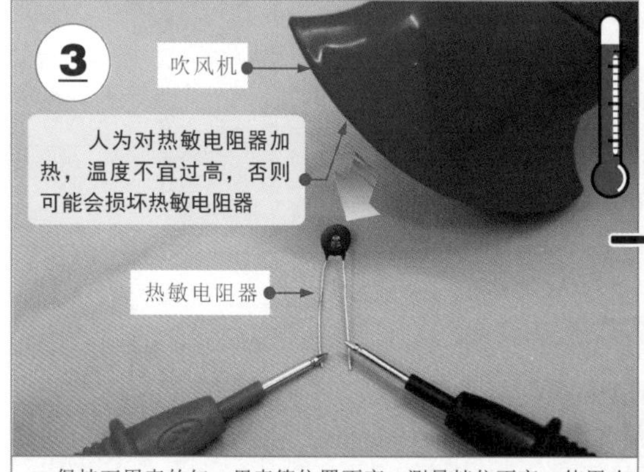

保持万用表的红、黑表笔位置不变，测量挡位不变，使用吹风机或电烙铁对热敏电阻器加热，改变温度条件。

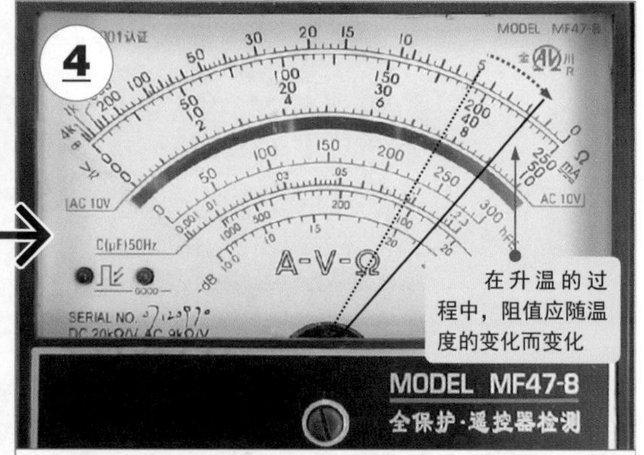

观察万用表表盘，指针慢慢向左摆动，指示的阻值明显下降（该热敏电阻器为负温度系数热敏电阻器）。

图 2-39 热敏电阻器的检测方法

在常温下，实测热敏电阻器的阻值接近标称值或与标称值相同，表明该热敏电阻器在常温下正常。红、黑表笔不动，使用吹风机或电烙铁加热热敏电阻器时，万用表的指针随温度的变化而摆动，表明热敏电阻器基本正常；若温度变化，阻值不变，则说明热敏电阻器的性能不良。

若在测试过程中阻值随温度的升高而增大，则该电阻器为正温度系数热敏电阻器（PTC）；若阻值随温度的升高而降低，则该电阻器为负温度系数热敏电阻器（NTC）。

2.4.3 光敏电阻器的检测方法

光敏电阻器的阻值会随外界光照强度的变化而变化。检测光敏电阻器时，可通过万用表测量待测光敏电阻器在不同光线下的阻值判断光敏电阻器是否损坏。

图 2-40 为分别在不同光线强度下检测光敏电阻器的阻值，根据检测结果的变化情况判断光敏电阻器的好坏。

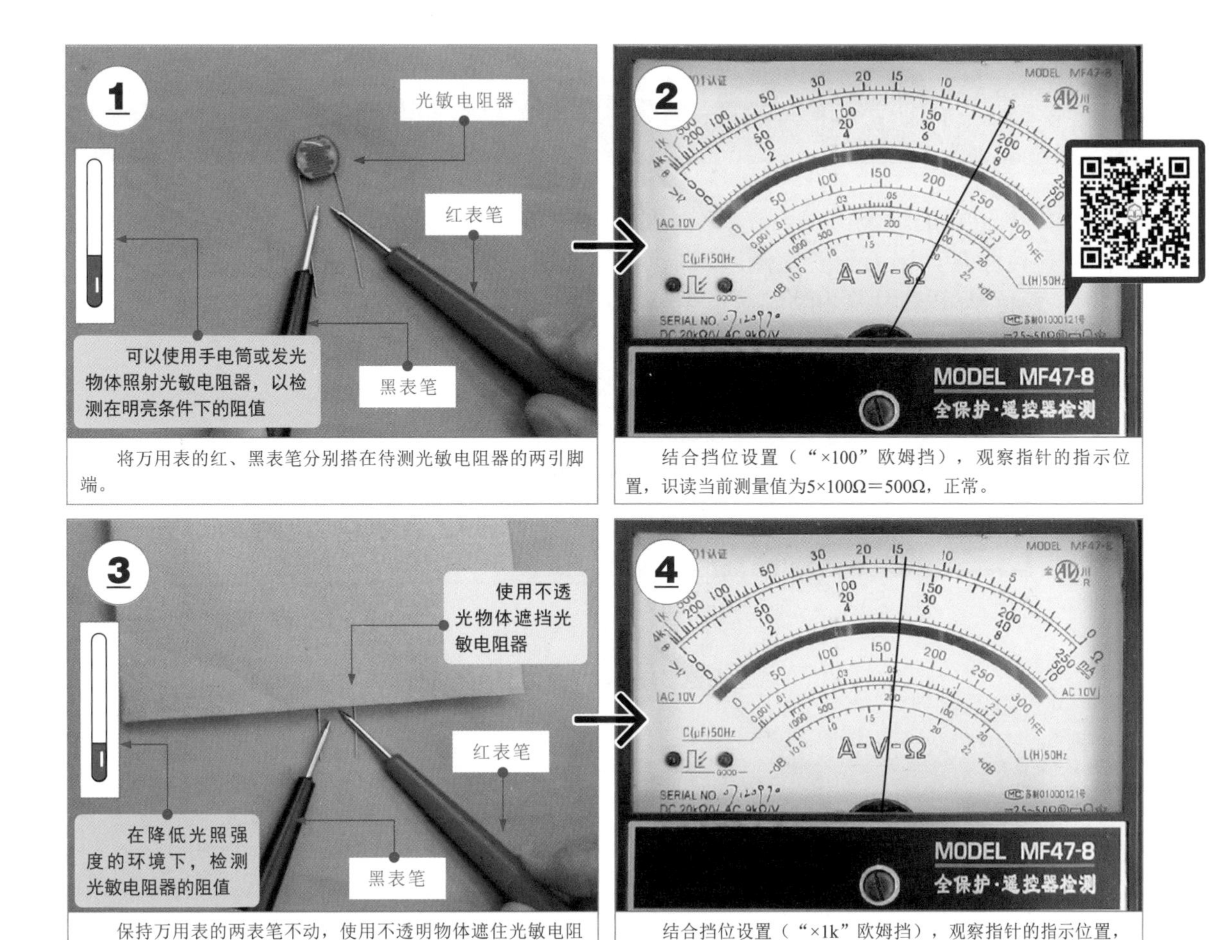

图 2-40　光敏电阻器的检测方法

光敏电阻器一般没有任何标识，实际检测时，可根据设计应用中所在电路的图纸资料了解标称阻值，如图2-41所示，或直接根据光照变化时阻值的变化情况判断性能好坏。

在正常情况下，光敏电阻器应有一个固定阻值，所在环境光线变化时，阻值随之变化，否则多为光敏电阻器异常。

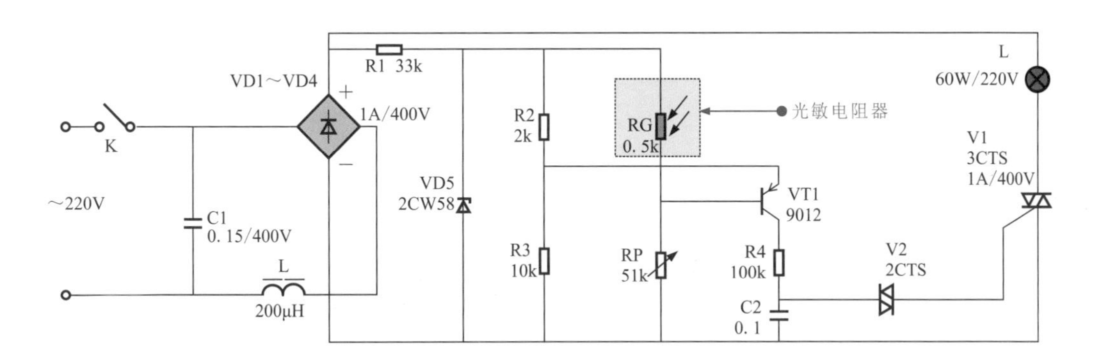

图 2-41　电路中光敏电阻器的标识

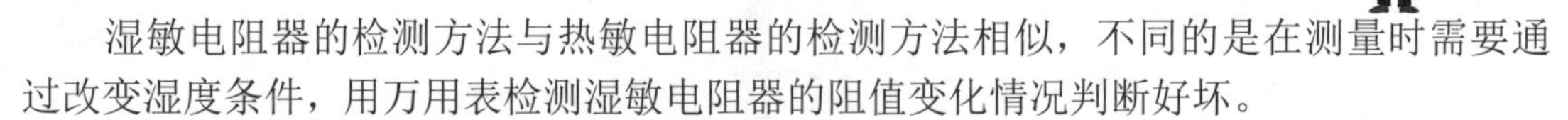

2.4.4　湿敏电阻器的检测方法

湿敏电阻器的检测方法与热敏电阻器的检测方法相似，不同的是在测量时需要通过改变湿度条件，用万用表检测湿敏电阻器的阻值变化情况判断好坏。

图 2-42 为电路中待测的湿敏电阻器。

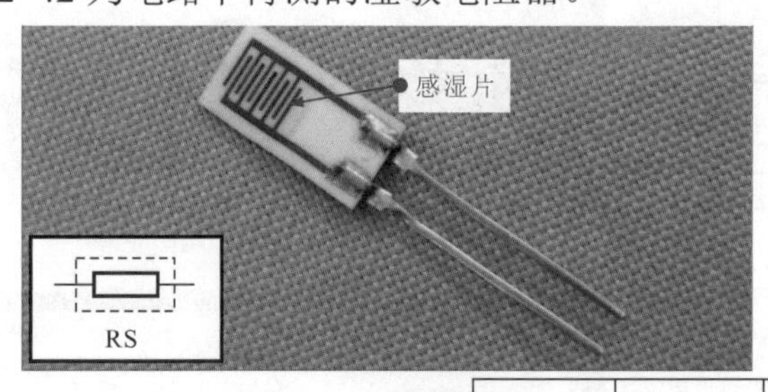

该电路是采用湿敏电阻器的报警电路，用于对儿童尿床进行及时提醒。当儿童床铺湿度发生明显变化时，及时发出提示音提示儿童有尿床的情况。

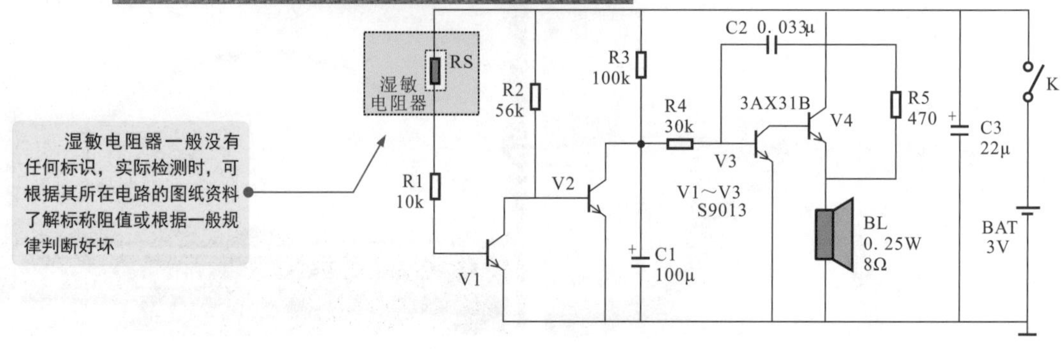

湿敏电阻器一般没有任何标识，实际检测时，可根据其所在电路的图纸资料了解标称阻值或根据一般规律判断好坏

图 2-42　电路中待测的湿敏电阻器

在正常状态下，湿敏电阻器的高阻抗使电路处于待机状态，此时 V1 截止、V2 导通。当婴幼儿尿床时，湿敏电阻器感知湿度的变化，电阻值变小，使 V1 导通、V2 截止，电源经 R3 为 C1 充电，并使 C1 的电压升高，当高到 V3 基极和发射极处于正偏压的情况时，V3 导通，V3、V4 组成的振荡电路起振，扬声器报警。

图 2-43 为湿敏电阻器的检测方法。

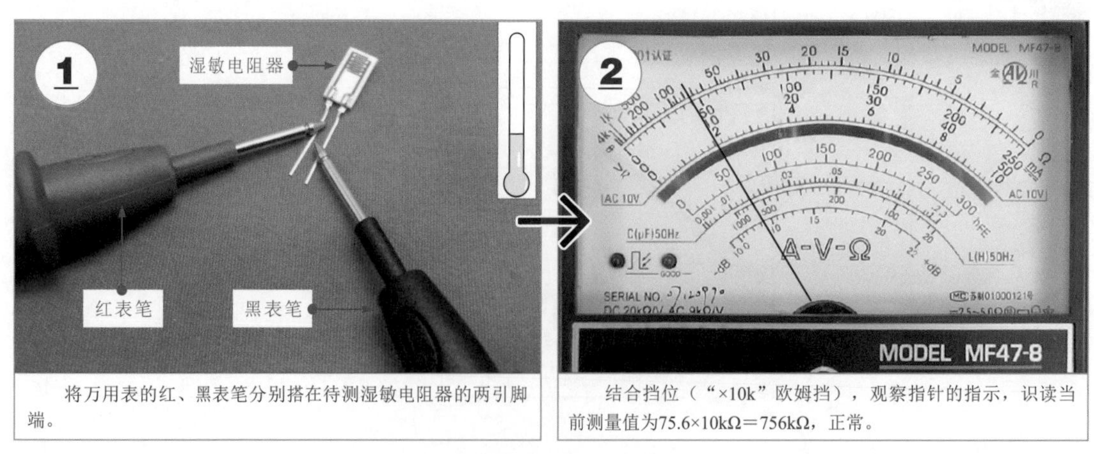

将万用表的红、黑表笔分别搭在待测湿敏电阻器的两引脚端。

结合挡位（“×10k”欧姆挡），观察指针的指示，识读当前测量值为75.6×10kΩ＝756kΩ，正常。

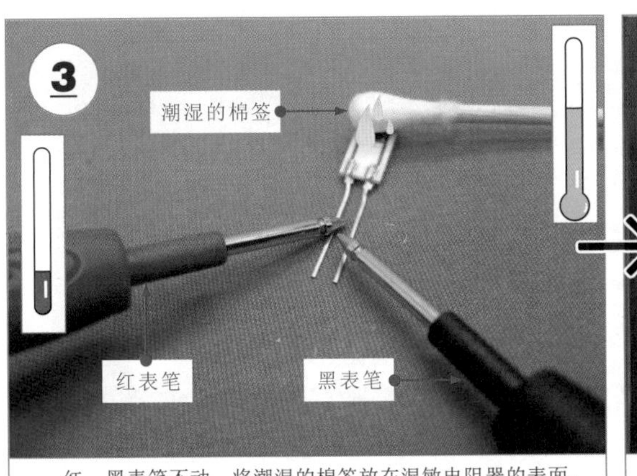

红、黑表笔不动，将潮湿的棉签放在湿敏电阻器的表面，增加湿敏电阻器的湿度。

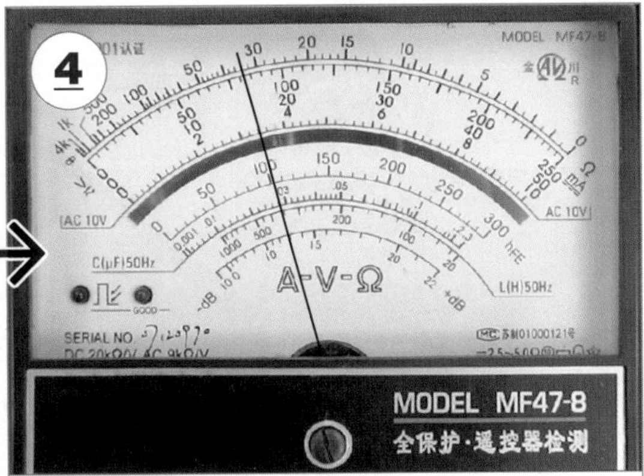

结合挡位设置（“×10k”欧姆挡），观察指针的指示位置，读取当前测量值为34×10kΩ=340kΩ，正常。

图 2-43　湿敏电阻器的检测方法

根据实测结果可对湿敏电阻器的好坏作出判断。

实际检测时，湿敏电阻器的阻值应随着湿度的变化而发生变化；

若周围环境的湿度发生变化，湿敏电阻器的阻值无变化或变化不明显，则多为湿敏电阻器感应湿度变化的灵敏度低或性能异常；

若实测湿敏电阻器的阻值趋近于零或无穷大，则说明该湿敏电阻器已经损坏；

如果当湿度升高时所测的阻值比正常湿度下所测的阻值大，则表明该湿敏电阻器为正湿度系数湿敏电阻器；

如果当湿度升高时所测的阻值比正常湿度下所测的阻值小，则表明该湿敏电阻器为负湿度系数湿敏电阻器。

由上可知，在湿度正常和湿度增大的情况下，湿敏电阻器都有一固定值，表明湿敏电阻器基本正常。若湿度变化，阻值不变，则说明该湿敏电阻器的性能不良。在一般情况下，湿敏电阻器若不受外力碰撞，不会轻易损坏。

2.4.5 压敏电阻器的检测方法

压敏电阻器一般可借助万用表检测阻值和搭建电路检测电压参数的方法判断其性能好坏。

1 压敏电阻器阻值的检测方法

检测压敏电阻器的阻值可判断压敏电阻器有无击穿短路故障。检测时，首先将万用表的挡位设置在欧姆挡，红、黑表笔分别搭在待测压敏电阻器的两引脚端检测压敏电阻器的阻值

图 2-44 为压敏电阻器阻值的检测方法。

用万用表检测压敏电阻器的阻值属于检测绝缘性能。在正常情况下，压敏电阻器的正、反向阻值均很大（大多压敏电阻器正、反向阻值接近无穷大），若出现阻值偏小的现象，则多为压敏电阻器已被击穿损坏。

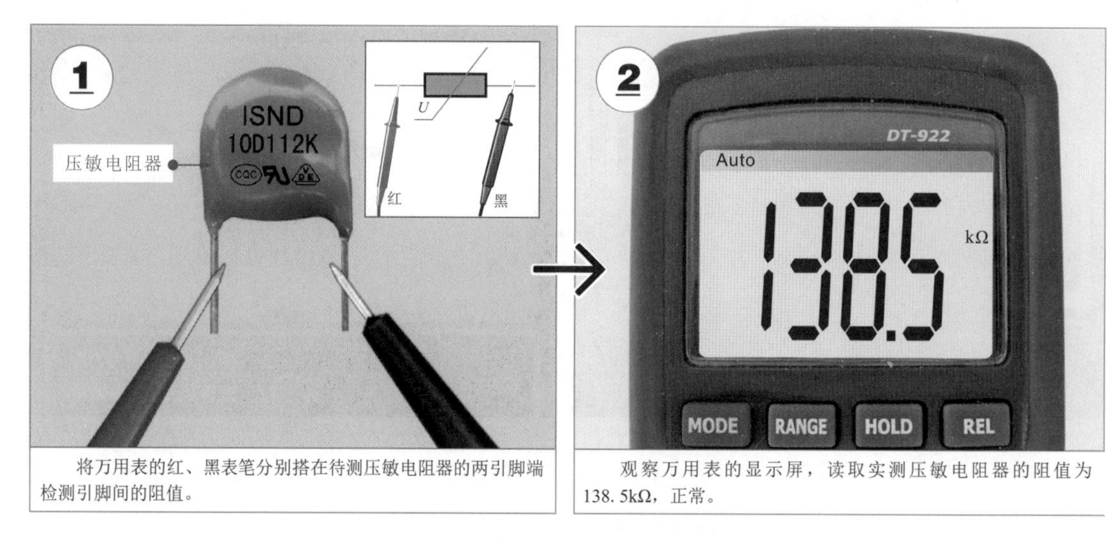

将万用表的红、黑表笔分别搭在待测压敏电阻器的两引脚端检测引脚间的阻值。

观察万用表的显示屏，读取实测压敏电阻器的阻值为138.5kΩ，正常。

图 2-44　压敏电阻器阻值的检测方法

2 搭建电路检测压敏电阻器的电压参数

根据压敏电阻器的过压保护原理，在交流输入电路中，当输入电压过高时，压敏电阻器的阻值急剧减小，使串联在输入电路中的熔断器熔断，切断电路，起到保护作用。根据此特点，也可搭建电路，检测压敏电阻器的标称工作电压来判断性能好坏。

图 2-45 为搭建电路检测压敏电阻器的电压参数。

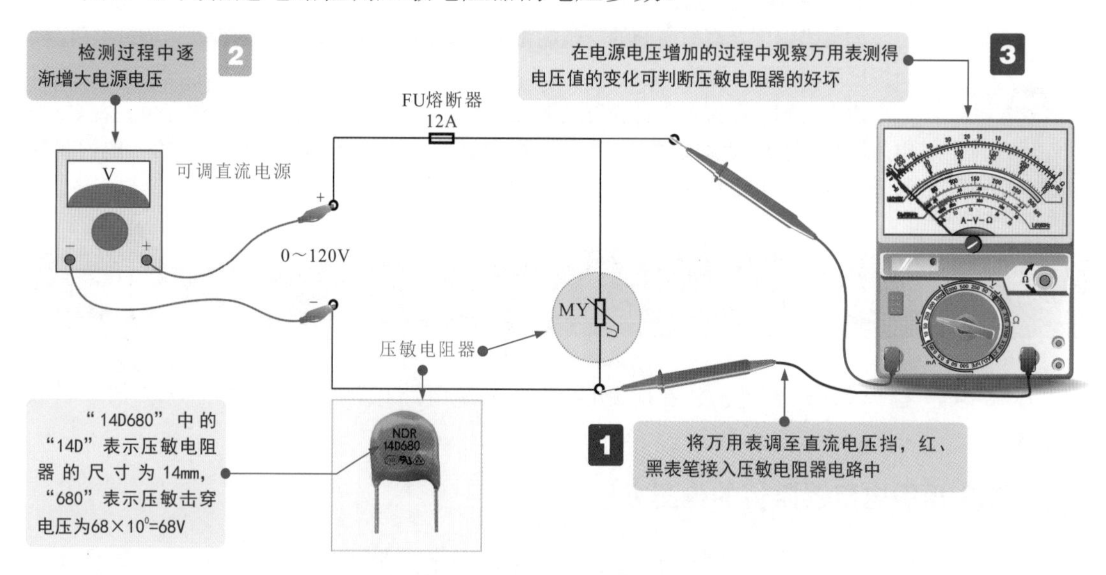

图 2-45　搭建电路检测压敏电阻器的电压参数

提示说明

在如图 2-45 所示的检测过程中，逐渐加大供电电压时，通过万用表指示电压的变化即可判断所测压敏电阻器的性能好坏。

当电源电压低于或等于 68V 时，压敏电阻呈高阻状态，万用表指针指示电压值，此时电路中的电压值等于输出电压。

当电源电压大于 68V 时，压敏电阻呈低阻状态，万用表显示电路输出电压突然为零，表明电阻值急剧变小，熔断器熔断，对电路进行保护。

2.4.6 气敏电阻器的检测方法

不同类型气敏电阻器可检测的气体类别不同。检测时，应根据气敏电阻器的具体功能改变其周围可测气体的浓度，同时用万用表检测气敏电阻器，根据数据变化的情况判断好坏。

如图 2-46 所示，气敏电阻器正常工作需要一定的工作环境，判断气敏电阻器的好坏需要将其置于电路环境中，满足其对气体的检测条件后再检测。

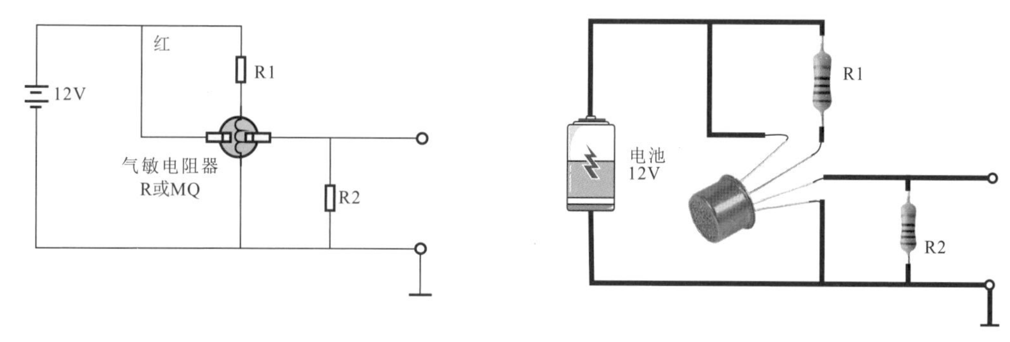

图 2-46　搭建气敏电阻器的检测电路

在直流供电条件下，气敏电阻器根据敏感气体（这里以丁烷气体为例）的浓度变化，阻值发生变化，可在电路的输出端（R2 端）检测电压的变化进行判断。检测前，首先搭建电路的检测环境。

图 2-47 为在电路环境中检测气敏电阻器的方法。

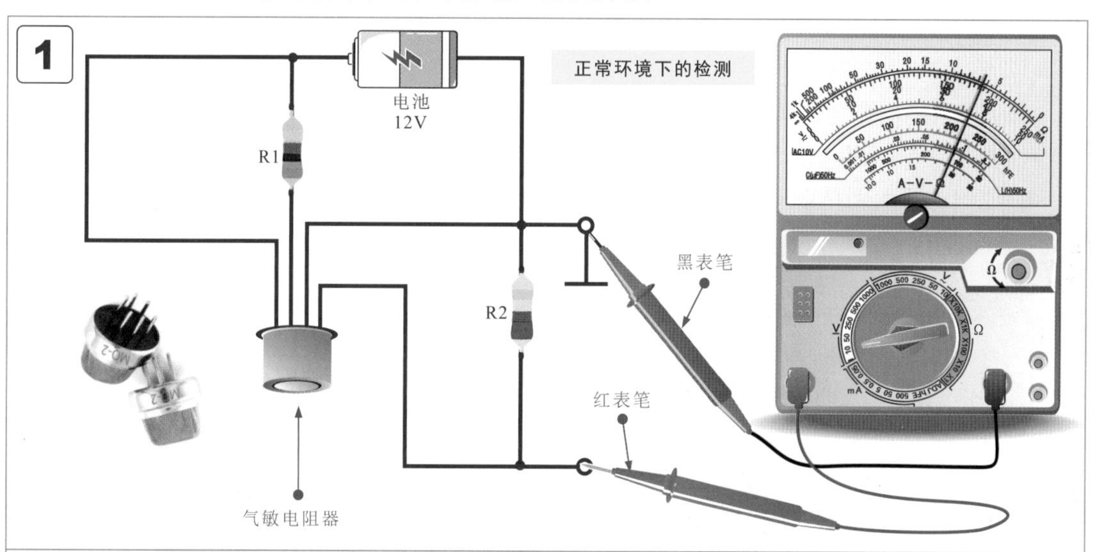

将气敏电阻器接入电路中，将万用表的黑表笔搭在接地端，红表笔搭在电路输出端，观察万用表的指针指示位置，识读当前测量值为直流6. 5V，正常。

图 2-47

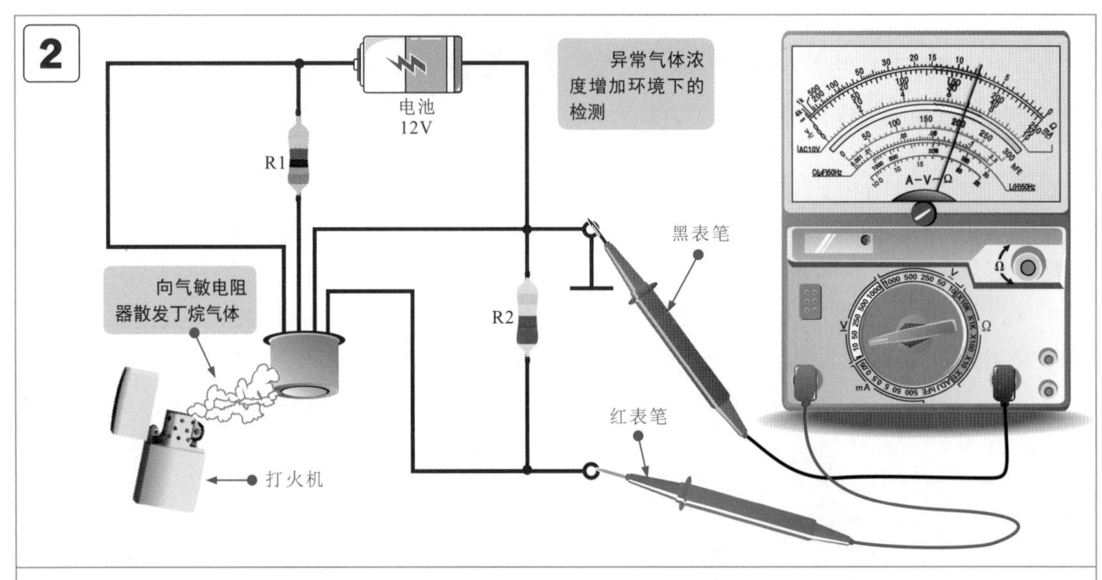

保持万用表的红、黑表笔不动，按下打火机（内装丁烷气体）按钮，使打火机气体出口对准气敏电阻器，观察指针的指示位置，读取当前测量值为直流7.6V，正常。

图 2-47　在电路环境中检测气敏电阻器的方法

根据实测结果可对气敏电阻器的好坏作出判断：

将气敏电阻器放置在电路中，气敏电阻器检测到气体浓度发生变化时所在电路中的电压参数也应发生变化，否则，多为气敏电阻器损坏。

2.4.7 可调电阻器的检测方法

检测可调电阻器的阻值之前，应首先区分待测可调电阻器的引脚，为可调电阻器的检测提供参照标准。

图 2-48 为识别待测可调电阻器的引脚功能。

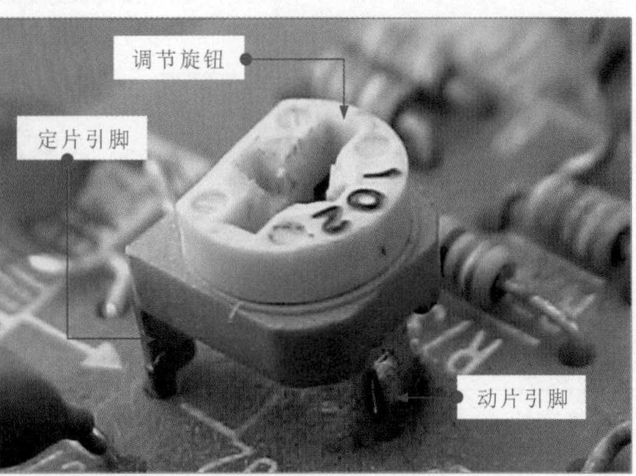

图 2-48　识别待测可调电阻器的引脚功能

图 2-49 为可调电阻器的检测方法。

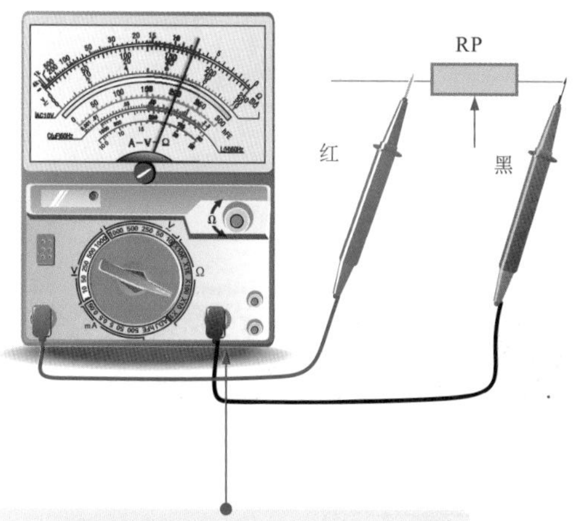

可调电阻器两定片之间阻值的检测方法

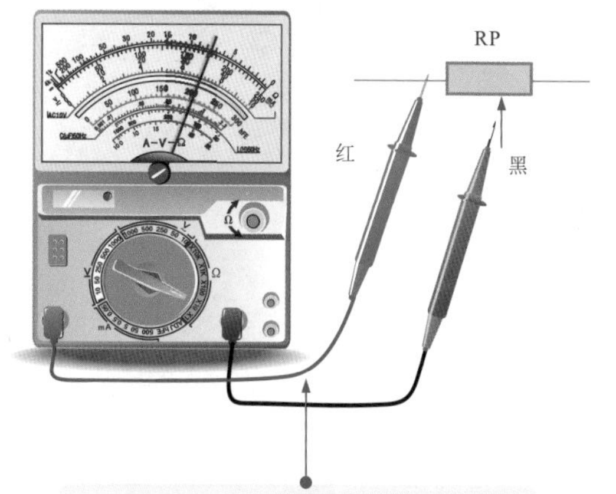

可调电阻器动片和某一定片之间阻值的检测方法

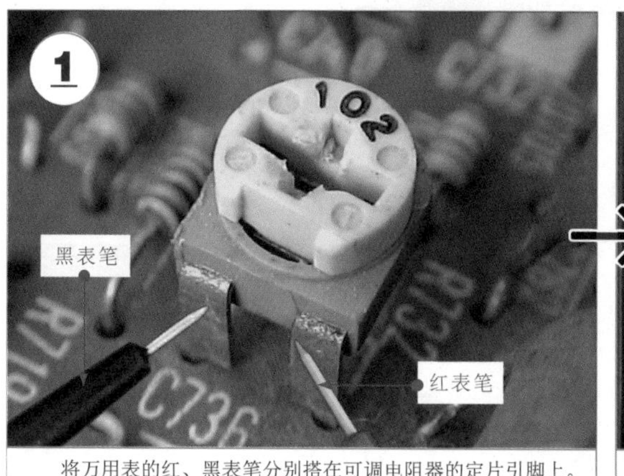

将万用表的红、黑表笔分别搭在可调电阻器的定片引脚上。

结合挡位设置（“×10”欧姆挡），观察指针的指示位置，识读当前的测量值为20×10Ω=200Ω。

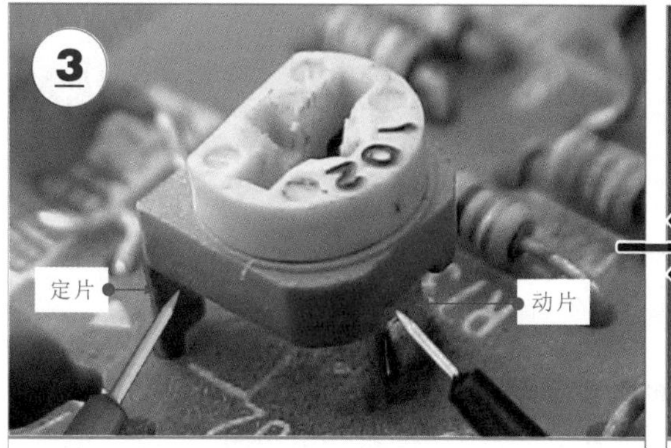

将万用表的红表笔搭在可调电阻器的某一定片引脚上，黑表笔搭在动片引脚上。

结合挡位设置（“×10”欧姆挡），观察指针的指示位置，识读当前的测量值为7×10Ω=70Ω。

图 2-49

保持万用表的黑表笔不动，将红表笔搭在另一定片引脚上。

结合挡位的设置（“×10”欧姆挡），观察指针的指示位置，识读当前的测量值为7×10Ω＝70Ω。

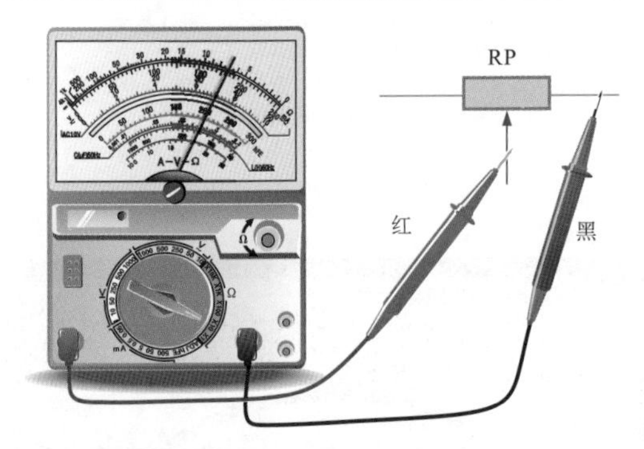

动片与另一定片之间阻值的检测方法

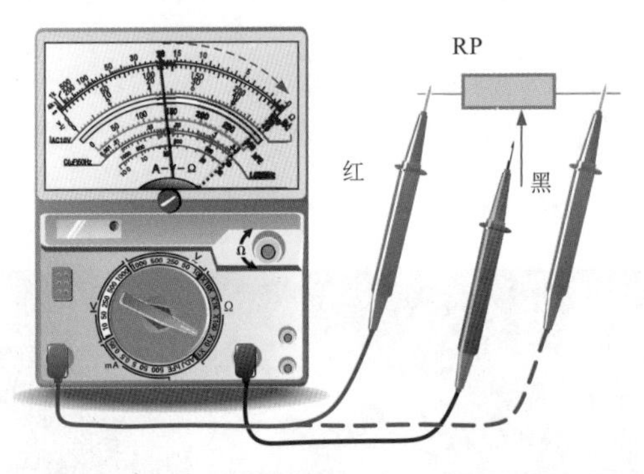

动片与定片之间最大阻值和最小阻值的检测方法

将两表笔搭在可调电阻器的定片引脚和动片引脚上，使用螺钉旋具分别顺时针和逆时针调节可调电阻器的调整旋钮。

在正常情况下，随着螺钉旋具的转动，万用表的指针在零到标称值之间平滑摆动。

图 2-49　可调电阻器的检测方法

在路测量时应注意外围元器件的影响，根据实测结果对可调电阻器的好坏作出判断：
若两定片之间的阻值趋近于 0 或无穷大，则该可调电阻器已经损坏；
在正常情况下，定片与动片之间的阻值应小于标称值；
若定片与动片之间的最大阻值和定片与动片之间的最小阻值十分接近，则说明该可调电阻器已失去调节功能。

第3章 电容器的功能特点与识别检测

3.1 电容器的种类特点

3.1.1 了解电容器的分类

电容器是一种可储存电能的元件（储能元件），通常简称为电容。它与电阻器一样，几乎每种电子产品中都有电容器。图 3-1 为电路板上的电容器。

图 3-1　典型电子产品电路板上的电容器

电容器的种类很多，根据其电容量是否可调，主要可分为固定电容器和可变电容器两大类；根据电容器引脚的极性，可分为无极性电容器和有极性电容器（电解电容器）。归纳起来，电容器可分为普通电容器、电解电容器和可变电容器。

3.1.2 普通电容器

常见的普通电容器主要有色环电容器、纸介电容器、瓷介电容器、云母电容器、涤纶电容器、玻璃釉电容器、聚苯乙烯电容器等。

1 色环电容器

色环电容器是指在电容器的外壳上标识有多条不同颜色的色环，用以标识电容量。该类电容器与色环电阻器十分相似，如图 3-2 所示。

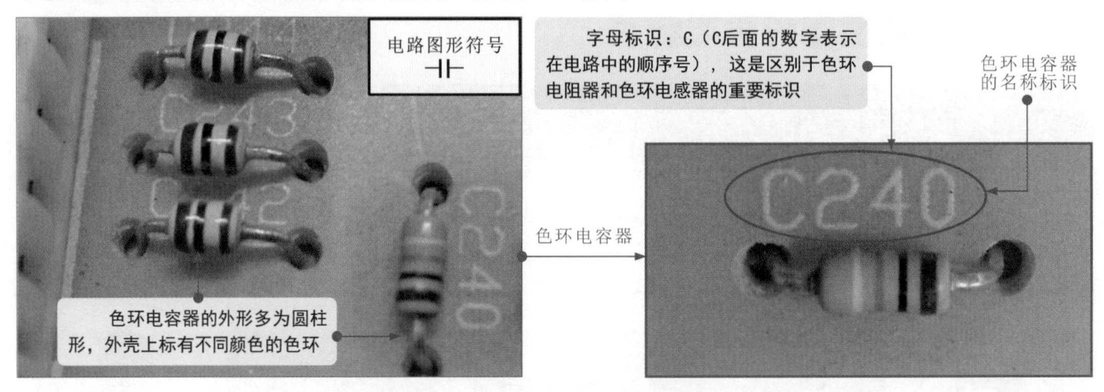

图 3-2 色环电容器的实物外形

普通电容器也称为无极性电容器，是指电容器的两引脚没有正、负极性之分，使用时，两引脚可以交换连接。在大多情况下，普通电容器由于材料和制作工艺的特点，在生产时电容量已经被固定，因此也属于电容量固定的电容器。

2 纸介电容器

纸介电容器是以纸为介质的电容器，如图 3-3 所示，用两层带状的铝或锡箔中间垫上浸过石蜡的纸卷成筒状，再装入绝缘纸壳或金属壳中，两引出脚用绝缘材料隔离。

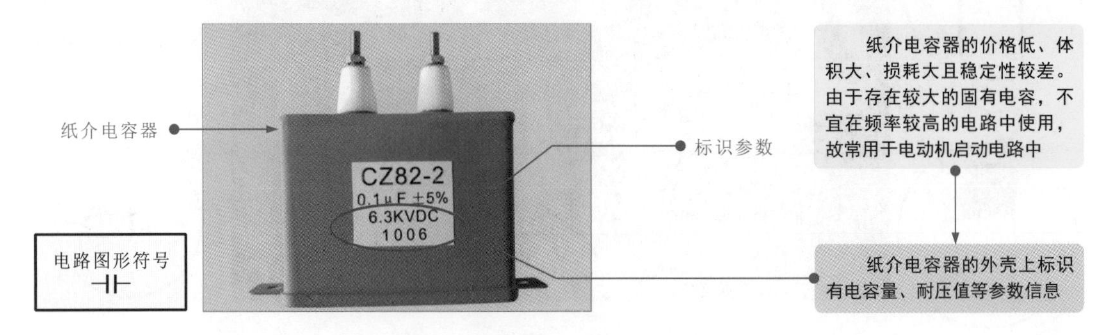

图 3-3 纸介电容器的实物外形

在实际应用中，有一种金属化纸介电容器，在涂有醋酸纤维漆的电容器纸上再蒸镀一层厚度为0.1μm的金属膜作为电极，然后将这种金属化的纸卷绕成芯子，装上引线并放入外壳内封装而成，如图3-4所示。该电容器比普通纸介电容器体积小，但其容量较大，且受高压击穿后具有自恢复能力，广泛应用于自动化仪表、自动控制装置及各种家用电器中，不适于高频电路。

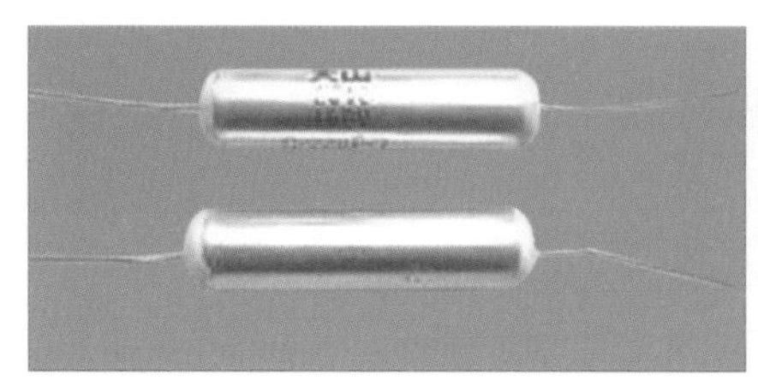

图3-4　金属化纸介电容器的实物外形

3 瓷介电容器

瓷介电容器以陶瓷材料作为介质，在其外层常涂以各种颜色的保护漆，并在陶瓷片上覆银制成电极，如图3-5所示。这种电容器的损耗较小，稳定性好，且耐高温、高压，是应用最多的一种电容器。

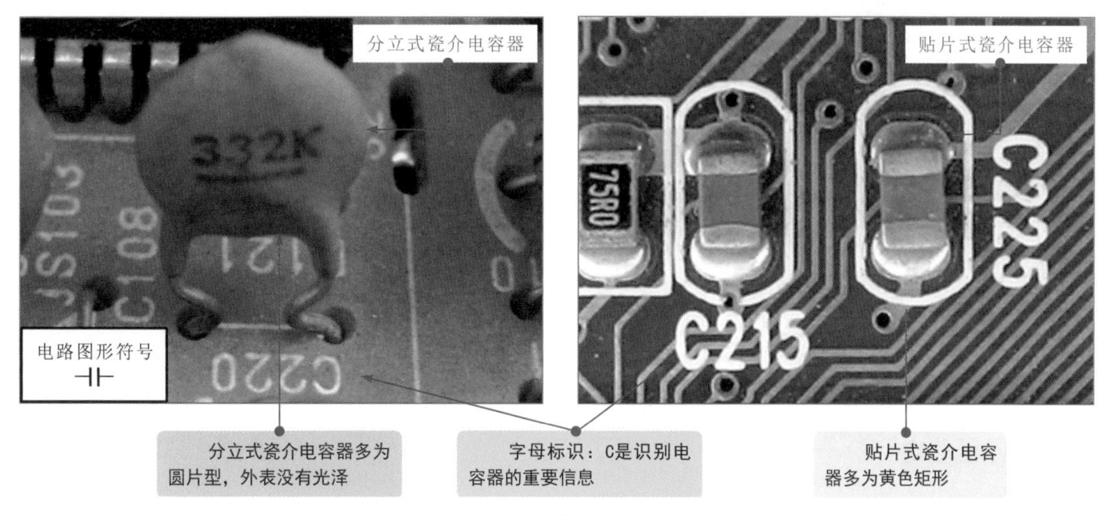

图3-5　瓷介电容器的实物外形

4 云母电容器

云母电容器是以云母作为介质的电容器，通常以金属箔作为电极，外形通常为矩形，如图3-6所示。

云母电容器的电容量较小，只有几皮法（pF）至几千皮法，具有可靠性高、频率特性好等特点，适用于高频电路。

5 涤纶电容器

涤纶电容器是一种采用涤纶薄膜为介质的电容器，又可称为聚酯电容器，如图3-7所示。

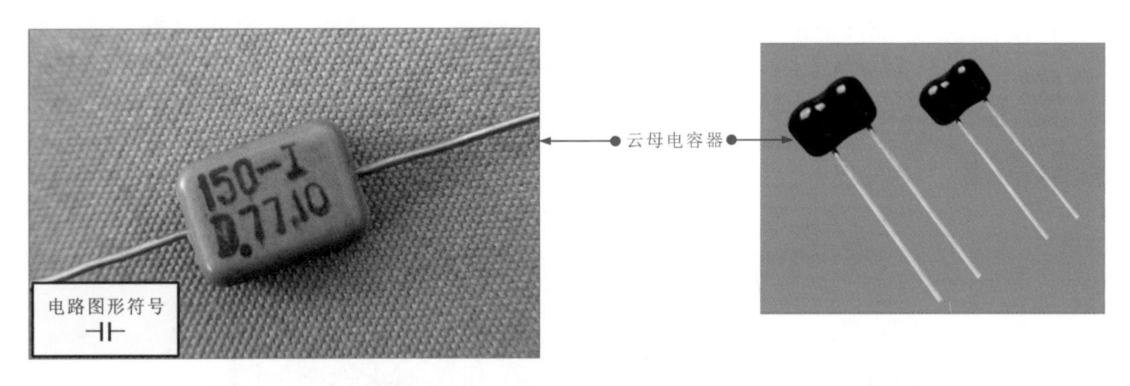

图 3-6　云母电容器的实物外形

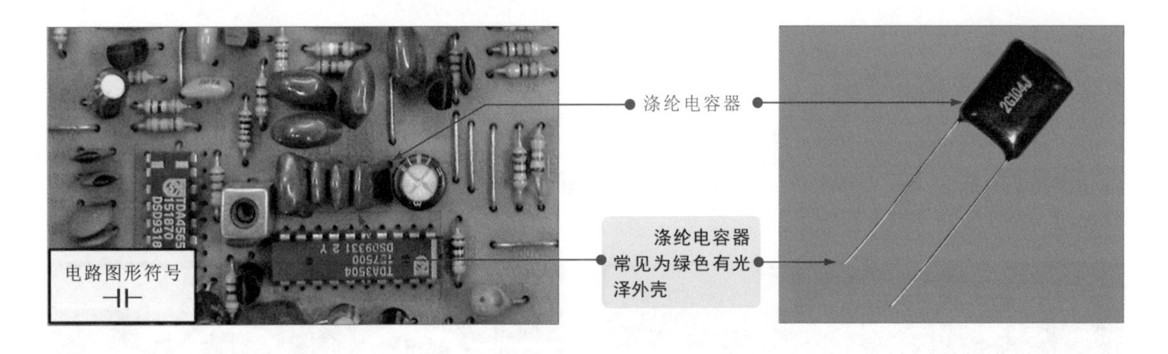

图 3-7　涤纶电容器的实物外形

涤纶电容器的成本较低，耐热、耐压和耐潮湿的性能都很好，但稳定性较差，通常适用于稳定性要求不高的电路中，例如，在彩色电视机或收音机的耦合、隔直流等电路中常有应用。

6　玻璃釉电容器

玻璃釉电容器是一种使用玻璃釉粉压制的薄片为介质的电容器，如图 3-8 所示。这种电容器的电容量一般为 10 ～ 3300pF，耐压值有 40V 和 100V 两种，具有介电系数大、耐高温、抗潮湿性强、损耗低等特点。

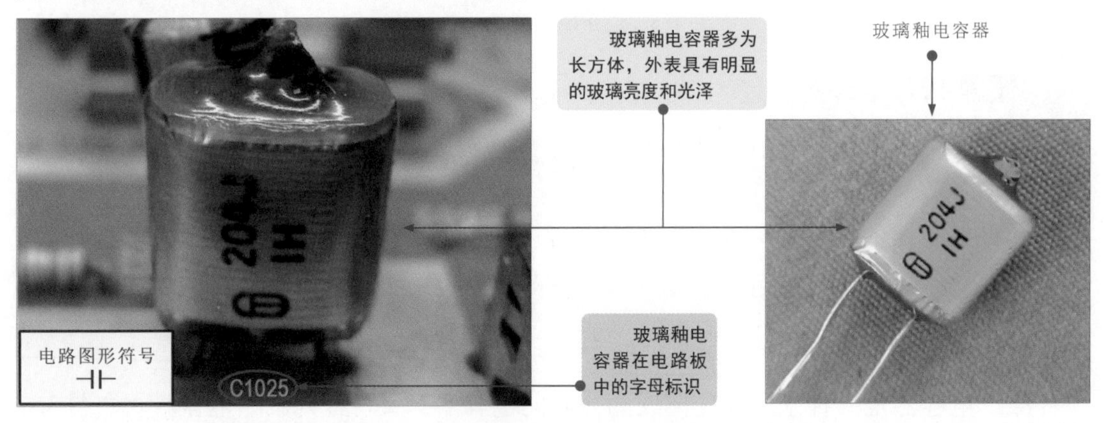

图 3-8　玻璃釉电容器的实物外形

7 聚苯乙烯电容器

聚苯乙烯电容器是以非极性的聚苯乙烯薄膜为介质制成的电容器，内部通常采用两层或三层薄膜与金属电极交叠绕制，如图 3-9 所示。这种电容器的成本低、损耗小、绝缘电阻高、电容量稳定，多应用于对电容量要求精确的电路中。

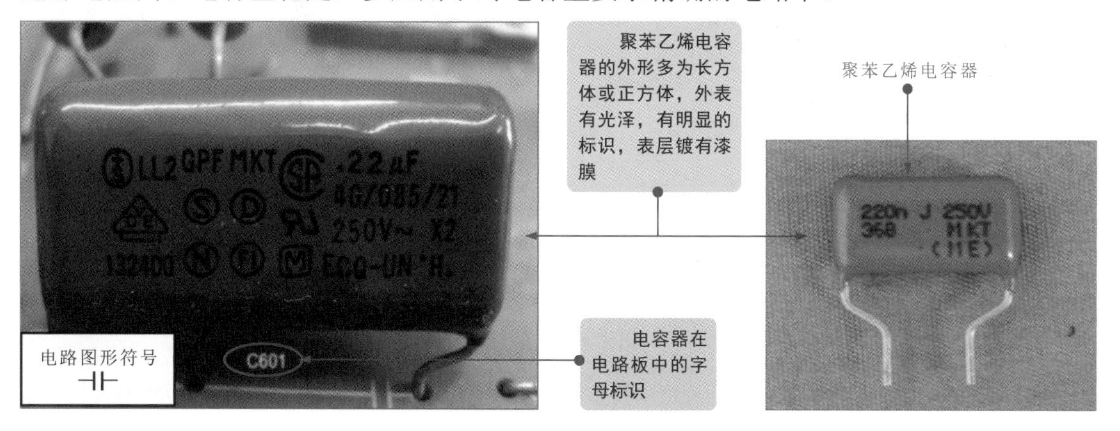

图 3-9 聚苯乙烯电容器的实物外形

不同类型电容器的电容量和额定电压值的规格不同。表 3-1 为普通电容器电容量的规格。

表 3-1 普通电容器电容量的规格

名称	规格	名称	规格
纸介电容器	中小型纸介电容器的电容量范围：470pF～0.22μF；金属壳密封纸介电容器的电容量范围：0.01pF～10μF	涤纶电容器	电容量范围：40pF～4μF
瓷介电容器	电容量范围：1pF～0.1μF	玻璃釉电容器	电容量范围：10pF～0.1μF
云母电容器	电容量范围：10pF～0.5μF	聚苯乙烯电容器	电容量范围：10pF～1μF

3.1.3 电解电容器

常见电解电容器与上述几种普通电容器不同，引脚有明确的正、负极之分，因此也称为有极性电容器。在使用该类电容器时，两引脚的极性不可接反。

常见电解电容器按电极材料的不同，主要有铝电解电容器和钽电解电容器两种。

1 铝电解电容器

铝电解电容器是一种液体电解质电容器，根据介电材料的状态不同，分为普通铝电解电容器（液态铝质电解电容器）和固态铝电解电容器（简称固态电容器）两种，如图 3-10 所示，是目前应用最广泛的电容器。

铝电解电容器的电容量较大，与无极性电容器相比，绝缘电阻低、漏电流大、频率特性差，容量和损耗会随周围环境和时间的变化而变化，特别是当温度过低或过高的情况下，长时间不用还会失效，因此，铝电解电容器多用于低频、低压电路中。

图 3-10 铝电解电容器的实物外形

铝电解电容器的规格多种多样，外形也根据制作工艺有所不同，常见的有焊针型铝电解电容器、螺栓型铝电解电容器、轴向铝电解电容器，如图 3-11 所示。

焊针型铝电解电容器

螺栓型铝电解电容器

轴向铝电解电容器

图 3-11 不同类型的铝电解电容器

2 钽电解电容器

钽电解电容器是采用金属钽作为正极材料制成的电容器，主要有固体钽电解电容器和液体钽电解电容器两种。其中，固体钽电解电容器根据安装的形式不同，又分为分立式钽电解电容器和贴片式钽电解电容器，如图 3-12 所示。

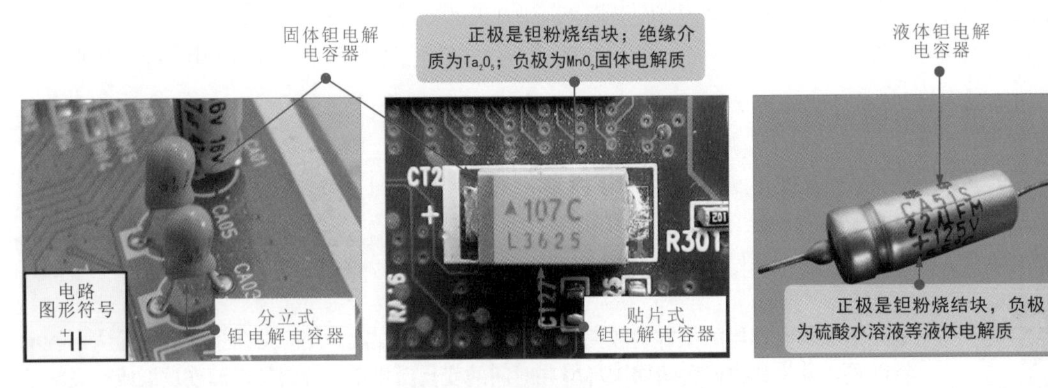

图 3-12 钽电解电容器的实物外形

钽电解电容器的温度特性、频率特性和可靠性都比铝电解电容器好，特别是漏电流极小、电荷储存能力好、寿命长、误差小，但价格较高，通常用于高精密的电子电路中。

关于电容器的漏电电流：

当电容器加上直流电压时，由于电容介质不是完全的绝缘体，因此电容器就会有漏电电流产生，若漏电电流过大，电容器就会发热烧坏。通常，电解电容器的漏电电流会比其他类型的电容器大。因此，常用漏电电流表示电解电容器的绝缘性能。

关于电容器的漏电电阻：

由于电容两极之间的介质不是绝对的绝缘体，电阻不是无限大，而是一个有限的数值，一般很精确，如534kΩ、652kΩ。电容两极之间的电阻叫做绝缘电阻，也叫漏电电阻，大小是额定工作电压下的直流电压与通过电容的漏电电流的比值。漏电电阻越小，漏电越严重。电容漏电会引起能量损耗，这种损耗不仅影响电容的寿命，而且会影响电路的工作。因此，电容器的漏电电阻越大越好。

3.1.4 可变电容器

可变电容器是指电容量在一定范围内可调节的电容器。一般由相互绝缘的两组极片组成。其中，固定不动的一组极片称为定片，可动的一组极片称为动片。通过改变极片间的相对有效面积或片间距离使电容量相应地变化。可变电容器主要用在无线电接收电路中选择信号（调谐）。

可变电容器按照结构的不同又可分为微调可变电容器、单联可变电容器、双联可变电容器和四联可变电容器。

1 微调可变电容器

微调可变电容器又叫半可调电容器，电容量调整范围小，常见的有瓷介微调电容器、管形微调电容器（拉线微调电容器）、云母微调电容器、薄膜微调电容器等，电容量一般为5～45pF，主要用于收音机的调谐电路中。

图3-13为典型微调可变电容器的实物外形。

图3-13 典型微调可变电容器的实物外形

2 单联可变电容器

单联可变电容器是用相互绝缘的两组金属铝片对应组成的，如图 3-14 所示。其中一组为动片，另一组为定片，中间以空气为介质。调整单联可变电容器上的转轴时，可带动内部动片转动，由此可以改变定片与动片的相对位置，使电容量作相应变化。这种电容器的内部只有一个可调电容器。

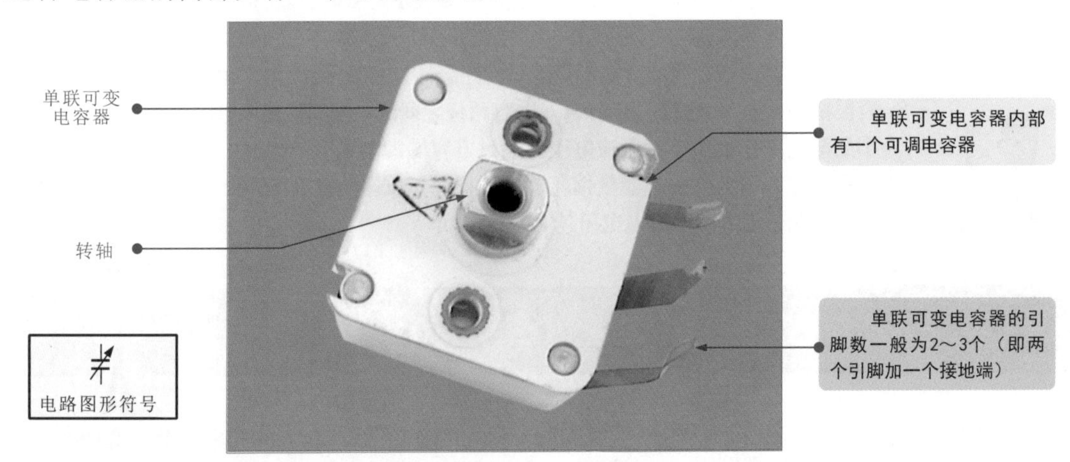

图 3-14 单联可变电容器的实物外形

3 双联可变电容器

双联可变电容器可以简单理解为由两个单联可变电容器组合而成，如图 3-15 所示。调整时，两联电容同步变化。这种电容器的内部结构与单联可变电容器相似，只是一根转轴带动两个电容器的动片，两个电容器的动片同步转动。

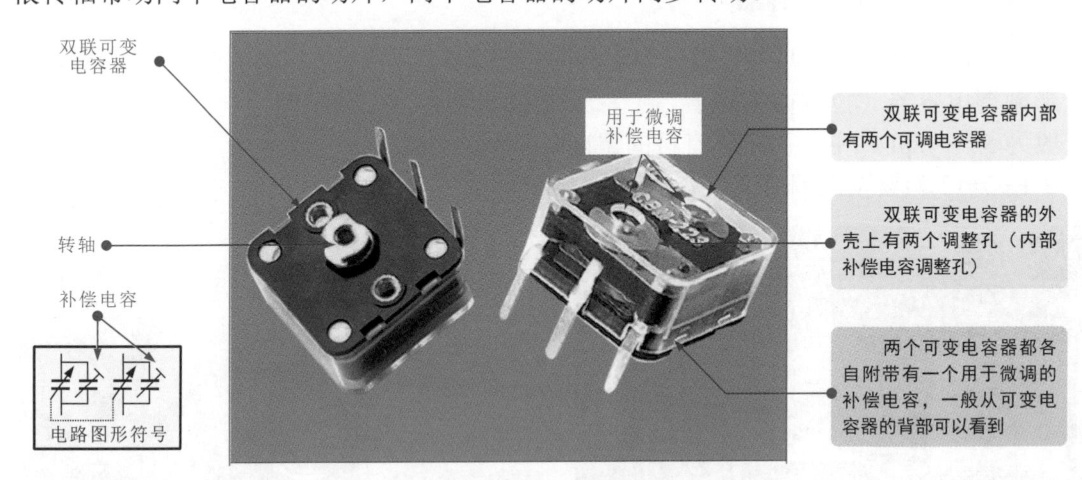

图 3-15 双联可变电容器的实物外形

4 四联可变电容器

四联可变电容器的内部包含有四个单联可同步调整的电容器。图 3-16 为四联可变电容器的实物外形。

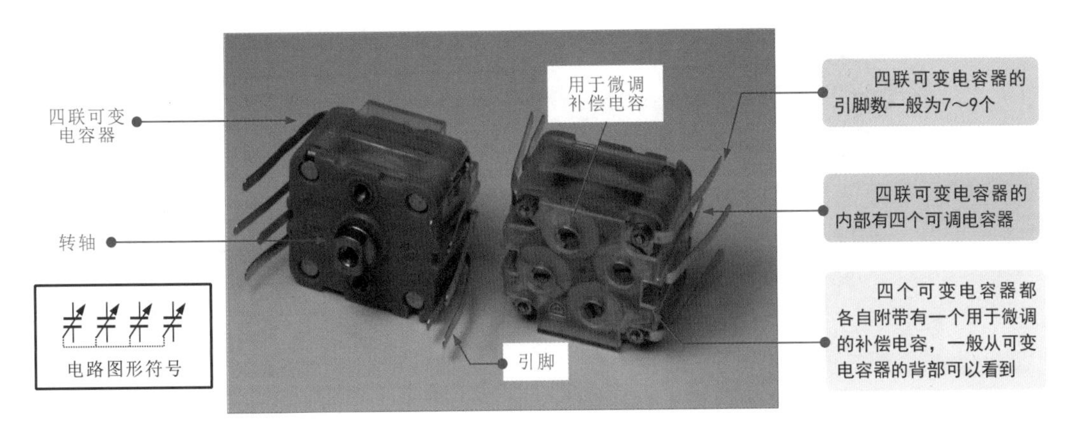

图 3-16　四联可变电容器的实物外形

通常，对于单联可变电容器、双联可变电容器和四联可变电容器的识别可以通过引脚和背部补偿电容的数量来判别。

以双联电容器为例，图 3-17 为双联可变电容器的内部结构示意图。

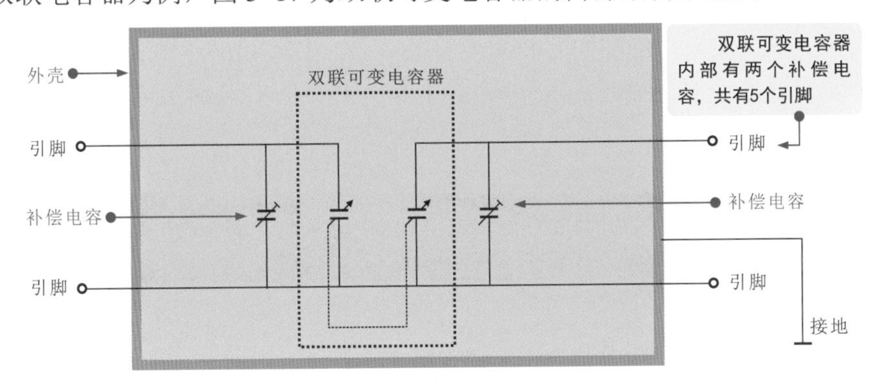

图 3-17　双联可变电容器的内部结构示意图

由图 3-17 可以看出，双联可变电容器中的两个可变电容器都各自附带有一个补偿电容。该补偿电容可以单独微调。一般在双联可变电容器背部可以看到两个补偿电容；四联可变电容器则可以看到四个补偿电容；而单联可变电容器则只有一个补偿电容。另外值得注意的是，由于生产工艺的不同，可变电容器的引脚数并不完全统一。通常，单联可变电容器的引脚数一般为 2 ～ 3 个（两个引脚加一个接地端），双联可变电容器的引脚数不超过 7 个，四联可变电容器的引脚数为 7 ～ 9 个。这些引脚除了可变电容的引脚外，其余的引脚都为接地引脚，以方便与电路连接。

可变电容器按介质的不同可以分为薄膜介质的可变电容器和空气介质的可变电容器两种。其中，薄膜介质可变电容器是指在动片与定片（动片、定片均为不规则的半圆形金属片）之间加上云母片或塑料（聚苯乙烯等材料）薄膜作为介质的可变电容器，外壳为透明塑料，具有体积小、重量轻、电容量较小、易磨损的特点，如单联、双联可变电容器等。

空气介质可变电容器的电极由两组金属片组成。其中，固定不变的一组为定片，能转动的一组为动片，动片与定片之间以空气作为介质，多应用于收音机、电子仪器、高频信号发生器、通信设备及有关电子设备中。常见的空气可变电容器主要有空气单联可变电容器（空气单联）和空气双联可变电容器（空气双联）两种，如图 3-18 所示。

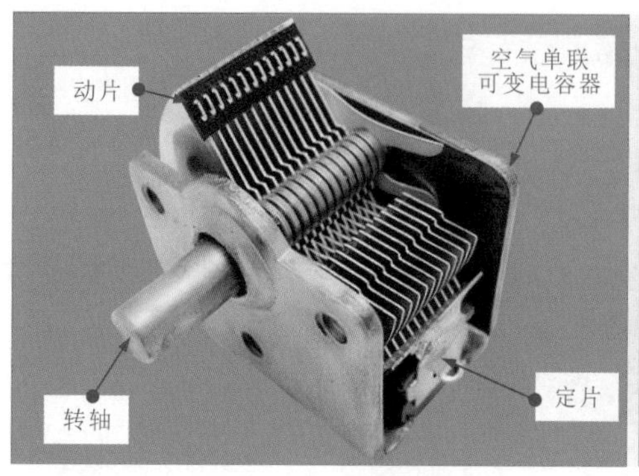

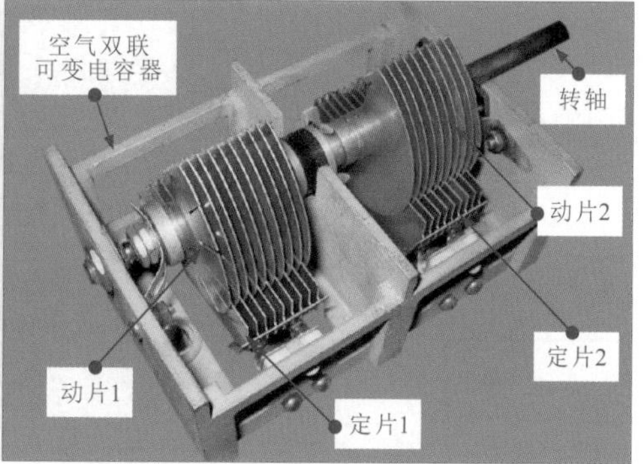

图 3-18 空气介质可变电容器

3.2 电容器的识别

电容器在电路中用字母“C”表示。电容量的单位是“法拉”，简称“法”，用字母“F”表示。实际中使用更多的是“微法”（用“μF”表示）、“纳法”（用“nF”表示）或皮法（用“pF”表示）。它们之间的换算关系是：$1F=10^6\mu F=10^9nF=10^{12}pF$ 。

识别电容器是检测电容器之前的重要环节，主要包括电容器电路标识的识别，电容器直标标识、数字标识、色环标识的识别和电解电容器引脚极性的区分。

3.2.1 电容器电路标识的识别

电容器在电路中的标识通常分为两部分：一部分是电路图形符号，表示电容器的类型；一部分是字母＋数字，表示该电容器在电路中的序号及主要参数，如图 3-19 所示。

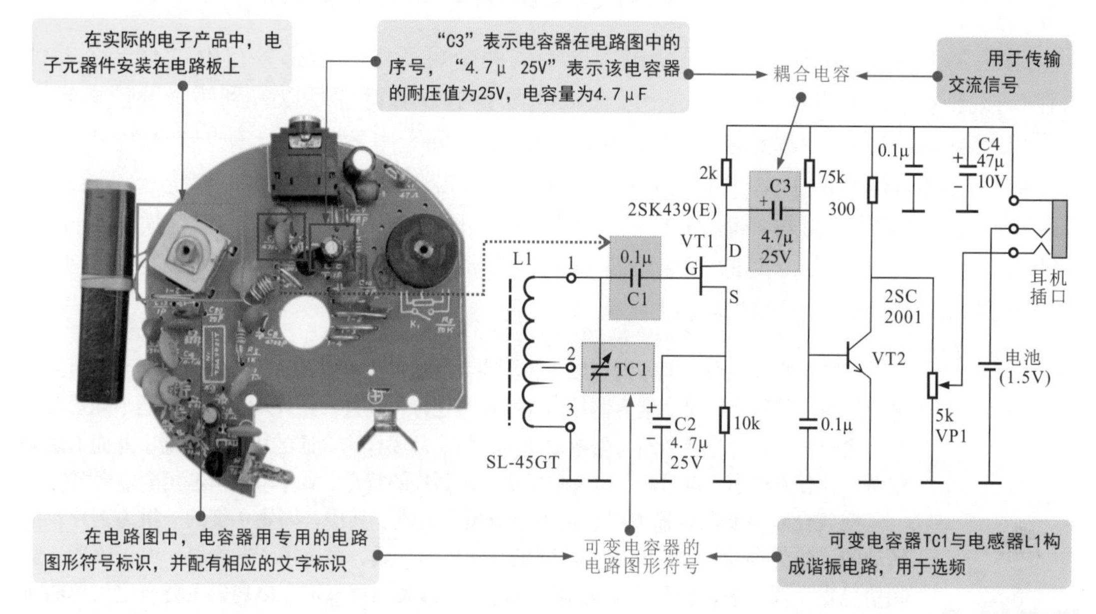

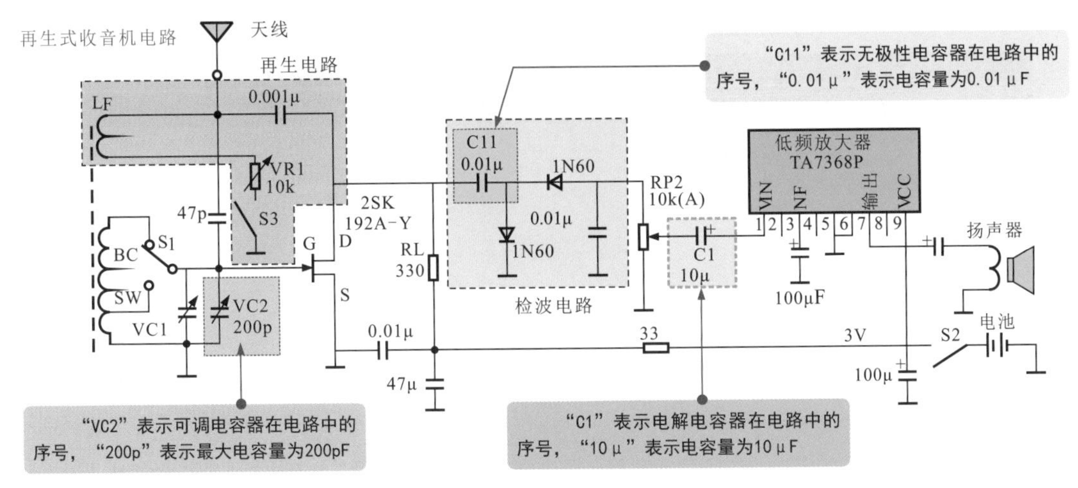

图 3-19　识别电路中电容器的标识

3.2.2 电容器直标标识的识别

电容器通常使用直标法将一些代码符号标注在电容器的外壳上，通过不同的数字和字母表示容量值及主要参数。根据我国国家标准规定，电容器型号标识由6部分构成。图3-20为电容器直标标识信息的识别方法。

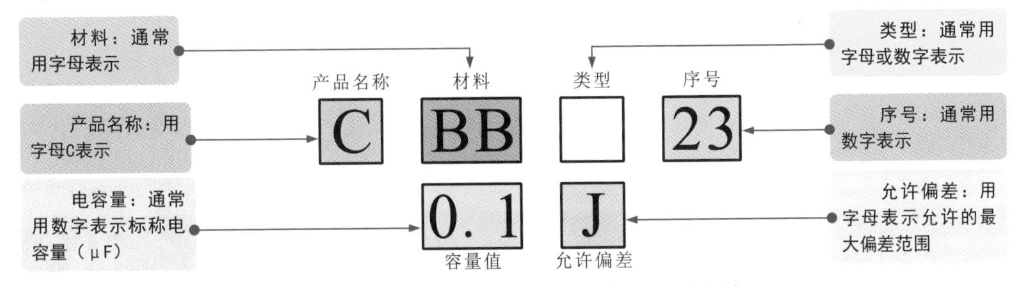

图 3-20　电容器直标标识信息的识别方法

电容器直标法中代表材料的相关字母含义见表3-2，允许偏差字母含义见表3-3。掌握这些符号对应的含义，便可顺利完成直标电容器的识读。

表 3-2　电容器直标法中代表材料的相关字母的含义

材料							
符号	意义	符号	意义	符号	意义	符号	意义
A	钽电解	E	其他材料	L	聚酯等，极性有机薄膜	V	云母纸
B	聚苯乙烯等，非极性有机薄膜	G	合金	N	铌电解	Y	云母
BB	聚丙烯	H	纸膜复合	O	玻璃膜	Z	纸介
C	高频陶瓷	I	玻璃釉	Q	漆膜		
D	铝、铝电解	J	金属化纸介	T	低频陶瓷		

表 3-3　电容器直标法中允许偏差字母的含义

允许偏差							
符号	意义	符号	意义	符号	意义	符号	意义
Y	±0.001%	J	±5%	B	±0.1%	T	+50% -10%
X	±0.002%	K	±10%	C	±0.25%	Q	+30% -10%
E	±0.005%	M	±20%	D	±0.5%	S	+50% -20%
L	±0.01%	N	±30%	F	±1%		
P	±0.02%	H	+100% -0%	G	±2%	Z	+80% -20%
W	±0.05%	R	+100% -0%				

3.2.3　电容器数字标识的识别

数字标识是指使用数字或数字与字母相结合的方式标注电容器的主要参数值。图 3-21 为电容器参数数字标注法的识读方法。

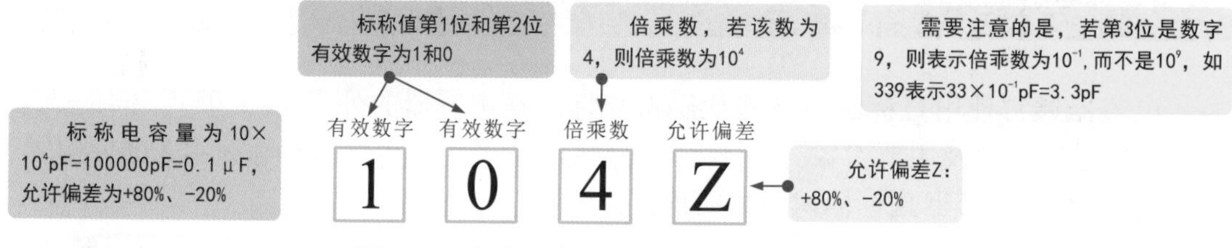

图 3-21　电容器参数数字标注法的识读方法

电容器的数字标注法与电阻器的直接标注法相似。其中，前两位数字为有效数字，第 3 位数字为倍乘数，后面的字母为允许误差，默认单位为 pF。具体允许偏差中字母所表示的含义可参考前面电阻器允许偏差。

3.2.4　电容器色环标识的识别

有些电容器外观和色环电阻器相同，这类电容器称为色环电容器。这些色环通过不同颜色标注电容器的参数信息。在一般情况下，不同颜色的色环代表的含义不同，相同颜色的色环标注在不同位置上的含义也不同。

图 3-22 为电容器色环标识的识别方法。

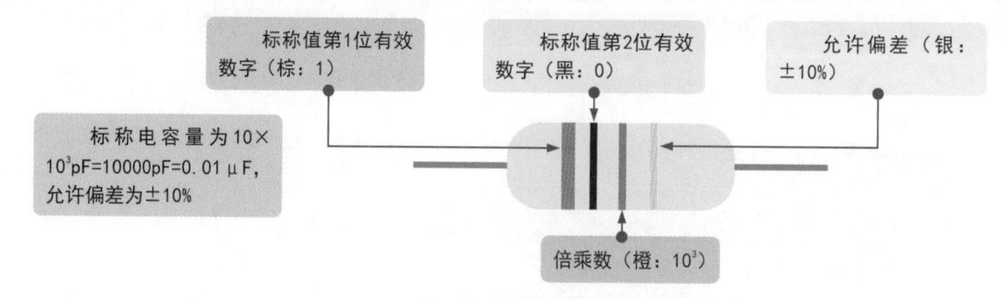

图 3-22　电容器色环标识的识别方法

图 3-23 为几种常见电容器参数的识读案例。

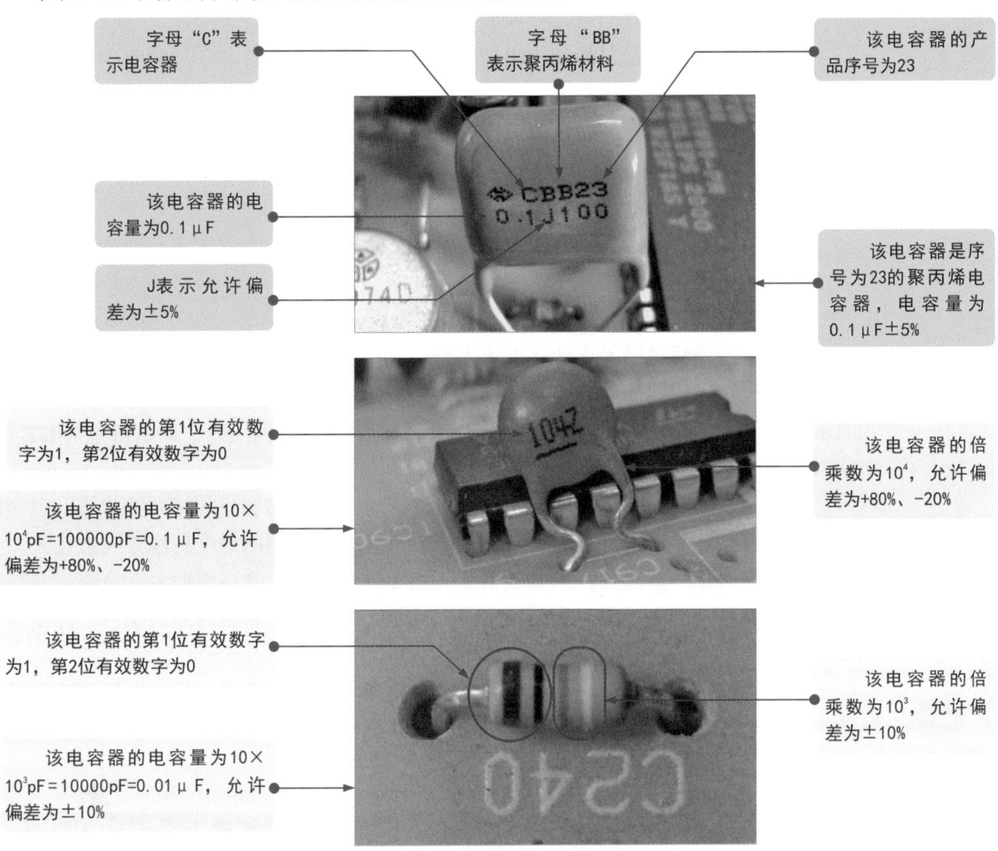

图 3-23　常见电容器参数信息的识读案例

电容器参数标识除上述几种方法外，还有些电容器的参数采用直接标注法，即直接在电容器的外壳上标注出电容量、额定工作电压、允许偏差值等参数，直接根据标注识读即可，如图 3-24 所示。

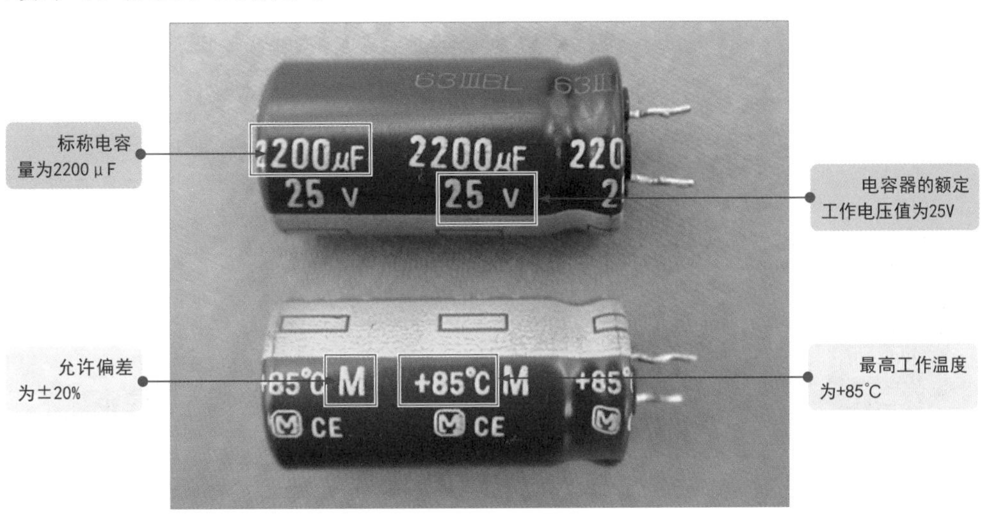

图 3-24　采用直标法电容器的参数识读

电容器的主要参数有标称容量（电容量）、允许偏差、额定工作电压、绝缘电阻、温度系数及频率特性。

◇电容器的标称容量是指加上电压后储存电荷能力的大小，在相同电压下，储存电荷越多，则电容器的容量越大。

◇电容器的实际容量与标称容量存在一定偏差。电容器的标称容量与实际容量的允许最大偏差范围称为电容量的允许偏差。电容器的允许偏差可以分为3个等级：Ⅰ级±5%；Ⅱ级±10%；Ⅲ级±20%。

◇额定电压指电容器在规定的温度范围内，能够连续可靠工作的最高电压，有时又分为额定直流工作电压和额定交流工作电压（有效值）。额定电压是一个参考数值，在实际使用中，如果工作电压大于电容器的额定电压，电容器就易损坏，呈被击穿状态。

◇电容器的绝缘电阻等于加在电容器两端的电压与通过电容器漏电流的比值。电容器的绝缘电阻与电容器的介质材料和面积、引线的材料和长短、制造工艺、温度和湿度等因素有关。对于同一种介质的电容器，电容量越大，绝缘电阻越小。如果是电解电容器，则常通过介电系数来表示电容器的绝缘能力特性。

◇ 温度系数是指在一定温度范围内，温度每变化1℃电容量的相对变化值。电容器的温度系数用字母 α_C 表示，主要与电容器的结构和介质材料的温度特性等因素有关。

温度系数有正、负之分，正温度系数表明电容量随温度升高而增大；负温度系数则是电容量随温度升高而下降。在使用中，无论是正温度系数还是负温度系数，都是越小越好。

◇频率特性是指电容器在交流电路或高频电路的工作状态下，其电容量等参数随电场频率的变化而变化的性质。

3.2.5 电容器引脚极性的识别

区分电解电容器的引脚极性一般可以从三个方面入手：一种是根据外壳上的颜色或符号标识识别；另一种是根据电容器引脚长短或外部明显标识识别；第三种是根据电路板符号或电路图形符号识别。

一些电解电容器外壳上明显标注有负极性引脚标识，如“－”符号或黑色标记，通常带有这些标识的一端为电解电容器的负极性引脚，如图3-25所示。

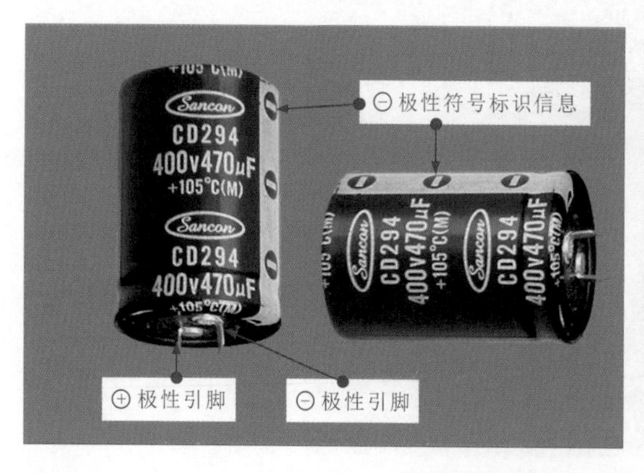

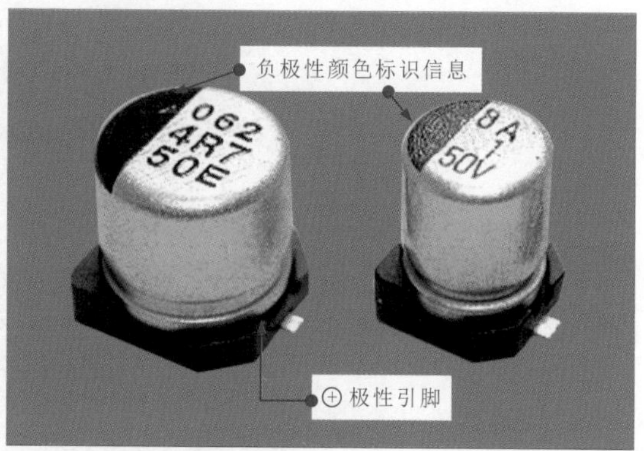

图3-25　根据颜色和符号区分电解电容器的引脚极性

电解电容器未进行安装之前，其引脚长度并不一致，其中引脚较长的为正极性引脚。有些电解电容器在正极性引脚附近会有明显的缺口，根据该类特征区别电容器的引脚极性十分简单，如图 3-26 所示。

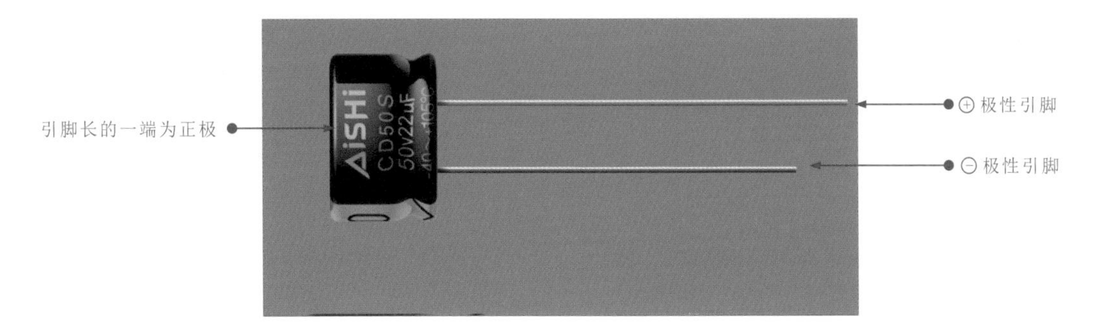

图 3-26　根据引脚长度识别电解电容器的引脚极性

若电解电容器安装在电路板上，在其附近通常会印有极性符号或电路图形符号，根据电路图形符号标识可以很容易识别出该电容器的引脚极性，如图 3-27 所示。

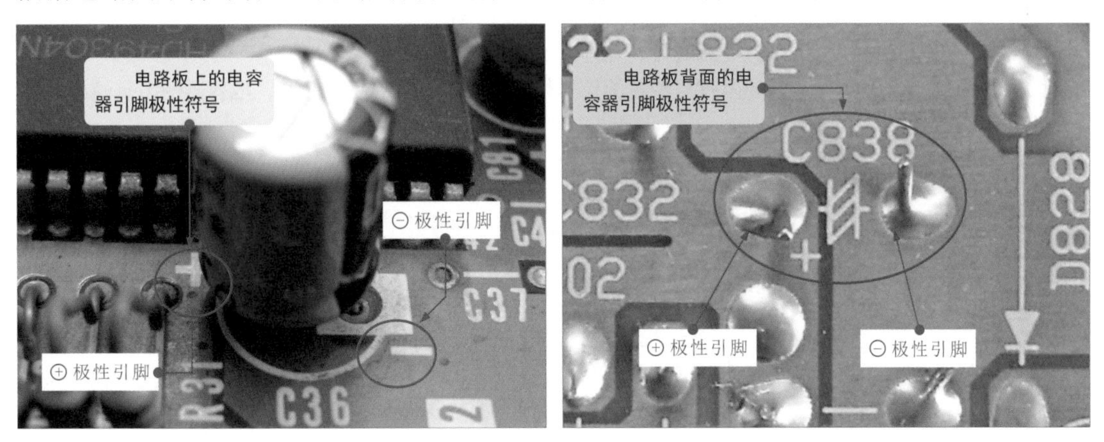

图 3-27　根据电路板符号或电路图形符号识别电解电容器的引脚极性

3.3 电容器的功能应用

3.3.1 电容器的工作特性

电容器是一种可储存电能的元件（储存电荷）。它的结构非常简单，主要是由两个互相靠近的导体，中间夹一层不导电的绝缘介质构成的。两块金属板相对平行放置，不相接触，就可构成一个最简单的电容器。电容器具有隔直流、通交流的特点。因为构成电容器的两块不相接触的平行金属板是绝缘的，直流电流不能通过电容器，而交流电流可以通过电容器。

图 3-28 为电容器的充、放电原理及基本工作特性示意图。

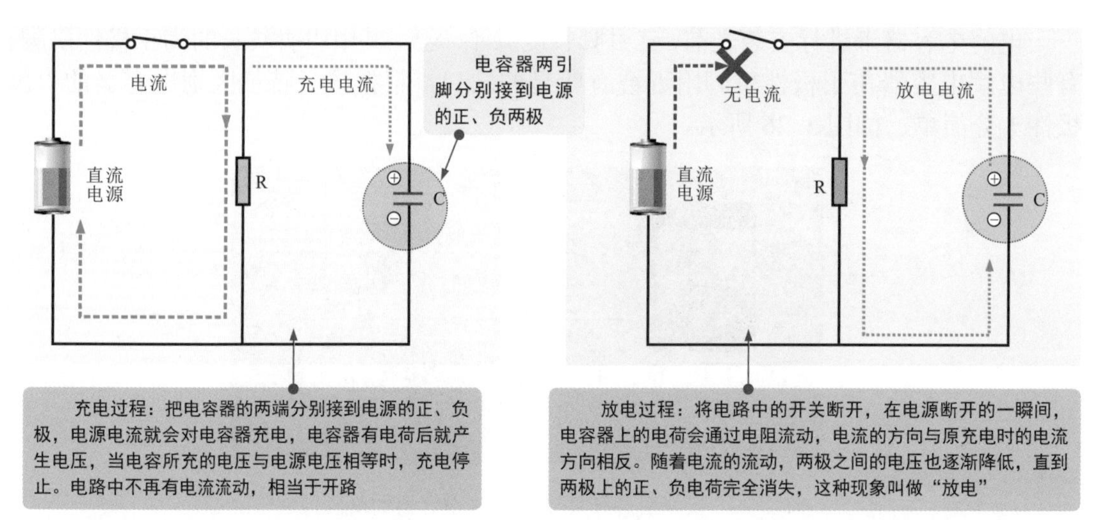

（a）电容器的充电过程（积累电荷的过程）　（b）电容器的放电过程（相当于一个电源）

图 3-28　电容器的充、放电原理及基本工作特性示意

电容器的两个重要特性，如图 3-29 所示。

① 阻止直流电流通过，允许交流电流通过；

② 电容器的阻抗与传输的信号频率有关，信号的频率越高，电容器的阻抗越小。

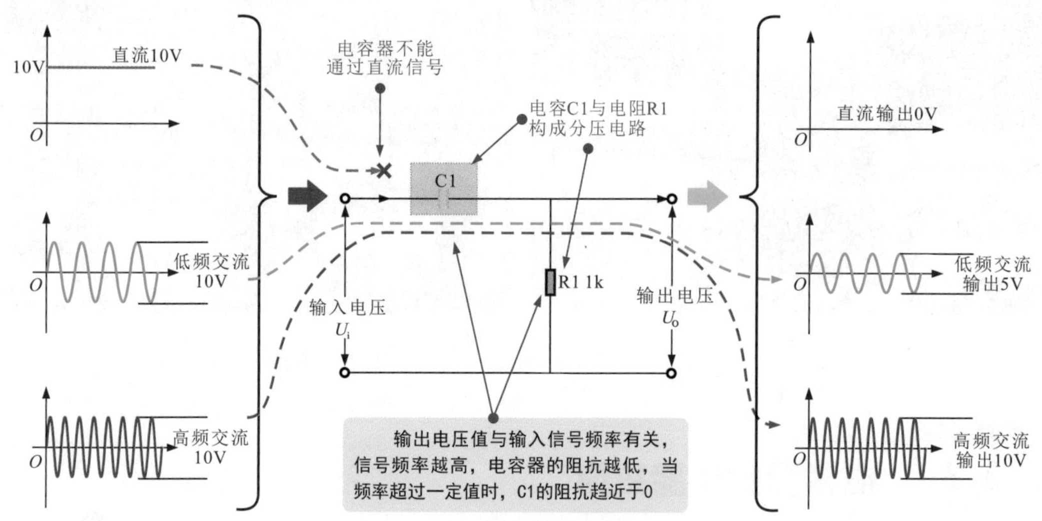

图 3-29　电容器的频率特性示意

3.3.2　电容器的滤波功能

电容器的充电和放电需要一个过程，电压不能突变。根据这个特性，电容器在电路中可以起到滤波或信号传输的作用。电容器的滤波功能是指能够消除脉冲和噪波功能，是电容器最基本、最突出的功能。

图 3-30 为电容器的滤波功能。

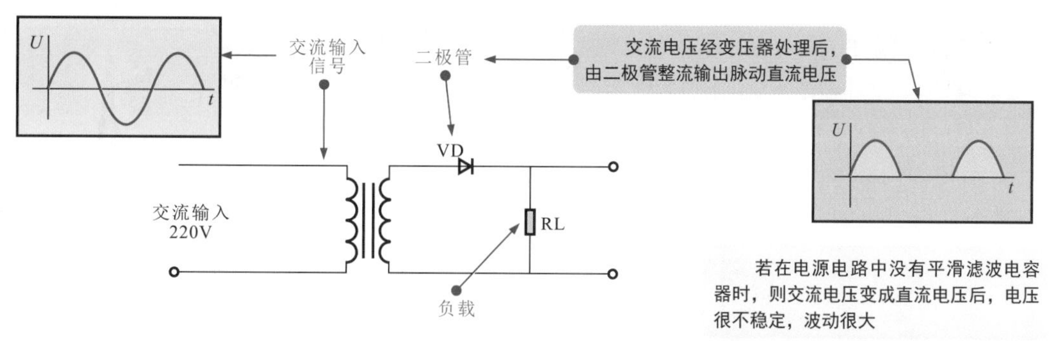

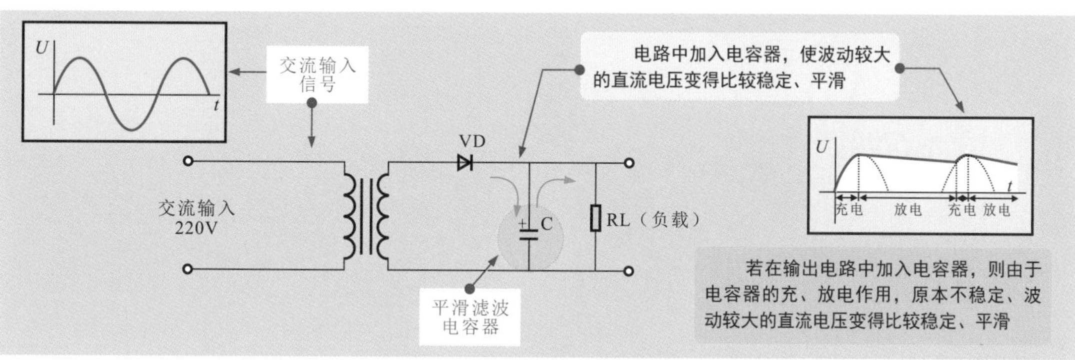

图 3-30　电容器的滤波功能

3.3.3 电容器的耦合功能

电容器对交流信号的阻抗较小，易于通过，而对直流信号的阻抗很大，可视为断路。在放大器中，无极性电容器常作为交流信号输入和输出传输的耦合器件，即将前级电路的交流信号耦合至后级电路。如图 3-31 所示。

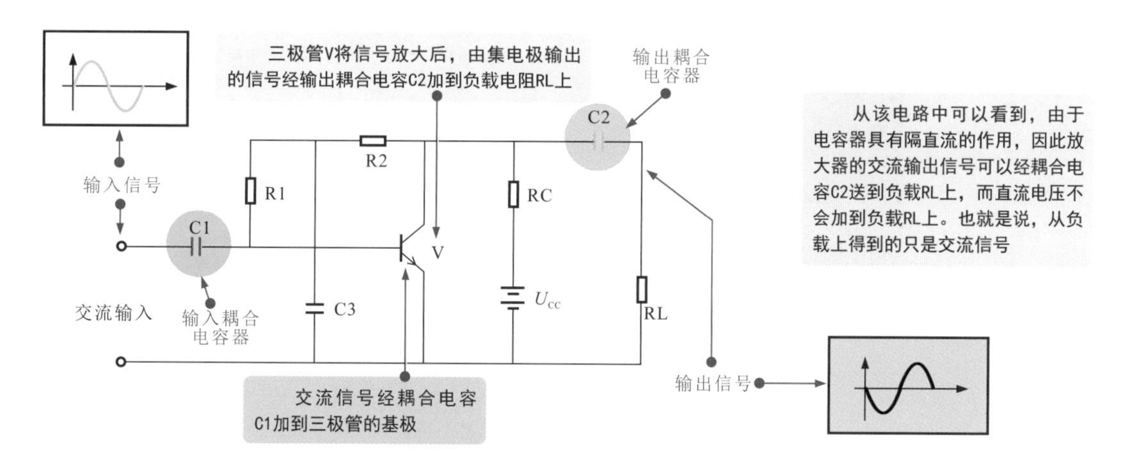

图 3-31　电容器的耦合作用

3.3.4 可变电容器的功能应用

如图 3-32 所示，由于可变电容器电容量可调的特性，其主要应用于需要调整电容量电路中，如收音机调谐电路、选频电路等。

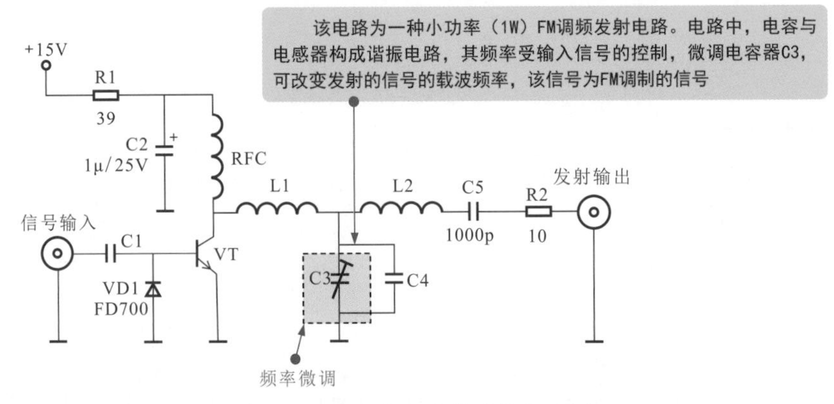

图 3-32 可变电容器的功能与应用

3.4 电容器的检测方法

3.4.1 普通电容器的检测方法

检测普通电容器时，可先根据普通电容器的标识信息识读出待测普通电容器的标称电容量，然后使用万用表检测待测普通电容器的实际电容量，最后将实际测量值与标称值比较，从而判别出普通电容器的好坏。

图 3-33 为待测普通电容器的实物外形。

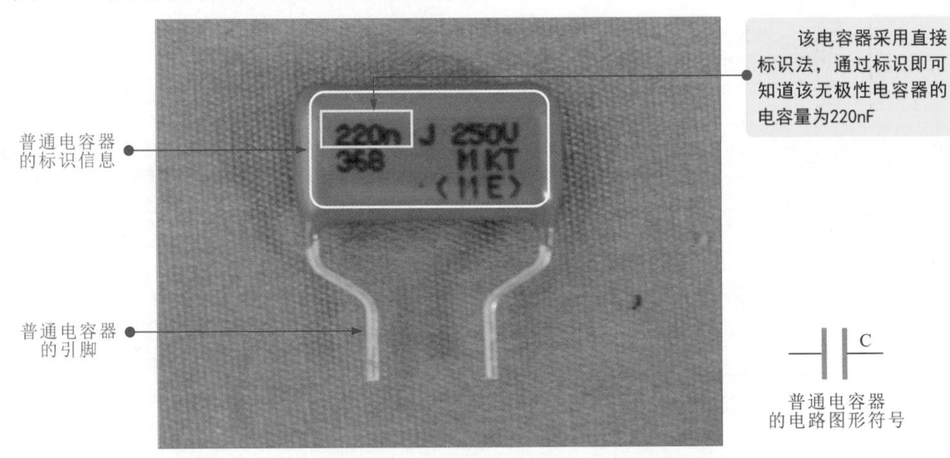

图 3-33 待测普通电容器的实物外形

1 粗略测量电容器电容量

粗略检测普通电容器的电容量时，一般选择具有电容量测量功能的数字万用表，配合其附加测试器来完成电容器电容量的检测。

图 3-34 为使用附加测试器检测普通电容器的电容量。

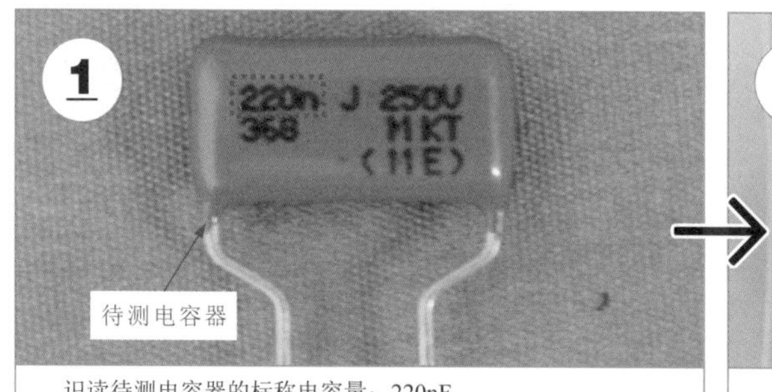

识读待测电容器的标称电容量：220nF。

根据识读的标称电容量，将万用表的量程调整至“2μF”挡。

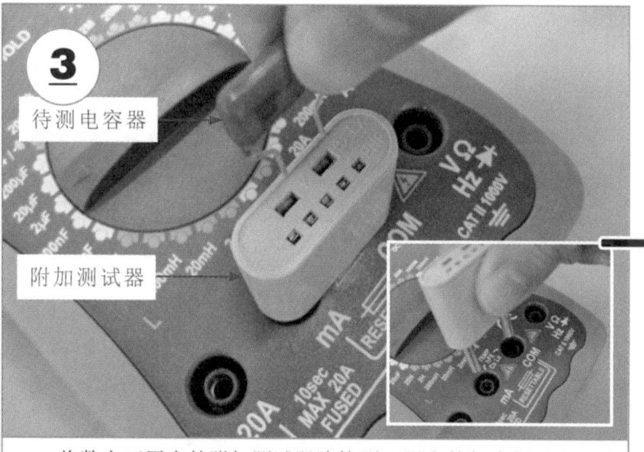

将数字万用表的附加测试器连接到万用表的相应插孔上，将待测电容器插接到万用表附加测试器的电容插孔中。

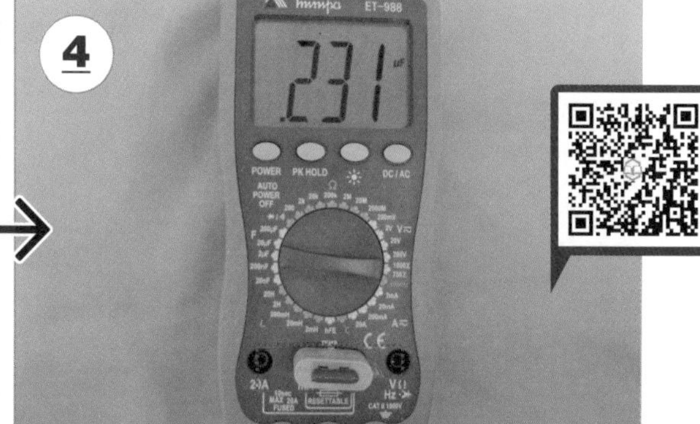

观察万用表表盘读出实测数值为0.231μF=231nF，与标称容量值基本相符，表明性能良好。

图 3-34　使用附加测试器检测普通电容器的电容量

在正常情况下，用万用表检测电容器时应有一固定的电容量，并且接近标称值。若实测电容量与标称值相差较大，则说明所测电容器损坏。

另外需要注意，用万用表检测电容器的电容量时，所测电容器的电容量不可超过万用表的量程范围，否则测量结果不准确，无法判断好坏。

在检测普通电容器（无极性）时，可根据电容器的电容量范围采取不同的检测方式。

◇ 电容量小于 10pF 电容器的检测

这类电容器的电容量太小，用万用表检测时只能大致检测是否存在漏电、内部短路或击穿现象。检测时，可用万用表的“×10k”欧姆挡检测阻值，在正常情况下应为无穷大。若检测阻值为零，则说明所测电容器漏电损坏或内部被击穿。

◇ 电容量为 10pF ～ 0.01μF 电容器的检测

这类电容器可在连接晶体管放大元器件的基础上检测充、放电现象，即将电容器的充、放电过程予以放大，再用万用表的“×1k”欧姆挡检测，在正常情况下，万用表指针应有明显的摆动，说明充、放电性能正常。

◇ 电容量 0.01μF 以上电容器的检测

检测该类电容器时，可直接用万用表的“×10k”欧姆挡检测电容器有无充、放电过程，以及内部有无短路或漏电现象。

2 精确测量电容器电容量

如果需要精确测量电容器的电容量（万用表只能粗略测量），则需使用专用的“电感 / 电容测量仪”，如图 3-35 所示。

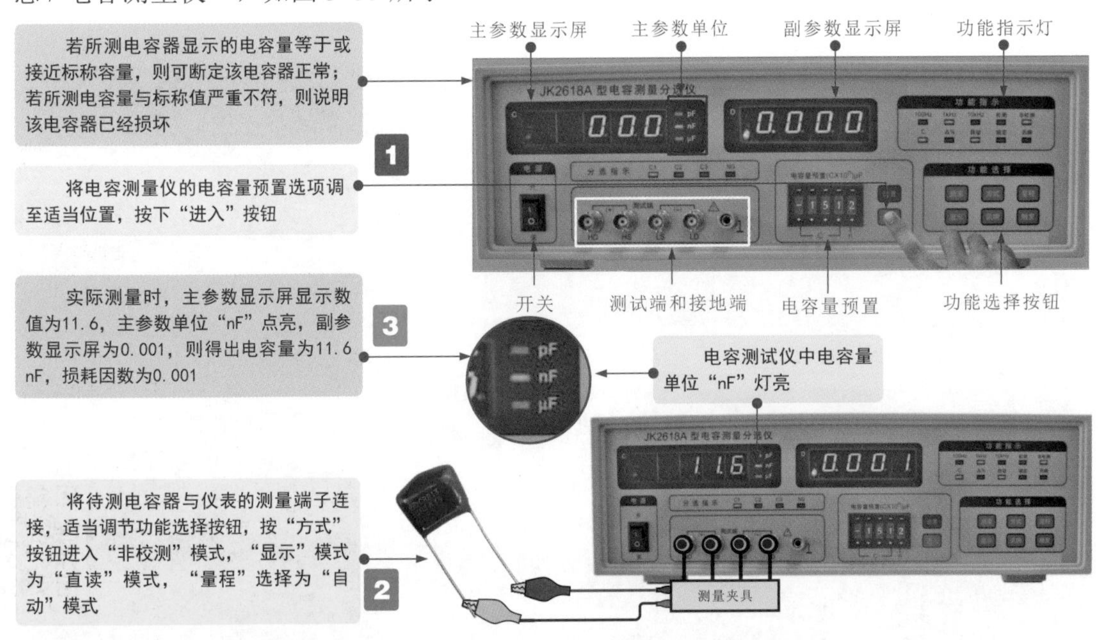

图 3-35　使用专用测量仪检测普通电容器的电容量

3.4.2 电解电容器的检测方法

检测电解电容器是否正常有两种方法：一种为电容量的检测；另一种为直流电阻的检测（即检测充、放电状态）。

1 电解电容器电容量的检测方法

检测前，首先识别待测电解电容器的引脚极性，然后用电阻器对电解电容器进行放电操作，以避免电解电容器中存有残留电荷而影响检测结果，如图 3-36 所示。

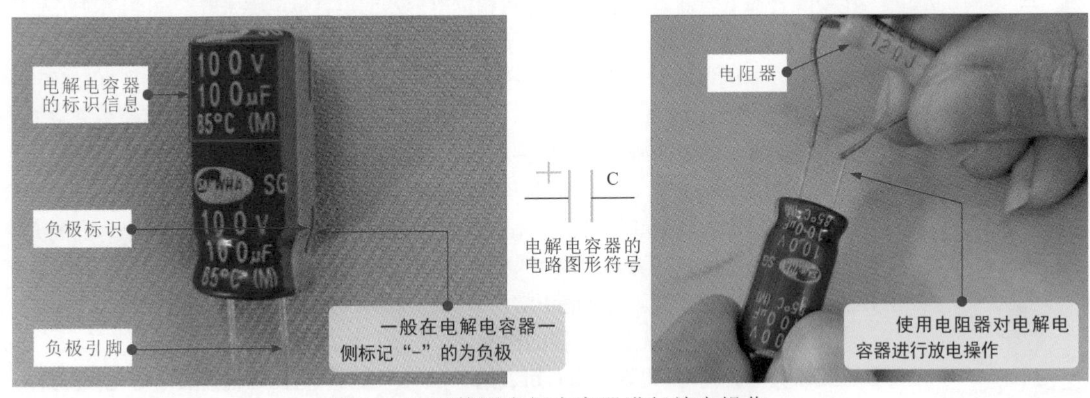

图 3-36　对待测电解电容器进行放电操作

电解电容器的放电操作主要是针对大容量电解电容器。由于大容量电解电容器在工作中可能会有很多电荷，如短路，则会产生很强的电流，引发电击事故，如图 3-37 所示，容易损坏万用表，应先用电阻放电后再进行检测。一般可选用阻值较小的电阻，将电阻的引脚与电解电容器的引脚相连即可放电。

图 3-37 电解电容器未放电检测导致的电击火花和放电方法

在通常情况下，电解电容器的工作电压在 200V 以上，即使电容量比较小也需要放电，如 60μF/200V 的电容器，因工作电压较高，属于大容量电容器。在实际应用中，常见的电容器 1000μF/50V、60μF/400V、300μF/50V 等均属于大容量电解电容器。

放电操作完成后，使用数字万用表检测电解电容器的电容量，即可判断待测电解电容器性能的好坏，如图 3-38 所示。

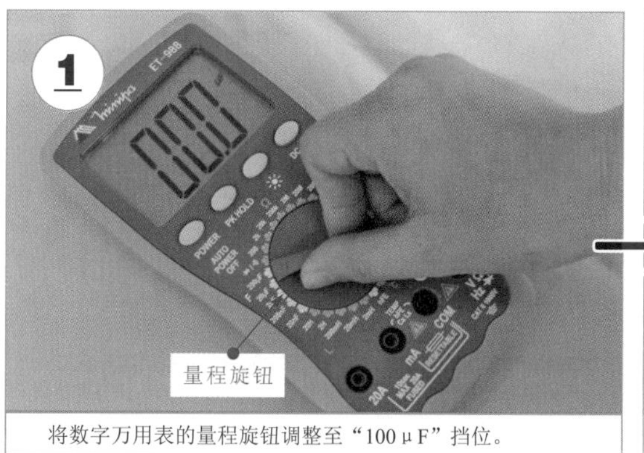

将数字万用表的量程旋钮调整至“100μF”挡位。

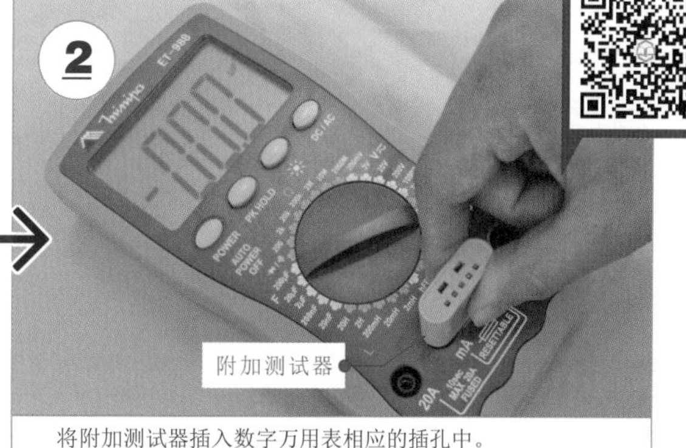

将附加测试器插入数字万用表相应的插孔中。

将待测电解电容器按照引脚极性对应插入附加测试器的相应插孔中。

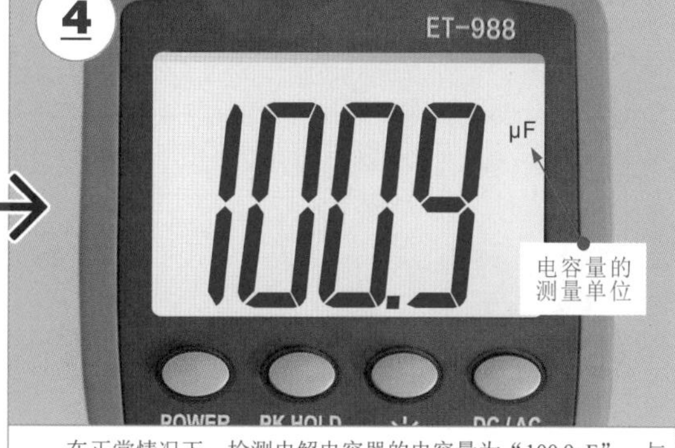

在正常情况下，检测电解电容器的电容量为“100.9μF”，与该电解电容器的标称值基本相符，表明该电解电容器正常。

图 3-38 使用数字万用表检测电解电容器的电容量

2 电解电容器直流电阻的检测方法

检测电解电容器时，除了使用数字万用表检测电容量是否正常外，还可以使用指针万用表检测较大电解电容器的充、放电过程，通过对电解电容器充、放电的检测判断被测电解电容器是否正常。

图 3-39 为用指针万用表检测电解电容器的充、放电操作。

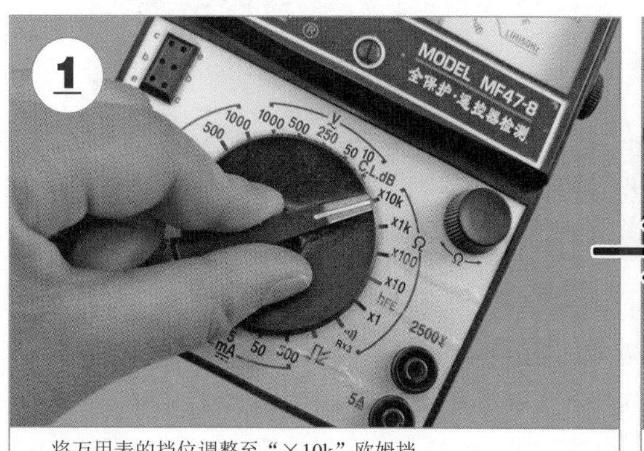

将万用表的挡位调整至“×10k”欧姆挡。

短接红、黑表笔，调整零欧姆校正钮，使万用表的指针指向零欧姆的位置。

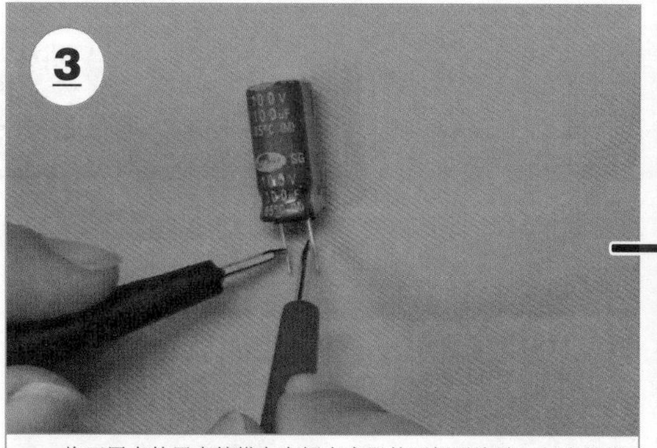

将万用表的黑表笔搭在电解电容器的正极引脚端，红表笔搭在电解电容器的负极引脚端，检测正向直流电阻（漏电电阻）。

刚接通的瞬间，万用表的指针会向右（电阻小的方向）摆动一个较大的角度。表针摆动到最大角度后，又会逐渐向左摆回，直至表针停止在一个固定位置。

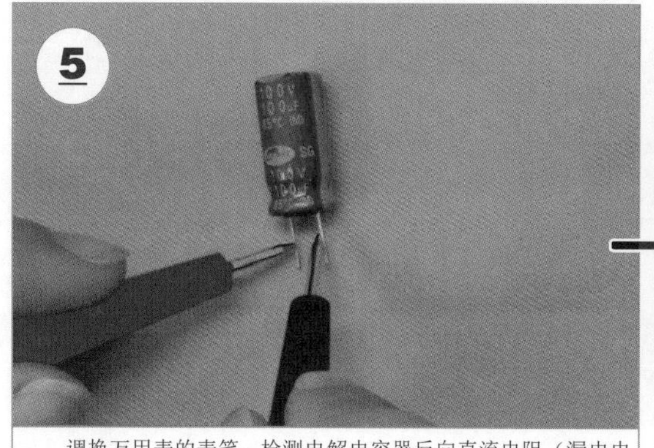

调换万用表的表笔，检测电解电容器反向直流电阻（漏电电阻）。

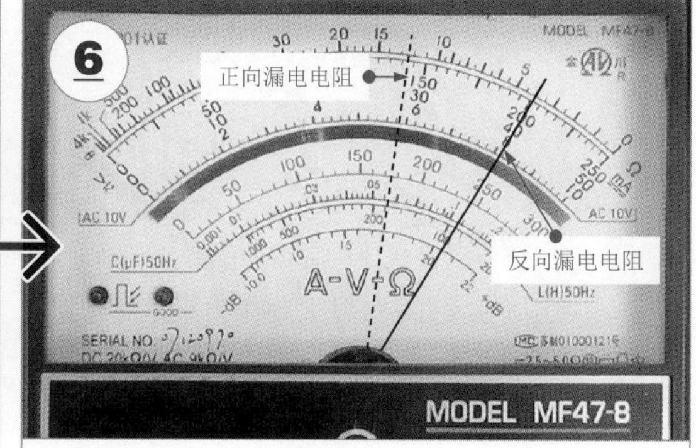

在正常情况下，反向漏电电阻小于正向漏电电阻。

图 3-39 用指针万用表检测电解电容器的充、放电操作

检测电解电容器的正向直流电阻时，指针万用表的指针摆动速度较快，检测时应注意观察。若万用表的指针没有摆动，则表明该电解电容器已经失去电容量。

对于较大的电解电容器，可使用万用表检测充、放电过程；对于较小的电容器，无须使用该方法检测电解电容器的充、放电过程。

通常，在检测电解电容器的直流电阻时会遇到几种不同的检测结果，通过不同的检测结果可以大致判断电解电容器的损坏原因，如图 3-40 所示。

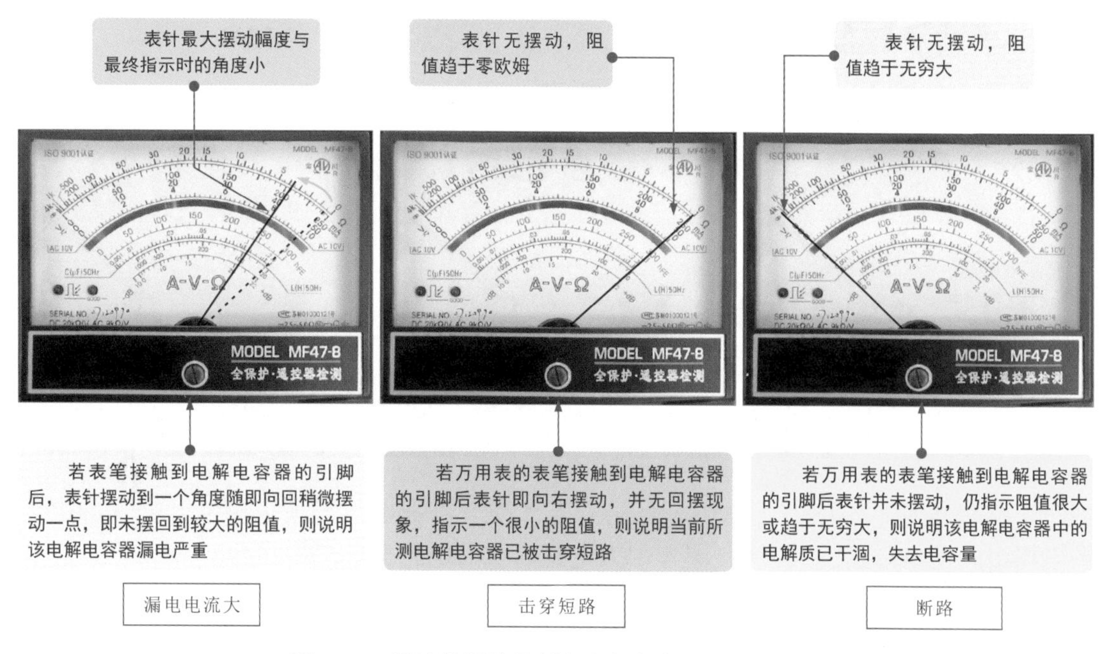

图 3-40　通过检测结果判断电解电容器损坏的原因

通过前文的学习可知，电解电容器中有一种钽电解电容器。该电容器为贴片式，安装在电路板中，因此在检测该类电容器时，不可以采用直流电阻的检测法，通常使用万用表对其电容量进行检测，通过检测的电容量与标称值对比来判断钽电解电容器本身性能的好坏，如图 3-41 所示。

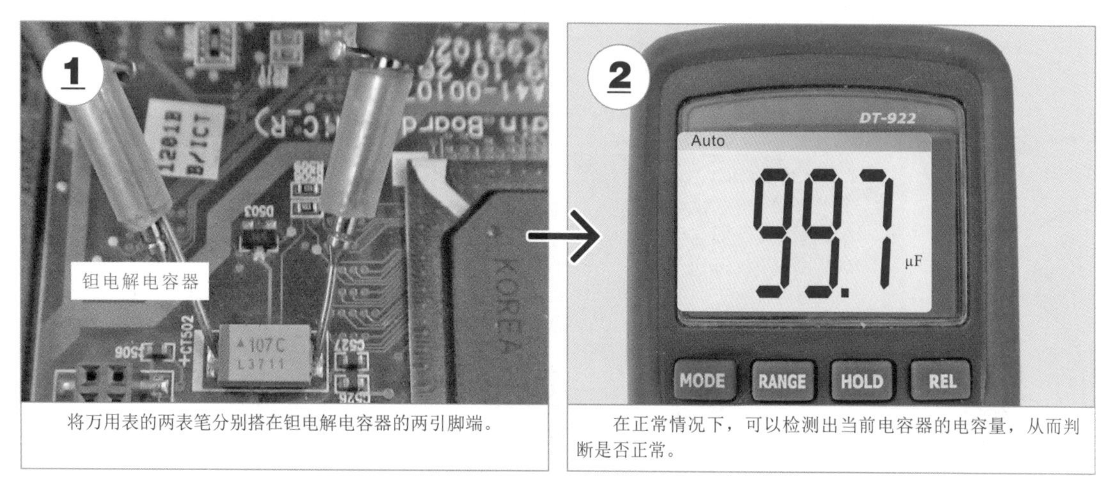

图 3-41　钽电解电容器的检测方法

第4章 电感器的功能特点与识别检测

4.1 电感器的种类特点

4.1.1 了解电感器的分类

电感器也称“电感”，属于一种储能元件，可以把电能转换成磁能并储存起来，在电路中，用字母“L”表示。图4-1为电路板上的电感器。

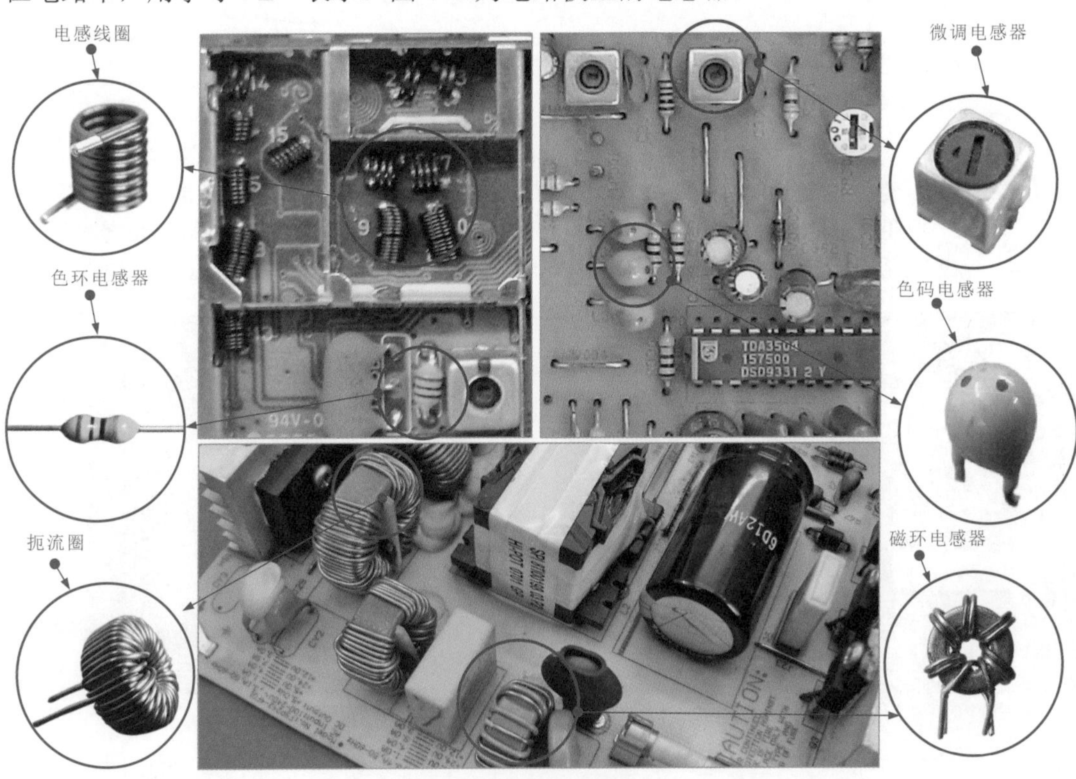

图4-1 典型电子产品电路板上的电感器

电感器的应用十分广泛，且在不同的电子产品中根据应用环境的不同，应用到的电感器的类型也不一样。实际上，电感器的种类繁多，分类方式也多种多样，其中比较常见的电感器主要有色环电感器、色码电感器、电感线圈、贴片电感器和微调电感器几种。

电感器的种类很多，通常，按照电感量是否可变，电感器可分为固定电感器和可调电感器两大类；

按照外形特征，电感器可分为空心电感器（即空心线圈）、磁芯电感器（即线圈绕在磁芯上）；

按照工作性质，电感器可分为高频电感器（如天线线圈和振荡线圈）、低频电感器（如各种扼流圈、滤波线圈）；

按照封装形式，电感器可分为普通电感器（色标电感器、色环电感器）、环氧树脂电感器、贴片电感器等。

4.1.2 色环电感器

色环电感器是一种具有磁芯的线圈。它是将线圈绕制在软磁性铁氧体的基体上，再用环氧树脂或塑料封装而成的，在色环外壳上标以色环表明电感量的数值，如图 4-2 所示。

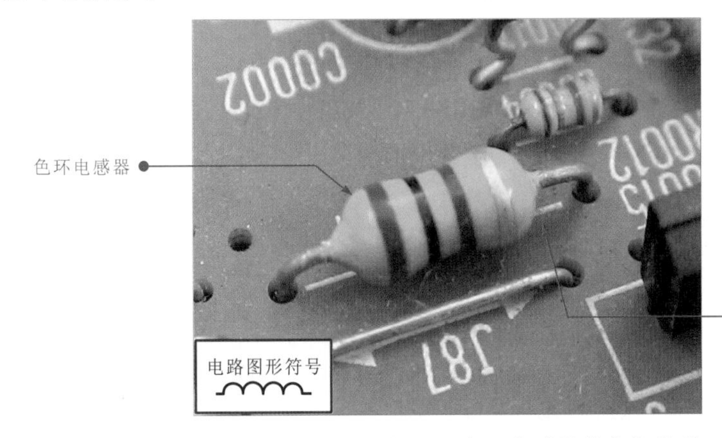

色环电感器属于小型固定高频线圈，工作频率一般为10kHz～200MHz，电感量一般为0.1～33000μH

色环电感器的字母标识为：L（即在电路板或电路图中的代表字母）

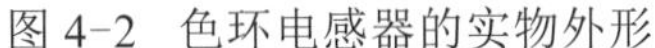
图 4-2　色环电感器的实物外形

色环电感器的外形与色环电阻器、色环电容器的外形基本相似，因此在区分色环电感器时，可通过电路板中的电路图形符号或电路中的字母标识进行区分。

4.1.3 色码电感器

色码电感器是指通过色码标识电感器电感量参数信息的一类电感器。它与色环电感器相同，都属于小型电感器，如图 4-3 所示。通常，色码电感器的体积小巧，性能比较稳定，广泛应用于电视机、收录机等电子设备中。

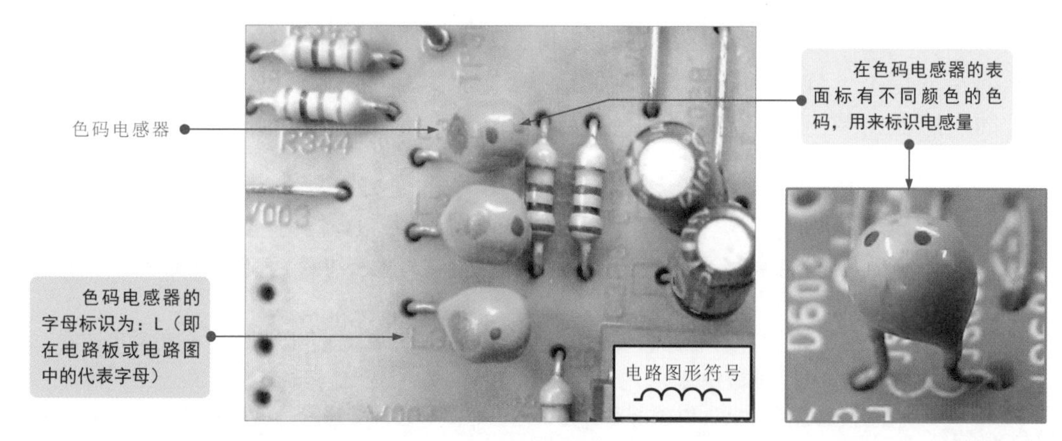

图 4-3　色码电感器的实物外形

4.1.4 电感线圈

电感线圈是一种常见的电感器，因其能够直接看到线圈的圈数和紧密程度而得名。目前，常见的电感线圈主要有空心电感线圈、磁棒电感线圈、磁环电感线圈、扼流圈等。

1 空心电感线圈

图 4-4 为空心电感线圈的实物外形。空心电感线圈没有磁芯，通常线圈绕制的匝数较少，电感量小，常用在高频电路中，如电视机的高频调谐器。

图 4-4　空心电感线圈的实物外形

通常，在微调空心电感器的电感量时，可以调整线圈之间的间隙大小，即改变电感线圈的疏密程度。为了防止空心线圈之间的间隙变化，调整完毕后，用石蜡加以密封固定，这样不仅可以防止线圈的形变，同时可以有效防止线圈因振动而变位。

2 磁棒电感线圈

磁棒电感线圈（磁芯电感器）是一种在磁棒上绕制线圈的电感元件。这使得线圈的电感量大大增加，可以通过线圈在磁芯上的左右移动（调整线圈间的疏密程度）来调整电感量的大小。图 4-5 为磁棒电感线圈的实物外形。

图 4-5　磁棒电感线圈的实物外形

3 磁环电感线圈

磁环电感线圈是由线圈绕制在铁氧体磁环上构成的电感器，可通过改变磁环上线圈的匝数和疏密程度来改变电感器的电感量。图 4-6 为磁环电感线圈的实物外形。

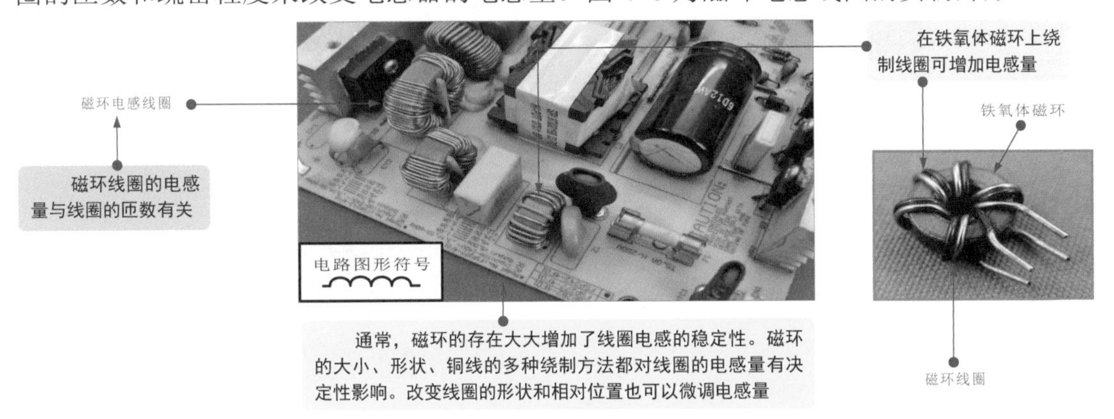

图 4-6　磁环电感线圈的实物外形

4 扼流圈

扼流圈是一种应用在电子产品电源电路中的电感器，以电磁炉电源电路最为常见，主要起到扼流、滤波等作用。图 4-7 为扼流圈的实物外形。

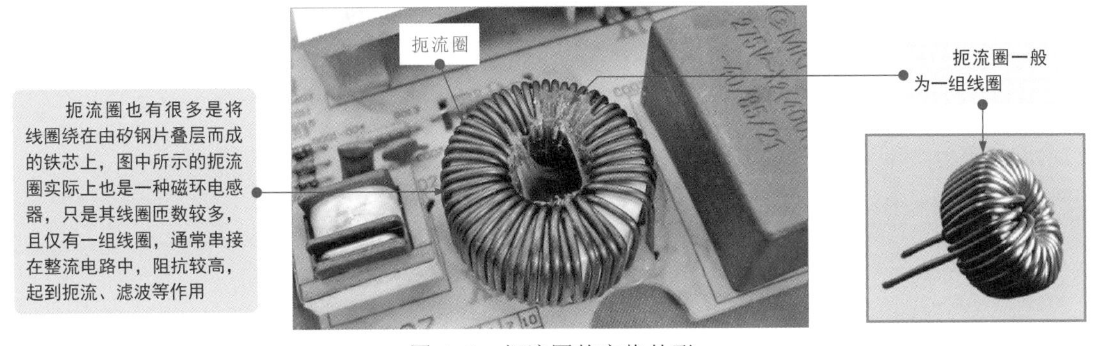

图 4-7　扼流圈的实物外形

4.1.5 贴片电感器

贴片电感器是指采用表面贴装方式安装在电路板上的一类电感器。其内部的电感量不能调整，因此属于固定电感器。

常见的贴片电感器有大功率贴片电感器和小功率贴片电感器两种，如图 4-8 所示。

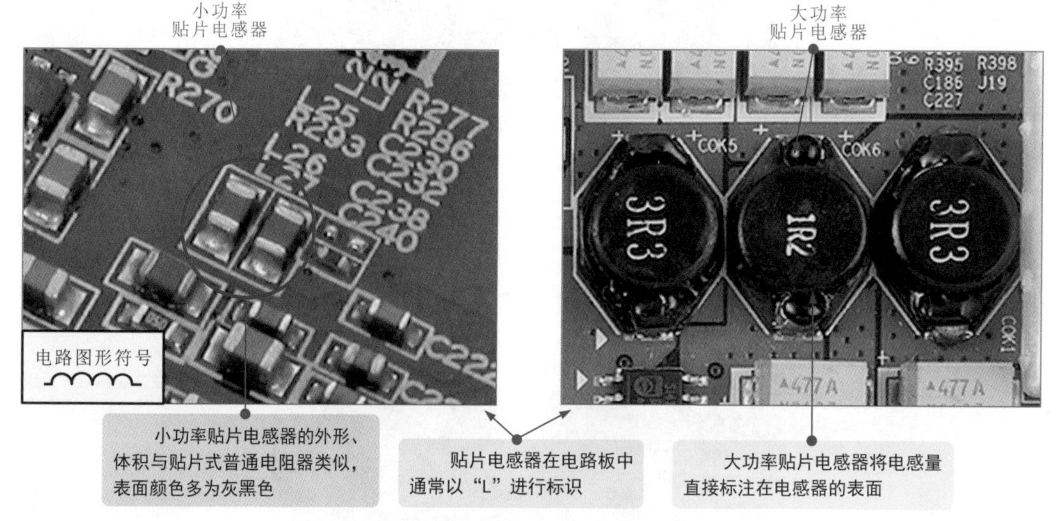

图 4-8 贴片电感器的实物外形

贴片电感器一般应用于体积小、集成度高的数码类电子产品中。由于工作频率、工作电流、屏蔽要求各不相同，电感线圈的绕组匝数、骨架材料、外形尺寸区别很大。

4.1.6 微调电感器

微调电感器就是可以对电感量进行细微调整的电感器。该类电感器一般设有屏蔽外壳，磁芯上设有条形槽口以便调整。图 4-9 为微调电感器的实物外形。

图 4-9 微调电感器的实物外形

4.2 电感器的识别

4.2.1 电感器电路标识的识别

电感器在电路中的标识通常分为两部分：一部分是电路图形符号，表示电感器的类型；一部分是字母＋数字，表示该电感器在电路中的序号及主要参数。

电路图形符号可以体现出电感器的基本类型，引线由电路图形符号两端伸出，与电路图中的电路线连通，文字标识常提供电感器的名称、序号及电感量、型号等参数信息，如图 4-10 所示。

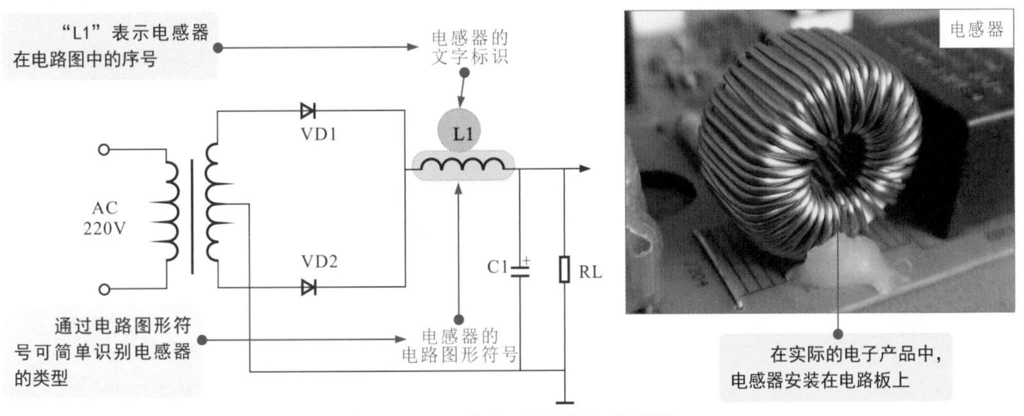

图 4-10　识别电感器的电路标识

图 4-11 为电感器在典型电路中的电路图形符号和标识信息的识读。

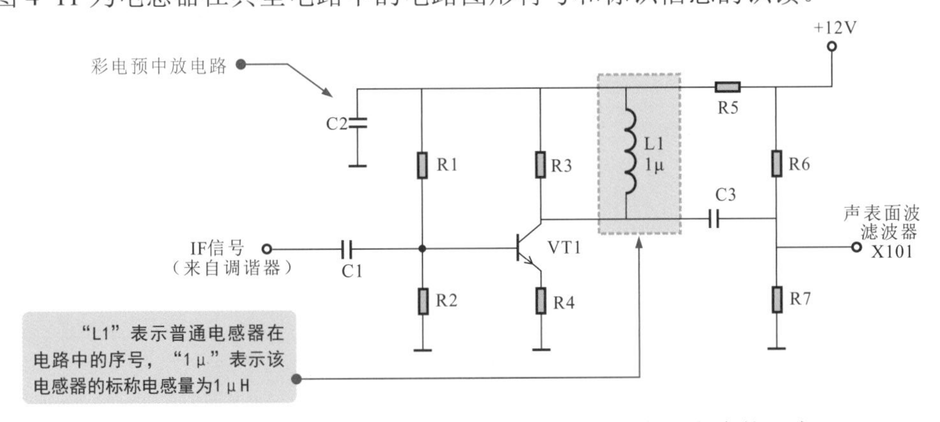

图 4-11　电感器在典型电路中的电路图形符号和标识信息的识读

4.2.2 电感器色环标识的识别

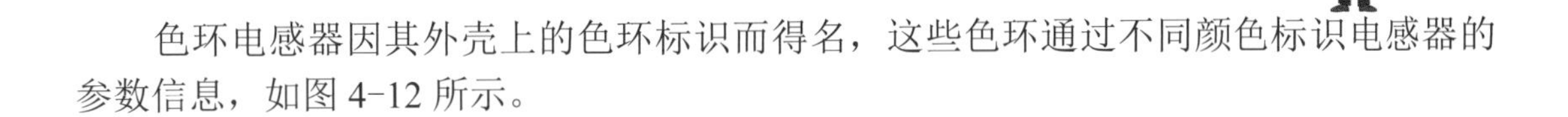

色环电感器因其外壳上的色环标识而得名，这些色环通过不同颜色标识电感器的参数信息，如图 4-12 所示。

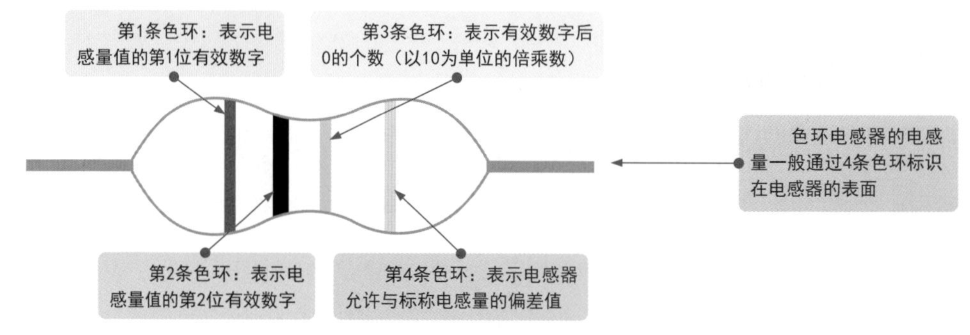

图 4-12　电感器色环标识的识读

电感器参数的色环和色码标注中，不同颜色的色环或色点均表示不同的参数，具体含义见表 4-1。

表 4-1　不同颜色的色环或色点所表示参数的含义

色环颜色	色环所处的排列位			色环颜色	色环所处的排列位		
	有效数字	倍乘数	允许偏差		有效数字	倍乘数	允许偏差
银色	—	10^{-2}	±10%	绿色	5	10^{5}	±0.5%
金色	—	10^{-1}	±5%	蓝色	6	10^{6}	±0.25%
黑色	0	10^{0}	—	紫色	7	10^{7}	±0.1%
棕色	1	10^{1}	±1%	灰色	8	10^{8}	—
红色	2	10^{2}	±2%	白色	9	10^{9}	±20%
橙色	3	10^{3}	—	无色	—	—	—
黄色	4	10^{4}	—				

在电子产品电路板中，识读色环电感器参数时，可根据不同颜色的不同含义识读，如图 4-13 所示。

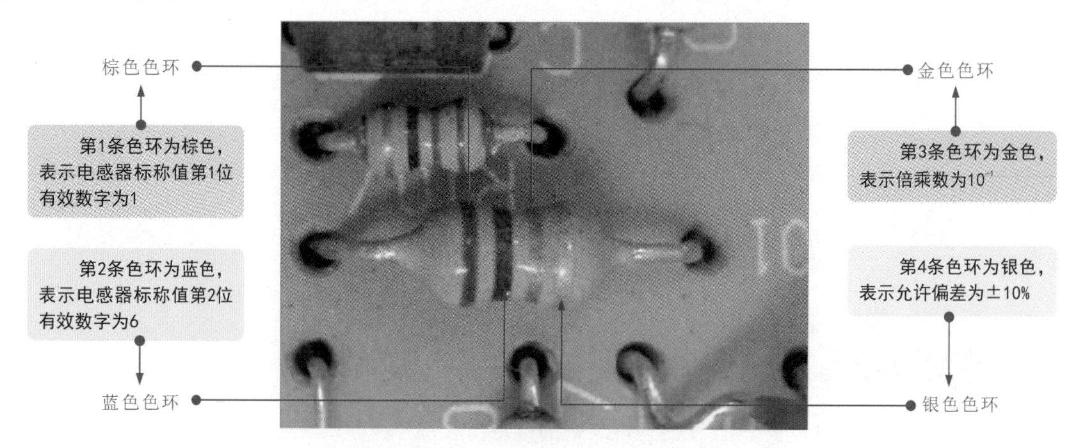

图 4-13　色环电感器的识读示例

图 4-13 中色环电感器上标识的色环颜色依次为“棕蓝金银”。

其中，第 1 条色环“棕色”表示第 1 位有效数字为“1”；第 2 条色环“蓝色”表示第 2 位有效数字为“6”；第 3 条色环“金色”表示倍乘数为 10^{-1}；第 4 条色环“银色”表示允许偏差为 ±10%。因此，该电感器的电感量为 $16×10^{-1}$μH±10%=1.6μH±10%（识读电感器的电感量时，在未明确标注电感量的单位时，默认为 μH）。

4.2.3 电感器色码标识的识别

色码电感器外壳上的通过不同颜色的色码标识电感器的参数信息。一般情况下，不同颜色的色码代表的含义不同，相同颜色的色码标识在不同位置上的含义也不同，如图 4-14 所示。

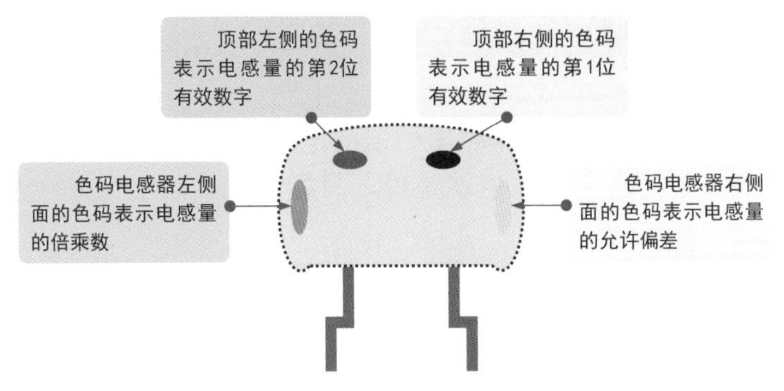

图 4-14　电感器色码标识的识读

色码电感器的电感量参数通常用 4 个色码标识，不同颜色的色码表示的数值不同，具体色点颜色代表含义参见表 4-1 所列。

一般来说，由于色码电感器从外形上没有明显的正反面区分，因此区分它的左右侧面可根据它在电路板中的文字标识进行区分，在文字标识为正方向时，对应色码电感器的左侧为其左侧面。另外，由于色码的几种颜色中，无色通常不代表有效数字和倍乘数，因此，当色码电感器左右侧面中出现无色的一侧则为右侧面。

图 4-15 为典型色码电感器参数的识读示例。

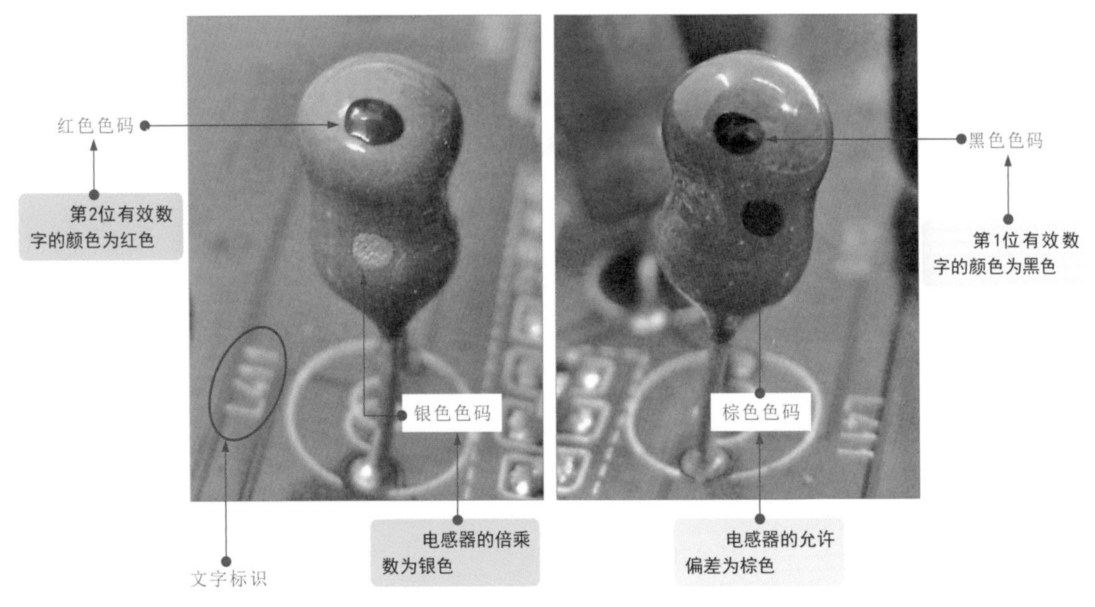

图 4-15　典型色码电感器参数的识读示例

图 4-15 中，电感器顶部标识色码颜色从右向左依次为“黑”“红”，分别表示第 1 位、第 2 位有效数字“0”“2”，左侧面色码颜色为“银”，表示倍乘数为 10^{-2}，右侧面色码颜色为“棕”，表示允许偏差为 ±1%。因此，该电感器的电感量为 2×10^{-2}μH±1%=0.02μH±1%（识读电感器的电感量时，在未标注电感量的单位时，默认为 μH）。

4.2.4 电感器直标标识的识别

直标标识是指通过一些代码符号将电感器的电感量等参数标注在电感器上。通常，电感器直标法采用的是简略方式，也就是说，只标注出重要的信息，而不是将所有的信息都标注出来。

直标法通常有三种形式：普通直接标注法、数字标注法和数字中间加字母标注法，如图 4-16 所示。其中，贴片电感器的参数多采用数字标注法和数字中间加字母标注法。

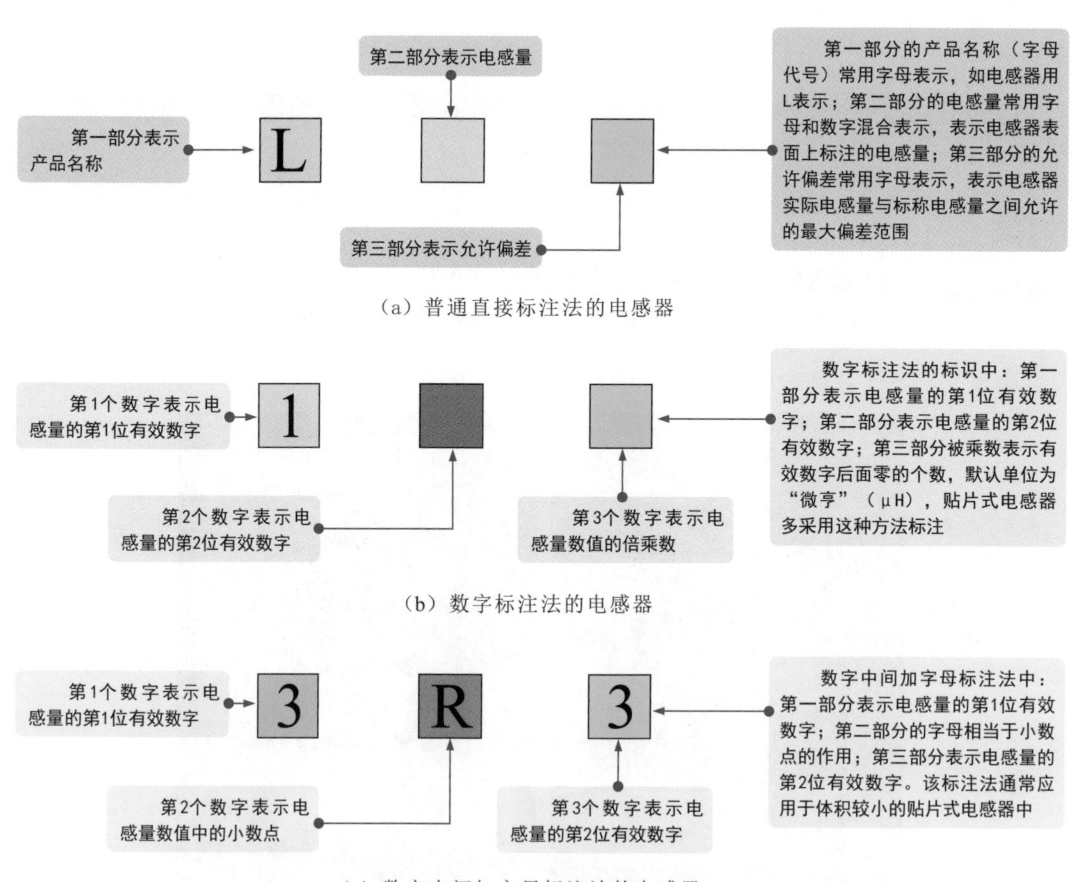

图 4-16　电感器参数直标法的识读

电感器的直标标识中，不同的字母在产品名称、允许偏差中所表示的含义，见表4-2。

表 4-2 不同的字母在产品名称、允许偏差中所表示的含义

产品名称		允许偏差			
符号	含义	符号	含义	符号	含义
L	电感器、线圈	J	±5%	M	±20%
ZL	阻流圈	K	±10%	L	±15%

图 4-17 为电路板中电感器直标标识的识读示例。

“5L713G”中“L”表示电感器；“713G”表示电感量。“G”相当于小数点，该电感器的电感量为713μH

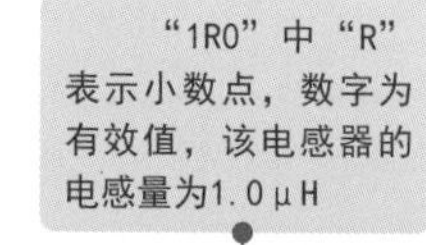

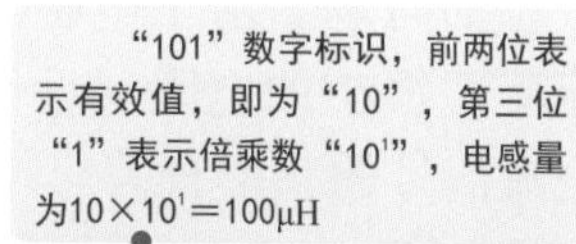

图 4-17 电路板中电感器直标标识的识读示例

我国早期生产的电感器一般直接将相关参数标注在电感器外壳上，根据标注即可识读该电感器的主要参数值。在该类标注中，最大工作电流的字母共有 A、B、C、D、E 五个，分别对应的最大工作电流为 50mA、150mA、300mA、700mA、1600mA，表示的型号共有 I、II、III 三种，分别表示误差为 ±5%、±10%、±20%。

图 4-18 为实际直接标注参数的电感器识读示例。

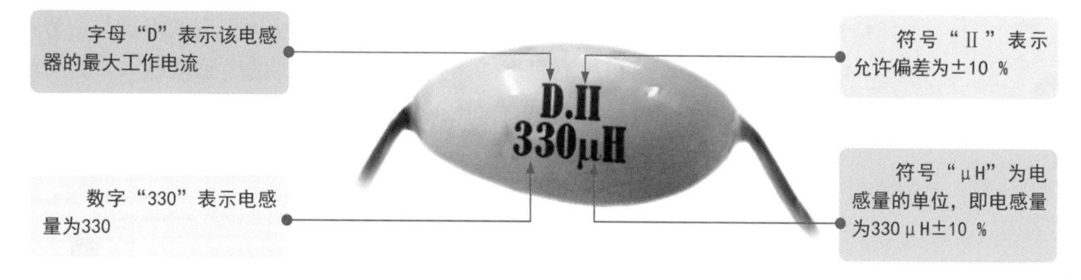

图 4-18 实际直接标注参数的电感器识读示例

识别电感器比较简单，主要从外形特征入手，特别是从外观能够看到线圈的电感器，如空心电感线圈、磁棒电感器、磁环电感器、扼流圈等。另外，色码电感器外形特征也比较明显，很容易识别。

比较容易混淆的是色环电感器和小型贴片电感器，它们的外形分别与色环电阻器、贴片电阻器相似，区分时主要依据电路板中的标识。一般在电路板中，电感器附近会标有“L+ 数字”组合的名称标识，而电阻器为“R+ 数字”组合，因此也很容易区分。

4.3 电感器的功能应用

4.3.1 电感器的工作特性

电感器就是将导线绕制成线圈形状，当电流流过时，在线圈（电感）两端就会形成较强的磁场。由于电磁感应的作用，会对电流的变化起阻碍作用。因此，电感器对直流呈现很小的电阻（近似于短路），对交流呈现的阻抗较高，其阻值的大小与所通过交流信号的频率有关。同一电感元件，通过交流电流的频率越高，呈现的阻值越大。

图 4-19 为电感器的基本工作特性示意图。

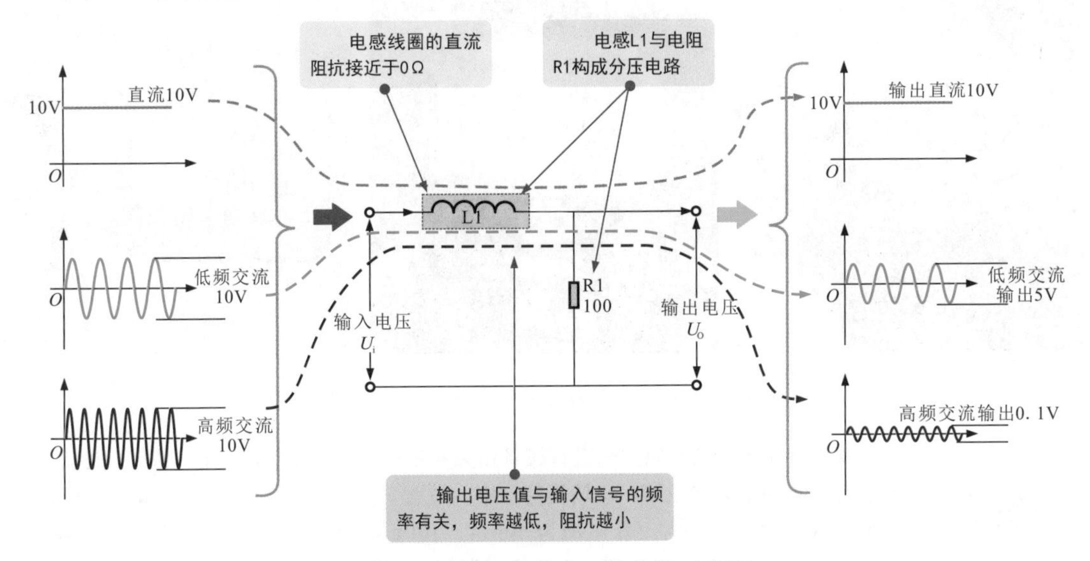

图 4-19　电感器的基本工作特性示意图

电感器的两个重要特性：

① 电感器对直流呈现很小的电阻（近似于短路），对交流呈现的阻抗与信号频率成正比，交流信号频率越高，电感器呈现的阻抗越大；电感器的电感量越大，对交流信号的阻抗越大。

② 电感器具有阻止电流变化的特性，流过电感器的电流不会发生突变，根据电感器的特性，在电子产品中常作为滤波线圈、谐振线圈等。

4.3.2 电感器的滤波功能

由于电感器可对脉动电流产生反电动势，对交流电流阻抗很大，对直流阻抗很小，如果将较大的电感器串接在整流电路中，就可使电路中的交流电压阻隔在电感上，滞留部分则从电感线圈流到电容器上，起到滤除交流的作用。

通常，电感器与电容器构成 LC 滤波电路，由电感器阻隔交流，电容器则将直流脉动电压阻隔在电容器外，继而使 LC 电路起到平滑滤波的作用。

图 4-20 为电感器滤波功能示意图。

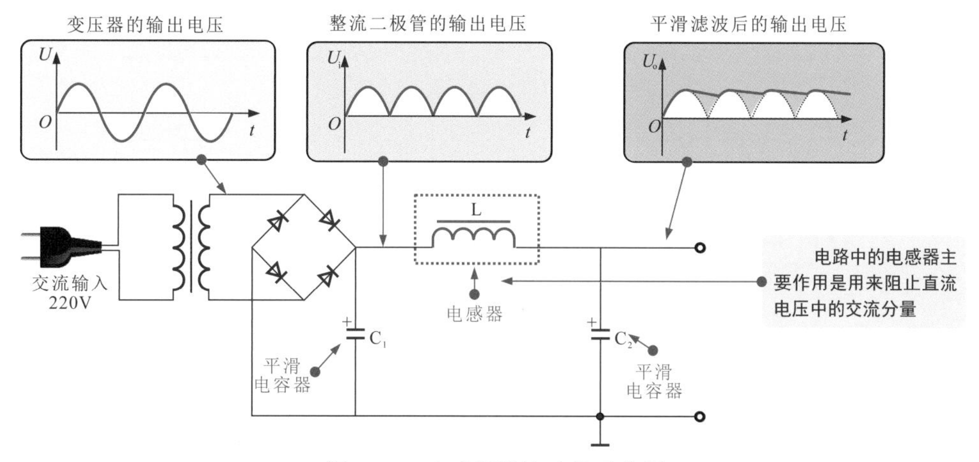

图 4-20 电感器滤波功能示意图

4.3.3 电感器的谐振功能

电感器通常可与电容器并联构成 LC 谐振电路，主要用来阻止一定频率的信号干扰。图 4-21 为电感器谐振功能示意图。

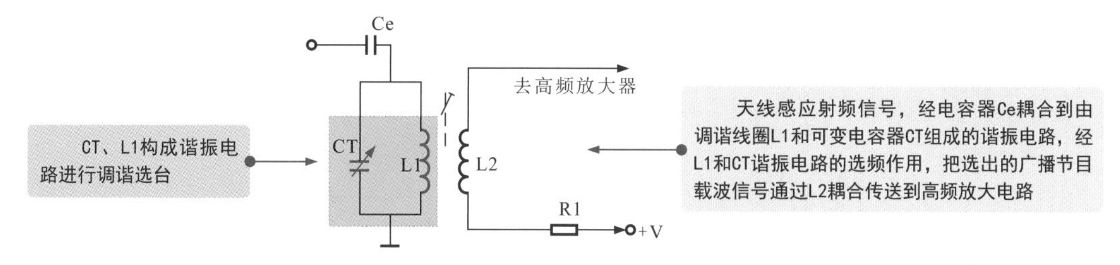

图 4-21 电感器谐振功能示意图

4.3.4 LC 串联、并联谐振电路

电感器对交流信号的阻抗随频率的升高而变大。电容器的阻抗随频率的升高而变小。电感器和电容器并联构成的 LC 并联谐振电路有一个固有谐振频率，即共谐频率。在该频率下，LC 并联谐振电路呈现的阻抗最大。利用这种特性可以制成阻波电路，也可制成选频电路。图 4-22 为 LC 并联谐振电路示意图。

电感器与电容器并联能起到谐振作用，阻止谐振频率信号输入，若将电感器与电容器串联，则可构成串联谐振电路，如图 4-23 所示。该电路可简单理解为与 LC 并联电路相反。LC 串联电路对谐振频率信号的阻抗几乎为 0，阻抗最小，可实现选频功能。电感器和电容器的参数值不同，可选择的频率也不同。

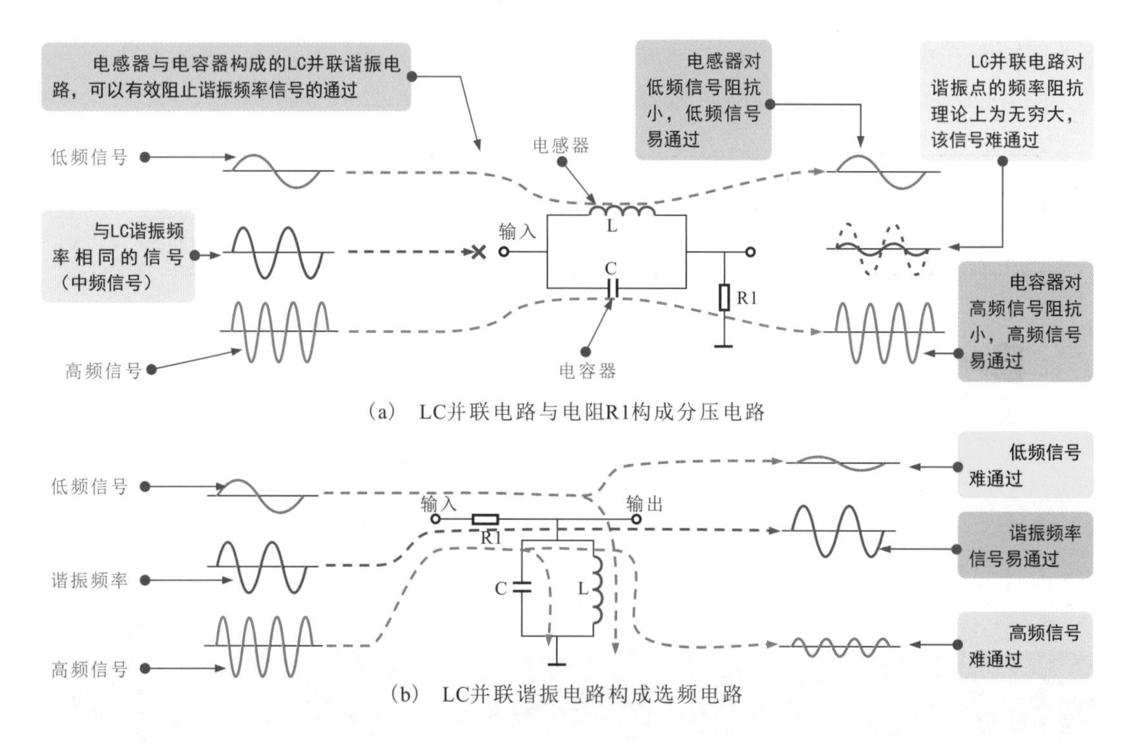

(a)　LC并联电路与电阻R1构成分压电路

(b)　LC并联谐振电路构成选频电路

图 4-22　LC 并联谐振电路示意图

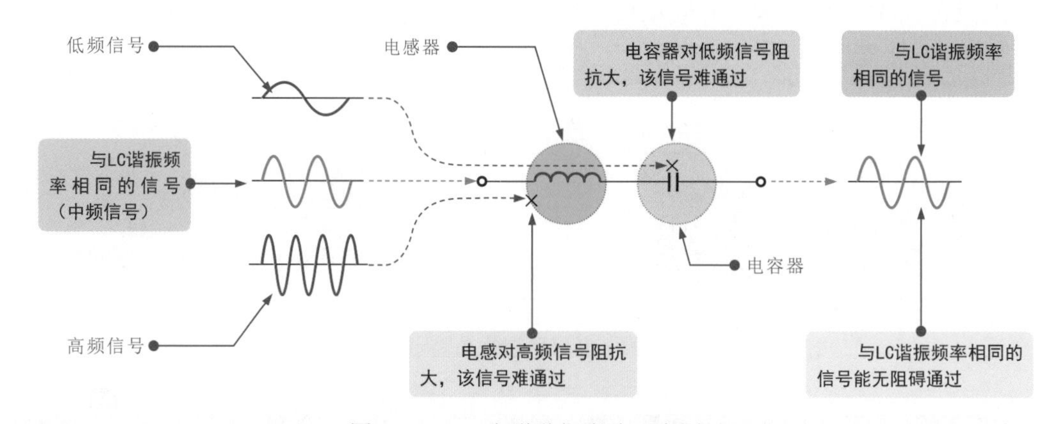

图 4-23　LC 串联谐振电路示意图

4.4 电感器的检测方法

4.4.1 色环电感器的检测方法

检测色环电感器时，可通过检测色环电感器的电感量判断色环电感器是否损坏。首先识读出待测色环电感器的电感量，根据电感量调整万用表的量程。

图 4-24 为待测色环电感器。

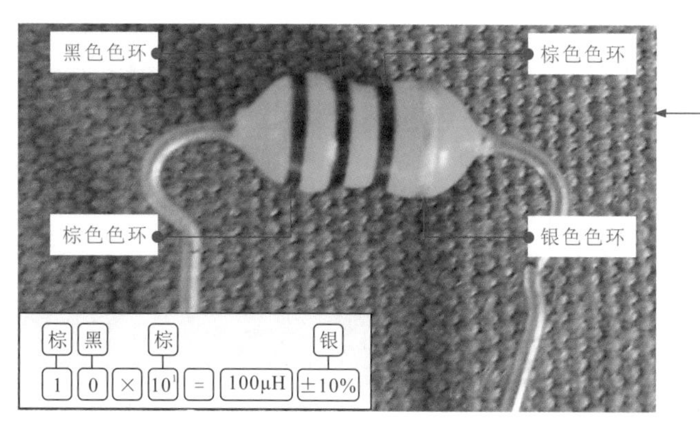

待测色环电感器的第1条色环为棕色，第2条色环为黑色，第1条和第2条表示该色环电感器的有效数字，棕色为1，黑色为0，即该色环电感器的有效数字为10。第3条色环为棕色，表示倍乘数为10^1。第4条色环为银色，表示允许偏差为±10%

根据色环电感上的色环标注便能识读该色环电感器的电感量。可以看到，色环从左向右依次为“棕”“黑”“棕”“银”。根据前面所学的知识可以识读出该色环电感的电感量为100μH，允许偏差为±10%

图 4-24　待测色环电感器

调整万用表的量程，检测待测的色环电感器，通过测量值可判断该电感器是否正常，如图 4-25 所示。

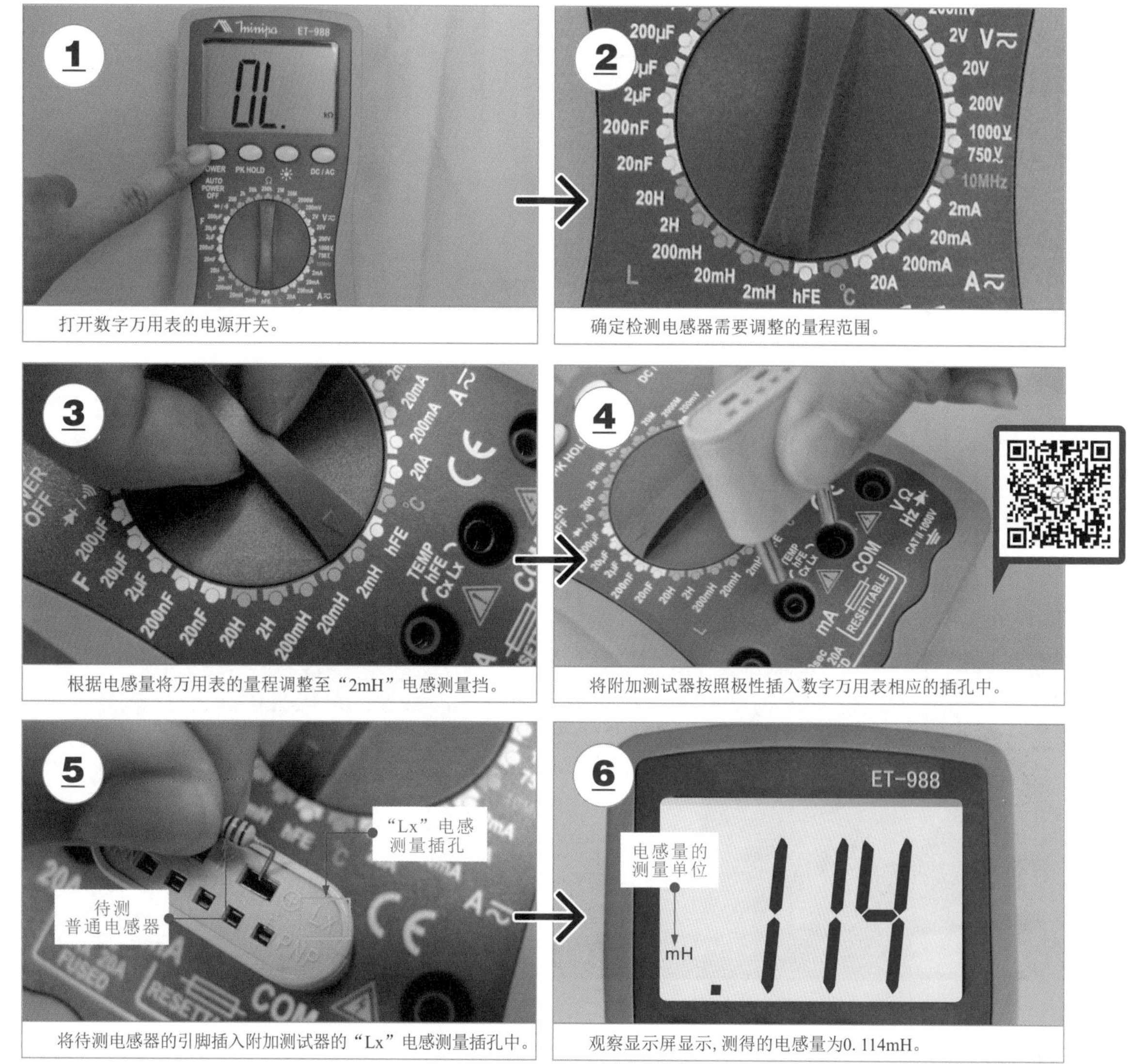

打开数字万用表的电源开关。

确定检测电感器需要调整的量程范围。

根据电感量将万用表的量程调整至“2mH”电感测量挡。

将附加测试器按照极性插入数字万用表相应的插孔中。

将待测电感器的引脚插入附加测试器的“Lx”电感测量插孔中。

观察显示屏显示，测得的电感量为0.114mH。

图 4-25　借助数字万用表检测色环电感器的电感量

提示说明

在正常情况下，检测色环电感器得到的电感量为“0.114mH”，根据单位换算公式 $1mH=10^3\mu H$，即 $0.114mH\times10^3=114\mu H$，与该色环电感的标称容量值基本相符。若测得的电感量与电感器的标称电感量相差较大，则说明电感器性能不良，可能已损坏。

值得注意的是，在设置万用表的量程时，要尽量选择与测量值相近的量程，以保证测量值的准确。如果设置的量程范围与待测值相差过大，则不容易测出准确值，在测量时要特别注意。

4.4.2 色码电感器的检测方法

使用万用表检测色码电感器前，可先识别待测色码电感器的电感量，再对其进行检测，如图 4-26 所示。

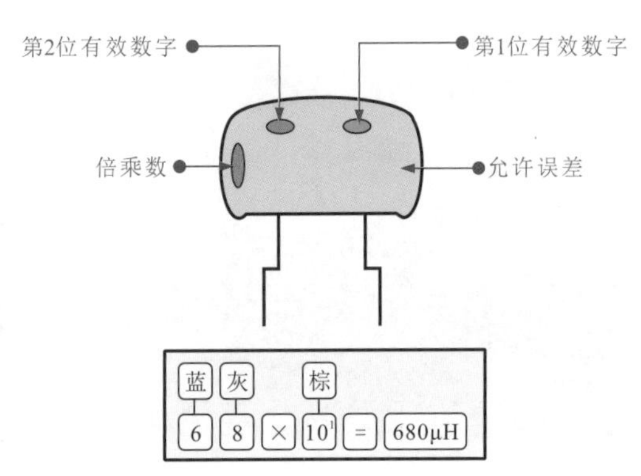

图 4-26　识别待测色码电感器的电感量

从图 4-26 中可知，待测色码电感器的第 1 个色码为蓝色，表示第 1 位有效数字为 6。第 2 个色码为灰色，表示第 2 位有效数字为 8。第 3 个色码为棕色，表示倍乘数为 10^1。根据色码电感器上的色码标注便能识读该色码电感器的电感量。色码颜色依次为“蓝”“灰”“棕”。根据前面所学的知识可以识读出该色码电感器的电感量为 680μH。

使用数字万用表检测色码电感器，通过检测的电感量判断该色码电感器是否正常，如图 4-27 所示。

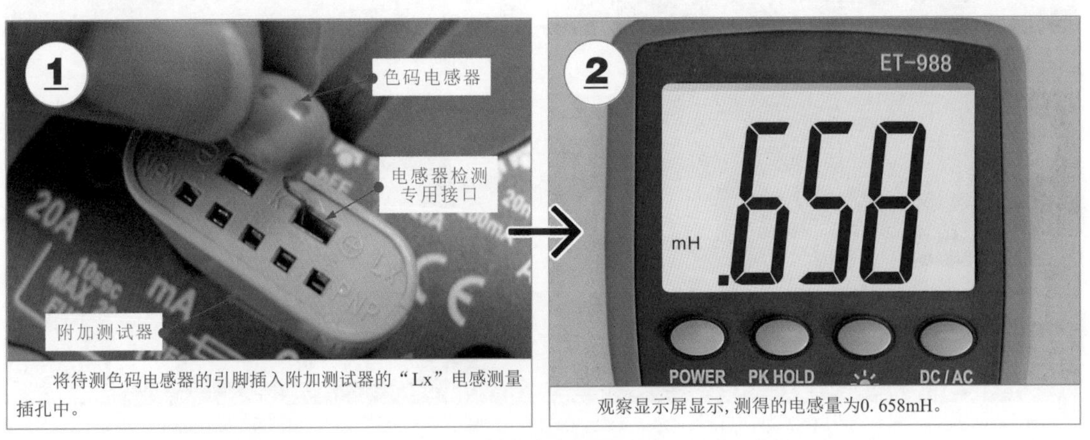

将待测色码电感器的引脚插入附加测试器的“Lx”电感测量插孔中。

观察显示屏显示，测得的电感量为0. 658mH。

图 4-27　色码电感器的检测方法

在正常情况下，检测色码电感器得到的电感量为“0.658mH”，根据单位换算公式，0.658mH × 10^3 = 658μH。若测得的电感量与标称值基本相近或相符，则表明色码电感器正常。若测得的电感量与标称值相差过大，则色码电感器可能已损坏。

4.4.3 电感线圈的检测方法

检测电感线圈是否正常时，可使用不同的仪器来检测，常用的有电感电容测试仪、频率特性测试仪。

首先学习一下使用电感电容测试仪检测电感线圈的操作方法，如图 4-28 所示。

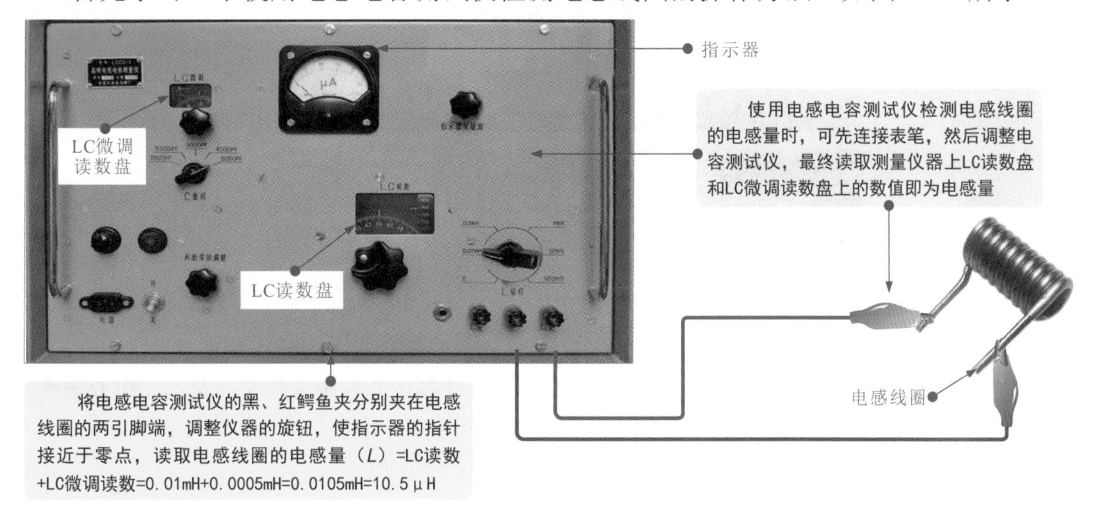

图 4-28　使用电感电容测试仪检测电感线圈的操作方法

图 4-29 为使用频率特性测试仪检测电感线圈。

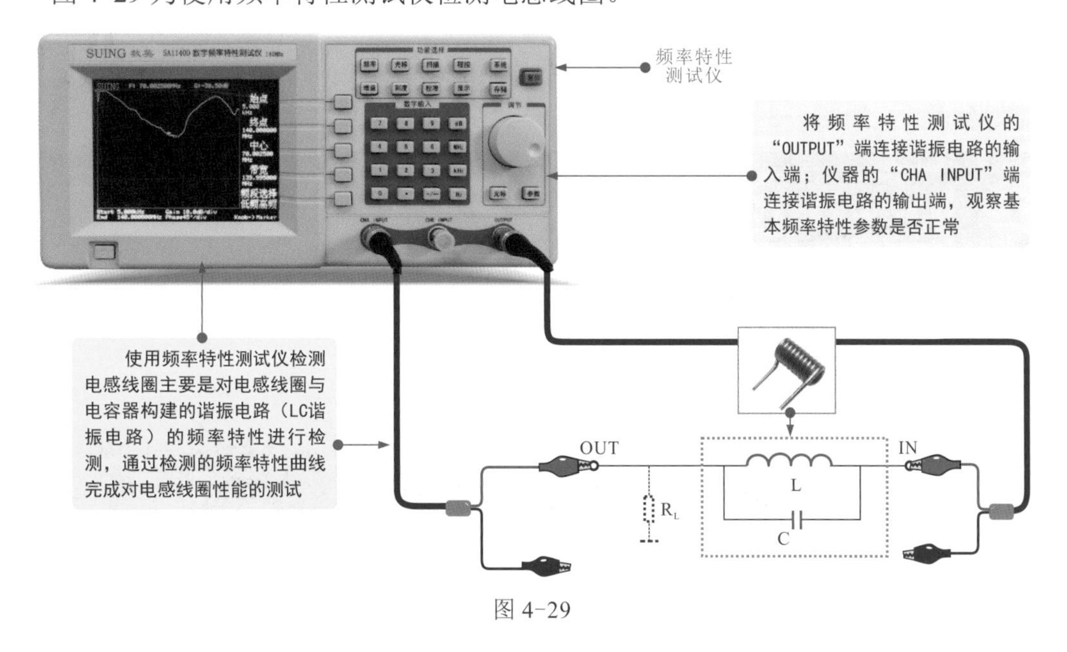

图 4-29

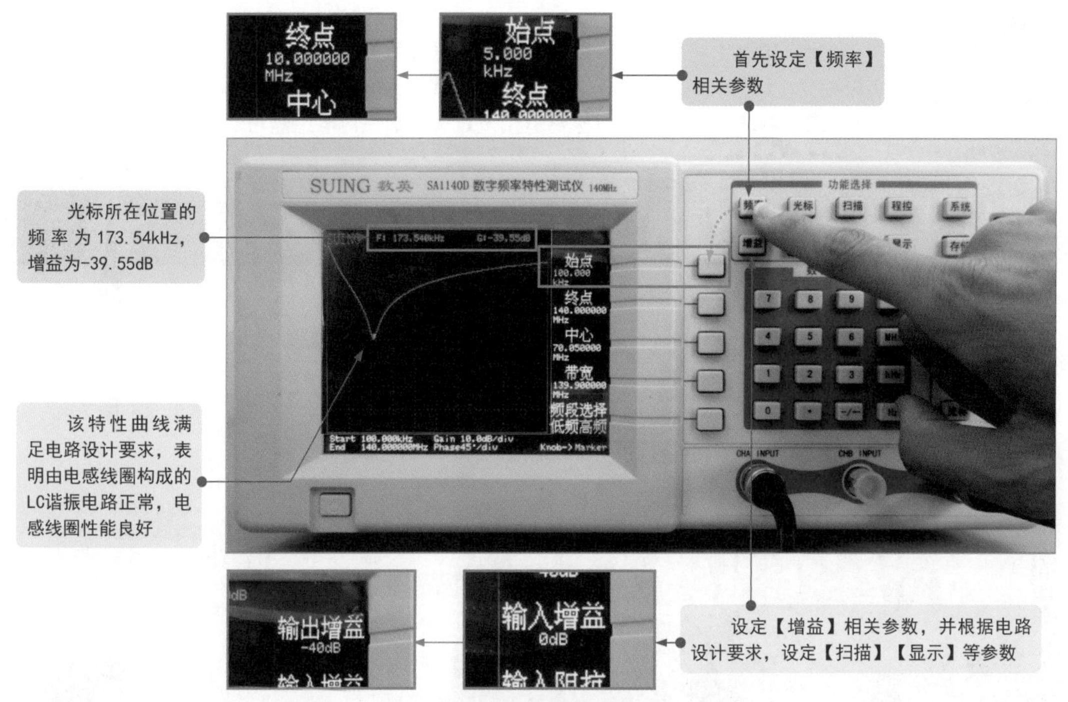

图 4-29　使用频率特性测试仪检测电感线圈

根据需求，将频率特性测试仪的基本参数设置为：始点频率设为5.000kHz，终点频率设为10.000000MHz，仪器自动计算中心频率及带宽并显示（中心频率为402.5kHz，带宽为795kHz）；设置输出增益为-40dB，输入增益为0dB；显示方式为幅频显示；扫描类型为单次，其他参数为开机默认参数。

4.4.4 贴片电感器的检测方法

检测贴片电感器时，可以使用万用表检测电感器的阻值，通过对阻值的检测判断性能是否正常，如图 4-30 所示。

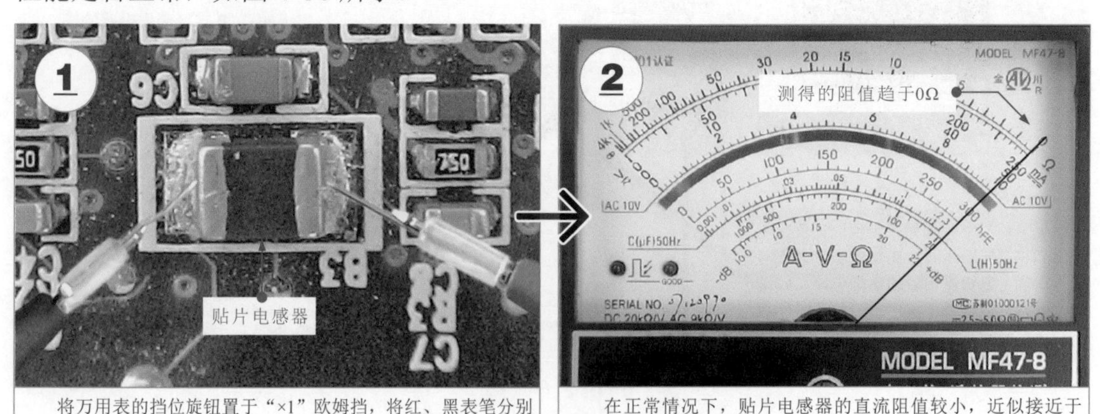

将万用表的挡位旋钮置于“×1”欧姆挡，将红、黑表笔分别搭在贴片电感器的两引脚端。

在正常情况下，贴片电感器的直流阻值较小，近似接近于0；若实测直流阻值趋于无穷大，则多为电感器性能不良。

图 4-30　贴片电感器的检测方法

贴片电感器体积较小，与其他元器件间距也较小，为确保检测准确，可在万用表的红、黑表笔的笔端绑扎大头针后再测量。

有些贴片电感器的表面标识电感量等参数，也可采用万用表检测电感量的方法判断电感器有无失效、损坏等情况。

4.4.5 微调电感器的检测方法

如图4-31所示，微调电感器一般采用万用表检测内部电感线圈直流电阻值的方法判断性能状态，即用万用表的电阻挡检测内部电感线圈的阻值。

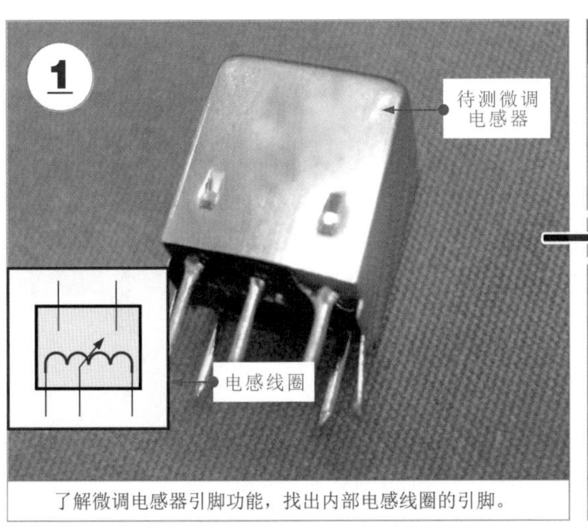

了解微调电感器引脚功能，找出内部电感线圈的引脚。

将万用表的挡位旋钮调至“×1”欧姆挡，并进行欧姆调零操作。

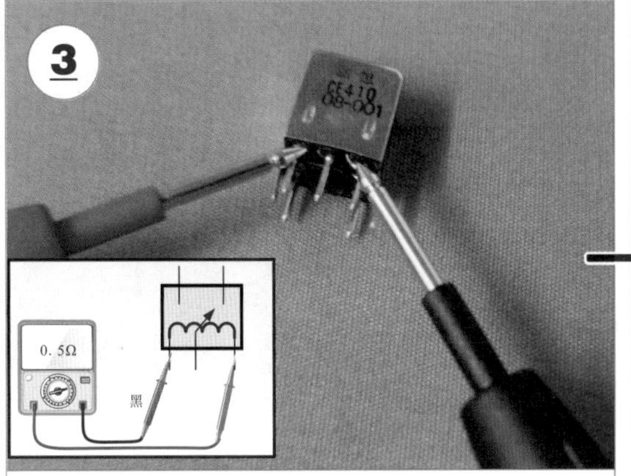

将万用表的红、黑表笔分别搭在电感器内部电感线圈的两引脚上。

在正常情况下，微调电感器内电感线圈的阻值较小，实测约为0.5Ω。

图4-31 微调电感器的检测方法

在正常情况下，微调电感器内部电感线圈的阻值较小，接近于0。这种测量方法是检查线圈是否有短路或断路的情况。在正常情况下，微调电感器线圈之间均有固定阻值，若检测的阻值趋于无穷大，则说明微调电感器已损坏。

第5章

二极管的功能特点与识别检测

5.1 二极管的种类特点

5.1.1 了解二极管的分类

二极管是具有一个PN结的半导体器件。其内部由一个P型半导体和N型半导体组成，在PN结两端引出相应的电极引线，再加上管壳密封便可制成二极管。

图5-1为电路板上的二极管。

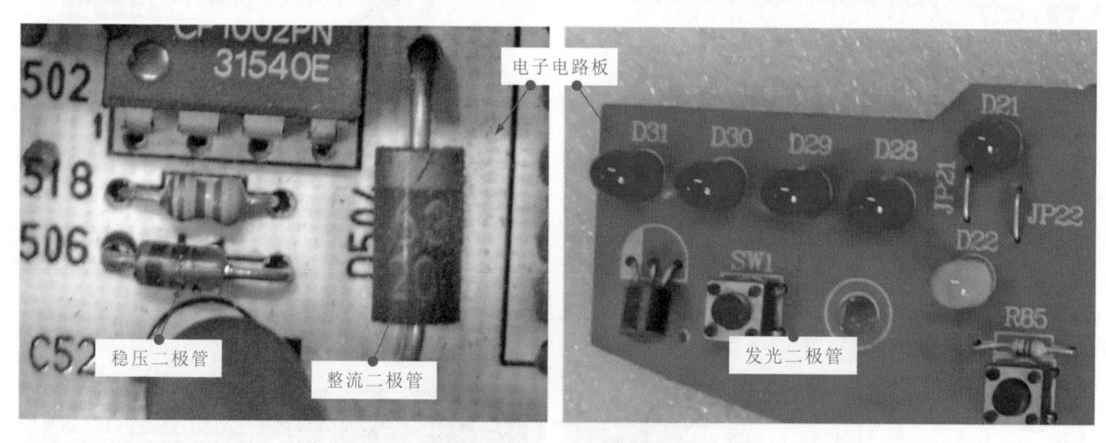

图5-1　典型电子产品电路板上的二极管

二极管的种类较多，按功能可以分为整流二极管、稳压二极管、发光二极管、光敏二极管、检波二极管、变容二极管、双向触发二极管等。

5.1.2 整流二极管

整流二极管是一种对电压具有整流作用的二极管，即可将交流电整流成直流电，

常应用于整流电路中。整流二极管多为面结合型二极管，结面积大，结电容大，但工作频率低，多采用硅半导体材料制成。

整流二极管的外形特点如图 5-2 所示。

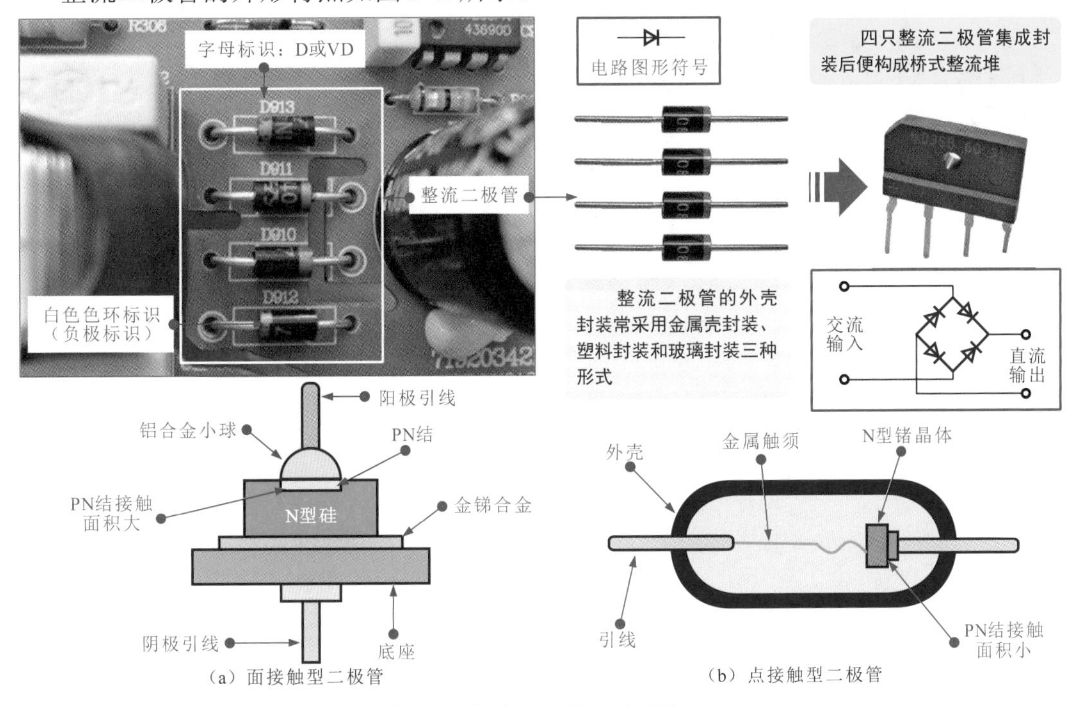

图 5-2　整流二极管的外形特点

面接触型二极管是指内部 PN 结采用合金法或扩散法制成的二极管。由于这种制作工艺中 PN 结的面积较大，所以能通过较大的电流。但其工作频率较低，故常用作整流元件。

相对于面接触型二极管而言，还有一种 PN 结面积较小的点接触型二极管，是由一根很细的金属丝与一块 N 型半导体晶片的表面接触，使触点和半导体牢固地熔接构成 PN 结。这样制成的 PN 结面积很小，只能通过较小的电流和承受较低的反向电压，但高频特性好。因此，点接触型二极管主要用于高频和小功率电路，或用作数字电路中的开关元件。

5.1.3 稳压二极管

稳压二极管是由硅材料制成的面接触型二极管。它利用 PN 结反向击穿时，其两端电压固定在某一数值上，电压值不随电流的大小变化，因此可达到稳压的目的。稳压二极管的外形特点如图 5-3 所示。

在半导体器件中，PN 结具有正向导通、反向截止的特性。若反向施加的电压过高，则该电压足以使其内部的 PN 结反方向导通，这个电压被称为击穿电压。

在实际应用中，当加在稳压二极管上的反向电压临近击穿电压时，二极管反向电流急剧增大，发生击穿（并非损坏）。这时电流可在较大的范围内改变，管子两端的电压基本保持不变，起到稳定电压的作用，其特性与普通二极管不同。

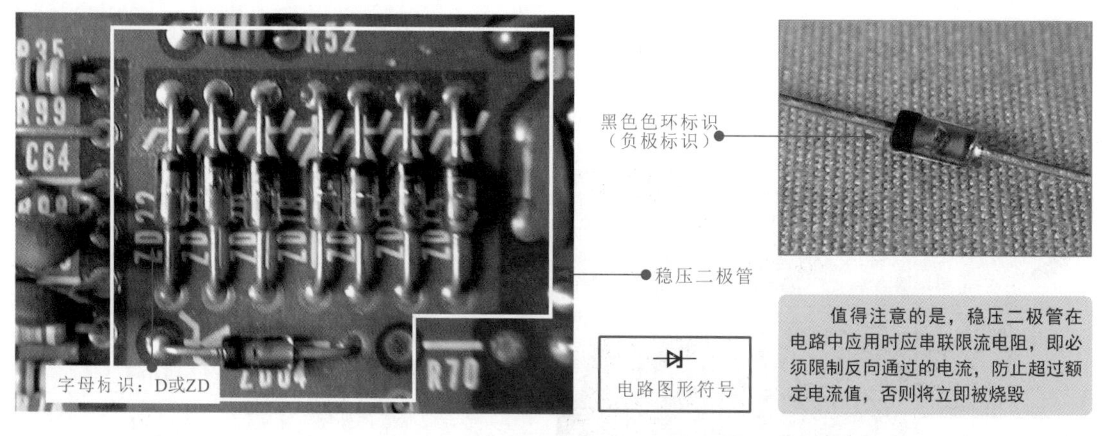

图 5-3　稳压二极管的外形特点

5.1.4　光敏二极管

光敏二极管又称光电二极管。当受到光照射时，反向阻抗会随之变化（随着光照的增强，反向阻抗由大到小），利用这一特性，光敏二极管常作为光电传感器件使用。

光敏二极管的实物外形如图 5-4 所示。

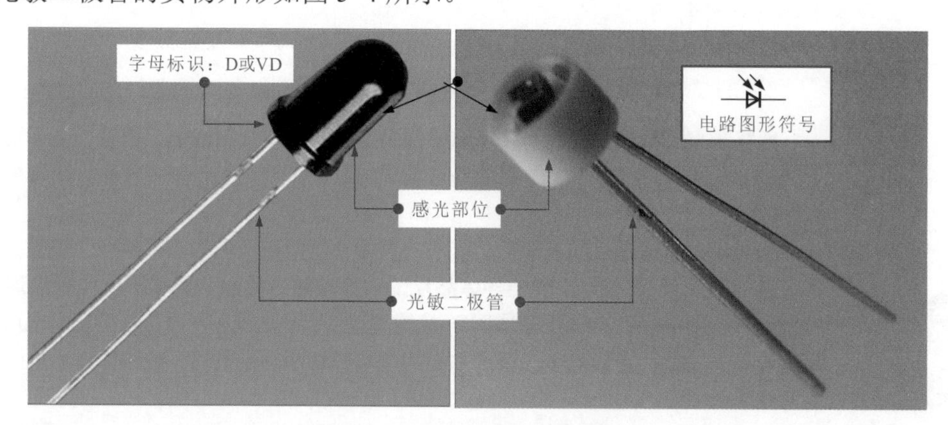

图 5-4　光敏二极管的实物外形

5.1.5　发光二极管

发光二极管是指在工作时能够发出亮光的二极管，简称 LED，常作为显示器件或光电控制电路中的光源。发光二极管具有工作电压低、工作电流很小、抗冲击和抗振性能好、可靠性高、寿命长的特点。图 5-5 为发光二极管的外形特点。

发光二极管是一种利用 PN 结正向偏置时两侧的多数载流子直接复合释放出光能的发光器件，在正常工作时，处于正向偏置状态，在正向电流达到一定值时就会发光。

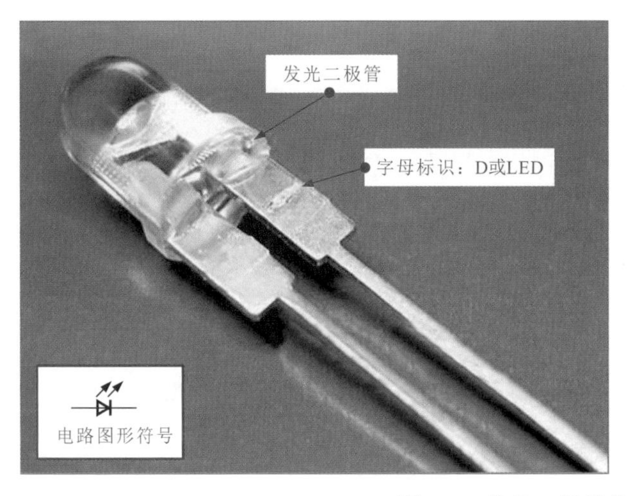

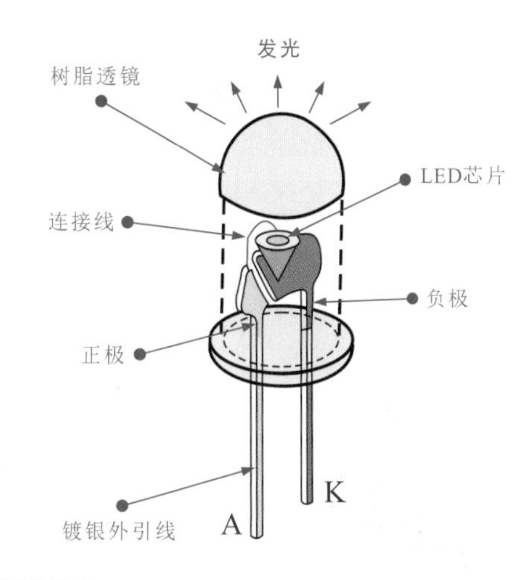

图 5-5　发光二极管的外形特点

5.1.6 检波二极管

检波二极管是利用二极管的单向导电性，再与滤波电容配合，可以把叠加在高频载波上的低频包络信号检出来的器件。

图 5-6 检波二极管的外形特点。

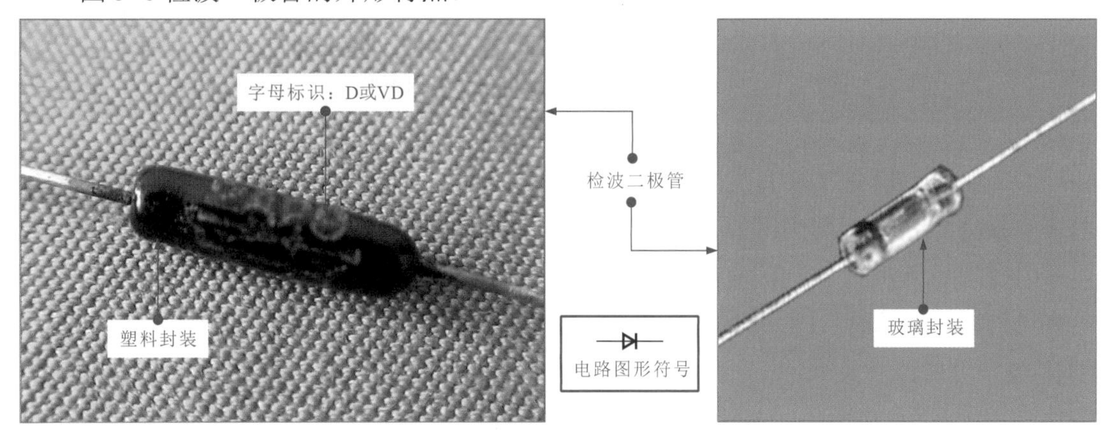

图 5-6　检波二极管的外形特点

检波二极管具有较高的检波效率和良好的频率特性，常用在收音机的检波电路中。检波效率是检波二极管的特殊参数，是指在检波二极管输出电路的电阻负载上产生的直流输出电压与加于输入端的正弦交流信号电压峰值之比的百分数。

5.1.7 变容二极管

变容二极管是利用 PN 结的电容随外加偏压而变化这一特性制成的非线性半导体元

件，在电路中起电容器的作用，广泛用在参量放大器、电子调谐及倍频器等高频和微波电路中。

图 5-7 为变容二极管的外形特点。

图 5-7 变容二极管的外形特点

变容二极管是利用PN结空间能保持电荷且具有电容器特性原理制成的特殊二极管。该二极管两极之间的电容量为 3 ~ 50pF，实际上是一个电压控制的微调电容。

5.1.8 双向触发二极管

双向触发二极管又称为二端交流器件（简称 DIAC），是一种具有三层结构的对称两端半导体器件，常用来触发晶闸管或用于过压保护、定时、移相电路。双向触发二极管的外形特点如图 5-8 所示。

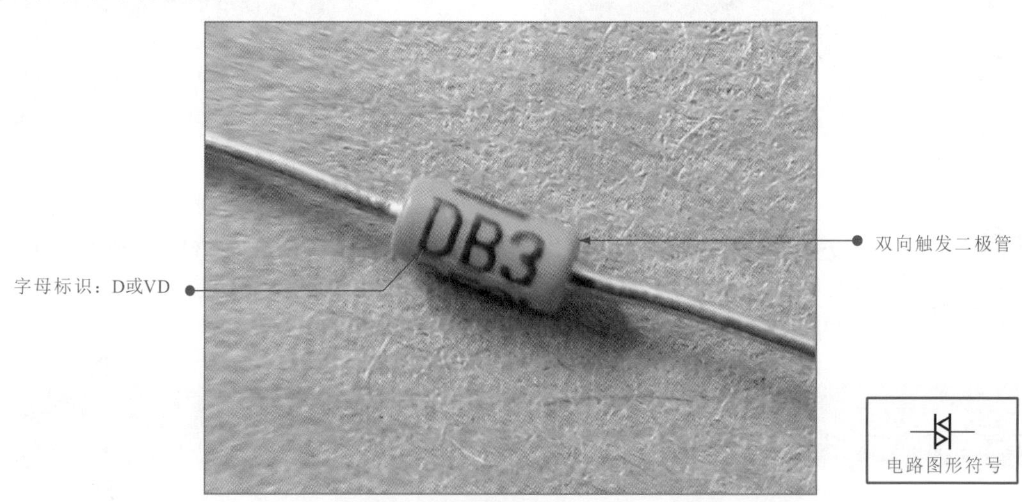

图 5-8 双向触发二极管的外形特点

5.1.9 开关二极管

开关二极管是利用二极管的单向导电性对电路进行“开通”或“关断”的控制。导通/截止速度非常快，能满足高频和超高频电路的需要，广泛应用于开关和自动控制等电路中。图 5-9 为开关二极管的外形特点。

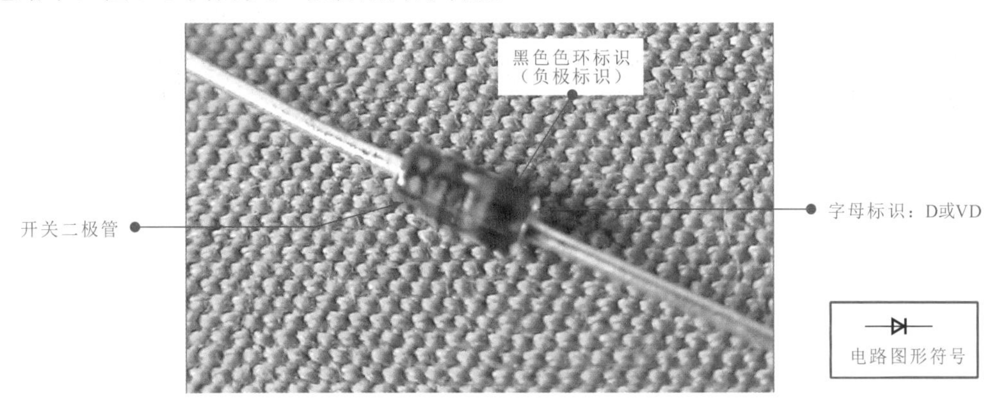

图 5-9 开关二极管的外形特点

开关二极管一般采用玻璃或陶瓷外壳封装以减小管壳的电容。通常，开关二极管从截止（高阻抗）到导通（低阻抗）的时间称为“开通时间”；从导通到截止的时间称为“反向恢复时间”；两个时间的总和统称为“开关时间”。开关二极管的开关时间很短，是一种非常理想的电子开关，具有开关速度快、体积小、寿命长、可靠性高等特点。

5.1.10 快恢复二极管

快恢复二极管（简称 FRD）也是一种高速开关二极管。这种二极管的开关特性好，反向恢复时间很短，正向压降低，反向击穿电压较高（耐压值较高）。

快恢复二极管的外形特点如图 5-10 所示。

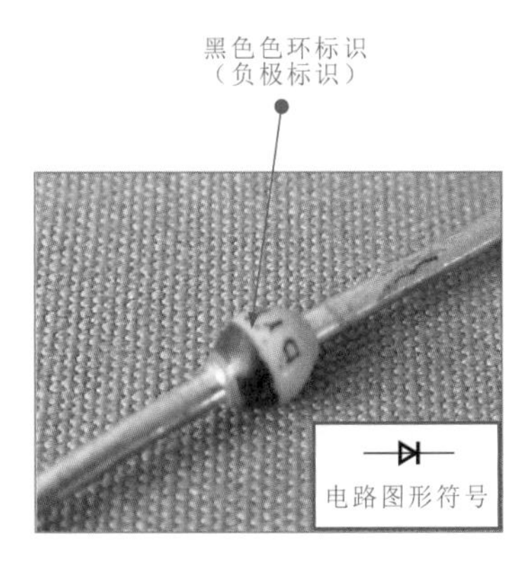

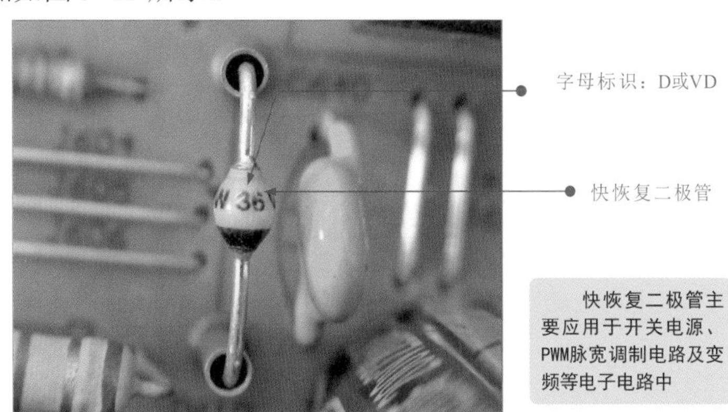

图 5-10 快恢复二极管的外形特点

二极管根据半导体制作材料分为锗二极管和硅二极管，如图5-11所示。因材料不同，这两种二极管的性能也有所不同。在一般情况下，锗二极管正向电压降比硅管小，通常为0.2 ~ 0.3V，硅二极管为0.6 ~ 0.7V。锗二极管的耐高温性能不如硅二极管。

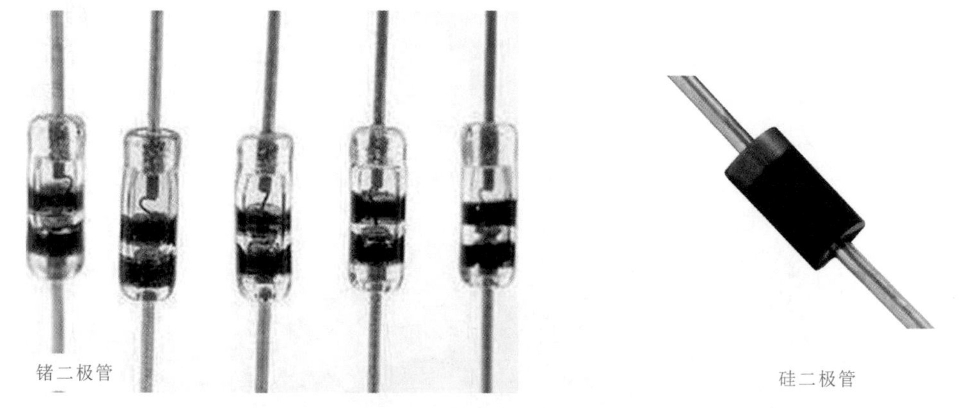

图 5-11　锗二极管和硅二极管

5.2 二极管的识别

5.2.1 二极管电路标识的识别

二极管在电路中的标识通常分为两部分：一部分是电路图形符号，表示二极管的类型；一部分是字母 + 数字，表示该二极管在电路中的序号及型号。

图 5-12 为二极管的电路标识。电路图形符号可以体现二极管的类型；文字标识通常提供二极管的名称、序号及型号等信息。

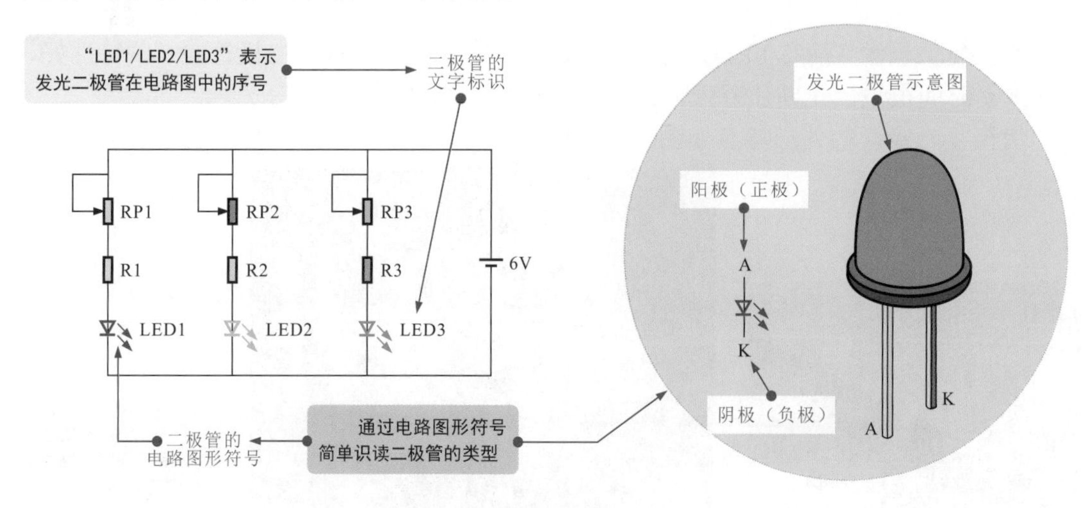

图 5-12　二极管的电路标识

图 5-13 为二极管的标识信息。

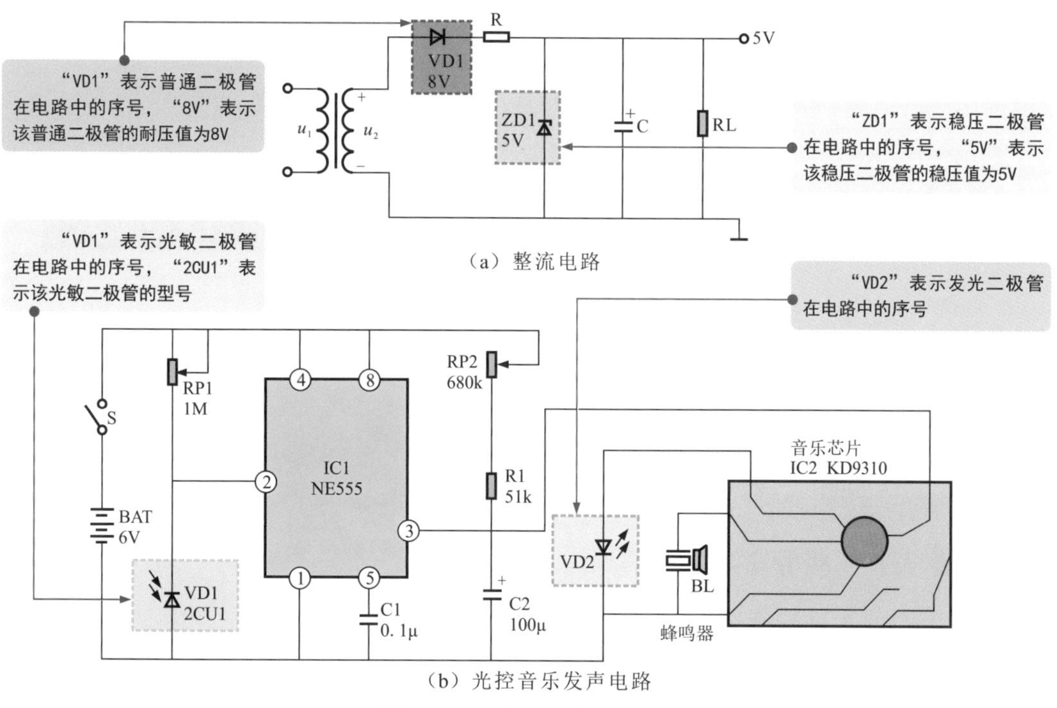

（a）整流电路

（b）光控音乐发声电路

图 5-13　二极管的标识信息

5.2.2 二极管参数的识别

通常，二极管的型号参数都采用直标法标注命名，但具体命名规则根据国家、地区及生产厂商的不同而有所不同。

1 国产二极管命名方式的识读

国产二极管的命名方式是将二极管的类别、材料及其他主要参数标注在二极管表面上。根据国家标注规定，二极管的型号命名由五个部分构成。

图 5-14 为国产二极管的命名方式及识读方法。

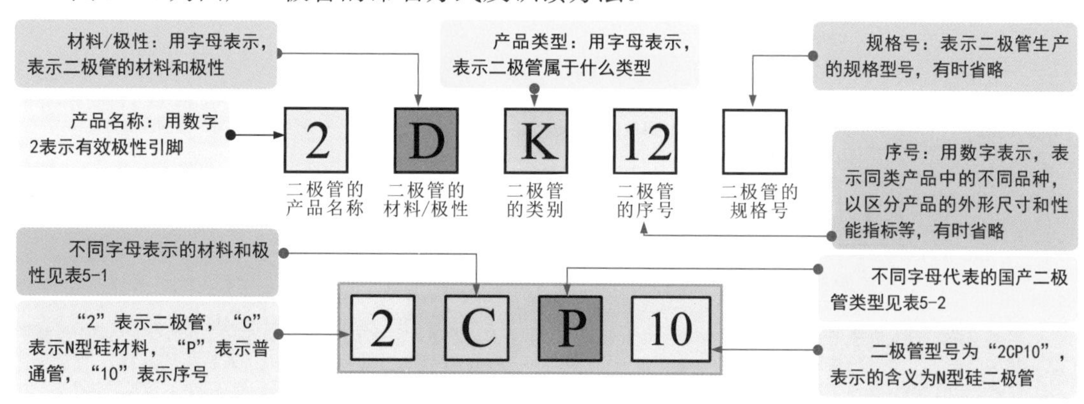

图 5-14　国产二极管的命名方式及识读方法

国产二极管“材料 / 极性符号”的字母含义见表 5-1，国产二极管类型符号的含义见表 5-2。

表 5-1 国产二极管“材料 / 极性符号”的字母含义

材料/极性符号	含义	材料/极性符号	含义	材料/极性符号	含义
A	N型锗材料	C	N型硅材料	E	化合物材料
B	P型锗材料	D	P型硅材料		

表 5-2 国产二极管类型符号的含义

类型符号	含义	类型符号	含义	类型符号	含义	类型符号	含义
P	普通管	Z	整流管	U	光电管	H	恒流管
V	微波管	L	整流堆	K	开关管	B	变容管
W	稳压管	S	隧道管	JD	激光管	BF	发光二极管
C	参量管	N	阻尼管	CM	磁敏管		

2 美产二极管命名方式的识读

美国生产的二极管命名方式一般也由五个部分构成，但实际标注中只标出有效极数、代号、顺序号三部分，如图 5-15 所示。

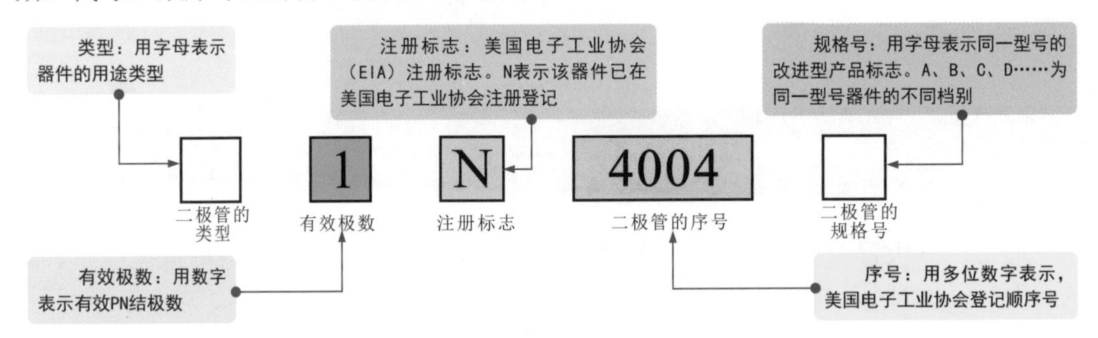

图 5-15 美产二极管的命名方式及识读方法

3 日产二极管命名方式的识读

日本生产的二极管命名方式由五个部分构成，包括有效极数、代号、材料 / 类型、顺序号和规格号，如图 5-16 所示。

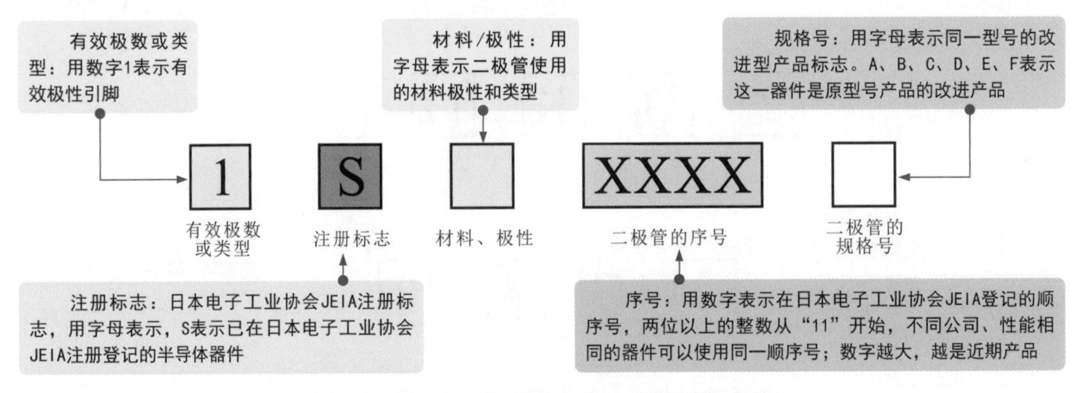

图 5-16 日产二极管的命名方式及识读方法

4 国际电子联合会二极管命名方式的识读

国际电子联合会二极管的命名方式一般由四个部分构成，包括材料、类别、序号和规格号，各部分含义如图 5-17 所示。

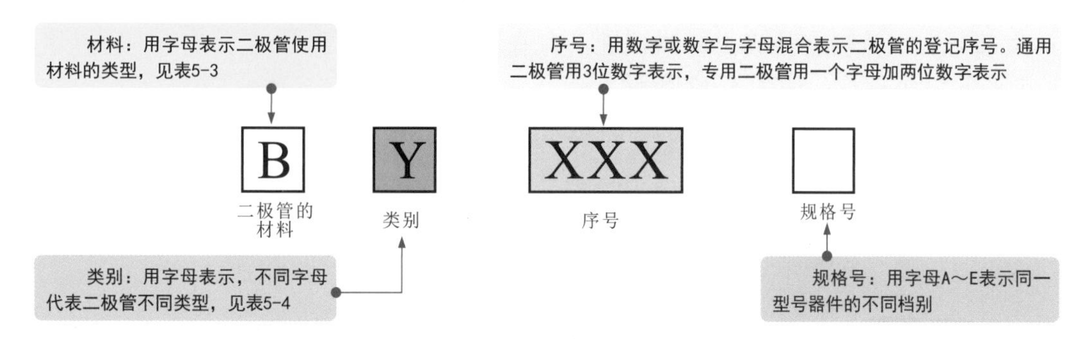

图 5-17　国际电子联合会二极管的命名方式及识读方法

国际电子联合会二极管命名中，代表材料的字母含义如表 5-3 所列，类别如表 5-4 所列。

表 5-3　国际电子联合会二极管“材料”含义对照

材料符号	含义	材料符号	含义	材料符号	含义
A	锗材料	C	砷化镓	R	复合材料
B	硅材料	D	锑化铟		

表 5-4　国际电子联合会二极管“类别”含义对照

类型符号	含义	类型符号	含义	类型符号	含义
A	检波管	H	磁敏管	X	倍压管
B	变容管	P	光敏管	Y	整流管
E	隧道管	Q	发光管	Z	稳压管
G	复合管				

对于没有任何表示信息的二极管，可以从四个方面来识别类型或材料。

① 根据不同类型二极管的外形特征来识别，例如，稳压二极管外观多为红色玻璃外壳、整流二极管多为黑色柱形、快恢复二极管多为圆形黑白相间且引脚较粗等，对于一般维修人员能够根据这些特点，大体识别出二极管的类型就能够满足一般维修要求了。

② 根据二极管的应用环境来识别。例如，在电子产品的电源电路中，次级输出部分一般设有多个整流二极管，用于将变压器输出的交流电压整流为直流电压，因此，在电路板中，位于该电路范围内的二极管多为整流二极管。

③ 根据二极管应用电路原理图或电路板附近的标识来识别。大多数电子产品都配有其维修电路原理图，在电路原理图中通常会标有各种元器件的型号、主要参数等信息，根据该信息很容易进行识别。而且，有些电子产品电路板中在二极管附近会印有其型号标识，也很容易进行识别。

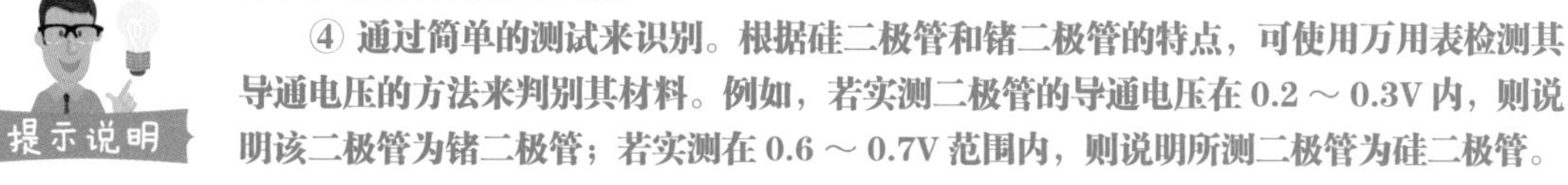

④ 通过简单的测试来识别。根据硅二极管和锗二极管的特点，可使用万用表检测其导通电压的方法来判别其材料。例如，若实测二极管的导通电压在 0.2 ～ 0.3V 内，则说明该二极管为锗二极管；若实测在 0.6 ～ 0.7V 范围内，则说明所测二极管为硅二极管。

5.2.3 二极管引脚极性的识别

大部分二极管会在外壳上标注极性，有些通过电路图形符号表示，有些通过色环或引脚长短特征标注，如图 5-18 所示。

识别安装在电路板上二极管的引脚极性时，可观察二极管附近或背面焊点周围有无标注信息，根据标注信息很容易识别引脚的极性。此外，也可根据二极管所在的电路，找到对应的电路图纸，根据图纸中的电路图形符号识别引脚极性。

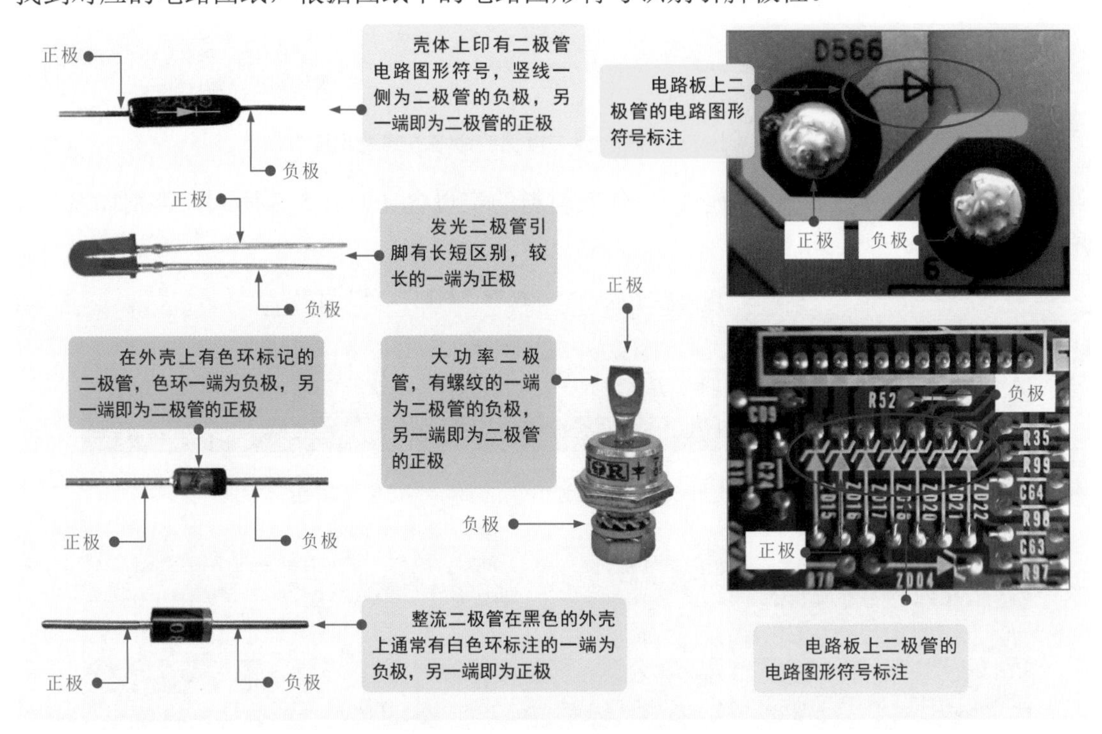

图 5-18 二极管引脚极性的标注

5.3 二极管的功能应用

5.3.1 二极管的单向导电特性

二极管的内部是由一个 PN 结构成的，如图 5-19 所示。

PN 结是指用特殊工艺把 P 型半导体和 N 型半导体结合在一起后，在两者的交界面上形成的特殊带电薄层。P 型半导体和 N 型半导体通常被称为 P 区和 N 区。PN 结的形成是由于 P 区存在大量正空穴而 N 区存在大量自由电子，因而出现载流子浓度上的差别，于是产生扩散运动。P 区的正空穴向 N 区扩散，N 区的自由电子向 P 区扩散，正空穴与自由电子运动的方向相反。

电流方向与电子的运动方向相反，与正电荷运动方向相同，在一定条件下，可以将P区中正空穴看作是带正电的电荷，因此在PN结内正空穴和自由电子运动方向相反

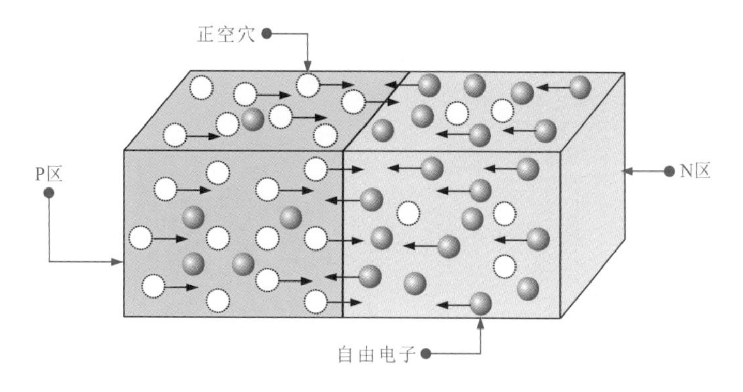

图 5-19　二极管内部的 PN 结

根据二极管的内部结构，在一般情况下，只允许电流从正极流向负极，而不允许电流从负极流向正极，这就是二极管的单向导电性，如图 5-20 所示。

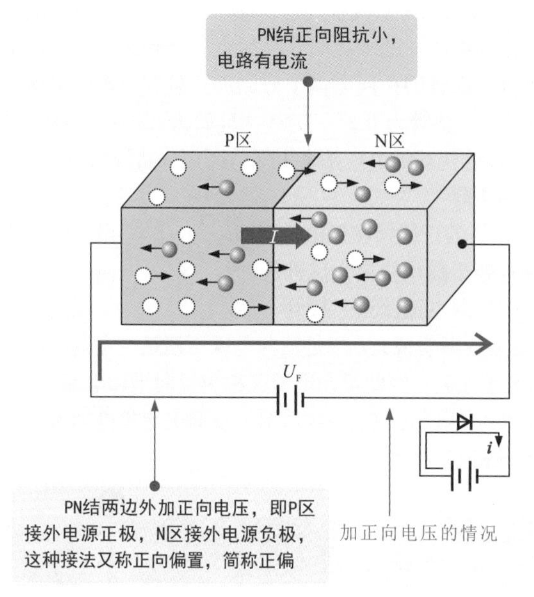

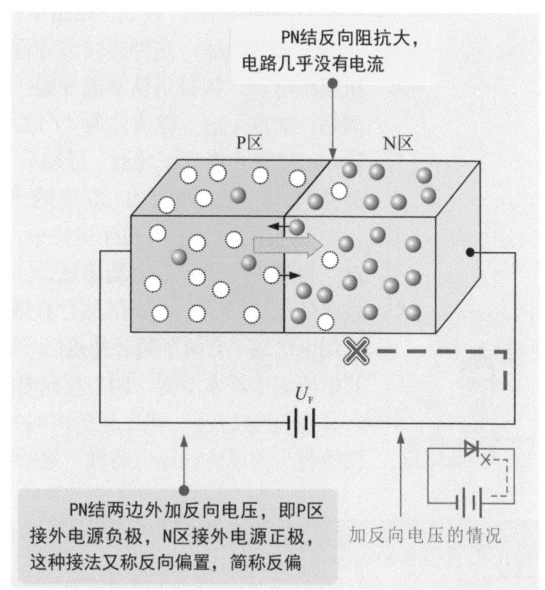

图 5-20　二极管的单向导电性

当 PN 结外加正向电压时，其内部的电流方向与电源提供的电流方向相同，电流很容易通过 PN 结形成电流回路。此时，PN 结呈低阻状态（正偏状态的阻抗较小），电路为导通状态。

当 PN 结外加反向电压时，其内部的电流方向与电源提供的电流方向相反，电流不易通过 PN 结形成回路。此时，PN 结呈高阻状态，电路为截止状态。

5.3.2 二极管的伏安特性

二极管的伏安特性是指加在二极管两端电压和流过二极管电流之间的关系曲线。二极管的伏安特性通常用来描述二极管的性能，如图 5-21 所示。

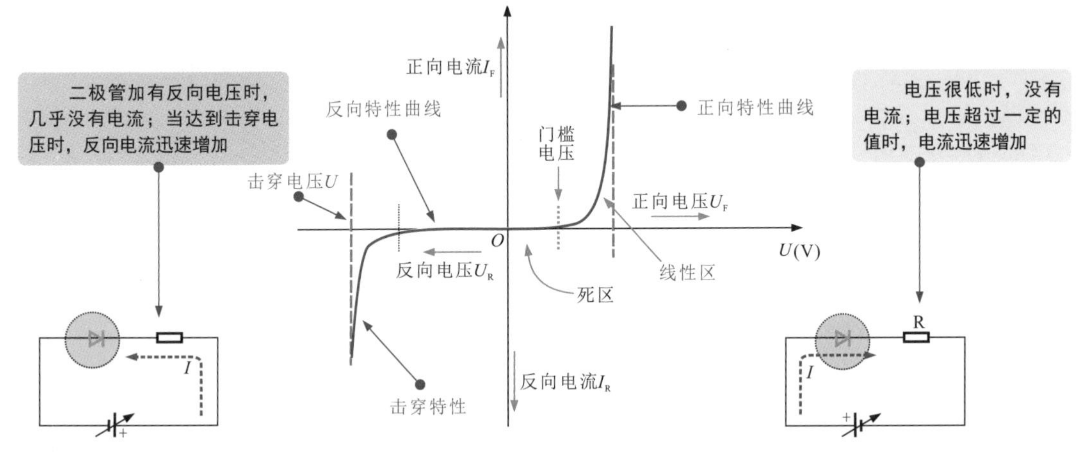

图 5-21　二极管的伏安特性

◇ **正向特性**　在电子电路中，将二极管的正极接在高电位端，负极接在低电位端，二极管就会导通，这种连接方式称为正向偏置。必须说明，当加在二极管两端的正向电压很小时，二极管仍然不能导通，流过二极管的正向电流十分微弱。只有当正向电压达到某一数值（这一数值称为“门槛电压”，锗管为 0.2 ~ 0.3V，硅管为 0.6 ~ 0.7V）以后，二极管才能真正导通。导通后，二极管两端的电压基本上保持不变（锗管约为 0.3V，硅管约为 0.7V），称为二极管的“正向压降”。

◇ **反向特性**　在电子电路中，二极管的正极接在低电位端，负极接在高电位端，此时二极管中几乎没有电流流过，二极管处于截止状态，这种连接方式称为反向偏置。二极管处于反向偏置时，仍然会有微弱的反向电流流过二极管，称为漏电电流。反向电流（漏电电流）有两个显著特点：一是受温度影响很大；二是反向电压不超过一定范围时，其电流大小基本不变，即与反向电压大小无关，因此反向电流又称为反向饱和电流。

◇ **击穿特性**　当二极管两端的反向电压增大到某一数值时，反向电流急剧增大，二极管将失去单方向导电特性，这种状态称为二极管的击穿。

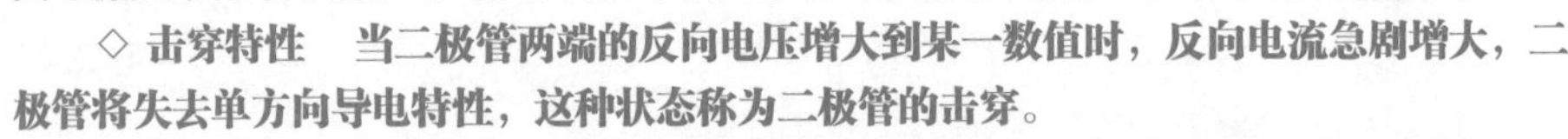

5.3.3 整流二极管的整流功能

整流二极管根据自身特性可构成整流电路，将原本交变的交流电压信号整流成同相脉动的直流电压信号，变换后的波形小于变换前的波形，如图 5-22 所示。

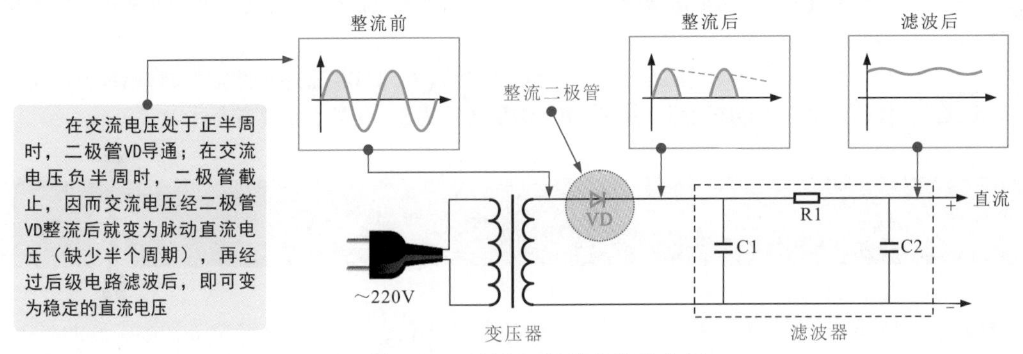

图 5-22　整流二极管的整流作用

一只整流二极管构成的整流电路为半波整流电路，两只整流二极管可构成全波整流电路（两个半波整流电路组合而成），如图5-23所示。

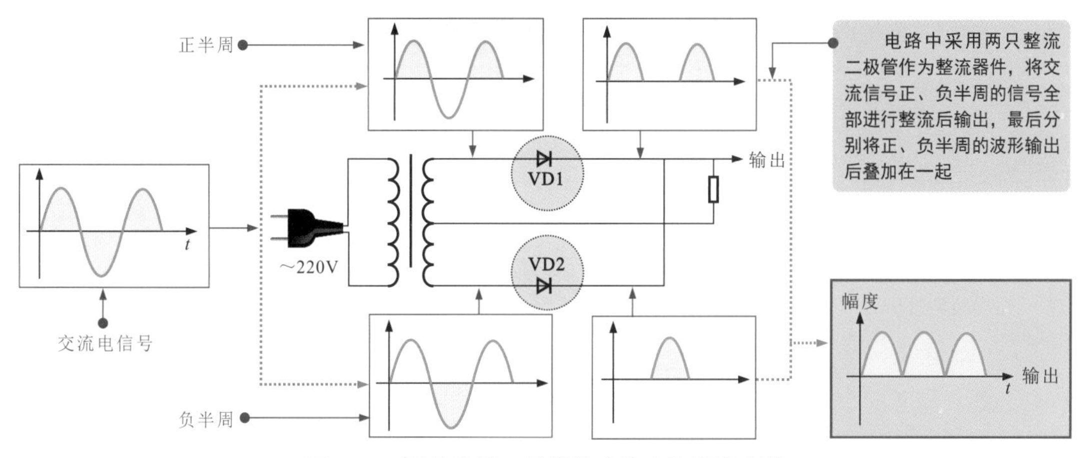

图5-23　两只整流二极管构成的全波整流电路

另外，在电子产品电路中，由四只整流二极管构成的桥式整流电路也十分常见，如图5-24所示（有些产品中将四只整流二极管封装在一起构成一个独立器件，称为桥式整流堆）。

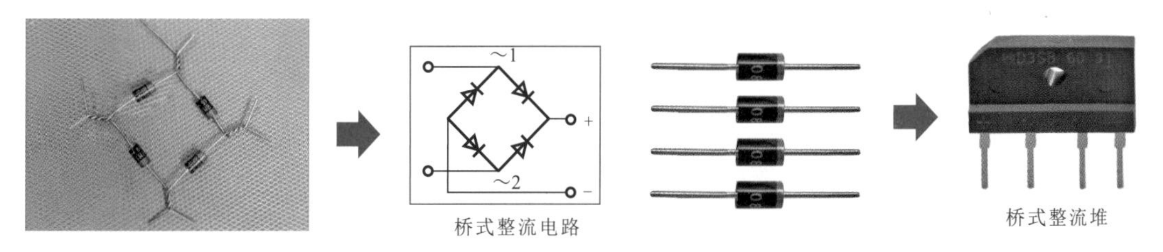

图5-24　由四只整流二极管构成的桥式整流电路

整流二极管的整流作用是利用二极管单向导通、反向截止的特性。打个比方，将整流二极管想象为一个只能单方向打开的闸门，将交流电流看作不同流向的水流，如图5-25所示。

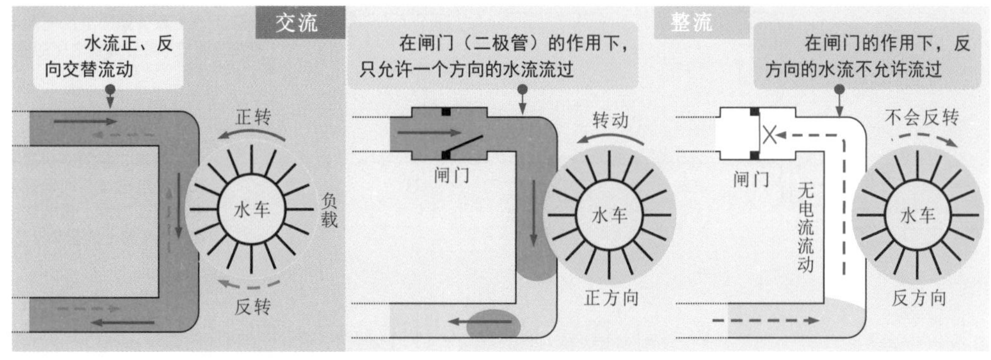

图5-25　整流二极管的整流原理示意图

交流是电流交替变化的电流，如水流推动水车一样，交变的水流会使水车正向、反向交替运转。在水流的通道中设有一闸门，正向流水时闸门被打开，水流推动水车运转。水流反向流动时，闸门自动关闭。水不能反向流动，水车也不会反转。在这样的系统中，水只能正向流动。这就是整流功能。

5.3.4 稳压二极管的稳压功能

稳压二极管的稳压功能是指能够将电路中某一点的电压稳定地维持在一个固定值的功能。

图 5-26 为稳压二极管构成的稳压电路。

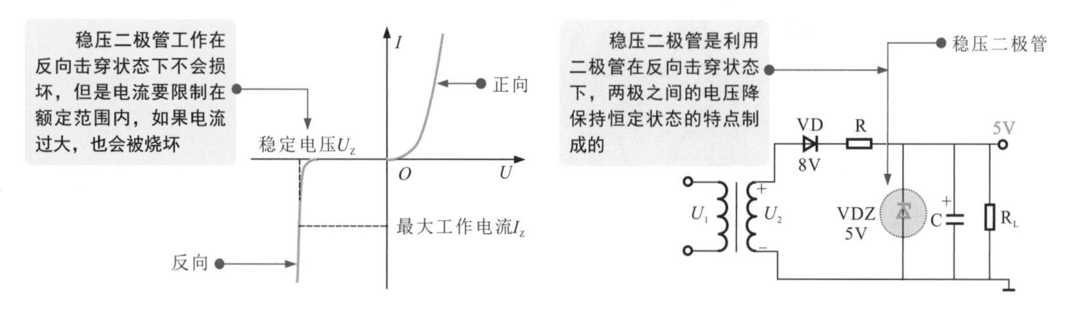

图 5-26 稳压二极管的稳压电路

稳压二极管 VDZ 的负极接外加电压的高端，正极接外加电压的低端。当稳压二极管 VDZ 反向电压接近稳压二极管 VDZ 的击穿电压（5V）时，电流急剧增大，稳压二极管 VDZ 呈击穿状态，在该状态下，稳压二极管两端的电压保持不变（5V），从而实现稳定直流电压的功能。因此，市场上有各种不同稳压值的稳压二极管。

5.3.5 检波二极管的检波功能

检波二极管具有较高的检波效率和良好的频率特性，常用在收音机的检波电路中，如图 5-27 所示。

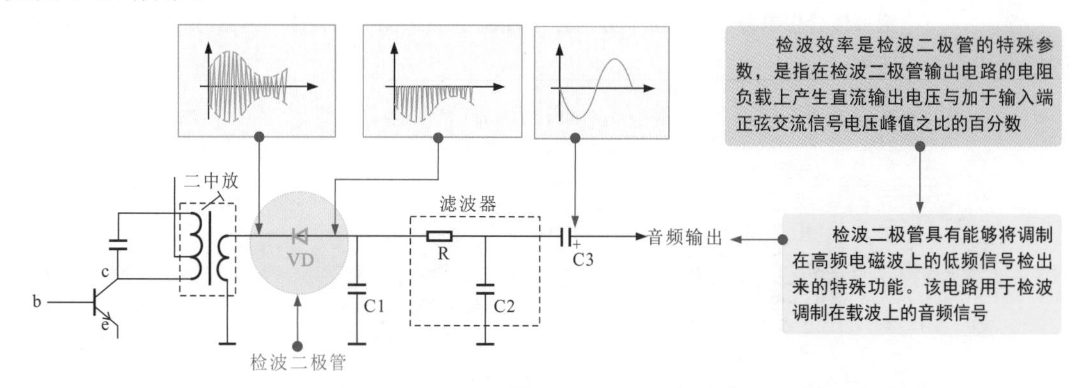

图 5-27 检波二极管在收音机检波电路中的应用

第二中放输出的调幅波加到检波二极管 VD 的负极，由于检波二极管的单向导电特性，因此负半周调幅波通过检波二极管，正半周被截止，通过检波二极管 VD 后，输出的调幅波只有负半周。负半周的调幅波再由 RC 滤波器滤除其中的高频成分，输出其中的低频成分，输出的就是调制在载波上的音频信号。这个过程称为检波。

5.4 二极管的检测方法

5.4.1 整流二极管的检测方法

整流二极管主要利用二极管的单向导电特性实现整流功能，判断整流二极管好坏可利用这一特性进行检测，即用万用表检测整流二极管正、反向阻值的方法，如图 5-28 所示。

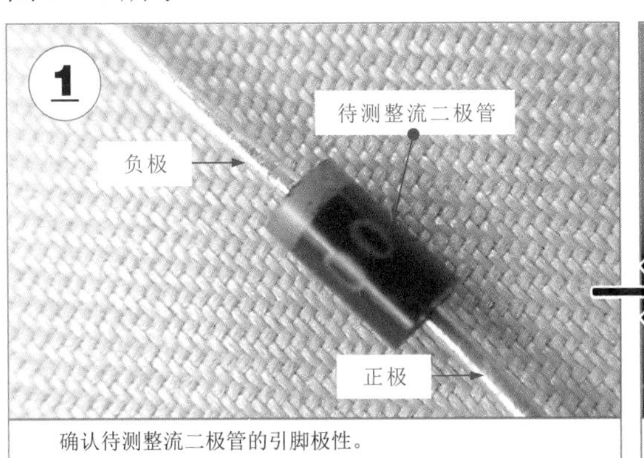

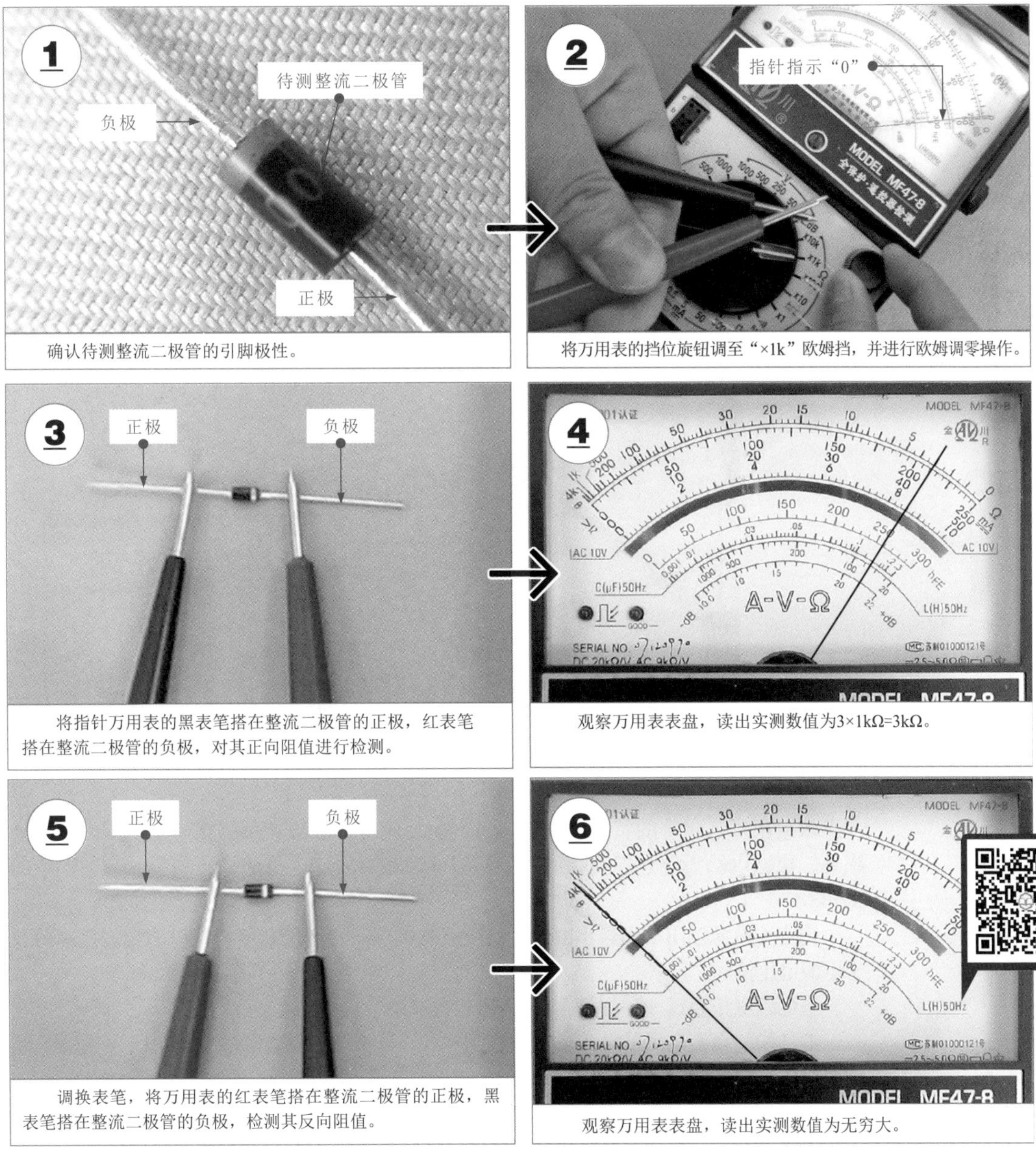

确认待测整流二极管的引脚极性。

2 指针指示“0”

将万用表的挡位旋钮调至“×1k”欧姆挡，并进行欧姆调零操作。

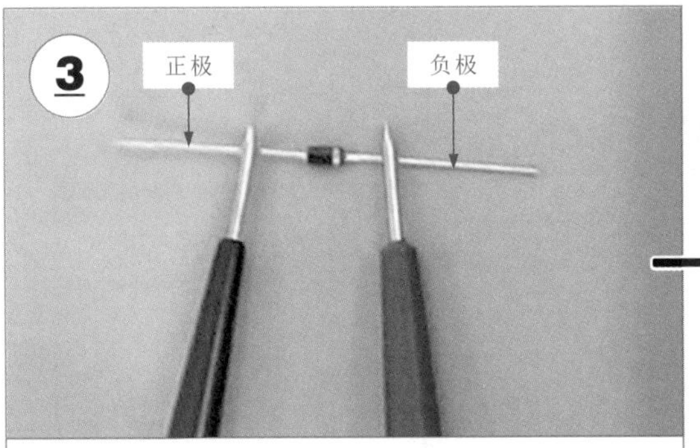

将指针万用表的黑表笔搭在整流二极管的正极，红表笔搭在整流二极管的负极，对其正向阻值进行检测。

观察万用表表盘，读出实测数值为3×1kΩ=3kΩ。

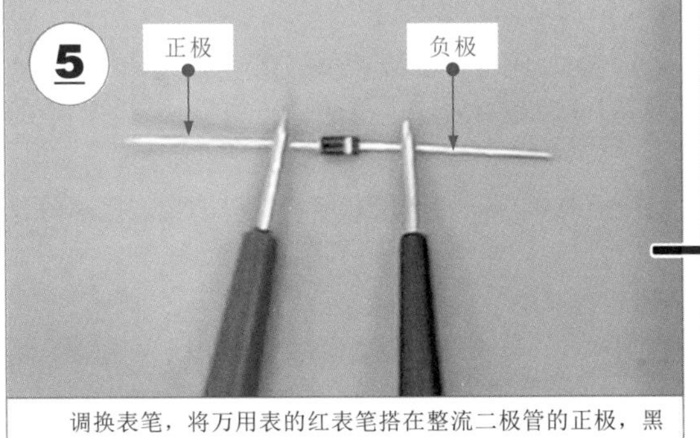

调换表笔，将万用表的红表笔搭在整流二极管的正极，黑表笔搭在整流二极管的负极，检测其反向阻值。

观察万用表表盘，读出实测数值为无穷大。

图 5-28 整流二极管的检测方法

在正常情况下，整流二极管正向阻值为几千欧姆，反向阻值趋于无穷大。

整流二极管的正、反向阻值相差越大越好，若测得正、反向阻值相近，则说明该整流二极管已经失效损坏。

若使用指针万用表检测整流二极管时，表针一直不断摆动，不能停止在某一阻值上，则多为整流二极管的热稳定性不好。

5.4.2 稳压二极管的检测方法

稳压二极管是利用二极管的反向击穿特性制造的二极管，外加较低反向电压时呈截止状态，当反向电压加到一定值时，反向电流急剧增加，呈反向击穿状态。在此状态下，稳压二极管两端为一固定值，该值为稳压二极管的稳压值。检测稳压二极管主要就是检测稳压性能和稳压值。

检测稳压二极管的稳压值必须在外加偏压（提供反向电流）的条件下进行，即搭建检测电路，将稳压二极管（RD3.6E 型）与可调直流电源（3 ～ 10V）、限流电阻（220Ω）搭成如图 5-29 所示的电路，将万用表调至直流电压挡，黑表笔搭在稳压二极管的正极，红表笔搭在稳压二极管的负极，观察万用表显示的电压值。

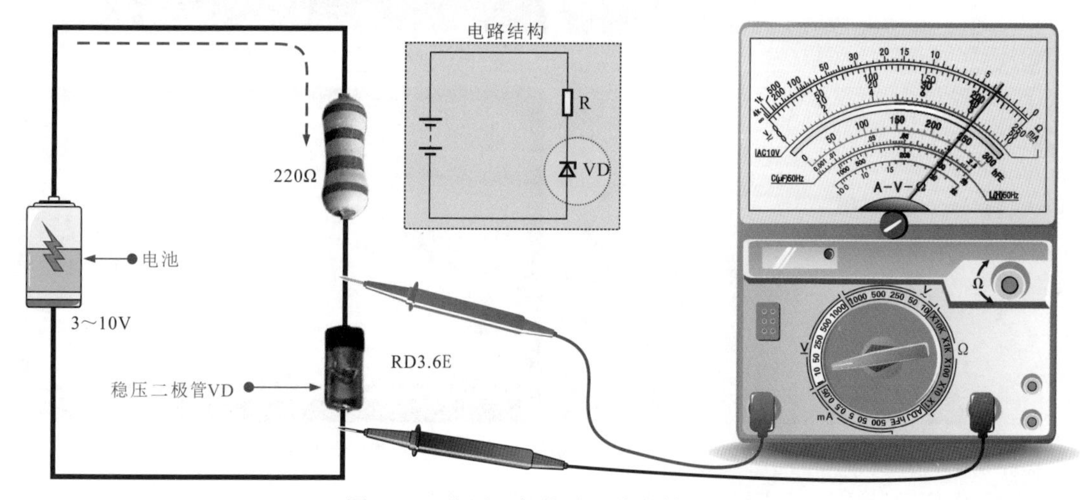

图 5-29　稳压二极管稳压值的检测方法

根据稳压二极管的特性，稳压二极管的反向击穿电流被限制在一定范围内时不会损坏。根据电路需要，厂商制造出了不同电流和不同稳压值的稳压二极管，如图中的 RD3.6E。

当直流电源输出电压较小时（<稳压值 3.6V），稳压二极管截止，万用表指示值等于电源电压值。

当电源电压超过 3.6V 时，万用表指示为 3.6V。

继续增加直流电源的输出电压，直到 10V，稳压二极管两端的电压值仍为 3.6V，此值为稳压二极管的稳压值。

RD3.6E 稳压二极管的稳压值为 3.47 ～ 3.83V，也就是说，该范围的稳压二极管均为合格产品，如果电路有严格的电压要求，则应挑选符合要求的器件。

如果要检测较高稳压值的稳压二极管，则应使用大于稳压值的直流电源。

5.4.3 光敏二极管的检测方法

光敏二极管通常作为光电传感器检测环境光线信息。检测光敏二极管一般需要搭建测试电路检测光照与电流的关系或性能。

将光敏二极管置于反向偏置，如图 5-30 所示。光电流与所照射的光成比例。光电流的大小可在电阻上检测，即检测电阻 R 上的电压值 U，即可计算出电流值。改变光照强度，光电流就会变化，U 值也会变化。

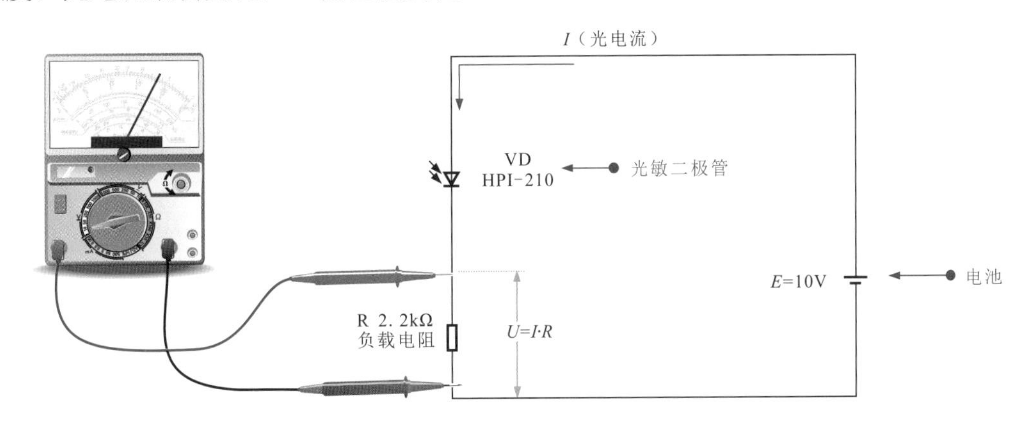

图 5-30 光敏二极管的检测方法

光敏二极管光电流往往很小，作用于负载的能力较差，因而与三极管组合，将光电流放大后再驱动负载。因此，可利用组合电路检测光敏二极管，这样更接近实用。

图 5-31 是光敏二极管与三极管组成的集电极输出电路。

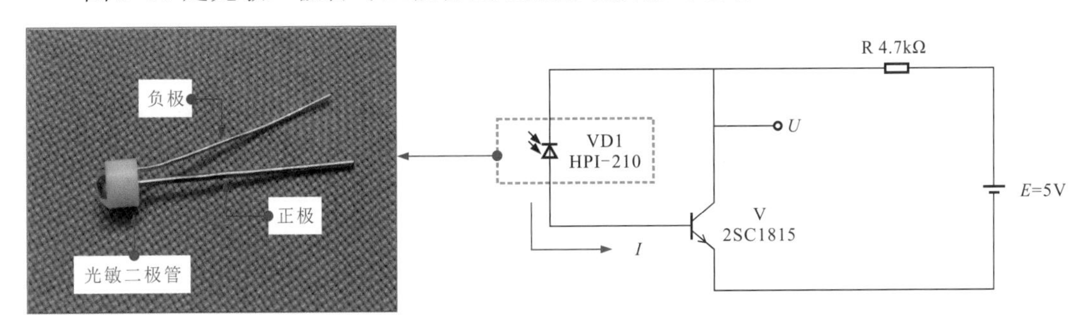

图 5-31 光敏二极管与三极管组成的集电极输出电路

光敏二极管接在三极管的基极电路中，光电流作为三极管的基极电流，集电极电流等于放大 h_{FE} 倍的基极电流，通过检测集电极电阻压降即可计算出集电极电流，这样可将光敏二极管与放大三极管的组合电路作为一个光敏传感器的单元电路来使用，三极管有足够的信号强度去驱动负载。

图 5-32（a）是光敏二极管与三极管组成的发射极输出电路，采用光敏二极管与电阻器构成分压电路，为三极管的基极提供偏压，可有效抑制暗电流的影响。

图 5-32（b）是采用发射极输出的测试电路。

图 5-32（c）是采用集电极输出的测试电路。

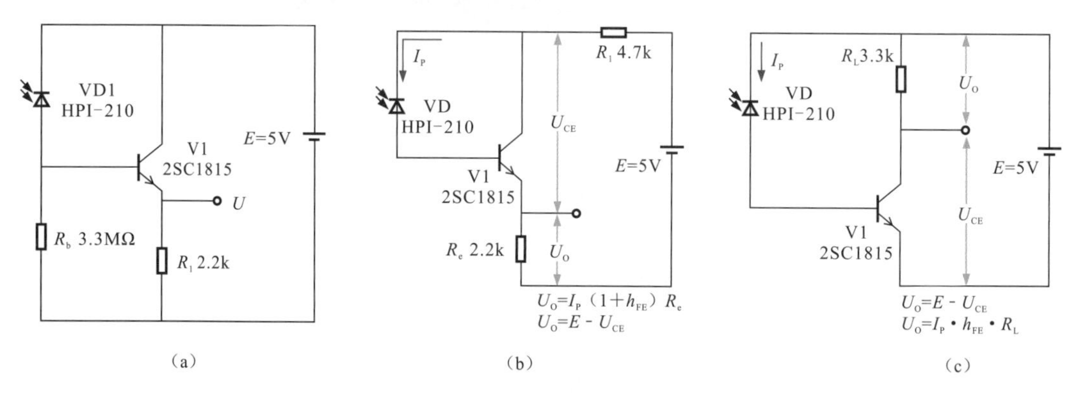

图 5-32　光敏二极管与三极管构成的测试电路

5.4.4 发光二极管的检测方法

发光二极管的型号不同，规格也不同。例如，红色普通发光二极管的规格为 2V/20mA，在应用时，应不超过此范围；高亮度白色 LED 的规格为 3.5V/20mA；高亮度绿色 LED 的规格为 3.6V/30mA。

检测发光二极管应根据参数特点搭建检测电路，如图 5-33 所示。

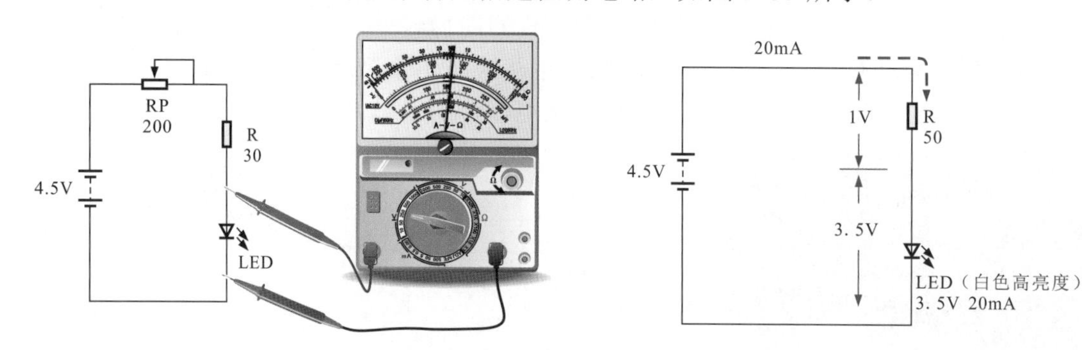

图 5-33　发光二极管的检测方法

检测发光二极管一般需要搭建测试电路或在路状态下检测发光性能、管压降或工作电流等参数。在图 5-32 中，将发光二极管（LED）串接到电路中，电位器 RP 用于调整限流电阻的阻值。在调整过程中，观测 LED 的发光状态和管压降。达到 LED 的额定工作状态时，理论上应为图中右侧的关系。

检测发光二极管的性能还可以借助万用表电阻挡粗略测量，如图 5-34 所示。

在检测发光二极管的正向阻值时，选择不同的欧姆挡量程，发光二极管所发出的光线亮度也会不同。通常，所选量程的输出电流越大，发光二极管越亮，如图 5-35 所示。

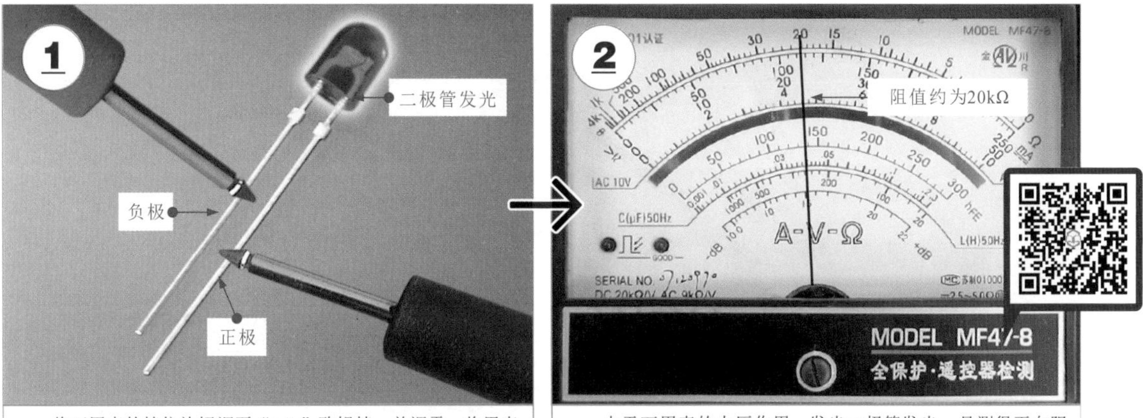

将万用表的挡位旋钮调至“×1k”欧姆挡，并调零，将黑表笔搭在发光二极管的正极引脚上，红表笔搭在负极引脚上。

由于万用表的内压作用，发光二极管发光，且测得正向阻值为20kΩ。

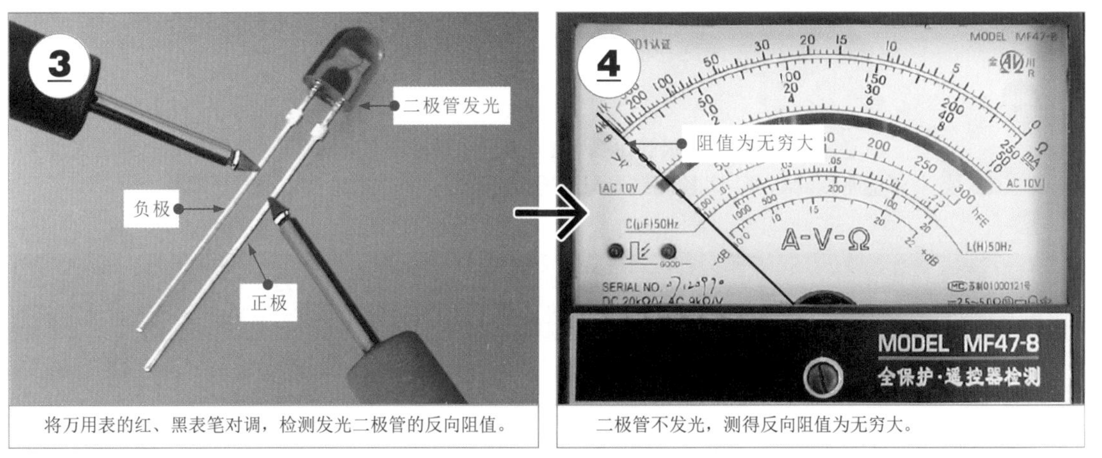

将万用表的红、黑表笔对调，检测发光二极管的反向阻值。

二极管不发光，测得反向阻值为无穷大。

图 5-34　借助万用表电阻挡粗略检测发光二极管的性能

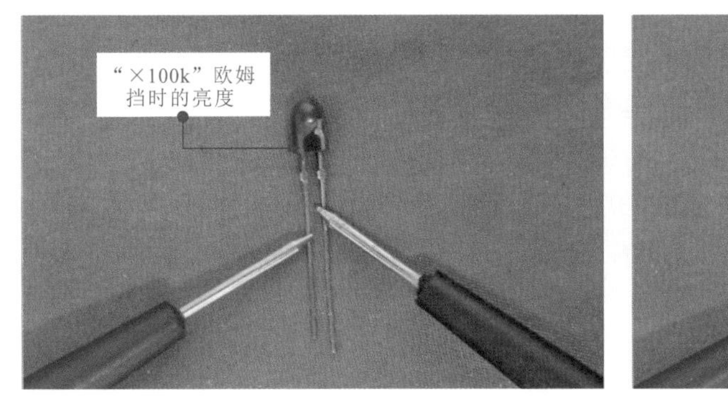

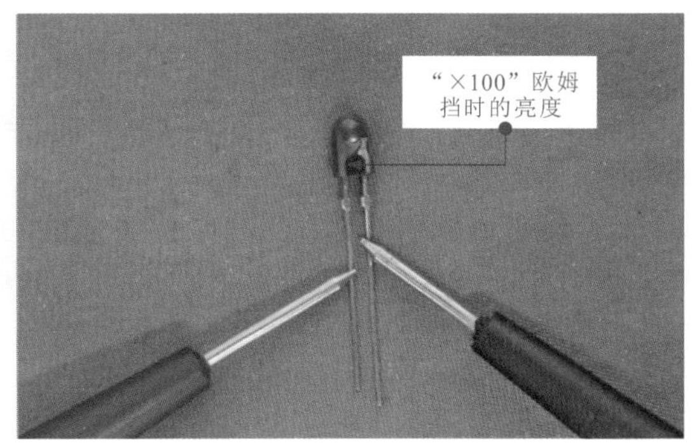

图 5-35　发光二极管的发光状态

5.4.5　检波二极管的检测方法

检波二极管的检测方法比较简单，一般可直接用万用表检测检波二极管的正、反向阻值，如图 5-36 所示。

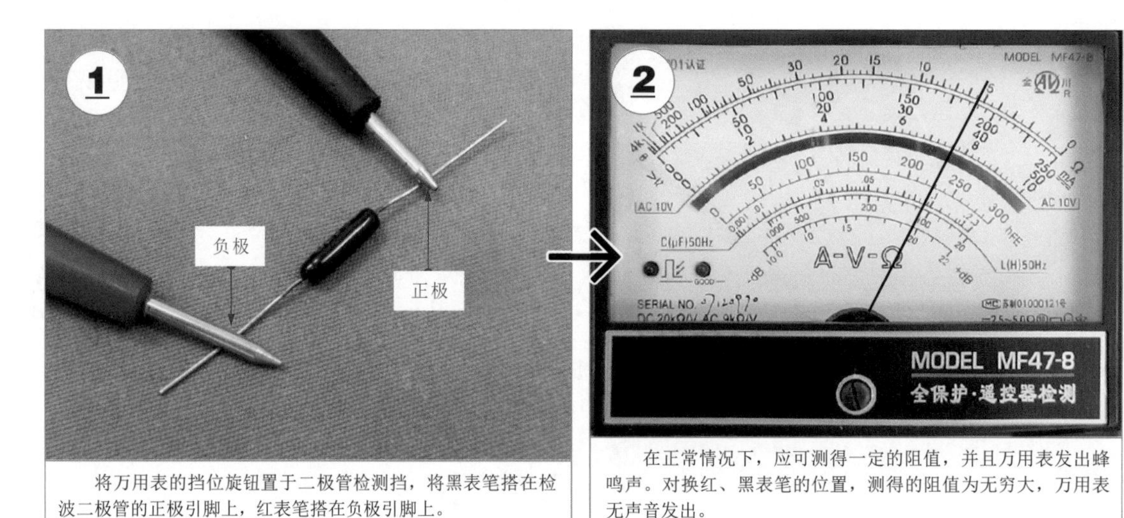

图 5-36 检波二极管的检测方法

通常，检测检波二极管可测出正向阻值，万用表发出蜂鸣声；反向阻值一般为无穷大，不能听到蜂鸣声。若检测结果与上述情况不符，则说明检波二极管已损坏。

5.4.6 双向触发二极管的检测方法

双向触发二极管属于三层构造的两端交流器件，等效于基极开路、发射极与集电极对称的 NPN 型三极管，正、反向的伏安特性完全对称，当两端电压小于正向转折电压 U_{BO} 时，呈高阻态；当两端电压大于转折电压时，被击穿（导通）进入负阻区；同样，当两端电压超过反向转折电压时，进入负阻区。

不同型号双向触发二极管的转折电压是不同的，如 DB3 的转折电压约为 30V，DB4、DB5 的转折电压要高一些。

检测双向触发二极管主要是检测转折电压，可搭建如图 5-37 所示的检测电路。

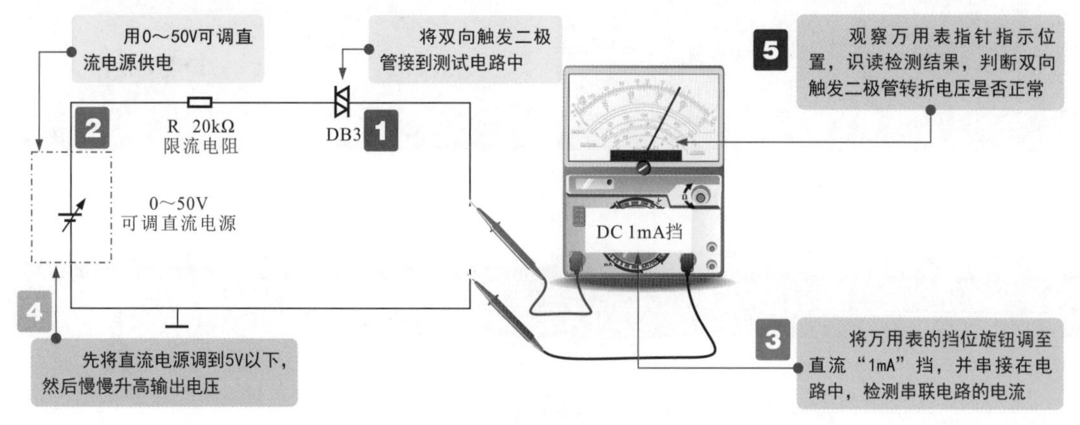

图 5-37 双向触发二极管转折电压的检测

图 5-37 检测中，当电源电压较低时，双向触发二极管呈高阻状态而截止，万用表指针指示 0mA。

当电源输出电压为 30V 时，双向触发二极管被击穿，万用表的指针突然摆动，此时即为击穿电压（转折电压），将该结果与技术规格中的值对照。若对照结果符合技术要求，则说明双向触发二极管正常。

将双向触发二极管接入电路中，通过检测电路的电压值可判断双向触发二极管有无开路情况，如图 5-38 所示。

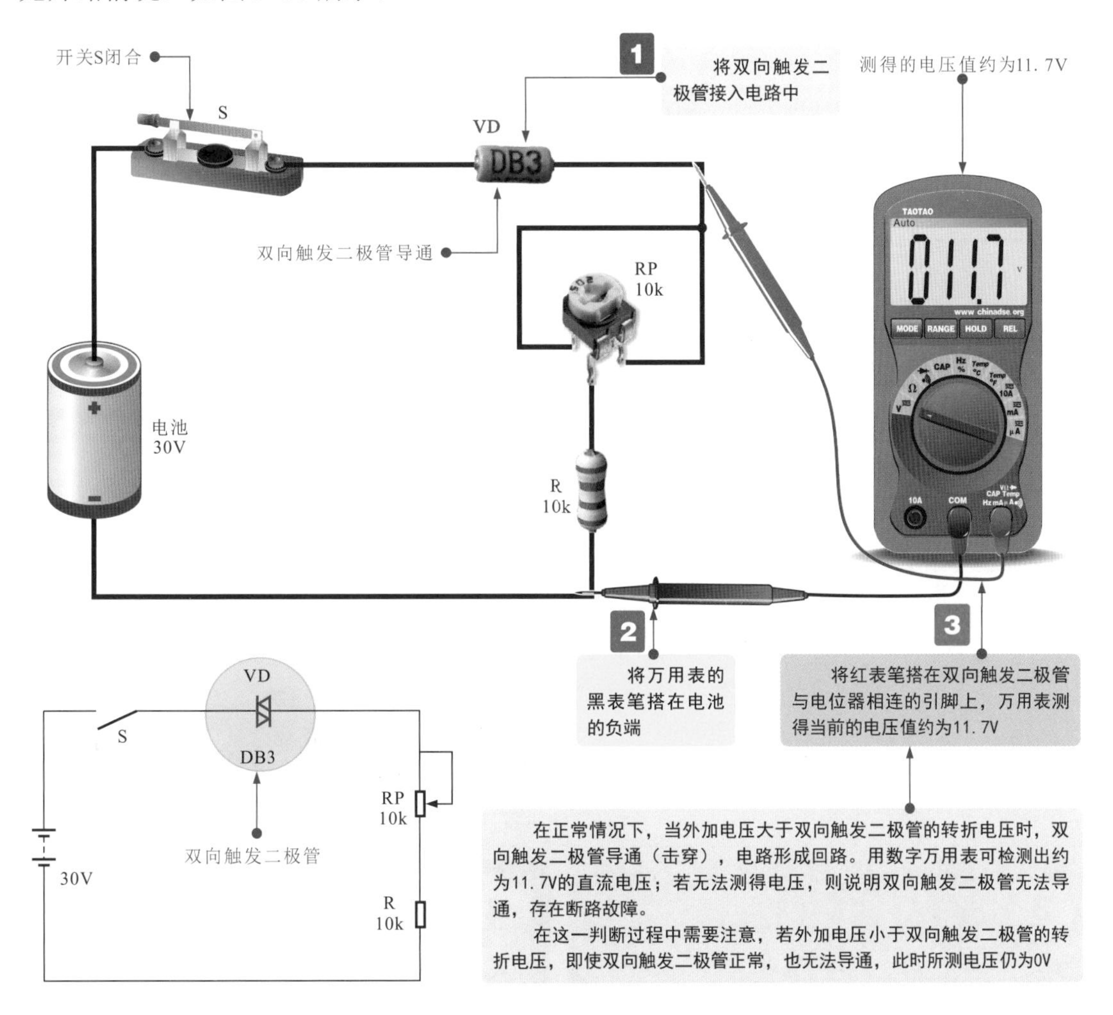

图 5-38　双向触发二极管开路状态的检测判别方法

检测双向触发二极管一般不采用直接检测正、反向阻值的方法，因为在没有足够（大于转折电压）的供电电压时，双向触发二极管本身呈高阻状态，用万用表检测阻值的结果也只能是无穷大，在这种情况下，无法判断双向触发二极管是正常还是开路，因此这种检测没有实质性的意义。

综上所述，普通二极管，如整流二极管、开关二极管、检波二极管等可通过检测正、反向阻值的方法判断好坏；稳压二极管、发光二极管、光敏二极管和双向触发二极管需要搭建测试电路检测相应的特性参数；变容二极管实质是电压控制的电容器，在调谐电路中相当于小电容，检测正、反向阻值无实际意义。

5.4.7 判别二极管引脚极性的检测方法

二极管有正、负极之分，检测前，准确区分引脚极性是检测二极管的关键环节。

二极管的引脚极性可以根据二极管上的标识信息识别，对于一些没有明显标识信息的二极管，可以使用万用表的欧姆挡进行简单的检测判别，如图 5-39 所示。

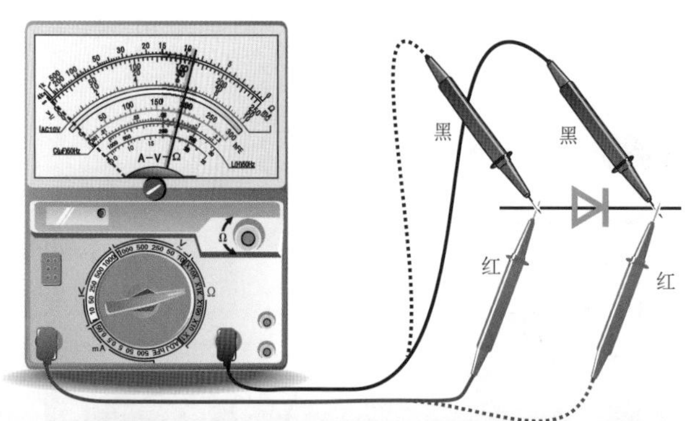

将万用表置于“×1k”欧姆挡，将万用表的黑表笔搭在二极管的一侧引脚上，红表笔搭在另一侧引脚上，记录测量结果，然后调换表笔再次测量。在使用指针万用表检测二极管阻值较小的操作中，黑表笔所接引脚为二极管的正极，红表笔所接引脚为二极管的负极；使用数字万用表判别则正好相反，在检测阻值较小的操作中，红表笔所接为二极管的正极，黑表笔所接为二极管的负极

将万用表的黑表笔搭在二极管的一侧引脚上，红表笔搭在另一侧引脚上

记录第一次测量结果R_1（万用表的挡位旋钮置于“×1k”欧姆挡）。

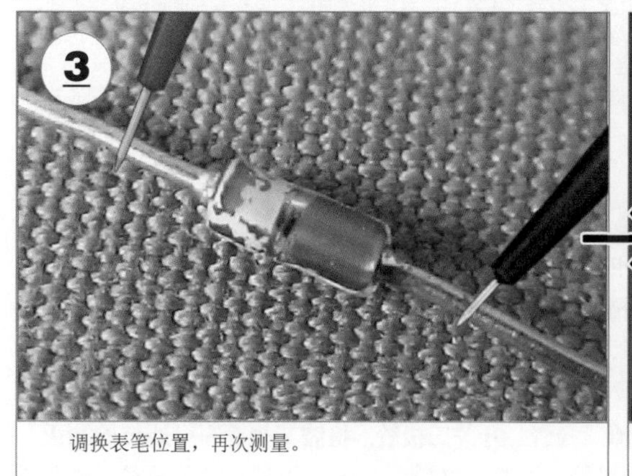

调换表笔位置，再次测量。

记录第二次测量结果R_2（万用表的挡位旋钮置于“×1k”欧姆挡）。

图 5-39 二极管引脚极性的检测判别方法

5.4.8 判别二极管制作材料的检测方法

二极管的制作材料有锗半导体材料和硅半导体材料，在对二极管进行选配、代换时，准确区分二极管的制作材料是十分关键的步骤。

判别二极管制作材料时，主要依据不同材料二极管的导通电压有明显区别这一特点进行判别，通常使用数字万用表的二极管挡进行检测，如图 5-40 所示。

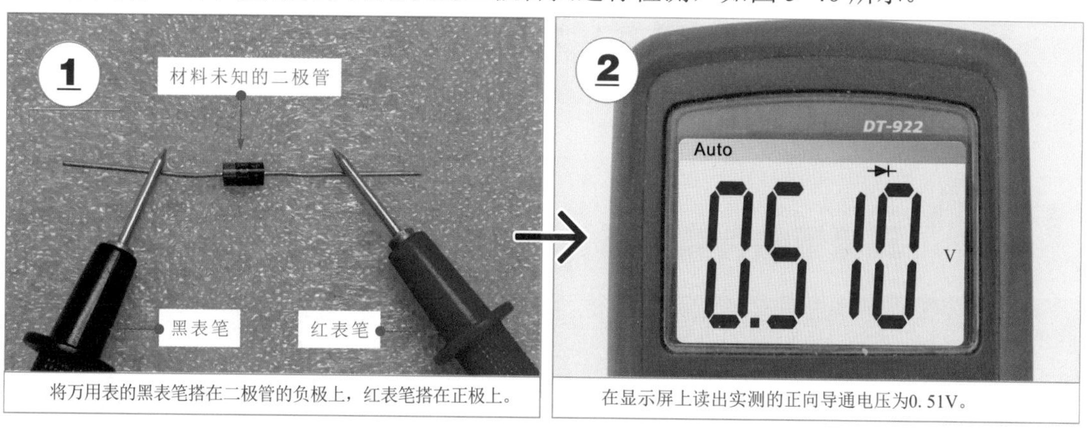

将万用表的黑表笔搭在二极管的负极上，红表笔搭在正极上。

在显示屏上读出实测的正向导通电压为0. 51V。

图 5-40　二极管制作材料的检测操作

将万用表的挡位设置在“二极管”挡，红、黑表笔任意搭在二极管的两引脚上，观察万用表的读数。若实测二极管的正向导通电压在 0.2 ～ 0.3V 范围内，则说明所测二极管为锗二极管；若实测数据在 0.6 ～ 0.7V 范围内，则说明所测二极管为硅二极管。

检测安装在电路板上的二极管属于在路检测，检测方法与上面训练的方法相同，但由于在路原因，二极管处于某种电路关系中，因此很容易受外围元器件的影响，导致测量结果有所不同。

因此，一般若怀疑电路板上的二极管异常时，可首先在路检测一下，当发现测试结果明显异常时，再将其从电路板上取下后开路再次测量，进一步确定是否正常。

另外，使用数字万用表的二极管挡在路检测二极管时基本不受外围元器件的影响，在正常情况下，正向导通电压为一个固定值，反向为无穷大，否则说明二极管损坏，如图 5-41 所示。该方法不失为目前最简单、最易操作的测试方法。

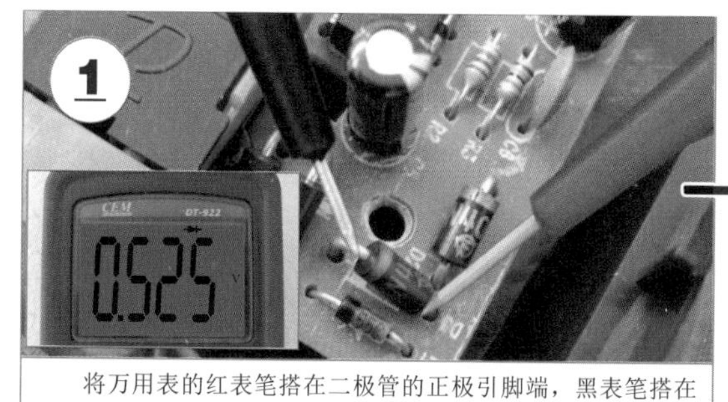

将万用表的红表笔搭在二极管的正极引脚端，黑表笔搭在负极引脚端，检测二极管正向导通电压为0. 525V，正常。

调换表笔位置，测量反向截止电压。实测反向截止电压无穷大，正常。

图 5-41　在路检测二极管的正、反向导通特性

第6章 三极管的功能特点与识别检测

6.1 三极管的种类特点

6.1.1 了解三极管的分类

三极管全称“晶体三极管”，又称“晶体管”，是一种具有放大功能的半导体器件，在电子电路中有着广泛的应用。

图 6-1 为电子产品电路板上的三极管。

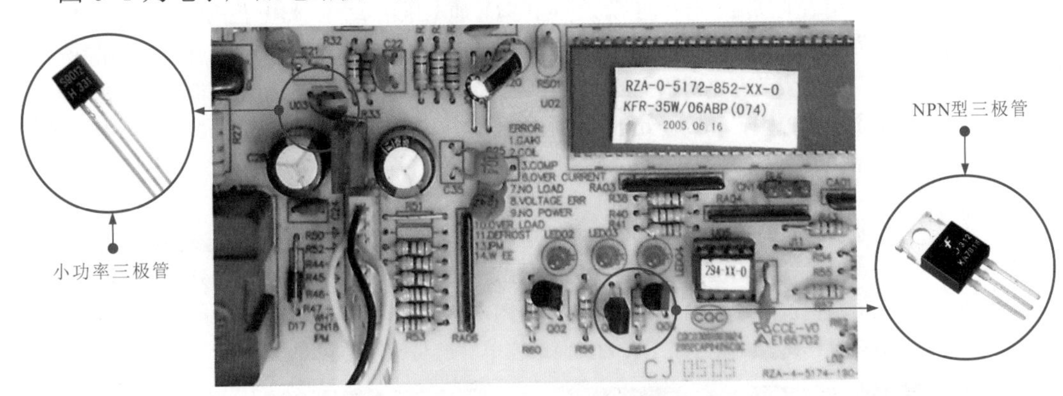

图 6-1 典型电子产品电路板上的三极管

三极管的应用十分广泛，种类繁多，分类方式也多种多样。

根据结构不同，三极管可分为 NPN 型三极管和 PNP 型三极管两种。

根据功率不同，三极管可分为小功率三极管、中功率三极管和大功率三极管。

根据工作频率不同，三极管可分为低频三极管和高频三极管。

根据封装形式不同，三极管的外形结构和尺寸有很多种，从封装材料上来说，可分为金属封装型和塑料封装型两种。

根据 PN 结材料的不同可分为锗三极管和硅三极管，除此之外，还有一些专用或特殊三极管。

6.1.2 NPN 型和 PNP 型三极管

三极管实际上是在一块半导体基片上制作两个距离很近的 PN 结。这两个 PN 结把整块半导体分成三部分，中间部分为基极（b），两侧部分为集电极（c）和发射极（e），排列方式有 NPN 和 PNP 两种，如图 6-2 所示。

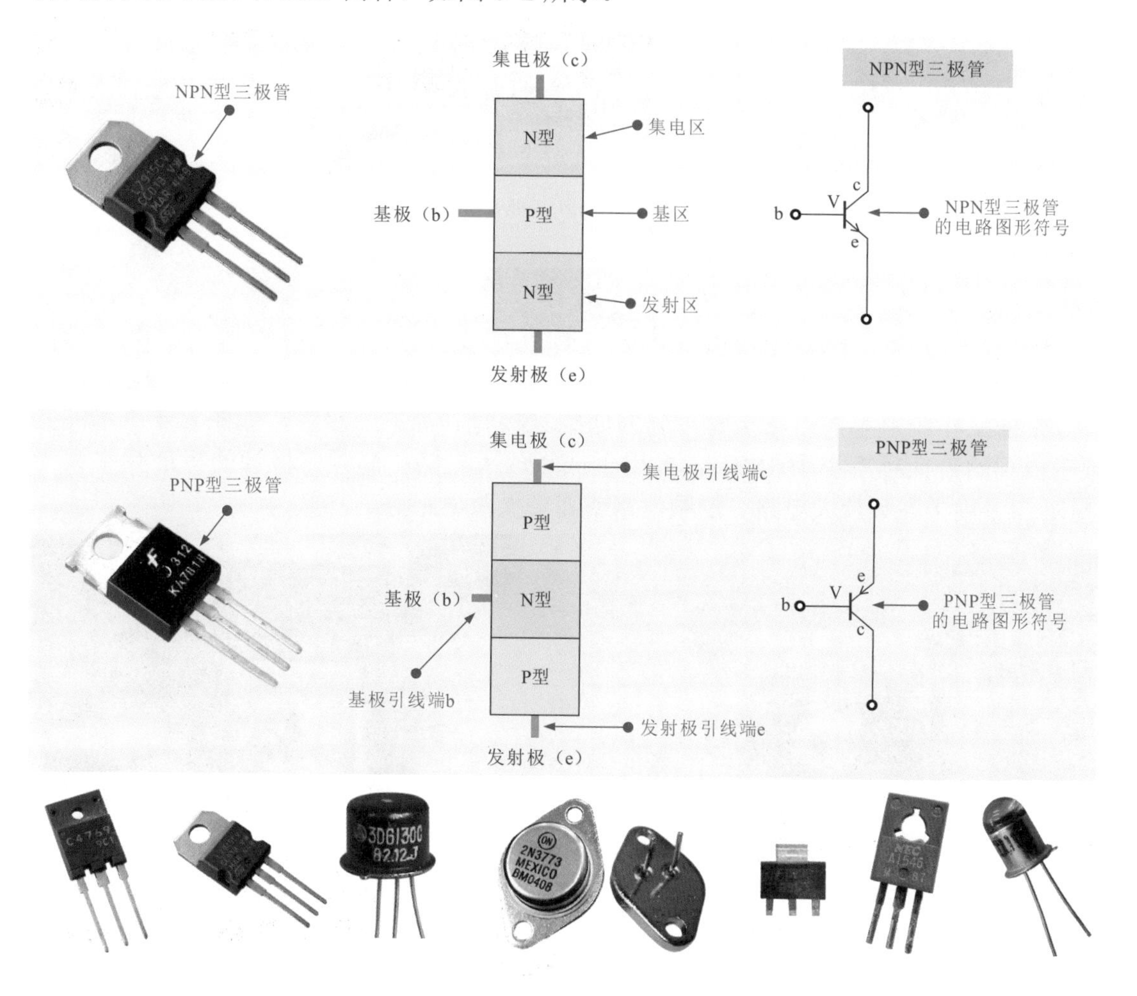

图 6-2　NPN 型和 PNP 型三极管的实物外形及结构特点

6.1.3 小功率、中功率和大功率三极管

根据功率不同，三极管可分为小功率三极管、中功率三极管和大功率三极管。

图 6-3 为三种不同功率三极管的实物外形。小功率三极管的功率一般小于 0.3W，中功率三极管的功率一般在 0.3 ～ 1W，大功率三极管的功率一般在 1W 以上，通常需要安装在散热片上。

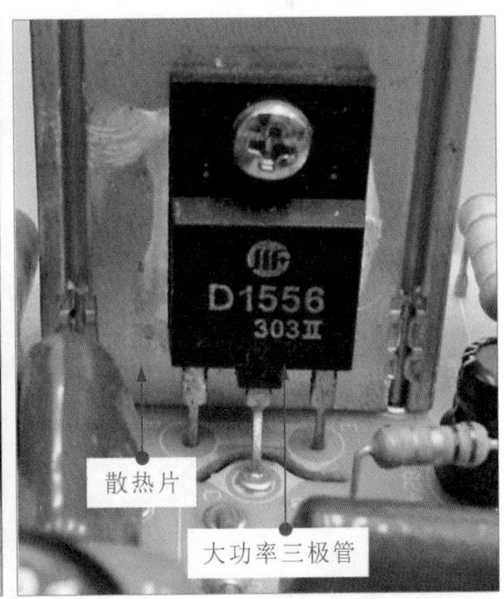

图 6-3　三种不同功率三极管的实物外形

6.1.4　低频三极管和高频三极管

根据工作频率不同，三极管可分为低频三极管和高频三极管，如图 6-4 所示。低频三极管的特征频率小于 3MHz，多用于低频放大电路；高频三极管的特征频率大于 3MHz，多用于高频放大电路、混频电路或高频振荡电路等。

图 6-4　不同工作频率三极管的实物外形

6.1.5　塑料封装三极管和金属封装三极管

根据封装形式不同，三极管的外形结构和尺寸有很多种，从封装材料上来说，可分为金属封装型和塑料封装型两种。金属封装型三极管主要有 B 型、C 型、D 型、E 型、F 型和 G 型；塑料封装型三极管主要 S-1 型、S-2 型、S-4 型、S-5 型、S-6A 型、S-6B 型、S-7 型、S-8 型、F3-04 型和 F3-04B 型，如图 6-5 所示。

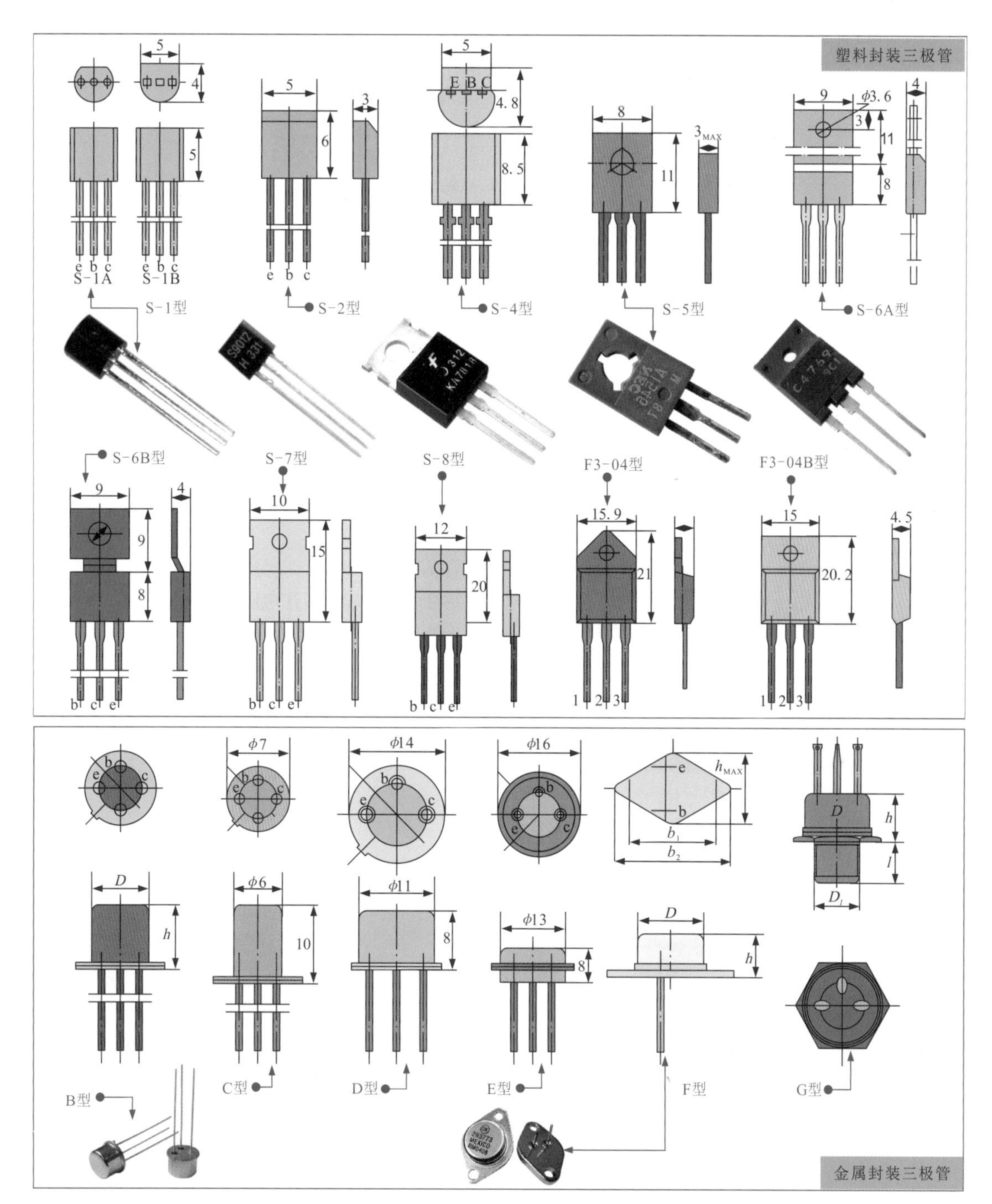

图 6-5　不同封装形式三极管的实物外形

6.1.6 锗三极管和硅三极管

三极管是由两个 PN 结构成的，根据 PN 结材料的不同可分为锗三极管和硅三极管，如图 6-6 所示。从外形上看，这两种三极管并没有明显的区别。

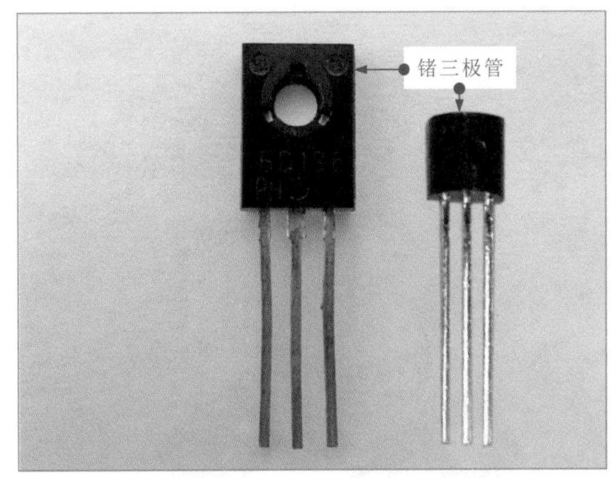

图 6-6　不同制作材料三极管的实物外形

不论是锗三极管还是硅三极管，工作原理完全相同，都有PNP和NPN两种结构类型，都有高频管和低频管、大功率管和小功率管，但由于制造材料的不同，因此电气性能有一定的差异。

◇ 锗材料制作的PN结正向导通电压为0.2 ~ 0.3V，硅材料制作的PN结正向导通电压为0.6 ~ 0.7V，锗三极管发射极与基极之间的起始工作电压低于硅三极管。

◇ 锗三极管比硅三极管具有较低的饱和压降。

6.1.7 其他类型的三极管

三极管除上述几种类型外，还可根据安装形式的不同分为分立式三极管和贴片式三极管，此外还有一些特殊的三极管，如达林顿管是一种复合三极管、光敏三极管是受光控制的三极管，如图6-7所示。

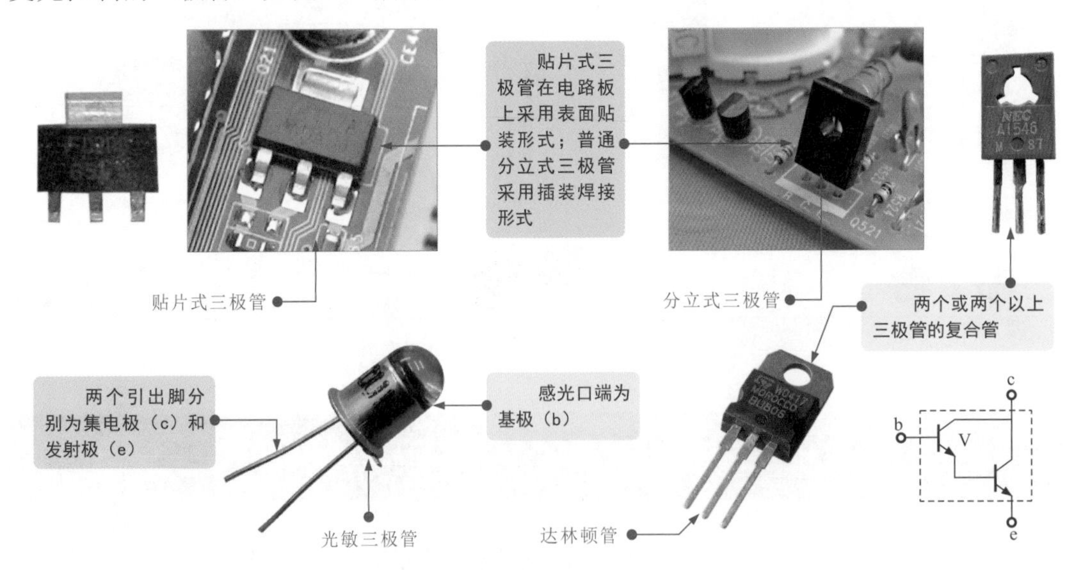

图 6-7　其他类型三极管的实物外形

6.2 三极管的识别

6.2.1 三极管电路标识的识别

三极管在电路中的标识通常分为两部分：一部分是电路图形符号，表示三极管的类型；一部分是字母＋数字，表示该三极管在电路中的序号及型号。

如图 6-8 所示，电路中的电路图形符号可以体现出三极管的类型，三根引线分别代表基极（b）、集电极（c）和发射极（e），文字标识通常提供三极管的名称、序号及型号等信息。

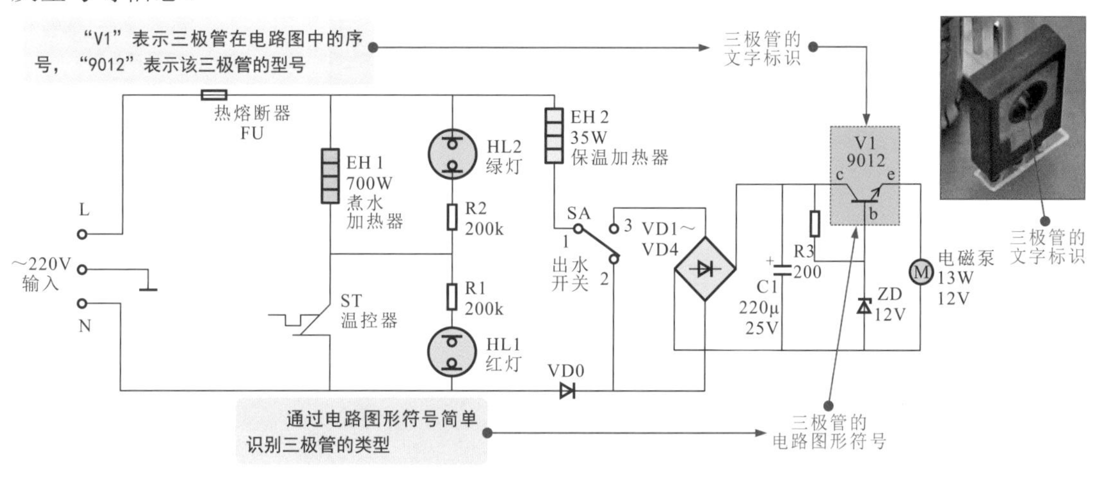

图 6-8 三极管电路标识的识读

在实际电路中，三极管有不同的类型，相对应的电路图形符号也有所区别。常见三极管的电路图形符号如图 6-9 所示。

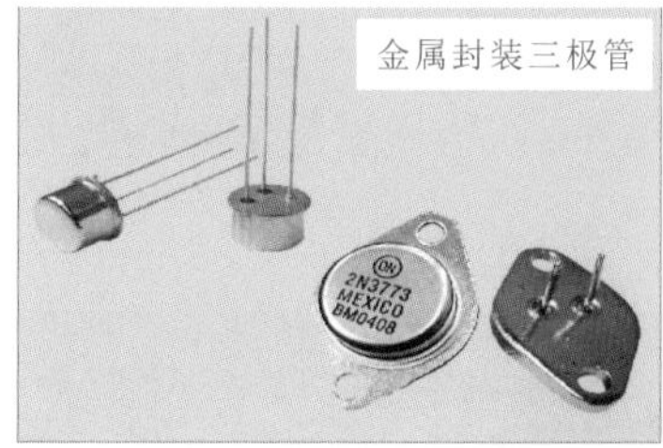

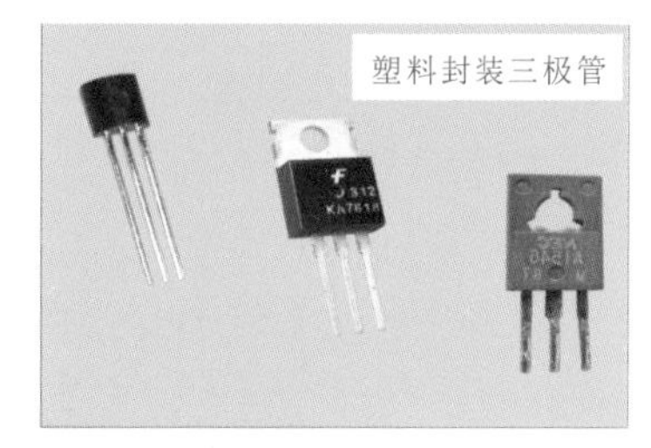

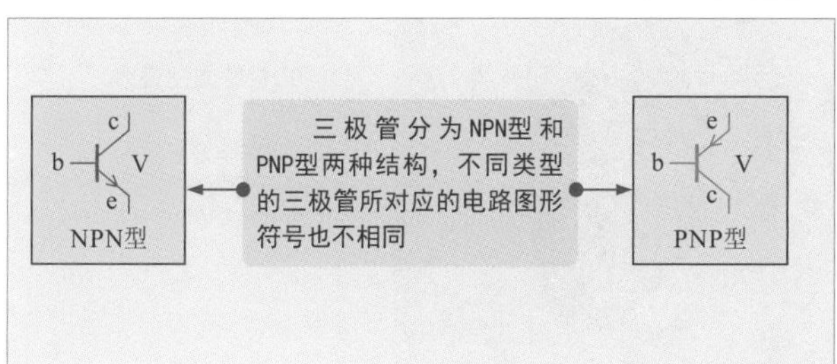

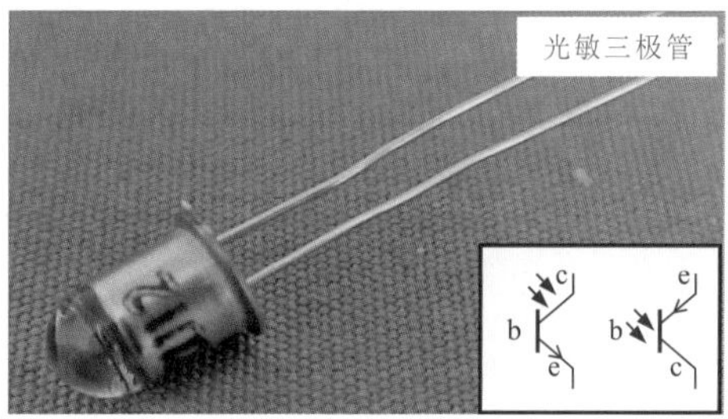

图 6-9 常见三极管的电路图形符号

6.2.2 三极管型号标识的识别

各个国家生产的三极管型号命名原则不相同，因此具体的识读方法也不一样。

1 国产三极管型号标识的识别

图 6-10 为国产三极管型号标识信息的识读。

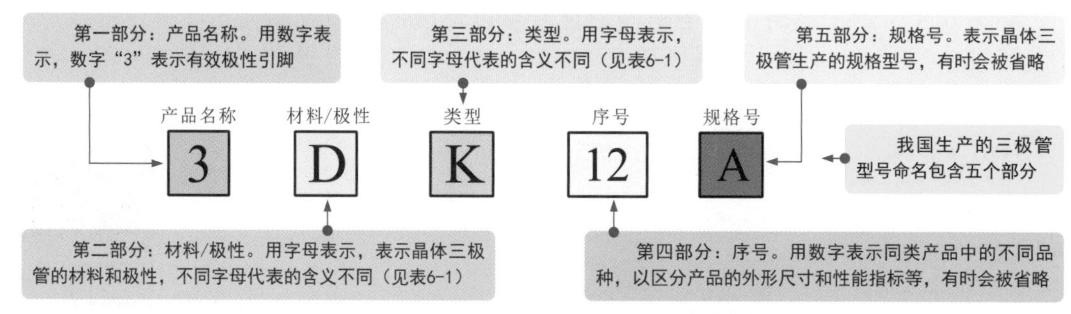

图 6-10 国产三极管型号标识信息的识别

在国产三极管的型号标识中，表示“材料 / 极性”和“类型”的字母或数字的含义见表 6-1。

表 6-1 国产三极管型号中不同字母或数字的含义

材料的极性符号	含义	材料的极性符号	含义
A	锗材料、PNP型	D	硅材料、NPN型
B	锗材料、NPN型	E	化合物材料
C	硅材料、PNP型		
类型符号	含义	类型符号	含义
G	高频小功率管	K	开关管
X	低频小功率管	V	微波管
A	高频大功率管	B	雪崩管
D	低频大功率管	J	阶跃恢复管
T	闸流管	U	光敏管（光电管）

图 6-11 为典型国产三极管型号的识别方法。

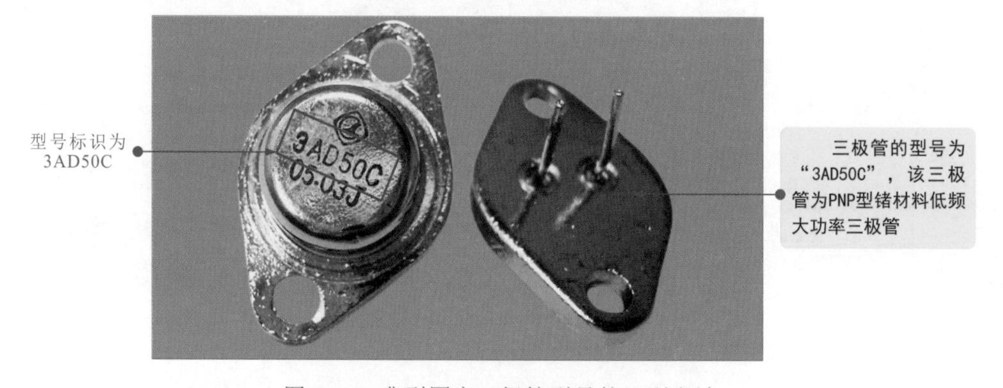

图 6-11 典型国产三极管型号的识别方法

图中标识为“3AD50C”。其中，“3”表示三极管；“A”表示该管为锗材料、PNP型；“D”表示该管为低频大功率管；“50”表示序号；“C”表示规格。因此，该三极管为低频大功率PNP型锗三极管。

2 日产三极管型号标识的识别

图6-12为日产三极管型号的识别。

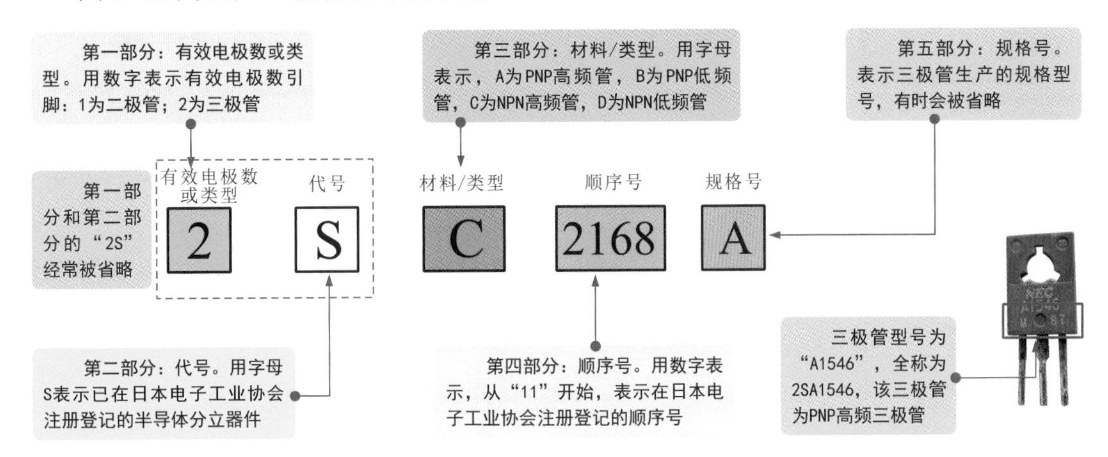

图6-12 日产三极管型号的识别

3 美产三极管型号标识的识别

图6-13为美产三极管型号的识别。

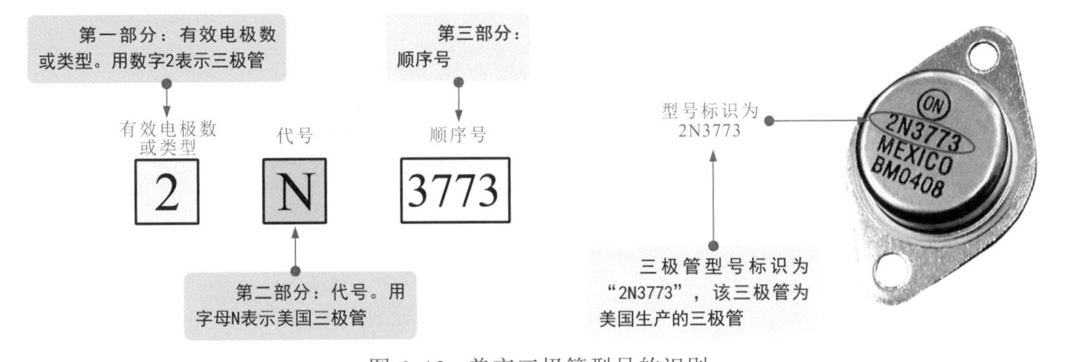

图6-13 美产三极管型号的识别

6.2.3 三极管引脚极性的识别

三极管有三个电极，分别是基极b、集电极c和发射极e。三极管的引脚排列位置根据品种、型号及功能的不同而不同，识别三极管的引脚极性在测试、安装、调试等各个应用场合都十分重要。

图6-14为根据型号标识查阅引脚功能识别三极管引脚的方法。

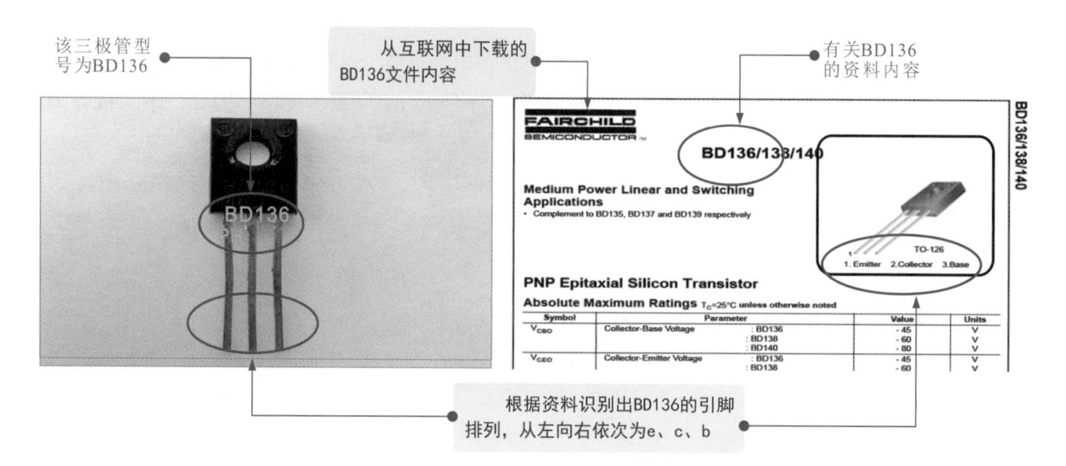

图 6-14　根据型号标识查阅引脚功能识别三极管引脚的方法

确定三极管的型号后，在有互联网的计算机中搜索三极管型号的相关信息，可找到很多该型号三极管的产品说明资料（PDF 文件），从这些资料中便可找到相应的三极管引脚极性示意图及各种参数信息。

图 6-15 为根据电路板上标注信息或电路图形符号识别三极管引脚的方法。

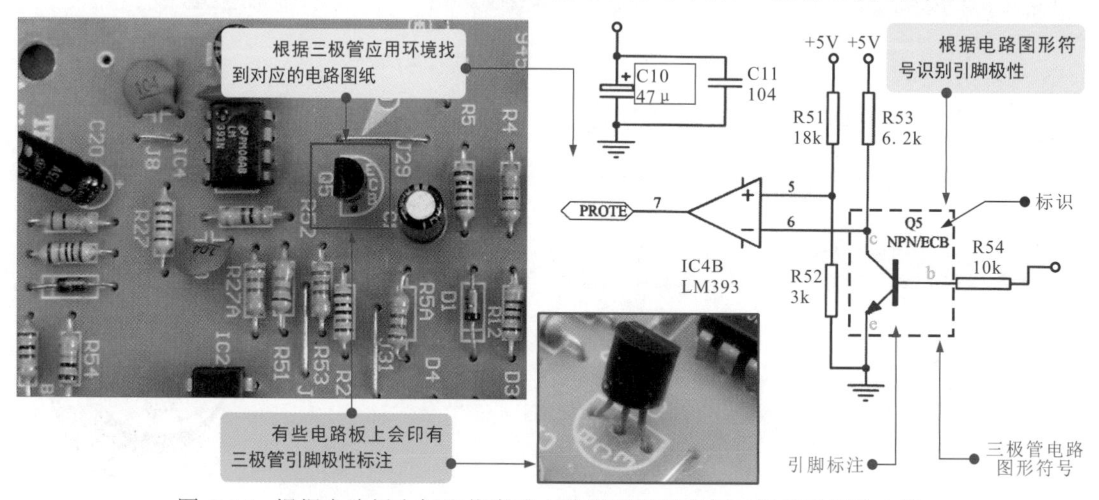

图 6-15　根据电路板上标注信息或电路图形符号识别三极管引脚的方法

图 6-16 为根据一般规律识别塑料封装三极管引脚的方法。

S-1（S-1A、S-1B）型都有半圆形底面，识别时，将引脚朝下，切口面朝自己，此时三极管的引脚从左向右依次为 e、b、c。

S-2 型为顶面有切角的块状外形，识别时，将引脚朝下，切角朝向自己，此时三极管的引脚从左向右依次为 e、b、c。

S-4 型引脚识别较特殊，识别时，将引脚朝上，圆面朝向自己，此时三极管的引脚从左向右依次为 e、b、c。

S-5 型三极管的中间有一个三角形孔，识别时，将引脚朝下，印有型号的一面朝自己，此时从左向右依次为 b、c、e。

S-6A 型、S-6B 型、S-7 型、S-8 型一般都有散热面，识别时，将引脚朝下，印有型号的一面朝自己，此时从左向右依次为 b、c、e。

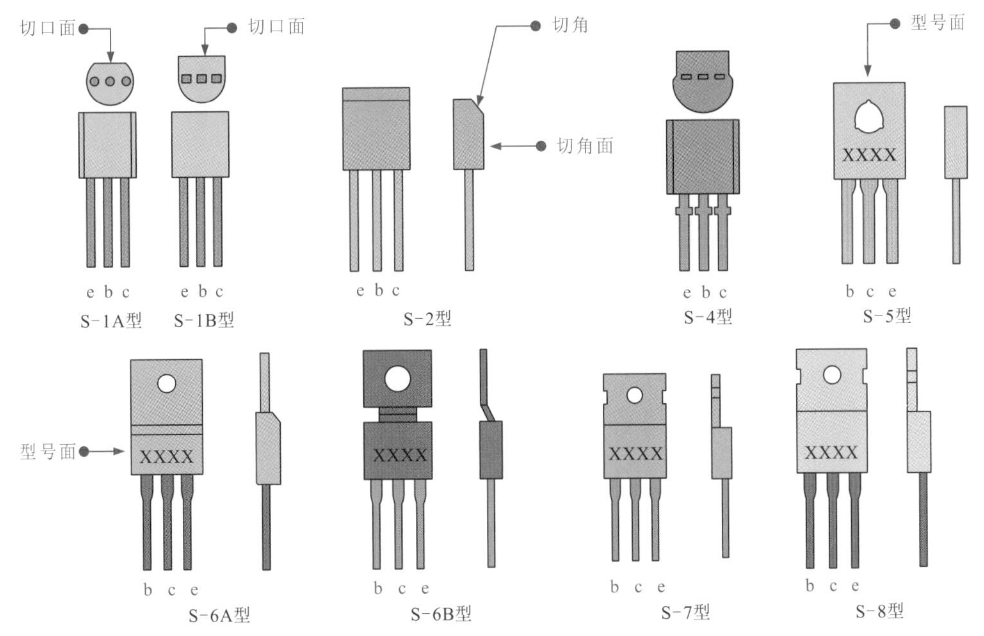

图 6-16 根据一般规律识别塑料封装三极管引脚的方法

图 6-17 为根据一般规律识别金属封装型三极管引脚的方法。

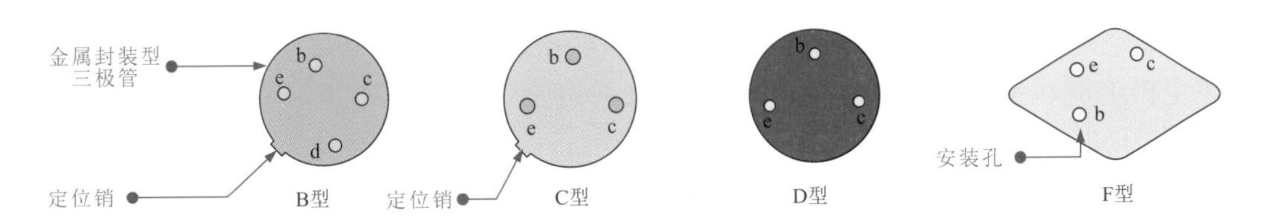

图 6-17 根据一般规律识别金属封装型三极管引脚的方法

B 型三极管外壳上有一个突出的定位销，将引脚朝上，从定位销开始顺时针依次为 e、b、c、d，其中 d 脚为外壳的引脚。

C 型、D 型三极管的三只引脚呈等腰三角形，将引脚朝上，三角形底边的两引脚分别为 e、c，顶部为 b。

F 型三极管只有两只引脚，将引脚朝上，按图中方式放置，上面的引脚为 e 极，下面的引脚为 b 极，管壳为集电极。

6.3 三极管的功能应用

6.3.1 三极管的电流放大作用

三极管是一种电流放大器件，可制成交流或直流信号放大器，由基极输入一个很小的电流从而控制集电极输出很大的电流，如图 6-18 所示。

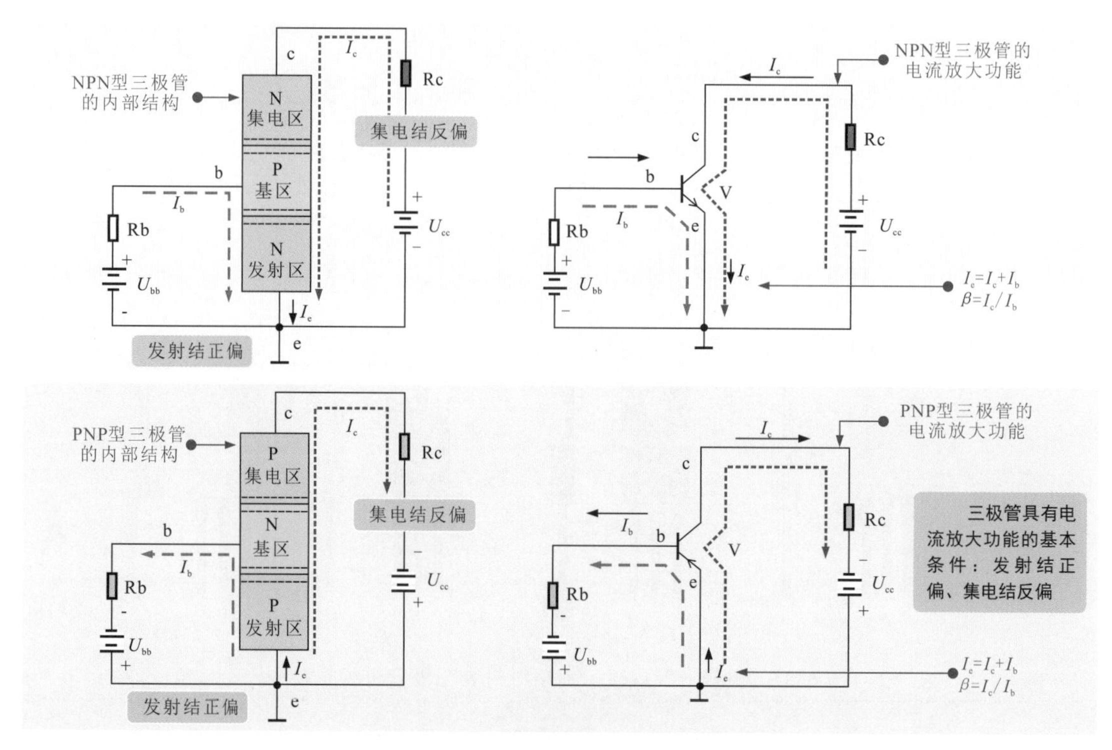

图 6-18　三极管的电流放大功能

三极管基极（b）电流最小，且远小于另两个引脚的电流；发射极（e）电流最大（等于集电极电流和基极电流之和）；集电极（c）电流与基极（b）电流之比即为三极管的放大倍数。

三极管的放大作用可以理解为一个水闸。水闸上方储存有水，存在水压，相当于集电极上的电压。水闸侧面流入的水流称为基极电流 I_b。当 I_b 有水流流过，冲击闸门时，闸门便会开启，这样水闸侧面很小的水流流量（相当于电流 I_b）与水闸上方的大水流流量（相当于电流 I_c）就汇集到一起流下（相当于发射极 e 的电流 I_e），发射极便产生放大的电流。这就相当于三极管的放大作用，如图 6-19 所示。

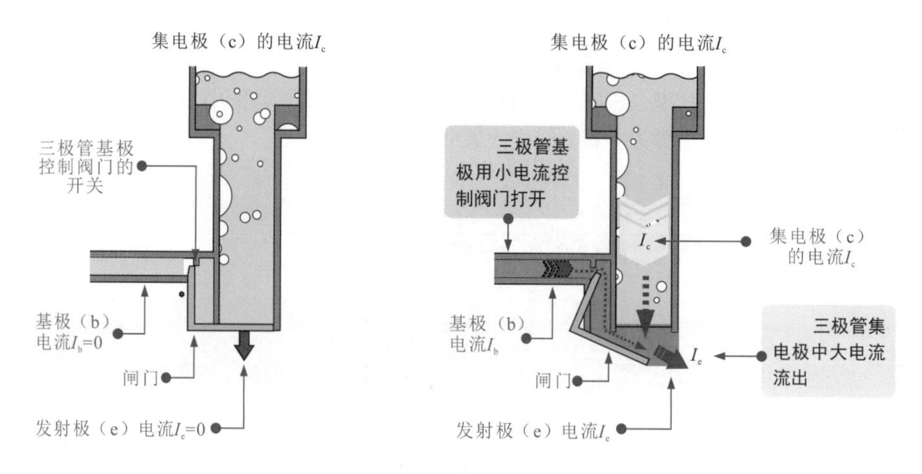

图 6-19　三极管放大原理示意图

基极与发射极之间的PN结称为发射结，基区与集电极之间的PN结称为集电结。PN结两边外加正向电压，即P区接外电源正极，N区接外电源负极，这种接法又称正向偏置，简称正偏。PN结两边外加反向电压，即P区接外电源负极，N区接外电源正极，这种接法又称反向偏置，简称反偏。

三极管具有放大功能的基本条件是保证基极和发射极之间加正向电压（发射结正偏），基极与集电极之间加反向电压（集电结反偏）。基极相对于发射极为正极性电压，基极相对于集电极为负极性电压。

三极管的特性曲线如图6-20所示。

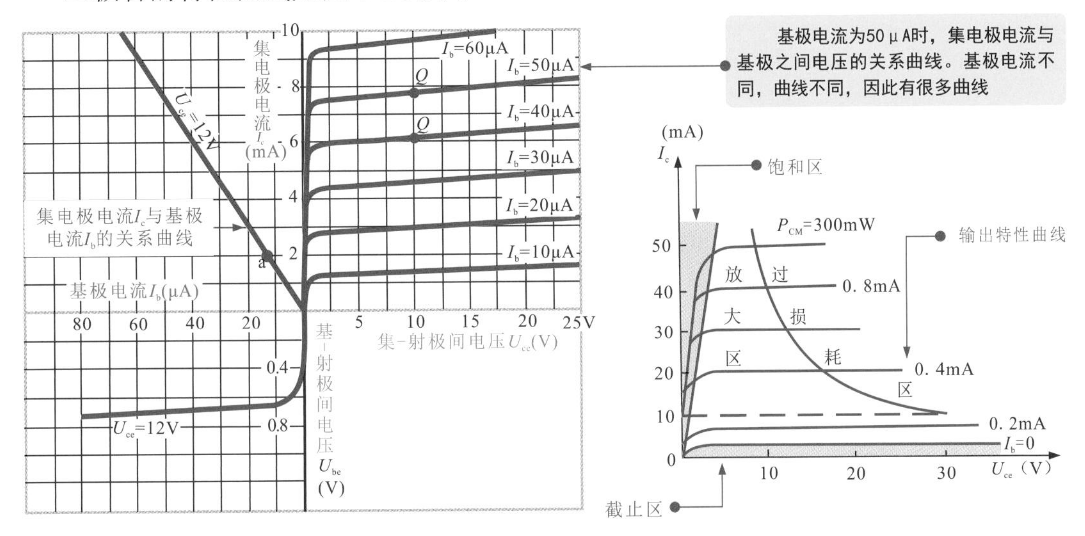

图6-20　三极管的特性曲线

输入特性曲线是指当集-射极之间的电压U_{ce}为某一常数时，输入回路中的基极（b）电流I_b与加在基-射极间的电压U_{ce}之间的关系曲线。在放大区，集电极电流与基极电流的关系如图6-21所示。

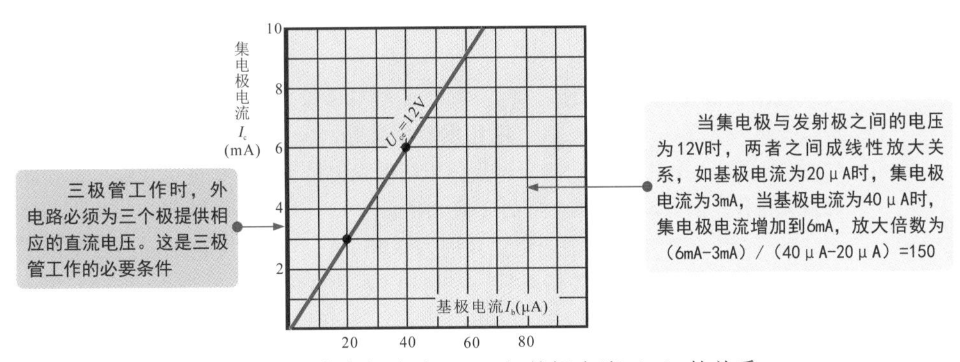

图6-21　集电极电流（I_c）与基极电流（I_b）的关系

在三极管内部，U_{ce}的主要作用是保证集电结反偏。当U_{ce}很小，不能使集电结反偏时，三极管完全等同于二极管。

在U_{ce}使集电结反偏后，集电结内电场就很强，能将扩散到基区自由电子中的绝大部分拉入集电区，与U_{ce}很小（或不存在）相比，I_b增大了。因此，U_{ce}并不能改变特性曲线的形状，只能使曲线下移一段距离。

输出特性曲线是指当基极（b）电流 I_b 为常数时，输出电路中集电极（c）电流 I_c 与集-射极间的电压 U_{ce} 之间的关系曲线。集电极电流与 U_{ce} 的关系曲线如图 6-22 所示。

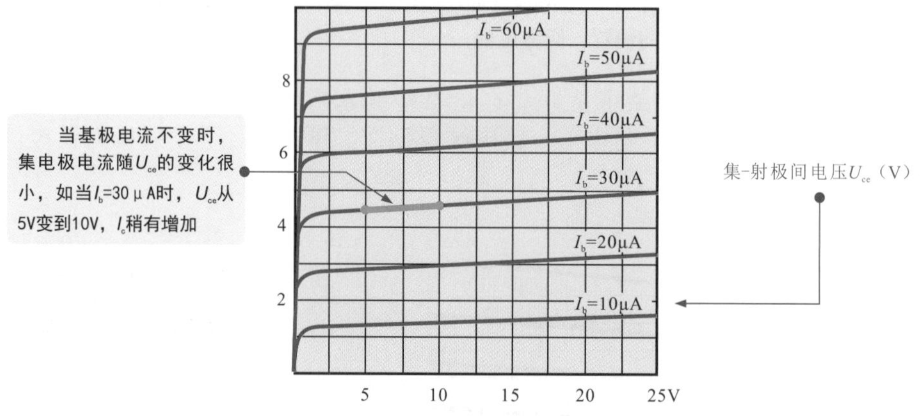

图 6-22　集电极电流（I_c）与 U_{ce} 的关系曲线

根据三极管不同的工作状态，输出特性曲线分为 3 个工作区。

◇ 截止区：I_b=0 曲线以下的区域被称为截止区。I_b=0 时，$I_C=I_{CEO}$，该电流被称为穿透电流，其值极小，通常忽略不计，故认为此时 I_c=0，三极管无电流输出，说明三极管已截止。对于 NPN 型硅管，当 U_{be} < 0.5V，即在死区电压以下时，三极管就已经开始截止。为了可靠截止，常使 U_{ce} < 0。这样，发射结和集电结都处于反偏状态。此时的 U_{ce} 近似等于集电极（c）电源电压 U_c，意味着集电极（c）与发射极（e）之间开路，相当于集电极（c）与发射极（e）之间的开关断开。

◇ 放大区：在放大区内，三极管的发射结正偏，集电结反偏；$I_c=\beta I_b$，集电极（c）电流与基极（b）电流成正比。因此，放大区又称为线性区。

◇ 饱和区：特性曲线上升和弯曲部分的区域被称为饱和区，即 U_{ceo}，集电极与发射极之间的电压趋近零。I_b 对 I_c 的控制作用已达最大值，三极管的放大作用消失，三极管的这种工作状态被称为临界饱和；若 U_{ce} < U_{be}，则发射结和集电结都处在正偏状态，这时的三极管为过饱和状态。在过饱和状态下，因为 U_{be} 本身小于 1V，而 U_{ce} 比 U_{be} 更小，于是可以认为 U_{ce} 近似于零。这样集电极（c）与发射极（e）短路，相当于 c 与 e 之间的开关接通。

根据三极管的特性曲线，若测得 NPN 型三极管上各电极的对地电位分别为 U_e = 2.1V，U_b = 2.8V，U_c = 4.4V，则根据数据推算，U_b > U_e，U_{be} 处于正偏，U_b < U_c，U_{bc} 处于反偏。由此可知，NPN 型晶体三极管发射结正偏，集电结反偏，符合晶体三极管放大条件，因此该晶体三极管处于放大状态。

若三极管三个电极的静态电流分别为 0.06mA、3.66mA 和 3.6mA，则根据三极管三个引脚静态电流之间的关系 $I_e > I_c > I_b$ 可知，I_c 为 3.6 mA，I_b 为 0.06mA。因此，该三极管的放大系数 $\beta=I_c/I_b$ =3.6/0.06=60。

6.3.2 三极管的开关功能

三极管的集电极电流在一定范围内随基极电流呈线性变化，这就是放大特性。当基极电流高过此范围时，三极管集电极电流会达到饱和值（导通），基极电流低于此

范围时，三极管会进入截止状态（断路），这种导通或截止的特性在电路中还可起到开关作用，如图 6-23 所示。

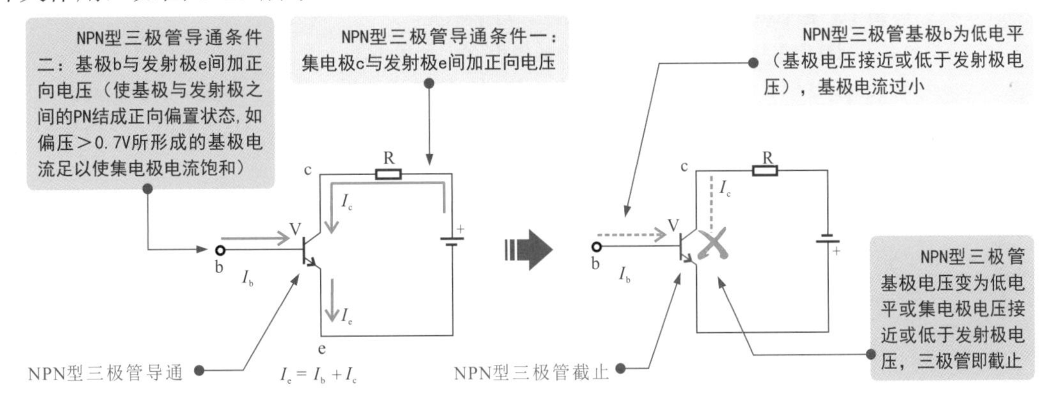

图 6-23　三极管的开关功能

6.3.3 三极管功能试验电路

图 6-24 为三极管的功能试验电路。该电路是为了理解三极管的功能而搭建的。

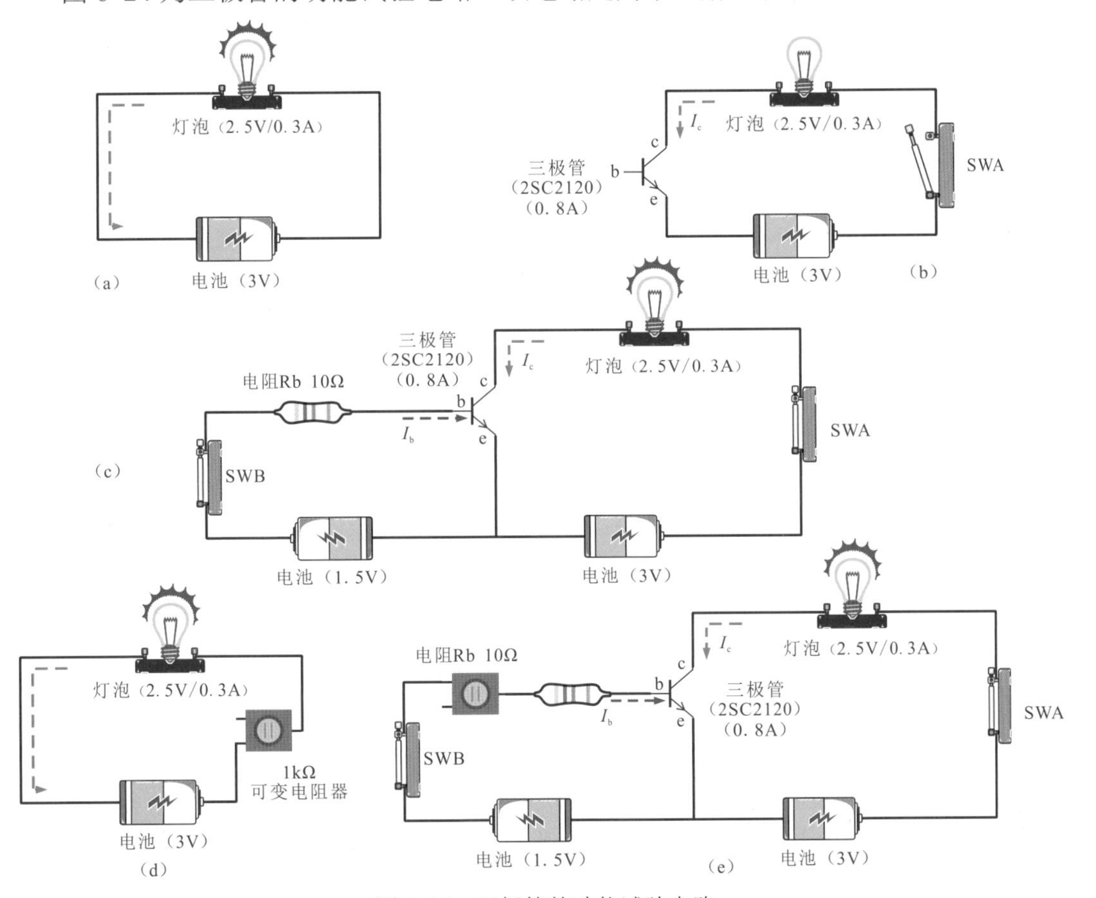

图 6-24　三极管的功能试验电路

图 6-24（a）是用电池为灯泡供电，接通电路，电池电流流过灯泡，灯泡发光。

图 6-24（b）是在灯泡供电电路中串入三极管。当三极管无控制电压时，接通开关。由于三极管处于截止状态，无电流，灯泡不亮。

图 6-24（c）是在三极管的基极设置一个电池、一个开关和一个电阻器，当接通开关 SWB 时，电池经电阻 Rb 有电压加到晶体管的基极，基极有电流，三极管就会产生集电极电流 I_c，并流过灯泡，灯泡发光。如果断开 SWB，三极管基极失电，三极管截止，灯泡熄灭。这样就可以通过基极控制三极管的导通状态。

图 6-24（d）是在灯泡的供电电路中串入可变电阻器，该电阻器会消耗一定的电能，并有限流作用，串入电阻器的值越大，电路中的电流越小，灯泡亮度会变暗。

图 6-24（e）是在三极管的基极电路中串入可变电阻器，调整该电阻器可改变基极电流，基极电流变化会使三极管集电极电流 I_c 发生变化，因为集电极电流 $I_c=h_{FE}I_b$，由此可理解三极管的放大功能。

6.4 三极管的检测方法

6.4.1 NPN 型三极管的检测方法

判断 NPN 型三极管的好坏可以通过万用表的欧姆挡，分别检测三极管三只引脚中两两之间的阻值，根据检测结果即可判断三极管的好坏，如图 6-25 所示。

通常，NPN 型三极管基极与集电极之间有一定的正向阻值，反向阻值为无穷大；基极与发射极之间有一定的正向阻值，反向阻值为无穷大；集电极与发射极之间的正、反向阻值均为无穷大。

6.4.2 PNP 型三极管的检测方法

判断 PNP 型三极管好坏的方法与 NPN 型三极管的方法相同，也是通过用万用表检测三极管引脚阻值的方法进行判断，不同的是，万用表检测 PNP 型三极管时的正、反向阻值方向与 NPN 型三极管不同，如图 6-26 所示。

黑表笔搭在 PNP 型三极管的集电极（c）上，红表笔搭在基极（b）上，检测 b 与 c 之间的正向阻值为 9 × 1kΩ ＝ 9kΩ；调换表笔后，测得反向阻值为无穷大。

黑表笔搭在 PNP 型三极管的发射极（e）上，红表笔搭在基极（b）上，检测 b 与 e 之间的正向阻值为 9.5 × 1kΩ ＝ 9.5kΩ；调换表笔后，测得反向阻值为无穷大。

红、黑表笔分别搭在 PNP 型三极管的集电极（c）和发射极（e）上，检测 c 与 e 之间的正、反向阻值均为无穷大。

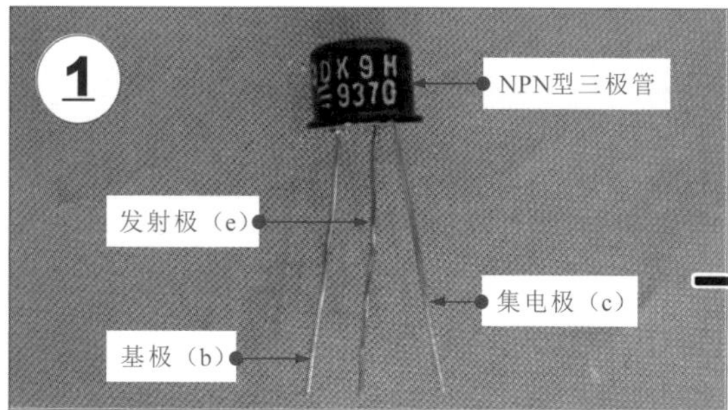

待测三极管为一只NPN型三极管，检测前明确其三只引脚的极性。

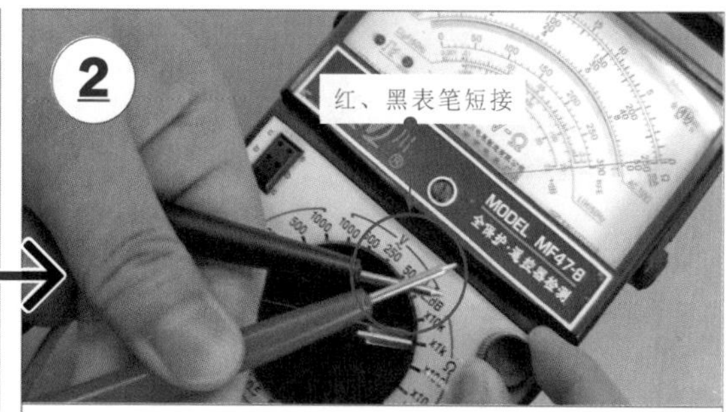

将万用表的挡位旋钮置于“×1k”欧姆挡，并进行欧姆调零。

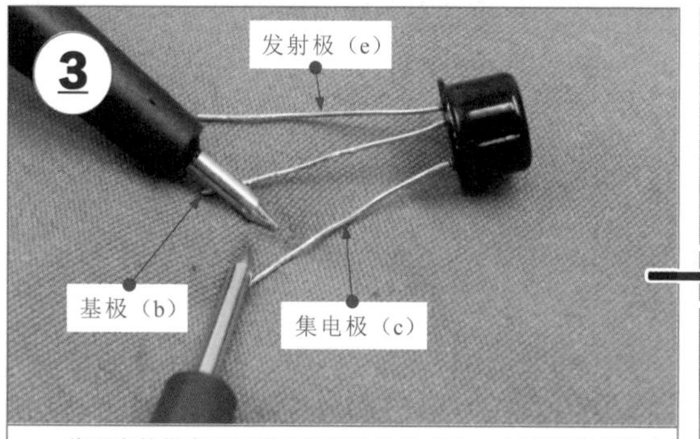

将黑表笔搭在NPN型三极管的基极（b），红表笔搭在集电极（c）上，检测b-c极之间的正向阻值。

实测b-c极之间的正向阻值为4.5kΩ，属于正常范围。调换表笔位置，检测b-c极之间的反向阻值，在正常情况下，反向阻值应为无穷大。

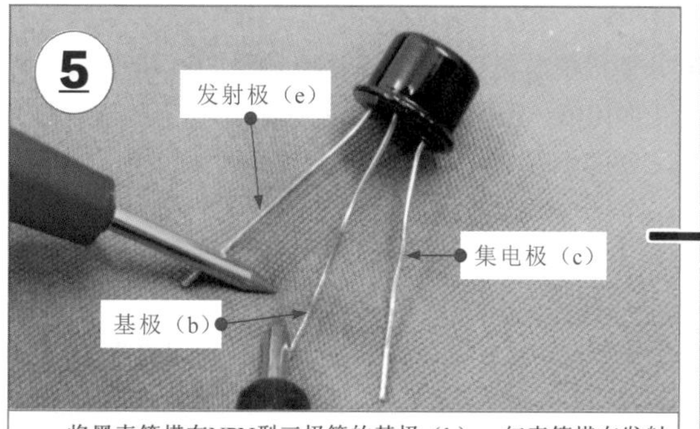

将黑表笔搭在NPN型三极管的基极（b），红表笔搭在发射极（e）上，检测b-e极之间的正向阻值。

实测NPN型三极管b-e极之间的正向阻值为8kΩ，正常。调换表笔测其反向阻值时，正常应为无穷大。

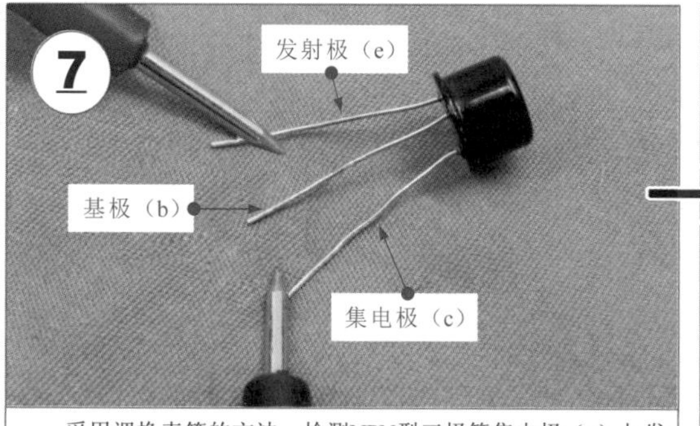

采用调换表笔的方法，检测NPN型三极管集电极（c）与发射的极（e）之间的正、反向阻值

在正常情况下，c-e极之间的正、反向阻值应均为无穷大。

图6-25　NPN型三极管好坏的检测判断方法

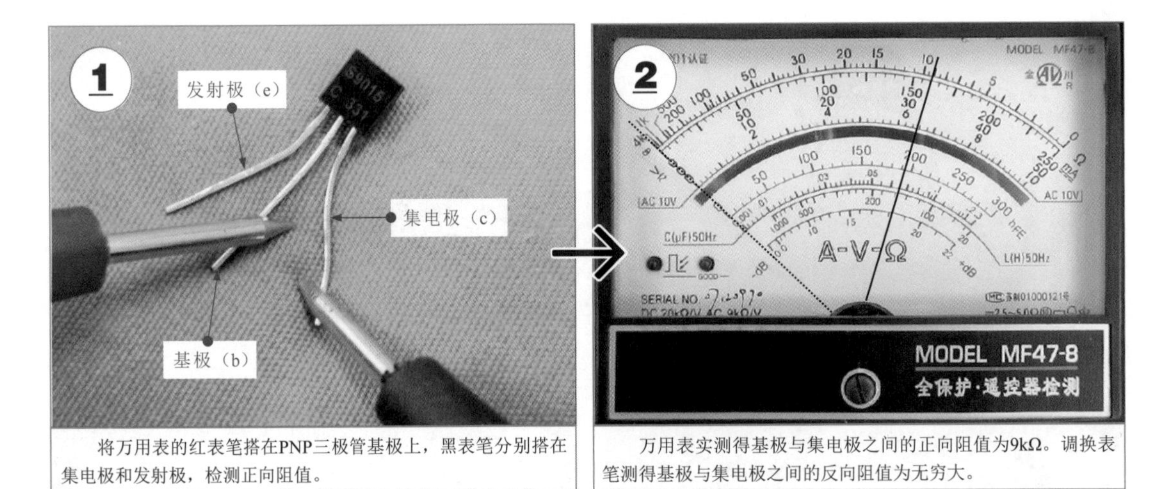

将万用表的红表笔搭在PNP三极管基极上，黑表笔分别搭在集电极和发射极，检测正向阻值。

万用表实测得基极与集电极之间的正向阻值为9kΩ。调换表笔测得基极与集电极之间的反向阻值为无穷大。

图 6-26　PNP 型三极管好坏的检测判断方法

判断三极管好坏时，一般借助指针万用表检测，检测机理如图 6-27 所示。

◇ 指针万用表检测 NPN 型三极管

●黑表笔接基极（b）、红表笔分别接集电极（c）和发射极（e）时，检测基极与集电极的正向阻值、基极与发射极的正向阻值；调换表笔检测反向阻值。

●基极与集电极、基极与发射极之间的正向阻值为 3 ～ 10kΩ，且两值较接近，其他引脚间阻值均为无穷大。

◇ 指针万用表检测 PNP 型三极管

●红表笔接基极（b）、黑表笔分别接集电极（c）和发射极（e）时，检测基极与集电极的正向阻值、基极与发射极的正向阻值；调换表笔检测反向阻值。

●基极与集电极、基极与发射极之间的正向阻值为 3 ～ 8kΩ，且两值较接近，其他引脚间阻值均为无穷大。

提示说明

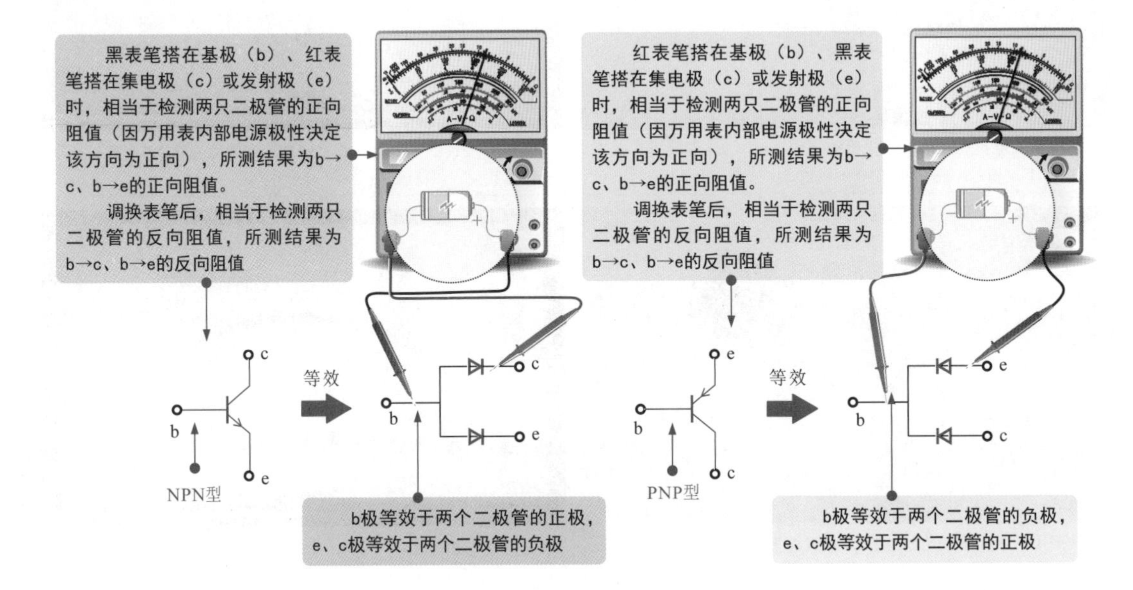

图 6-27　三极管性能好坏的检测机理

6.4.3 光敏三极管的检测方法

光敏三极管受光照时引脚间阻值会发生变化，因此可根据在不同光照条件下阻值会发生变化的特性判断性能好坏。

检测光敏三极管引脚间阻值判断好坏时，可分别在无光照条件下、一般光照条件下、较强光照条件下，用万用表的红、黑表笔分别检测光敏三极管 c 极与 e 极之间的阻值变化，如图 6-28 所示。

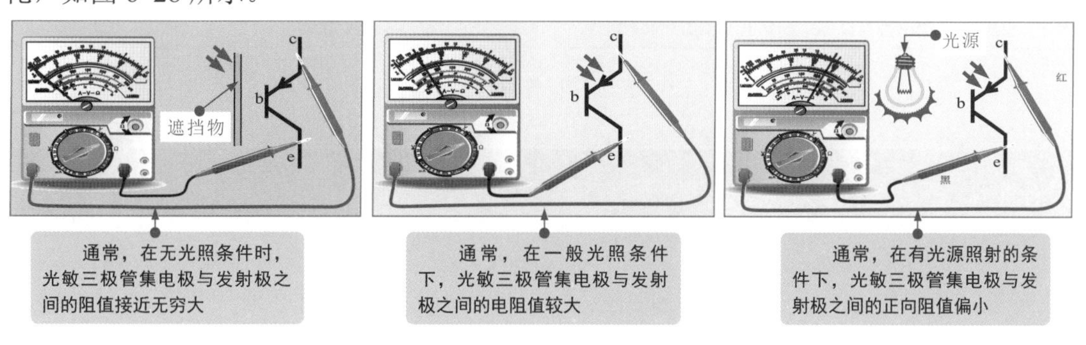

图 6-28　光敏三极管好坏的检测方法示意图

图 6-29 为光敏三极管好坏的检测示例。

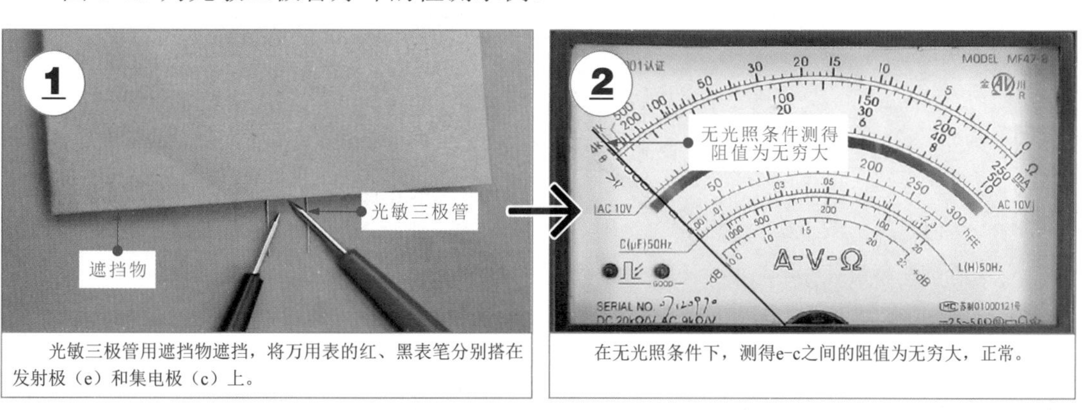

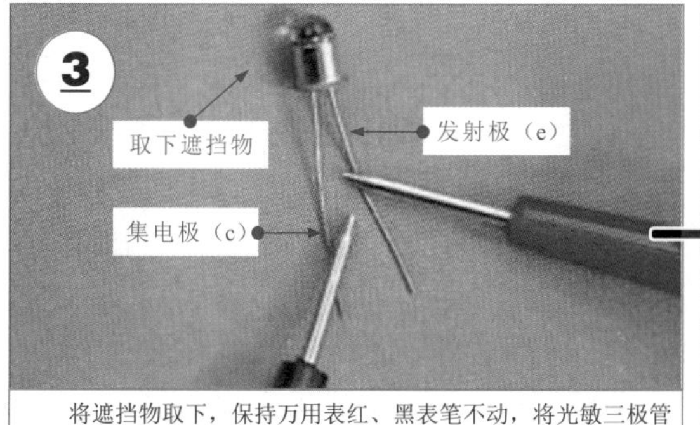

图 6-29

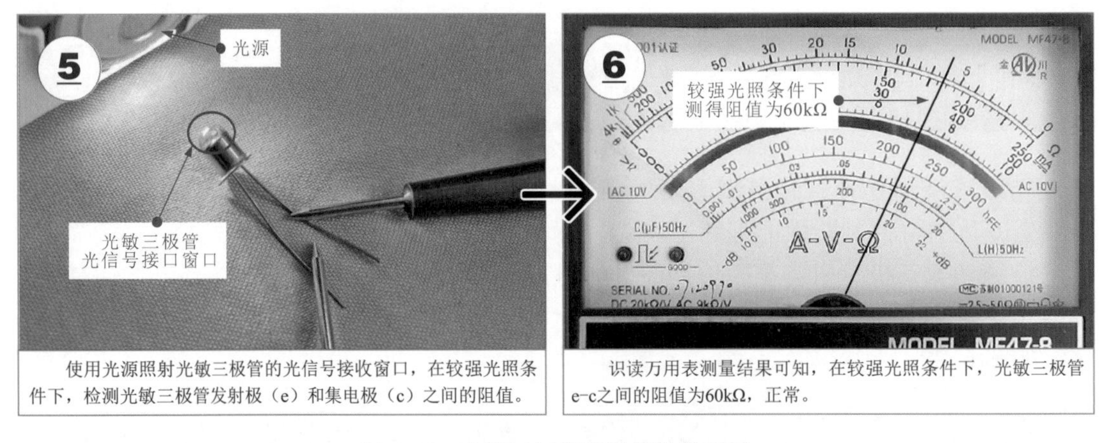

使用光源照射光敏三极管的光信号接收窗口，在较强光照条件下，检测光敏三极管发射极（e）和集电极（c）之间的阻值。

识读万用表测量结果可知，在较强光照条件下，光敏三极管e–c之间的阻值为60kΩ，正常。

图 6-29 光敏三极管好坏的检测示例

6.4.4 三极管放大倍数的检测方法

三极管的放大能力是其最基本的性能之一。一般可使用数字万用表上的晶体管放大倍数检测插孔粗略测量三极管的放大倍数。

图 6-30 为三极管放大倍数的检测方法。

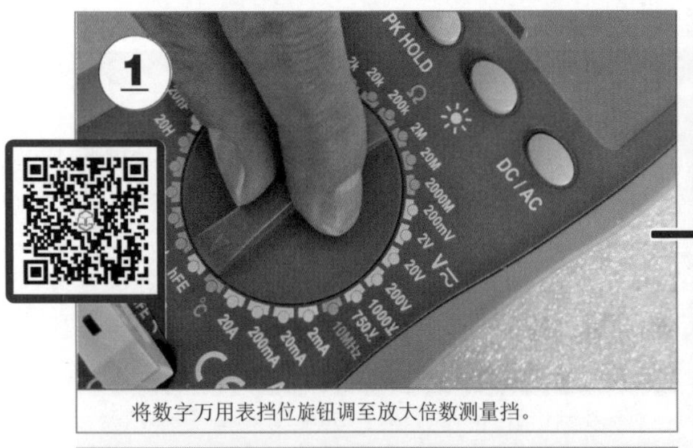

将数字万用表挡位旋钮调至放大倍数测量挡。

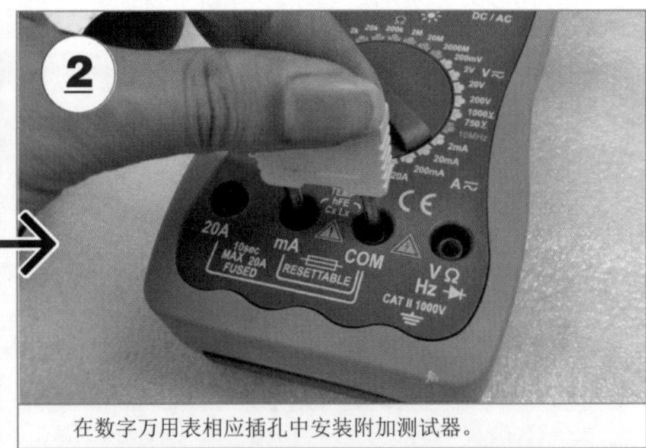

在数字万用表相应插孔中安装附加测试器。

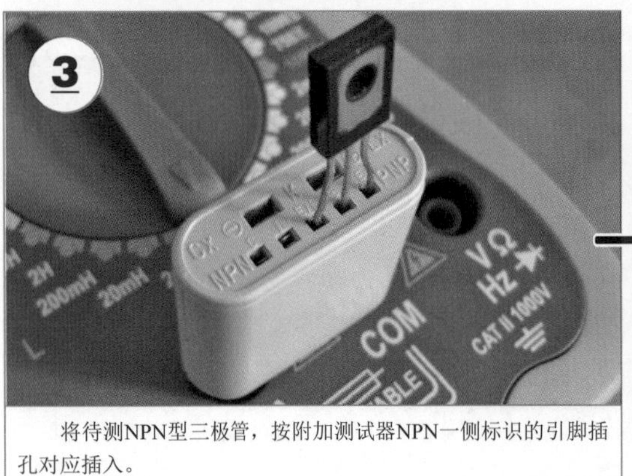

将待测NPN型三极管，按附加测试器NPN一侧标识的引脚插孔对应插入。

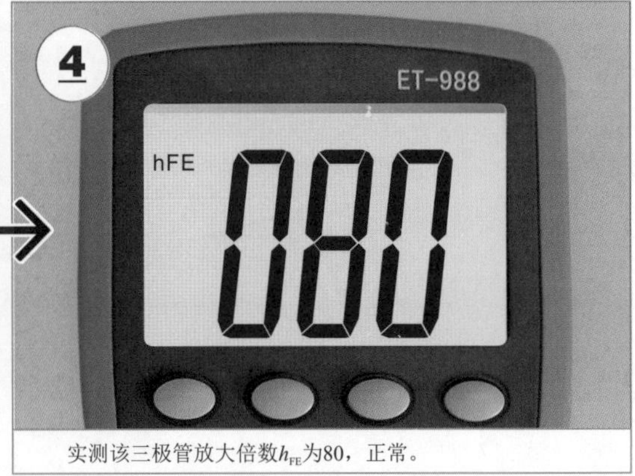

实测该三极管放大倍数h_{FE}为80，正常。

图 6-30 三极管放大倍数的检测方法

三极管的放大倍数（h_{FE}）是三极管在放大状态下集电极电流与基极电流之比，即 $h_{FE}=I_c/I_b$。NPN 型三极管放大倍数的检测电路如图 6-31 所示。

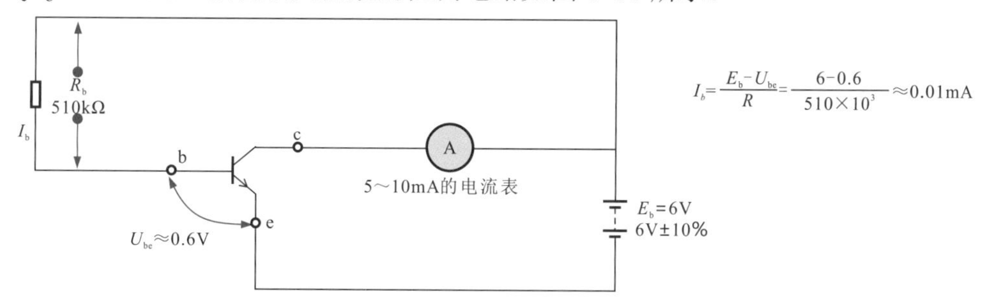

图 6-31 NPN 型三极管放大倍数的检测电路

一般小信号放大用三极管的基极-发射极电压 U_{be}=0.6V，电源电压为 6V，基极电阻 R_b 的电压降为 6V-0.6V=5.4V，由此可求出基极电流，I_b=5.4V/510kΩ≈0.01mA，此时检测集电极电流。三极管不同，放大倍数不同，所测得的集电极电流不同。用电流表或万用表电流挡测量三极管的集电极电流时，如测得的集电极电流为 2mA，则 h_{FE}=2/0.01=200。三极管放大倍数测试电路的连接方法如图 6-32 所示。

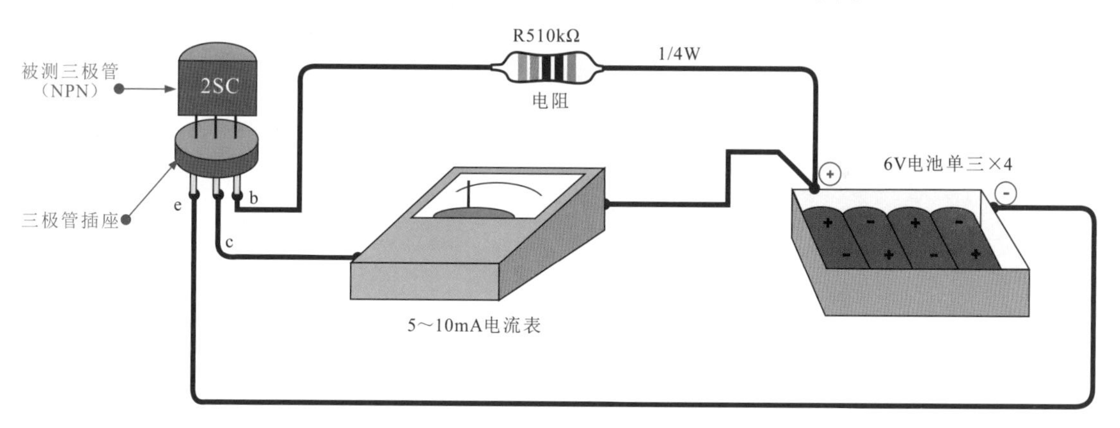

图 6-32 三极管放大倍数测试电路的连接方法

PNP 型三极管放大倍数测试电路及电路连接方法如图 6-33 所示。该电路与 NPN 测试电路相比，电池的极性反接。

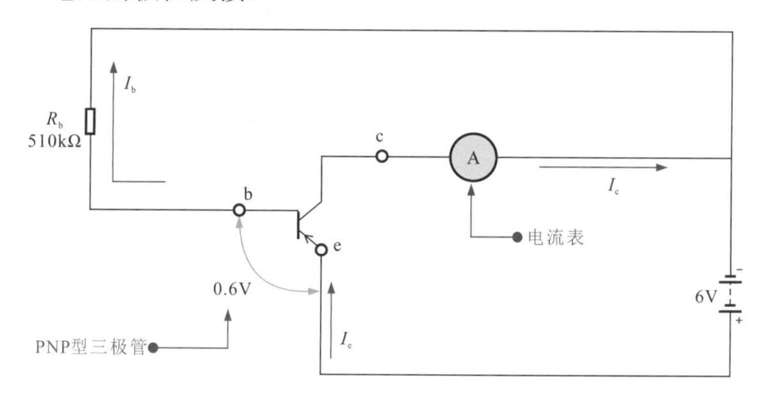

图 6-33 PNP 型三极管放大倍数测试电路及电路连接方法

6.4.5 三极管特性参数的检测方法

使用万用表检测三极管引脚间的阻值只能大致判断三极管的好坏，若要了解一些具体特性参数，则需要使用专用的半导体特性图示仪测试特性曲线。

根据待测三极管确定半导体特性图示仪旋钮、按键设定范围，将待测三极管按照极性插接到半导体特性图示仪检测插孔中，屏幕上即可显示相应的特性曲线，如图6-34所示。

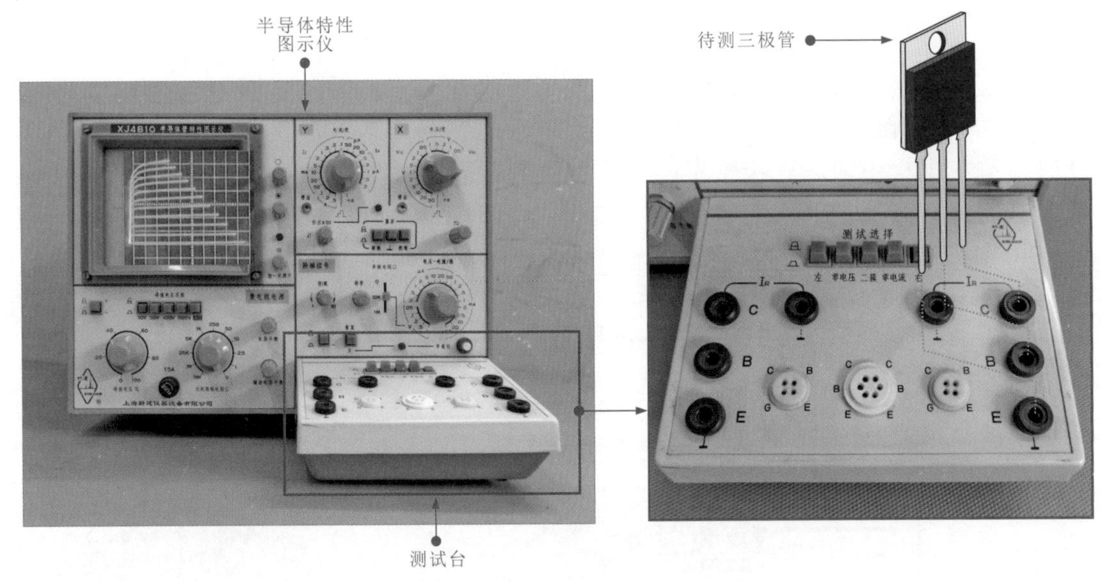

图6-34　三极管特性曲线的检测方法

使用半导体特性图示仪检测前，需要根据待测三极管的型号查找技术手册上的参数确定仪器旋钮、按键的设定范围，以便能够检测出正确的特性曲线。

NPN型三极管与PNP型三极管性能（特性曲线）的检测方法相同，只是两种类型三极管的特性曲线正好相反，如图6-35所示。

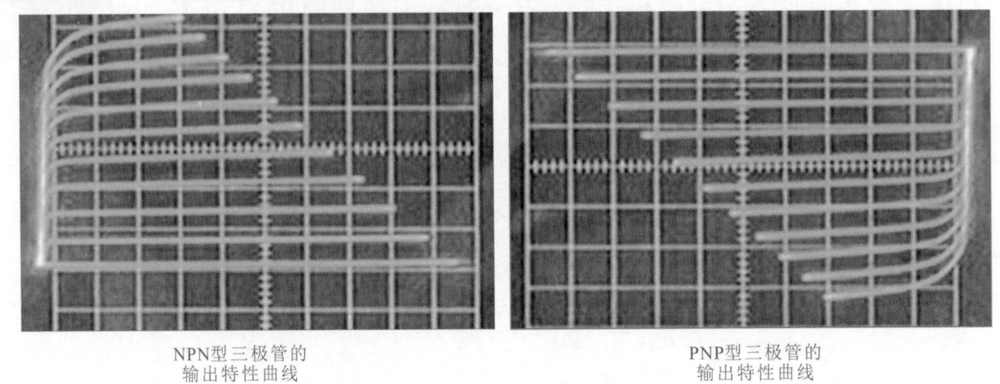

图6-35　NPN型三极管和PNP型三极管的输出特性曲线

图6-36为三极管特性曲线的检测示例。

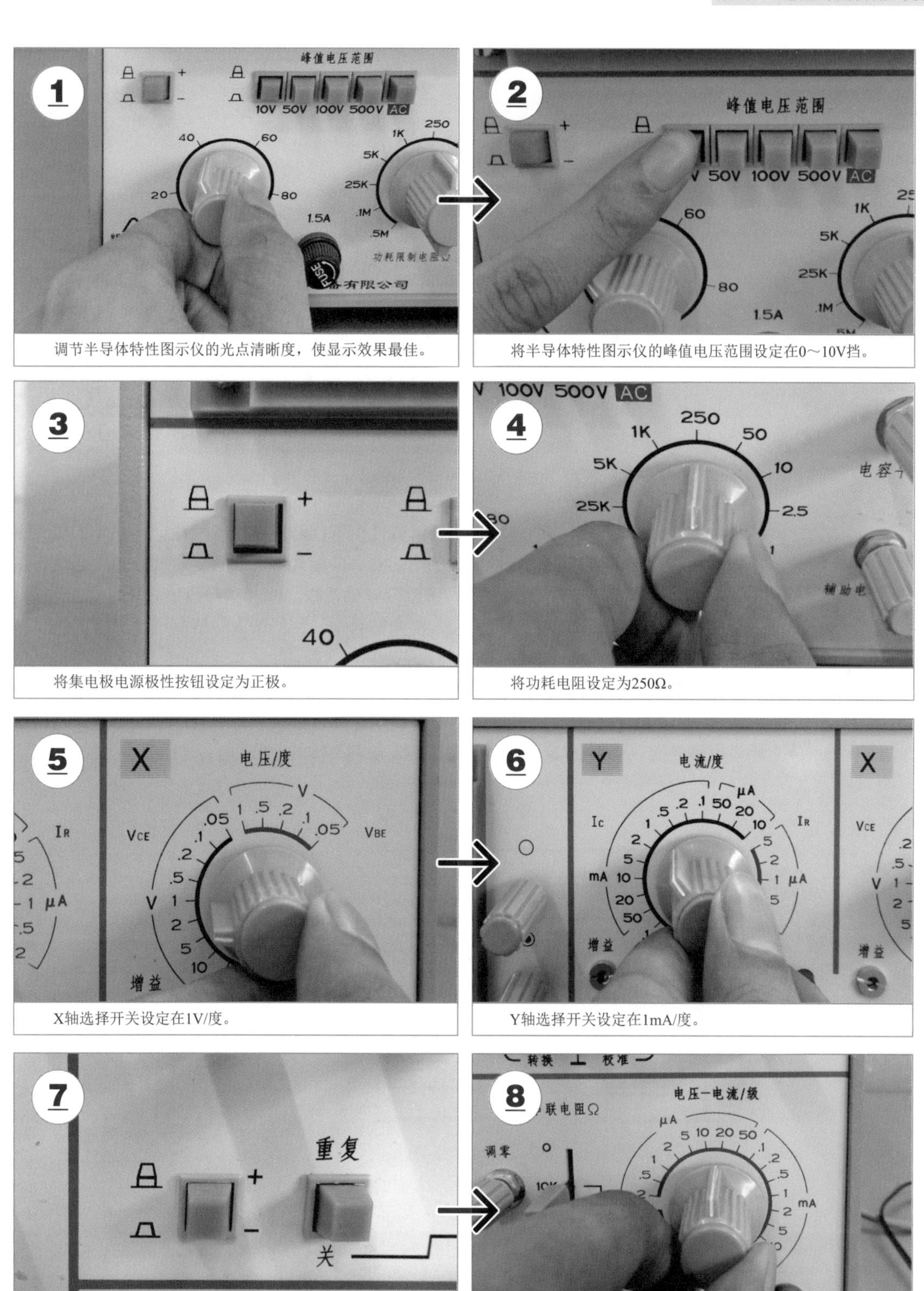

调节半导体特性图示仪的光点清晰度，使显示效果最佳。

将半导体特性图示仪的峰值电压范围设定在0～10V挡。

将集电极电源极性按钮设定为正极。

将功耗电阻设定为250Ω。

X轴选择开关设定在1V/度。

Y轴选择开关设定在1mA/度。

将三极管的阶梯极性按钮设置为正极。

将阶梯信号设定在10μA/级。

图 6-36

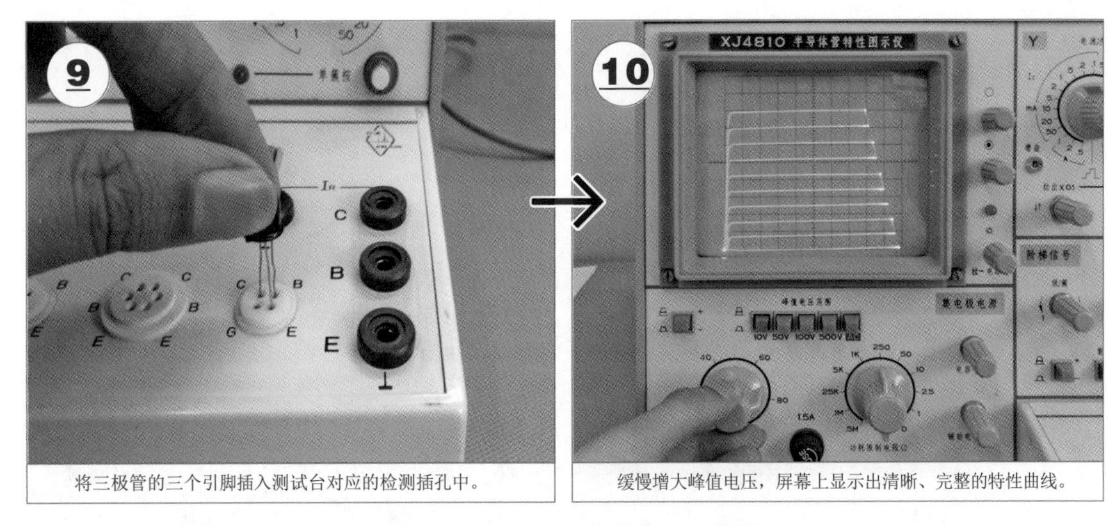

将三极管的三个引脚插入测试台对应的检测插孔中。
缓慢增大峰值电压，屏幕上显示出清晰、完整的特性曲线。

图 6-36 三极管特性曲线的检测示例

根据 3DK9 型三极管的参数将半导体特性图示仪峰值电压范围设定在 0 ~ 10V、集电极电源极性设为正极、功耗电阻设为 250Ω、X 轴选择开关设定在 1V/ 度、Y 轴设定在 1mA/ 度、阶梯信号为 10 级 / 簇、极性设置为正极、阶梯信号设定在 10μA/ 级。设定完成后，将三极管 3DK9 按极性插入检测插孔中，缓慢增大峰值电压，屏幕上便会显示出特性曲线。

将检测出的特性曲线与三极管技术手册上的曲线对比，如图 6-37 所示，即可确定三极管的性能是否良好。此外，根据特性曲线也能计算出该三极管的放大倍数。读出 X 轴集电极电压 U_{ce}=1V 时最上面一条曲线的 I_b 值和 Y 轴的 I_c 值，两者的比值即为放大倍数。

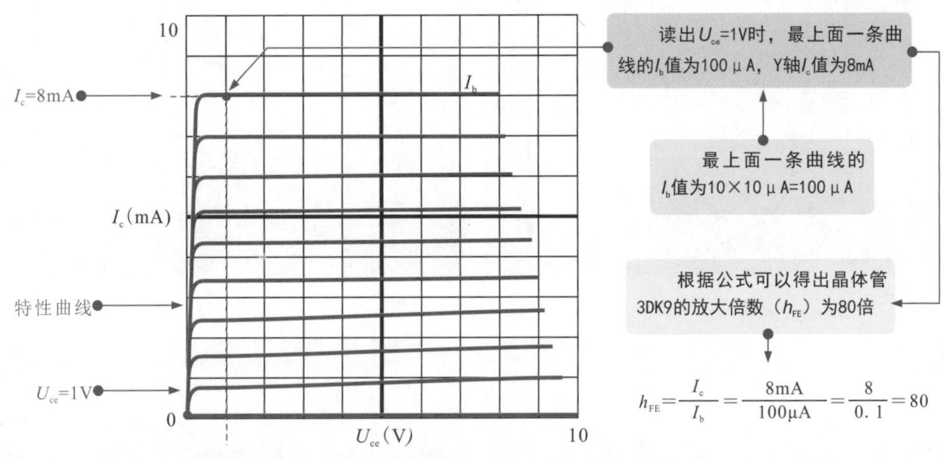

图 6-37 三极管特性曲线中信息的识读

6.4.6 三极管交流小信号放大器波形的检测方法

NPN 型三极管（如 2SC1815）与外围元器件组合可以构成交流小信号放大器，如图 6-38 所示。

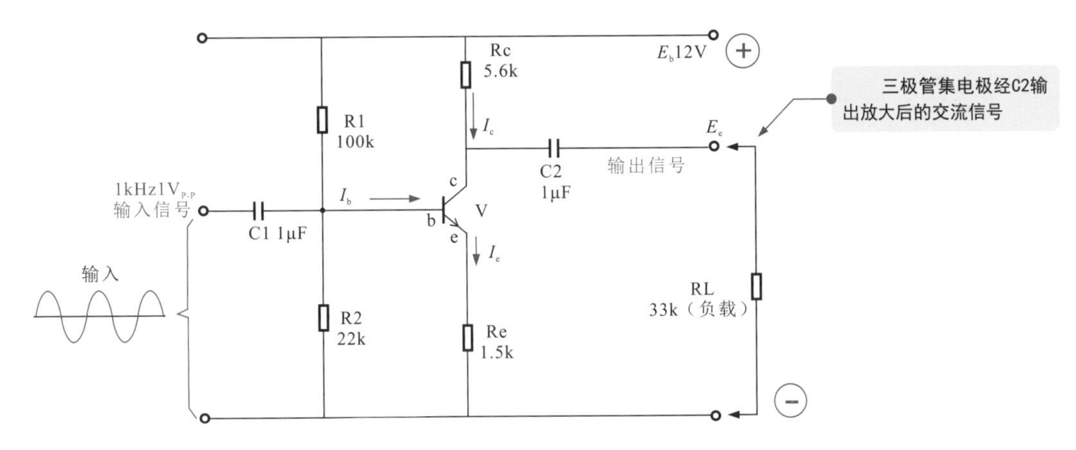

图 6-38　由 NPN 型三极管构成的交流小信号放大器

三极管的 h_{FE} 应选大于 300 的，电源经 R1 和 R2 分压后为基极提供偏压（约为 2V），输入信号经耦合电路 C1 加到三极管的基极。基极偏压 $U_b= R_2/(R_1+R_2)$ ×12V=22/(100+22)×12=2.16V。如果输入电压为 1V±0.5V，则基极输入电压值为 1.66 ～ 2.66V。由于三极管的基极与发射极之间的电压固定为 0.6V，则三极管发射极电压为 1.06 ～ 2.06V。发射极电阻为 1.5kΩ，可求得发射极电流 I_e；集电极电阻为 5.6 kΩ，可求得集电极电压。

集电极电压在 4.3 ～ 8V 之间变化，集电极与发射极之间的电压为 1.94 ～ 6.7V。

三极管交流小信号放大器检测环境的搭建、元器件的连接和检测仪表的连接检测方法如图 6-39 所示。

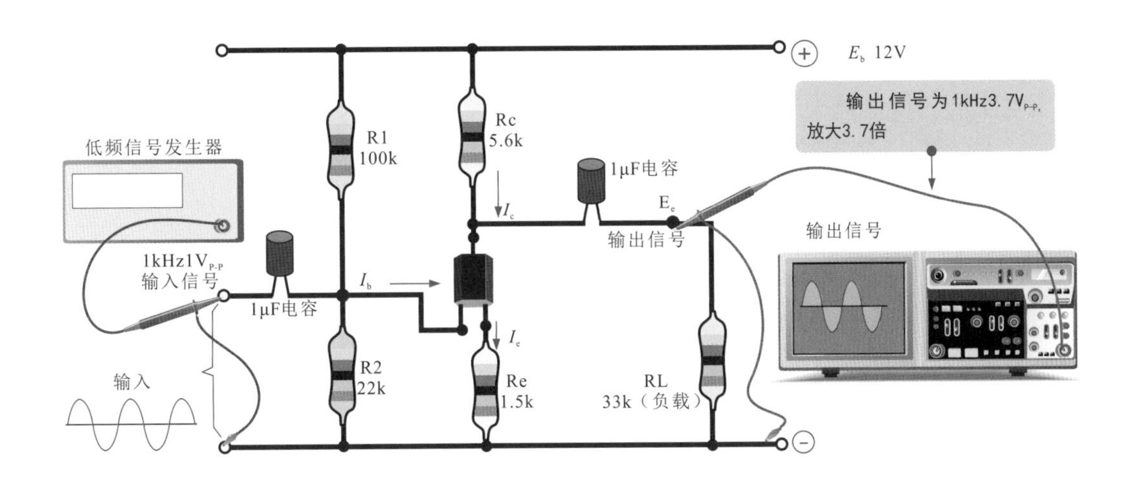

图 6-39　三极管交流小信号放大器的搭建、元器件的连接和检测仪表的连接方法

提示说明

放大器的检测可分为静态检测法和动态检测法。

静态检测法是在电路中加上电源、不加交流输入信号的情况下，检测三极管各极直流电压。

动态检测法是将低频信号（音频信号）发生器输出的 1kHz 1V_{P-P} 信号加到放大器的输入端，用示波器检测输出端的信号幅度和波形（不失真信号波形）。

6.4.7 三极管交流小信号放大器中三极管性能的检测方法

三极管交流小信号放大器的电路结构如图 6-40 所示。该电路中具有放大功能的是 NPN 型三极管 V1（2SC1815）。

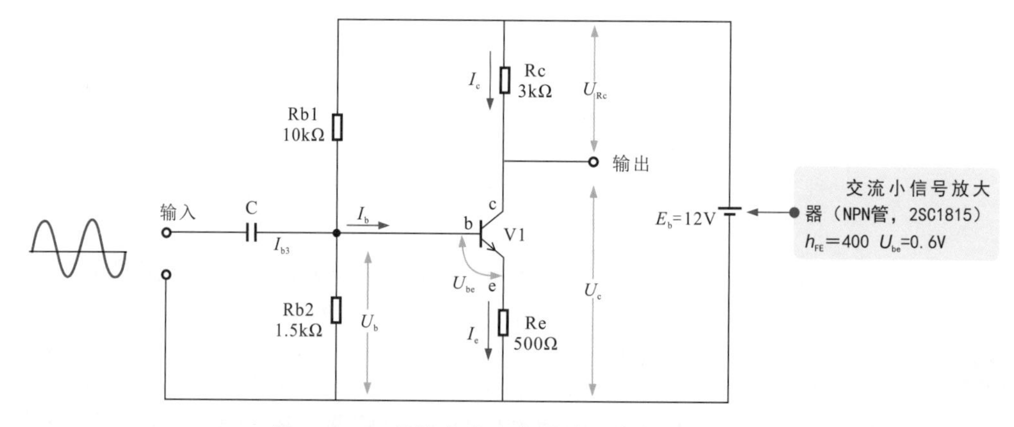

图 6-40　三极管交流小信号放大器的电路结构

电路中，NPN 型三极管工作需要外加电源（+12V），所接电阻使该三极管处于放大状态。交流信号经耦合电容加到三极管基极，使基极电压随输入信号变化，基极电流的变化会引起三极管集电极电流的变化，放大后的信号从三极管集电极输出。无信号时的状态被称为静态。静态时，三极管各引脚的直流电压和工作电流反映三极管的基本性能，因而通过检测静态时的电压和电流可以判断电路和相关元器件的性能。

三极管小信号放大器中三极管的输入电路如图 6-41 所示。电路中，电源电压（12V）经分压电路的三极管基极提供偏压。

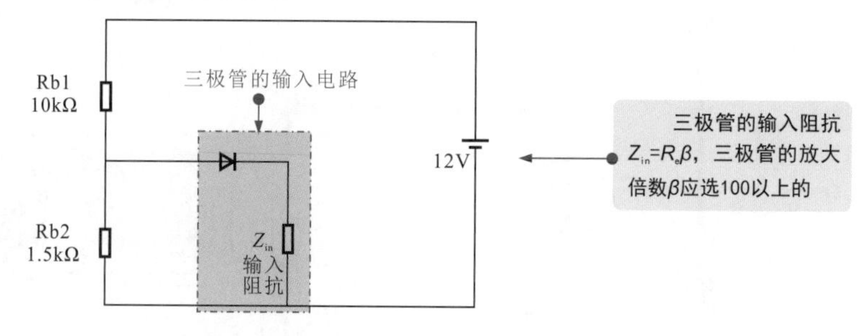

图 6-41　三极管小信号放大器中三极管的输入电路

在计算分压电路的分压值时还应考虑三极管内的并联电阻，即三极管的输入阻抗 Z_{in}，即 $Z_{in}=R_e\beta$，三极管的放大倍数 β 应选 100 以上的，在本电路中选放大倍数为 400 的三极管。

于是有 Z_{in}=0.5kΩ × 400=200kΩ，此值远大于 Rb2，可忽略。基极电压 U_b 为 Rb1 与 Rb2 的分压值，U_b=1.5kΩ/(1.5kΩ+10kΩ)×12V≈1.56V。

处于放大状态三极管的基极与发射极之间正向偏压 U_{be}=0.6V，发射极电压 $U_e=U_b-U_{be}$=1.56-0.6≈1V。发射极电流 $I_e=U_e/R_e$=1V/500Ω=2mA，$I_c=I_e$=2mA，则 V1 集电极电压 $U_c=I_cR_c$=3kΩ × 2mA=6V。

根据电路分析结果搭建的检测电路如图 6-42 所示。

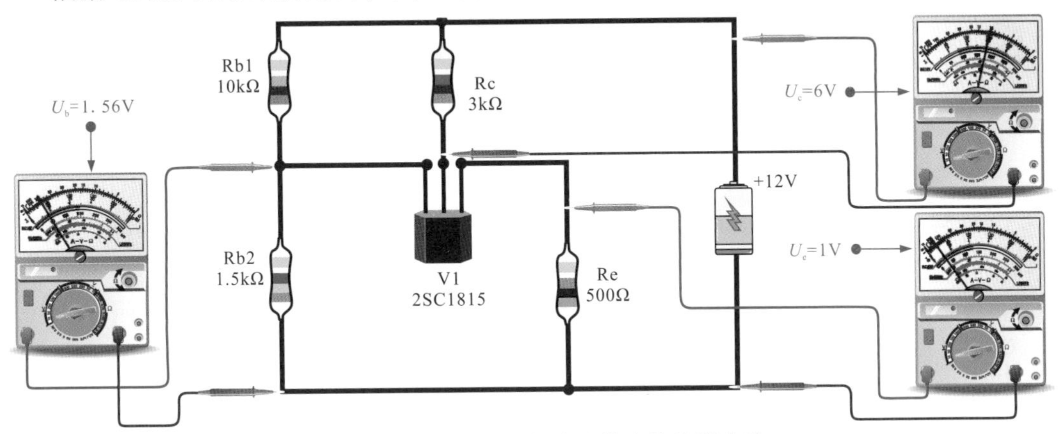

图 6-42 根据电路分析结果搭建的检测电路

检测三极管放大器的电源供电电压应为 12V。

◇ 检测三极管的基极电压应为 1.56V。

◇检测三极管的集电极电压应为 6V。

如果所测电压值偏低，则可能为三极管不良或者三极管放大倍数太低，应更换三极管。

6.4.8 三极管直流电压放大器的检测方法

在驱动控制电路中，继电器驱动电路、直流电动机驱动电路都是直流电压放大电路。图 6-43 为三极管直流电压放大器电路。

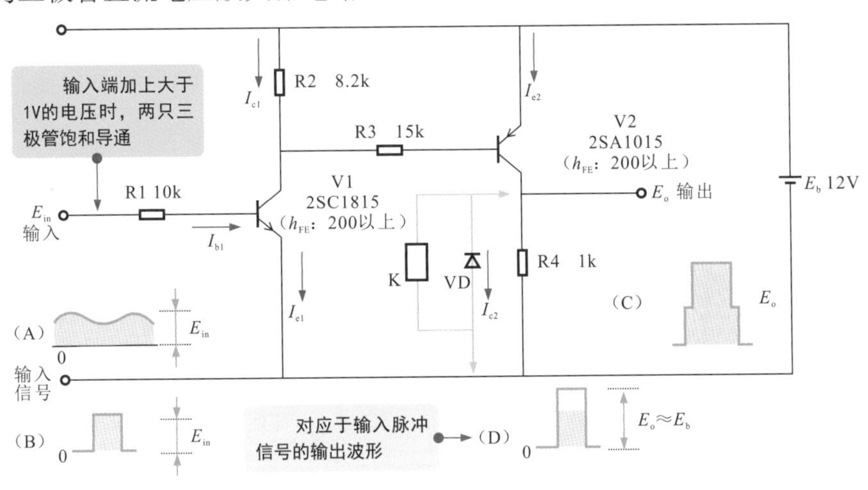

图 6-43 三极管直流电压放大器电路

该电路由两只三极管和外围元器件构成。由图可见，输入级采用 NPN 型三极管，输出级使用 PNP 型三极管，两管组合成放大器。电路中，输出三极管的集电极驱动继电器，输出端输出的极性与输入端相同，两只三极管正常时均工作在饱和区域。当输出端所加电压大于 1V 时，两只三极管均饱和导通。+12V 电源电压全加到继电器线圈上，使继电器动作。如输入端小于 0.6V，则两管截止，继电器不动作。

如果输入信号如图中（A）是直流电压叠加交流信号成分，则当所加电压高于1V时，输出端为12V，当输入端低于1V而又高于0.6V时，三极管处于放大状态，不会完全饱和至导通状态，则输出端输出电压会低于12V，输出波形呈阶梯状，如图中（C）波形所示。输入为脉冲电压（大于1V），如图中（B）波形所示，输出也为脉冲电压，如图中（D）波形所示。

为了检测上述电路，可将一只1kΩ电阻器代替继电器，输入端用一只10kΩ的电位器，将测试电路搭建成如图6-44所示的状态，分别检测输出电压和输入电压的对应关系。

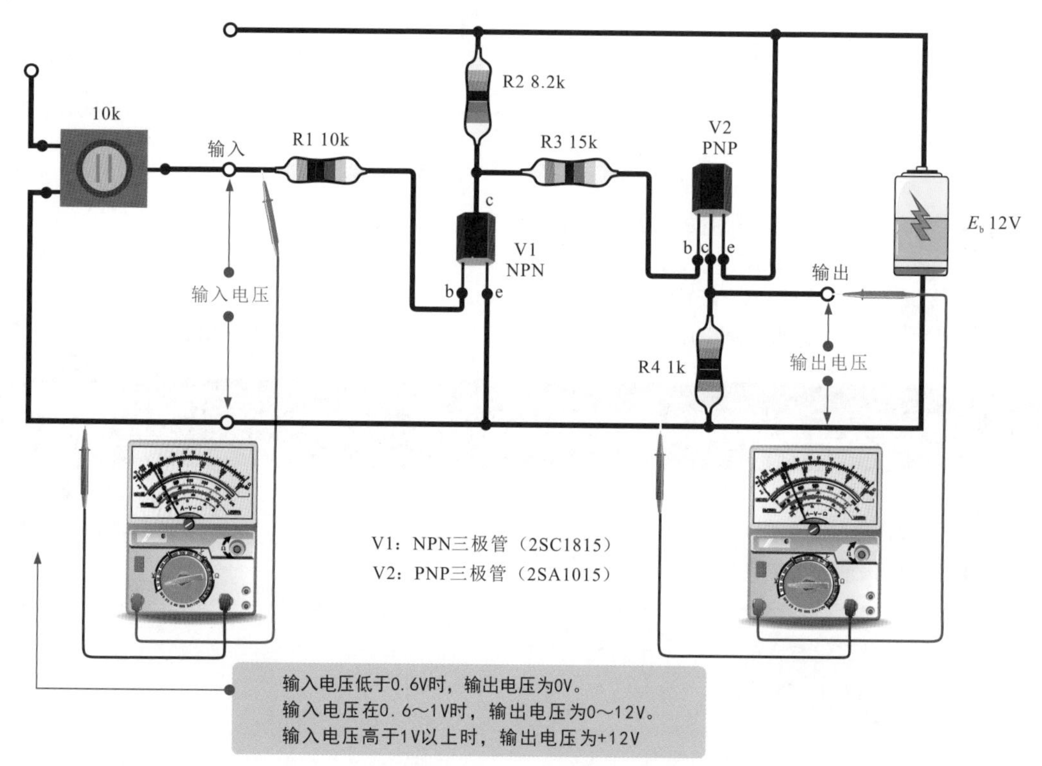

图6-44 三极管直流电压放大器电路的检测方法

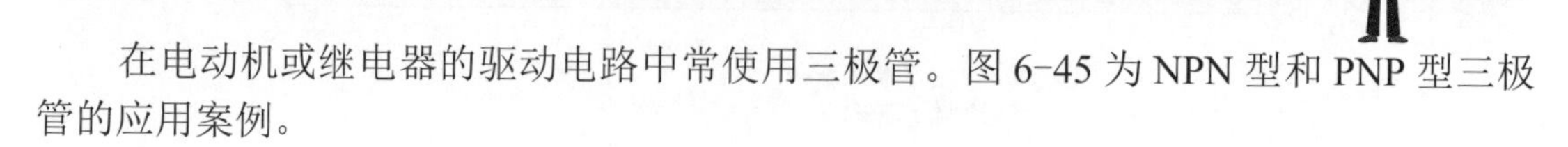

6.4.9 驱动三极管的检测方法

在电动机或继电器的驱动电路中常使用三极管。图6-45为NPN型和PNP型三极管的应用案例。

图6-45中，当开关SW1置于1位置时，驱动三极管基极正偏而导通，继电器和电动机得电动作。

当SW1置于2位置时，三极管基极反偏而截止，继电器和电动机都不动作。

两个电路中分别用NPN型和PNP型两种三极管，因此三极管的连接极性也不同。

如图6-46所示，搭建上述检测电路，可用LED和限流电阻取代继电器，这样便于观测和识别测量结果。

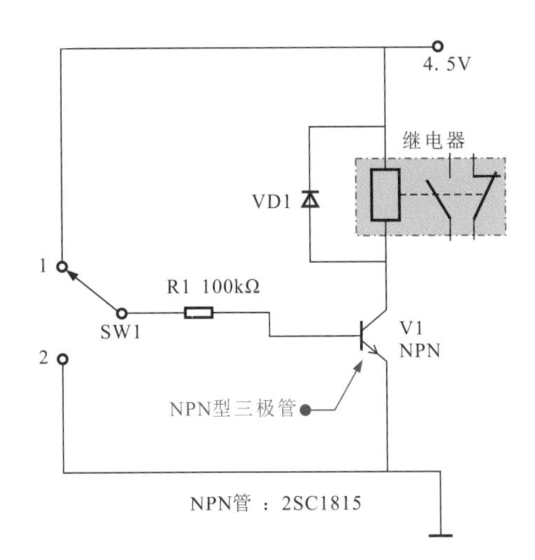

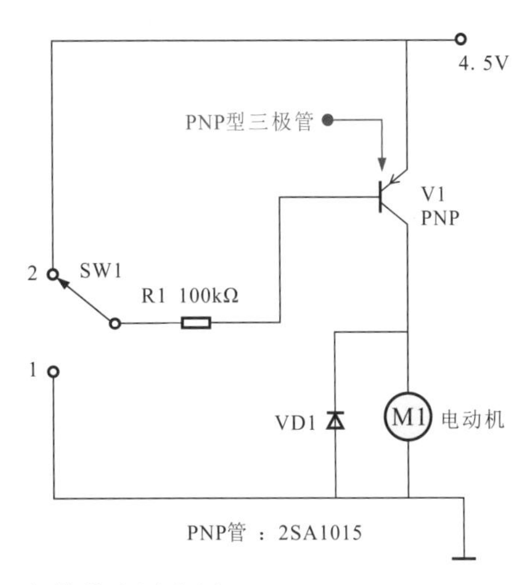

图 6-45　NPN 型和 PNP 型三极管的应用案例

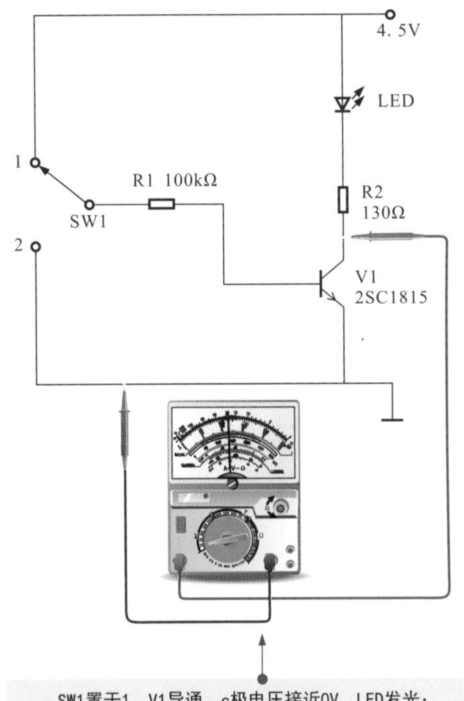

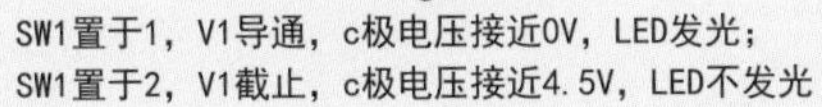

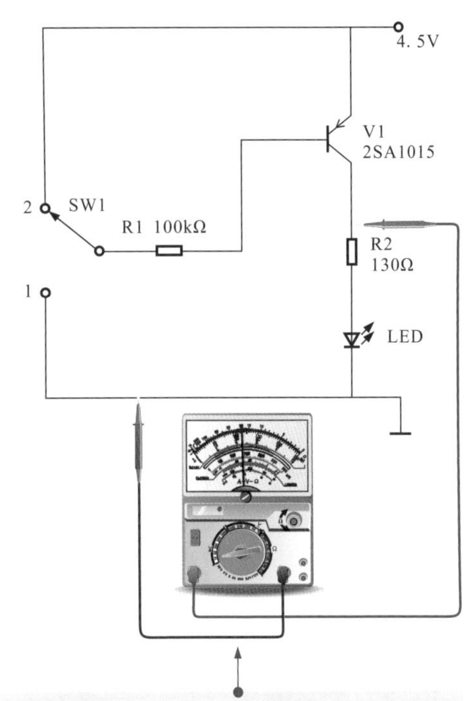

SW1置于1，V1导通，c极电压接近4.5V，LED发光；
SW1置于2，V1截止，c极电压接近0V，LED不发光

图 6-46　驱动电路中三极管的检测方法

6.4.10　三极管光控照明电路的检测方法

图 6-47 为三极管光控照明电路，当环境光变暗的时候，电路自动启动，点亮发光二极管，控制元件采用光敏电阻（cds），型号为 MKY-54C48L，发光二极管采用白色 LED（NSPW500CS）。

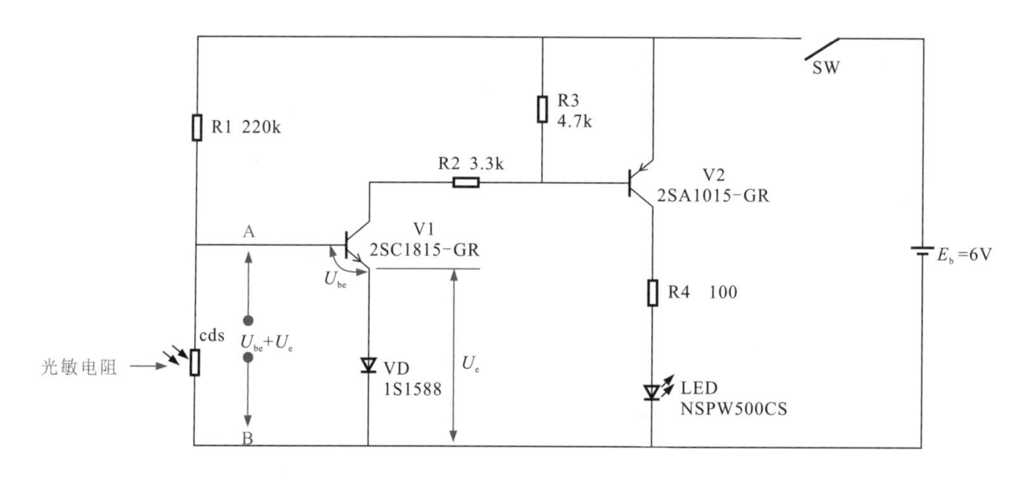

图 6-47　三极管光控照明电路

光敏电阻接在 V1 的基极电路中，与 R1（220kΩ）构成分压电路，为 V1 提供基极电压。当光线较暗时，V1 基极电压（A 点）大于（$U_{be}+U_e$），V1 导通，V2 也导通。V2 集电极输出 +6V 电压，发光二极管 LED 得电发光。R4（100Ω）为限流电阻。当环境光变亮时，光敏电阻的阻值变小，V1 的基极电压降低，V1 截止，V2 也截止，LED 熄灭。

三极管光控照明电路的元器件连接关系及检测方法如图 6-48 所示。

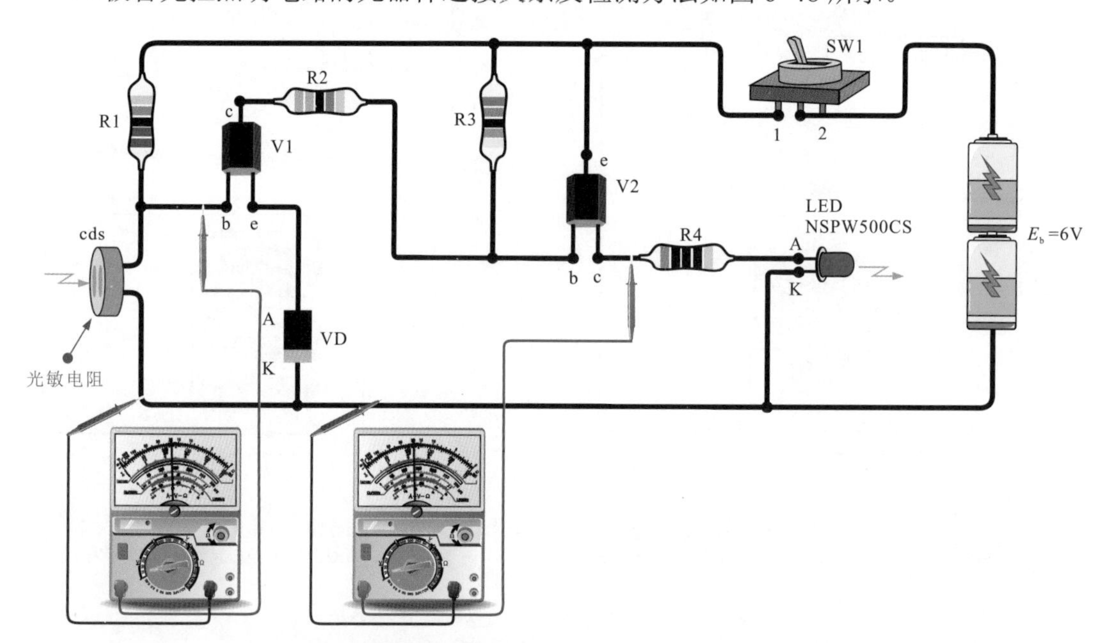

图 6-48　三极管光控照明电路的元器件连接关系及检测方法

对该电路的检测可设置两种状态：

◇ 用手电筒或照明灯照射光敏电阻，同时用万用表检测 V1 三极管基极电压和 V2 集电极电压，并观察 LED。

当 V1 基极电压 U_b 小于 $U_{be}+U_e$ 时，V1、V2 截止，V2 集电极为 0V，LED 不发光。

◇ 用物体遮住光敏电阻时，检测 V1 基极电压和 V2 集电极电压并观察 LED。此时，$U_b \geqslant U_{be}+U_e$，V1、V2 饱和导通，V2 集电极为 6V，LED 发光。

第7章 场效应晶体管的功能特点与识别检测

7.1 场效应晶体管的种类特点

7.1.1 了解场效应晶体管的分类

场效应晶体管（Field-Effect Transistor）简称FET，是一种典型的电压控制型半导体器件。场效应晶体管是电压控制器件，具有输入阻抗高、噪声小、热稳定性好、便于集成等特点，容易被静电击穿。

图7-1为电子产品电路板上的场效应晶体管。

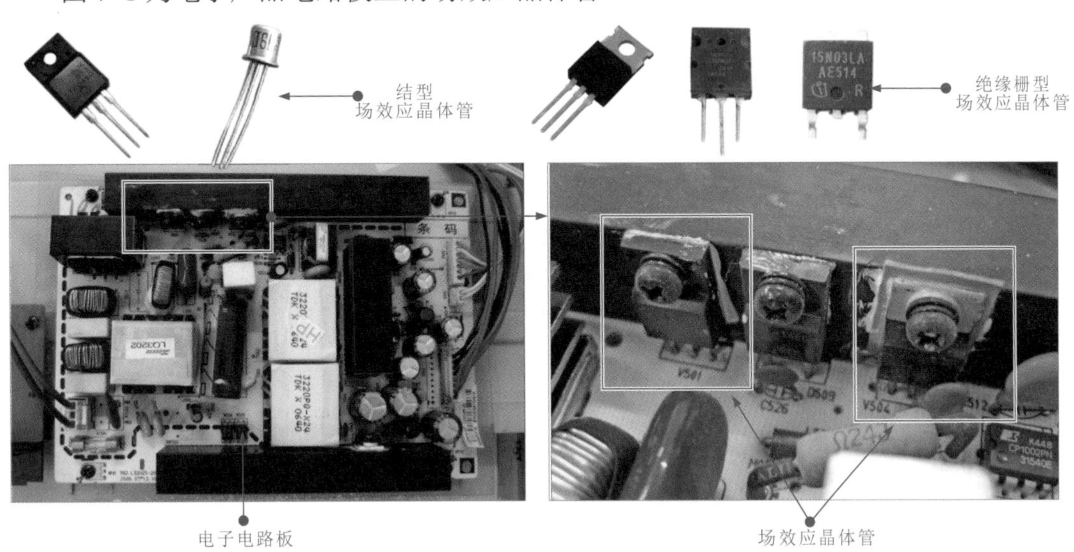

图7-1 典型电子产品电路板上的场效应晶体管

场效应晶体管有三只引脚，分别为漏极（D）、源极（S）、栅极（G）。根据结构的不同，场效应晶体管可分为两大类：结型场效应晶体管（JFET）和绝缘栅型场效应晶体管（MOSFET）。

7.1.2　结型场效应晶体管

结型场效应晶体管（JFET）是在一块N型（或P型）半导体材料两边制作P型（或N型）区形成PN结所构成的，根据导电沟道的不同可分为N沟道和P沟道两种。结型场效应晶体管的外形特点及内部结构如图7-2所示。

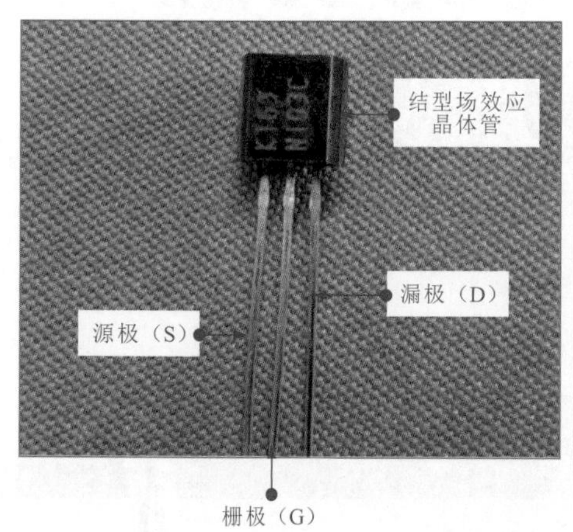

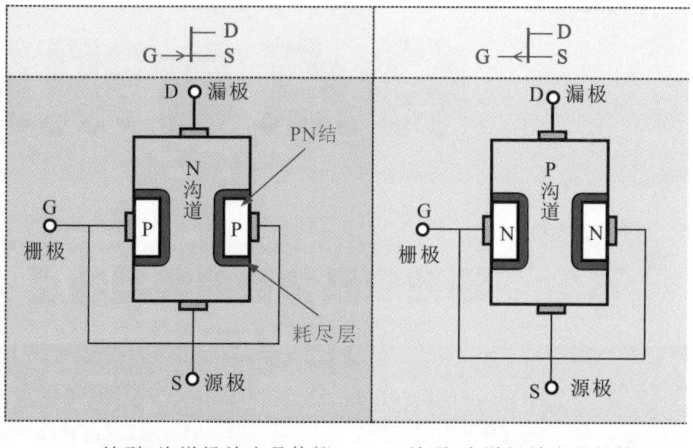

结型N沟道场效应晶体管　　结型P沟道场效应晶体管

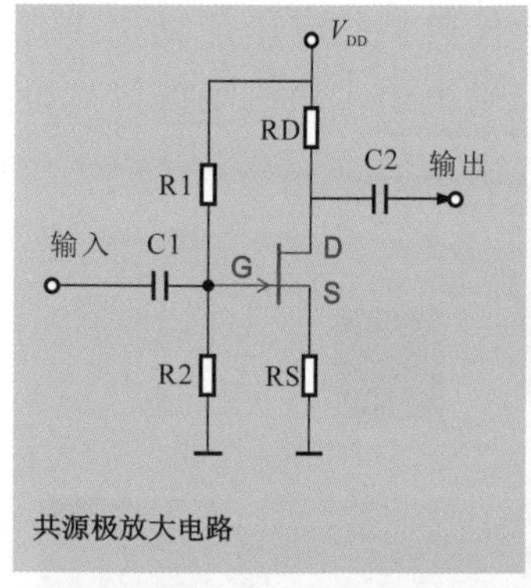

共源极放大电路

共源极放大电路是一种常用的放大电路。

V_{DD} RD C1 S D C2 输出 输入 RS G RG

共栅极放大电路

共栅极放大电路输入信号从源极与栅极之间输入，输出信号从漏极与栅极之间输出，该放大电路高频特性较好。

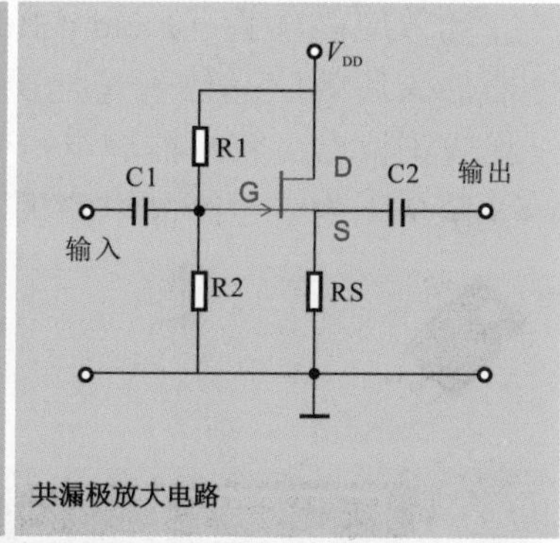

共漏极放大电路

共漏极放大电路又称源极输出器或源极跟随器。电路中的源极接电源，对交流信号而言，电源与地相当于短路。

图7-2　结型场效应晶体管的外形特点及内部结构

7.1.3　绝缘栅型场效应晶体管

绝缘栅型场效应晶体管（MOSFET）简称MOS场效应晶体管，由金属、氧化物、半导体材料制成，因其栅极与其他电极完全绝缘而得名。绝缘栅型场效应晶体管除有N沟道和P沟道之分外，还可分别根据工作方式的不同分为增强型与耗尽型。绝缘栅型场效应晶体管的外形特点及内部结构如图7-3所示。

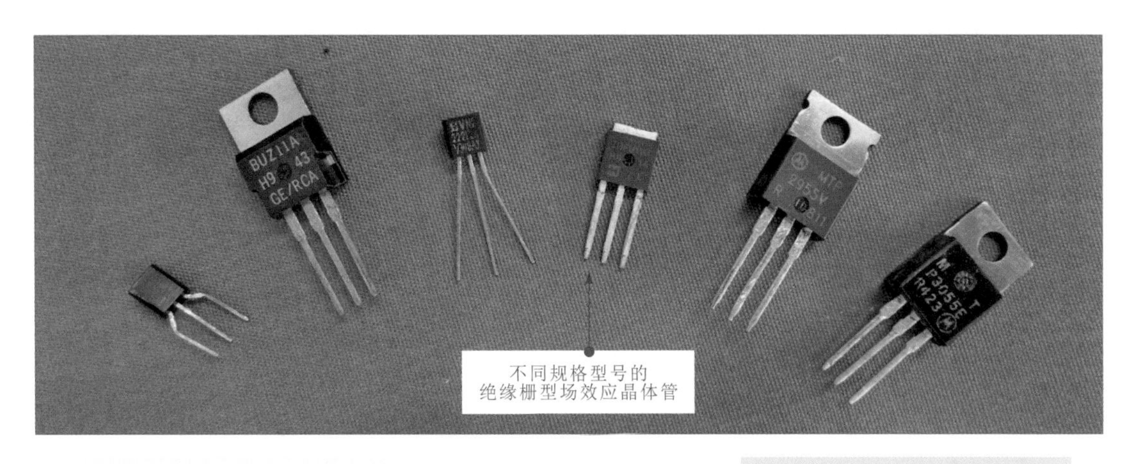

N沟道增强型场效应晶体管　P沟道增强型场效应晶体管　N沟道耗尽型场效应晶体管　P沟道耗尽型场效应晶体管　耗尽型双栅N沟道场效应晶体管　耗尽型双栅P沟道场效应晶体管

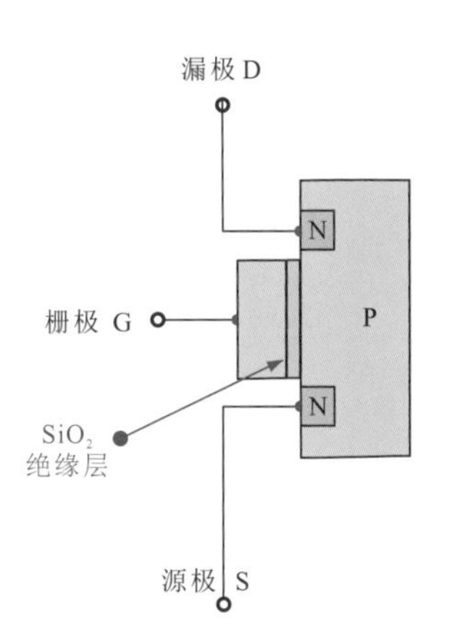

(a) N沟道增强型MOS场效应晶体管

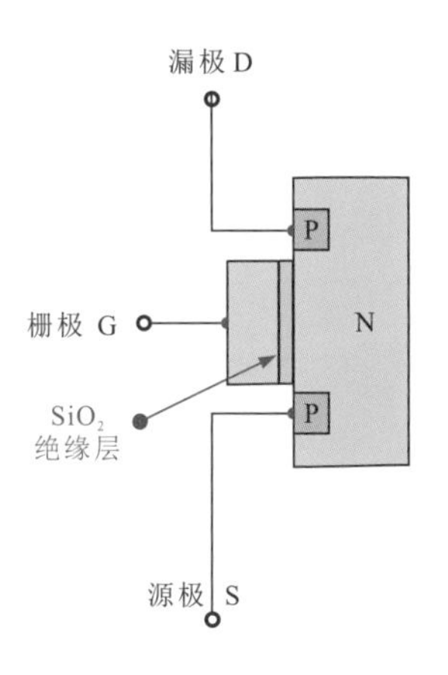

(b) P沟道增强型MOS场效应晶体管

增强型MOS场效应晶体管是以P型（N型）硅片作为衬底，在衬底上制作两个含有杂质的N型（P型）材料，其上覆盖很薄的二氧化硅（SiO_2）绝缘层，在两个N型（P型）材料上引出两个铝电极，分别称为漏极（D）和源极（S），在两极中间的二氧化硅绝缘层上制作一层铝质导电层，该导电层为栅极（G）

图 7-3　绝缘栅型场效应晶体管的外形特点及内部结构

7.2 场效应晶体管的识别

7.2.1 场效应晶体管电路标识的识别

场效应晶体管在电路中的标识通常分为两部分：一部分是电路图形符号，表示场效应晶体管的类型；一部分是字母+数字，表示该场效应晶体管在电路中的序号及型号。

如图 7-4 所示，电路图形符号可以体现出场效应晶体管的类型，三根引线分别代表栅极（G）、漏极（D）和源极（S），文字标识通常提供场效应晶体管的名称、序号及型号等信息。

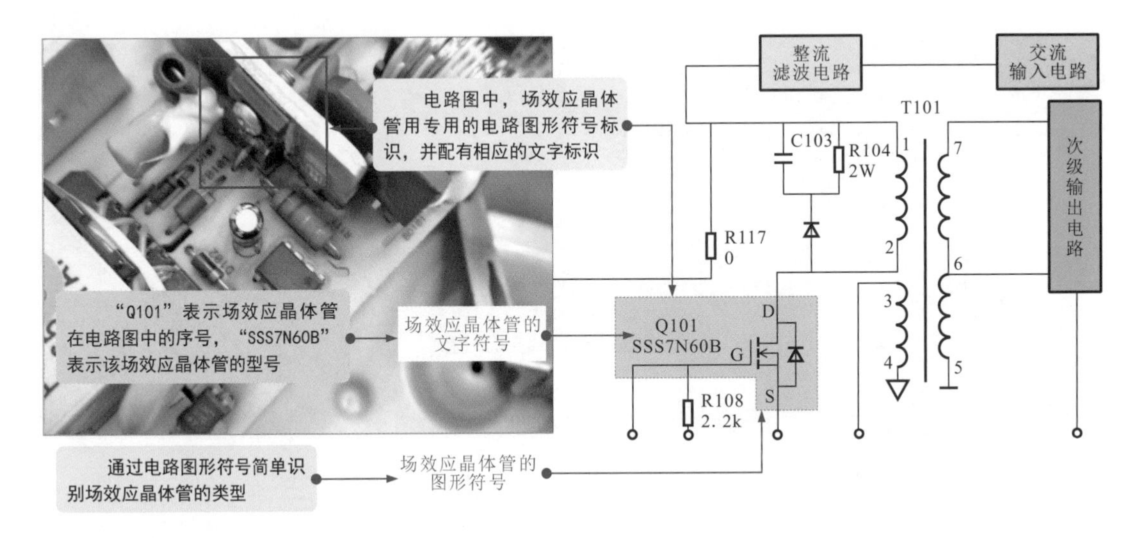

图 7-4　场效应晶体管的电路标识

图 7-5 为在实际电路中，场效应晶体管标识信息的识读。

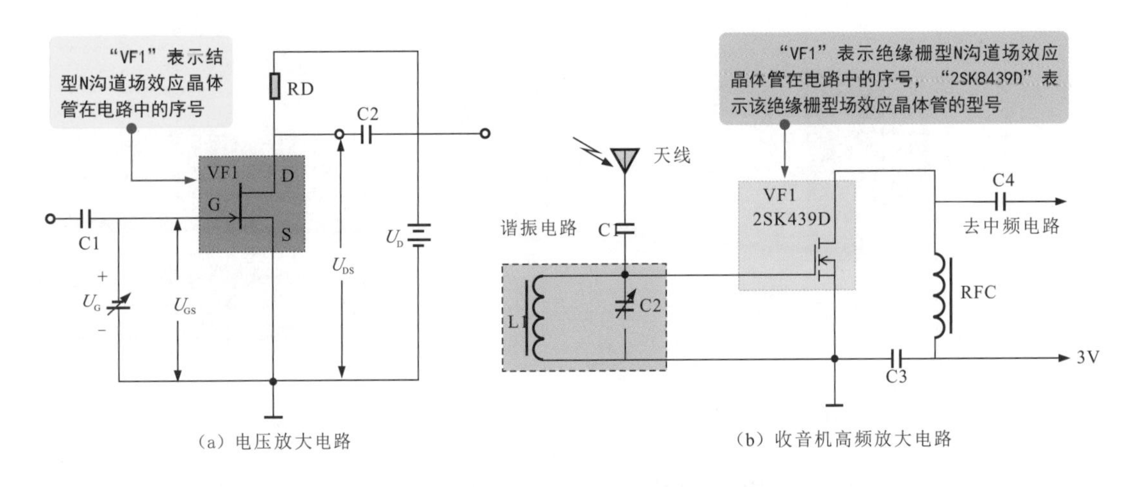

图 7-5　场效应晶体管标识信息的识读

7.2.2　场效应晶体管型号标识的识别

场效应晶体管的类型、参数等是通过直标法标注在外壳上的，识读场效应晶体管型号标识信息需要了解不同国家、地区及生产厂商的命名规则。

1　国产场效应晶体管型号标识的识别

国产场效应晶体管的命名方式主要有两种，包含的信息不同。国产场效应晶体管的命名方式如图 7-6 所示。

图 7-7 为典型国产场效应晶体管的外形及标识识读方法。

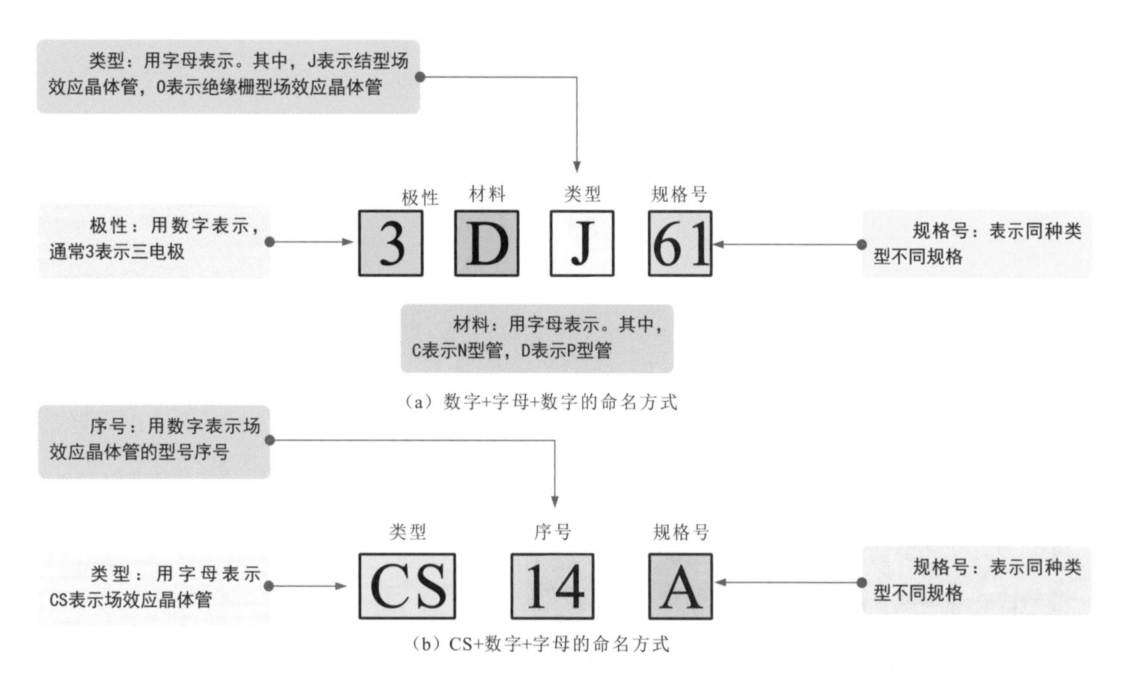

图 7-6　国产场效应晶体管的命名方式

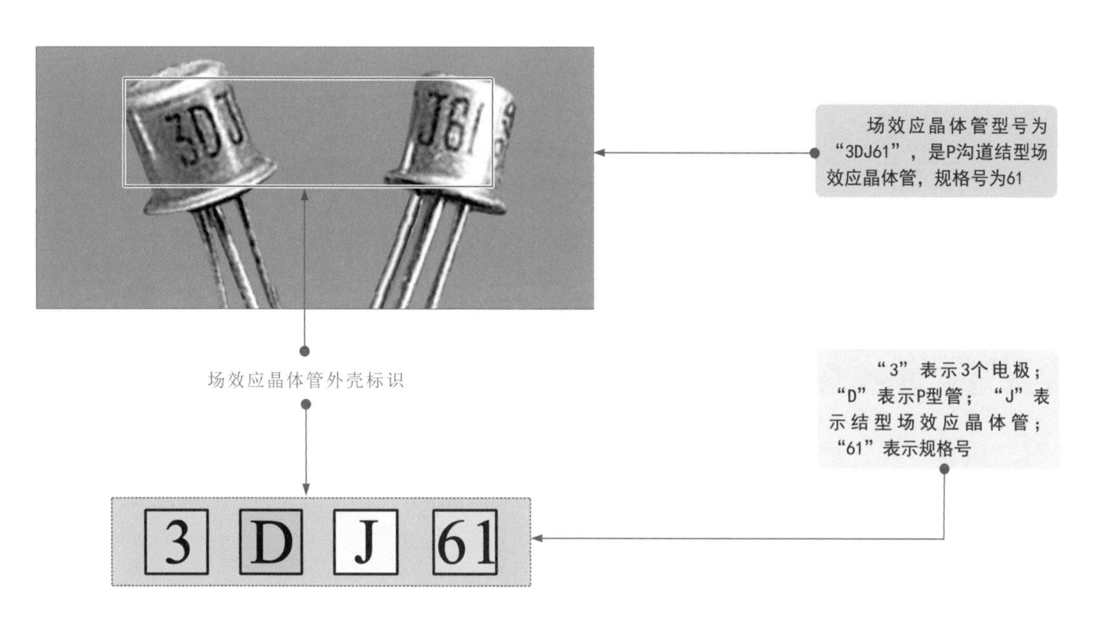

图 7-7　典型国产场效应晶体管的外形及标识识读方法

2 日产场效应晶体管型号标识的识别

日产场效应晶体管的命名方式与国产场效应晶体管不同，如图 7-8 所示。日产场效应晶体管的型号标识信息一般由 5 个部分构成，包括名称、代号、类型、顺序号、改进类型。

图 7-9 为典型日产场效应晶体管的外形及标识识读方法。

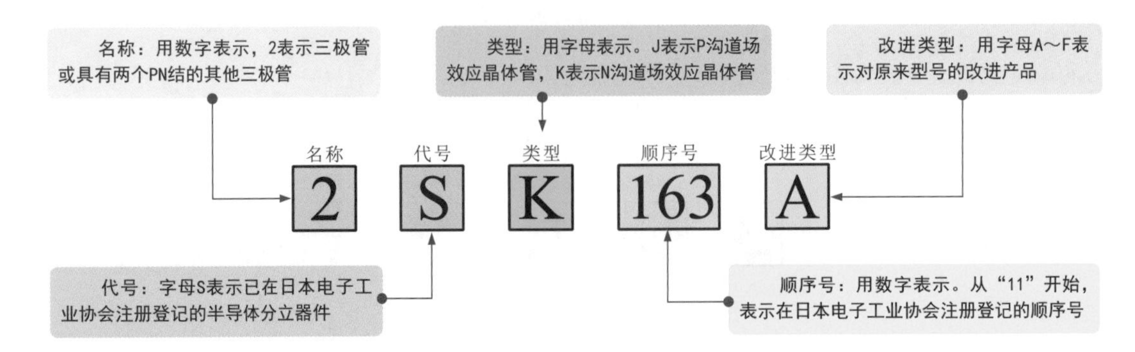

图 7-8　日产场效应晶体管的命名方式

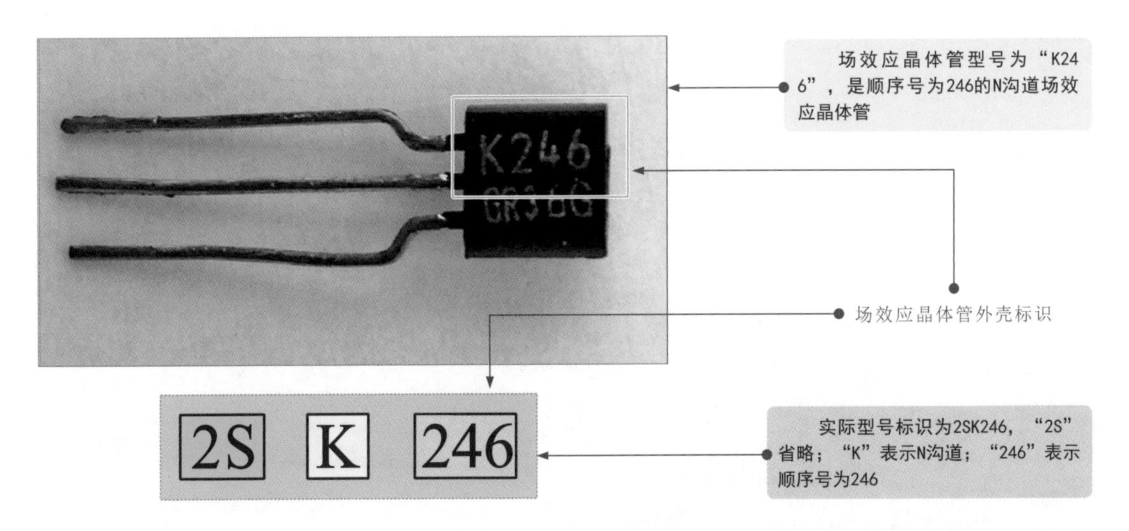

图 7-9　典型日产场效应晶体管的外形及标识识读方法

7.2.3　场效应晶体管引脚极性的识别

与三极管一样，场效应晶体管也有三个电极，分别是栅极 G、源极 S 和漏极 D。场效应晶体管的引脚排列位置根据品种、型号及功能的不同而不同，识别场效应晶体管的引脚极性在测试、安装、调试等各个应用场合都十分重要。

1　根据型号标识查阅引脚功能

一般场效应晶体管的引脚识别主要是根据型号信息查阅相关资料。首先识别出场效应晶体管的型号，然后查阅半导体手册或在互联网上搜索该型号场效应晶体管的引脚排列，如图 7-10 所示。

2　根据一般排列规律识别

对于大功率场效应晶体管，一般情况下，将印有型号标识的一面朝上放置，从左至右，引脚排列基本为 G、D、S 极（散热片接 D 极）；采用贴片封装的场效应晶体管，将印有型号标识的一面朝上放置，散热片（上面的宽引脚）是D极，下面的三个引脚从左到右依次是G、D、S极。图7-11为根据一般规律识别场效应晶体管引脚极性。

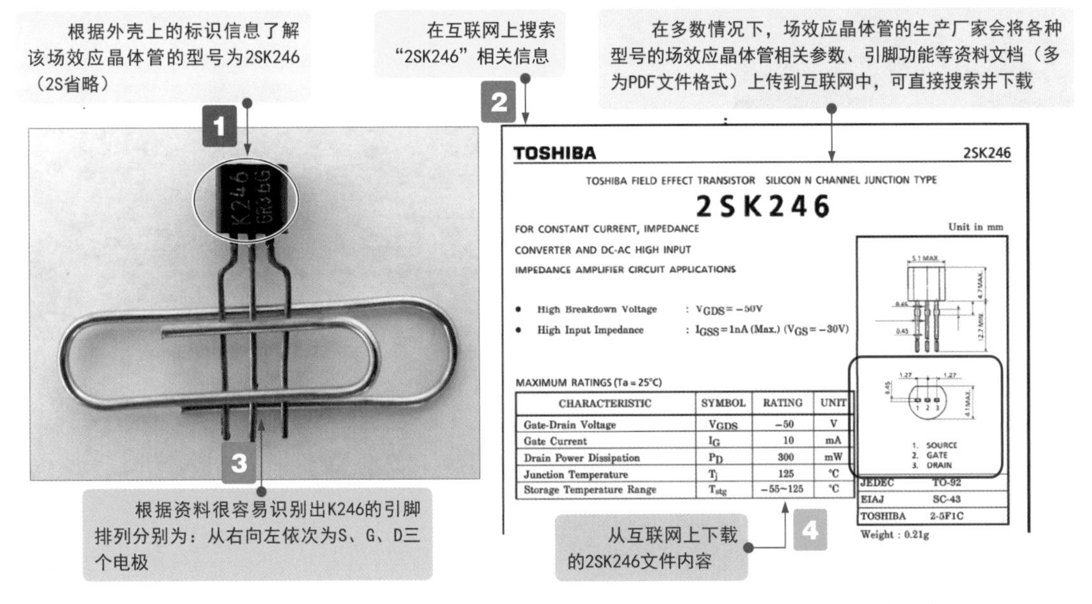

CHARACTERISTIC	SYMBOL	RATING	UNIT
Gate-Drain Voltage	V_{GDS}	−50	V
Gate Current	I_G	10	mA
Drain Power Dissipation	P_D	300	mW
Junction Temperature	T_j	125	℃
Storage Temperature Range	T_{stg}	−55~125	℃

图7-10　根据场效应晶体管的型号标识在互联网上查阅引脚功能的操作方法

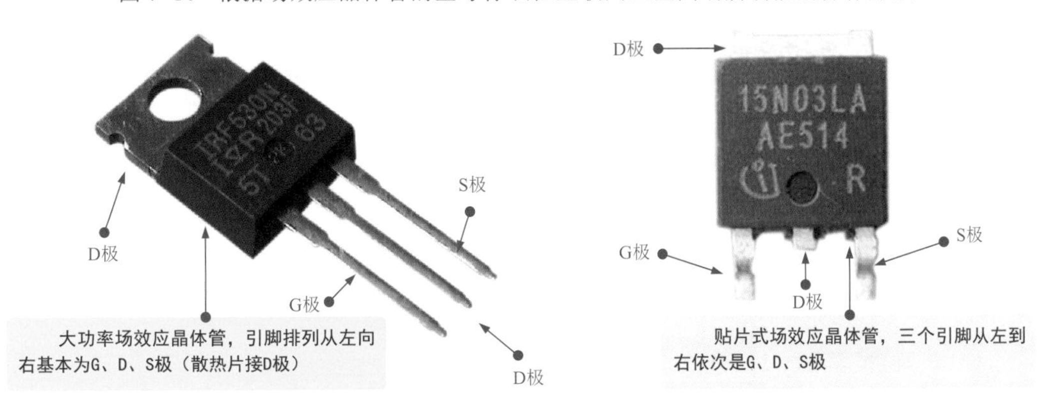

图7-11　根据一般规律识别场效应晶体管引脚极性

3 根据电路板上的标识信息或电路符号识别

识别安装在电路板上场效应晶体管的引脚时，可观察电路板上场效应晶体管的周围或背面焊接面上有无标识信息，根据标识信息可以很容易识别引脚极性。也可以根据场效应晶体管所在电路，找到对应的电路图纸，根据图纸中的电路符号识别引脚极性，如图7-12所示。

7.3 场效应晶体管的功能应用

场效应晶体管是一种电压控制器件，栅极不需要控制电流，只需要有一个控制电压就可以控制漏极和源极之间的电流，在电路中常作为放大器件使用。

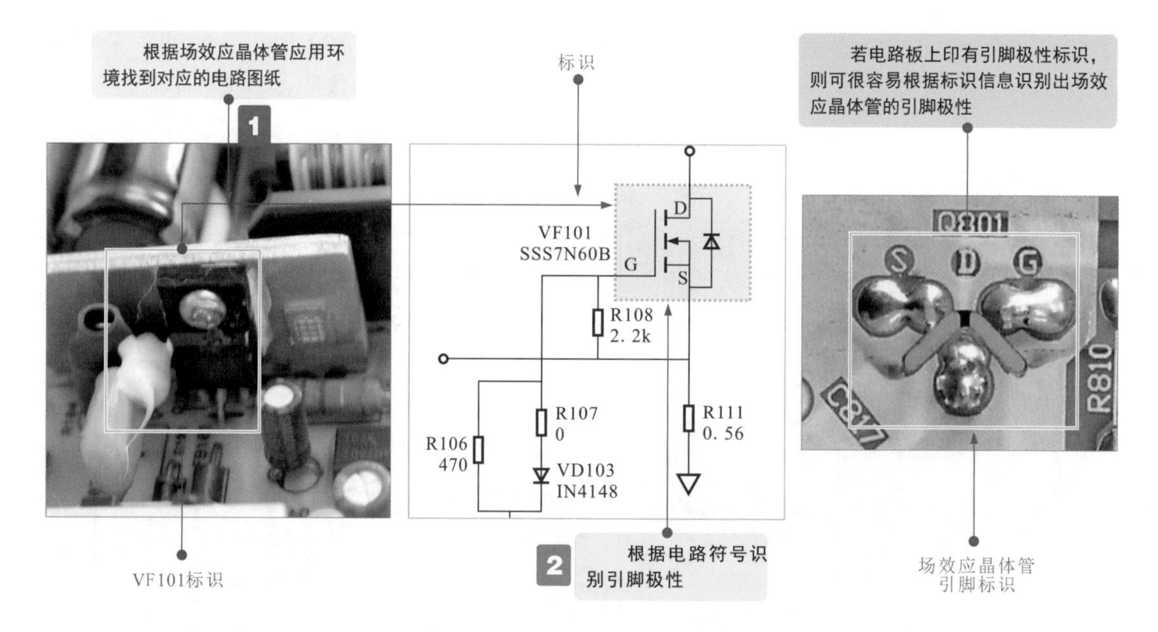

图 7-12 根据电路图纸中的电路符号识别场效应晶体管的引脚极性

7.3.1 结型场效应晶体管的特性和功能特点

结型场效应晶体管是利用沟道两边的耗尽层宽窄，改变沟道导电特性来控制漏极电流实现放大功能的，如图 7-13 所示。

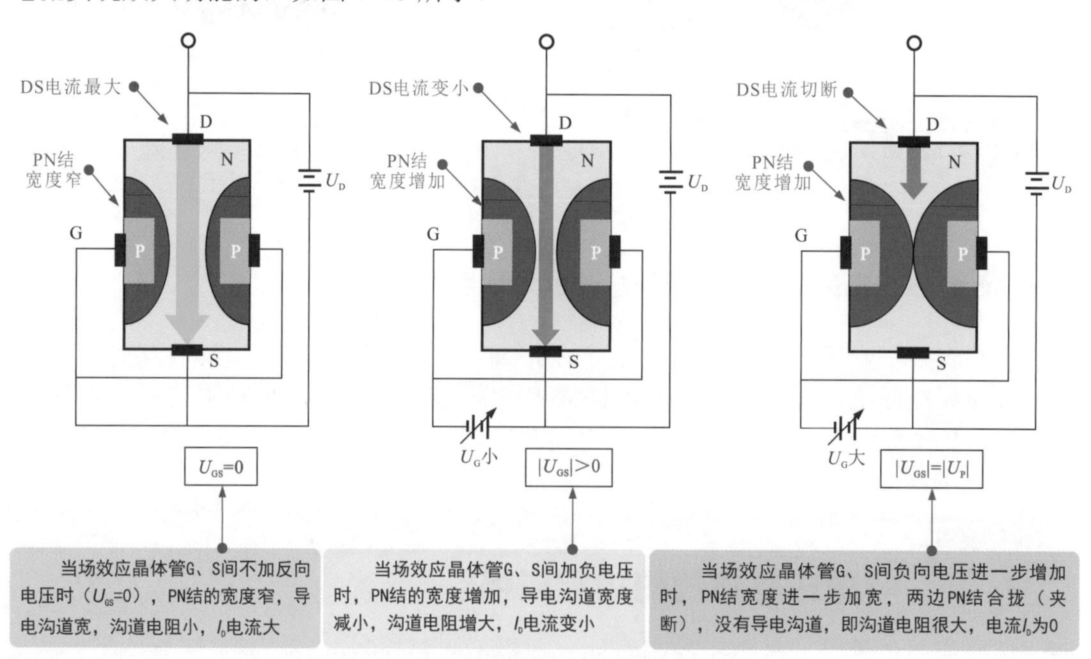

图 7-13 结型场效应晶体管的放大原理

图 7-14 为 N 沟道结型场效应晶体管的输出特性曲线。当场效应晶体管的栅极电压 U_{GS} 取不同的电压值时，漏极电流 I_D 将随之改变；当 I_D=0 时，U_{GS} 的值为场效应晶体管的夹断电压 U_P；当 U_{GS}=0 时，I_D 的值为场效应晶体管的饱和漏极电流 I_{DSS}。在 U_{GS} 一定时，反映 I_D 与 U_{GS} 之间的关系曲线为场效应晶体管的输出特性曲线，分为 3 个区：饱和区、击穿区和非饱和区。

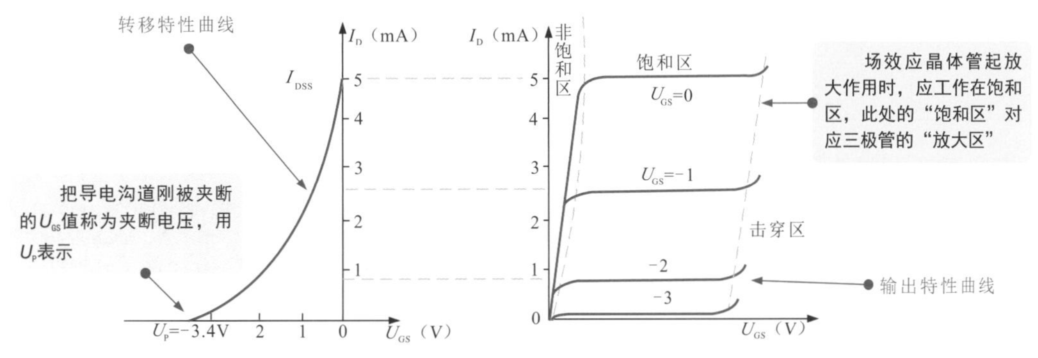

图 7-14 N 沟道结型场效应晶体管的输出特性曲线

结型场效应晶体管一般用于音频放大器的差分输入电路及调制、放大、阻抗变换、稳流、限流、自动保护等电路中。

图 7-15 为采用结型场效应晶体管构成的电压放大电路。在该电路中，结型场效应晶体管可实现对输出信号的放大。

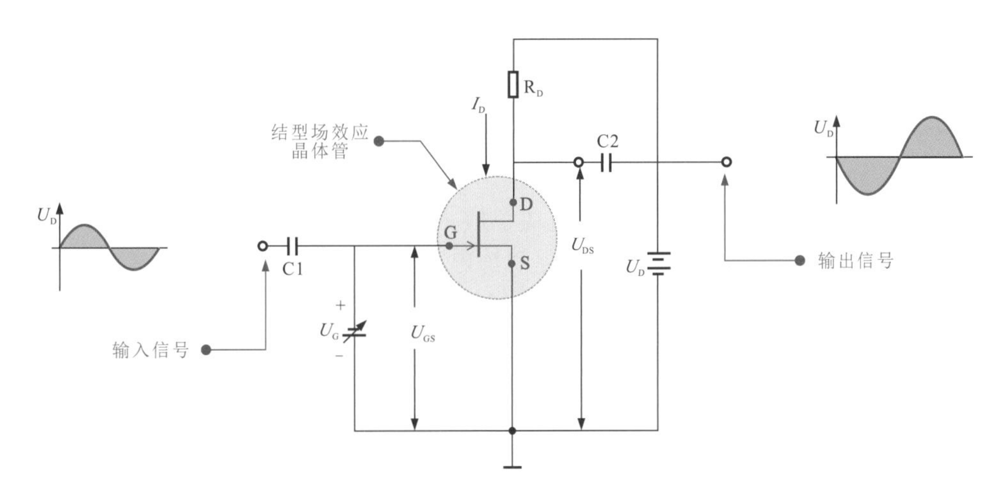

图 7-15 采用结型场效应晶体管构成的电压放大电路

7.3.2 绝缘栅型场效应晶体管的特性和功能特点

绝缘栅型场效应晶体管是利用 PN 结之间感应电荷的多少，改变沟道导电特性来控制漏极电流实现放大功能的，如图 7-16 所示。

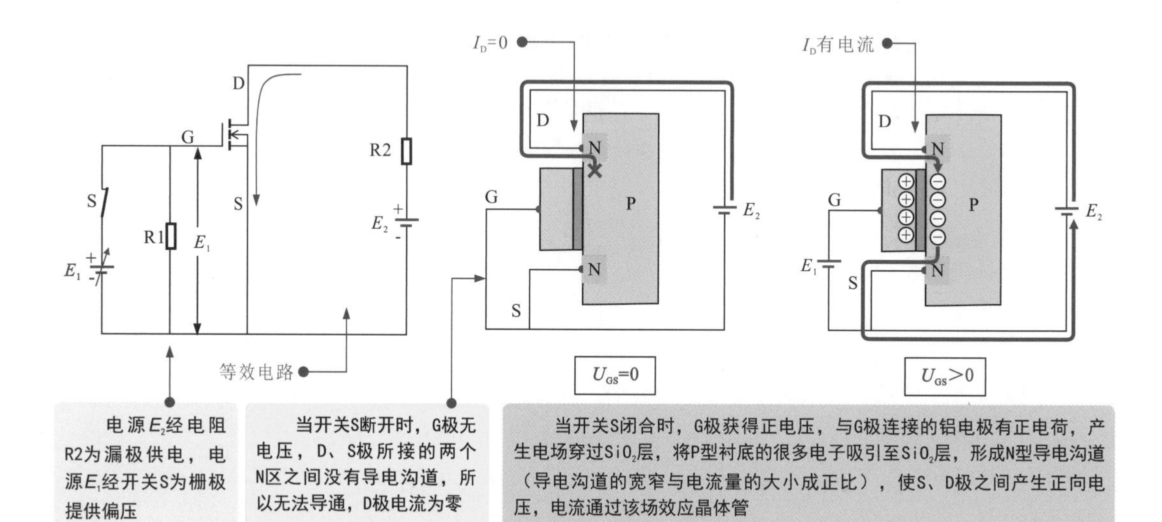

图 7-16　绝缘栅型场效应晶体管的放大原理

提示说明

图 7-17 为 N 沟道增强型 MOS 场效应晶体管的特性曲线。

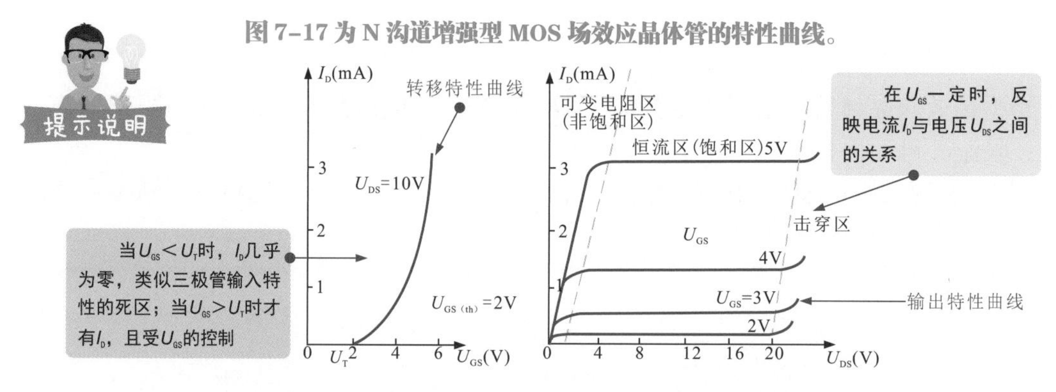

图 7-17　N 沟道增强型 MOS 场效应晶体管的特性曲线

绝缘栅型场效应晶体管常用于音频功率放大、开关电源、逆变器、电源转换器、镇流器、充电器、电动机驱动、继电器驱动等电路中。

图 7-18 为绝缘栅型场效应晶体管在收音机高频放大电路中的应用。在收音机高频电路中，绝缘栅型场效应晶体管可实现高频放大作用。

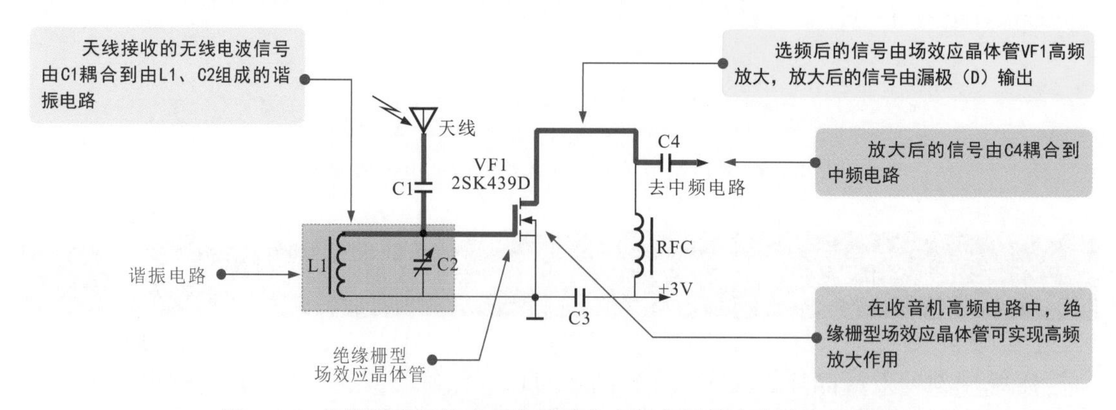

图 7-18　绝缘栅型场效应晶体管在收音机高频放大电路中的应用

7.4 场效应晶体管的检测方法

场效应晶体管是一种常见的电压控制器件，易被静电击穿损坏，原则上不能用万用表直接检测各引脚之间的正、反向阻值，可以在电路板上在路检测，或根据在电路中的功能搭建相应的电路，然后进行检测。

7.4.1 结型场效应晶体管放大能力的检测方法

场效应晶体管的放大能力是最基本的性能之一，一般可使用指针万用表粗略测量场效应晶体管是否具有放大能力。

图 7-19 为结型场效应晶体管放大能力的检测方法。

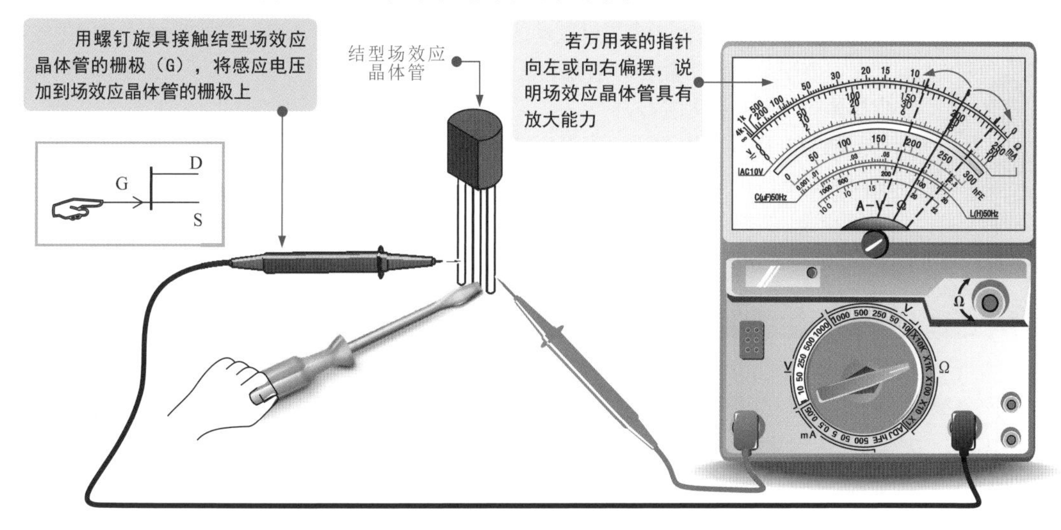

图 7-19　结型场效应晶体管放大能力的检测方法

根据结型场效应晶体管放大能力的检测方法和判断依据，选取一个已知性能良好的结型场效应晶体管，检测方法和判断步骤如图 7-20 所示。

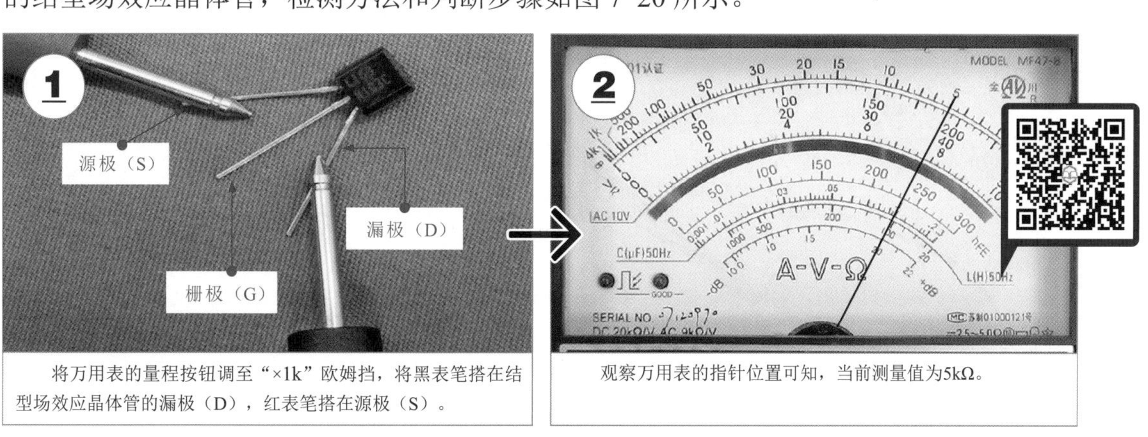

图 7-20

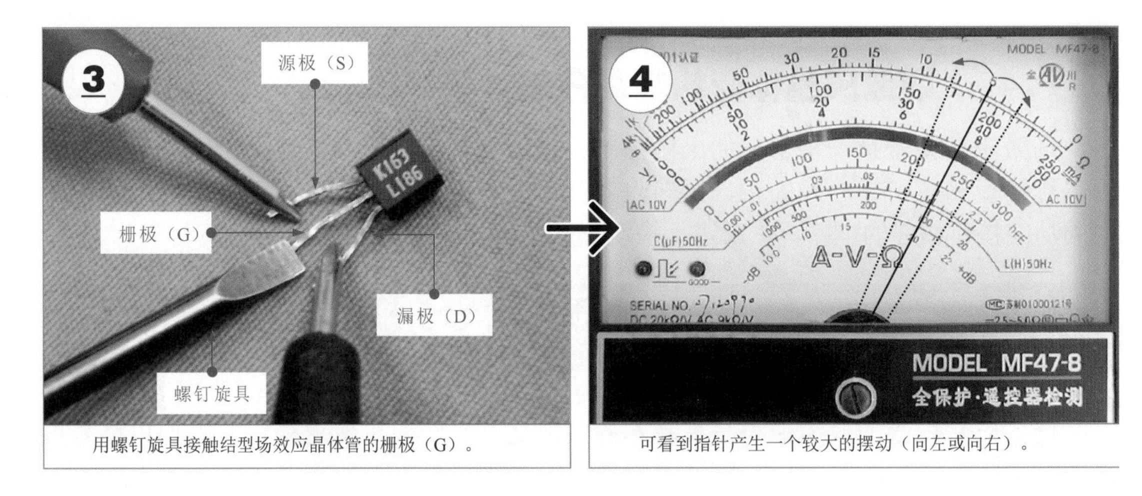

用螺钉旋具接触结型场效应晶体管的栅极（G）。

可看到指针产生一个较大的摆动（向左或向右）。

图 7-20　结型场效应晶体管放大能力的检测示例

在正常情况下，万用表指针摆动的幅度越大，表明结型场效应晶体管的放大能力越好；反之，表明放大能力越差。若螺钉旋具接触栅极（G）时指针不摆动，则表明结型场效应晶体管已失去放大能力。

测量一次后再次测量，表针可能不动，正常，可能是因为在第一次测量时，G、S之间的结电容积累了电荷。为能够使万用表的表针再次摆动，可在测量后短接一下G、S。

7.4.2　绝缘栅型场效应晶体管放大能力的检测方法

绝缘栅型场效应晶体管放大能力的检测方法与结型场效应晶体管放大能力的检测方法相同。需要注意的是，为避免人体感应电压过高或人体静电使绝缘栅型场效应晶体管击穿，检测时尽量不要用手触碰绝缘栅型场效应晶体管的引脚，可借助螺钉旋具碰触栅极引脚完成检测，如图 7-21 所示。

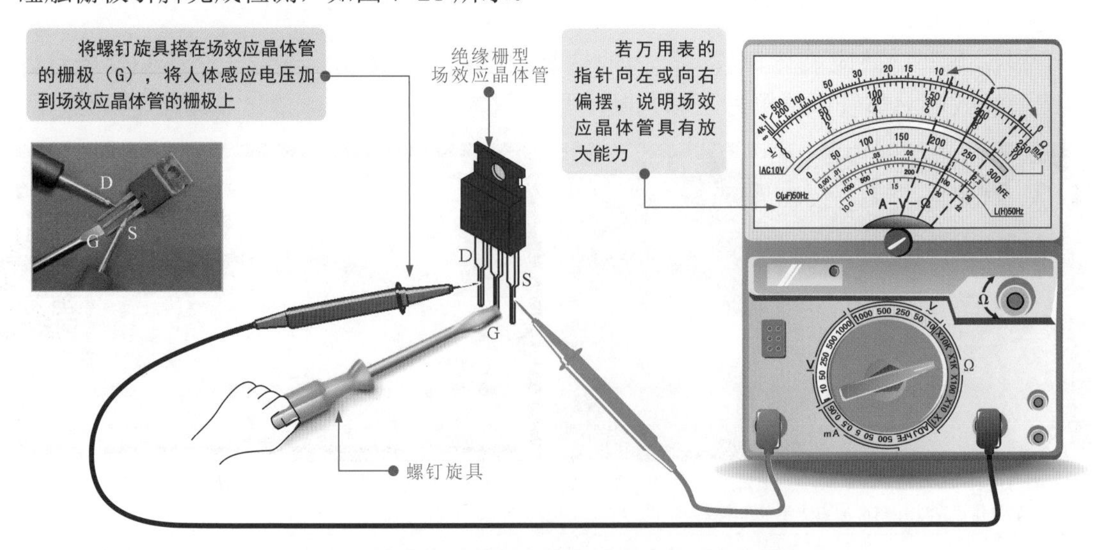

图 7-21　绝缘栅型场效应晶体管放大能力的检测方法

7.4.3 场效应晶体管驱动放大特性的检测方法

图 7-22 是场效应晶体管作为驱动放大器件的测试电路。图中，发光二极管是被驱动器件；场效应晶体管 VF 作为控制器件。场效应晶体管 D-S 之间的电流受栅极 G 电压的控制，特性如图 7-22（b）所示。

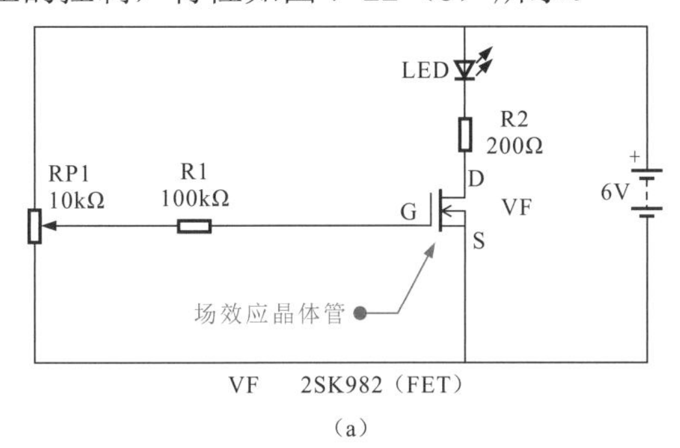

（a）

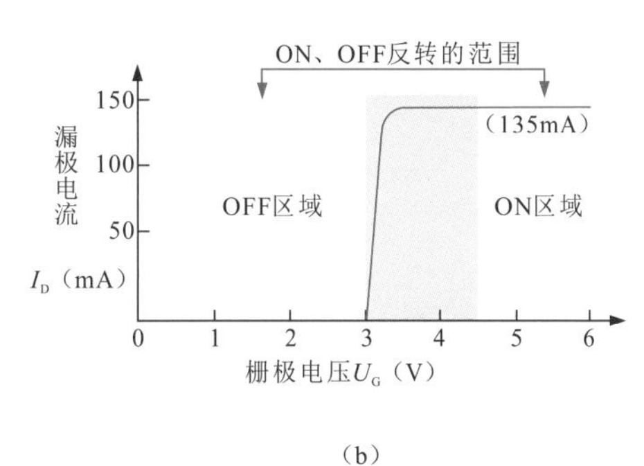

（b）

图 7-22　场效应晶体管作为驱动放大器件的测试电路

当场效应晶体管的栅极电压低于 3V 时，场效应晶体管处于截止状态，发光二极管无电流，不亮。

当场效应晶体管的栅极电压超过 3V、小于 3.5V 时，漏极电流开始线性增加，处于放大状态。

当场效应晶体管的栅极电压大于 3.5V 时，场效应晶体管进入饱和导通状态。

可以使用数字万用表对场效应晶体管的驱动放大性能进行检测，搭建测试电路如图 7-23 所示。

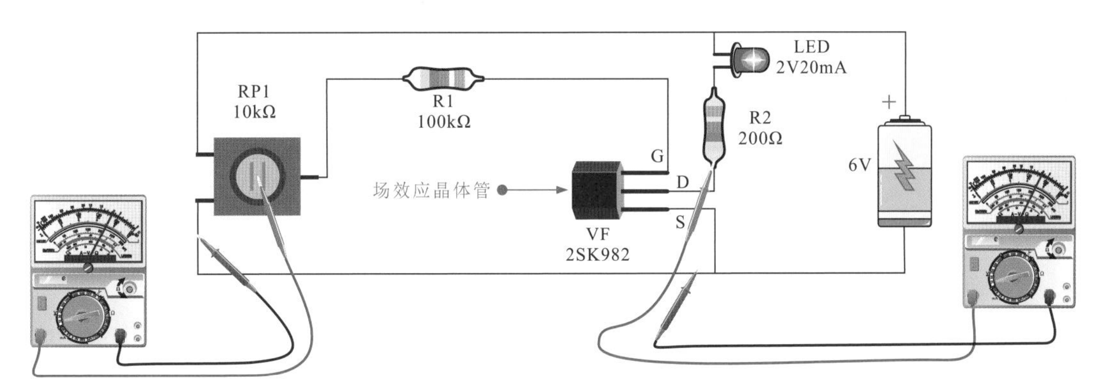

图 7-23　场效应晶体管驱动放大性能的检测

电路中，RP1 的动片经 R1 为场效应晶体管栅极提供电压，微调 RP1，分别输出低于 3V、3 ～ 3.5V、高于 3.5V 等几种电压，用数字万用表检测场效应晶体管漏极（D）的对地电压，即可了解导通情况。

同时，观察 LED 的发光状态。场效应晶体管截止时，LED 不亮；场效应晶体管放大时，LED 微亮；场效应晶体管饱和导通时，LED 全亮。当场效应晶体管饱和导通时，LED 的压降为 2V，R2 的压降为 4V，电流为 20mA。

7.4.4　场效应晶体管工作状态的检测方法

图 7-24 为采用小功率 MOS 场效应晶体管的直流电动机驱动电路。3 个小功率 MOS 场效应晶体管分别驱动 3 个直流电动机。3 个开关控制 3 个 MOS 场效应晶体管的栅极电压。

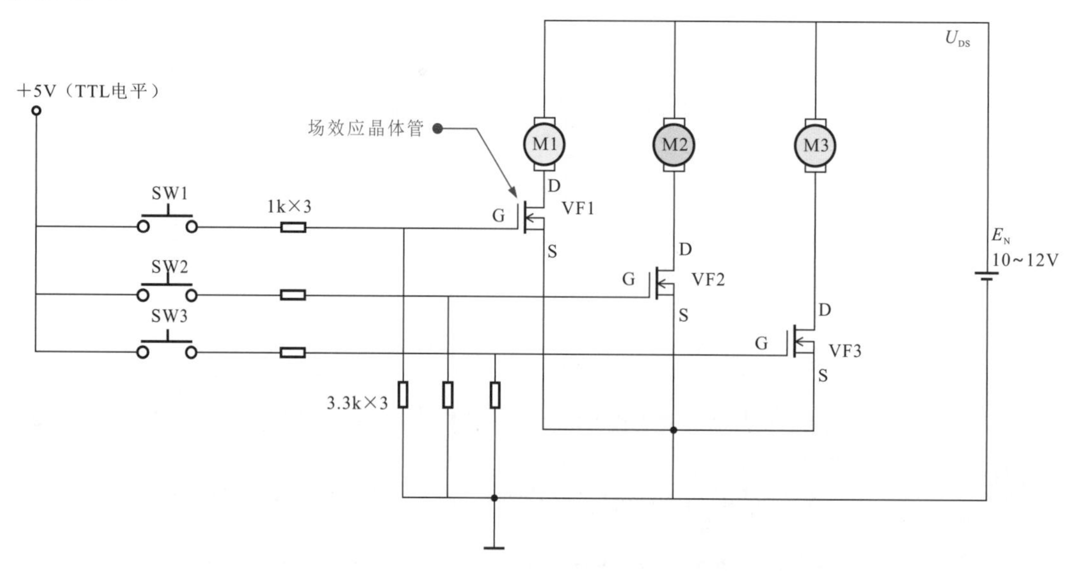

图 7-24　采用小功率 MOS 场效应晶体管的直流电动机驱动电路

电路中，当某一开关接通时，电源 5V 经电阻分压电路为栅极提供驱动电压。栅极电压上升达 3.5V。MOS 场效应晶体管饱和导通，电动机得电运转。若开关断开，栅极电压下降为 0V，MOS 场效应晶体管截止，电动机断电停转。

小功率场效应晶体管的工作状态与等效电路如图 7-25 所示。

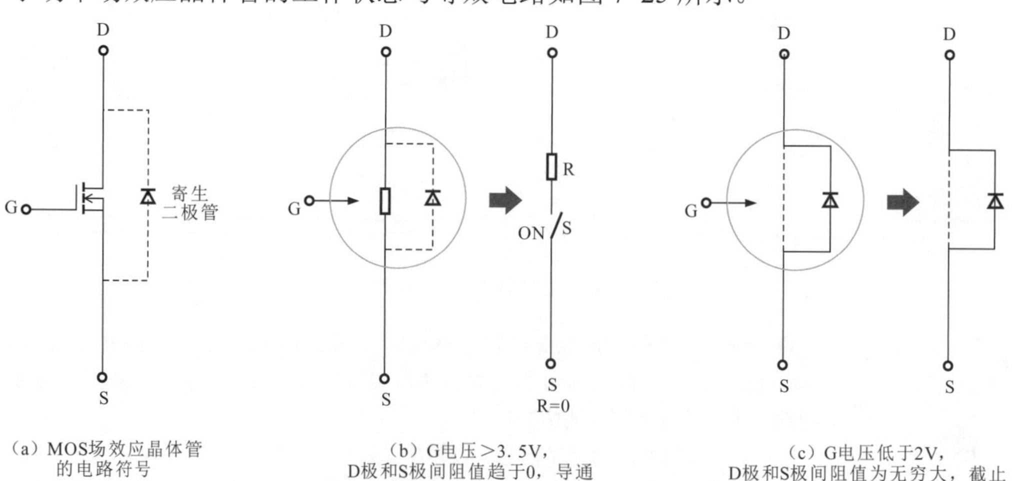

图 7-25　小功率场效应晶体管的工作状态与等效电路

小功率场效应晶体管的漏极和源极之间有一个寄生二极管，漏极D有反向电压时有保护作用。场效应晶体管漏极D与源极S之间的阻值受栅极电压的控制。当栅极G电压高于3.5V时，D、S间的阻值趋于0，即饱和导通。当栅极G电压低于2V时，D、S间的阻值趋于无穷大，相当于短路状态截止。其关系曲线如图7-26所示。

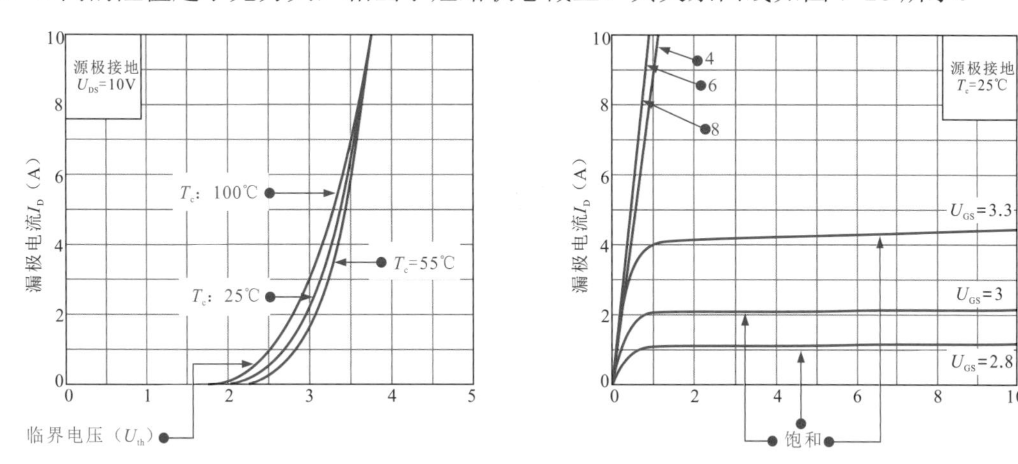

图7-26 场效应晶体管漏极电流与U_{GS}和U_{DS}的关系曲线

小功率场效应晶体管的检测电路如图7-27所示。

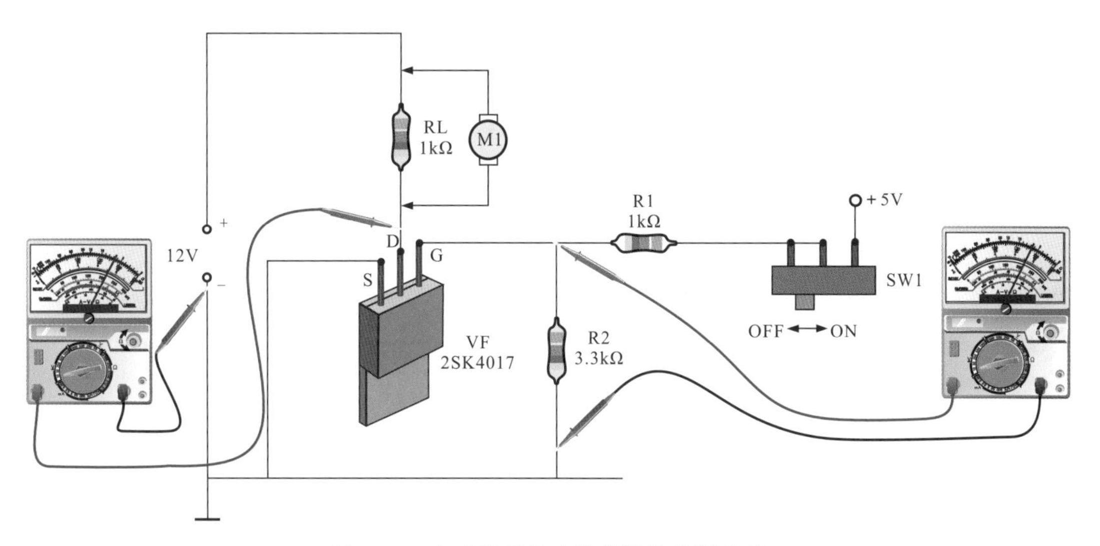

图7-27 小功率场效应晶体管的检测电路

为了测试方便，电路中可用负载电路取代直流电动机，使用指针万用表分别检测小功率场效应晶体管栅极电压和漏极电压，即可判别小功率场效应晶体管的工作状态是否正常。

检测的具体方法如下：

当开关SW1置于ON位置时，小功率场效应晶体管的栅极（G）电压上升为3.5V，VF导通，漏极（D）电压降为0V。

当开关SW1置于OFF位置时，小功率场效应晶体管的栅极（G）电压为0V，VF截止，漏极电压升为12V。

第8章 晶闸管的功能特点与识别检测

8.1 晶闸管的种类特点

8.1.1 了解晶闸管的分类

晶闸管是晶体闸流管的简称，是一种可控整流器件，也称为可控硅。晶闸管在一定的电压条件下，只要有一触发脉冲就可导通，触发脉冲消失，晶闸管仍然能维持导通状态。

图 8-1 为电子产品电路板上的晶闸管。

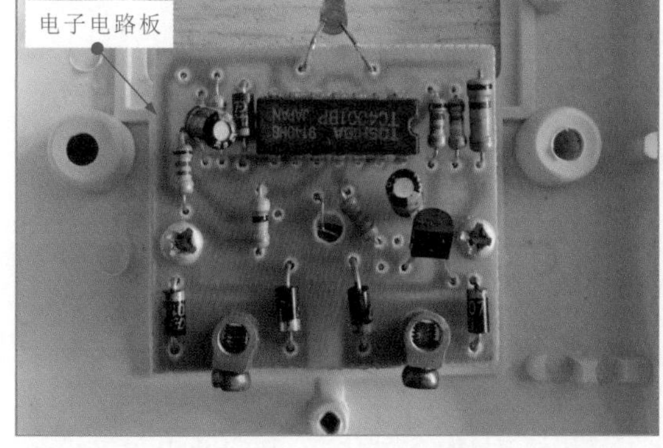

图 8-1　典型电子产品电路板上的晶闸管

晶闸管的类型较多，分类方式也多种多样。

◇ 按关断、导通及控制方式可分为普通单向晶闸管、双向晶闸管、逆导晶闸管、可关断晶闸管、BTG晶闸管、温控晶闸管及光控晶闸管等多种。

◇ 按引脚和极性可分为二极晶闸管、三极晶闸管和四极晶闸管。

◇ 按封装形式可分为金属封装、塑封和陶瓷封装晶闸管三种类型。其中，金属封装晶闸管又分为螺栓形、平板形、圆壳形等；塑封晶闸管又分为带散热片型和不带散热片型两种。

◇ 按电流容量可分为大功率晶闸管、中功率晶闸管和小功率晶闸管三种。

◇ 按关断速度可分为普通晶闸管和快速晶闸管。

8.1.2 单向晶闸管

单向晶闸管（SCR）是指触发后只允许一个方向的电流流过的半导体器件，相当于一个可控的整流二极管。它是由P-N-P-N共4层3个PN结组成的，被广泛应用于可控整流、交流调压、逆变器和开关电源电路中。单向晶闸管的基本特性如图8-2所示。

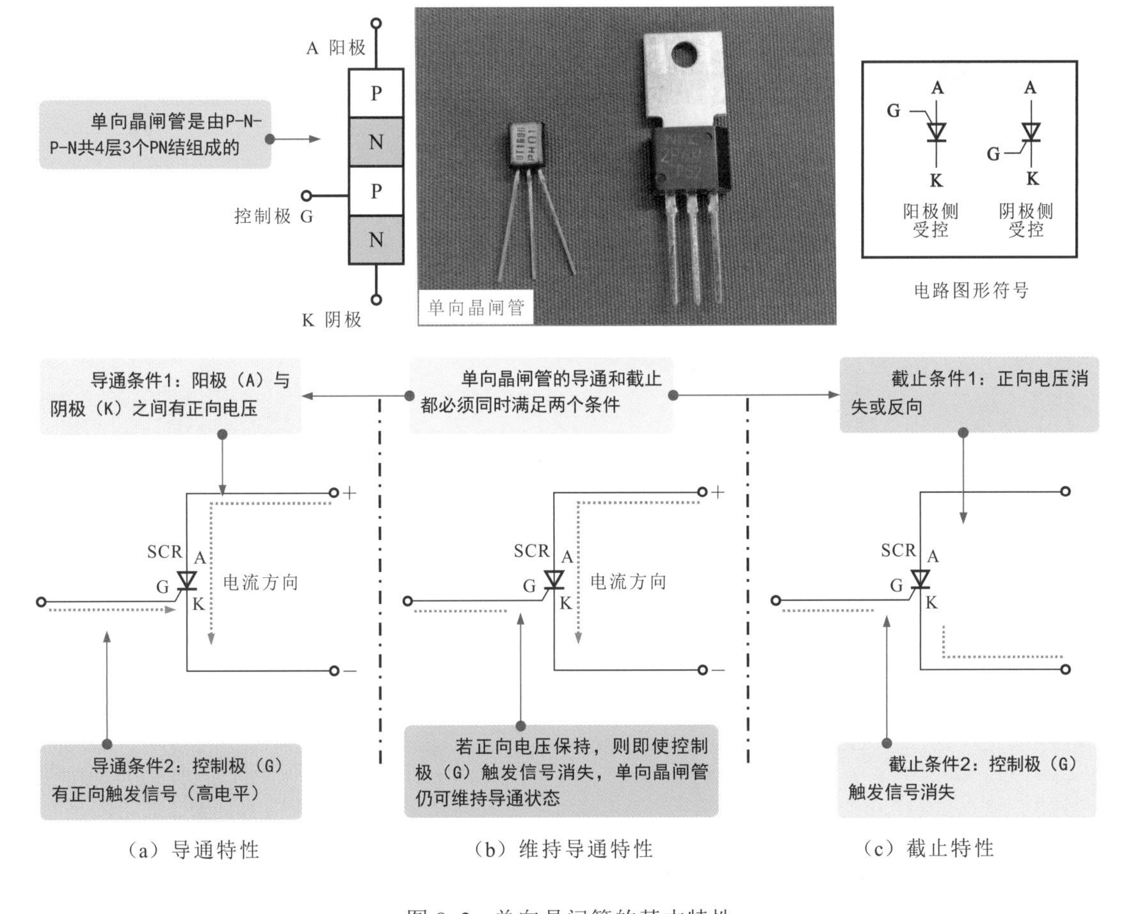

图8-2　单向晶闸管的基本特性

提示说明

可以将单向晶闸管等效看成一个 PNP 型三极管和一个 NPN 型三极管的交错结构，如图 8-3 所示。当给单向晶闸管的阳极（A）加正向电压时，三极管 V1 和 V2 都承受正向电压，V2 发射极正偏，V1 集电极反偏。如果这时在控制极（G）加上较小的正向控制电压 U_g（触发信号），则有控制电流 I_g 送入 V1 的基极。经过放大，V1 的集电极便有 $I_{C1}=\beta_1 I_g$ 的电流流进。此电流送入 V2 的基极，经 V2 放大，V2 的集电极便有 $I_{C1}=\beta_1\beta_2 I_g$ 的电流流过。该电流又送入 V1 的基极，如此反复，两个三极管便很快导通。晶闸管导通后，V1 的基极始终有比 I_g 大得多的电流流过，因而即使触发信号消失，单向晶闸管仍能保持导通状态。

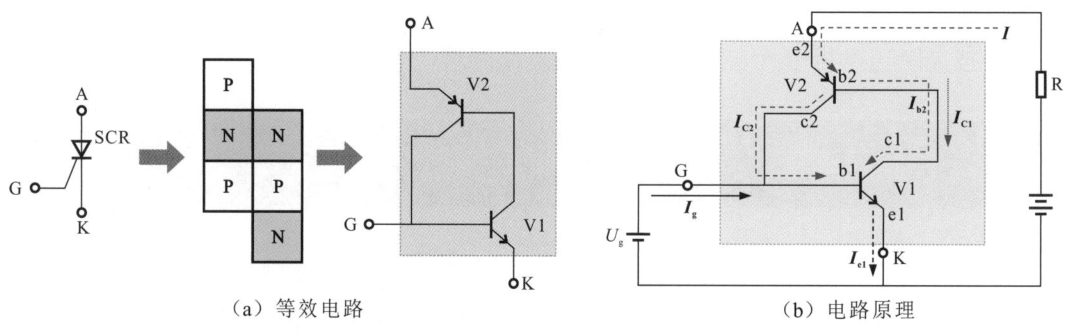

（a）等效电路　　（b）电路原理

图 8-3　单向晶闸管的控制原理

8.1.3　双向晶闸管

双向晶闸管又称双向可控硅，属于 N-P-N-P-N 共 5 层半导体器件，有第一电极（T1）、第二电极（T2）、控制极（G）3 个电极，在结构上相当于两个单向晶闸管反极性并联，常用在交流电路调节电压、电流或用作交流无触点开关。

双向晶闸管的基本特性如图 8-4 所示。

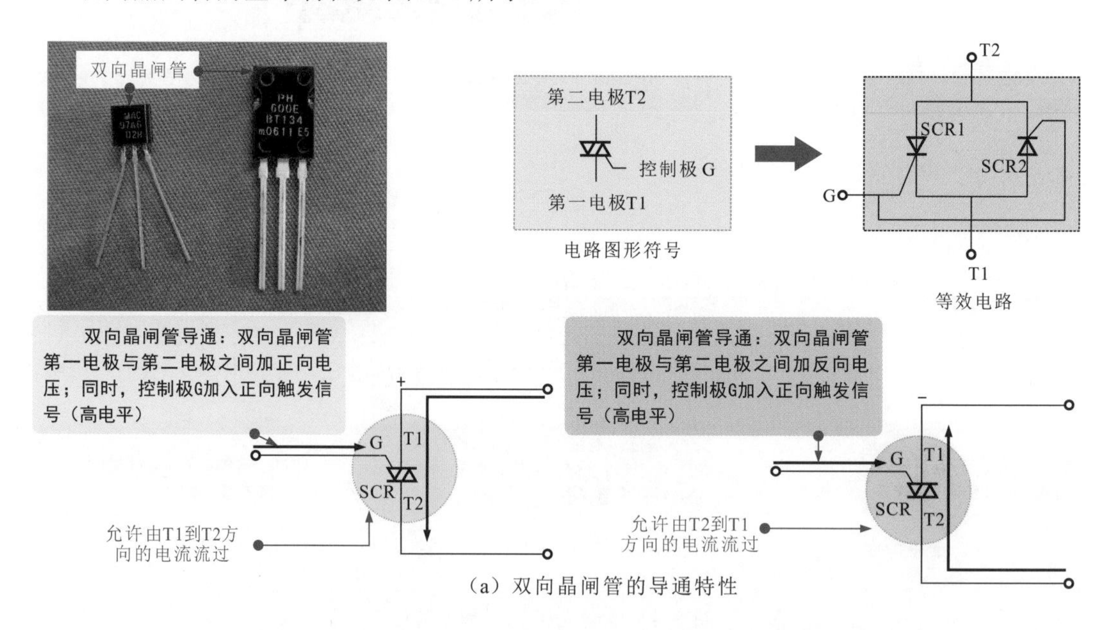

（a）双向晶闸管的导通特性

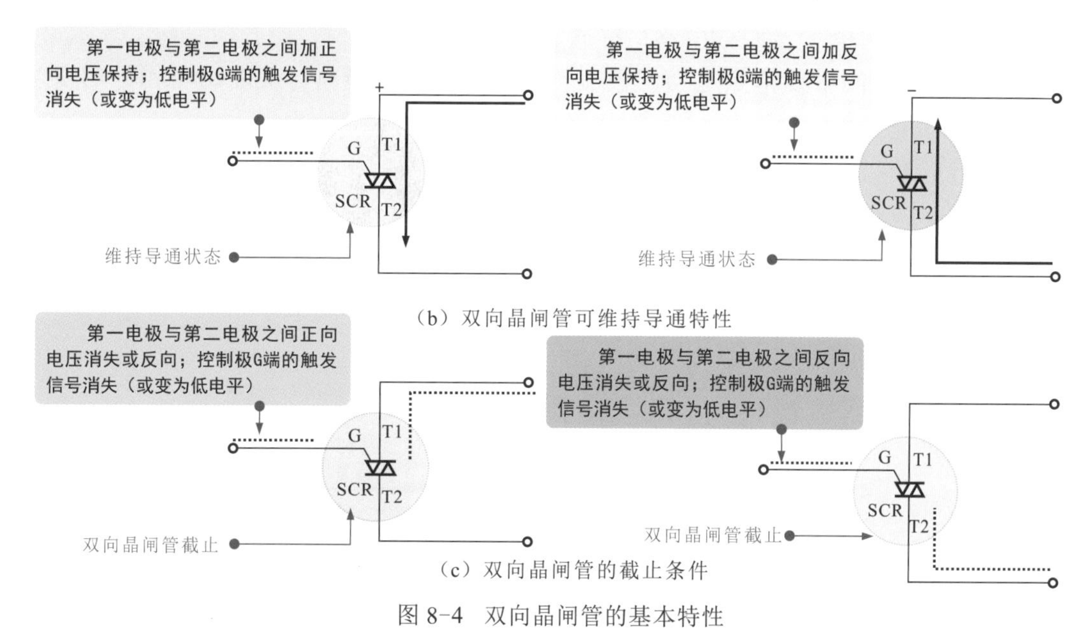

（b）双向晶闸管可维持导通特性

（c）双向晶闸管的截止条件

图 8-4 双向晶闸管的基本特性

8.1.4 单结晶闸管

单结晶闸管（UJT）也称双基极二极管。从结构功能上类似晶闸管，是由一个 PN 结和两个内电阻构成的三端半导体器件，有一个 PN 结和两个基极，广泛用于振荡、定时、双稳电路及晶闸管触发等电路中。

单结晶闸管的实物外形及基本特性如图 8-5 所示。

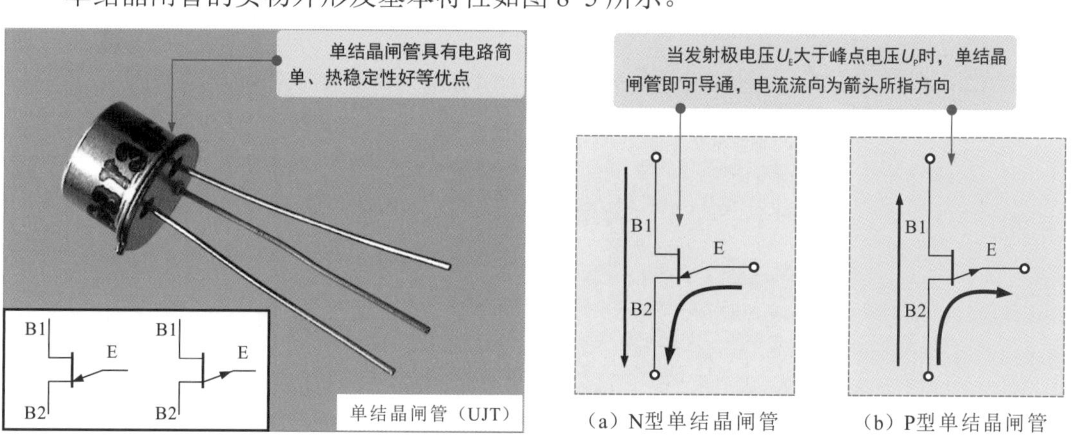

（a）N型单结晶闸管　（b）P型单结晶闸管

图 8-5 单结晶闸管的实物外形及基本特性

8.1.5 可关断晶闸管

可关断晶闸管 GTO（Gate Turn-Off Thyristor）俗称门控晶闸管，属于 P-N-P-N 共

4 层的三端器件。其结构及等效电路与普通晶闸管相同。

可关断晶闸管的主要特点是当门极加负向触发信号时能自行关断，实物外形及基本特性如图 8-6 所示。

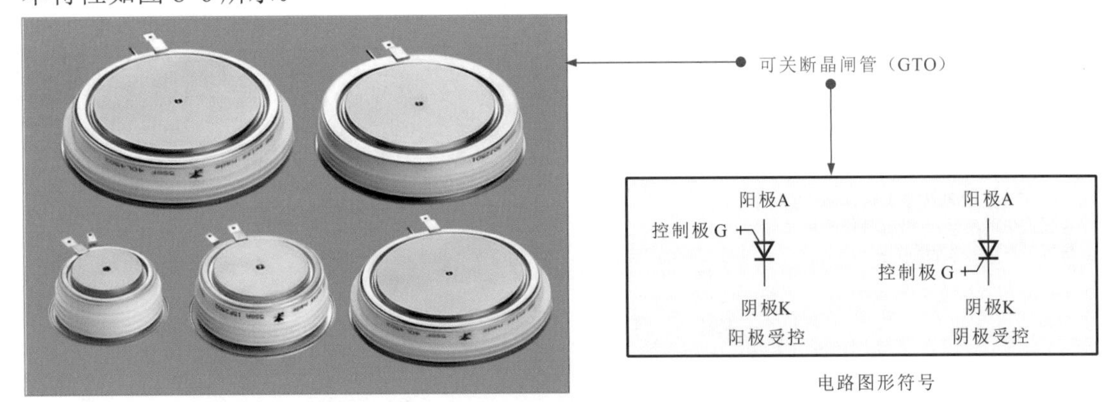

图 8-6　可关断晶闸管的实物外形及基本特性

可关断晶闸管与普通晶闸管的区别：普通晶闸管受门极正信号触发后，撤掉信号亦能维持通态。欲使之关断，必须切断电源，使正向电流低于维持电流或施以反向电压强行关断。这就需要增加换向电路，不仅使设备的体积、重量增大，而且会降低效率，产生波形失真和噪声。

可关断晶闸管克服了普通晶闸管的上述缺陷，既保留了普通晶闸管耐压高、电流大等优点，又具有自关断能力，使用方便，是理想的高压、大电流开关器件。大功率可关断晶闸管已广泛用于斩波调速、变频调速、逆变电源等领域。

8.1.6 快速晶闸管

快速晶闸管是一个 P-N-P-N 共 4 层的三端器件，符号与普通晶闸管一样，主要用于较高频率的整流、斩波、逆变和变频电路。图 8-7 为快速晶闸管的外形特点。

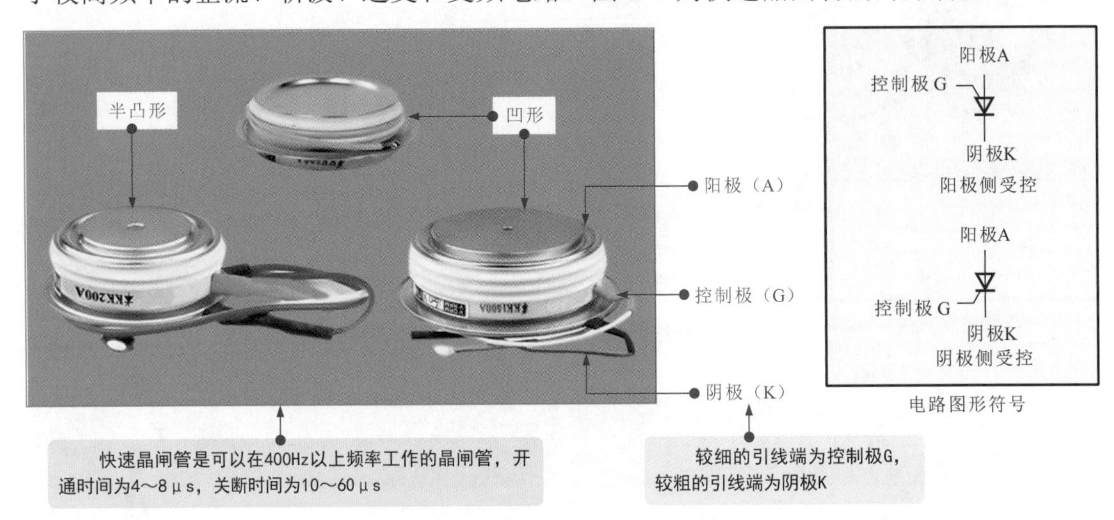

图 8-7　快速晶闸管的外形特点

8.1.7 螺栓型晶闸管

螺栓型晶闸管与普通单向晶闸管相同，只是封装形式不同，便于安装在散热片上，工作电流较大的晶闸管多采用这种结构形式。

图 8-8 为螺栓型晶闸管的外形特点。

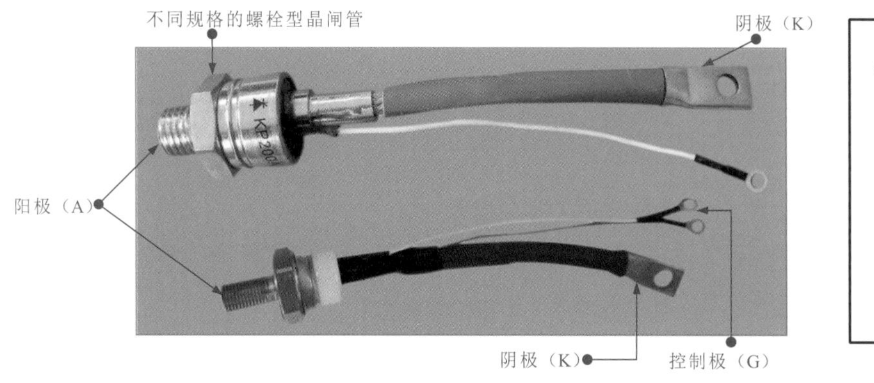

图 8-8　螺栓型晶闸管的外形特点

8.2 晶闸管的识别

8.2.1 晶闸管电路标识的识别

晶闸管在电路中的标识通常分为两部分：一部分是电路图形符号，表示晶闸管的类型；一部分是字母 + 数字，表示该晶闸管在电路中的序号及型号。

电路图形符号可以体现出晶闸管的类型，文字标识通常提供晶闸管的名称、序号及型号等信息，如图 8-9 所示。

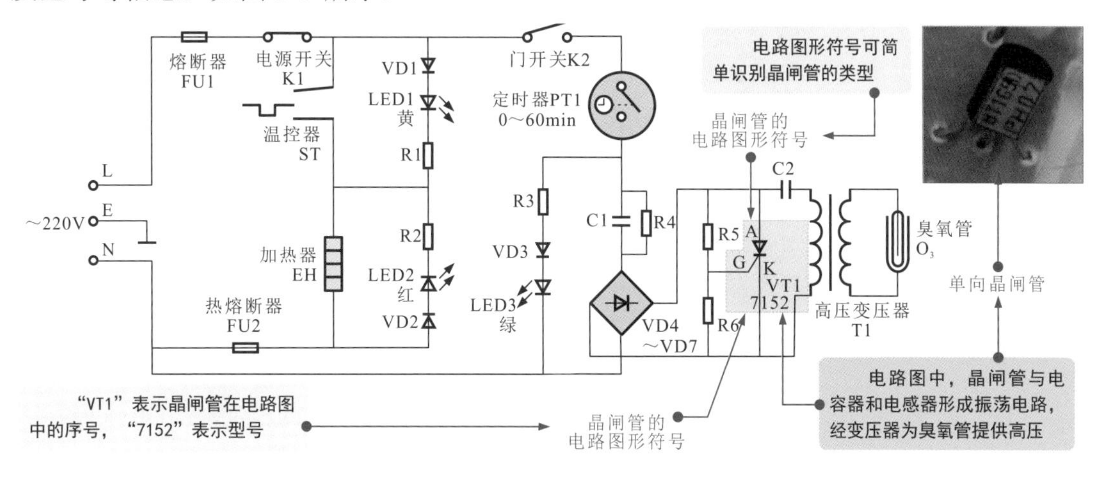

图 8-9　晶闸管的电路标识

图 8-10 为晶闸管标识信息的识读。

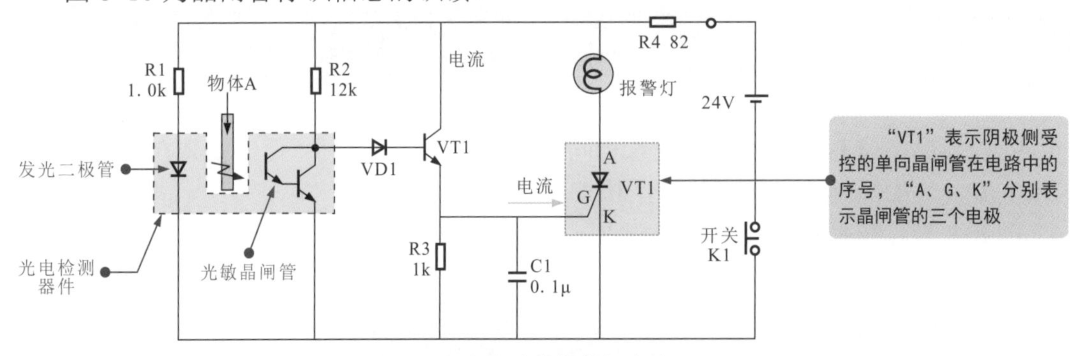

(a) 光控防盗报警灯电路

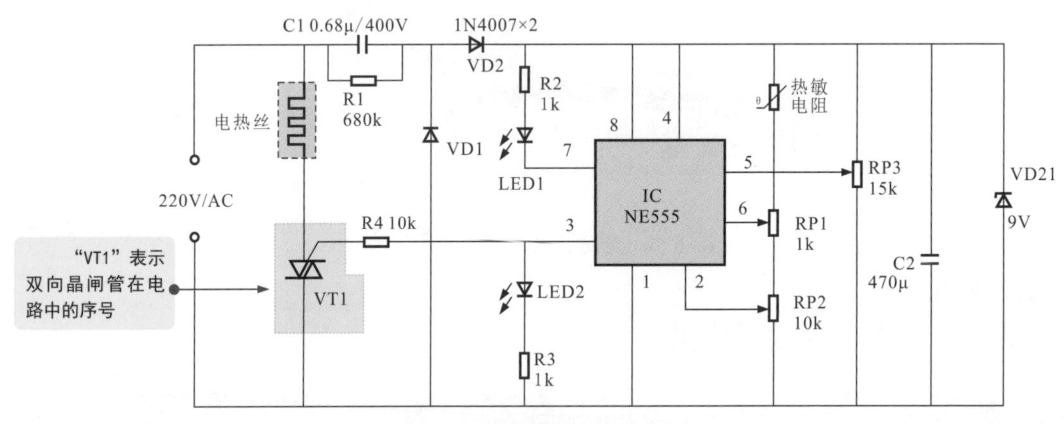

(b) 电热毯温控电路

图 8-10 晶闸管标识信息的识读

8.2.2 晶闸管型号标识的识别

晶闸管的类型、参数等是通过直标法标注在外壳上的，识读晶闸管包括型号识读和引脚极性识读等。不同国家及生产厂商的识读方式不同，下面分别进行介绍。

1 国产晶闸管型号标识的识别

国产晶闸管的命名通常会将晶闸管的名称、类型、额定通态电流值及重复峰值电压级数等信息标注在晶闸管的表面。

根据国家规定，国产晶闸管的型号命名由 4 部分构成，如图 8-11 所示。

2 日产晶闸管型号标识的识别

日产晶闸管的型号标识一般由 3 部分构成，即只将晶闸管的额定通态电流值、类型及重复峰值电压级数等信息标注在晶闸管的表面。

图 8-12 为日产晶闸管的型号标识识别。

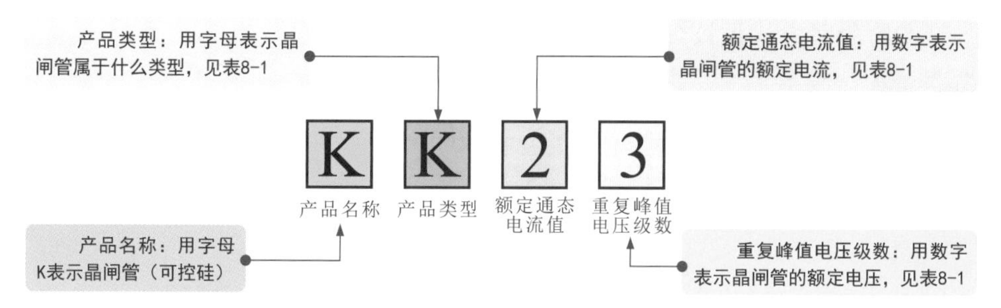

图 8-11 国产晶闸管的识读方法

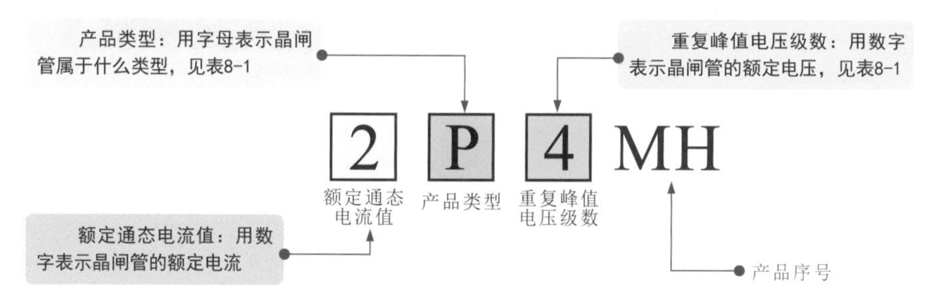

图 8-12 日产晶闸管的识读方法

晶闸管类型、额定通态电流、重复峰值电压级数的符号含义见表 8-1。

表 8-1 晶闸管类型、额定通态电流、重复峰值电压级数的符号含义

额定通态电流表示数字	含义	额定通态电流表示数字	含义	重复峰值电压级数	含义	重复峰值电压级数	含义	类型字母	含义
1	1A	50	50A	1	100V	7	700V	P	普通反向阻断型
2	2A	100	100A	2	200V	8	800V		
5	5A	200	200A	3	300V	9	900V	K	快速反向阻断型
10	10A	300	300A	4	400V	10	1000V		
20	20A	400	400A	5	500V	12	1200V	S	双向型
30	30A	500	500A	6	600V	14	1400V		

3 国际电子联合会晶闸管型号标识的识别

国际电子联合会晶闸管分立器件的命名方式如图 8-13 所示。

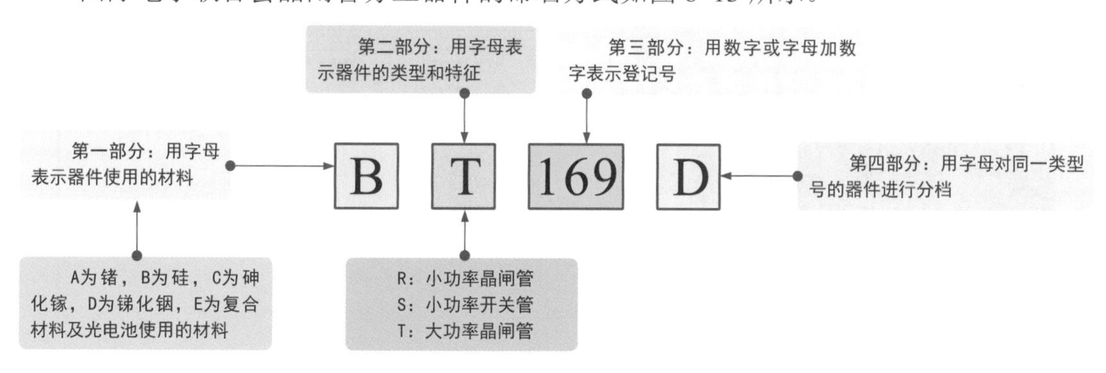

图 8-13 国际电子联合会晶闸管分立器件的命名方式

根据前文的命名方式识读如图8-14所示几个晶闸管的参数。

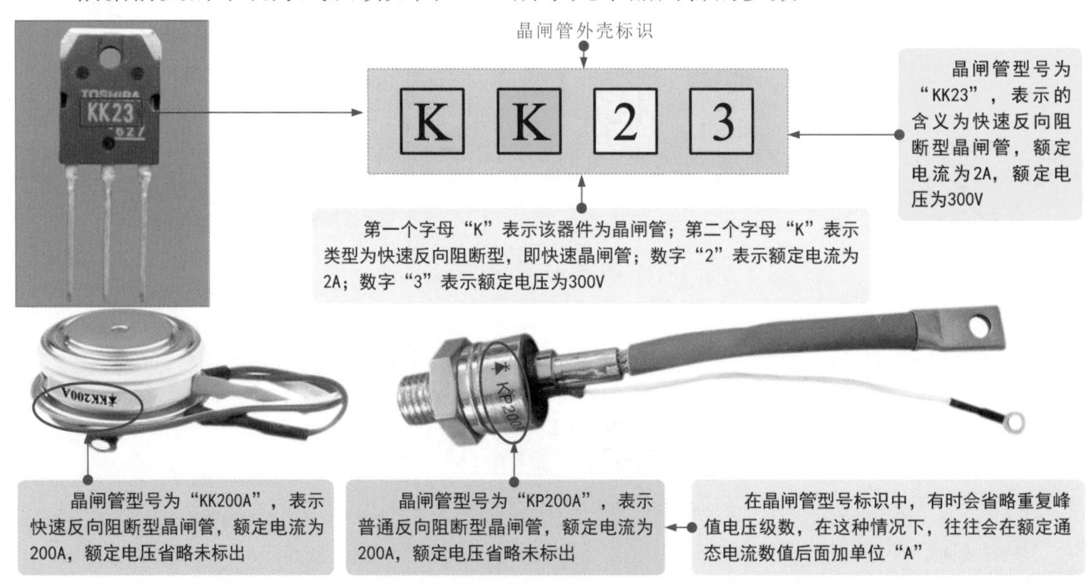

图8-14 晶闸管参数的识读

8.2.3 晶闸管引脚极性的识别

对于普通单向晶闸管、双向晶闸管等各引脚外形无明显特征的晶闸管，目前主要根据其型号信息查阅相关资料进行识读，即首先识别出晶闸管的型号后，查阅半导体手册或在互联网上搜索该型号集成电路的引脚功能。

根据晶闸管的型号标识在互联网上查阅引脚极性的操作方法如图8-15所示。

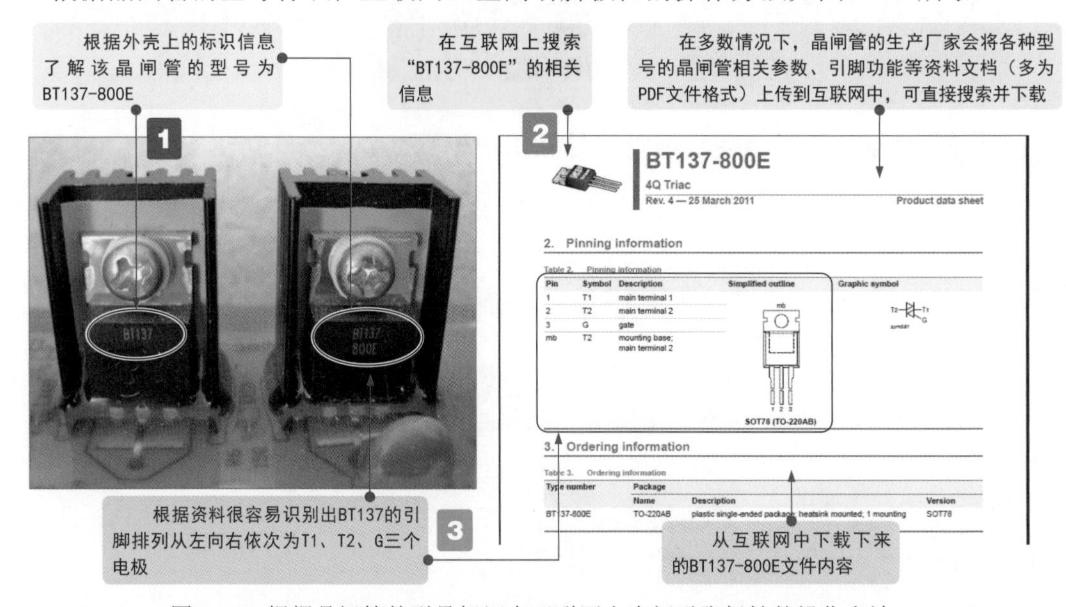

图8-15 根据晶闸管的型号标识在互联网上查阅引脚极性的操作方法

在常见的几种晶闸管中，快速晶闸管和螺栓型晶闸管的引脚具有很明显的外形特征，可以根据引脚外形特性进行识别。

其中，快速晶闸管中间的金属环引出线为控制极 G，平面端为阳极 A，另一端为阴极 K；螺栓型普通晶闸管的螺栓一端为阳极 A，较细的引线端为控制极 G，较粗的引线端为阴极 K，如图 8-16 所示。

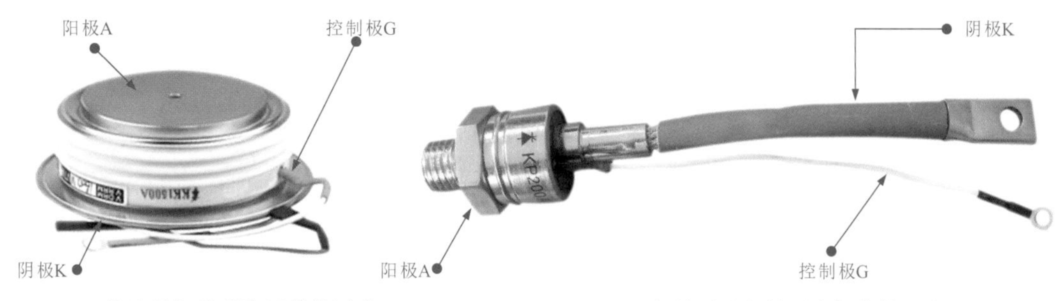

（a）快速晶闸管引脚极性的区分　　（b）螺栓型晶闸管引脚极性的区分

图 8-16　根据引脚外形特征识别晶闸管引脚极性

识别安装在电路板上的晶闸管引脚时，可观察电路板上晶闸管周围或背面焊接面上有无标识信息，根据标识信息可以很容易识别引脚极性。也可以根据晶闸管所在电路，找到对应的电路图纸，根据图纸中的电路图形符号识别引脚极性，如图 8-17 所示。

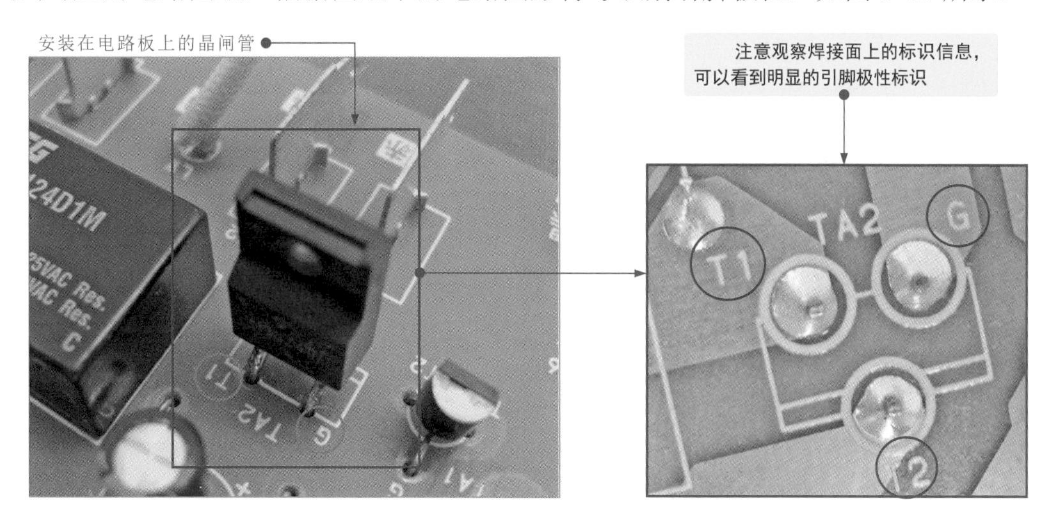

图 8-17　根据电路板上的标识信息或电路图形符号识别晶闸管的引脚极性

8.3 晶闸管的功能应用

晶闸管是一种非常重要的功率器件，主要特点是通过小电流实现高电压、大电流的控制，在实际应用中主要作为可控整流器件和可控电子开关使用，可作为电动机驱动控制、电动机调速控制、电量通 / 断、调压、控温等的控制器件，广泛应用于电子电器产品、工业控制及自动化生产领域。

8.3.1 晶闸管作为可控整流器件使用

晶闸管可与整流器件构成调压电路，使整流电路输出电压具有可调性。图 8-18 为由晶闸管构成的典型调压电路。

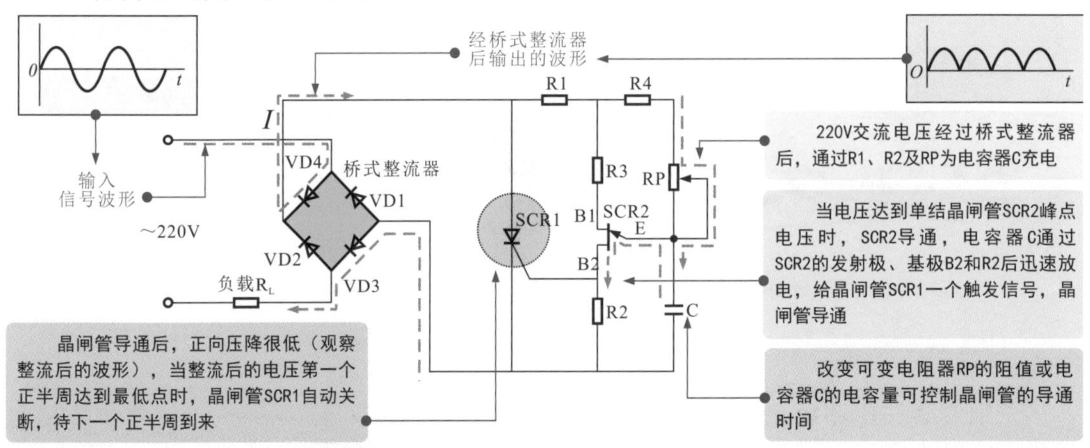

图 8-18 由晶闸管构成的典型调压电路

8.3.2 晶闸管作为可控电子开关使用

在很多电子产品电路中，晶闸管在大多情况下起到可控电子开关的作用，即在电路中由其自身的导通和截止来控制电路接通、断开。

图 8-19 为晶闸管作为可控电子开关在电路中的应用。

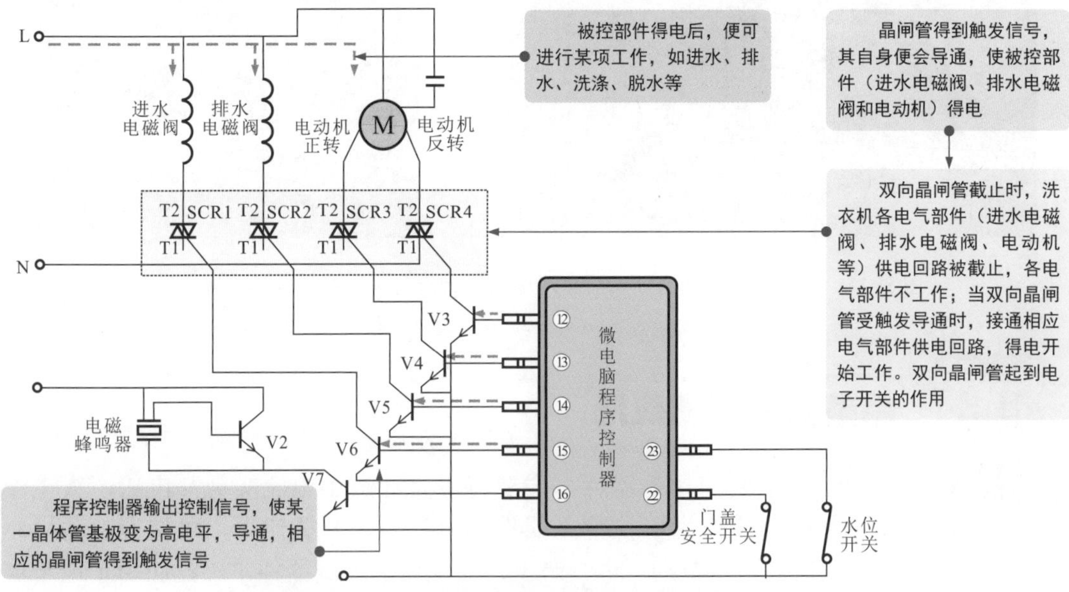

图 8-19 晶闸管作为可控电子开关在电路中的应用

8.4 晶闸管的检测方法

8.4.1 单向晶闸管触发能力的检测方法

单向晶闸管作为一种可控整流器件，一般不直接用万用表检测好坏，但可借助万用表检测单向晶闸管的触发能力，如图 8-20 所示。

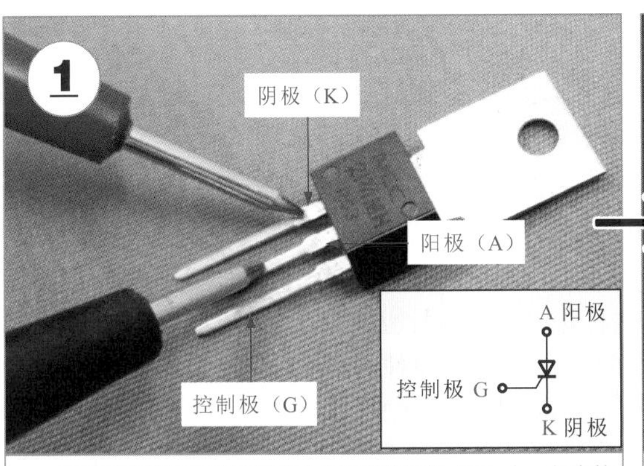

将万用表的黑表笔搭在单向晶闸管的阳极（A）上，红表笔搭在阴极（K）上。

观察万用表的表盘指针摆动，测得阻值为无穷大。

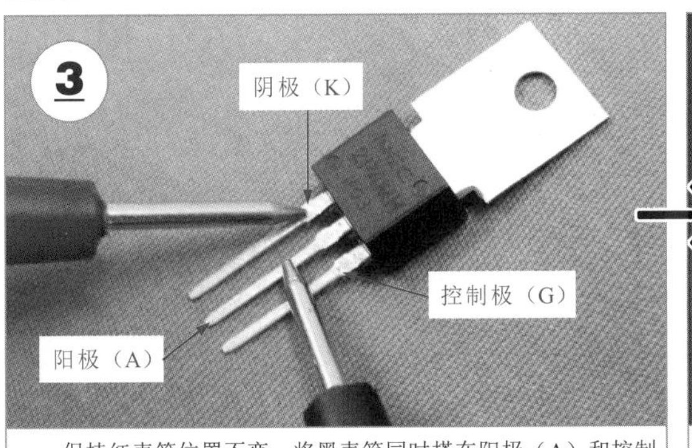

保持红表笔位置不变，将黑表笔同时搭在阳极（A）和控制极（G）上。

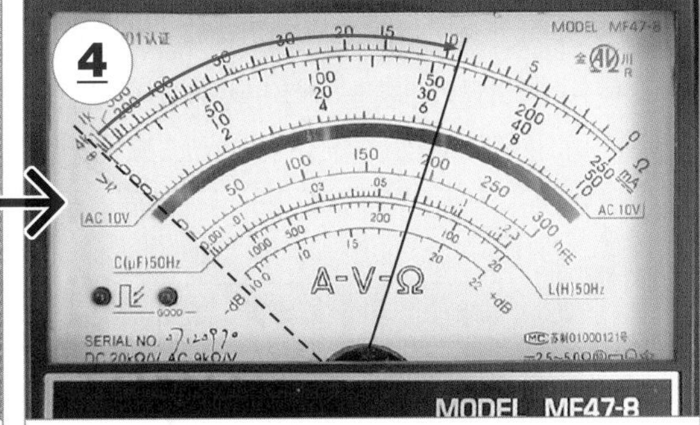

万用表的指针向右侧大范围摆动，表明晶闸管已经导通。

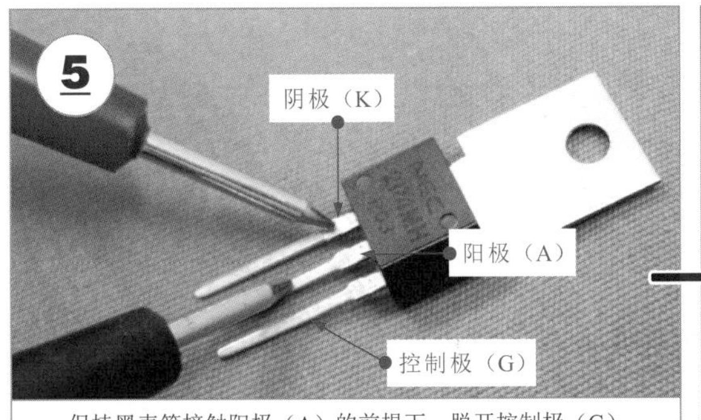

保持黑表笔接触阳极（A）的前提下，脱开控制极（G）。

万用表的指针仍指示低阻值状态，说明晶闸管处于维持导通状态，触发能力正常。

图 8-20 单向晶闸管触发能力的检测方法

上述检测方法由指针万用表内电池产生的电流维持单向晶闸管的导通状态，但有些大电流单相晶闸管需要较大的电流才能维持导通状态，因此黑表笔脱离控制极（G）后，单相晶闸管不能维持导通状态是正常的。在这种情况下需要搭建电路进行检测。

图 8-21 为单向晶闸管的典型应用电路。

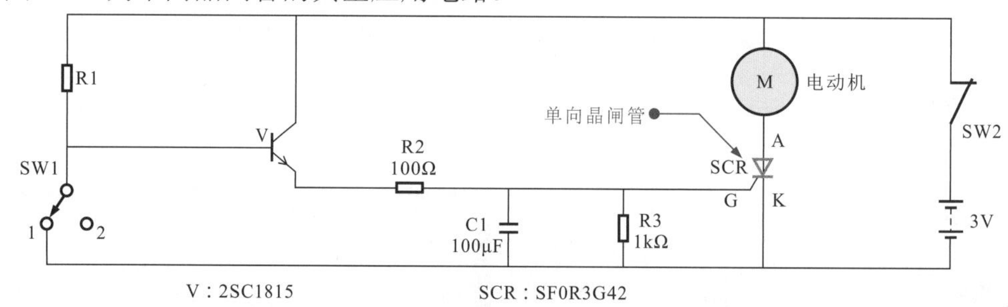

图 8-21 单向晶闸管的典型应用电路

由图 8-21 可知，在小型直流电动机 M 的供电电路中串接了一只单向晶闸管 SCR，单向晶闸管的触发极（G）有信号（电压）就会被触发而导通，电动机则会因有电流流过而旋转。触发信号消失后，单向晶闸管仍会继续保持导通状态。

单向晶闸管的触发电路是由三极管 V 和外围元器件构成的。当开关 SW1 置于 2 位置时，V 基极电压升高，R1 为 V 提供基极电流，V 导通，V 的发射极电压上升，接近电源电压 3V，该电压经 R2 给电容 C1 充电，使 C1 上的电压上升，该电压加到晶闸管 SCR 的触发极，晶闸管导通，电动机旋转。此时，若 SW1 回到 1 的位置，V 基极下降为 0V 而截止，触发信号消失，但 SCR 仍处于导通状态，直流电动机仍旋转。此时，断开 SW2，直流电动机停转，SCR 截止，再接通 SW2，SCR 仍然处于截止状态，等待被触发。

使用指针万用表检测单向晶闸管在所搭建电路中的触发能力时，为了观察和检测方便，可用接有限流电阻的发光二极管代替直流电动机，如图 8-22 所示。

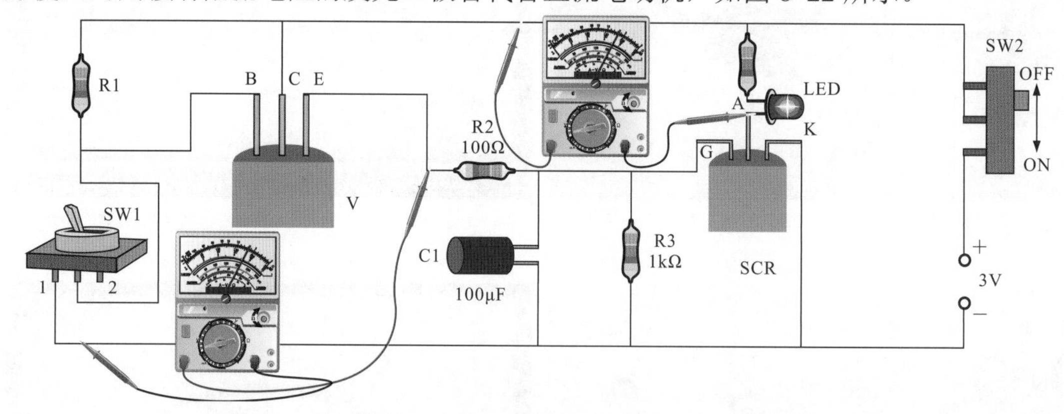

图 8-22 使用指针万用表检测单向晶闸管在电路中的触发能力

（1）将 SW2 置于 ON，SW1 置于 2 端，三极管 V 导通，发射极（E）电压为 3V，单向晶闸管 SCR 导通，阳极（A）与电源端电压为 3V，LED 发光。

（2）保持上述状态，将 SW1 置于 1 端，三极管 V 截止，发射极（E）电压为 0V，单向晶闸管 SCR 仍维持导通，阳极（A）与电源端电压为 3V，LED 发光。

（3）保持上述状态，将 SW2 置于 OFF，电路断开，LED 熄灭。

（4）再将 SW2 置于 ON，电路处于等待状态，又可以重复上述工作状态。

这种情况表明，电路中单向晶闸管工作正常。

8.4.2 双向晶闸管触发能力的检测方法

检测双向晶闸管的触发能力与检测单向晶闸管触发能力的方法基本相同，只是所测晶闸管引脚极性不同。

检测双向晶闸管的触发能力时需要为其提供触发条件，一般可用万用表检测，既可作为检测仪表，又可利用内电压为晶闸管提供触发条件，如图 8-23 所示。

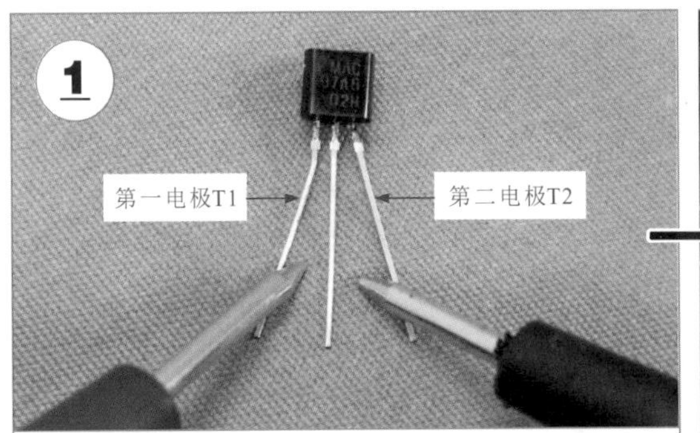

将万用表的黑表笔搭在双向晶闸管的第二电极（T2）上，红表笔搭在第一电极（T1）上。

万用表的表盘指针位置，实测得的阻值为无穷大。

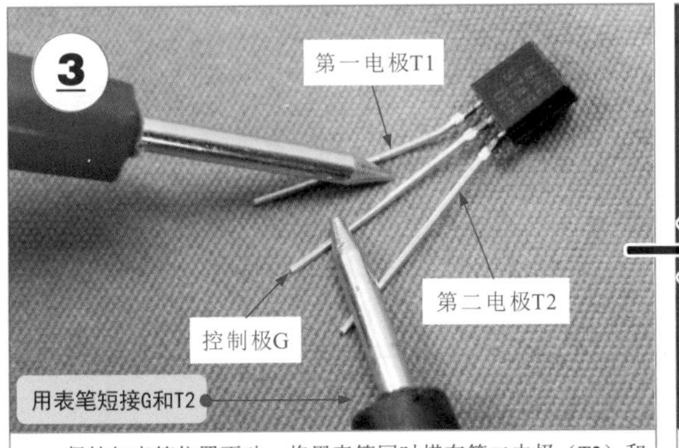

保持红表笔位置不动，将黑表笔同时搭在第二电极（T2）和控制极（G）上。

万用表的指针向右侧大范围摆动（若将表笔对换后，则万用表指针也向右侧大范围摆动），表明双向晶闸管已经导通。

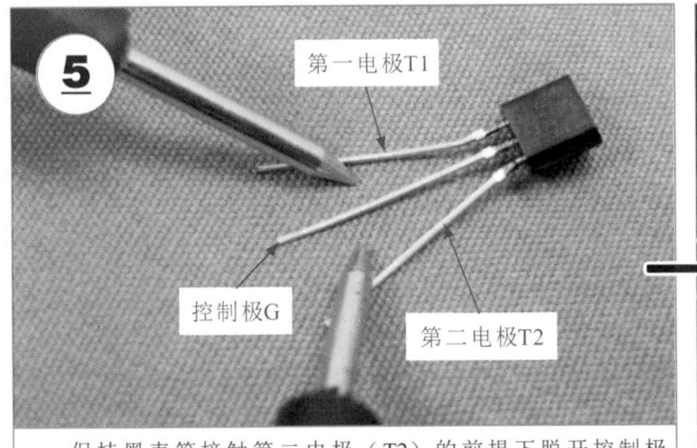

保持黑表笔接触第二电极（T2）的前提下脱开控制极（G）。

万用表的指针仍指示低阻值状态，说明双向晶闸管处于维持导通状态，触发能力正常。

图 8-23 双向晶闸管触发能力的检测方法

上述检测方法由万用表内电池产生的电流维持双向晶闸管的导通状态，有些大电流双向晶闸管需要较大的电流才能维持导通状态，黑表笔脱离控制极（G）后，双向晶闸管不能维持导通状态是正常的。在这种情况下需要借助如图 8-24 所示的电路进行检测。

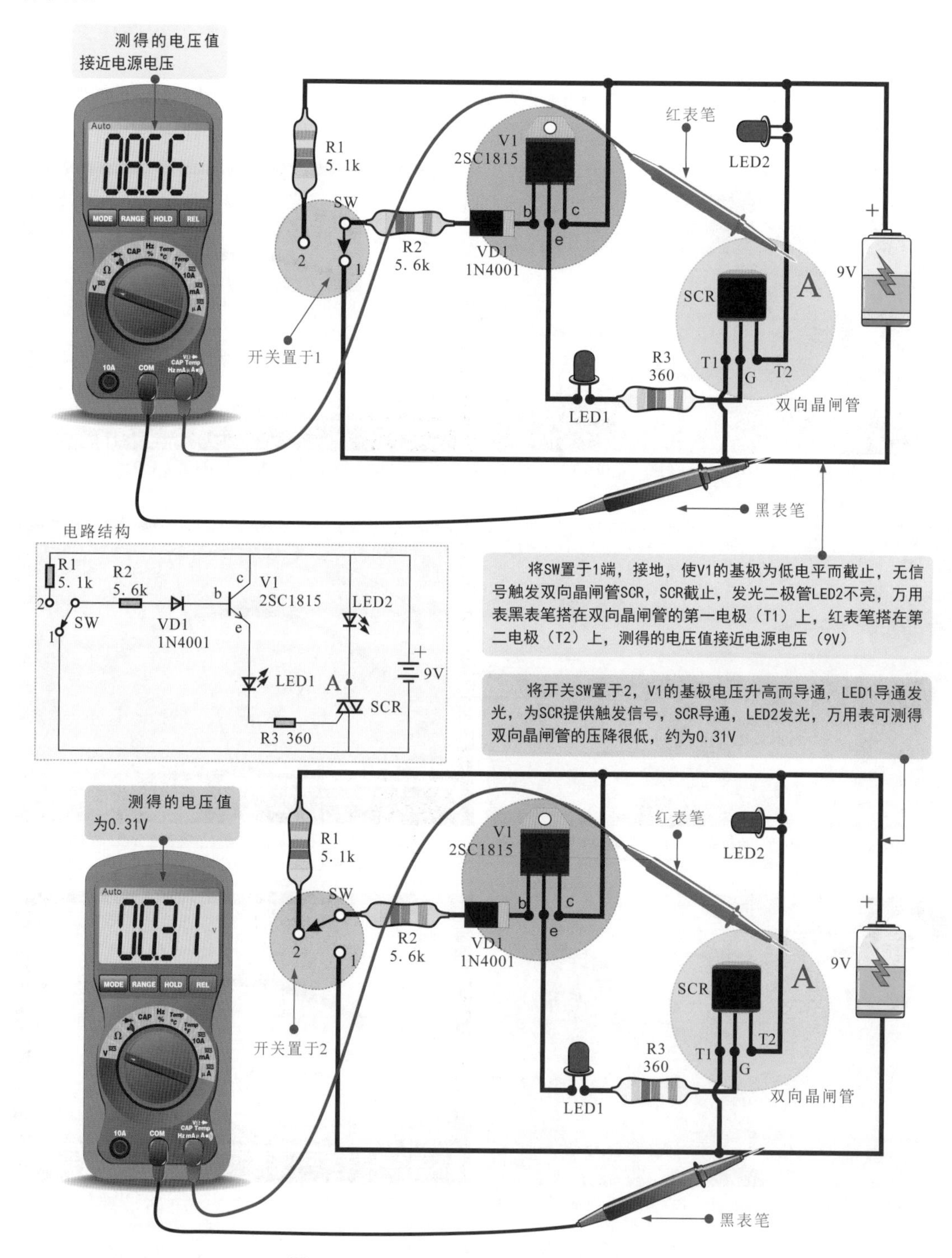

图 8-24　在路检测双向晶闸管的触发能力

8.4.3 双向晶闸管正、反向导通特性的检测方法

除了使用指针万用表对双向晶闸管的触发能力进行检测外，还可以使用安装有附加测试器的数字万用表对双向晶闸管的正、反向导通特性进行检测。如图 8-25 所示，将双向晶闸管接到数字万用表附加测试器的三极管检测接口（NPN 管）上，只插接 E、C 插口，并在电路中串联限流电阻（330Ω）。

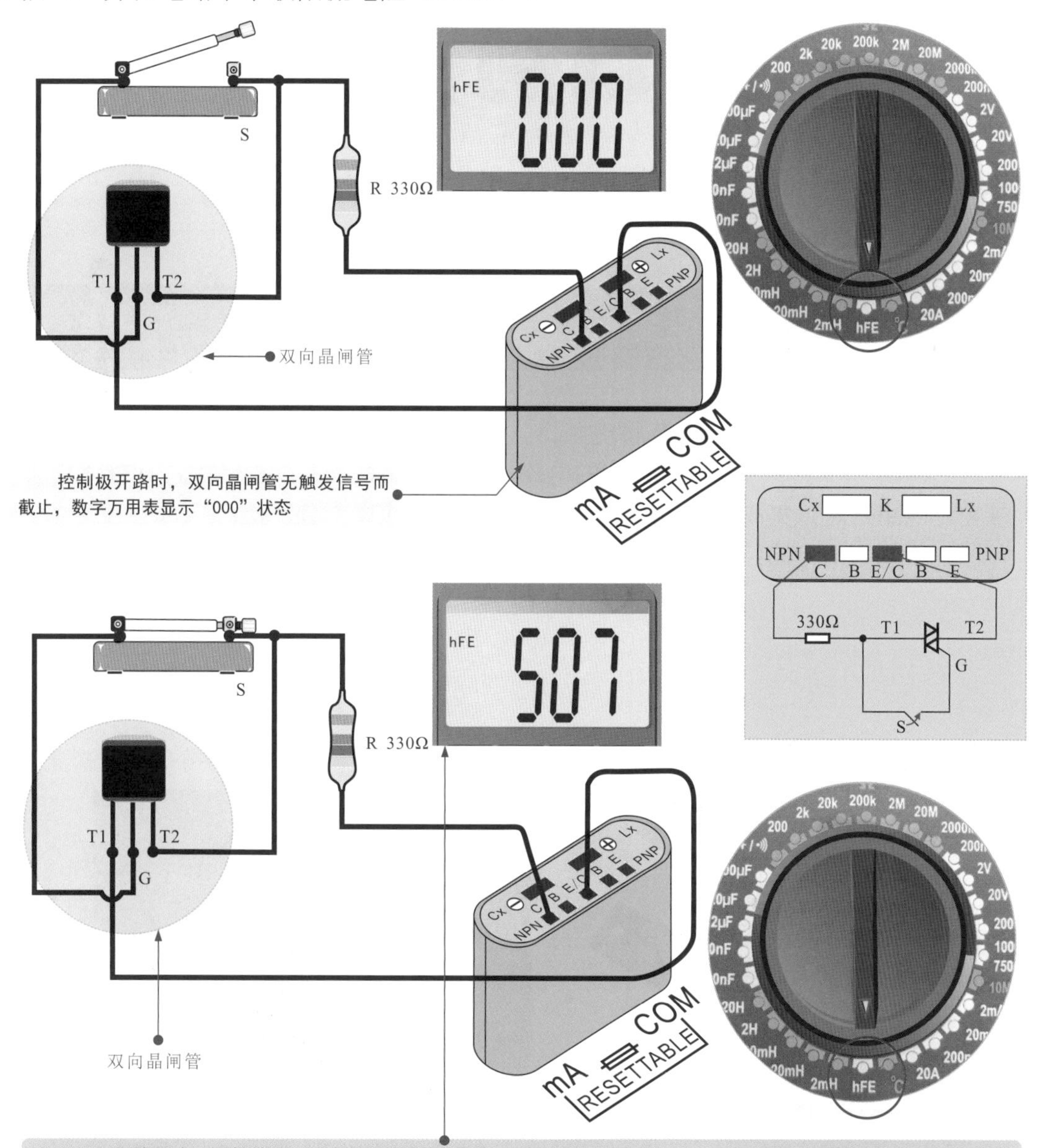

图 8-25　使用数字万用表检测双向晶闸管的正、反向导通特性

第9章

集成电路的功能特点与识别检测

9.1 集成电路的种类特点

9.1.1 了解集成电路的分类

集成电路是利用半导体工艺将电阻器、电容器、晶体管及连线制作在很小的半导体材料或绝缘基板上，形成一个完整的电路，并封装在特制的外壳之中，具有体积小、重量轻、电路稳定、集成度高等特点，在电子产品中应用十分广泛。

图9-1为集成电路结构示意图。

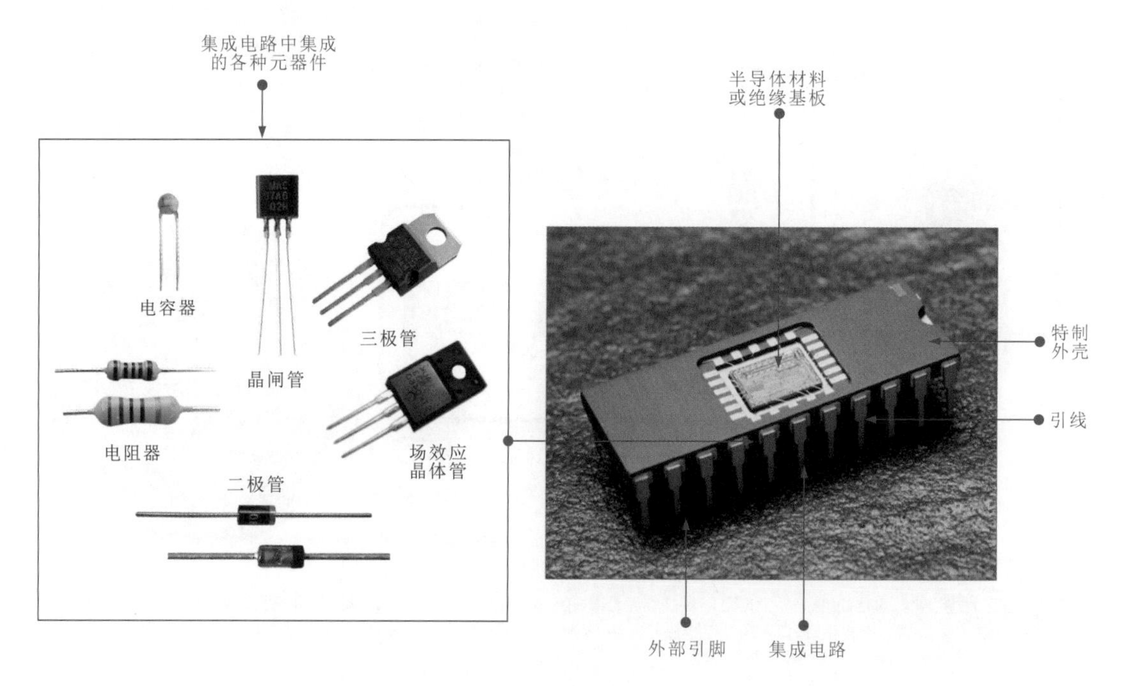

图9-1 集成电路结构示意图

集成电路是由多种元器件组合而成的，大大提高了集成度，降低了成本，更进一步扩展了功能。

集成电路的种类繁多，分类方式也多种多样。根据外形和封装形式的不同可主要分为金属壳封装（CAN）集成电路、单列直插式封装（SIP）集成电路、双列直插式封装（DIP）集成电路、扁平封装（PFP、QPF）集成电路、插针网格阵列封装（PGA）集成电路、球栅阵列封装（BGA）集成电路、无引线塑料封装（PLCC）集成电路、超小型芯片级封装（CSP）集成电路、多芯片模块封装（MCM）集成电路等。

9.1.2 认识常用集成电路

1 金属壳封装（CAN）集成电路

金属壳封装（CAN）集成电路一般为金属圆帽形，功能较为单一，引脚数较少，如图 9-2 所示。

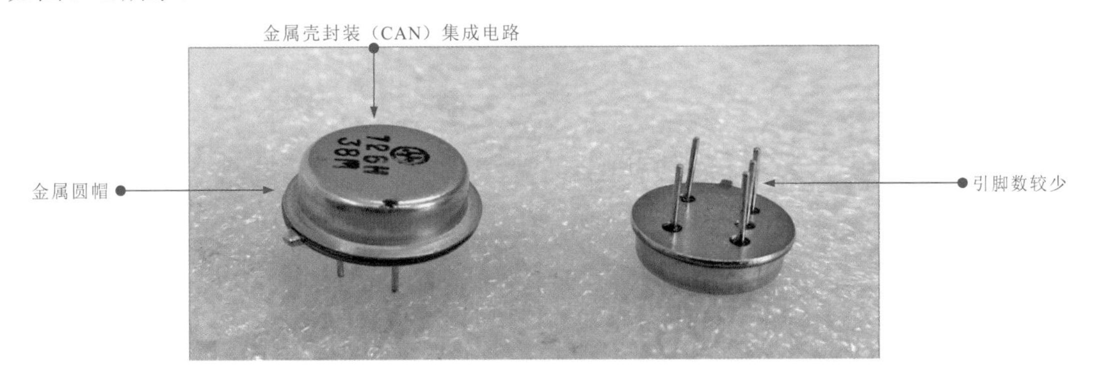

图 9-2 金属壳封装（CAN）集成电路的实物外形

2 单列直插式封装（SIP）集成电路

单列直插式封装集成电路的引脚只有一列，内部电路比较简单，引脚数较少（3~16 只），小型集成电路多采用这种封装形式，如图 9-3 所示。

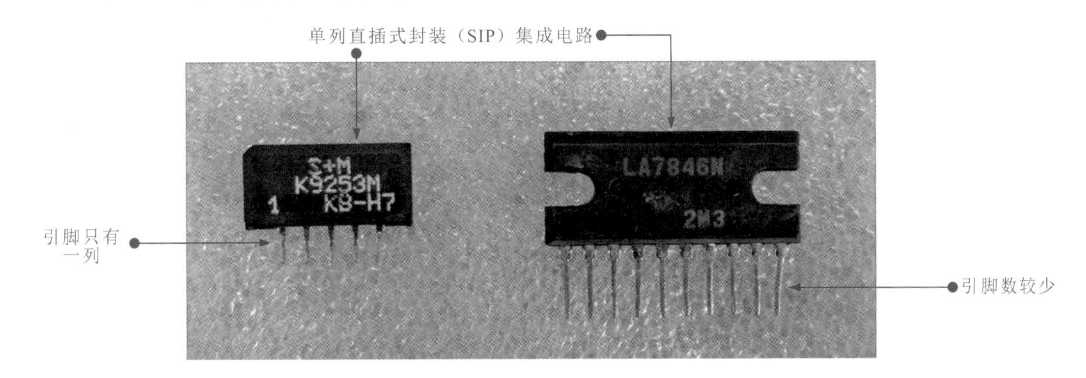

图 9-3 单列直插式封装（SIP）集成电路的实物外形

3 双列直插式封装（DIP）集成电路

双列直插式封装集成电路的引脚有两列，且多为长方形结构。大多数中小规模的集成电路均采用这种封装形式，引脚数一般不超过 100 个，如图 9-4 所示。

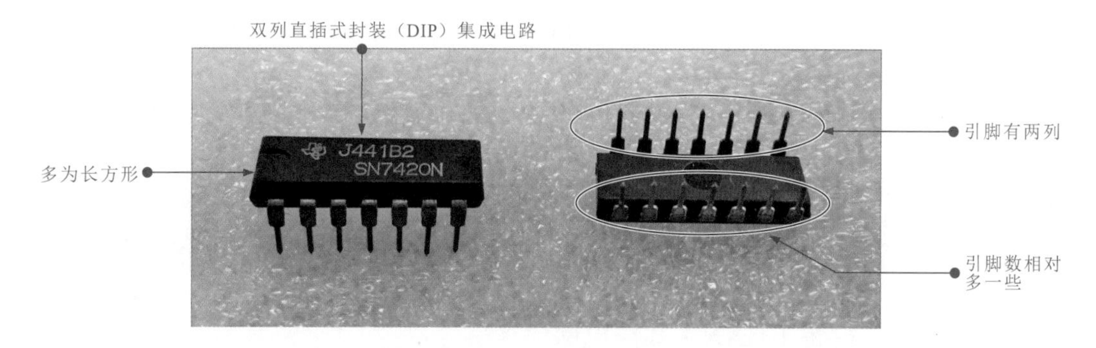

图 9-4　双列直插式封装（DIP）集成电路的实物外形

4 扁平封装（PFP、QPF）集成电路

扁平封装集成电路的引脚端子从封装外壳侧面引出，呈 L 形，芯片引脚之间间隙很小，引脚很细，一般大规模或超大型集成电路都采用这种封装形式，引脚数一般在 100 只以上，主要采用表面安装技术安装在电路板上，如图 9-5 所示。

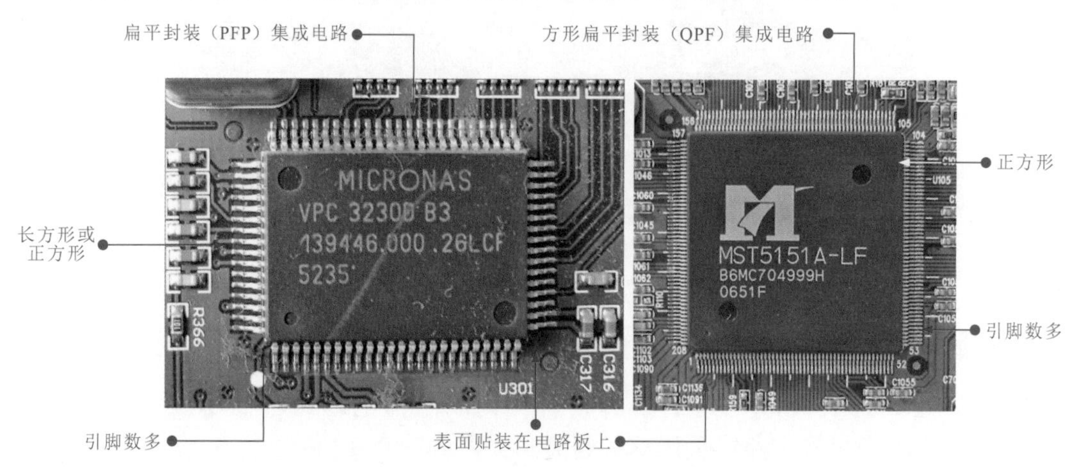

图 9-5　扁平封装（PFP、QPF）集成电路的实物外形

5 插针网格阵列封装（PGA）集成电路

插针网格阵列封装（PGA）集成电路在芯片内外有多个方阵形插针，每个方阵形插针沿芯片四周间隔一定的距离排列，根据引脚数目的多少可以围成 2 ～ 5 圈，多应用于高智能化数字产品中，如计算机的 CPU 多采用针脚插入型封装形式。

图 9-6 为插针网格阵列封装集成电路的实物外形。

6 球栅阵列封装（BGA）集成电路

球栅阵列型集成电路的引脚为球形端子，如图 9-7 所示，而不是用针脚引脚，引脚数一般大于 208 只，采用表面贴片焊装技术，广泛应用在小型数码产品中，如新型手机的信号处理集成电路、主板上南 / 北桥芯片、CPU 等。

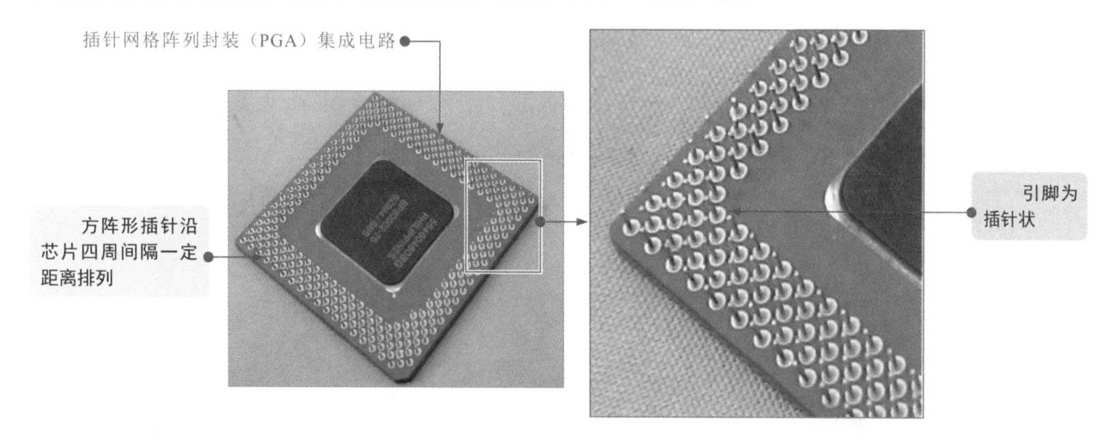

图 9-6 插针网格阵列封装（PGA）集成电路的实物外形

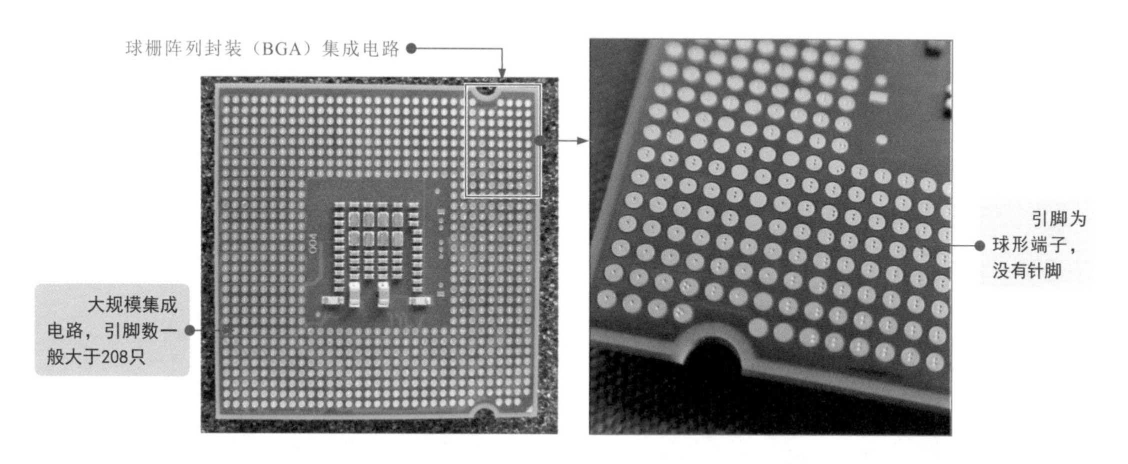

图 9-7 球栅阵列封装（BGA）集成电路的实物外形

7 无引线塑料封装（PLCC）集成电路

PLCC 集成电路是指在集成电路的四个侧面都设有电极焊盘，无引线表面贴装型封装，如图 9-8 所示。

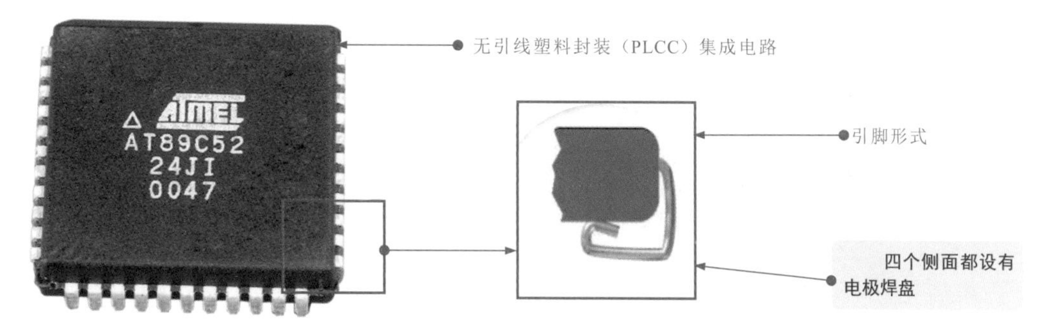

图 9-8 无引线塑料封装（PLCC）集成电路的实物外形

8 芯片缩放式封装（CSP）集成电路

芯片缩放式封装（CSP）集成电路是一种采用超小型表面贴装型封装形式的集成电路，减小了芯片封装的外形尺寸，封装后集成电路的尺寸边长不大于芯片的1.2倍。其引脚都在封装体下面，有球形端子、焊凸点端子、焊盘端子、框架引线端子等多种形式，如图9-9所示。

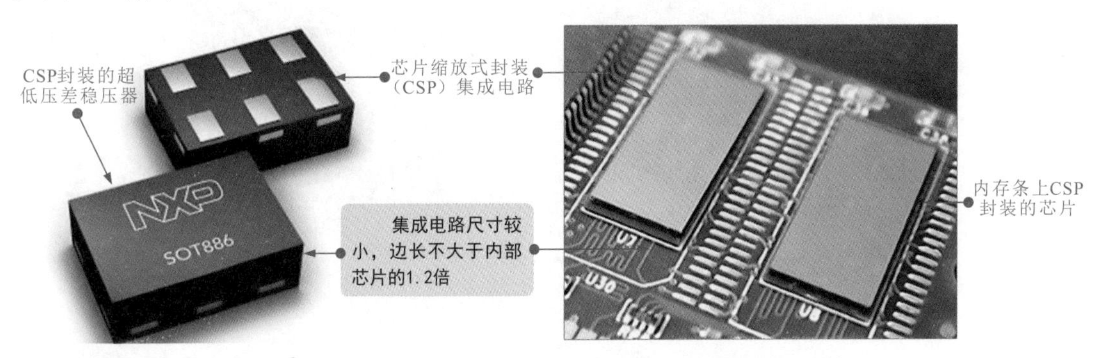

图9-9　芯片缩放式封装（CSP）集成电路的实物外形

9 多芯片模块封装（MCM）集成电路

多芯片模块封装（MCM）集成电路是将多个高集成度、高性能、高可靠性的芯片，在高密度多层互连基板上用SMD技术组成多种多样的电子模块系统。

图9-10为多芯片模块封装（MCM）集成电路的实物外形。

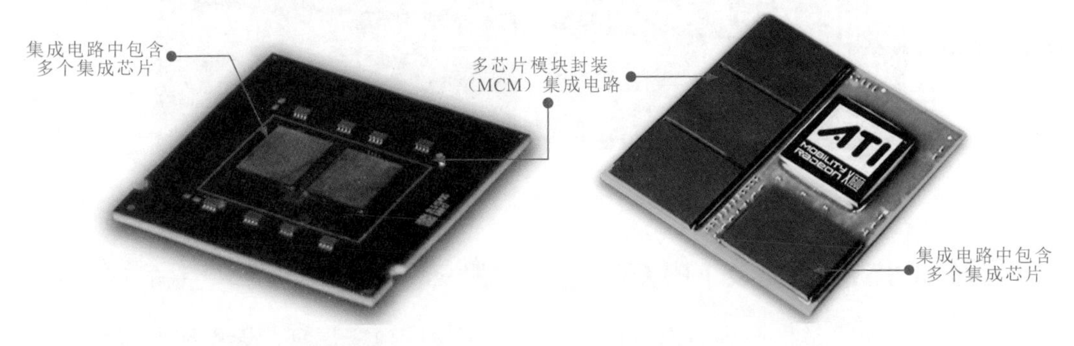

图9-10　多芯片模块封装（MCM）集成电路的实物外形

9.2 集成电路的识别

9.2.1 集成电路电路标识的识别

集成电路在电路中的标识通常分为两部分：一部分是图形符号，表示集成电路；一部分是字母+数字的文字标识，表示序号、型号及引脚的个数和功能，如图9-11所示。

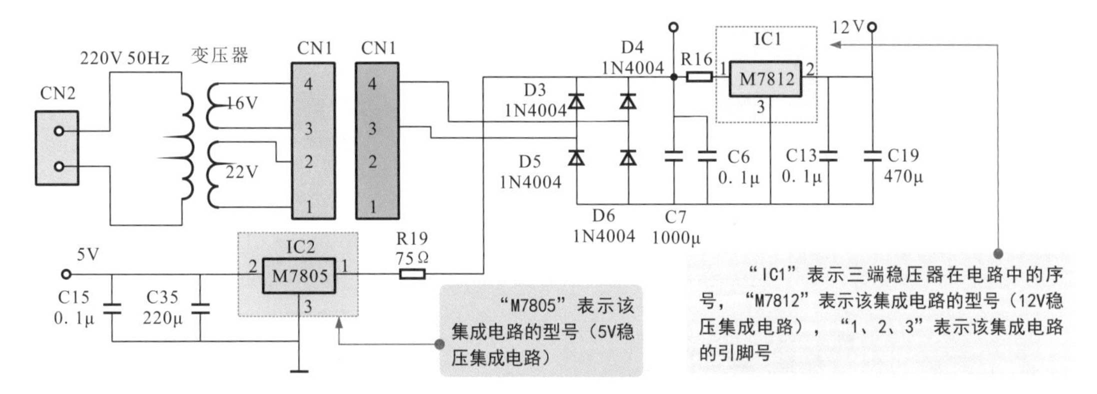

图 9-11　识读电路中的集成电路标识

集成电路在电子电路中有特殊的电路标识，种类不同，电路标识也有所区别，识读时，通常先从电路标识入手，了解集成电路的种类和功能特点。

图 9-12 为识别典型集成电路的电路标识。

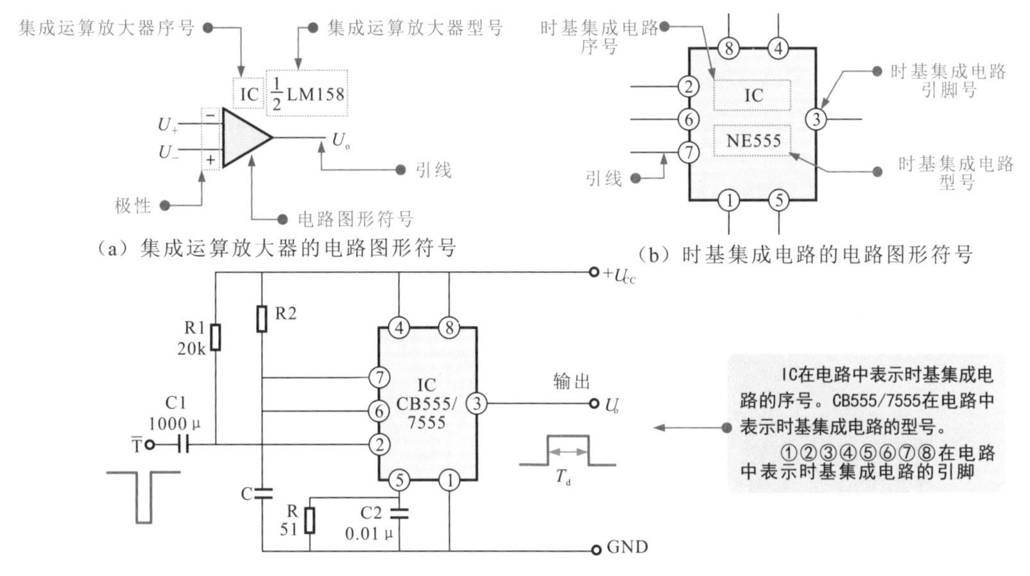

图 9-12　识别典型集成电路的电路标识

电路图形符号表明集成电路的类型；引线由电路图形符号两端伸出，与电路图中的电路线连通，构成电子线路；标识信息通常表明集成电路的类别、在该电路图中的序号及集成电路的型号等。

常见的集成电路电路图形符号如图 9-13 所示。

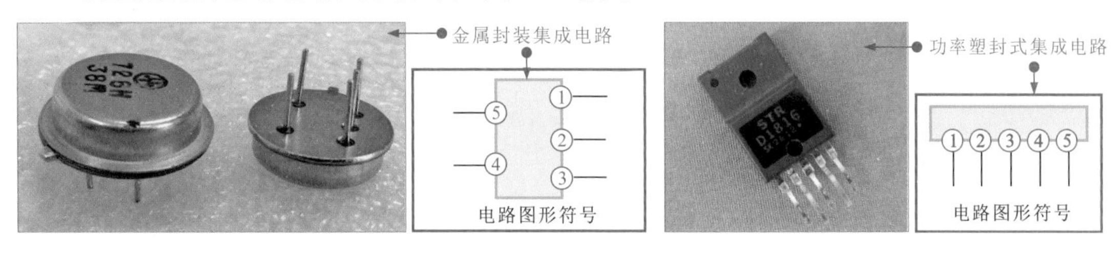

图 9-13

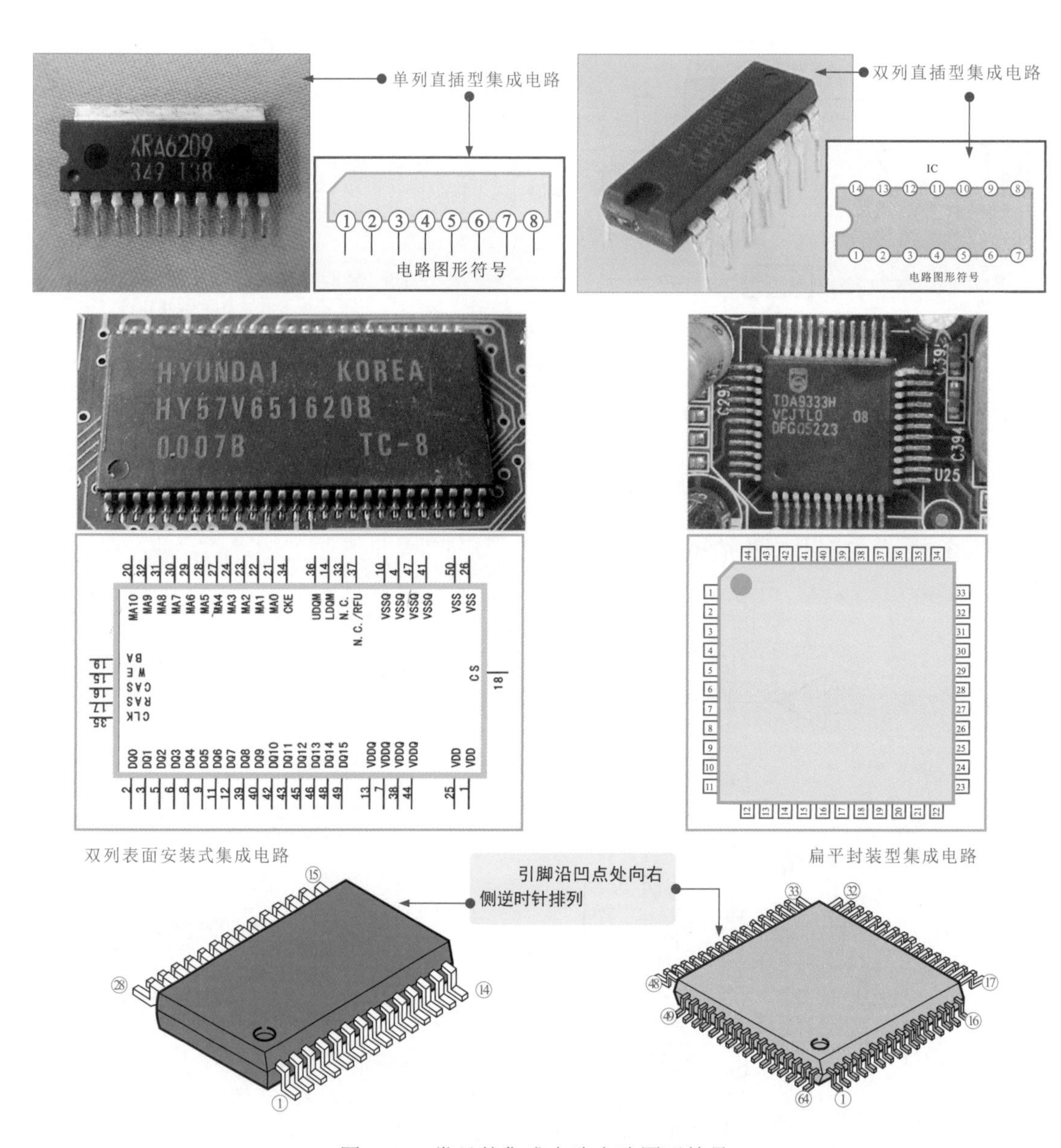

图 9-13 常见的集成电路电路图形符号

9.2.2 集成电路型号标识的识别

集成电路型号的识读包括两个方面：一是从集成电路信息标识中分辨出哪一个是型号标识；二是根据型号解读出集成电路的功能等信息。

1 辨别型号标识

在大多集成电路的表面都会标有多行字母或数字信息，从这些信息中辨别出集成电路的型号信息十分重要，如图 9-14 所示。

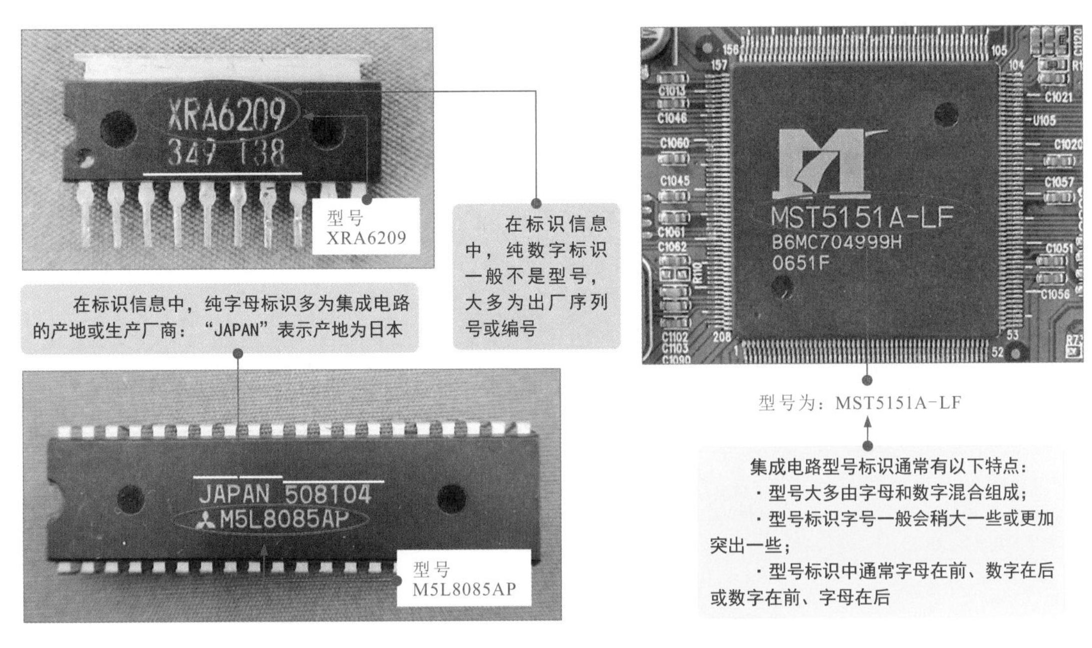

图 9-14　辨别集成电路的型号标识

2 解读型号标识

与识别其他电子元器件不同，一般无法从集成电路的外形上判断集成电路的功能，通常可通过集成电路的型号对照集成电路手册解读相关信息，如封装形式、代换型号、工作原理及各引脚功能等。

国内外集成电路生产厂商对集成电路的命名方式有所不同。国产集成电路的型号由五部分构成，如图 9-15 所示。

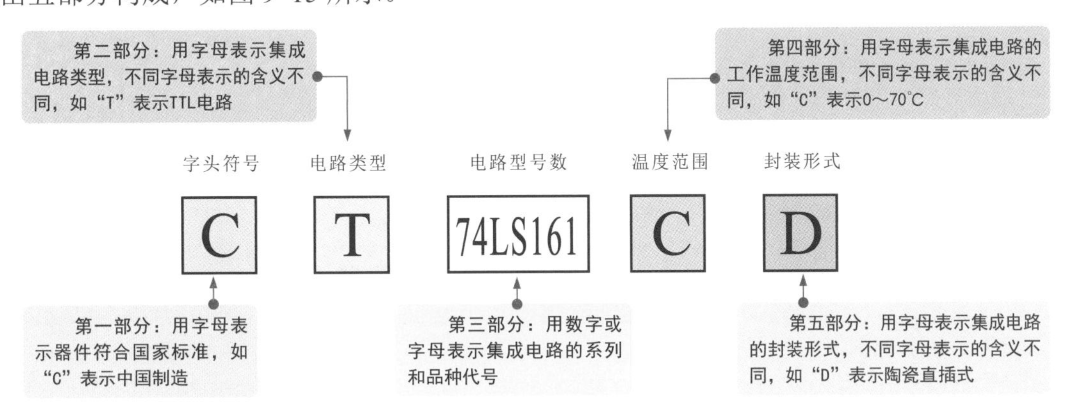

图 9-15　国产集成电路的命名方式

国产集成电路型号命名方式中各部分不同字母所表示的含义见表 9-1。

索尼公司（SONY）集成电路的型号一般由四部分构成，如图 9-16 所示。

日立公司（HITACHI）集成电路型号一般由五部分构成，如图 9-17 所示。

三洋公司（SANYO）集成电路型号一般由两部分构成，如图 9-18 所示。

东芝公司（TOSHIBA）集成电路型号一般由三部分构成，如图 9-19 所示。

表 9-1　国产集成电路型号命名方式中各部分不同字母所表示的含义

第一部分		第二部分		第三部分	第四部分		第五部分	
字头符号		集成电路类型		集成电路型号数	集成电路工作温度范围		集成电路的封装形式	
符号	含义	符号	含义		符号	含义	符号	含义
C	中国制造	B C D E F H J M T W U	非线性电路 CMOS 音响、电视 ECL 放大器 HTL 接口器件 存储器 TTL 稳压器 微机	用数字或字母表示电路系列和代号	C E R M	0～70℃ -40～+85℃ -55～+85℃ -55～+125℃	B D F J K T	塑料扁平 陶瓷直插 全密封扁平 黑陶瓷直插 金属菱形 金属圆形

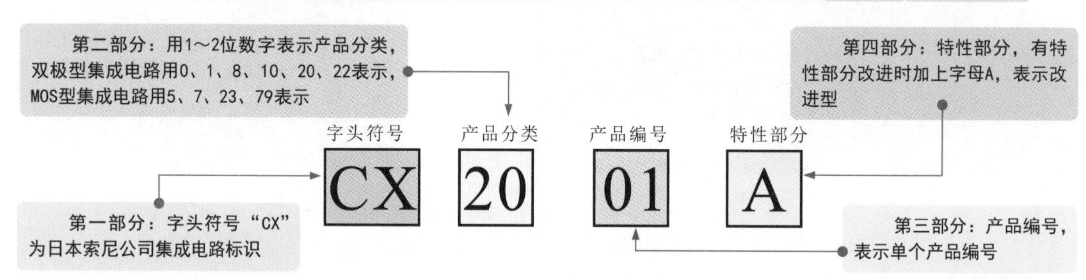

图 9-16　索尼公司集成电路的命名方式

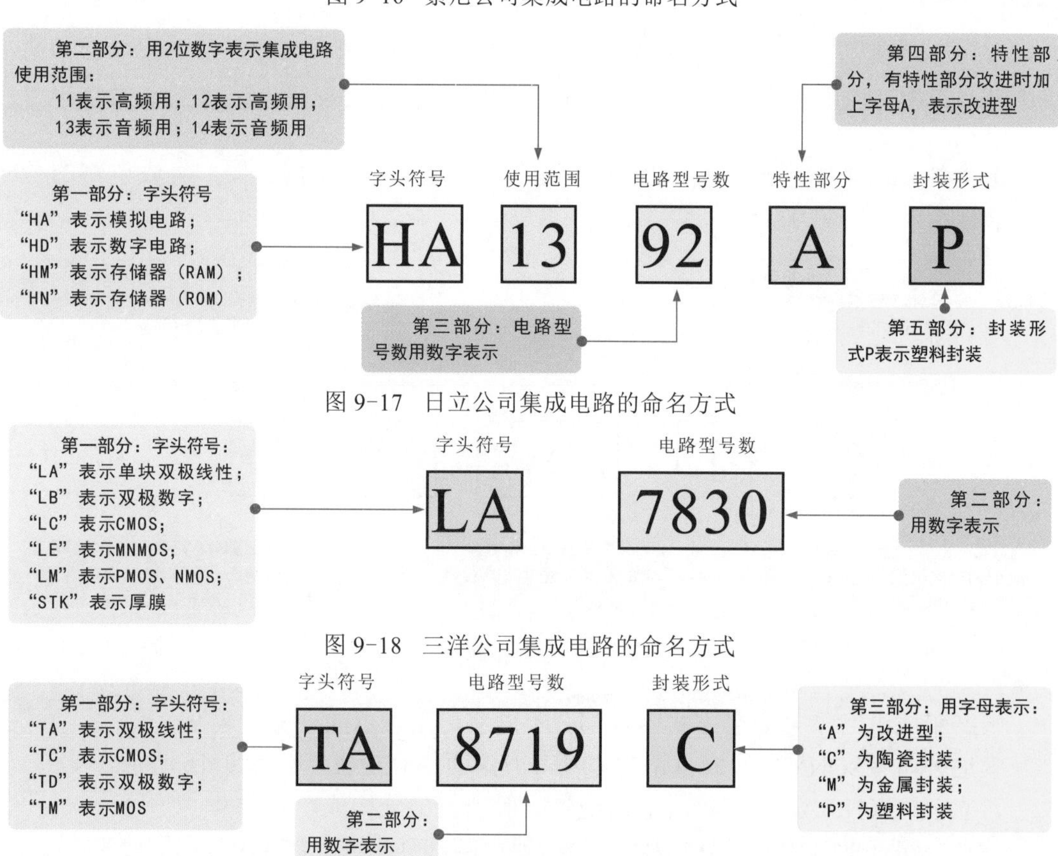

图 9-17　日立公司集成电路的命名方式

图 9-18　三洋公司集成电路的命名方式

图 9-19　东芝公司集成电路的命名方式

常见集成电路公司的型号字头符号见表9-2。在具体应用集成电路时，仅了解集成电路型号的命名方式是不够的，在选用、检测、维修、调试时还需要详细了解集成电路的功能，这时就要查阅相关的集成电路应用手册。手册会详细给出集成电路的各种技术参数、引脚名称、内部电路结构及一些典型应用电路或各引脚的相关电压或对地阻值，对检查集成电路的好坏是很有帮助的。

表9-2 常见集成电路公司的型号字头符号

公司名称	型号字头符号	公司名称	型号字头符号
先进微器件公司（美国）	AM	富士通公司（日本）	MB、MBM
模拟器件公司（美国）	AD	松下电子公司（日本）	AN
仙童半导体公司（美国）	F、μA	三菱电气公司（日本）	M
摩托罗拉半导体公司（美国）	MC、MLM、MMS	日本电气（NEC）有限公司	μPA、μPB、μPC
英特尔公司（美国）	I	新日本无线电有限公司	NJM

9.2.3 集成电路引脚起始端及排列顺序的识别

在实际应用中，除了集成电路的型号、功能、参数等信息外，弄清集成电路的引脚起始端及引脚分布规律对于解读、检测、更换集成电路也十分重要。

集成电路种类和型号繁多，不可能全部根据型号去记忆引脚位置和排列顺序，这时就需要找出各种集成电路引脚的分布规律进行识别。通常，不同类型集成电路引脚的起始端及排列顺序都有不同的规律可循。下面介绍几种常用集成电路的引脚分布规律和识别方法。

1 金属壳封装集成电路的引脚起始端和引脚分布

金属壳封装集成电路的圆形金属帽上通常会有一个凸起，识读时，将集成电路引脚朝上，从凸起端起，顺时针方向依次对应引脚①②③④⑤…，如图9-20所示。

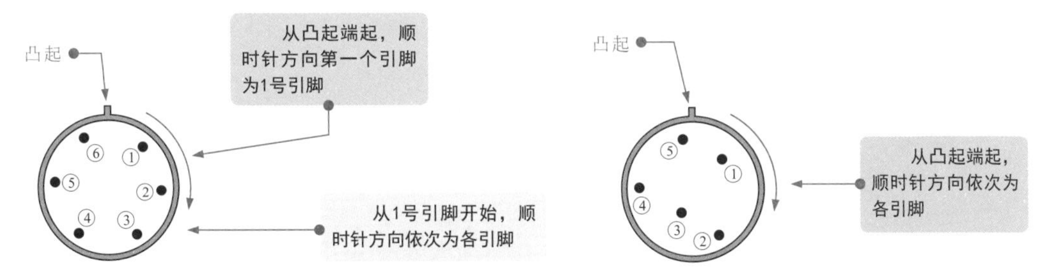

图9-20 金属壳封装集成电路的引脚起始端和引脚分布

2 单列直插式封装集成电路的引脚起始端和引脚分布

在通常情况下，单列直插式封装集成电路左侧有特殊的标识来明确引脚①的位置，标识有可能是一个小缺角、一个小圆凹坑、一个半圆缺、一个小圆点、一个色点等。引脚①往往是起始引脚，可以顺着引脚排列的位置，依次对应引脚②③④⑤…，如图9-21所示。

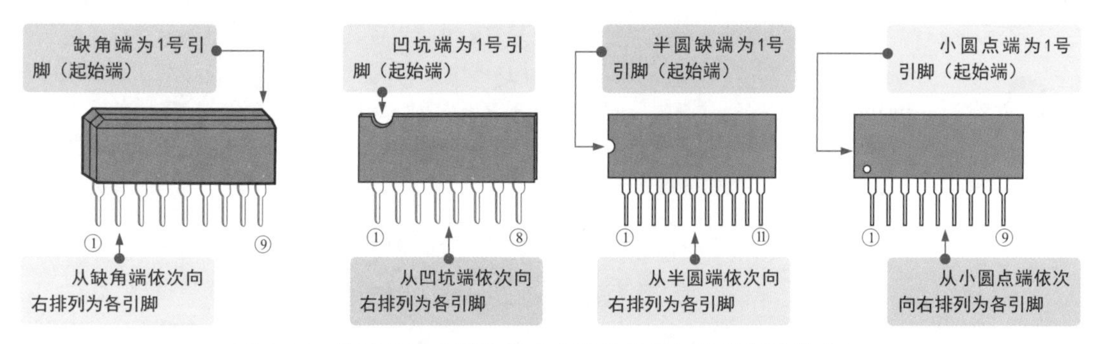

图 9-21　单列直插式封装集成电路的引脚起始端和引脚分布

3　双列直插式封装集成电路的引脚分布

在通常情况下，双列直插式封装集成电路左侧有特殊的标识来明确引脚①的位置。一般来讲，标识下方的引脚就是引脚①，标识上方往往是最后一个引脚。标识有可能是一个小圆凹坑、一个小半圆缺、一个小色点、条状标记等。引脚①往往是起始引脚，可以顺着引脚排列的位置，按逆时针顺序依次对应引脚②③④⑤…，如图 9-22 所示。

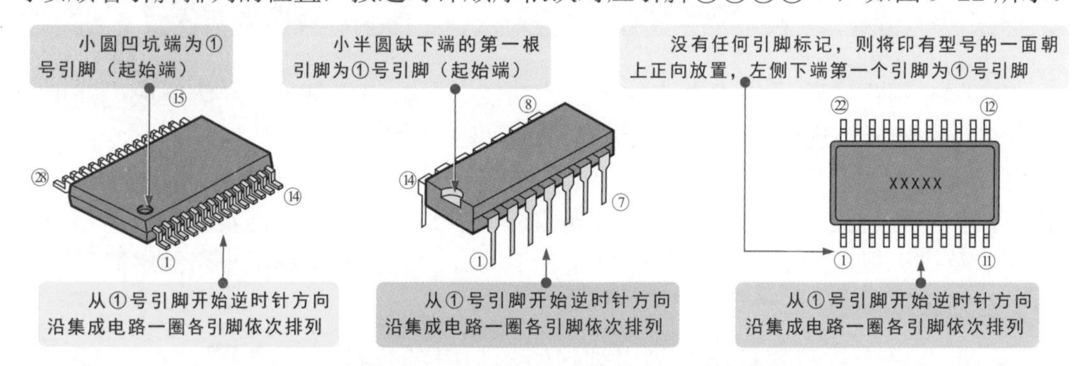

图 9-22　双列直插式封装集成电路的引脚起始端和引脚分布

4　扁平封装集成电路的引脚分布

在通常情况下，扁平封装集成电路左侧一角有特殊的标识来明确引脚①的位置。一般来讲，标识下方的引脚就是引脚①。标识有可能是一个小圆凹坑、一个小色点等。引脚①往往是起始引脚，可以顺着引脚排列的位置，按逆时针顺序依次对应引脚②③④⑤…，如图 9-23 所示。

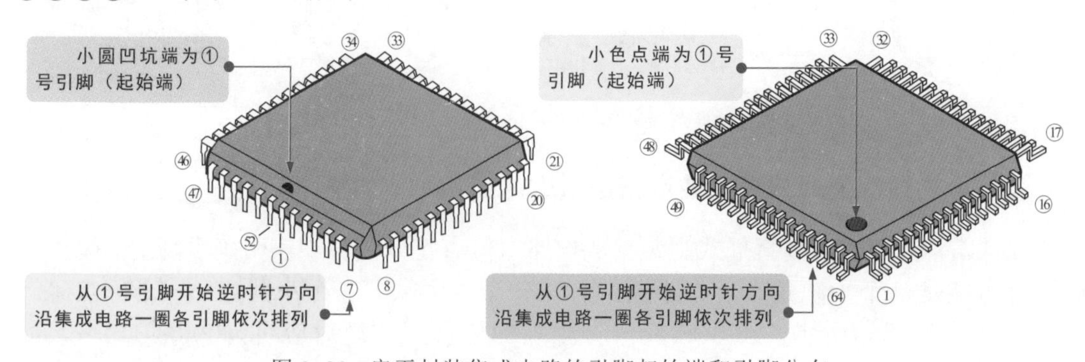

图 9-23　扁平封装集成电路的引脚起始端和引脚分布

图 9-24 为典型集成电路的实物外形，根据型号标识可了解相关的参数信息。

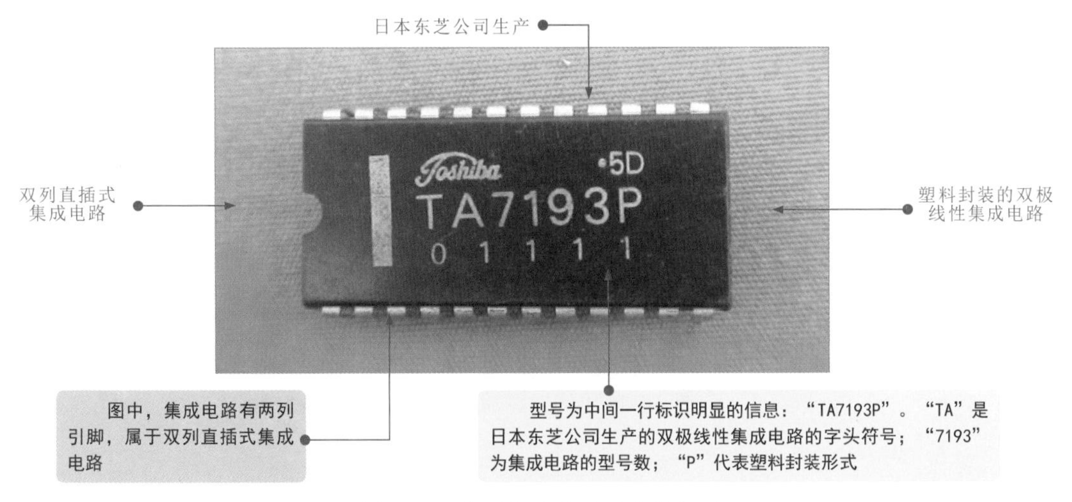

图 9-24 典型集成电路的实物外形

9.3 集成电路的功能应用

集成电路的功能多种多样，具体功能根据内部结构的不同而不同。在实际应用中，集成电路往往起着控制、放大、转换（D/A 转换、A/D 转换）、信号处理及振荡等作用。

常用的运算放大器和交流放大器是电子产品中应用较为广泛的一类集成电路。

图 9-25 为具有放大功能的集成电路应用电路。

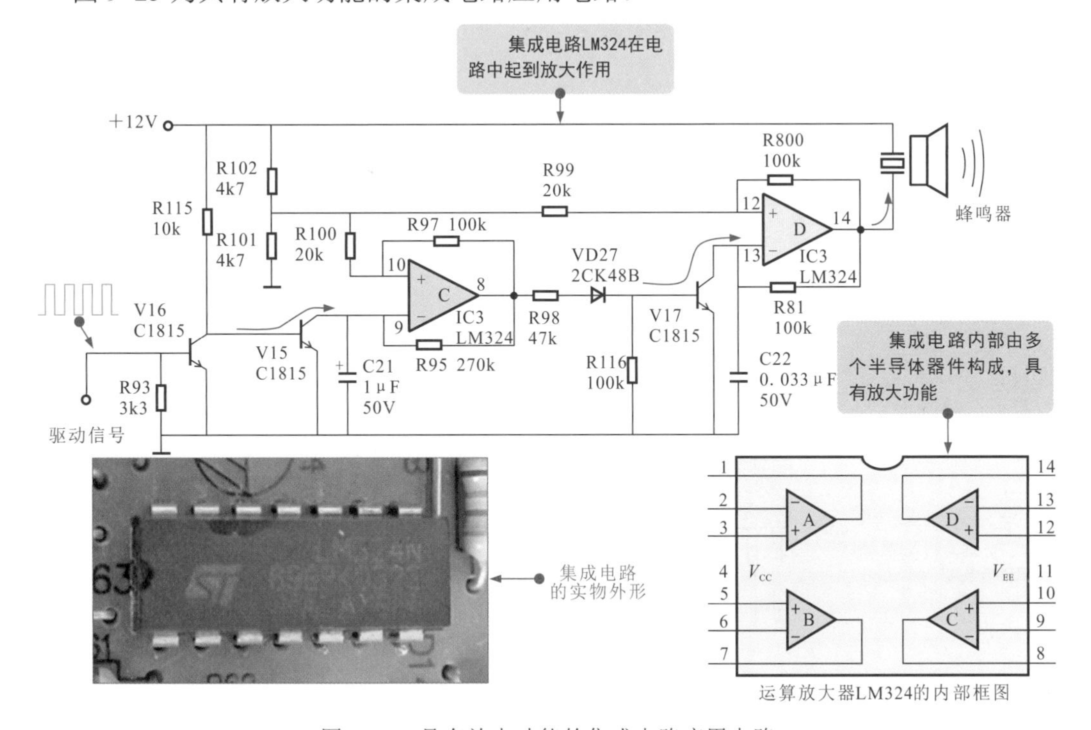

图 9-25 具有放大功能的集成电路应用电路

在实际应用中，集成电路多以其在电路中的功能命名，如常见的三端稳压器、运算放大器、音频功率放大器、视频解码器、微处理器等，如图9-26所示。

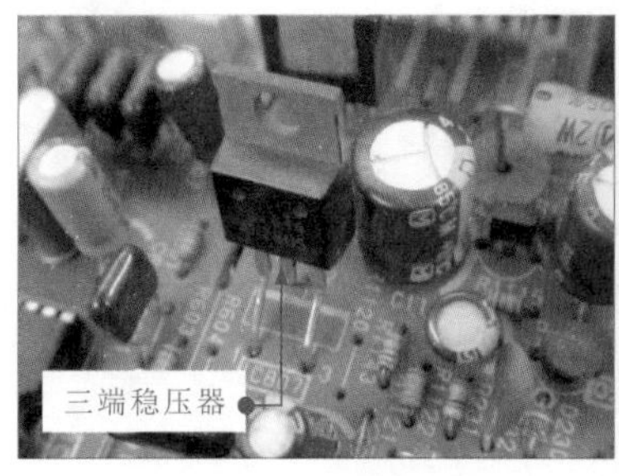

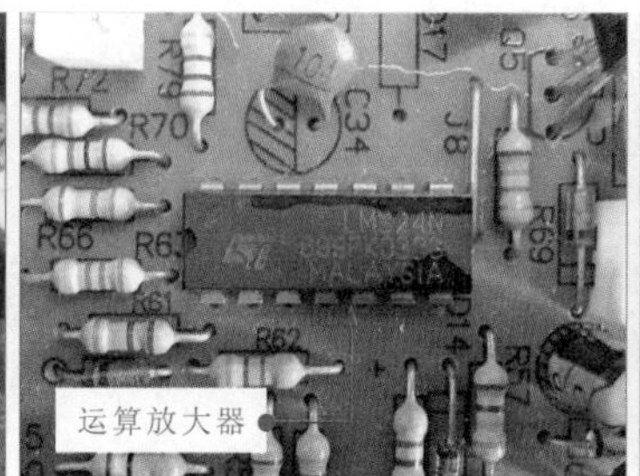

图9-26 不同功能的集成电路

9.4 集成电路的检测方法

检测集成电路好坏常用的方法主要有电阻检测法、电压检测法和信号检测法。下面以几种典型集成电路为例，分别采用不同的检测方法完成集成电路的检测训练。

9.4.1 三端稳压器的检测训练

三端稳压器是一种具有三只引脚的直流稳压集成电路。图9-27为典型三端稳压器的实物外形。

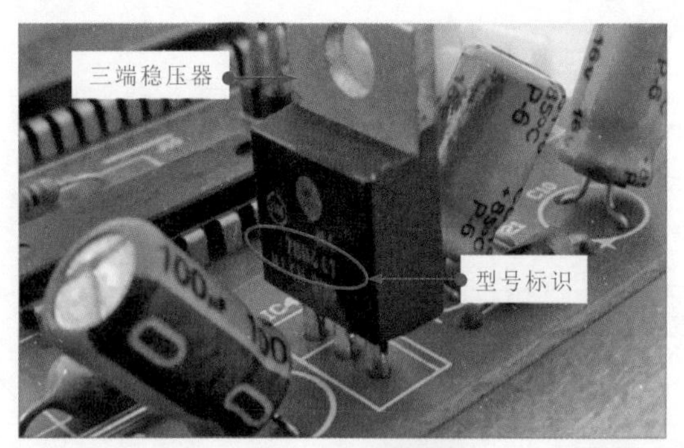

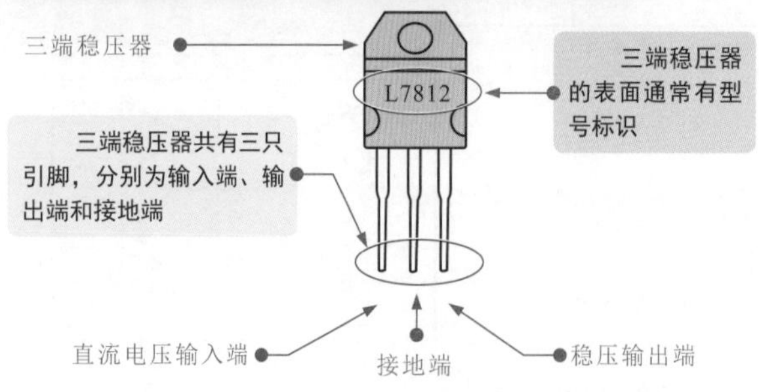

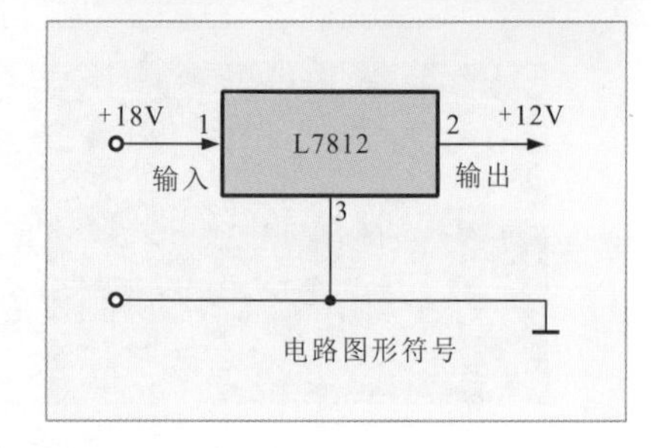

图9-27 典型三端稳压器的实物外形

三端稳压器的外形与普通晶体三极管十分相似，三只引脚分别为直流电压输入端、稳压输出端和接地端，在三端稳压器表面印有型号标识，可直观体现三端稳压器的性能参数（稳压值）。

三端稳压器的功能是将输入端的直流电压稳压后输出一定值的直流电压。不同型号三端稳压器输出端的稳压值不同。图 9-28 为三端稳压器的功能示意图。

一般来说，三端稳压器输入端的电压可能会发生偏高或偏低的变化，但都不影响输出侧的电压值，只要输入侧电压在三端稳压器的承受范围内，则输出侧均为稳定的数值，这也是三端稳压器最突出的功能特性。

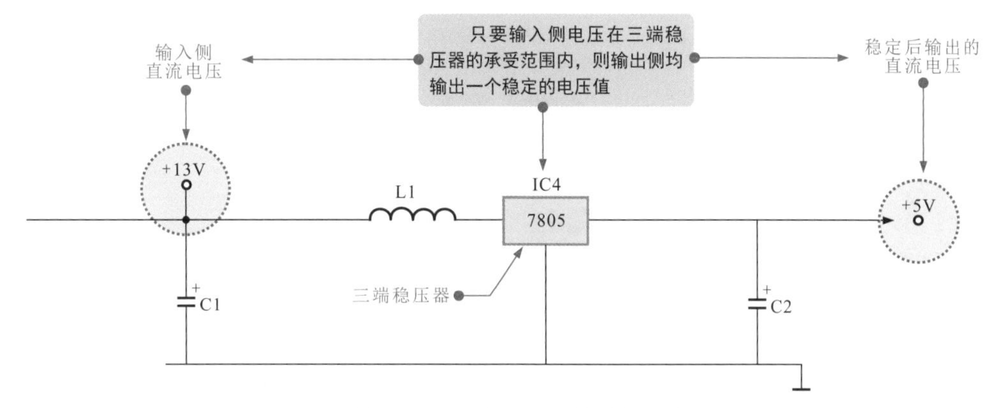

图 9-28　三端稳压器的功能示意图

检测三端稳压器主要有两种方法：一种方法是将三端稳压器置于电路中，在工作状态下，用万用表检测三端稳压器输入端和输出端的电压值，与标准值比对，即可判别三端稳压器的性能；另一种方法是在三端稳压器未通电的工作状态下，通过检测输入端、输出端的对地阻值来判别三端稳压器的性能。

检测之前，应首先了解待测三端稳压器各引脚的功能及标准输入、输出电压和电阻值，为三端稳压器的检测提供参考标准，如图 9-29 所示，三端稳压器 AN7805 是一种 5V 三端稳压器，工作时，只要输入侧电压在承受范围内（9 ～ 14V），则输出侧均为 5V。

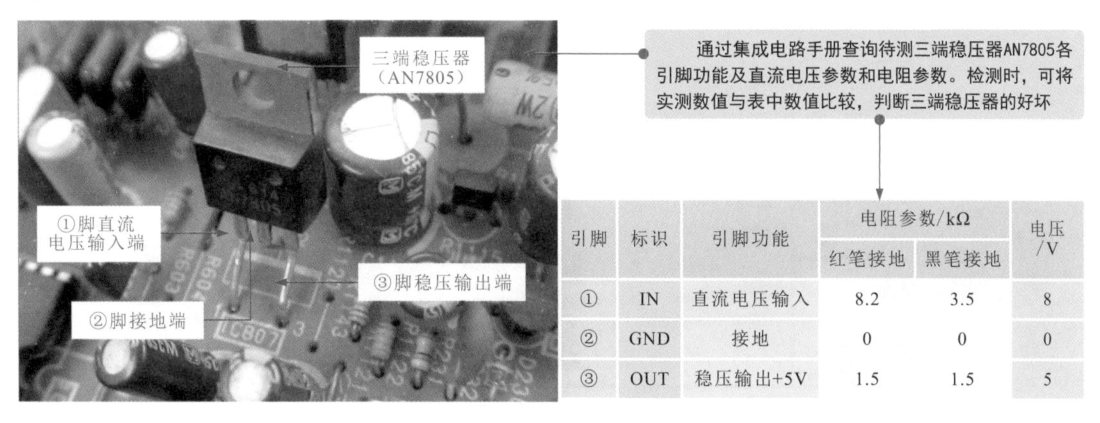

引脚	标识	引脚功能	电阻参数/kΩ		电压/V
			红笔接地	黑笔接地	
①	IN	直流电压输入	8.2	3.5	8
②	GND	接地	0	0	0
③	OUT	稳压输出+5V	1.5	1.5	5

图 9-29　了解待测三端稳压器各引脚功能及标准参数值

1 借助万用表检测三端稳压器输入、输出电压

借助万用表检测三端稳压器的输入端、输出端电压时，需要将三端稳压器置于实际工作环境中，如图 9-30 所示。

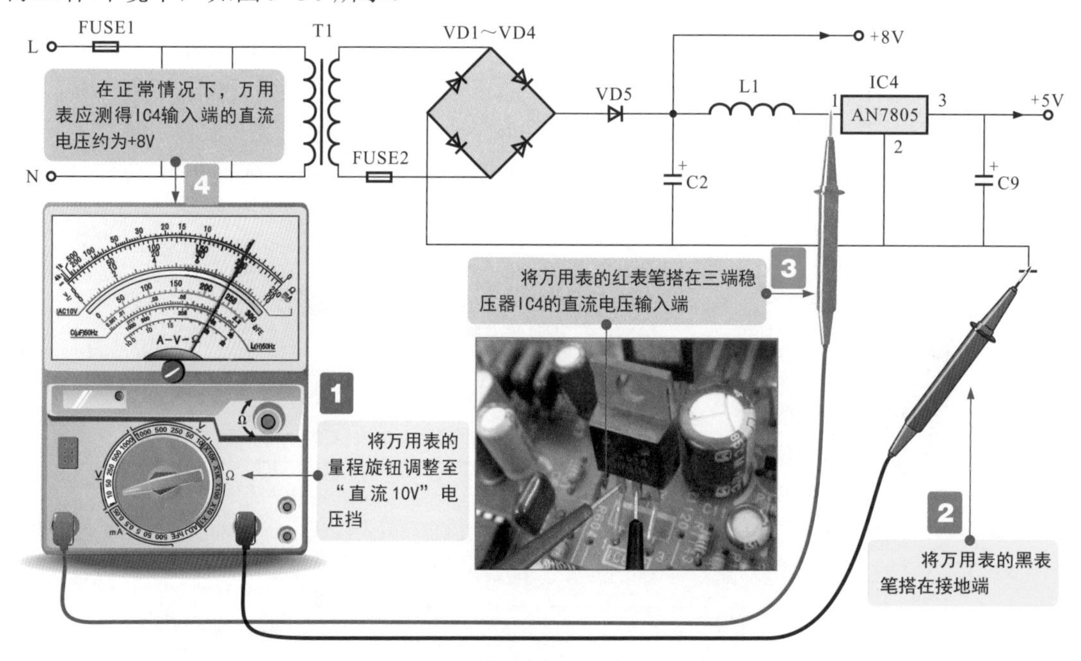

图 9-30　三端稳压器输入端供电电压的检测方法

在正常情况下，在三端稳压器的输入端应能够测得相应的直流电压值。根据电路标识，本例中实测三端稳压器输入端的电压为 8 V。

保持万用表的黑表笔不动，将红表笔搭在三端稳压器的输出端引脚上，如图 9-31 所示，检测三端稳压器输出端的电压值。

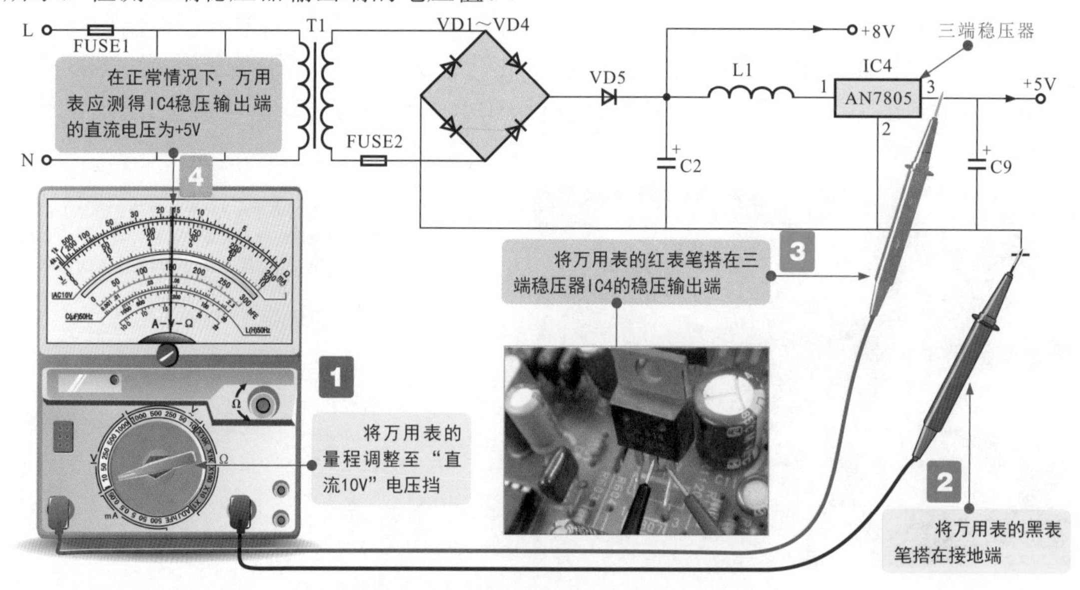

图 9-31　输出端电压值的检测方法

在正常情况下，若三端稳压器的直流电压输入端电压正常，则稳压输出端应有稳压后的电压输出；若输入端电压正常，而无电压输出，则说明三端稳压器损坏。

2　检测三端稳压器各引脚的阻值

判断三端稳压器的好坏还可以借助万用表检测三端稳压器各引脚的阻值，如图9-32所示。

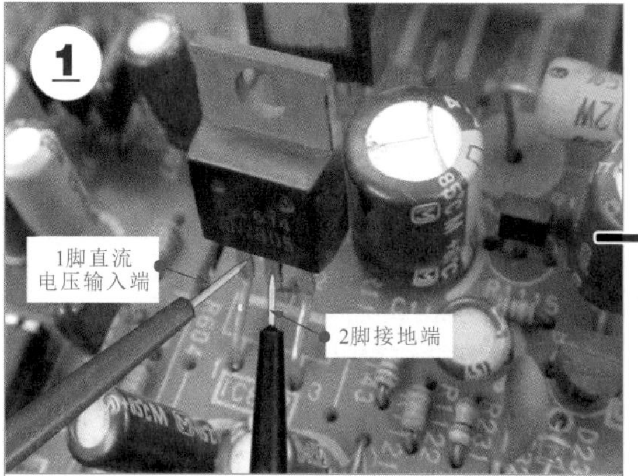

将万用表的量程旋钮调整至“20k”欧姆挡，将万用表的黑表笔搭在三端稳压器的接地端，红表笔搭在三端稳压器的直流电压输入端。

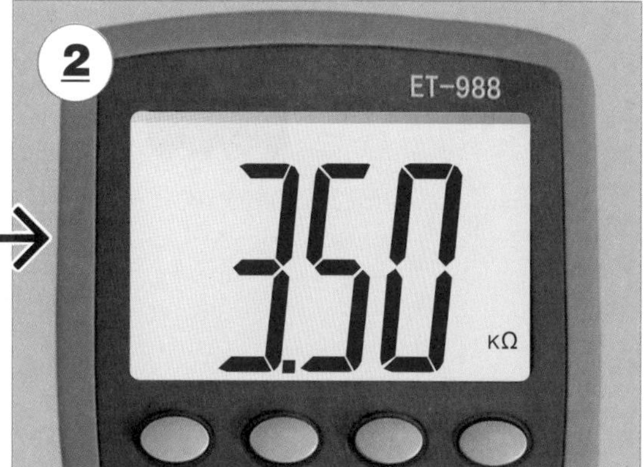

测得三端稳压器直流电压输入端正向对地阻值约为3.5kΩ。调换表笔，检测三端稳压器直流输入端反向对地阻值，实测约为8.2kΩ。

将万用表的黑表笔搭在三端稳压器的接地端，红表笔搭在三端稳压器的稳压输出端上。

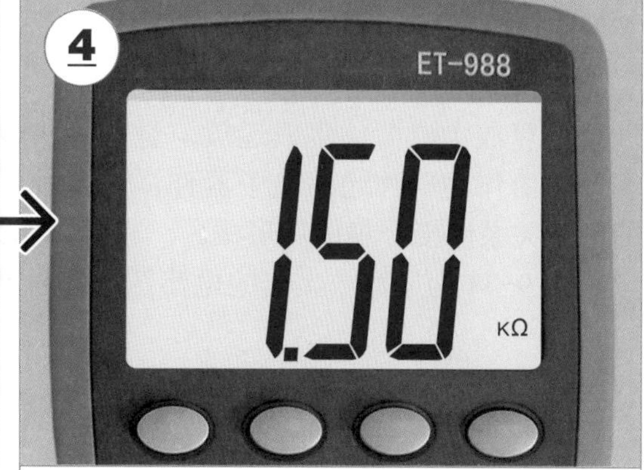

测得三端稳压器稳压输出端的正向对地阻值约为1.5kΩ。调换表笔，检测三端稳压器稳压输出端反向对地阻值也为1.5kΩ。

图9-32　三端稳压器各引脚对地阻值的检测方法

在正常情况下，三端稳压器各引脚阻值应与正常阻值近似或相同；若阻值相差较大，则说明三端稳压器性能不良。

在路检测三端稳压器引脚正、反向对地阻值判断好坏时，可能会受到外围元器件的影响导致检测结果不准，可将三端稳压器从电路板上焊下后再进行检测。

9.4.2 运算放大器的检测训练

运算放大器是具有很高放大倍数的电路单元，早期应用于模拟计算机中实现数字运算，故得名“运算放大器”。实际上，这种放大器可以应用在很多电子产品中。

从结构上看，运算放大器是一个具有放大功能的电路单元，将这个电路单元集成在一起独立封装，便构成常见的以集成电路结构形式出现的运算放大器。

图 9-33 为典型运算放大器的实物外形。

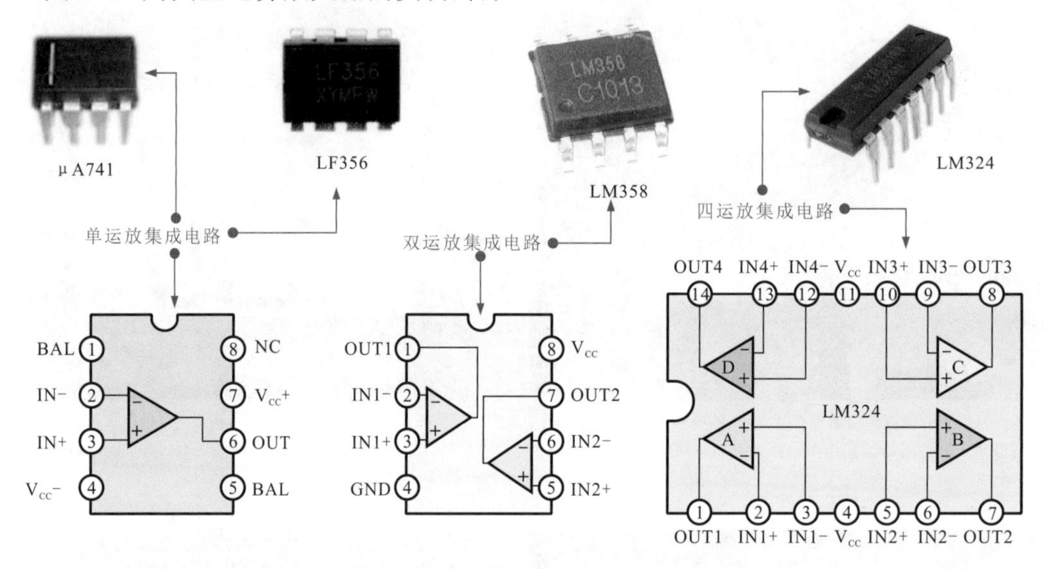

图 9-33 典型运算放大器的实物外形

运算放大器简称集成运放，是一种集成化的、高增益的多级直接耦合放大器。运算放大器作为一种通用电子器件，由多种不同的基本电子元件和半导体器件按照一定的电路关系连接、集成后形成。

图 9-34 为运算放大器的电路图形符号及内部结构。

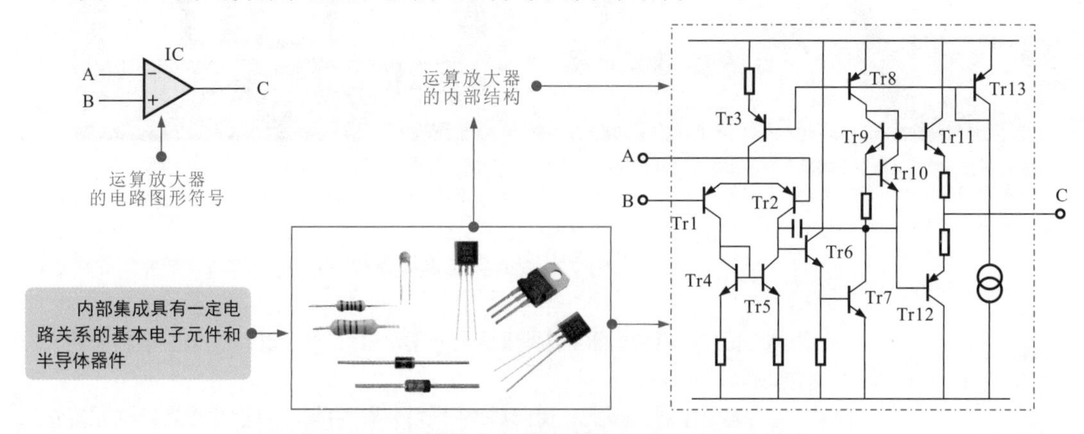

图 9-34 运算放大器的电路图形符号及内部结构

标准运算放大器的内部电路从功能上来说是由3种放大器组成的，即差动放大器、电压放大器和推挽式放大器。三种放大器集成在一起并封装成集成电路形式，如图9-35所示。

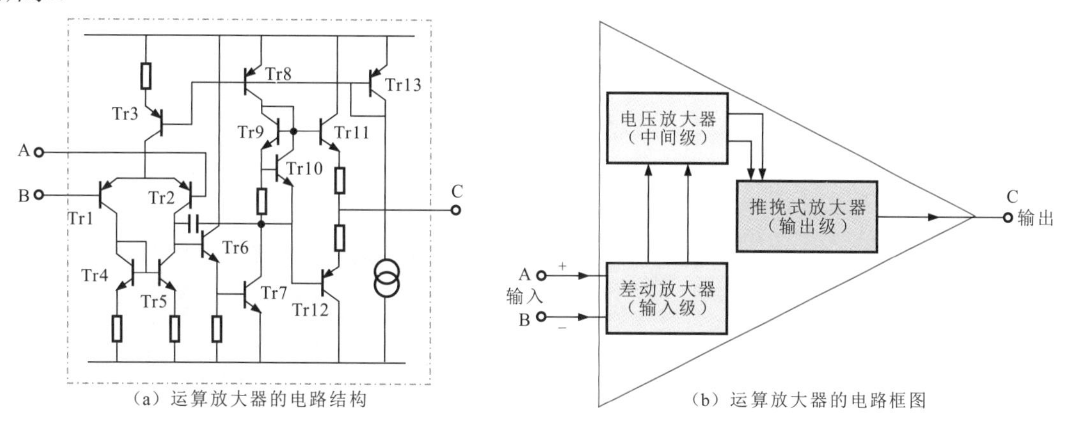

图9-35　运算放大电路的基本构成

运算放大器与外部元器件配合可以制成交/直流放大器、高频/低频放大器、正弦波或方波振荡器、高通/低通/带通滤波器、限幅器和电压比较器等，在放大、振荡、电压比较、模拟运算、有源滤波等各种电子电路中得到越来越广泛的应用。

图9-36为加法运算电路。

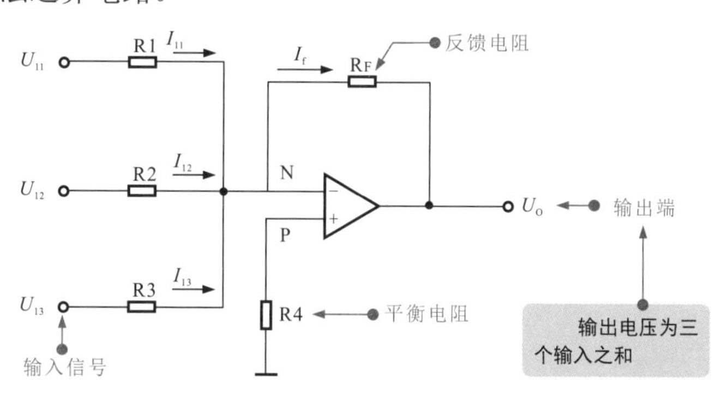

图9-36　加法运算电路

图9-37为由运算放大器构成的电压比较电路，是通过两个输入端电压值（或信号）的比较结果决定输出端状态的一种放大器件。

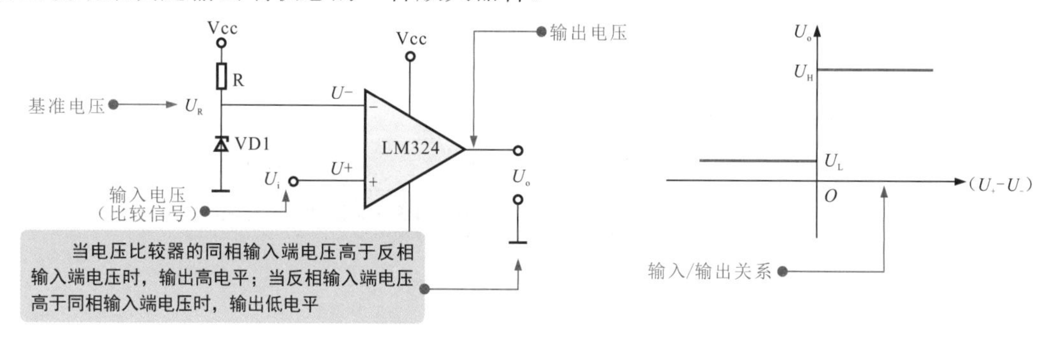

图9-37　由运算放大器构成的电压比较电路

检测运算放大器主要有两种方法：一种方法是将运算放大器置于电路中，在工作状态下，用万用表检测运算放大器各引脚的对地电压值，与标准值比较，即可判别运算放大器的性能；另一种方法是借助万用表检测运算放大器各引脚的对地阻值，从而判别运算放大器的好坏。检测之前，首先通过集成电路手册查询待测运算放大器各引脚的直流电压参数和电阻参数，为运算放大器的检测提供参考标准，如图 9-38 所示。

引脚	标识	集成电路引脚功能	电阻参数/kΩ		直流电压/V
			红笔接地	黑笔接地	
①	OUT1	放大信号（1）输出	0.38	0.38	1.8
②	IN1-	反相信号（1）输入	6.3	7.6	2.2
③	IN1+	同相信号（1）输入	4.4	4.5	2.1
④	VCC	电源+5 V	0.31	0.22	5
⑤	IN2+	同相信号（2）输入	4.7	4.7	2.1
⑥	IN2-	反相信号（2）输入	6.3	7.6	2.1
⑦	OUT2	放大信号（2）输出	0.38	0.38	1.8
⑧	OUT3	放大信号（3）输出	6.7	23	0
⑨	IN3-	反相信号（3）输入	7.6	∞	0.5
⑩	IN3+	同相信号（3）输入	7.6	∞	0.5
⑪	GND	接地	0	0	0
⑫	IN4+	同相信号（4）输入	7.2	17.4	4.6
⑬	IN4-	反相信号（4）输入	4.4	4.6	2.1
⑭	OUT4	放大信号（4）输出	6.3	6.8	4.2

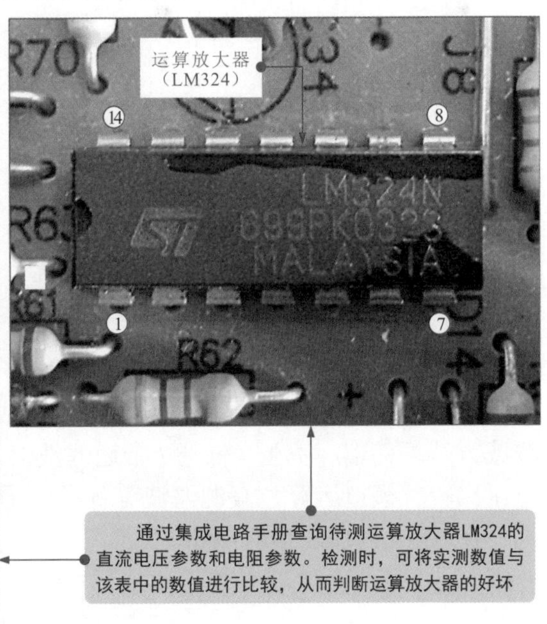

图 9-38 待测运算放大器各引脚功能及标准参数值

1 借助万用表检测运算放大器各引脚直流电压

借助万用表检测运算放大器各引脚直流电压时，需要先将运算放大器置于实际的工作环境中，然后将万用表置于电压挡，分别检测各引脚的电压值来判断运算放大器的好坏，如图 9-39 所示。

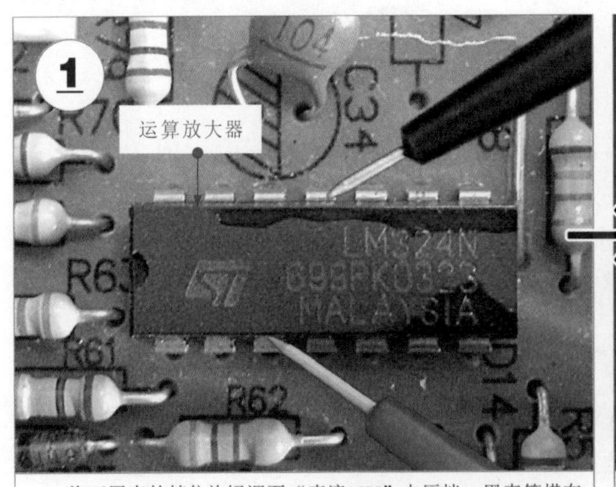

将万用表的挡位旋钮调至“直流10V”电压挡。黑表笔搭在运算放大器的接地端（11脚），红表笔依次搭在运算放大器的各引脚上（以3脚为例），检测运算放大器各引脚的直流电压值。

结合万用表的挡位旋钮位置可知，实测运算放大器3脚的直流电压约为2. 1V。

图 9-39 运算放大器各引脚直流电压的检测

在实际检测中，若检测电压与标准值比较相差较多时，不能轻易认为运算放大器有故障，应首先排除是否由外围元器件异常引起的；若输入信号正常，而无输出信号时，则说明运算放大器已损坏。

另外需要注意的是，若集成电路接地引脚的静态直流电压不为零，则一般有两种情况：一种是对地引脚上的铜箔线路开裂，从而造成对地引脚与地线之间断开；另一种情况是集成电路对地引脚存在虚焊或假焊情况。

2 检测运算放大器各引脚的阻值

运算放大器的好坏还可以借助万用表检测运算放大器各引脚的正、反向对地阻值，将实测结果与正常值比较，来进行判断，如图 9-40 所示。

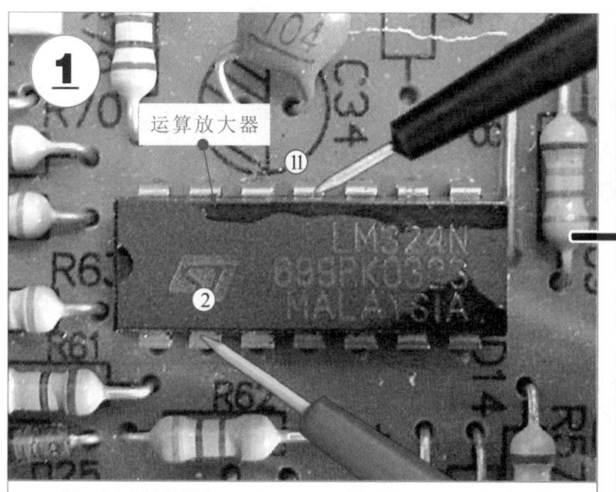

将万用表挡位旋钮调至“×1k”欧姆挡，黑表笔搭在运算放大器的接地端（11脚），红表笔依次搭在运算放大器各引脚上（以2脚为例）。

检测运算放大器各引脚的正向对地阻值（以2脚为例），实测运算放大器2脚的正向对地阻值约为7. 6kΩ。

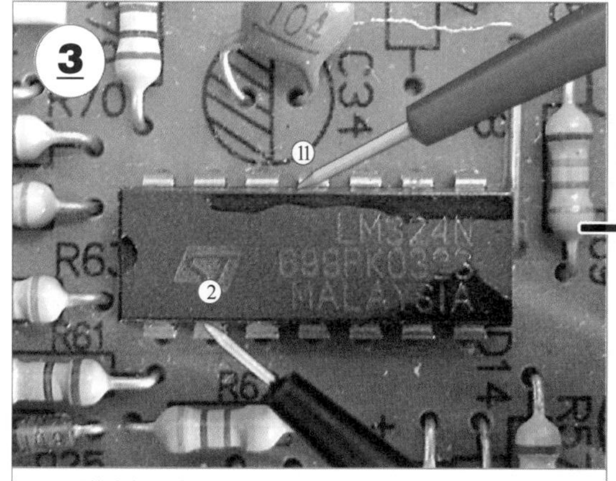

调换表笔，将万用表红表笔搭在接地端，黑表笔依次搭在运算放大器各引脚上（以2脚为例）。

检测运算放大器各引脚的反向对地阻值（以2脚为例），实测运算放大器2脚的反向对地阻值约为6. 3kΩ。

图 9-40 运算放大器各引脚正、反向对地阻值的检测方法

在正常情况下，运算放大器各引脚的正、反向对地阻值应与正常值相近。若实测结果与对照表偏差较大，或出现多组数值为零或无穷大，则多为运算放大器内部损坏。

9.4.3　音频功率放大器的检测训练

音频功率放大器是一种用于放大音频信号输出功率的集成电路，能够推动扬声器音圈振荡发出声音，在各种影音产品中应用十分广泛。

图 9-41 为常见音频功率放大器的实物外形。

图 9-41　常见音频功率放大器的实物外形

图 9-42 为典型多声道音频功率放大电路，所有的功率放大元器件都集成在 AN7135 中，由于具有两个输入、输出端，因此也称双声道音频功率放大器，特别适合大中型音响产品。

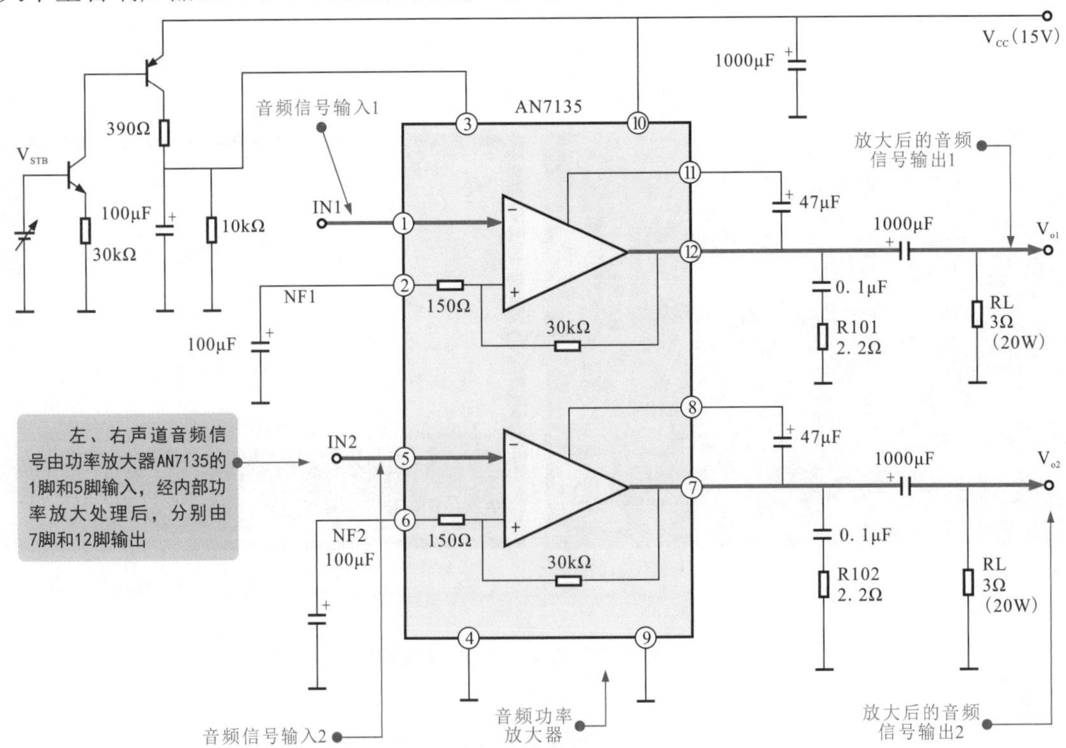

图 9-42　典型多声道音频功率放大电路

音频功率放大器也可以采用检测各引脚动态电压值及各引脚正、反向对地阻值，并与正常参数值比较的方法判断好坏，具体的检测方法和操作步骤与前面运算放大器的相同。另外，根据音频功率放大器对信号放大处理的特点，还可以通过信号检测法进行判断，将音频功率放大器置于实际工作环境中，或搭建测试电路模拟实际工作条件，并向功率放大器输入指定信号，用示波器检测输入、输出端的信号波形来判断好坏。

下面以典型彩色电视机中音频功率放大器（TDA8944J）为例，介绍音频功率放大器的检测方法。首先根据相关电路图纸或集成电路手册了解和明确待测音频功率放大器的各引脚功能，为音频功率放大器的检测做好准备，如图 9-43 所示。

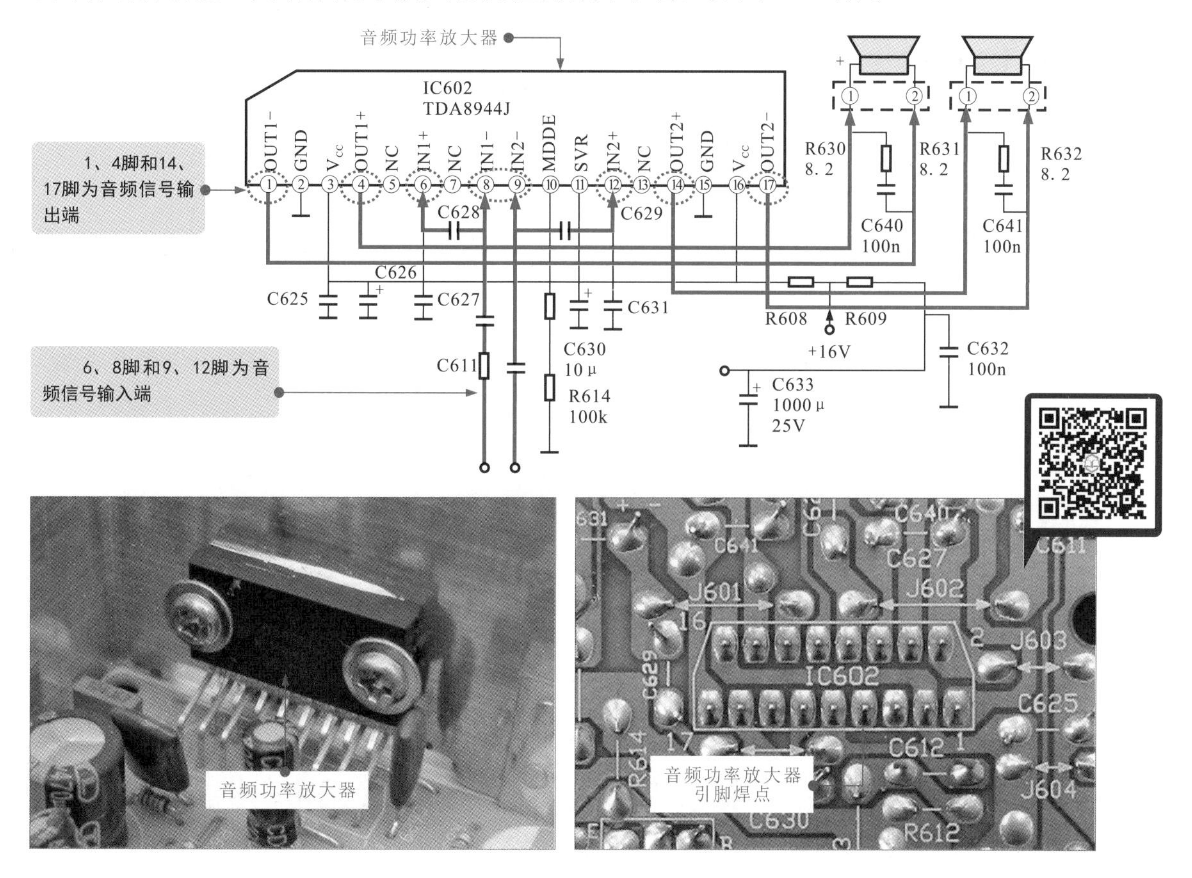

图 9-43 了解和明确待测音频功率放大器的各引脚功能

音频功率放大器（TDA8944J）的 3 脚和 16 脚为电源供电端，6 脚和 8 脚为左声道信号输入端，9 脚和 12 脚为右声道信号输入端，1 脚和 4 脚为左声道信号输出端，14 脚和 17 脚为右声道信号输出端。这些引脚是音频信号的主要检测点，除了检测输入、输出音频信号外，还需对电源供电电压进行检测。

采用信号检测法检测音频功率放大器（TDA8944J），需要明确音频功率放大器的基本工作条件正常，如供电电压、输入端信号等，在满足工作条件正常的基础上，再借助示波器检测输出音频信号来判断好坏。

音频功率放大器的检测方法如图 9-44 所示。

将万用表的挡位旋钮调至“直流50V”电压挡，黑表笔搭在音频功率放大器的接地端（2脚），红表笔搭在音频功率放大器的供电引脚端（以3脚为例）。

实测音频功率放大器3脚的直流电压约为16V。

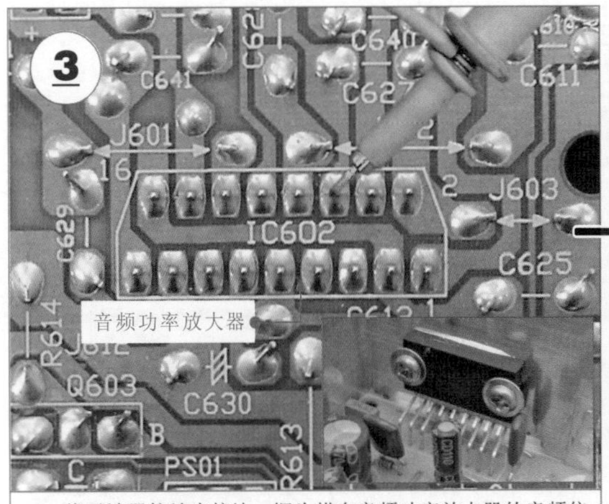

将示波器接地夹接地，探头搭在音频功率放大器的音频信号输入端引脚上。

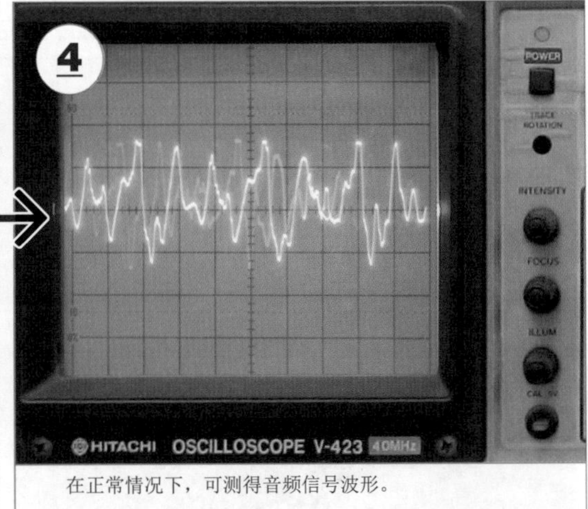

在正常情况下，可测得音频信号波形。

将示波器的接地夹接地，探头搭在音频功率放大器的音频信号输出端引脚上。

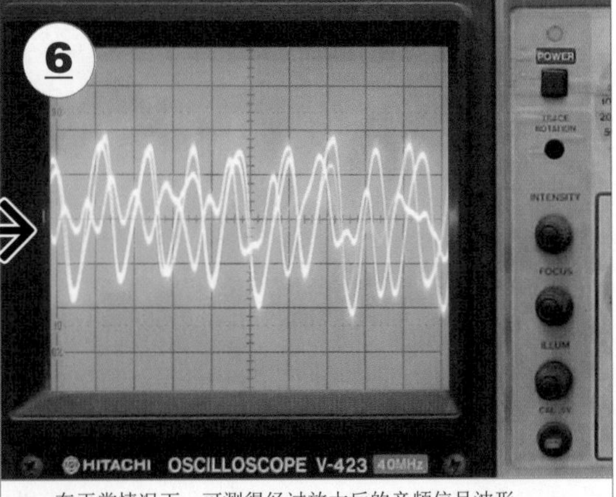

在正常情况下，可测得经过放大后的音频信号波形。

图 9-44　音频功率放大器的检测方法

若经检测，音频功率放大器的供电正常，输入信号也正常，但无输出或输出异常，则多为音频功率放大器内部损坏。

需要注意的是，只有在明确音频功率放大器工作条件正常的前提下检测输出端信号才有实际意义，否则，即使音频功率放大器本身正常、工作条件异常，也无法输出正常的音频信号，可直接影响测量结果。

检测音频功率放大器也可采用检测各引脚对地阻值的方法，如图 9-45 所示。

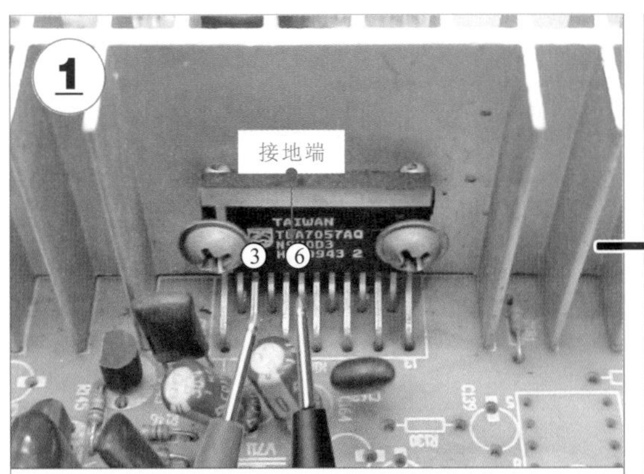

将万用表的黑表笔搭在接地端，红表笔依次搭在集成电路各引脚上，检测各引脚的正向阻值。

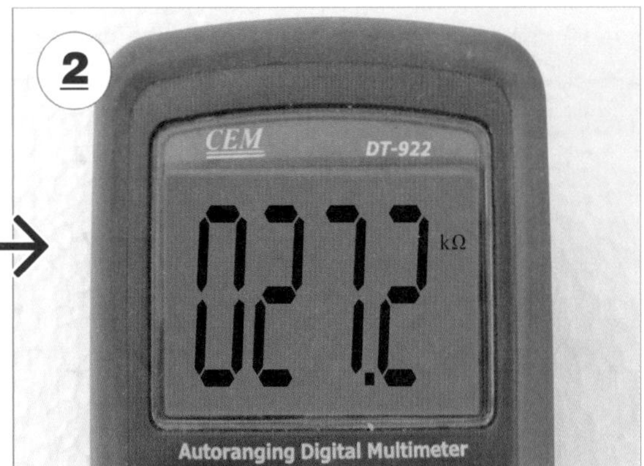

从万用表的显示屏上可读取出实测各引脚的正向阻值（在路测量阻值时，应确保集成电路处于未通电状态）。

调换表笔，将万用表的红表笔搭在接地端，黑表笔依次搭在集成电路各引脚上，检测各引脚的反向阻值。

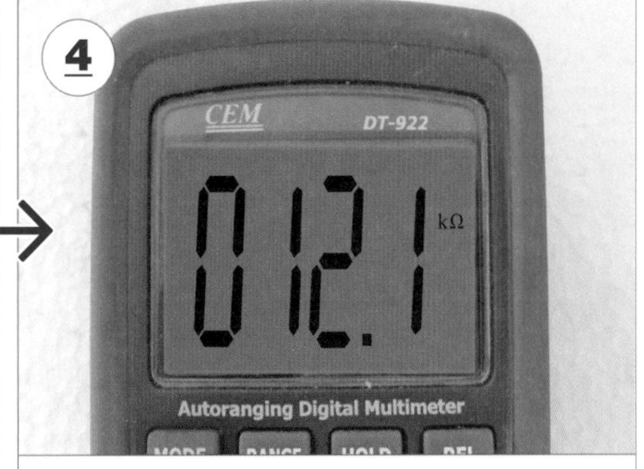

观察万用表显示屏显示数值，可读取出实测各引脚的反向阻值。

实测结果

黑笔接地	0.8	∞	27.2	40.2	150	0	0.8	30.2	0	30.2	30.2	0	30.2
引脚号	1	2	3	4	5	6	7	8	9	10	11	12	13
红笔接地	0.8	∞	12.1	5	11.4	0	0.8	8.5	0	8.5	8.5	0	8.5

注：单位为kΩ

将实测结果与集成电路手册中的标准值比较

标准数值

黑笔接地	0.78	∞	27	40.2	150	0	0.78	30.1	0	30.1	30.2	0	30.1
引脚号	1	2	3	4	5	6	7	8	9	10	11	12	13
红笔接地	0.78	∞	12	5	11.4	0	0.78	8.4	0	8.4	8.4	0	8.4

注：单位为kΩ

图 9-45　音频功率放大器对地阻值的检测方法

根据比较结果可对集成电路的好坏做出判断：

◇ 若实测结果与标准值相同或十分相近，则说明集成电路正常。

◇ 若出现多组引脚正、反向阻值为零或无穷大时，则表明集成电路内部损坏。

电阻法检测集成电路需要有标准值比较才能做出判断，如果无法找到集成电路的手册资料，则可以找一台与所测机器型号相同的、正常的机器作为对照，通过实测相同部位的集成电路各引脚阻值作为比较，若所测集成电路与对照机器中集成电路引脚的对地阻值相差很大，则多为所测集成电路损坏。

9.4.4 微处理器的检测训练

微处理器简称 CPU，是将控制器、运算器、存储器、稳压电路、输入和输出通道、时钟信号产生电路等集成于一体的大规模集成电路，如图 9-46 所示。由于具有分析和判断功能，犹如人的大脑，因而又称为微电脑，广泛应用于各种电子产品中，为产品增添智能功能。

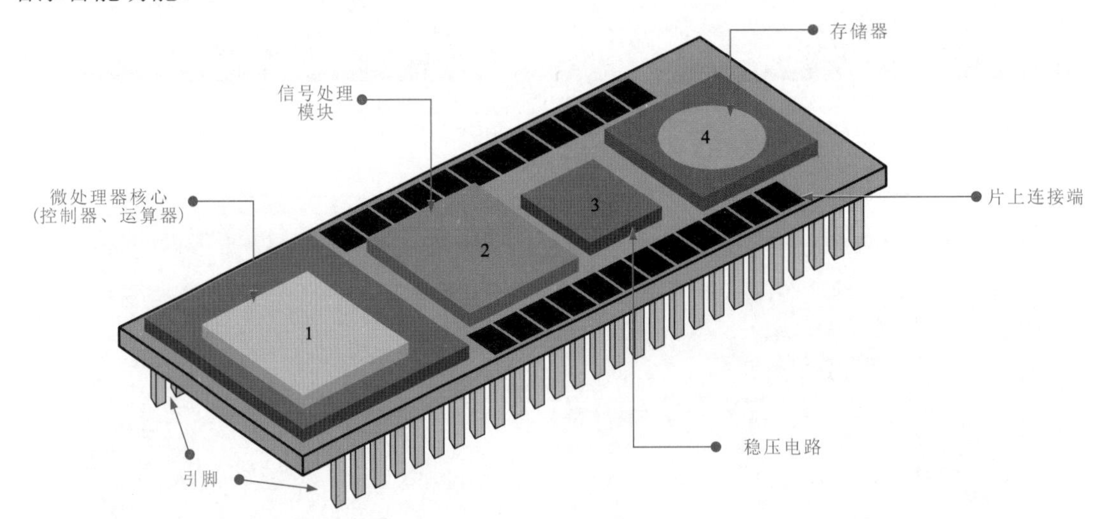

图 9-46　微处理器的实物外形

微处理器是一种智能化器件，可以根据所检测的信号进行分析和判断，其他的集成电路不具有此功能。

微处理器是由几百万个甚至几千万个晶体管集成的，可以完成很多功能。另外，根据内部集成器件的数量和电路关系的不同，微处理器又具有一定的灵活性，在不同的地方可以发挥不同的作用。

目前，大多数电子产品都具备自动控制功能，大多是由微处理器实现的。由于不同电子产品的功能不同，因此微处理器所实现的具体控制功能也不同。

例如，空调器中的微处理器是实现空调器自动制冷 / 制热功能的核心器件，内部集成运算器和控制器，主要用来对人工指令信号和传感器的检测信号进行识别，输出对控制器各电气部件的控制信号，实现空调器制冷 / 制热功能控制。

图 9-47 为典型空调器中微处理器的实物外形及功能框图。

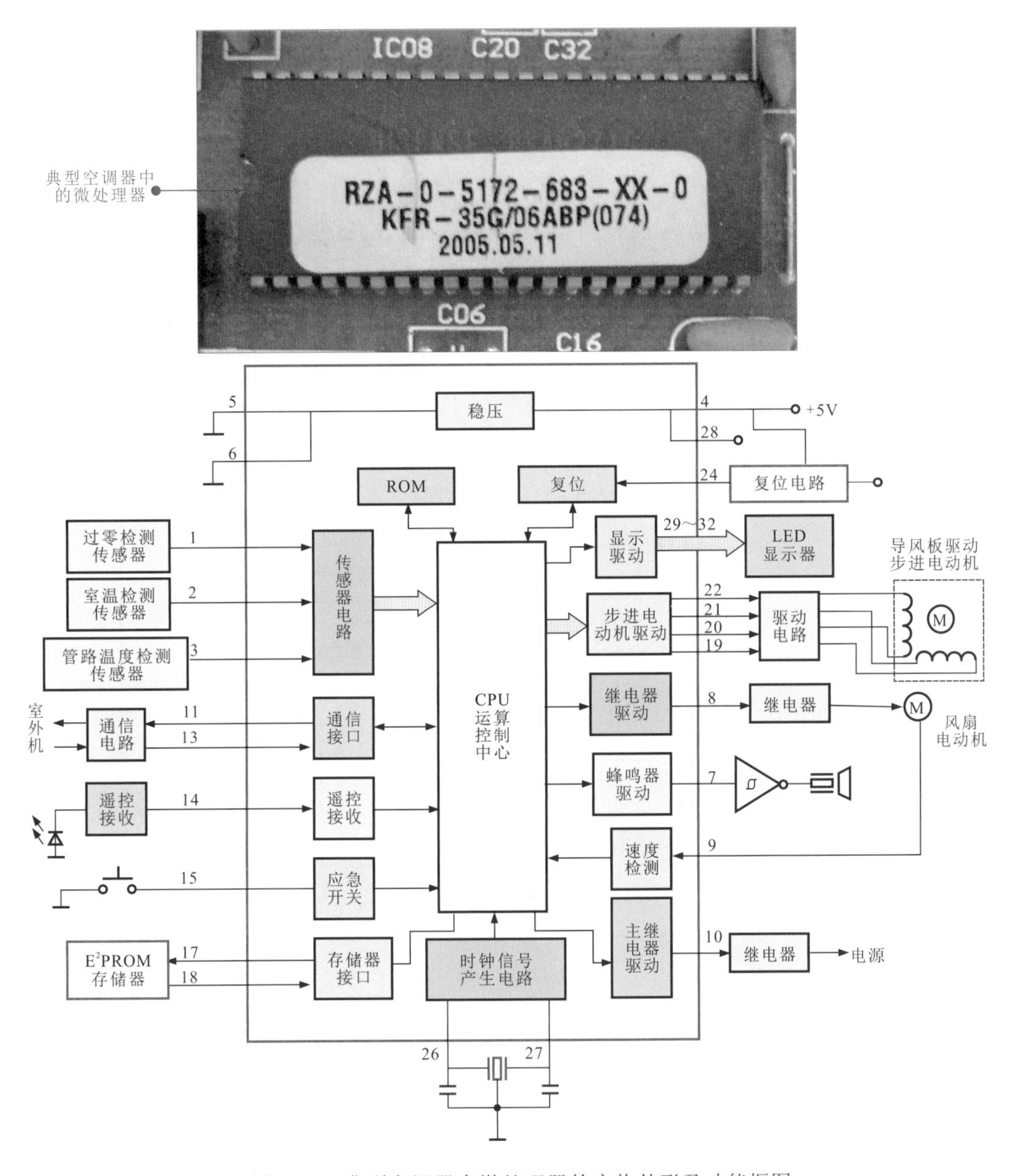

图 9-47　典型空调器中微处理器的实物外形及功能框图

彩色电视机中的微处理器主要用来接收由遥控器或操作按键送来的人工指令，并根据内部程序和数据信息将这些指令信息变为控制各单元电路的控制信号，实现对彩色电视机开/关机、选台、音量/音调、亮度、色度、对比度等功能和参数的调整和控制。

图 9-48 为典型彩色电视机中微处理器的实物外形及功能框图。

在彩色电视机中，微处理器外接晶体，与其内部电路构成时钟信号发生器，为整个微处理器提供同步脉冲。微处理器中的只读存储器(ROM)存储微处理器的基本工作程序。人工操作指令和遥控指令分别由操作按键和遥控接收电路送入微处理器的中央处理单元。中央处理单元会根据当前接收的指令，向彩色电视机各单元电路发送控制指令。

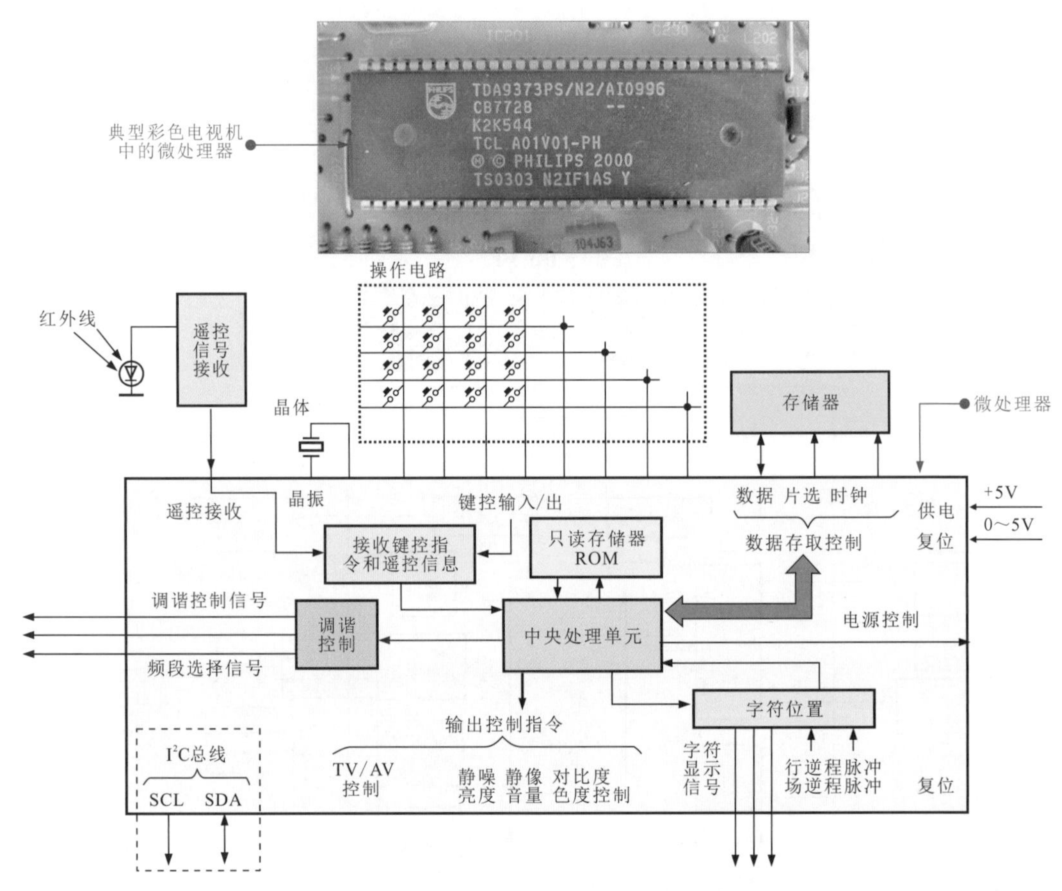

图 9-48 典型彩色电视机中微处理器的实物外形及功能框图

检测微处理器主要有两种方法：一种方法是借助万用表检测微处理器各引脚的电压值或正、反向对地阻值，根据实测结果与集成电路手册中的正常数值比较，从而判别微处理器的性能；另一种方法是将微处理器置于工作环境中，在工作状态下，借助万用表及示波器检测关键引脚的电压或信号波形，根据检测结果判断微处理器的性能。

检测之前，首先通过集成电路手册查询待测微处理器的相关性能参数作为微处理器实际检测结果的比较标准。图 9-49 为待测微处理器的实物外形。

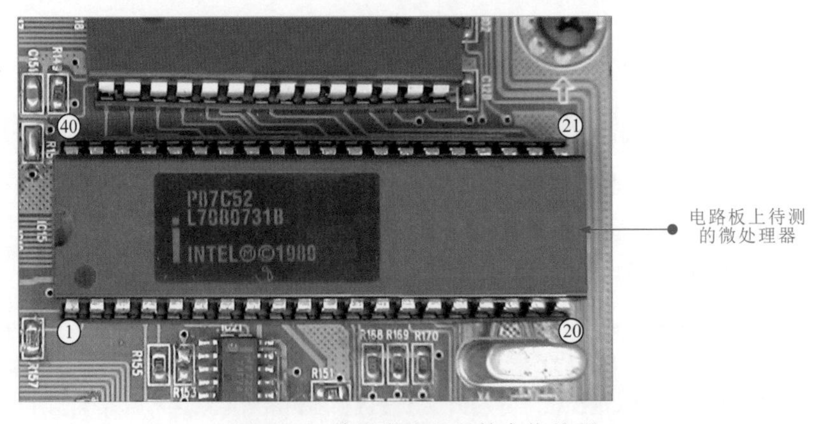

图 9-49 待测微处理器的实物外形

表 9-3 为待测微处理器 P87C52 各引脚的功能及相关参数标准值。

表 9-3　待测微处理器 P87C52 各引脚的功能及相关参数标准值

引脚号	名称	引脚功能	电阻参数/kΩ		直流电压参数/V
			红笔接地	黑笔接地	
1	HSEL0	地址选择信号（0）输出	9.1	6.8	5.4
2	HSEL1	地址选择信号（1）输出	9.1	6.8	5.5
3	HSEL2	地址选择信号（2）输出	7.2	4.6	5.3
4	DS	主数据信号输出	7.1	4.6	5.3
5	R/W	读写控制信号	7.1	4.6	5.3
6	CFLEVEL	状态标志信号输入	9.1	6.8	0
7	DACK	应答信号输入	9.1	6.8	5.5
8/9	RESET	复位信号	9.1/2.3	6.8/2.2	5.5/0.2
10	SCL	时钟线	5.8	5.2	5.5
11	SDA	数据线	9.2	6.6	0
12	INT	中断信号输入/输出	5.8	5.6	5.5
13	REM IN-	遥控信号输入	9.2	5.8	5.4
14	DSA CLK	时钟信号输入/输出	9.2	6.6	0
15	DSA DATA	数据信号输入/输出	5.4	5.3	5.3
16	DSA ST	选通信号输入/输出	9.2	6.6	5.5
17	OK	卡拉OK信号输入	9.2	6.6	5.5
18/ 19	XTAL	晶振（12MHz）	9.2/9.2	5.3/5.2	2.7/2.5
20	GND	接地	0	0	0
21	VFD ST	屏显选通信号输入/输出	8.6	5.5	4.4
22	VFD CLK	屏显时钟信号输入/输出	8.6	6.2	5.3
23	VFD DATA	屏显数据信号输入/输出	9.2	6.7	1.3
24/25	P23/P24	未使用	9.2	6.6	5.5
26	MIN IN	话筒检测信号输入	9.2	6.6	5.5
27	P26	未使用	9.2	6.7	2
28	-YH CS	片选信号输出	9.2	6.6	5.5
29	PSEN	使能信号输出	9.2	6.6	5.5
30	ALE/PROG	地址锁存使能信号	9.2	6.7	1.7
31	EANP	使能信号	1.6	1.6	5.5
32	P07	主机数据信号（7）输出/输入	9.5	6.8	0.9
33	P06	主机数据信号（6）输出/输入	9.3	6.7	0.9
34	P05	主机数据信号（5）输出/输入	5.4	4.8	5.2
35	P04	主机数据信号（4）输出/输入	9.3	6.8	0.9
36	P03	主机数据信号（3）输出/输入	6.9	4.8	5.2
37	P02	主机数据信号（2）输出/输入	9.3	6.7	1
38	P01	主机数据信号（1）输出/输入	9.3	6.7	1
39	P00	主机数据信号（0）输出/输入	9.3	6.7	1
40	VCC	电源+5.5V	1.6	1.6	5.5

使用万用表检测微处理器各引脚直流电压或正、反向对地阻值的方法与运算放大器的检测方法相同。下面以检测微处理器各引脚正、反向对地阻值为例。

首先将万用表的黑表笔搭在微处理器的接地端，红表笔依次搭在其他各引脚上检测正向对地阻值，然后调换表笔检测引脚的反向对地阻值，如图 9-50 所示。

将万用表的挡位旋钮调至“×1k”欧姆挡，并进行欧姆调零操作，将万用表的黑表笔搭在微处理器的接地端（20脚），红表笔依次搭在微处理器各引脚上（以30脚为例）。

结合万用表挡位的位置可知，实测微处理器30脚的正向对地阻值约为6. 1×1kΩ=6. 1kΩ。

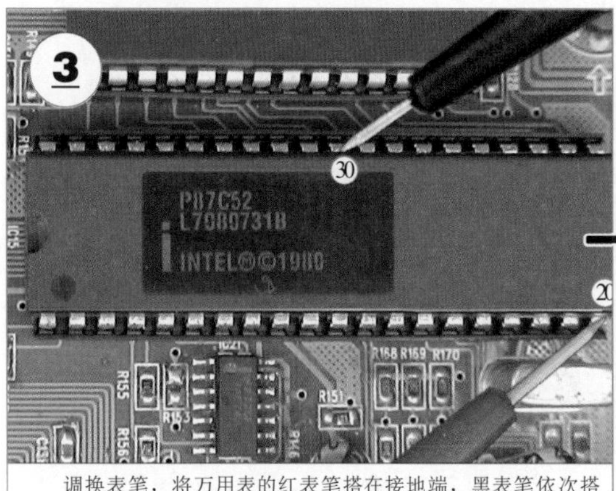

调换表笔，将万用表的红表笔搭在接地端，黑表笔依次搭在微处理器各引脚上（以30脚为例）。

结合万用表挡位的位置可知，实测微处理器30脚的反向对地阻值约为9. 2×1kΩ=9. 2kΩ。

图 9-50 微处理器各引脚对地阻值的检测方法

在正常情况下，微处理器各引脚的正、反向对地阻值应与标准值相近，否则，可能为微处理器内部损坏，需要用同型号的集成电路代换。

微处理器的型号不同，引脚功能也不同，但基本都包括供电端、晶振端、复位端、I^2C 总线信号端和控制信号输出端，因此，判断微处理器的性能可通过对这些引脚的电压或信号参数进行检测。若这些关键引脚参数均正常，但微处理器控制功能仍无法实现，则多为微处理器内部电路异常。

微处理器供电及复位电压的检测方法与前面集成电路供电电压的检测方法相同。下面主要介绍用示波器检测微处理器晶振信号、总线信号的检测方法，如图 9-51 所示。

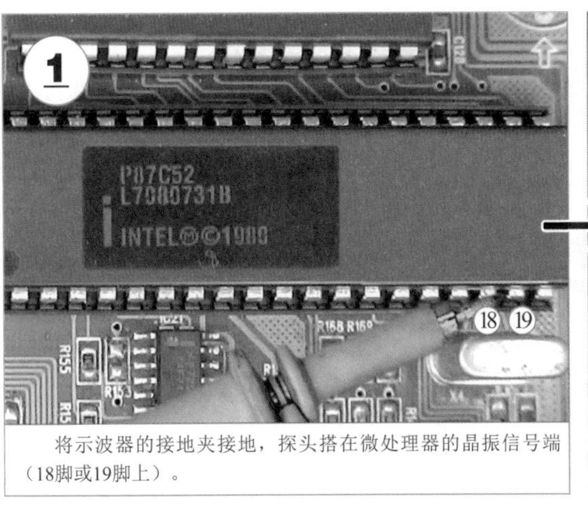

将示波器的接地夹接地，探头搭在微处理器的晶振信号端（18脚或19脚上）。

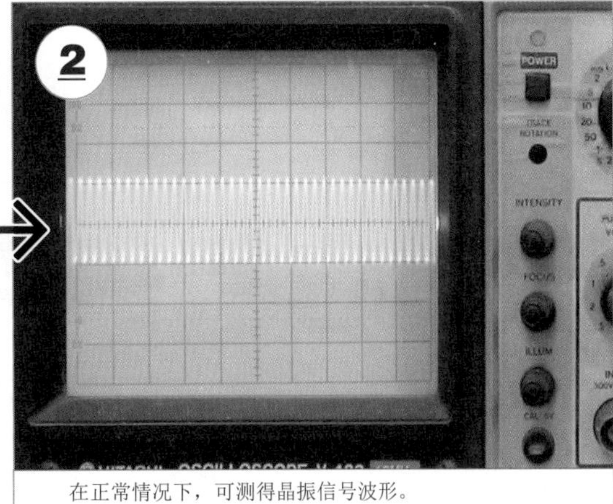

在正常情况下，可测得晶振信号波形。

将示波器的接地夹接地，探头搭在微处理器I²C总线信号中的串行时钟信号端（10脚）。

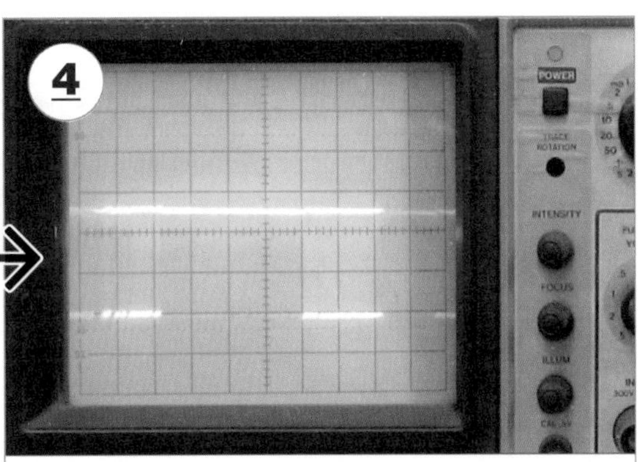

在正常情况下，可测得I²C总线串行时钟信号（SCL）波形。

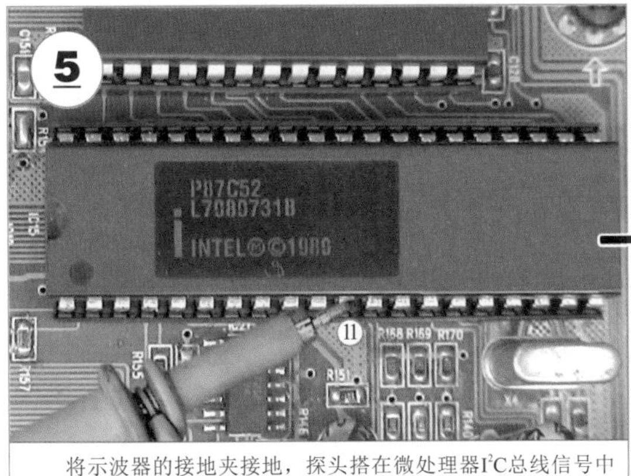

将示波器的接地夹接地，探头搭在微处理器I²C总线信号中的数据信号端（11脚）。

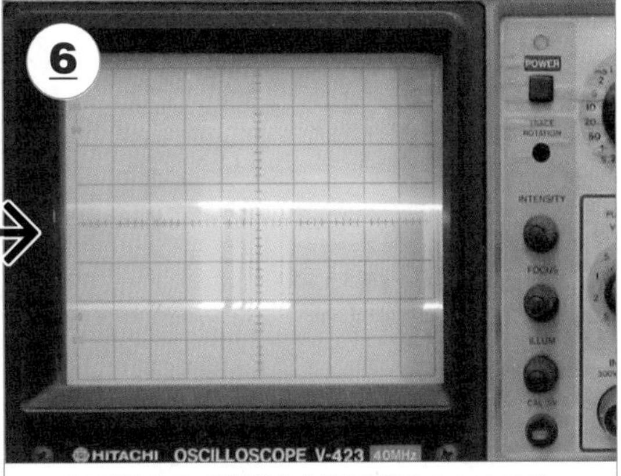

在正常情况下，可测得I²C总线数据信号（SDA）波形。

图 9-51　使用示波器检测微处理器的晶振信号、I²C 总线信号

I²C 总线信号是微处理器中的标志性信号之一，也是微处理器对其他电路进行控制的重要信号，若该信号消失，则可以说明微处理器没有处于工作状态。

在正常情况下，若微处理器供电、复位和晶振三大基本条件正常，一些标志性输入信号正常，但 I²C 总线信号异常或输出端控制信号异常，则多为微处理器内部损坏。

第10章 常用电气部件的功能特点与识别检测

10.1 数码显示器的识别与检测

10.1.1 数码显示器的功能特点

数码显示器实际上是一种数字显示器件，又可称为LED数码管，是电子产品中常用的显示器件，如应用在电磁炉、微波炉操作面板上用来显示工作状态、运行时间等信息。图10-1为常见数码显示器的实物外形及典型应用。

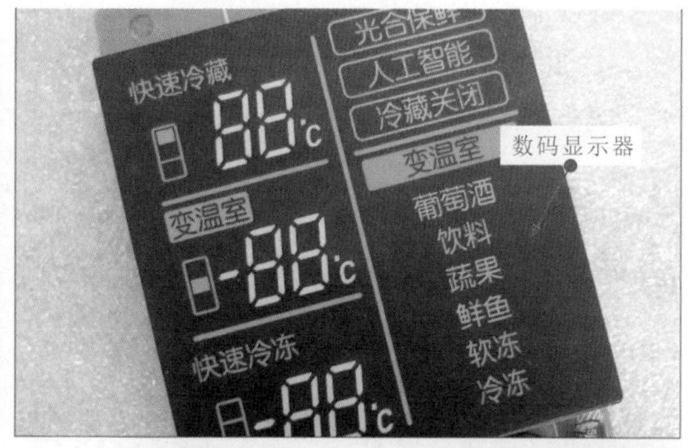

图10-1 常见数码显示器的实物外形及典型应用

数码显示器是以发光二极管（LED）为基础，用多个发光二极管组成 a、b、c、d、e、f、g 七段组成的笔段，另用 DP 表示小数点，用笔段显示相应的数字或图像。

图 10-2 为典型数码显示器的实物外形、引脚功能及连接方式。

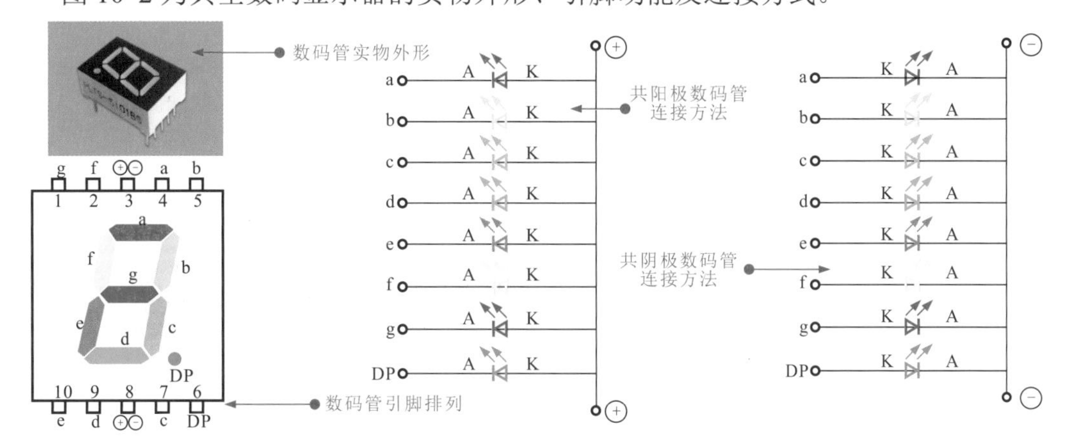

图 10-2 典型数码显示器的实物外形、引脚功能及连接方式

数码显示器按照字符笔画段数的不同可以分为七段数码显示器和八段数码显示器两种。段是指数码显示器字符的笔画（a ～ g），八段数码显示器比七段数码显示器多一个发光二极管单元（多一个小数点显示 DP）。

10.1.2 数码显示器的检测方法

数码显示器一般可借助万用表检测。检测时，可通过检测相应笔段的阻值来判断数码显示器是否损坏。检测之前，应首先了解待测数码显示器各笔段所对应的引脚，为数码显示器的检测提供参照标准，如图 10-3 所示。

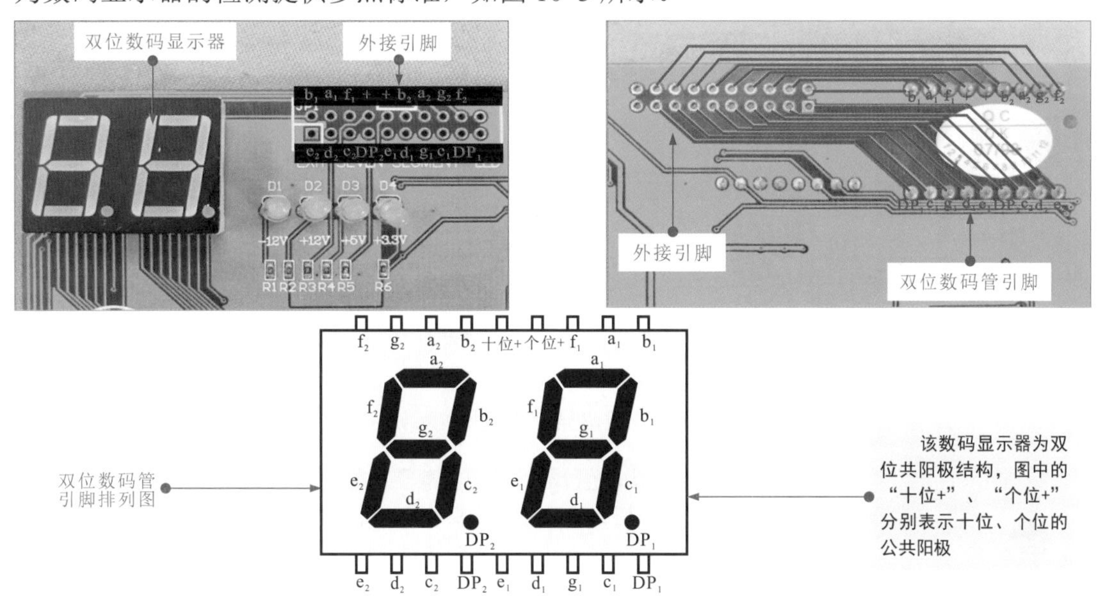

图 10-3 待测数码显示器实物外形及引脚排列

图 10-4 为数码显示器的检测方法。

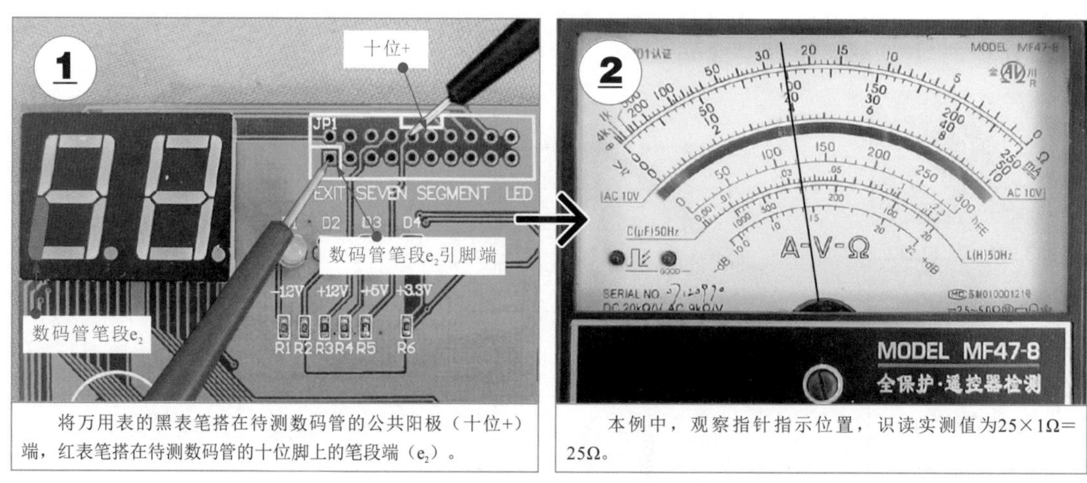

将万用表的黑表笔搭在待测数码管的公共阳极（十位+）端，红表笔搭在待测数码管的十位脚上的笔段端（e_2）。

本例中，观察指针指示位置，识读实测值为25×1Ω=25Ω。

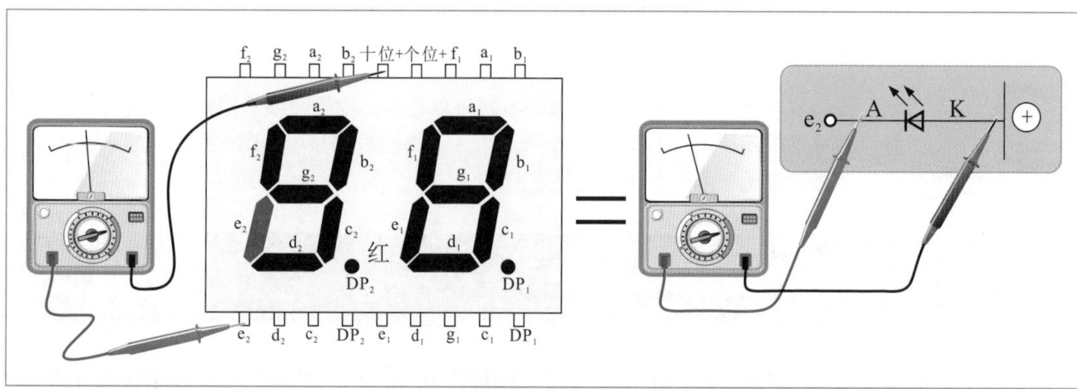

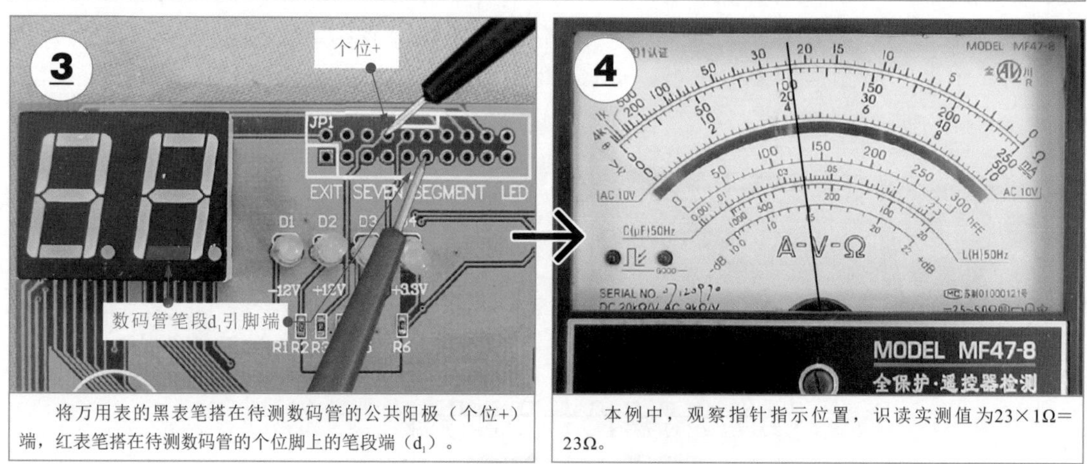

将万用表的黑表笔搭在待测数码管的公共阳极（个位+）端，红表笔搭在待测数码管的个位脚上的笔段端（d_1）。

本例中，观察指针指示位置，识读实测值为23×1Ω=23Ω。

图 10-4 数码显示器的检测方法

在正常情况下，检测相应笔段时，其相应笔段发光，且万用表显示一定的阻值；若检测时相应笔段不发光或万用表显示无穷大或零，均说明该笔段发光二极管已损坏。

另外需要注意的是，图 10-4 是采用共阳极结构的数码显示器，若采用共阴极结构的数码显示器，则在检测时，应将红表笔接触公共阴极，用黑表笔接触各个笔段引脚，相应的笔段才能正常发光。

10.2 扬声器的识别与检测

10.2.1 扬声器的功能特点

扬声器俗称喇叭，是音响系统中不可或缺的重要器件，所有的音乐都是通过扬声器发出声音传到人耳的，是一种能够将电信号转换为声波的电声器件。

图 10-5 为常见扬声器的实物外形及电路图形符号。

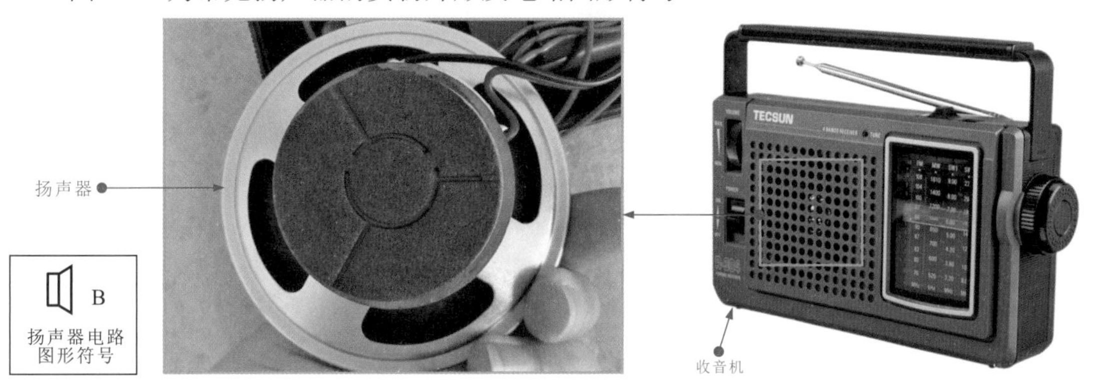

图 10-5　常见扬声器的实物外形及电路图形符号

扬声器主要是由磁路系统和振动系统组成的。磁路系统由环形磁铁、磁柱和导磁板组成；振动系统由纸盆、纸盆支架、音圈、音圈支架等部分组成，如图 10-6 所示。

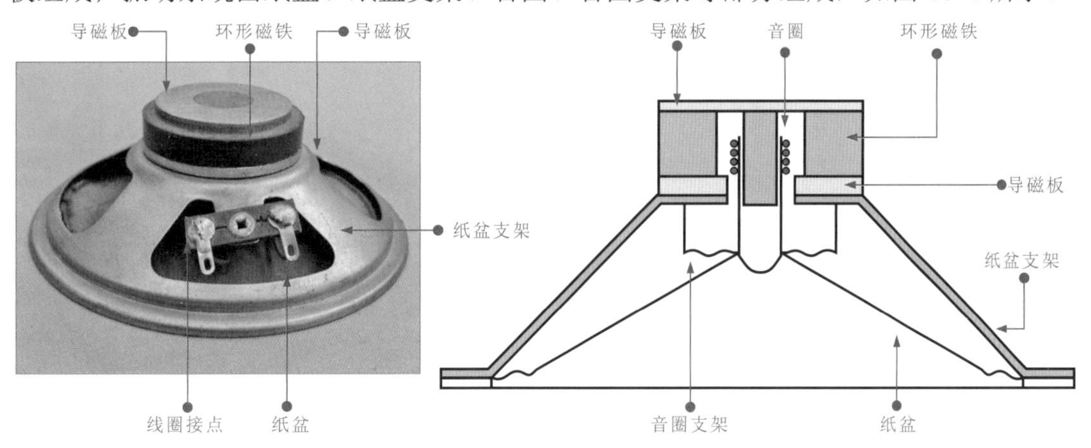

图 10-6　扬声器的结构

音圈是用漆包线绕制成的，圈数很少（通常只有几十圈），故阻抗很小。音圈的引出线平贴着纸盆，用胶水粘在纸盆上。纸盆是由特制的模压纸制成的，在中心加有防尘罩，防止灰尘和杂物进入磁隙，影响振动效果。

当扬声器的音圈通入音频电流后，音圈在电流的作用下产生一个交变的磁场，线圈在永久磁钢所形成的磁场中会形成振动。由于音圈产生磁场的大小和方向随音频电信号的变化不断改变，因此两个磁场的相互作用使音圈做垂直于音圈的电流方向运动。由于音圈和振动膜相连，因此音圈带动振动膜振动，由振动膜振动引起空气的振动而发出声音。

10.2.2　扬声器的检测方法

使用万用表检测扬声器时，可通过检测扬声器的阻值来判断扬声器是否损坏。检测前，可先了解待测扬声器的标称交流阻抗值，为检测提供参照标准，如图 10-7 所示。

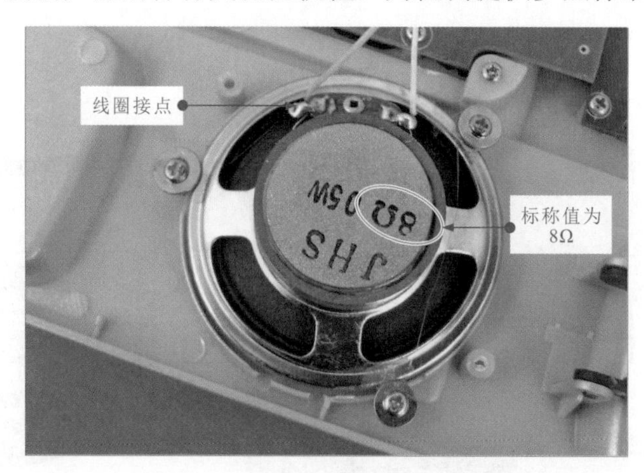

图 10-7　待测扬声器的参数标识

借助万用表测量扬声器两个输出引脚之间的阻值，根据检测结果判断好坏，如图 10-8 所示。

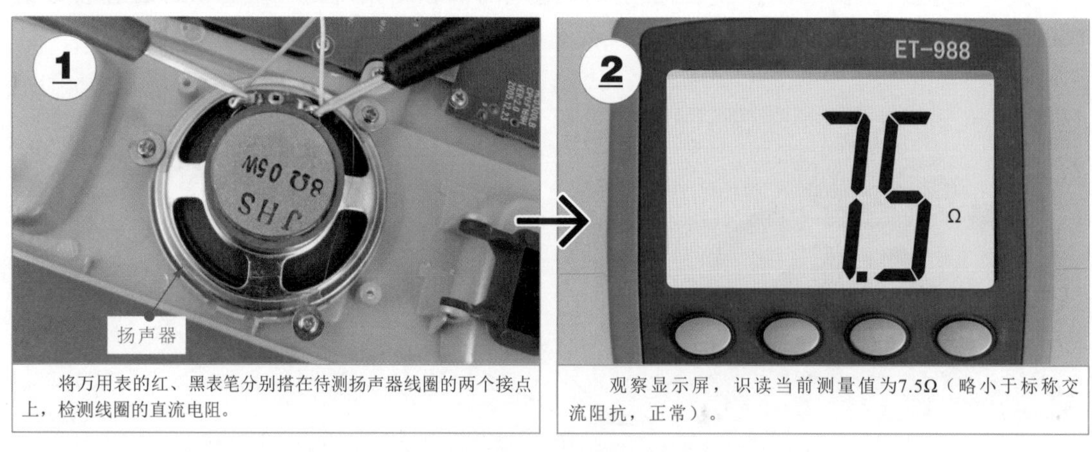

将万用表的红、黑表笔分别搭在待测扬声器线圈的两个接点上，检测线圈的直流电阻。

观察显示屏，识读当前测量值为7.5Ω（略小于标称交流阻抗，正常）。

图 10-8　用万用表测量扬声器的阻值

值得注意的是，扬声器上标称的阻值 8Ω 是指该扬声器在有正常的交流信号驱动时所呈现的阻值，即交流阻值；万用表检测时，所测阻值为直流阻值。在正常情况下，直流阻值应接近且小于标称交流阻值。

若所测阻值为零或者为无穷大，则说明扬声器已损坏，需要更换。

另外，如果扬声器性能良好，在检测时，将万用表的一支表笔搭在扬声器的一个端子上，当另一支表笔触碰扬声器的另一个端子时，扬声器会发出“咔咔”声；如果扬声器损坏，则不会有声音发出。此外，扬声器内出现线圈粘连或卡死、纸盆损坏等情况，用万用表是判别不出来的，必须试听音响效果才能判别。

10.3 蜂鸣器的识别与检测

10.3.1 蜂鸣器的功能特点

蜂鸣器从结构上分为压电式和电磁式两种。压电式蜂鸣器是由陶瓷材料制成的。电磁式蜂鸣器是由电磁线圈构成的。从工作原理上说，蜂鸣器可以分为无源蜂鸣器和有源蜂鸣器。无源蜂鸣器内部无振荡源，必须有驱动信号才能发声。有源蜂鸣器内部有振荡源，只要外加直流电压即可发声。

图 10-9 为常见蜂鸣器的实物外形及电路图形符号。

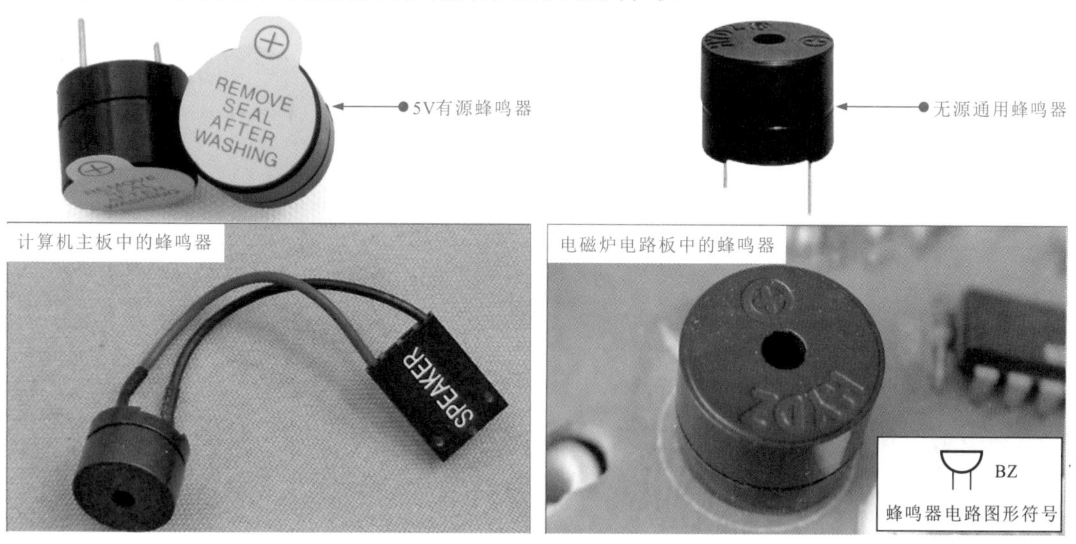

图 10-9 常见蜂鸣器的实物外形及电路图形符号

蜂鸣器主要作为发声器件广泛应用在各种电子产品中。例如，图 10-10 为简易门窗防盗报警电路。该电路主要是由典型的振动传感器 CS01 及其外围元件构成的。在正常状态下，CS01 传感器的输出端为低电平信号输出，继电器不工作。当 CS01 受到撞击时，其内部将振动信号转化为电信号并由输出端输出高电平，使继电器 KA 吸合，控制蜂鸣器发出警示声音，引起人们的注意。

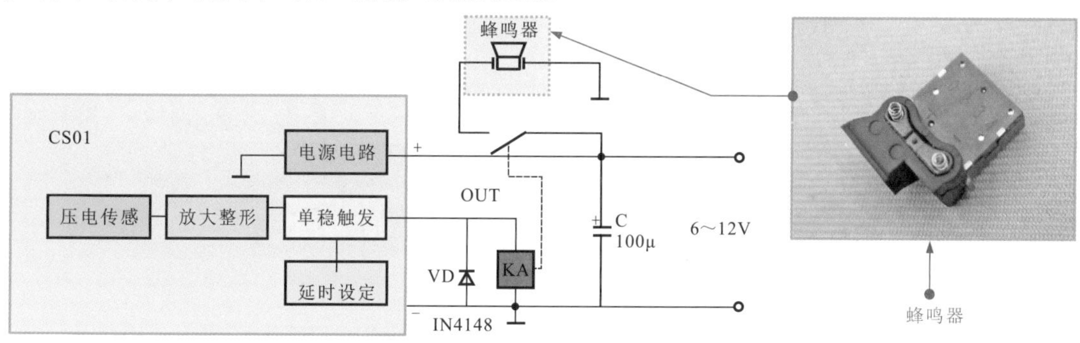

图 10-10 简易门窗防盗报警电路

图 10-11 为电动自行车防盗报警锁电路。该电路采用振动传感器件，当车被移动时，振动传感器会有信号送到 V1 晶体管的基极，经 V1 放大后，将放大的信号加到 IC1 的 1 脚，经 IC1 处理后由 4 脚输出，经 V2 驱动蜂鸣器发声，发出警示声音，引起车主的注意。

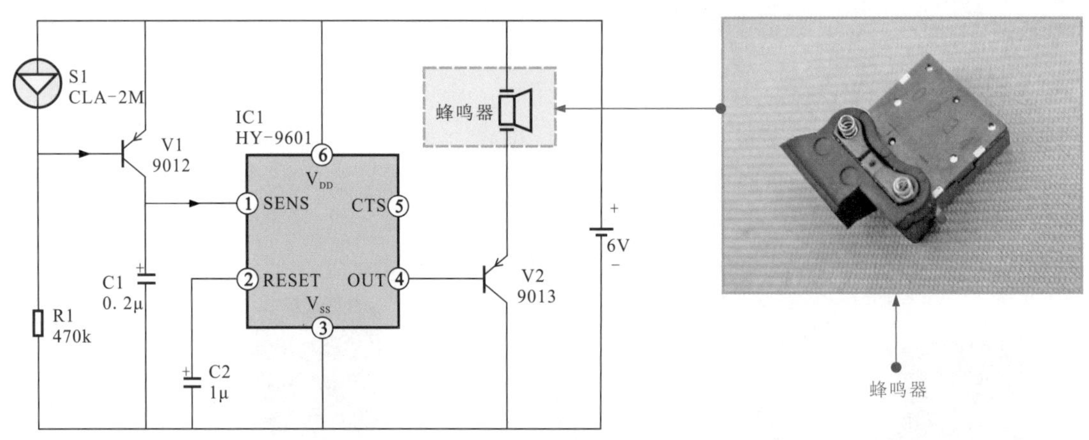

图 10-11 电动自行车防盗报警锁电路

10.3.2 蜂鸣器的检测方法

判断蜂鸣器的好坏可通过两种检测方法进行：一种是借助万用表检测阻值判断好坏，操作简单方便；另一种是借助直流稳压电源供电听声响的方法判断好坏，准确可靠。

1 借助万用表检测蜂鸣器

检测蜂鸣器前，首先根据待测蜂鸣器上的标识识别出正负极引脚，为蜂鸣器的检测提供参照标准。下面使用数字万用表对蜂鸣器进行检测，数字万用表挡位旋钮置于 200 欧姆挡，检测方法如图 10-12 所示。

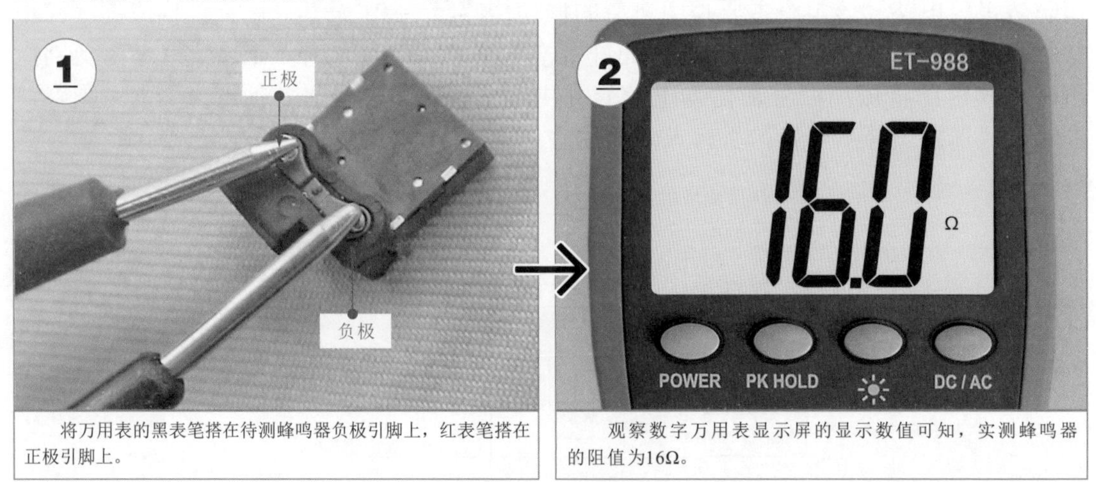

图 10-12 借助数字万用表检测蜂鸣器

在正常情况下，蜂鸣器正负引脚间的阻值应有一个固定值（一般为 8Ω 或 16Ω），当表笔接触引脚的一瞬间或间断接触蜂鸣器引脚时，蜂鸣器会发出“吱吱”的声响。

若测得引脚间的阻值为无穷大、零或检测时未发出声响，则说明蜂鸣器已损坏。

2 借助直流稳压电源检测蜂鸣器

直流稳压电源用于为蜂鸣器提供直流电压。首先将直流稳压电源的正极与蜂鸣器的正极（蜂鸣器长引脚端）连接，负极与蜂鸣器的负极（蜂鸣器短引脚端）连接，连接方法如图 10-13 所示。

检测时，将直流稳压电源通电，然后从小到大调整直流稳压电源输出电压（不能超过蜂鸣器的额定电压），通过观察蜂鸣器的状态判断其性能好坏。

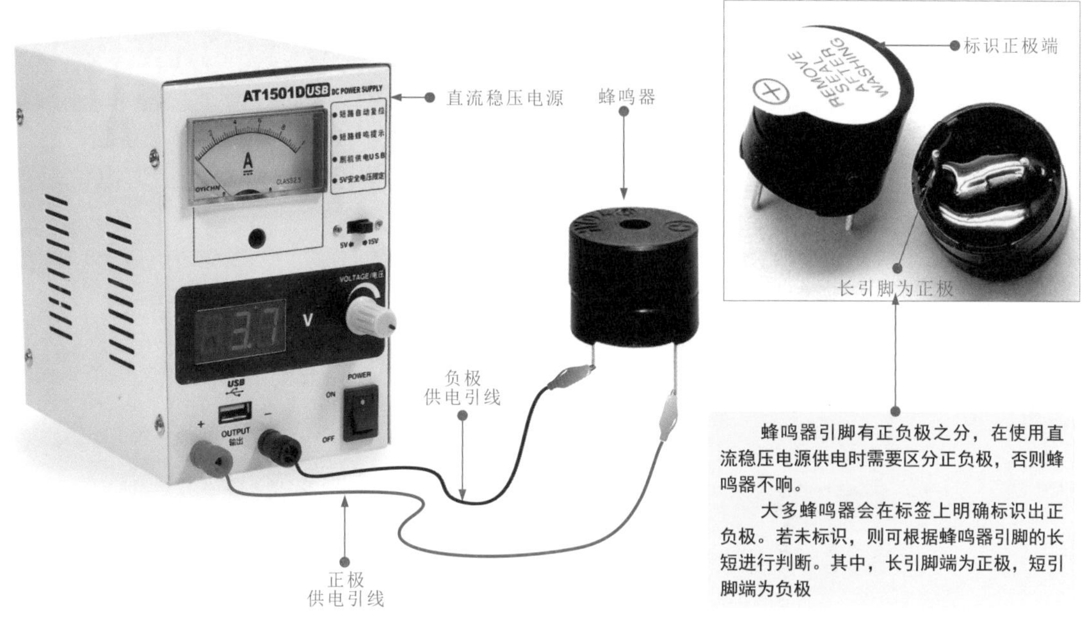

图 10-13　借助直流稳压电源检测蜂鸣器

在正常情况下，借助直流稳压电源为蜂鸣器供电时，蜂鸣器能发出声响，且随着供电电压的增大，声响变大；随电压的减小，声响减小。

若实测不符合上述情况，则多为蜂鸣器失效或损坏，一般选用同规格型号的蜂鸣器代换即可。

10.4 电位器的识别与检测

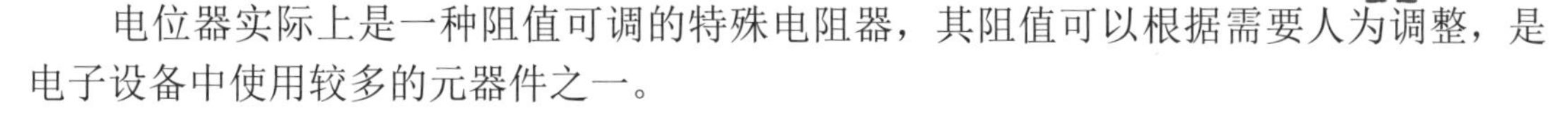

10.4.1 电位器的功能特点

电位器实际上是一种阻值可调的特殊电阻器，其阻值可以根据需要人为调整，是电子设备中使用较多的元器件之一。

图 10-14 为常见电位器的实物外形及电路图形符号。

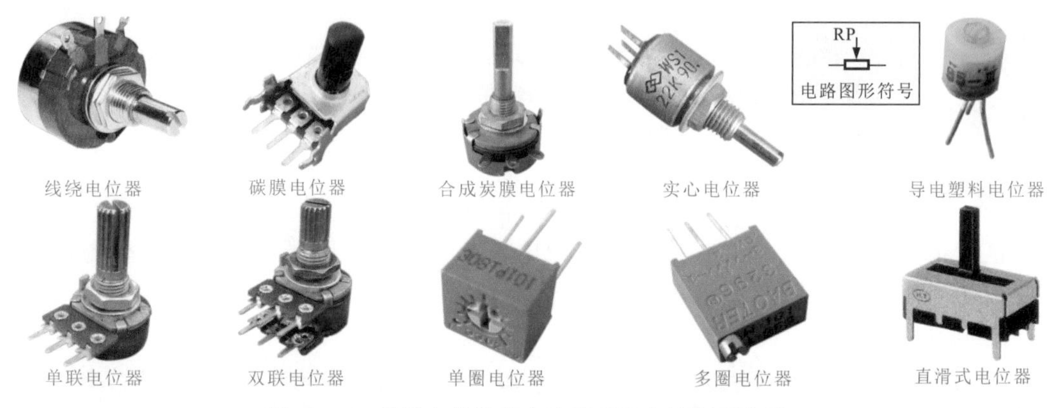

图 10-14 常见电位器的实物外形及电路图形符号

10.4.2 电位器的检测方法

检测电位器之前，应首先了解待测电位器的标称阻值及各引脚功能，为电位器的检测提供参照标准。待测单联电位器如图 10-15 所示。

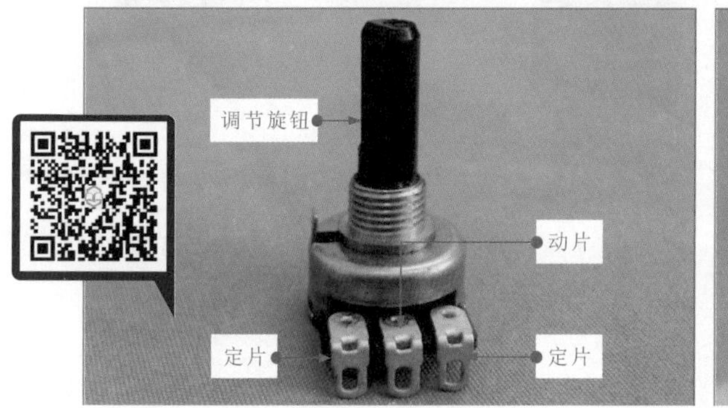

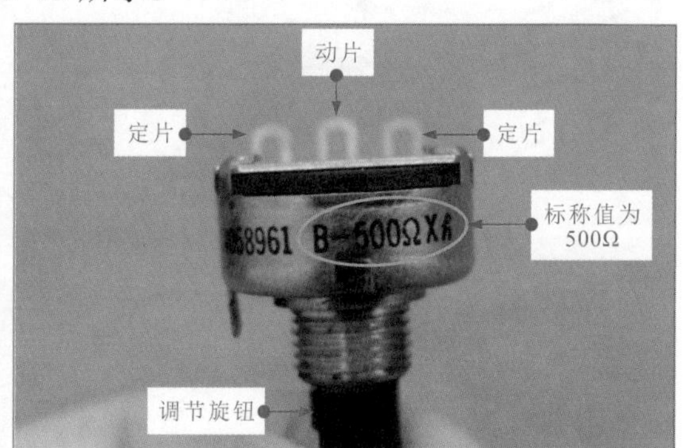

图 10-15 待测单联电位器的实物外形

电位器性能好坏一般可借助万用表检测其阻值及阻值变化情况来判断。以单联电位器为例，借助万用表检测电位器的方法如图 10-16 所示。

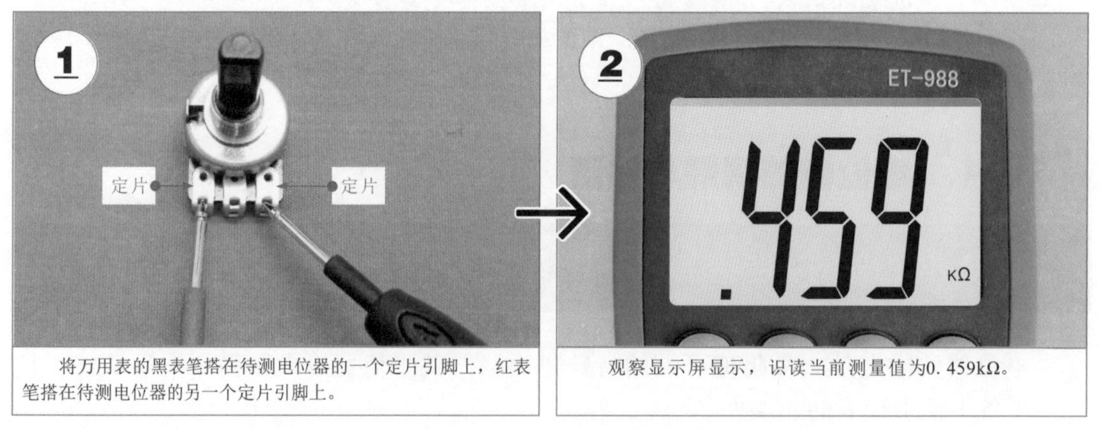

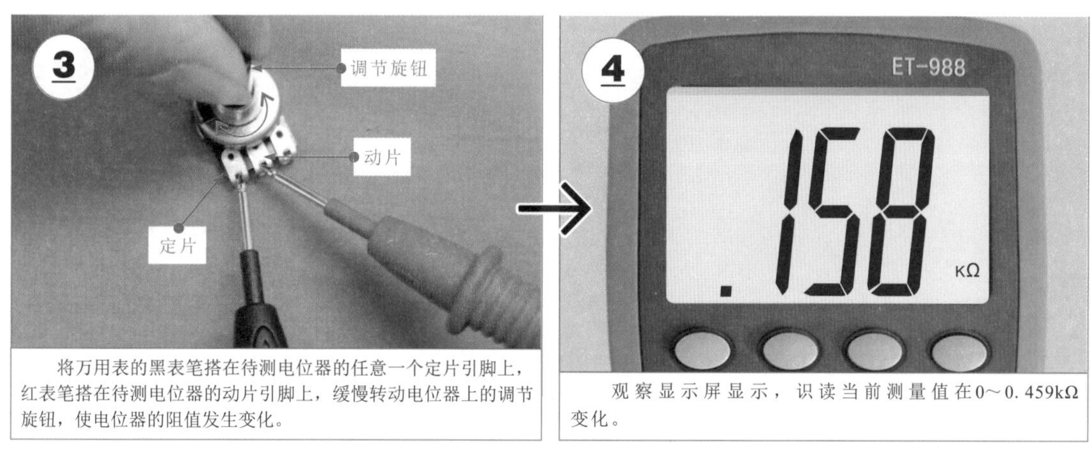

图 10-16 单联电位器的检测方法

10.5 电池的识别与检测

10.5.1 电池的功能特点

电池是为电子产品提供能源的器件，应用于各种需要直流电源的产品或设备中。图 10-17 为几种电池的实物外形及电路图形符号。

图 10-17 几种常见电池的实物外形及电路图形符号

10.5.2 电池的检测方法

电池作为一种能源供给部件，使用万用表对电池进行检测时，可通过检测其输出的直流电压值来判断电池性能，如图 10-18 所示。

在正常情况下，电池输出的直流电压近似于标称额定电压值（电量充足时，实测值略大于标称值）；若输出的电压值略低于额定电压值或相差很多，则说明电池电量下降或几乎耗尽。

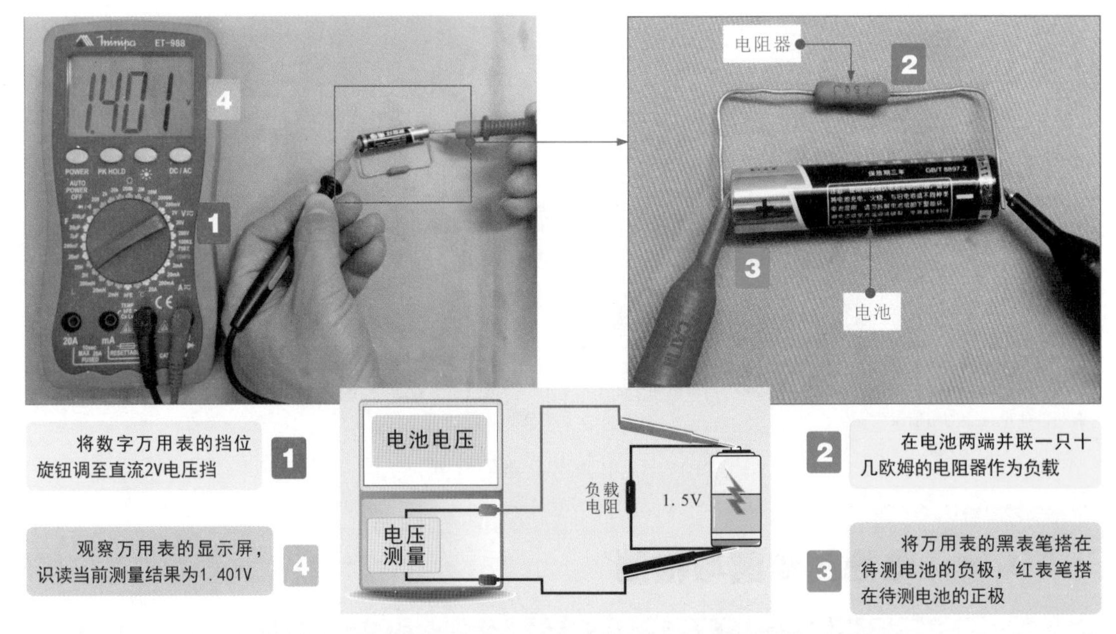

图 10-18　使用数字万用表检测电池输出的直流电压

在一般情况下，用万用表直接测量电池时，不论电池电量是否充足，测得的值都会与它的额定电压值基本相同，也就是说，测量电池空载时的电压不能判断电池电量情况。电池电量耗尽，主要表现是电池内阻增加，而接上负载电阻后，会有一个电压降。例如，一节 5 号干电池，电池空载时的电压为 1.5V，但接上负载电阻后，电压降为 0.5V，表明电池电量几乎耗尽。

另外，有些万用表具有电池消耗状态的检测功能，这种万用表设有专用电池检测挡位。当将万用表的挡位旋钮设置为电池检测挡时，该挡位内部有负载电阻与表笔并联，如图 10-19 所示，因此可以直接用于检测电池性能，无需外部并联负载电阻。

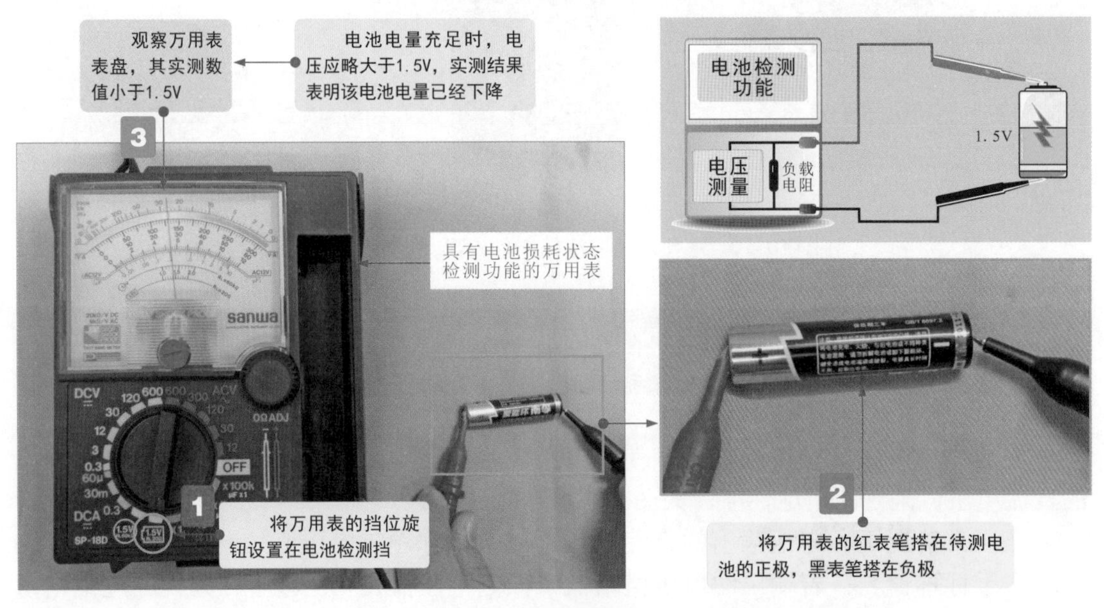

图 10-19　使用具有电池消耗状态检测功能的万用表检测电池性能

图 10-20 为同一块电池分别使用直流电压挡和电池检测挡所测得的状态对照。可以看到，万用表置于电池检测挡时内部接有负载电阻，所测电池电压状态更为精准。若使用直流电压挡检测，外接的负载电路与万用表内的负载电阻阻值相同，则所测结果应相同。

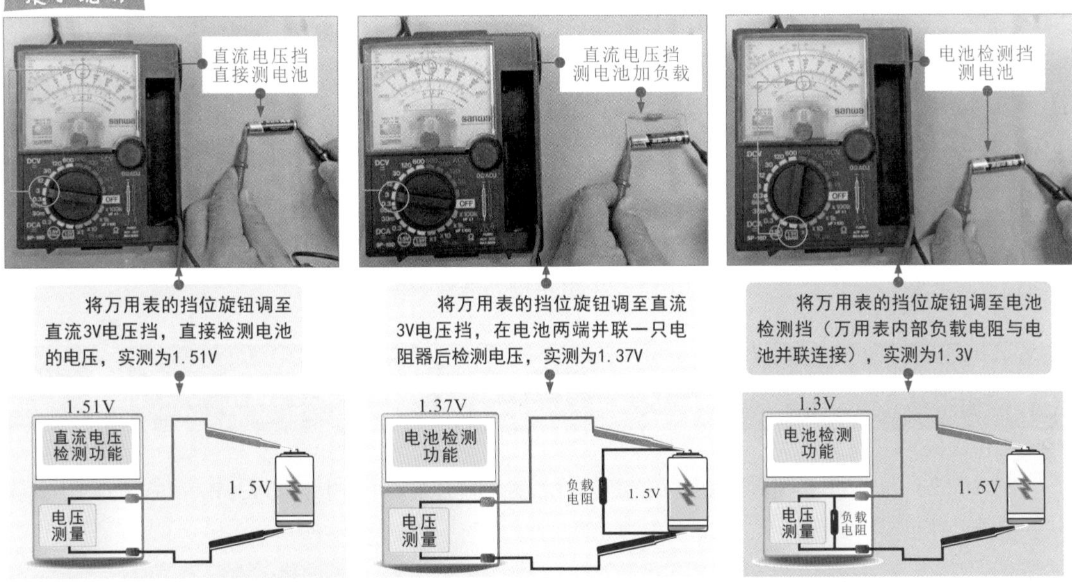

图 10-20　同一块电池分别使用直流电压挡和电池检测挡所测得的状态对照

对于无电池消耗检测功能的万用表，为确保测量结果准确，只能用直流电压挡检测带负载电阻的电池电压，测量时将负载电阻接在电池两端。

10.6 开关的识别与检测

10.6.1 开关的功能特点

开关一般指用来控制仪器、仪表的工作状态或对多个电路进行切换的部件，该部件可以在开和关两种状态下相互转换，也可将多组多位开关制成一体，从而实现同步切换。开关部件在几乎所有的电子产品中都有应用，是电子产品实现控制的基础部件。

在电子产品中，常见的开关主要有按钮开关、微动开关等，如图 10-21 所示。

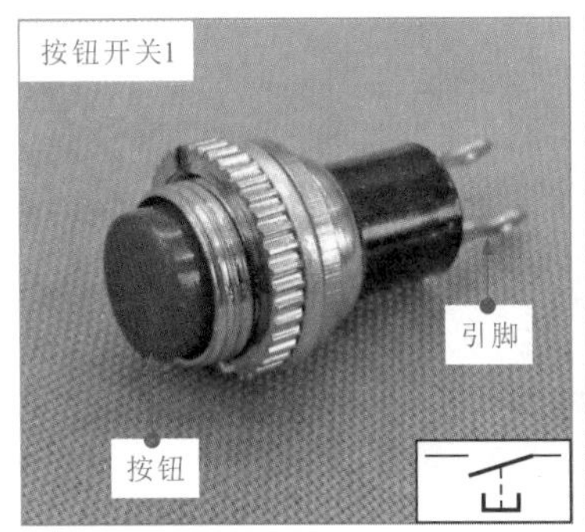

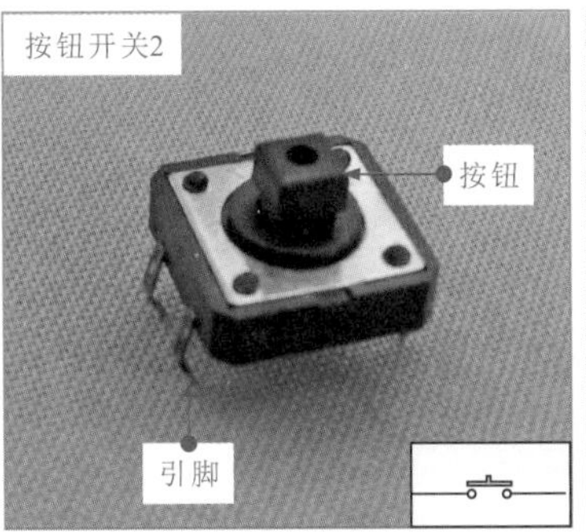

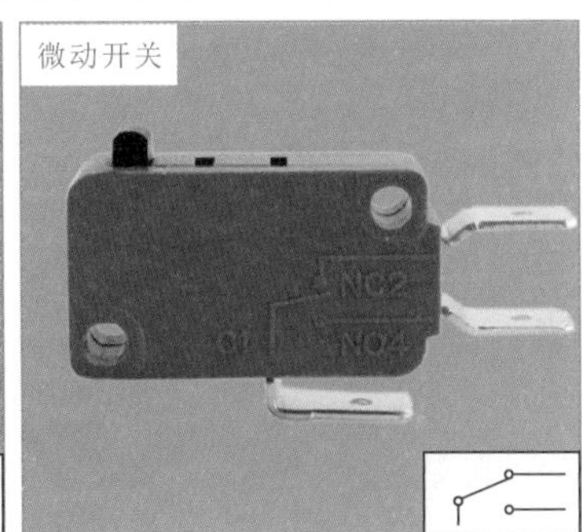

图 10-21　几种常见开关的实物外形及电路图形符号

开关的主要功能就是通过自身触点的"闭合"与"断开"来控制所在线路的通、断状态。不同类型的开关，控制功能和原理基本相同，如图 10-22 所示。

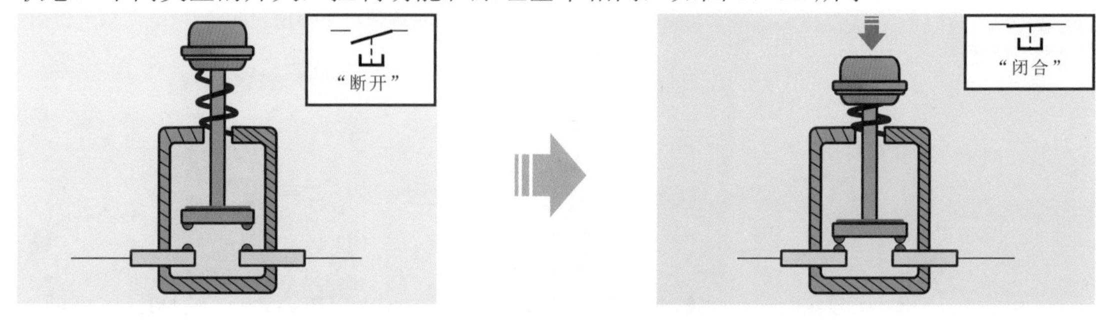

图 10-22 开关的功能示意图

10.6.2 按钮开关的检测方法

图 10-23 为待测按钮开关的实物外形。按钮开关一般可借助万用表检测按钮引脚的阻值来判断好坏。

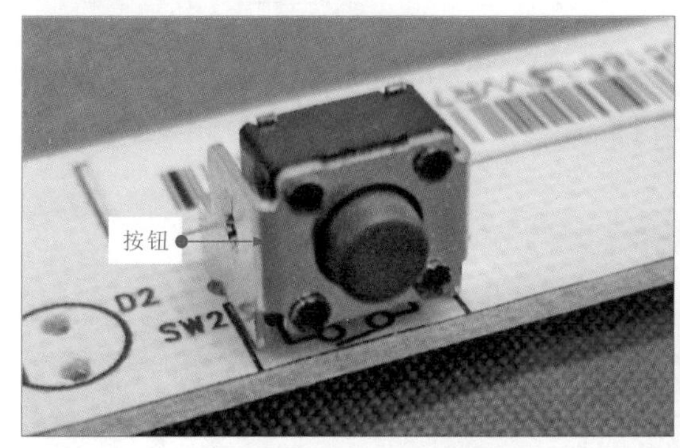

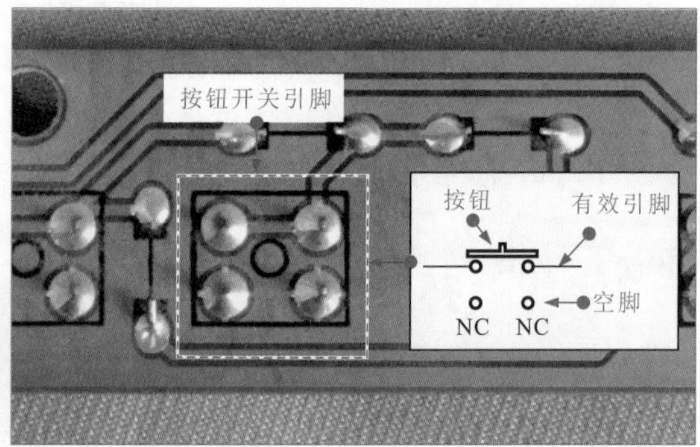

图 10-23 待测按钮开关的实物外形

图 10-24 为按钮开关的检测操作。控制电路板上采用的是两个引脚的按钮开关，对其进行检测时，应对其引脚进行检测。

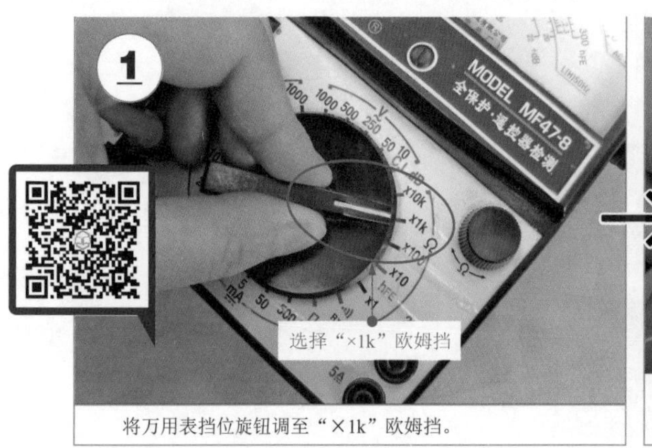

将万用表挡位旋钮调至"×1k"欧姆挡。

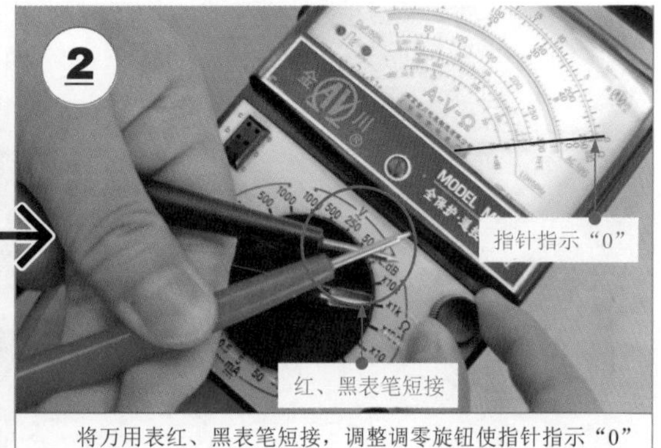

将万用表红、黑表笔短接，调整调零旋钮使指针指示"0"位置。

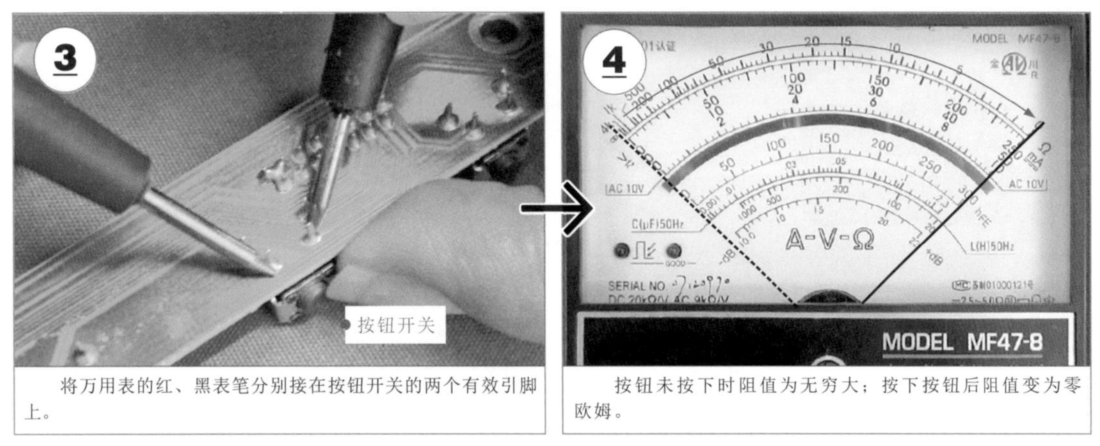

将万用表的红、黑表笔分别接在按钮开关的两个有效引脚上。

按钮未按下时阻值为无穷大；按下按钮后阻值变为零欧姆。

图 10-24 按钮开关的检测操作

10.6.3 微动开关的检测方法

微动开关也是电子电路中常用的一种开关器件。图 10-25 为待检测微动开关的实物外形及内部结构示意图。

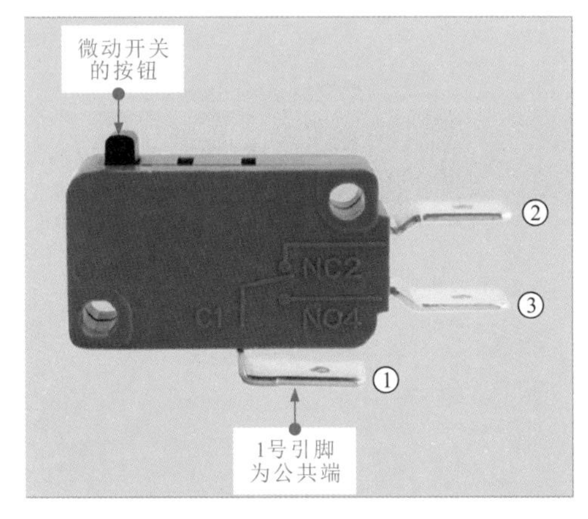

按钮未按下时，1、2号引脚间为常闭触点，阻值为零。1、3号引脚间为常开触点，阻值为无穷大；

按下按钮后，1、2号引脚断开，阻值为无穷大。1、3号引脚闭合，阻值为零。

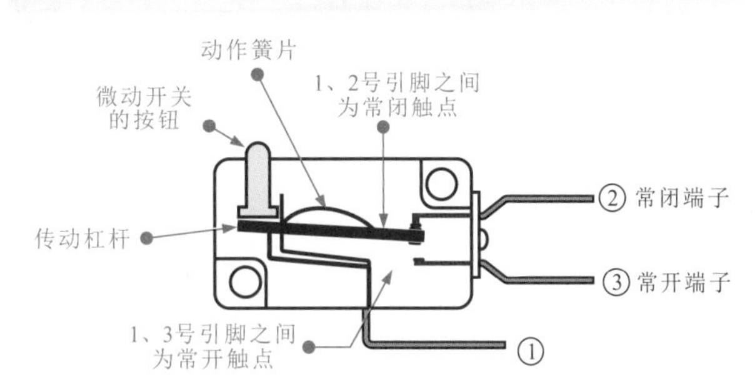

图 10-25 待检测微动开关的实物外形及内部结构示意图

当按下微动开关按钮，外力通过传动杠杆作用于动作簧片上，当外力所产生的能量积聚到临界点，动作簧片末端便会产生瞬时动作，动作簧片的触点与常闭触点快速断开，而与常开触点闭合。当外力从微动开关按钮移去后，动作簧片产生反向动作力，瞬时完成反向动作。使动作簧片的触点与常开触点断开，而与常闭触点快速闭合。因此，由于微动开关的触点间距小、动作行程短，可实现快速的通断。

检测微动开关，一般可在未按动按钮和按下按钮两种状态下，检测相应引脚间的阻值，根据阻值变化来判断开关的好坏，如图 10-26 所示。

1、3 号引脚之间的检测方法与上述方法相同。将万用表的红、黑表笔搭在 1、3 号引脚上，初始状态下，1、3 号引脚间为常开状态，阻值为无穷大；按下按钮后，1、3 号引脚间接通，阻值为零。若实测与上述情况不符，则说明微动开关内部异常，需更换。

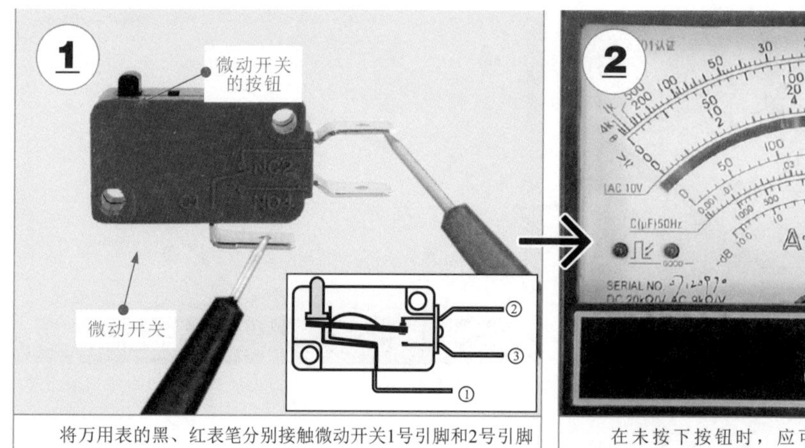

将万用表的黑、红表笔分别接触微动开关1号引脚和2号引脚上。

在未按下按钮时，应可测得1号引脚和2号引脚间阻值为零（常闭触点）。

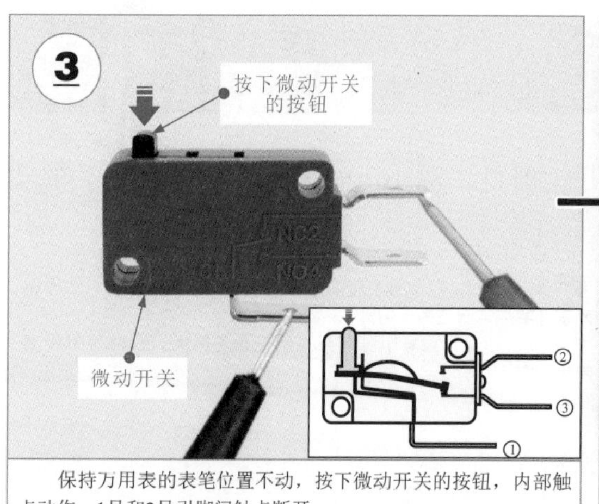

保持万用表的表笔位置不动，按下微动开关的按钮，内部触点动作，1号和2号引脚间触点断开。

在按下按钮时，应可测得1号引脚和2号引脚间阻值变为无穷大（常闭触点断开）。

图 10-26 微动开关的检测方法

10.7 继电器的识别与检测

10.7.1 继电器的功能特点

继电器是一种当输入量（电、磁、声、光、热）达到一定值时，输出量将发生跳跃式变化的自动控制器件。图 10-27 为常见继电器的实物外形。

电磁继电器

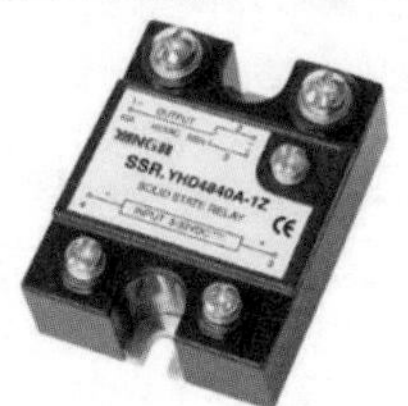
固态继电器

时间继电器

中间继电器

热继电器

图 10-27 常见继电器的实物外形

图 10-28 为常见继电器对应的电路图形符号。

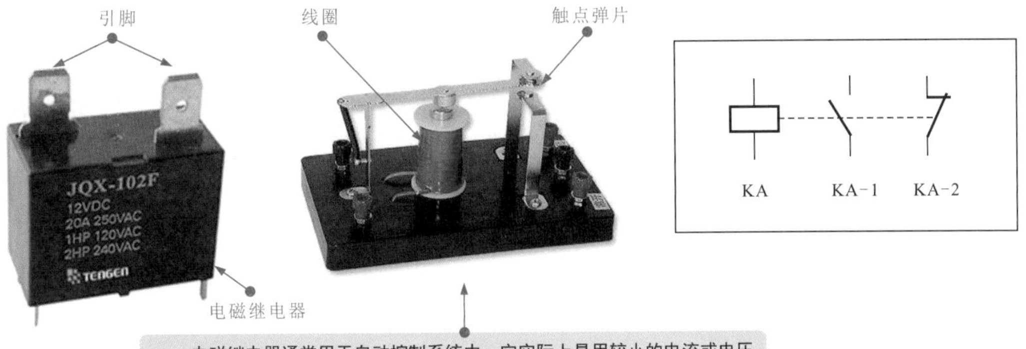

电磁继电器通常用于自动控制系统中。它实际上是用较小的电流或电压去控制较大电流或电压的一种自动开关，在电路中起到自动调节、保护和转换电路的作用

中间继电器实际上是一种动作值与释放值固定的电压继电器，是用来增加控制电路中信号数量或将信号放大的继电器，在电动机电路中常用来控制其他接触器或电气部件

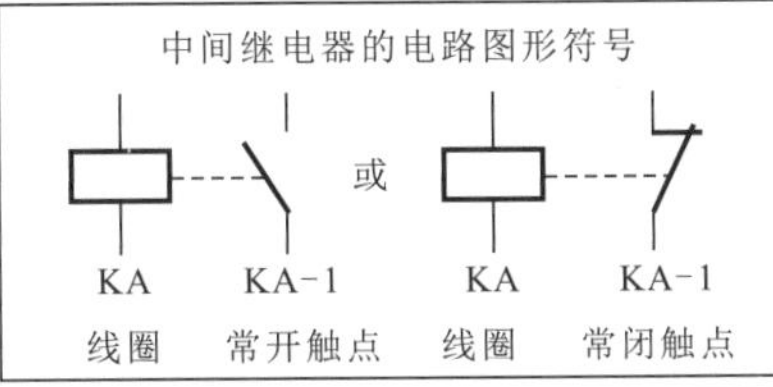

热继电器是一种过热保护元件，是利用电流的热效应来推动动作机构使触点闭合或断开的电气部件。由于热继电器发热元件具有热惯性，所以在电路中不能作瞬时过载保护，更不能作短路保护使用

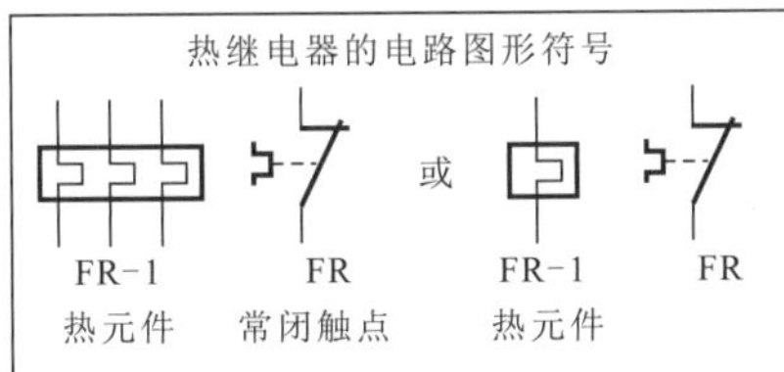

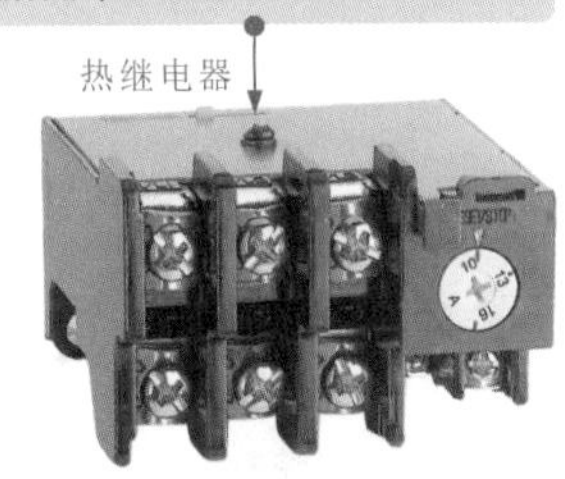

时间继电器收到控制信号，经过一段时间后，触点动作使输出电路产生跳跃式的改变。当该动作信号消失时，输出的部分也需要延时或限时动作

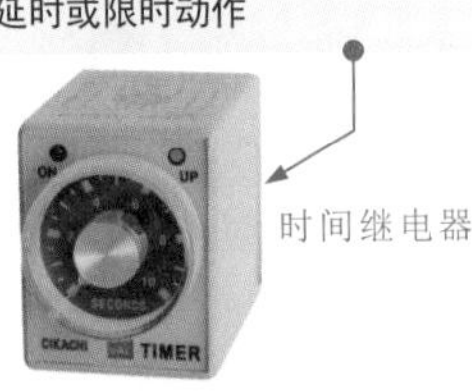

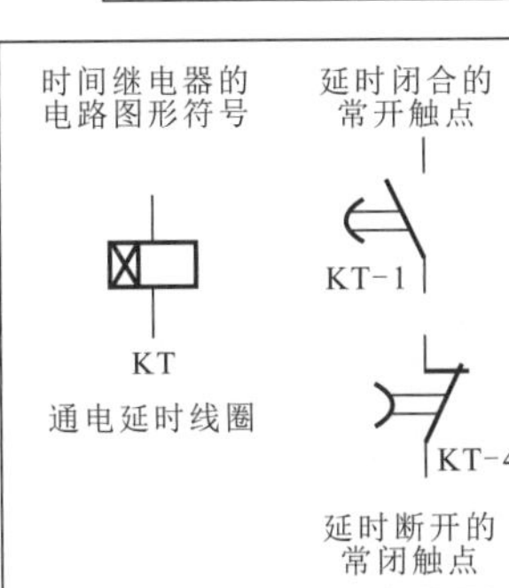

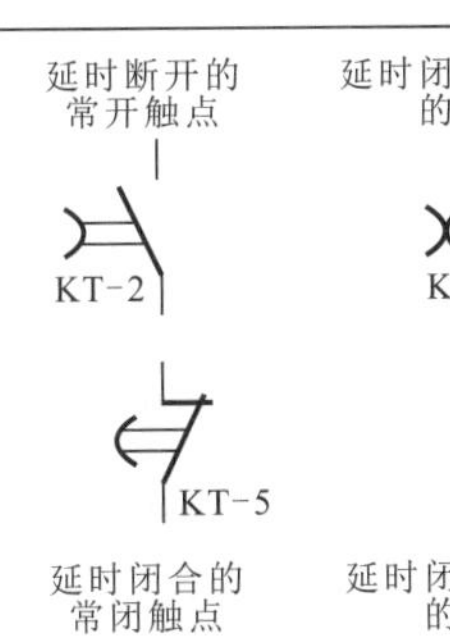

速度继电器又称为反接制动继电器，是通过对三相电动机速度的检测进行制动控制的继电器，主要与接触器配合使用，实现电动机的反接制动

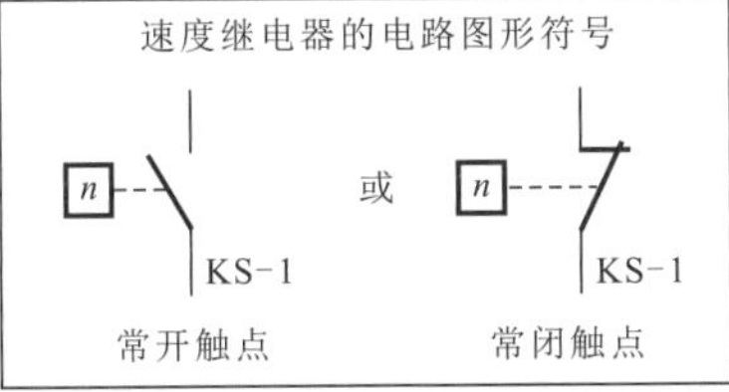

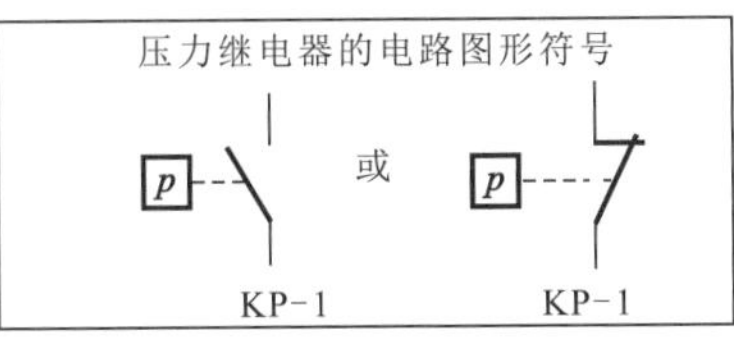

压力继电器是将压力转换成电信号的液压器件。在液压系统中，当液体的压力达到预定值时，其触点会做出相应动作，主要用来控制水、油、气体等的压力

图 10-28

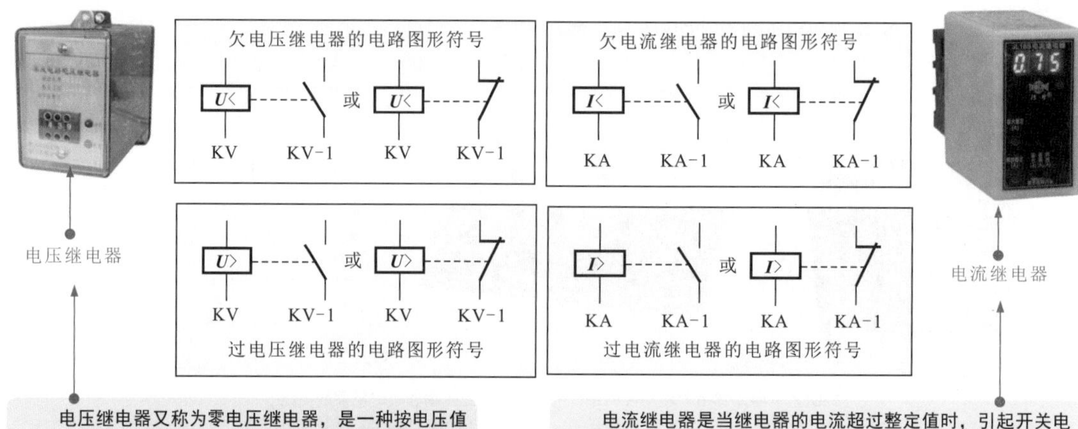

图 10-28　常见继电器对应的电路图形符号

继电器是一种由弱电通过电磁线圈控制开关触点的器件，由驱动线圈和开关触点两部分组成。其电路图形符号一般包括线圈和开关触点两部分，开关触点的数量可以为多个，如图 10-29 所示。

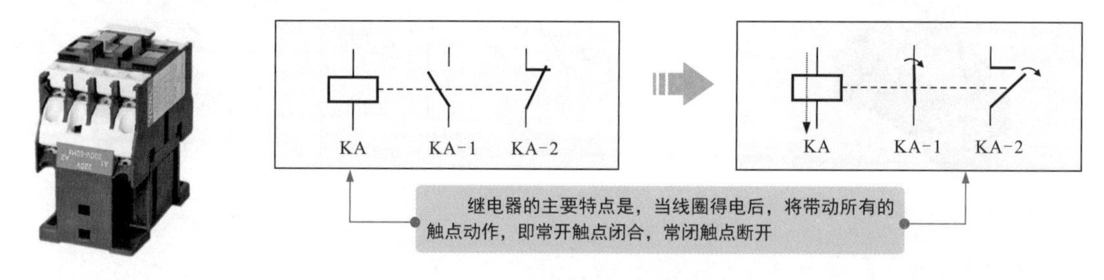

图 10-29　继电器的功能特点

10.7.2 继电器的检测方法

判断继电器的性能好坏，一般可在开路状态下，借助万用表检测继电器中线圈（相当于一个阻值较小的电阻器）和触点间的阻值来粗略判断继电器的状态。

图 10-30 为普通电磁继电器的检测方法。

使用万用表电阻挡检测电磁继电器时，检测线圈侧和触点侧的阻值，只能简单判断继电器内部线圈有无开路、触点有无短路故障，但无法判断出继电器能否在线圈得电时正常动作。

使用万用表检测电磁继电器，还可将电磁继电器置于特定环境下的电路中，根据电磁继电器在电路中的功能，即线圈在有直流供电条件件时，控制触点动作，由触点动作实现对线路的通、断控制。

根据电路功能，可使用万用表检测电磁继电器线圈上的供电电压及触点控制的通、断状态来准确判断电磁继电器是否良好，如图 10-31 所示。

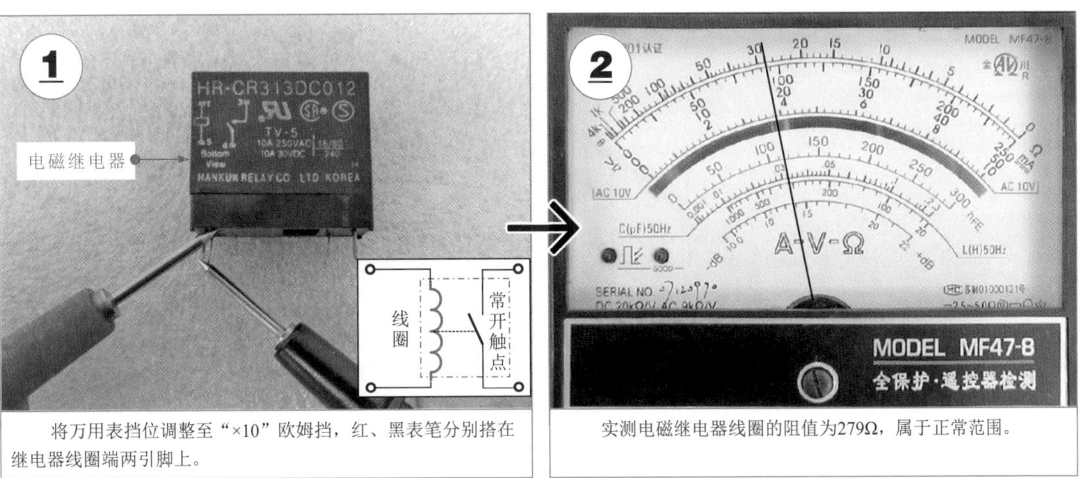

将万用表挡位调整至“×10”欧姆挡，红、黑表笔分别搭在继电器线圈端两引脚上。

实测电磁继电器线圈的阻值为279Ω，属于正常范围。

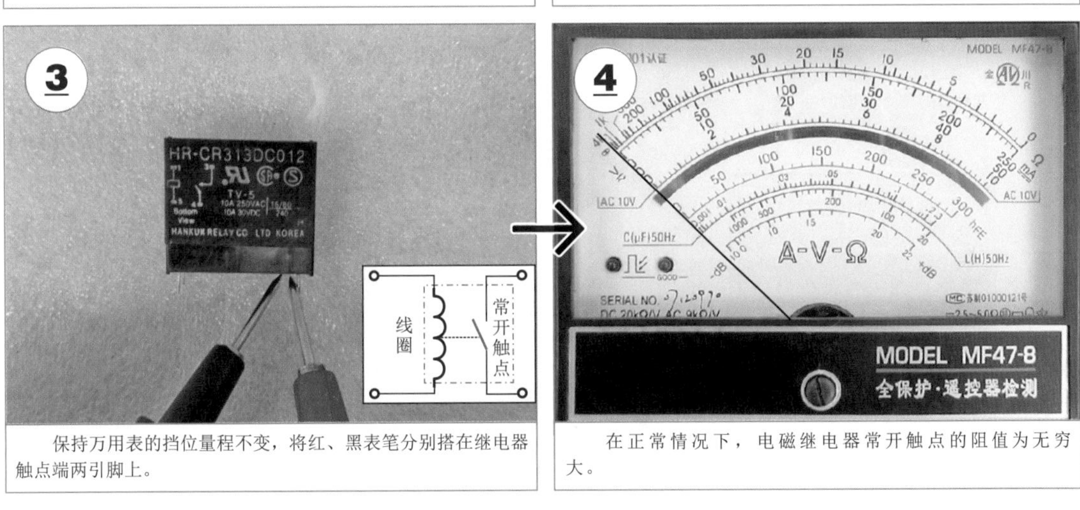

保持万用表的挡位量程不变，将红、黑表笔分别搭在继电器触点端两引脚上。

在正常情况下，电磁继电器常开触点的阻值为无穷大。

图 10-30　普通电磁继电器的检测方法

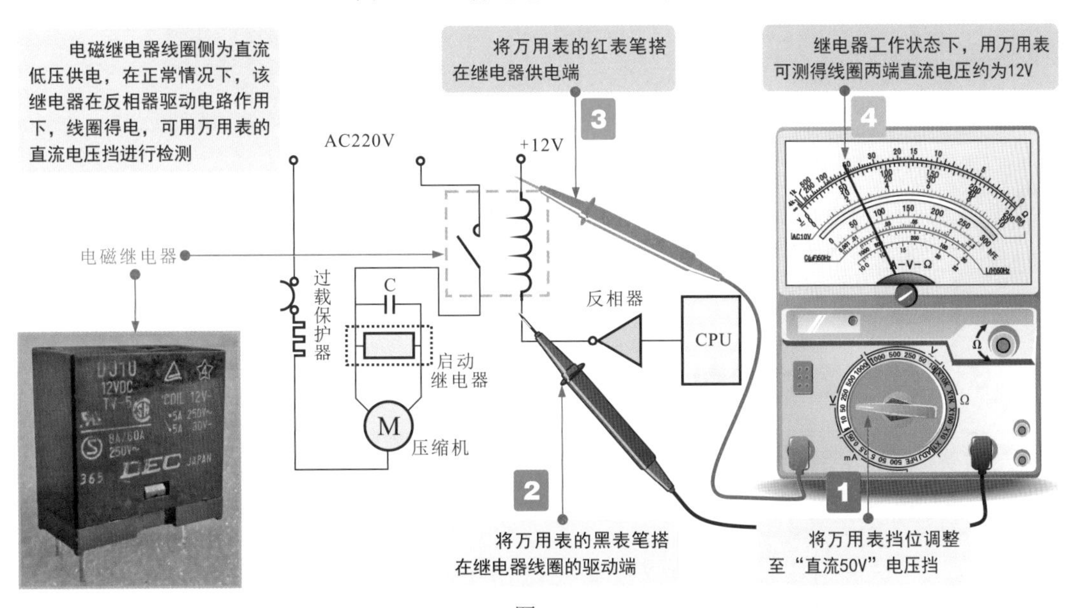

图 10-31

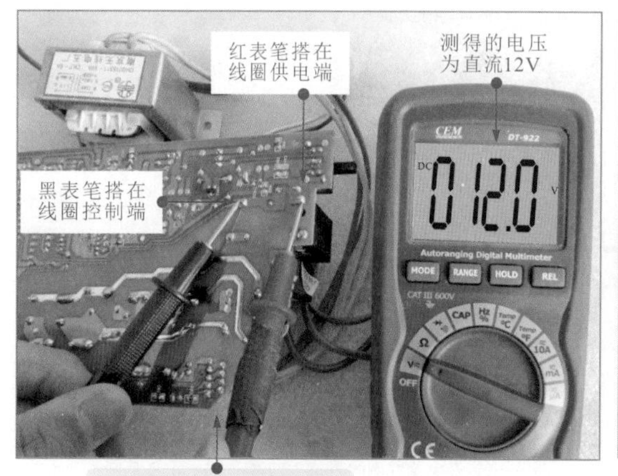

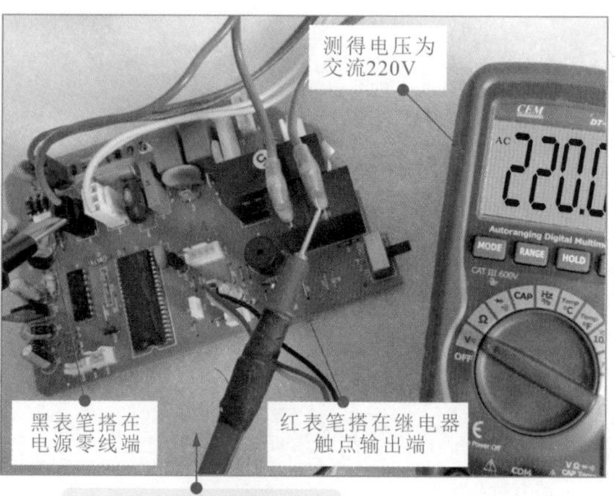

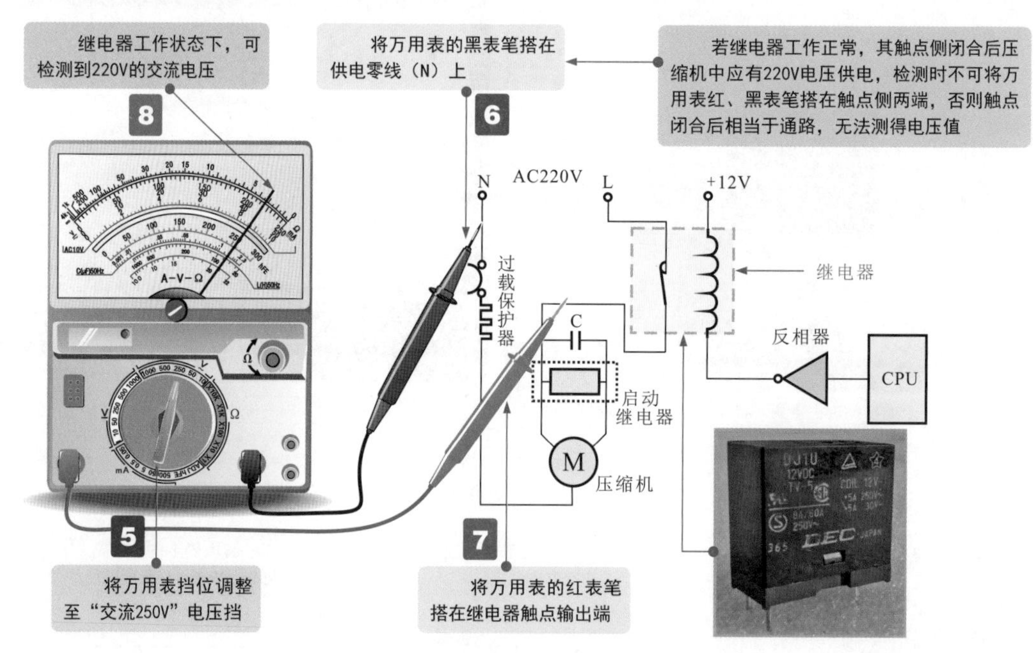

图 10-31　继电器的检测方法

使用万用表电压挡检测电磁继电器，需要满足一定的供电条件和环境。实际检测时，需要特别注意人身安全，操作人员应避免身体任何部位与带有220V电压的器件或触点碰触，否则可能会引起触电危险。

10.8 接触器的识别与检测

10.8.1 接触器的功能特点

接触器是一种由电压控制的开关装置，适用于远距离频繁地接通和断开交直流电路的系统。它属于一种控制类器件，是电力拖动系统、机床设备控制线路、自动控制系统中使用最广泛的低压电器之一。

根据触点通过电流的种类，接触器主要可分为交流接触器和直流接触器两类。

图 10-32 为常见接触器的实物外形及电路图形符号。

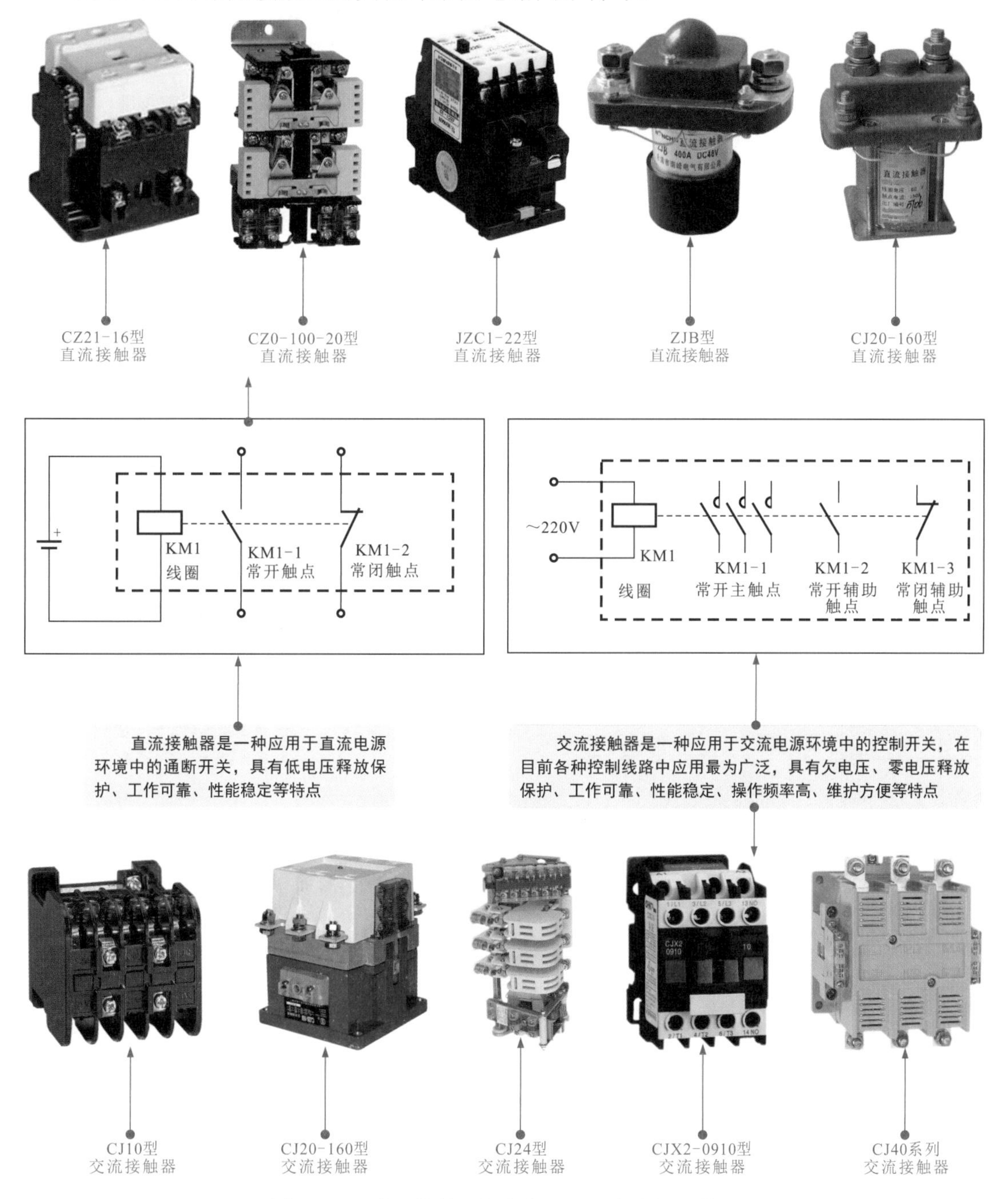

图 10-32　常见接触器的实物外形及电路图形符号

接触器主要包括线圈、衔铁和触点几部分。工作时，核心过程即在线圈得电状态下，使上下两块衔铁磁化相互吸合，衔铁动作带动触点动作，如常开触点闭合、常闭触点断开，如图 10-33 所示。

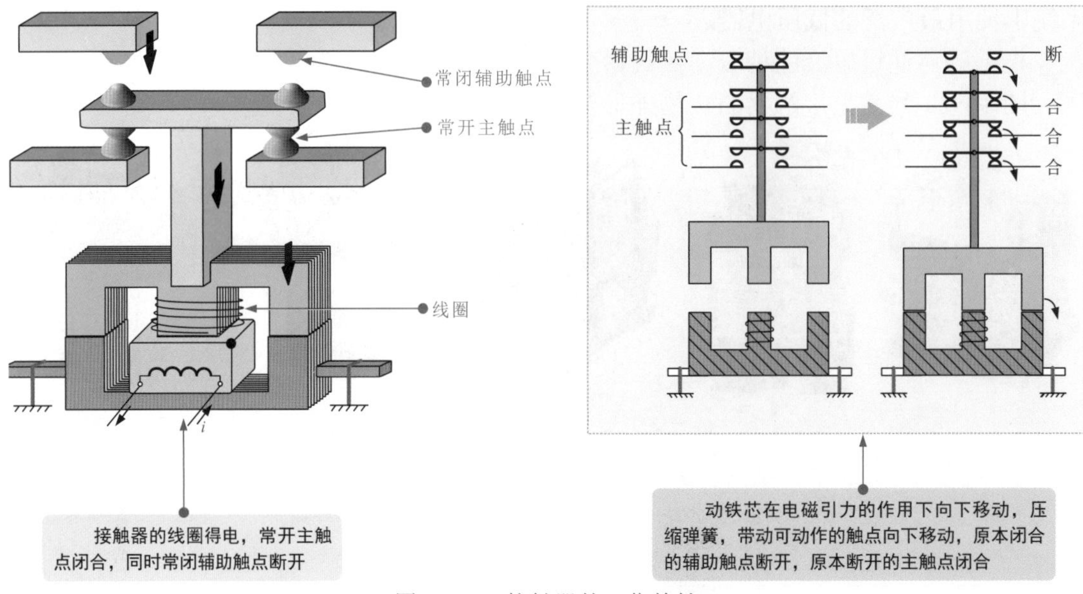

图 10-33　接触器的工作特性

如图 10-34 所示，在实际控制线路中，接触器一般利用主触点接通或分断主电路及其连接负载，用辅助触点执行控制指令。在水泵的启停控制线路中，控制线路中的交流接触器 KM 主要是由线圈、一组常开主触点 KM-1、两组常开辅助触点和一组常闭辅助触点构成的。

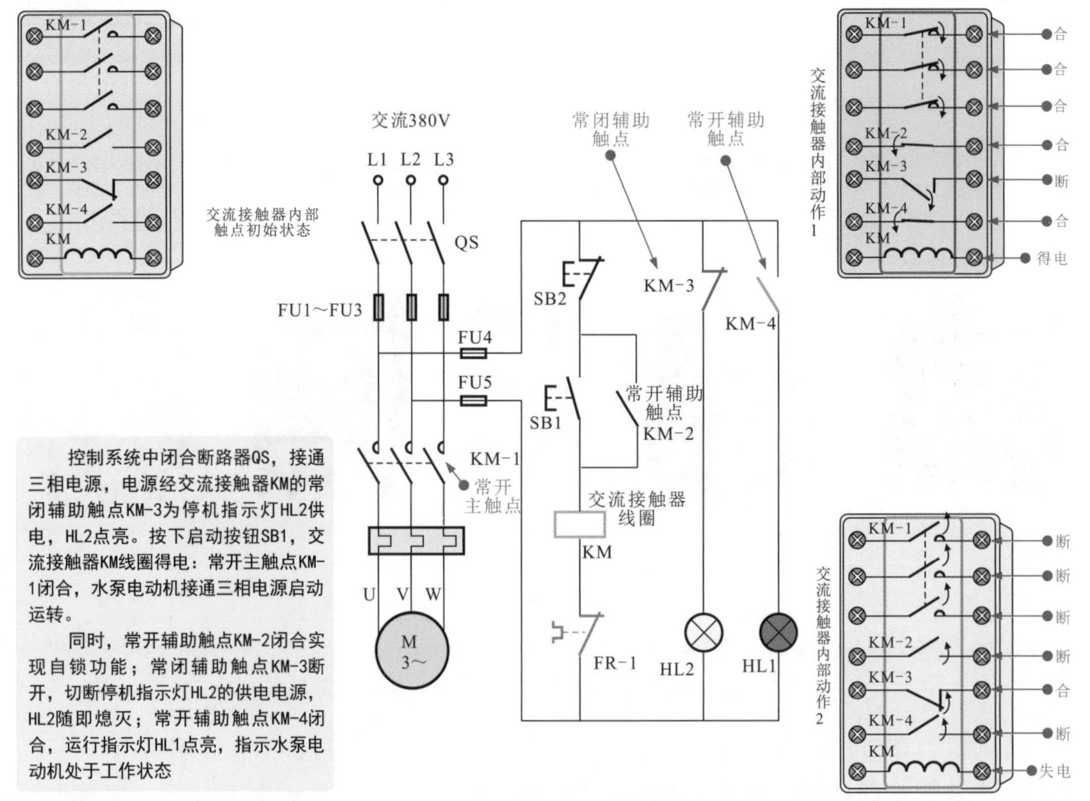

图 10-34　接触器在电路中的功能特点

10.8.2 接触器的检测方法

检测接触器可参考继电器的检测方法，借助万用表检测接触器各引脚间（包括线圈间、常开触点间、常闭触点间）的阻值，或在路状态下，检测线圈未得电或得电状态下，触点所控制电路的通断状态来判断性能好坏。图 10-35 为交流接触器的检测方法。

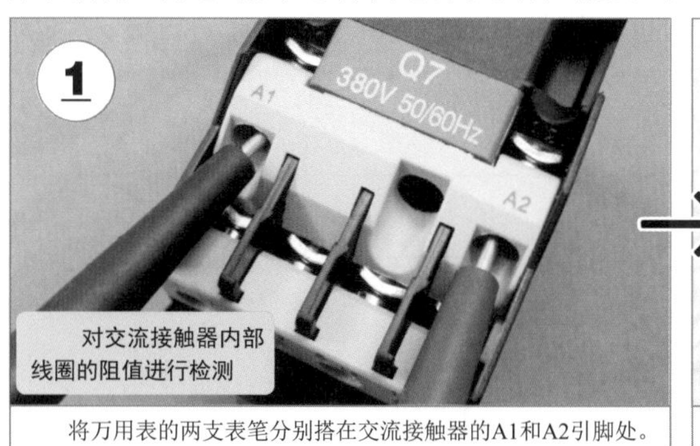

将万用表的两支表笔分别搭在交流接触器的A1和A2引脚处。

显示屏显示：测得的阻值为1.694kΩ。

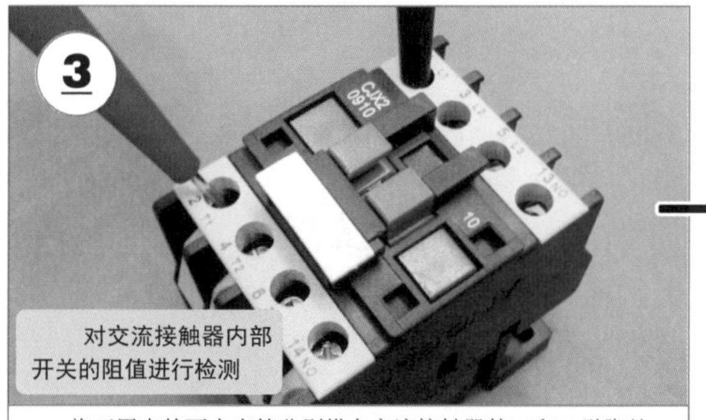

将万用表的两支表笔分别搭在交流接触器的L1和T1引脚处。

显示屏显示：测得的阻值为无穷大。

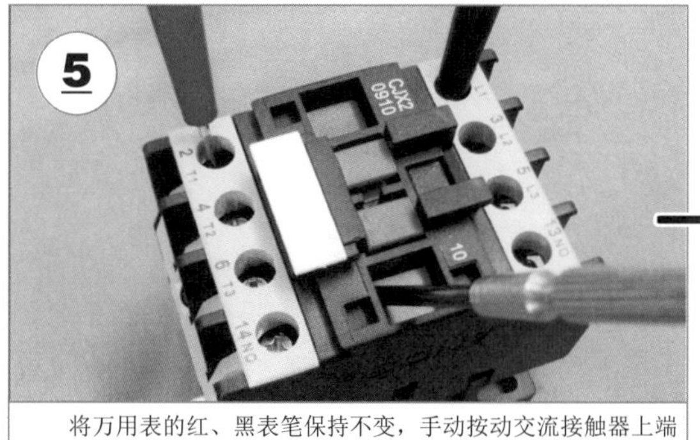

将万用表的红、黑表笔保持不变，手动按动交流接触器上端的开关触点按键，使内部开关处于闭合状态。

显示屏显示：测得的阻值趋于零。

图 10-35 交流接触器的检测方法

使用同样的方法再将万用表的两表笔分别搭在 L2 和 T2、L3 和 T3、NO 端引脚处，对开关的闭合与断开状态进行检测。当交流接触器内部线圈通电时，会使内部开关触点吸合；当内部线圈断电时，内部触点断开。因此，对该交流接触器进行检测时，需依次对内部线圈阻值及内部开关在开启与闭合状态时的阻值进行检测。由于是断电检测交流接触器的好坏，因此需要按动交流接触器上端的开关触点按键，强制将触点闭合检测。

10.9 电动机的识别与检测

10.9.1 电动机的功能特点

电动机是一种利用电磁感应原理将电能转换为机械能的动力部件，广泛应用于电气设备、控制线路或电子产品中。按照电动机供电类型的不同，可将电动机分为直流电动机和交流电动机两大类。

图 10-36 为常见电动机的实物外形及电路图形符号。

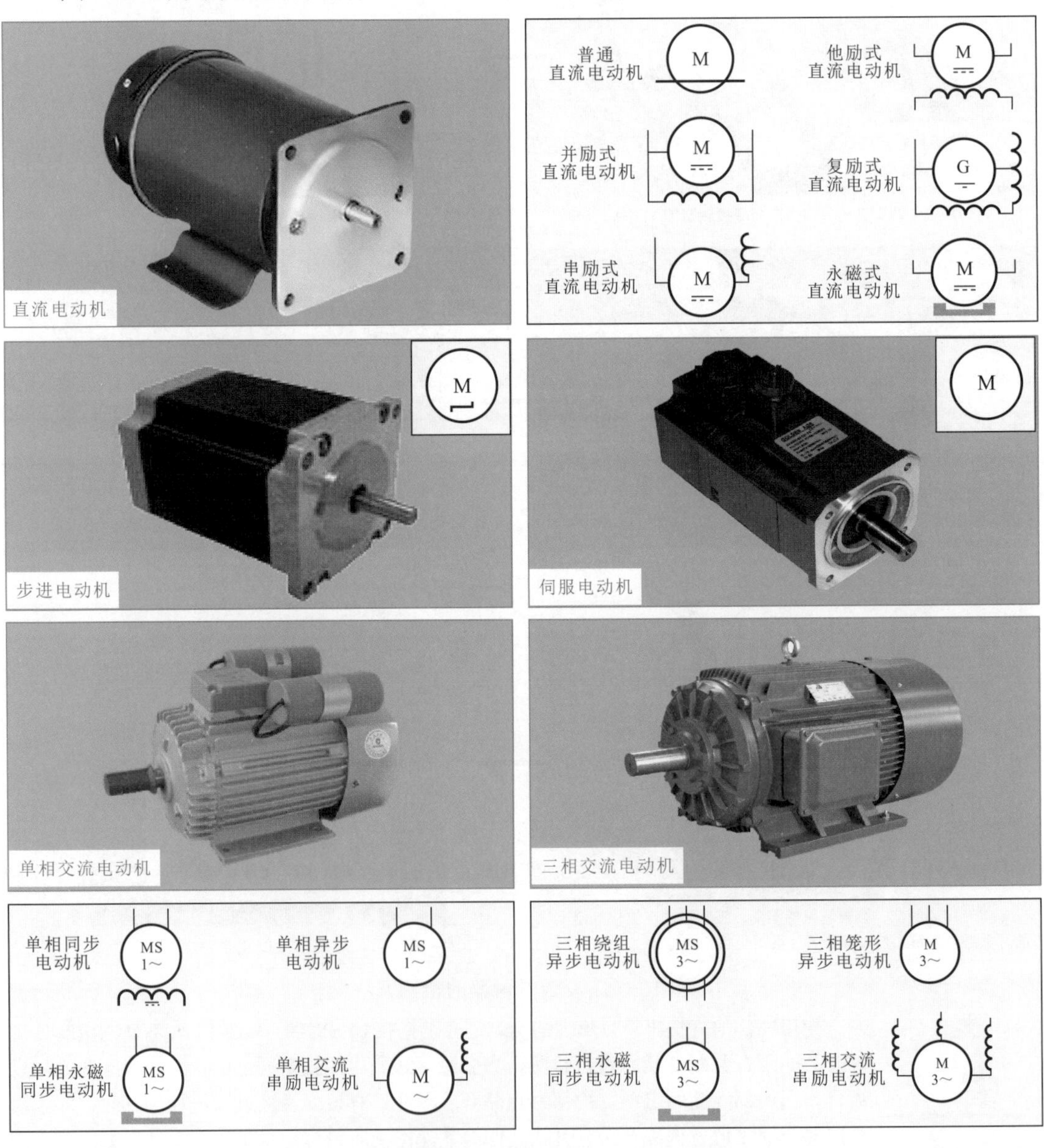

图 10-36 常见电动机的实物外形及电路图形符号

电动机的主要功能就是实现电能向机械能的转换，即将供电电源的电能转换为电动机转子转动的机械能，产生转矩带动负载转动，如图 10-37 所示。

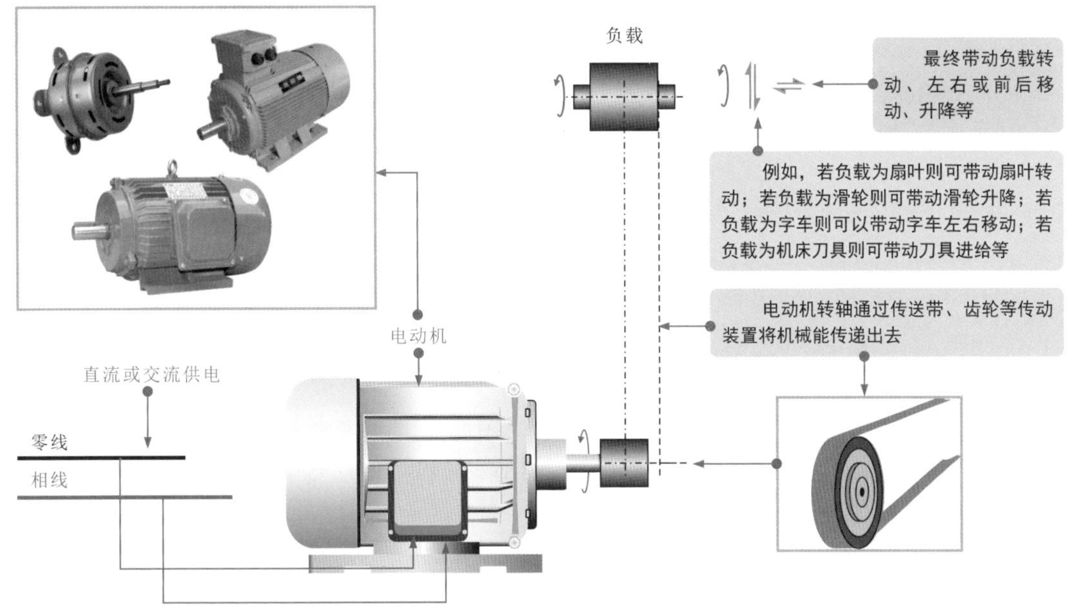

图 10-37 电动机的功能特点

图 10-38 为电动机的典型应用。

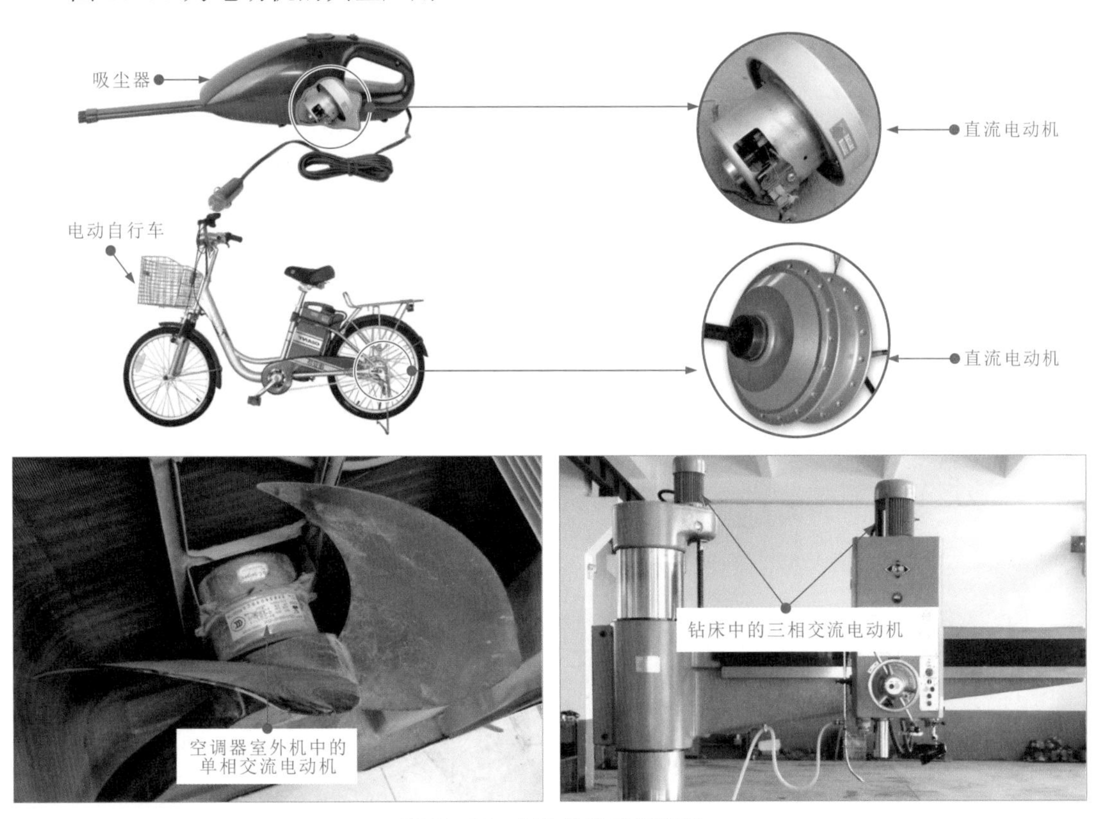

图 10-38 电动机的典型应用

10.9.2 电动机的检测方法

电动机作为一种以绕组（线圈）为主要电气部件的动力设备，在检测时，主要是对绕组及传动状态进行检测，包括绕组阻值、绝缘阻值、空载电流及转速等方面。

1 电动机绕组阻值的检测方法

电动机绕组阻值的测量主要是用来检查电动机绕组接头的焊接质量是否良好，绕组层、匝间有无短路，以及绕组或引出线有无折断等情况。

检测电动机绕组阻值可采用万用表粗略检测和万用电桥精确检测两种方法。

（1）小型直流电动机绕组阻值的粗略检测方法

如图 10-39 所示，用万用表检测电动机绕组阻值是一种比较常用、简单易操作的测试方法。该方法可粗略检测出电动机内各相绕组的阻值，根据检测结果可大致判断出电动机绕组有无短路或断路故障。

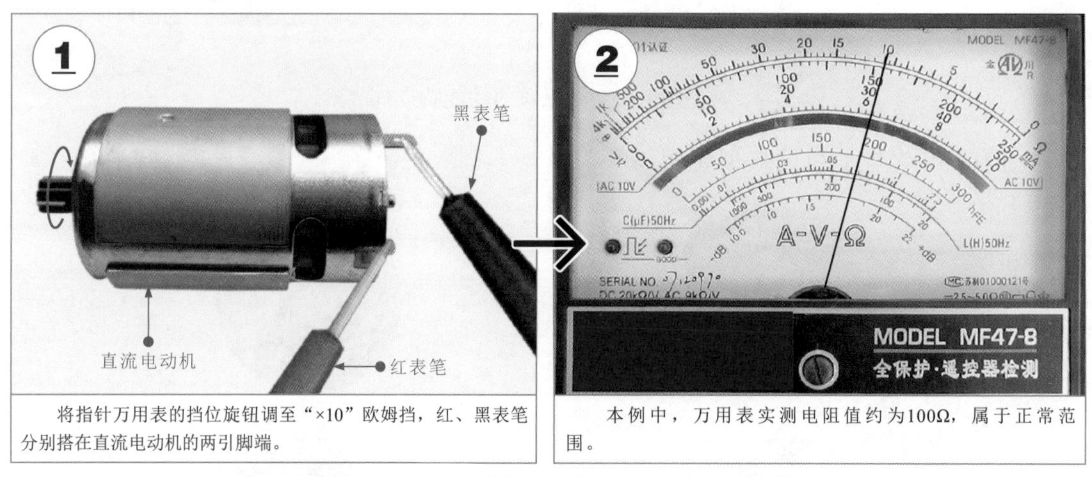

将指针万用表的挡位旋钮调至“×10”欧姆挡，红、黑表笔分别搭在直流电动机的两引脚端。

本例中，万用表实测电阻值约为100Ω，属于正常范围。

图 10-39 借助万用表粗略检测直流电动机绕组的阻值

检测直流电动机绕组的电阻值相当于检测一个电感线圈的电阻值，因此应能检测到一个固定的数值。当检测一些小功率直流电动机时，因受万用表内电流的驱动而会旋转，如图 10-40 所示。

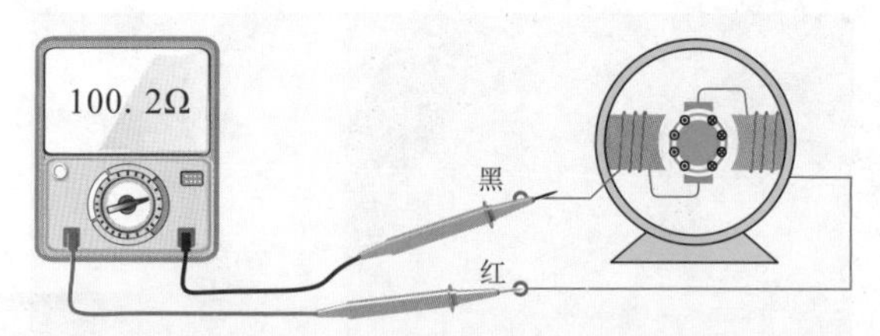

图 10-40 万用表检测直流电动机阻值的机理

判断直流电动机本身的性能时，除检测绕组的电阻值外，还需要对绝缘电阻值进行检测，检测方法可参考前文的操作步骤。正常情况下，电阻值应为无穷大，若测得的电阻值很小或为 0Ω，则说明直流电动机的绝缘性能不良，内部导电部分可能与外壳相连。

(2) 单相交流电动机绕组阻值的粗略检测

如图 10-41 所示，单相交流电动机有三个接线端子，用万用表分别检测任意两个接线端子之间的阻值，然后对测量值进行比对，即可根据对照结果判断绕组的情况。

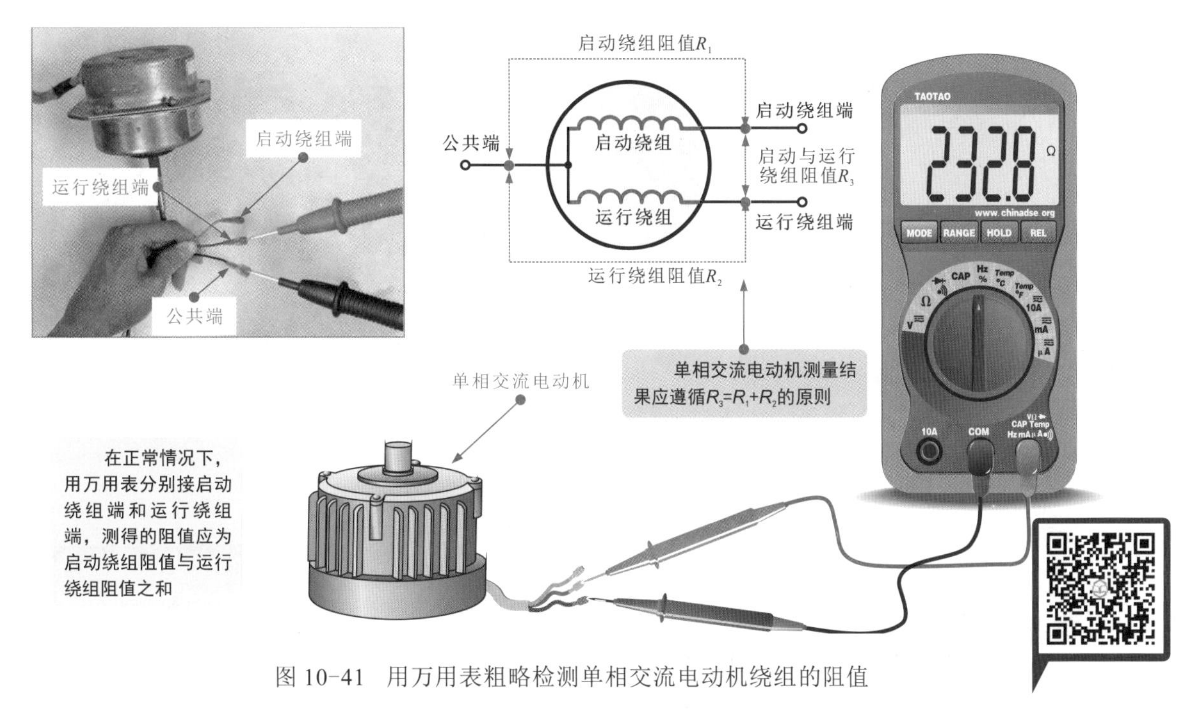

图 10-41 用万用表粗略检测单相交流电动机绕组的阻值

如图 10-42 所示，用万用表检测三相交流电动机绕组阻值的操作与检测单相交流电动机的方法类似。三相交流电动机每两个引线端子的阻值测量结果应基本相同。若 R_1、R_2、R_3 任意一阻值为无穷大或零，则说明绕组内部存在断路或短路故障。

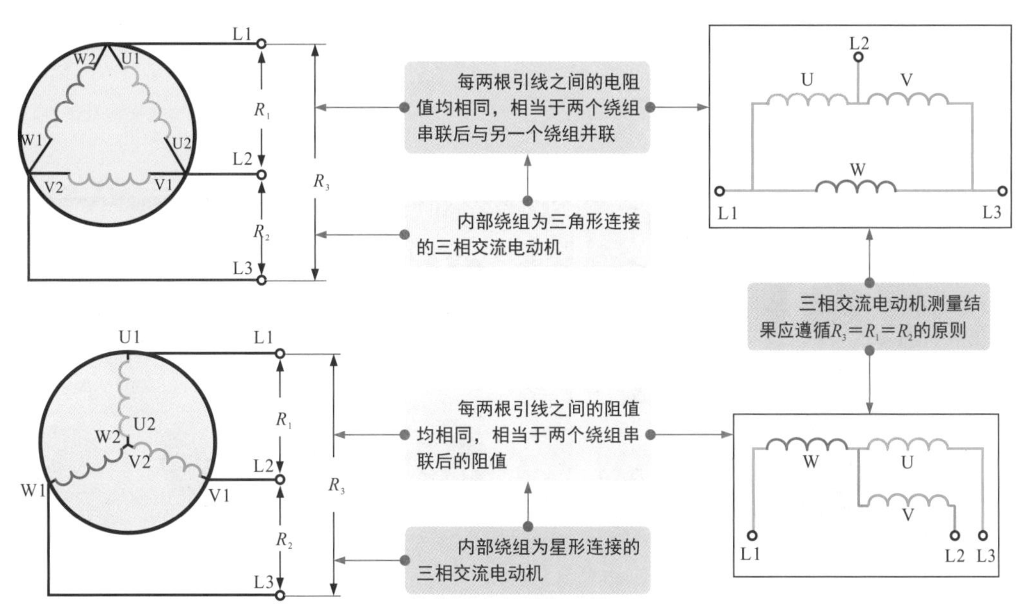

图 10-42 用万用表检测三相交流电动机绕组的阻值

（3）三相交流电动机绕组阻值的精确检测

用万用电桥检测电动机绕组的直流电阻，可以精确测量出每组绕组的直流电阻值，即使有微小偏差也能够被发现，是判断电动机制造工艺和性能是否良好的有效测试方法，如图 10-43 所示。

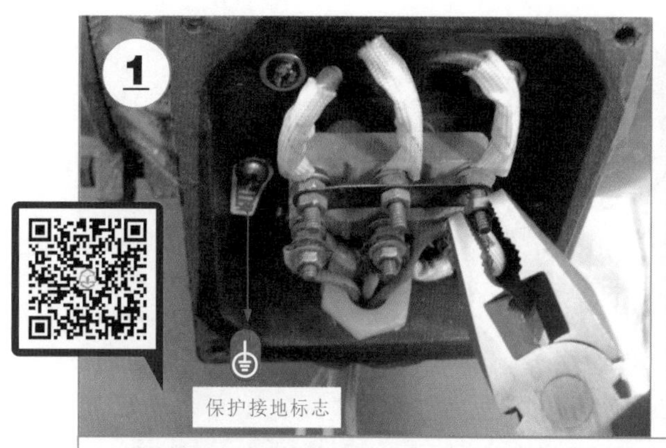

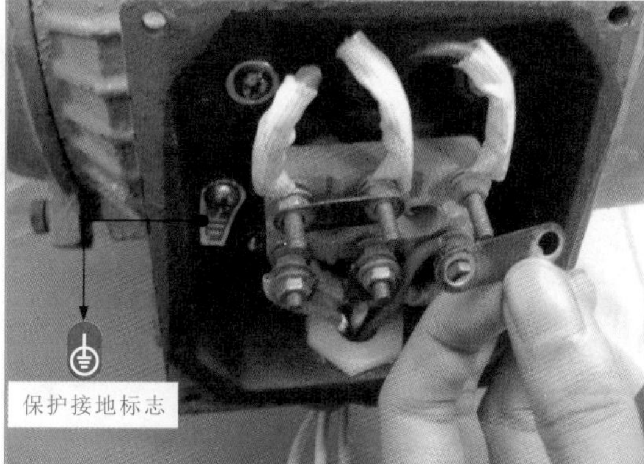

将连接端子的连接金属片拆下，使交流电动机的三组绕组互相分离（断开），以保证测量结果的准确性。

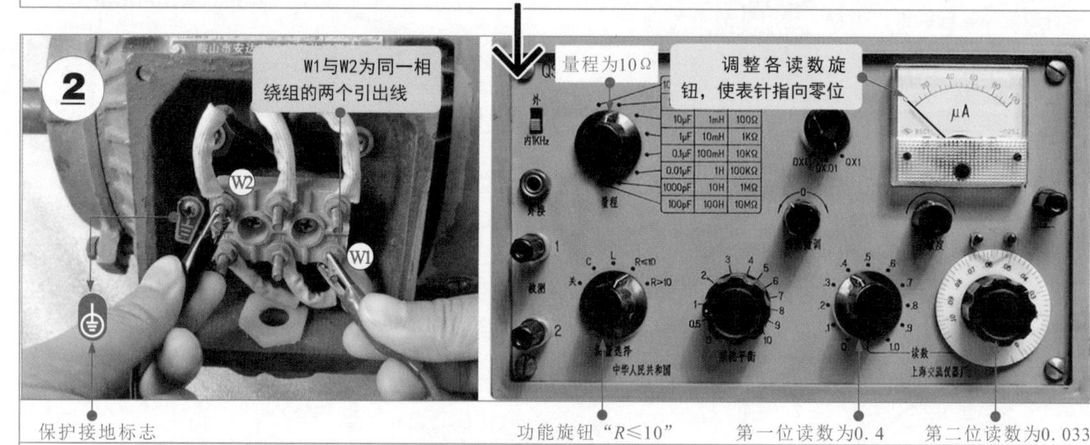

将万用电桥测试线上的鳄鱼夹夹在电动机一相绕组的两端引出线上检测阻值。本例中，万用电桥实测数值为0.433×10Ω=4.33Ω，属于正常范围。

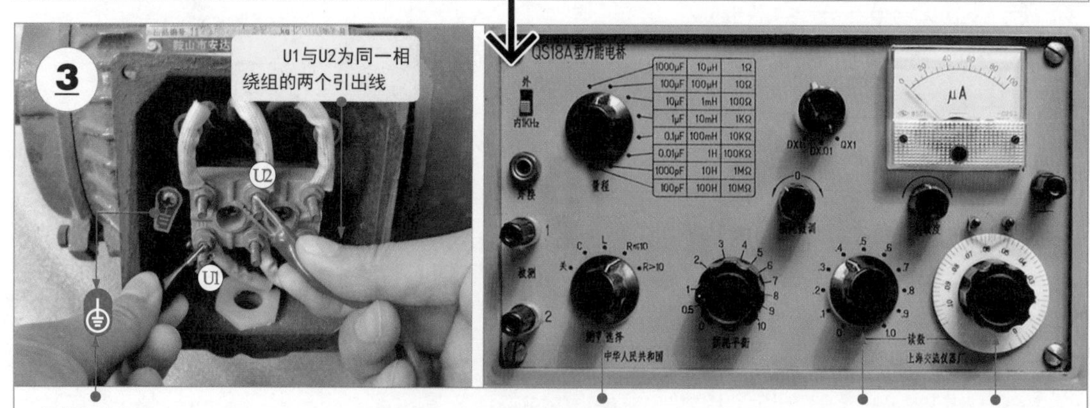

使用相同的方法，将鳄鱼夹夹在电动机第二相绕组的两端引出线上检测阻值。本例中，万用电桥实测数值为0.433×10Ω=4.33Ω，属于正常范围。

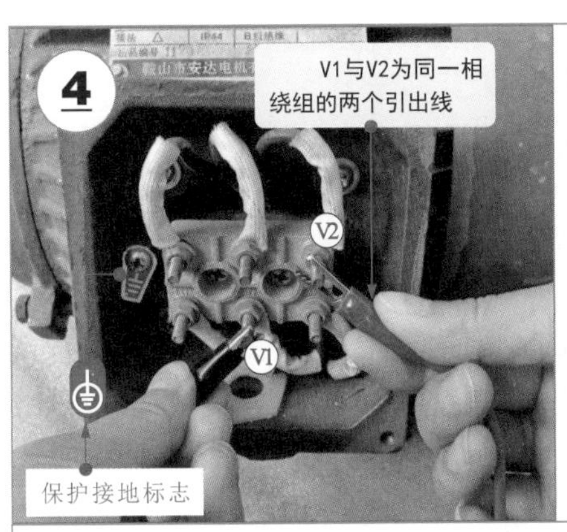

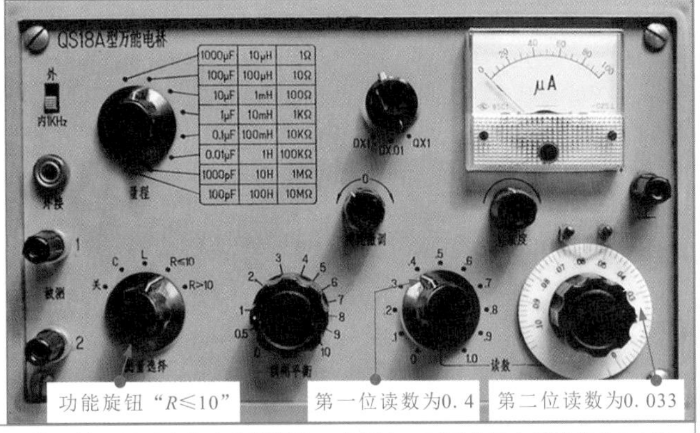

将万用电桥测试线上的鳄鱼夹夹在电动机第三相绕组的两端引出线上检测阻值。本例中，万用电桥实测数值为0.433×10Ω=4.33Ω，属于正常范围。

图 10-43　用万用电桥精确测量电动机绕组的阻值

通过以上检测可知，在正常情况下，三相交流电动机每相绕组的阻值约为4.33Ω，若测得三组绕组的阻值不同，则绕组内可能有短路或断路情况。

若通过检测发现阻值出现较大的偏差，则表明电动机的绕组已损坏。

2　电动机绝缘阻值的检测方法

检测电动机绝缘电阻一般借助兆欧表实现。使用兆欧表测量电动机的绝缘电阻是检测设备绝缘状态最基本的方法。这种测量手段能有效地发现设备受潮、部件局部脏污、绝缘击穿、引线接外壳及老化等问题。

（1）电动机绕组与外壳之间绝缘电阻的检测方法

借助兆欧表检测三相交流电动机绕组与外壳之间的绝缘阻值，判断其内部绕组与外壳之间的绝缘状态。

电动机绕组与外壳之间绝缘电阻的检测方法如图 10-44 所示。

将黑色测试线接在三相交流电动机的接地端上，红色测试线接在其中一相绕组的出线端子上。

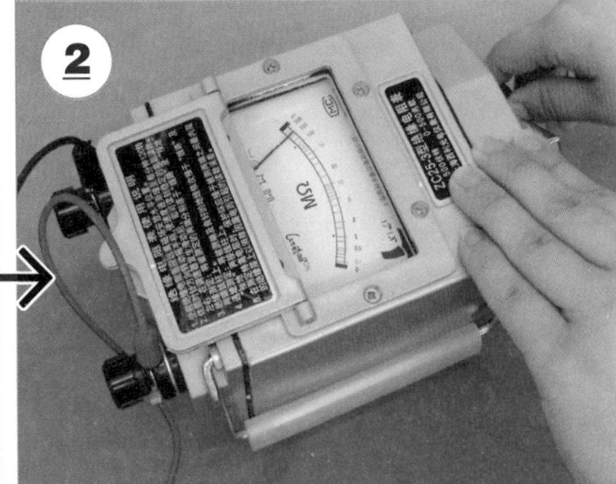

顺时针匀速转动兆欧表的手柄，观察兆欧表指针的摆动变化，兆欧表实测绝缘阻值大于1MΩ，正常。

图 10-44　三相交流电动机绕组与外壳之间绝缘电阻的检测方法

使用兆欧表检测交流电动机绕组与外壳间的绝缘阻值时，应匀速转动兆欧表的手柄，并观察指针的摆动情况。本例中，实测绝缘阻值均大于 1MΩ。

为确保测量值的准确度，需要待兆欧表的指针慢慢回到初始位置后再顺时针摇动兆欧表的手柄，检测其他绕组与外壳的绝缘阻值是否正常，若检测结果远小于 1MΩ，则说明电动机绝缘性能不良或内部导电部分与外壳之间有漏电情况。

（2）电动机绕组与绕组之间绝缘电阻的检测方法

如图 10-45 所示，借助兆欧表检测三相交流电动机绕组与绕组之间的绝缘阻值（三组绕组分别两两检测，即检测 U-V、U-W、V-W 之间的阻值）。

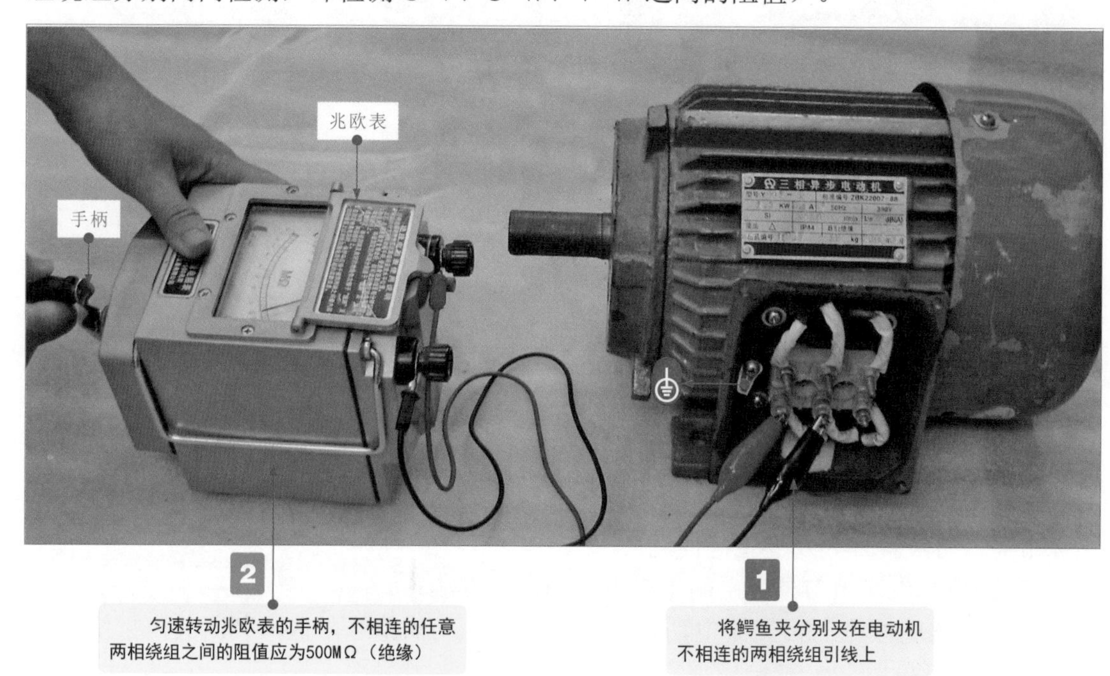

图 10-45　三相交流电动机绕组与绕组之间绝缘阻值的检测方法

检测绕组间绝缘电阻时，需取下绕组间的接线片，即确保电动机绕组之间没有任何连接关系。若测得电动机绕组与绕组之间的绝缘阻值为零或阻值较小，则说明电动机绕组与绕组之间存在短路现象。

3　电动机空载电流的检测方法

检测电动机的空载电流就是在电动机未带任何负载的情况下检测绕组中的运行电流，多用于单相交流电动机和三相交流电动机的检测。

如图 10-46 所示，借助钳形表检测电动机的空载电流。

若测得的空载电流过大或三相空载电流不均衡，则说明电动机存在异常。一般情况下，空载电流过大的原因主要是电动机内部铁芯不良、电动机转子与定子之间的间隙过大、电动机线圈的匝数过少、电动机绕组连接错误。

在上述实际检测案例中，所测电动机为 2 极 1.5kW 容量的电动机（铭牌标识其额定电流为 3.5A）。在正常情况下，空载电流为额定电流的 40% ~ 55%。

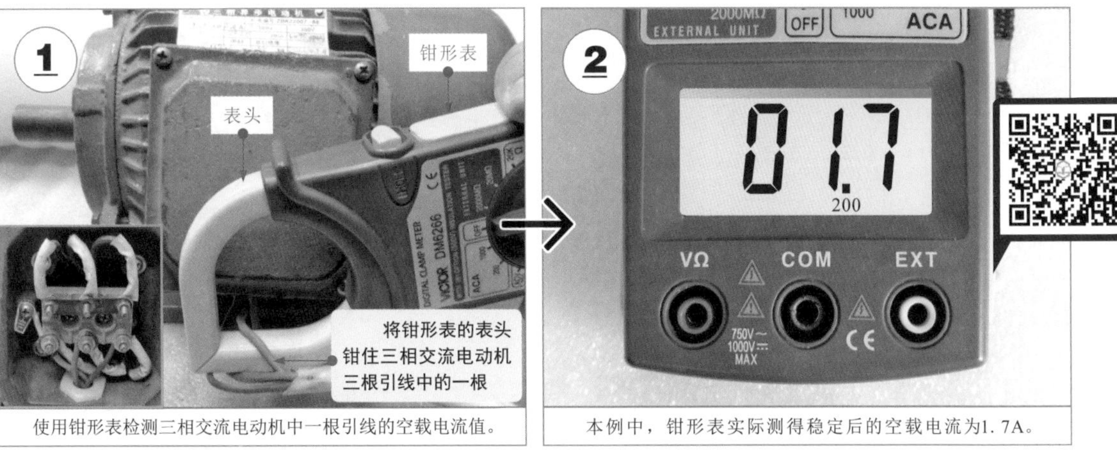

使用钳形表检测三相交流电动机中一根引线的空载电流值。

本例中，钳形表实际测得稳定后的空载电流为1.7A。

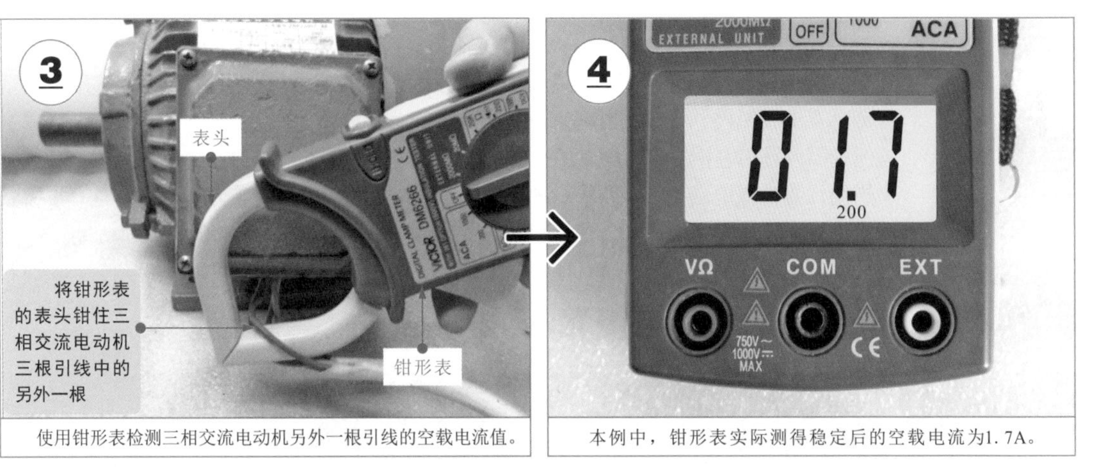

使用钳形表检测三相交流电动机另外一根引线的空载电流值。

本例中，钳形表实际测得稳定后的空载电流为1.7A。

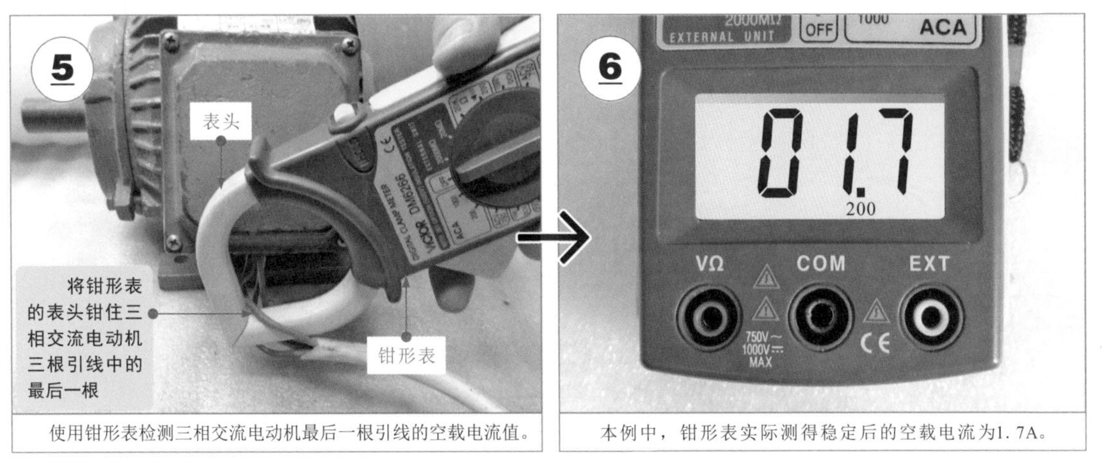

使用钳形表检测三相交流电动机最后一根引线的空载电流值。

本例中，钳形表实际测得稳定后的空载电流为1.7A。

图 10-46 三相交流电动机空载电流的检测方法

4 电动机转速的检测方法

电动机的转速是指电动机运行时每分钟旋转的转数。测试电动机的实际转速，并与铭牌上的额定转速进行比较，可检查电动机是否存在超速或堵转现象。

如图 10-47 所示，检测电动机的转速一般使用专用的电动机转速表。

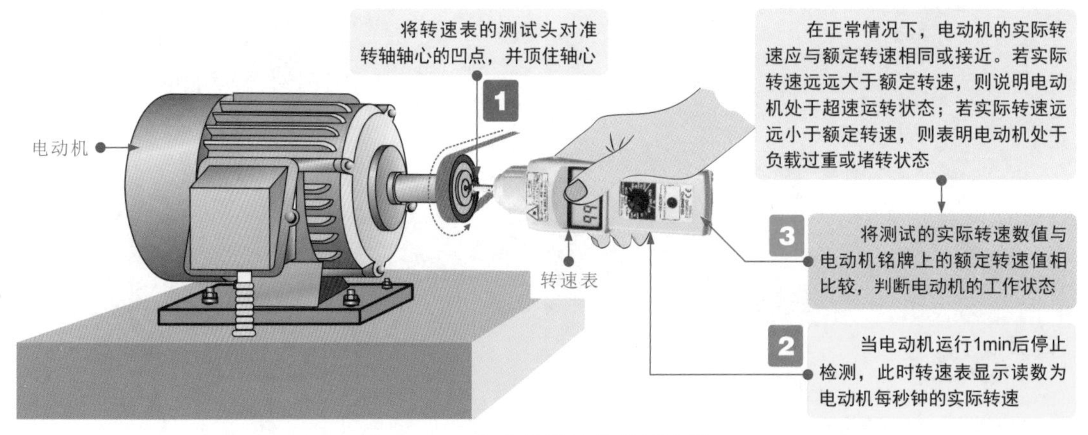

图 10-47 电动机转速的检测方法

检测没有铭牌的电动机时，应先确定其额定转速，通常可用指针万用表进行简单判断。首先将电动机各绕组之间的连接金属片取下，使各绕组之间保持绝缘，再将万用表的量程调至 0.05mA 挡，将红、黑表笔分别接在某一绕组的两端，匀速转动电动机主轴一周，观测一周内万用表指针左右摆动的次数。当万用表指针摆动一次时，表明电流正负变化一个周期，为 2 极电动机（2800 ～ 3000r/min）；当万用表指针摆动两次时，则为 4 极电动机（1400 ～ 1500r/min）。以此类推，三次则为 6 极电动机（800 ～ 1000r/min）。

10.10 变压器的识别与检测

10.10.1 变压器的功能特点

变压器是利用电磁感应原理传递电能或传输交流信号的器件，在各种电子产品中的应用比较广泛。

图 10-48 为几种常见变压器的实物外形及电路图形符号。

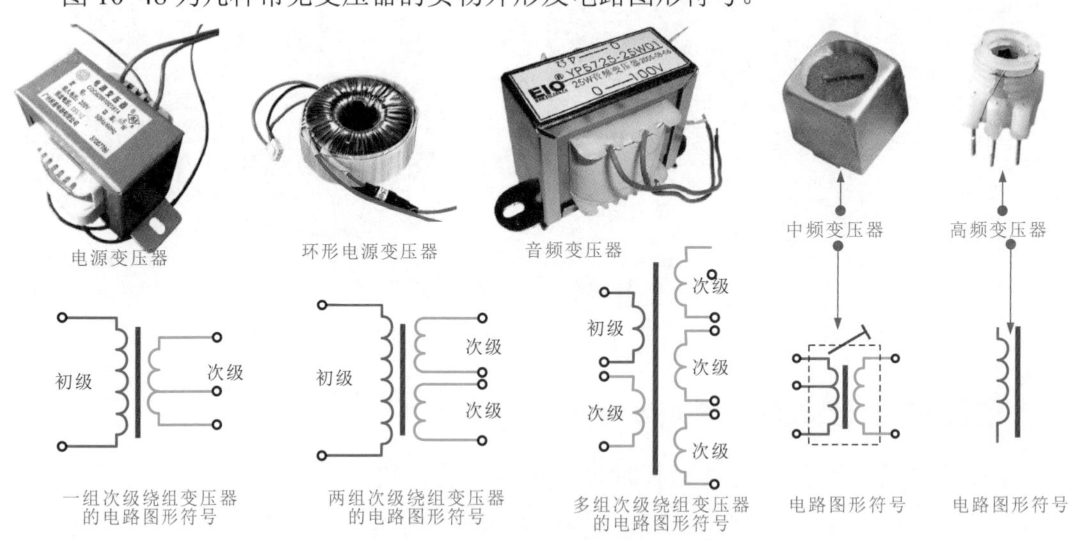

图 10-48 几种常见变压器的实物外形及电路图形符号

变压器是将两组或两组以上的线圈绕制在同一个线圈骨架上或绕在同一铁芯上制成的，利用电感线圈靠近时的互感原理，将电能或信号从一个电路传向另一个电路。

变压器是变换电压的器件，提升或降低交流电压是变压器在电路中的主要功能，如图 10-49 所示。

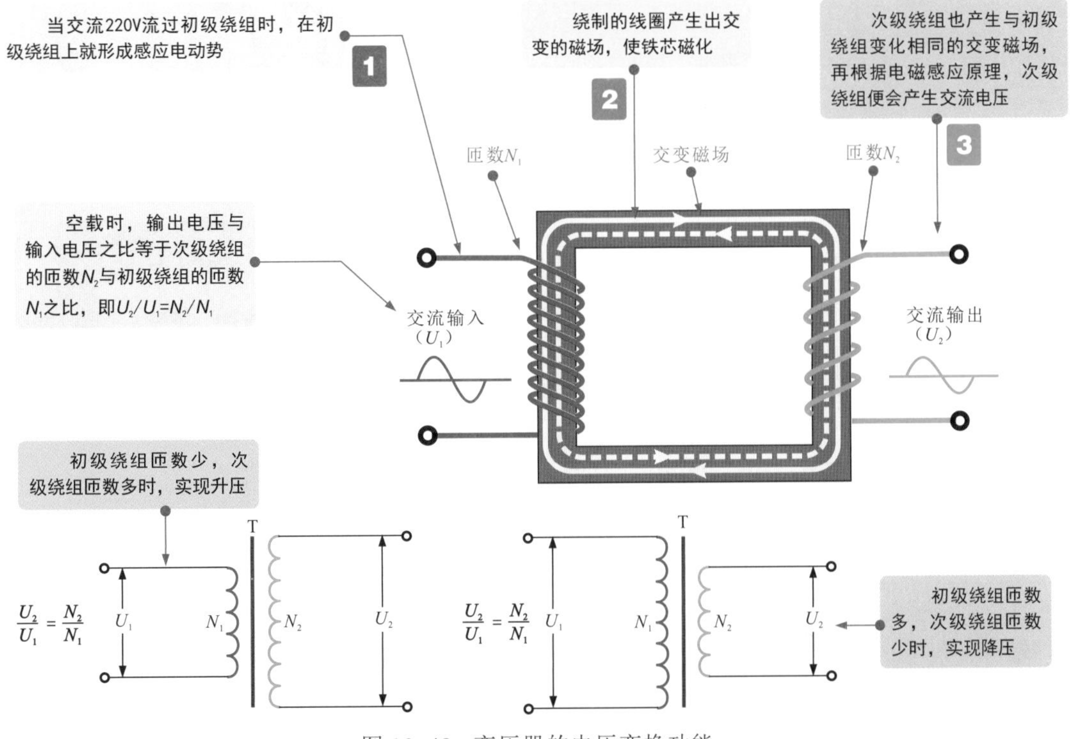

图 10-49 变压器的电压变换功能

变压器在电路中除可实现电压变换外，还具有阻抗变换、相位变换、电气隔离、信号传输等功能。

根据变压器的变压原理，初级部分的交流电压是通过电磁感应原理“感应”到次级绕组上的，而没有进行实际的电气连接，因而变压器具有电气隔离功能。

10.10.2 变压器的检测方法

结合变压器的功能特点，一般变压器性能好坏可通过检测其绕组阻值和初、次级电压的方法判断。

1 变压器绕组阻值的检测方法

变压器是一种以初、次级绕组为核心部件的器件，使用万用表检测变压器时，可通过检测变压器的绕组阻值来判断变压器是否损坏。

检测变压器绕组阻值主要包括对变压器初/次级绕组本身阻值的检测、绕组与绕组之间绝缘电阻的检测、绕组与铁芯（或外壳）之间绝缘电阻的检测三个方面，如图 10-50 所示。

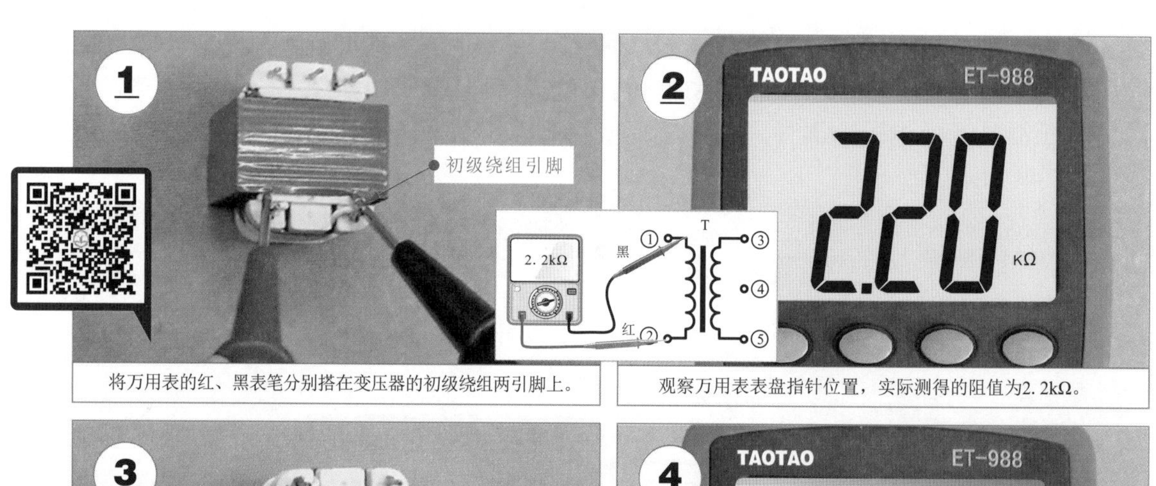

将万用表的红、黑表笔分别搭在变压器的初级绕组两引脚上。

观察万用表表盘指针位置，实际测得的阻值为2. 2kΩ。

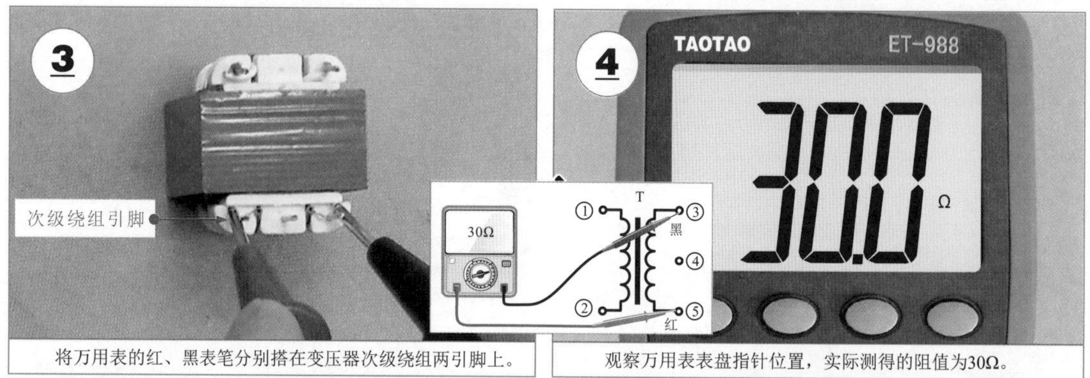

将万用表的红、黑表笔分别搭在变压器次级绕组两引脚上。

观察万用表表盘指针位置，实际测得的阻值为30Ω。

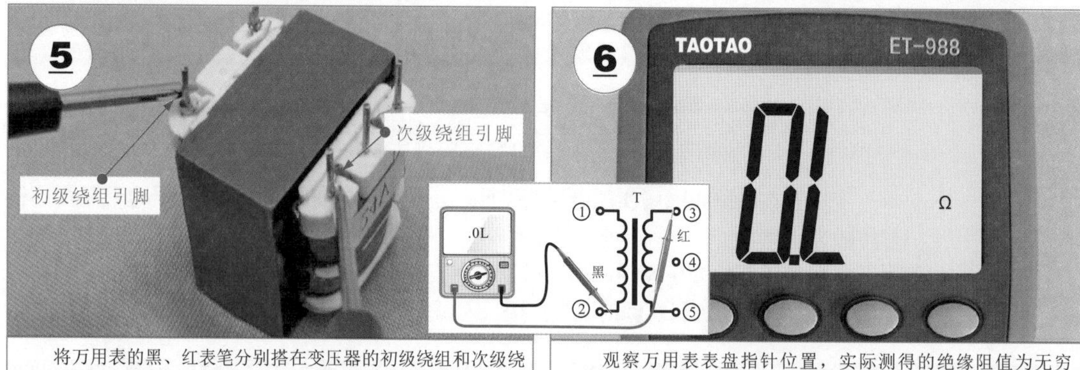

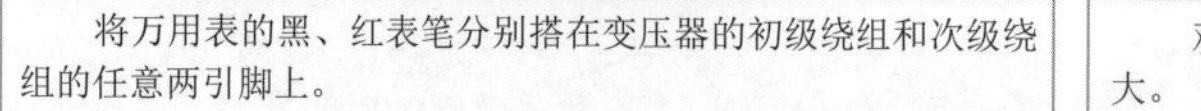

将万用表的黑、红表笔分别搭在变压器的初级绕组和次级绕组的任意两引脚上。

观察万用表表盘指针位置，实际测得的绝缘阻值为无穷大。

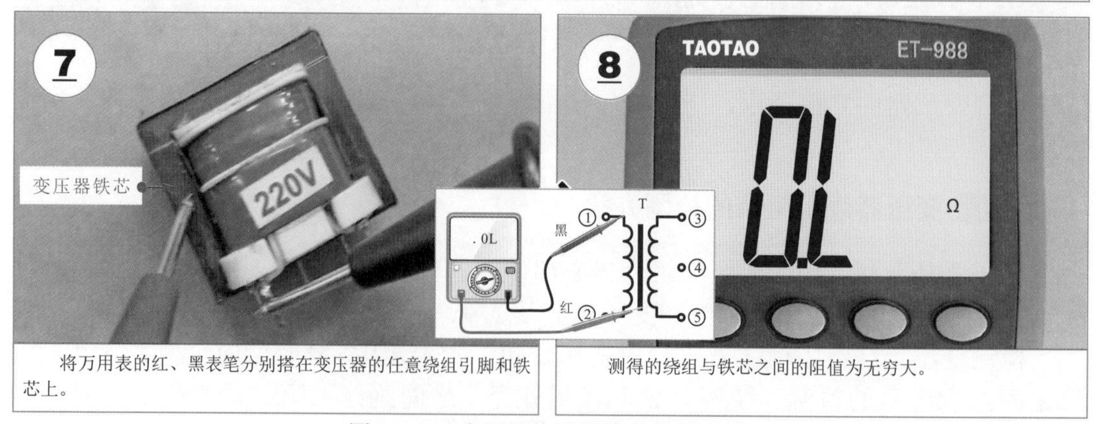

将万用表的红、黑表笔分别搭在变压器的任意绕组引脚和铁芯上。

测得的绕组与铁芯之间的阻值为无穷大。

图 10-50　变压器绕组阻值的检测方法

变压器的绕组作为一种电感线圈，用万用表的电阻挡检测其电阻值时，在正常情况下，应有一个固定的阻值；若实测绕组本身的阻值为无穷大，则说明所测绕组中存在断路现象。

变压器的绕组与绕组之间为电气隔离状态，用万用表的电阻挡检测其阻值时，在正常情况下，绕组间的阻值应为无穷大；若实测绕组间阻值很小，则说明所测变压器绕组间存在短路现象。

变压器的绕组与铁芯（或外壳）之间具有绝缘特性，在正常情况下，各绕组与外壳之间应良好绝缘，用万用表电阻挡检测其阻值也应为无穷大。若实测绕组与铁芯之间阻值很小，则说明所测变压器绕组与外壳间存在短路现象。

2 变压器输入、输出电压的检测方法

检测变压器的输入、输出端电压需要将变压器置于实际的工作环境中，或搭建测试电路模拟实际工作条件，并向变压器输入一定值的交流电压，然后用万用表分别检测输入、输出端的电压值来判断变压器的好坏。

检测之前，首先区分待测变压器的输入、输出引脚，了解输入、输出电压值，为变压器的检测提供参照标准，如图 10-51 所示。

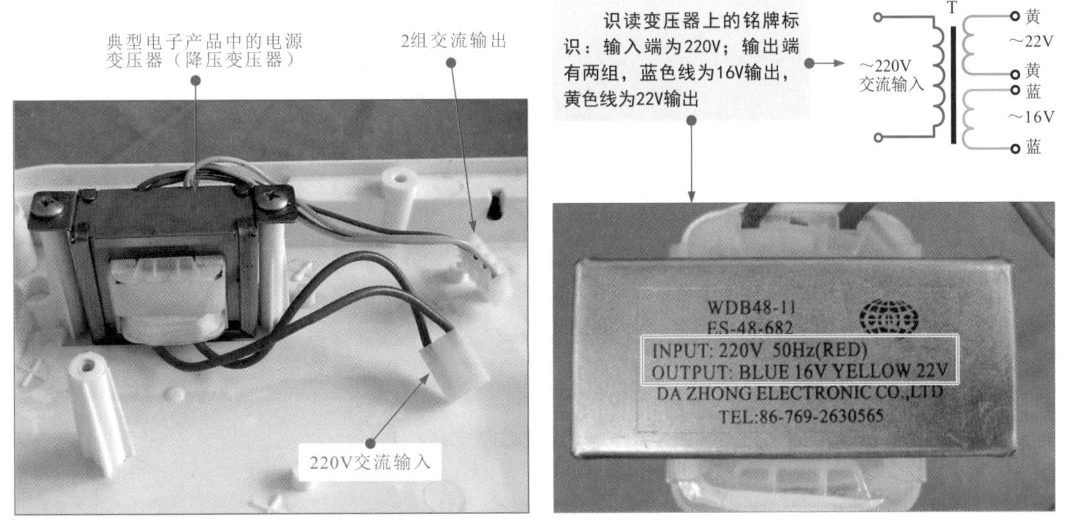

（a） 区分待测变压器的输入、输出引脚

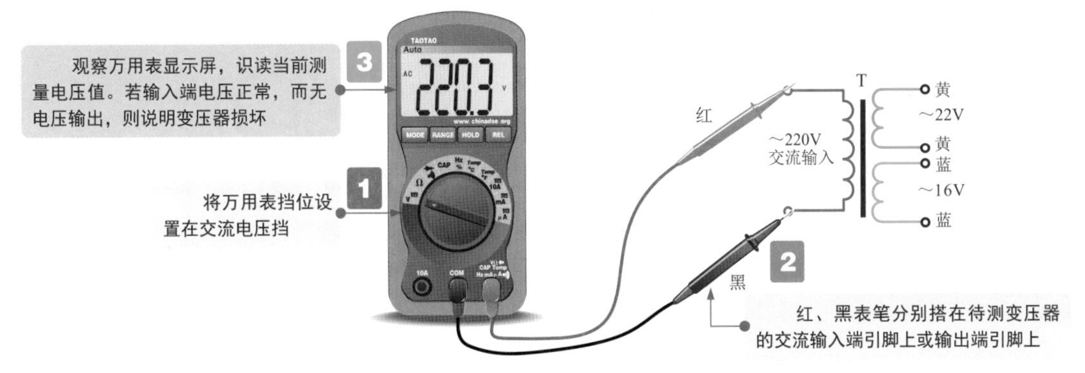

（b） 检测变压器输入、输出电压的方法

图 10-51 变压器输入、输出电压的检测方法

图10-52为变压器输入、输出电压的检测案例。

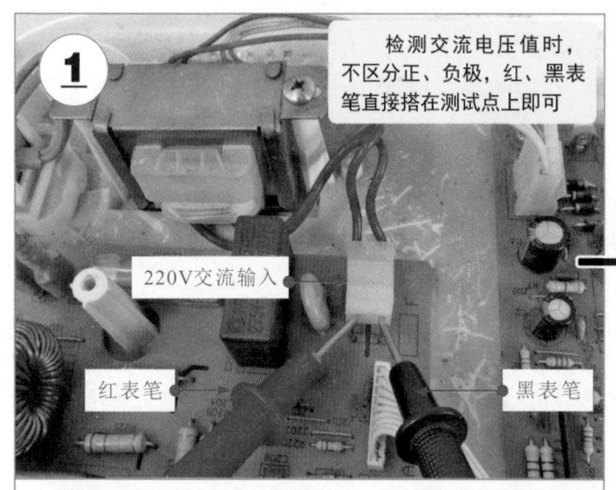

将变压器置于实际的工作环境中，或搭建测试电路模拟实际工作条件，将万用表的红、黑表笔搭在待测电源变压器的交流输入端引脚上。

万用表的显示屏上读取实测输入端电压值为交流220.3V，正常。

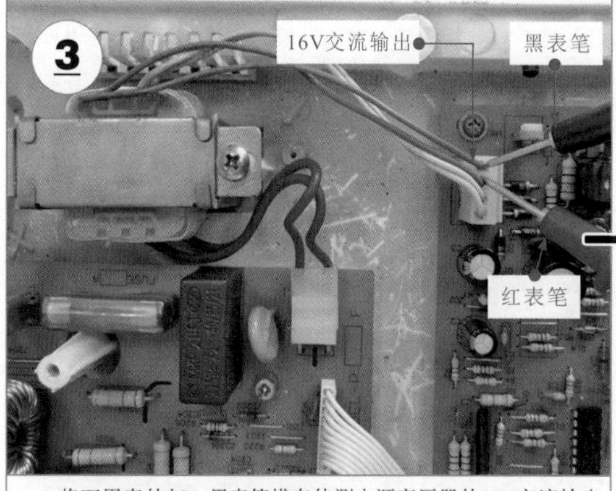

将万用表的红、黑表笔搭在待测电源变压器的16V交流输出端蓝色引线上。

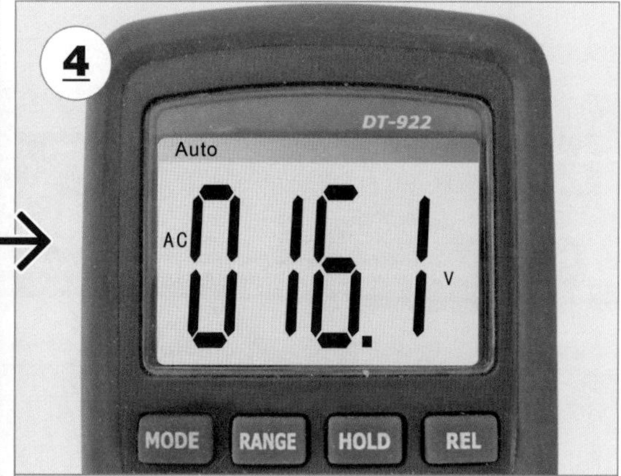

从万用表的显示屏上读取出实测输出端电压值为交流16.1V，正常。

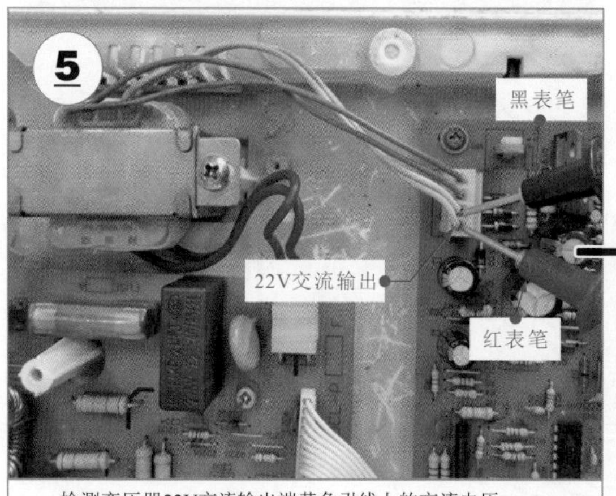

检测变压器22V交流输出端黄色引线上的交流电压。

从万用表的显示屏上读取出实测输出端电压值为交流22.4V，正常。

图10-52　变压器输入、输出电压的检测案例

下篇

维修应用

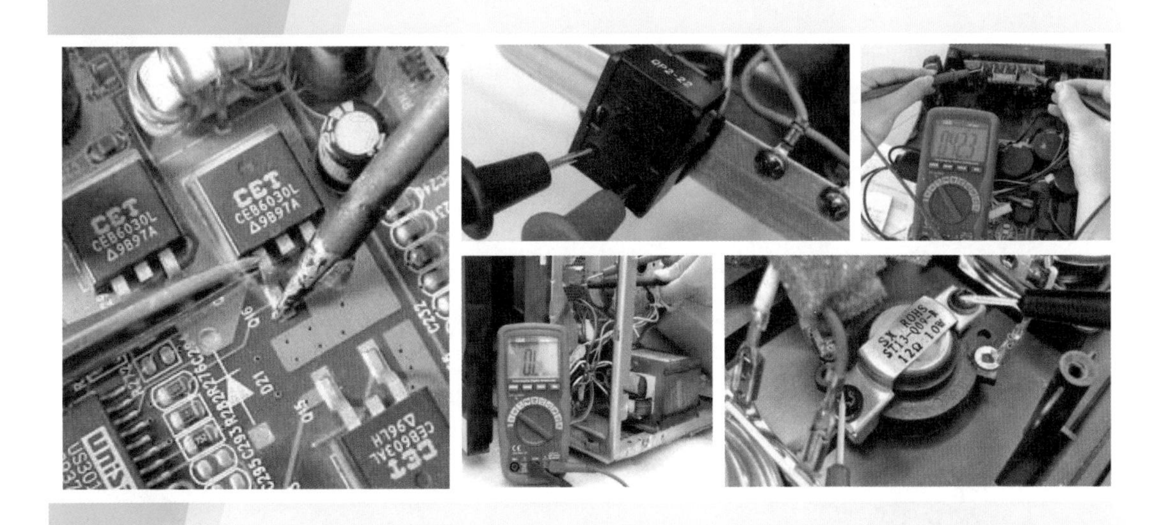

扫描书中的"二维码"，
开启全新微视频学习模式

下 篇

维修应用篇以电子电工行业的技能要求为引导，从电路图的识读方法与技巧入手，详细介绍了电子元器件在电子产品及各控制电路中的维修检测技巧。

主要内容包括：电路图的识读方法与技巧、元器件拆卸焊接工具的特点与使用、空调器中元器件的检修、电冰箱中元器件的检修、液晶电视机中元器件的检修、电风扇中元器件的检修、电热水壶中元器件的检修、微波炉中元器件的检修、电磁炉中元器件的检修、电动机控制电路中元器件的检修、变频控制电路中元器件的检修和照明控制电路中元器件的检修等。

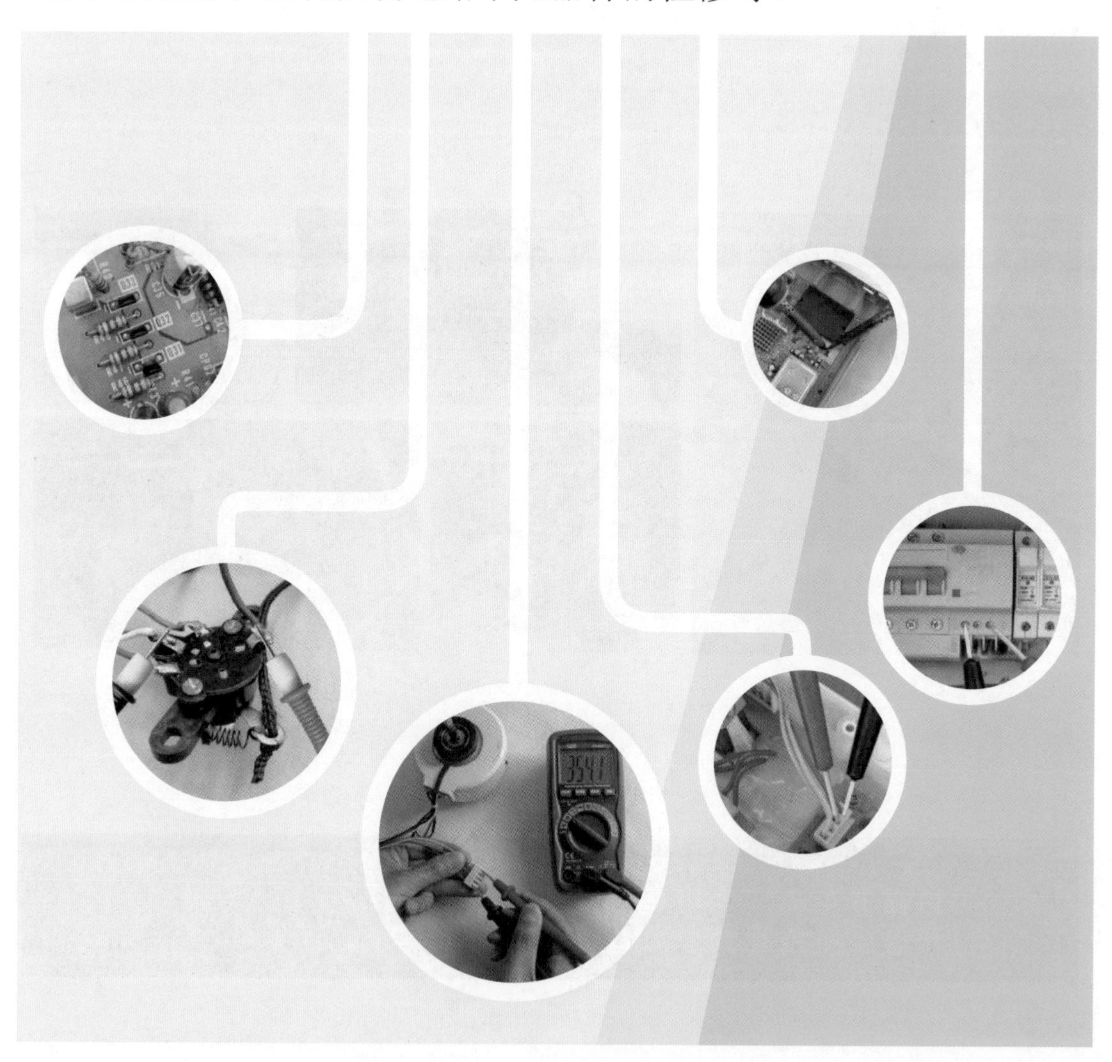

第1章 电路图的识读方法与技巧

1.1 电路图的特点与应用

电路图是所有电子产品的“档案”。能够读懂电子电路图是掌握电子产品的性能、工作原理及装配和检测方法的前提。因此，学习电子电路识图是从事电子产品生产、装配、调试及维修的关键环节。

通常，根据工作性质和应用领域的不同，所对应的电路图也有所区别。常用的电路图主要有电路原理图、方框图、元器件分布图等几种类型。

1.1.1 电路原理图

电路原理图是最常见到的一种电子电路图（俗称的“电路图”主要就是指电路原理图），是由代表不同电子元器件的电路图形符号构成的电子电路，如图 1-1 所示。

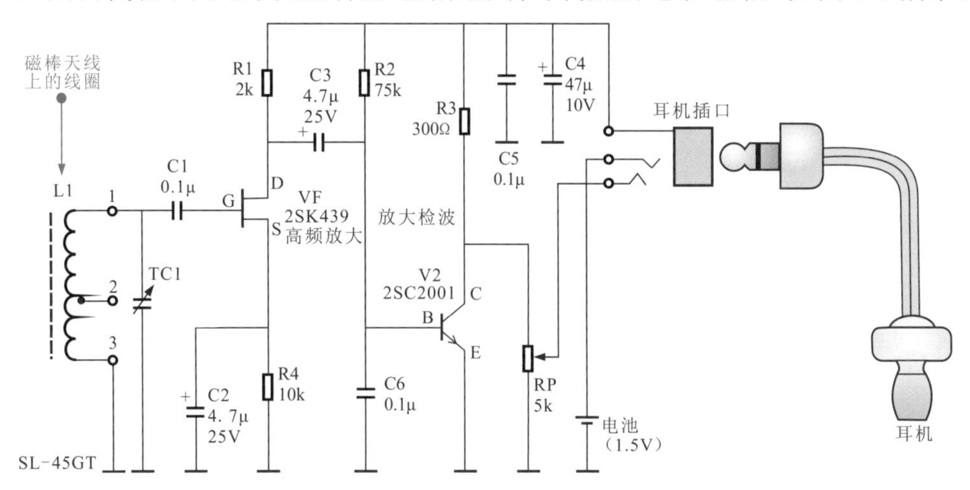

图 1-1 电路原理图的典型实例（小型收音机电原理图）

图 1-1 是一种典型的袖珍式收音电路。天线线圈 L1 与可变电容 TC1 构成谐振电路，具有选频功能。调整电容可以与广播电台发射的信号谐振。谐振信号经电容 C1 耦合到场效应晶体管 VF 的栅极（G）。场效应晶体管具有增益高、噪声低的特点，可将收到的信号放大后经电容 C3 耦合到放大检波晶体管 VT2 的基极（B），由放大和检波后将广播电台的音频信号提取出来，经电位器 RP 送到耳机中。

1.1.2 方框图

方框图是一种用方框、线段和箭头表示电路各组成部分之间相互关系的电路图。其中，每个方框表示一个单元电路，线段和箭头表示单元电路间的关系和电路中的信号走向，有时也称这种电路图为信号流程图。

图 1-2 为典型方框图实例。

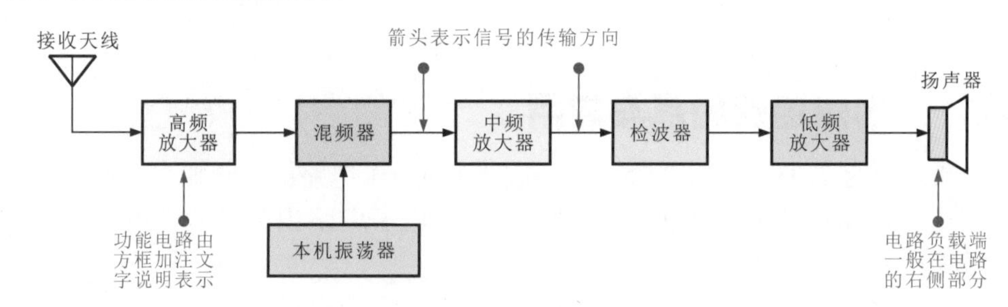

图 1-2 方框图的典型实例（收音机整机方框图）

从图中可以看出，方框图是一种重要的电路图，对了解系统电路组成和各单元电路之间逻辑关系非常有用。方框图一般较电原理图更为简洁，逻辑性强，便于记忆和理解，可直观地看出电路的组成和信号的传输途径，以及在传输过程中信号的处理等。

1.1.3 元器件分布图

元器件分布图是一种直观表示实物电路中元器件实际分布情况的图样资料。

图 1-3 为元器件分布图的典型实例。

由图可知，元器件分布图与实际电路板中的元器件分布情况是完全对应的，简洁、清晰地表达了电路板中构成的所有元器件的位置关系。

1.2 电路图的标识

1.2.1 识读电路图中的标识信息

图 1-4 为简单的整流稳压电路图。在图中会看到很多横线、竖线、小黑点及符号、文字的标识等信息，这些信息实际上就是这张图纸的重要“识读信息”。

图中的每个图形符号或文字、线段都体现了该电路图的重要内容，也是我们识读该电路图的所有依据。

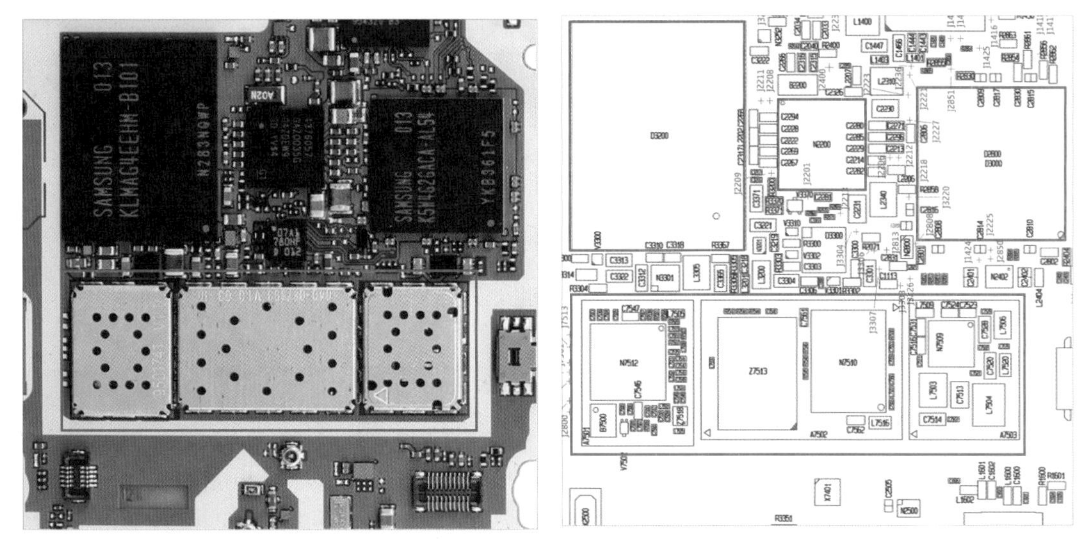

（a）实物电路板照片　　（b）元器件分布图

图 1-3　元器件分布图的典型实例

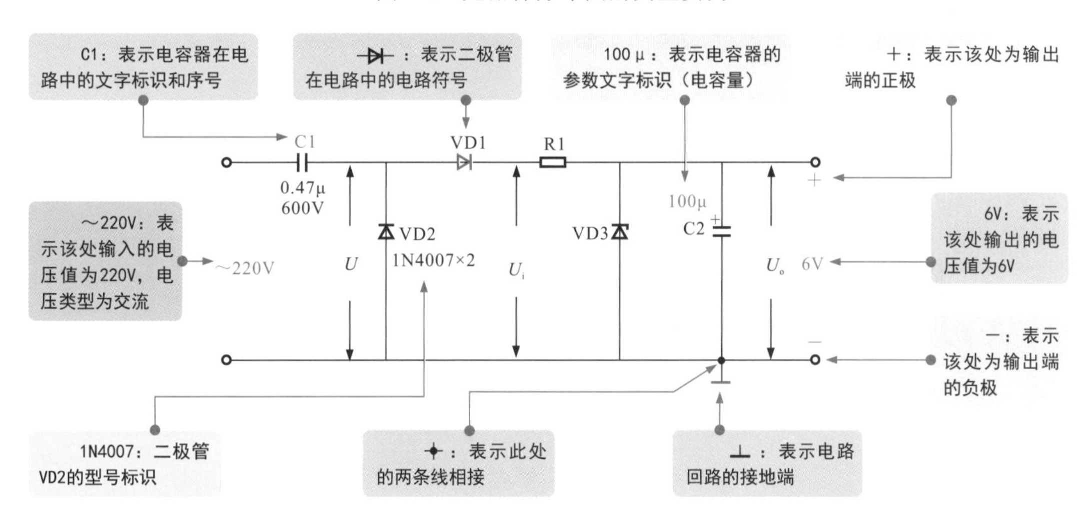

图 1-4　简单的整流稳压电路图

因此在识读电子电路图之前，我们应首先了解电子电路图中各标识符号的含义。图 1-5 为电子电路图中的常见标识符号。

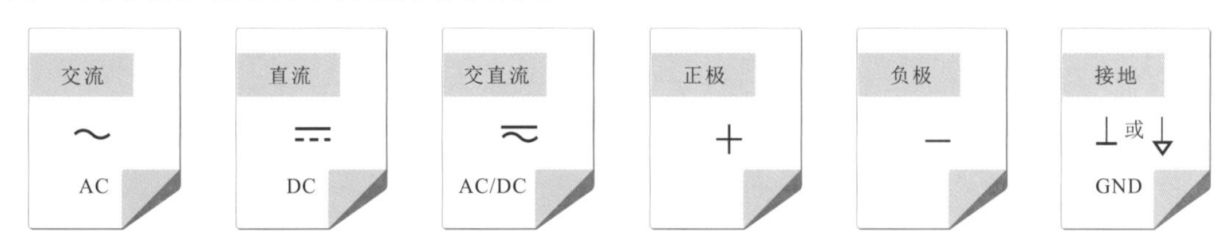

图 1-5　电子电路图中的常见标识符号

电子产品中的各个元器件都是通过线路进行连接的。电子电路图的线路连接标注规则如图 1-6 所示。该电路是一个由运算放大器（LM158）组成的音频放大器。

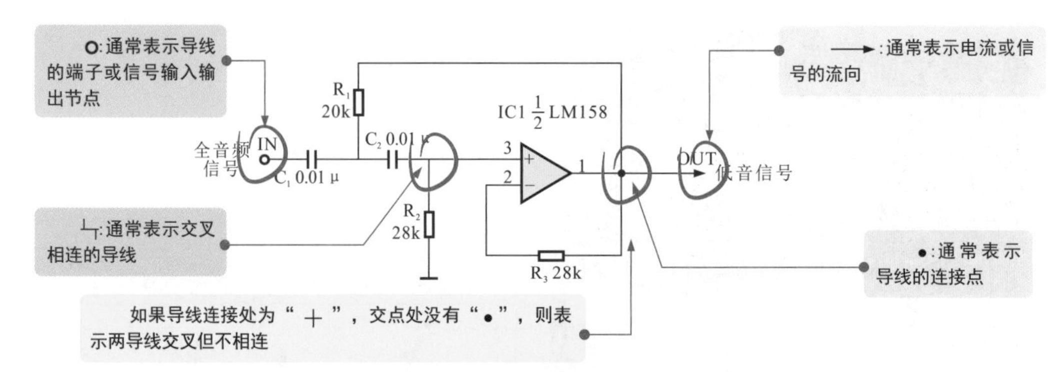

图 1-6　电子电路图的线路连接标注规则

除此之外，电路图中还有一些常见的线路连接标注。例如：

—◀—：表示插头或插座；—◯—：表示屏蔽导线；—≪或—▭：表示信号输入端；—≫或—▭：表示信号输出端　≪≫或—▭：表示信号输入、输出端。

1.2.2　电路图中元器件的图形符号与实物对照

了解了电子电路图中常见标识符号和线路连接标注规则，接下来需要认识不同电子元器件的电路符号标识。

图 1-7 为袖珍收音机电路图中图形符号与实物对应关系。不同的电子元器件都有标准统一的电路图形符号和文字标识信息。这些电子元器件也是组成电子电路的主要部分。建立电路图中元器件图形符号与实物的对应关系、知晓各种电子元器件的特点是学习电子电路图识图的关键环节。

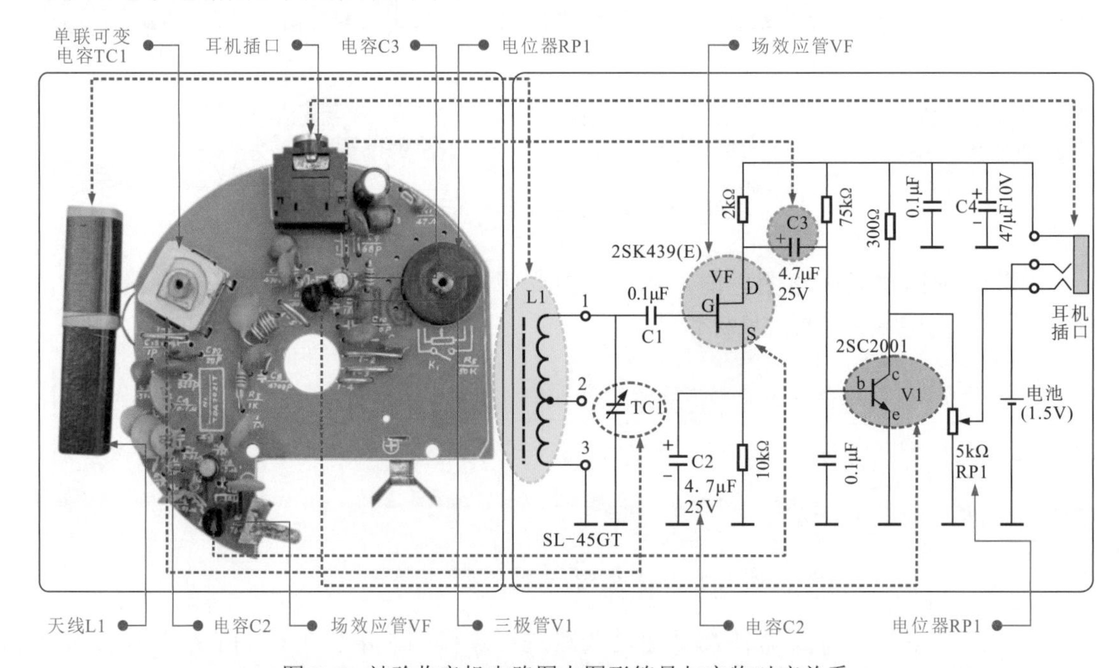

图 1-7　袖珍收音机电路图中图形符号与实物对应关系

1.3 电路图识读技巧

1.3.1 电路图的识读要领

1 从元器件入手学识图

电路板上电子元器件的标识和电路符号如图 1-8 所示。

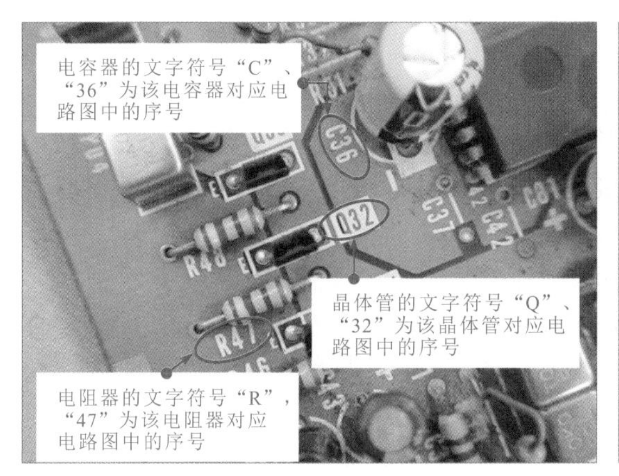

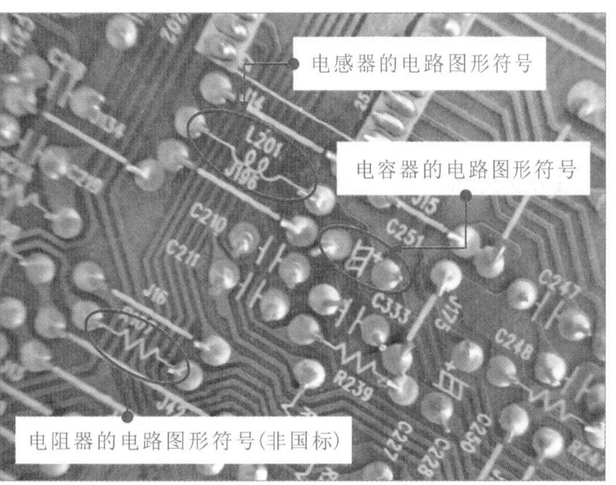

图 1-8 电路板上电子元器件的标识和电路符号

在电子产品的电路板上有不同外形、不同种类的电子元器件，电子元器件所对应的文字标识、电路图形符号及相关参数都标注在元器件的旁边。

电子元器件是构成电子产品的基础，换句话说，任何电子产品都是由不同的电子元器件按照电路规则组合而成的。因此，了解电子元器件的基本知识，掌握不同元器件在电路图中的电路图形符号及各元器件的基本功能特点是学习电路识图的第一步。

2 从单元电路入手学识图

单元电路就是由常用元器件、简单电路及基本放大电路构成的可以实现一些基本功能的电路，是整机电路中的单元模块，如串并联电路、RC 电路、LC 电路、放大器、振荡器等。因此从电源电路入手，了解简单电路、基本放大电路的结构、功能、使用原则及应用注意事项对于电路识图非常有帮助。

3 从整机入手学识图

电子产品的整机电路是由许多单元电路构成的。在了解单元电路的结构和工作原理的同时，弄清电子产品所实现的功能及各单元电路之间的关联，对于熟悉电子产品的结构和工作原理非常重要。例如，在影音产品中，包含有音频、视频、供电及各种控制等多种信号，如果不注意各单元电路之间的关联，单从某一个单元电路入手很难弄清整个产品的结构特点和信号走向。因此，从整机入手，找出关联，理清顺序是最终读懂电路图的关键。

1.3.2 电路图的识读步骤

不同的电路电子电路识图步骤也有所不同，下面根据电子电路应用的行业领域的不同，分别介绍电原理图、方框图、元器件分布图的识图步骤。

1 电路原理图的识图步骤

电路原理图是由一个个的基本单元电路经过一定的方式连接起来构成的，是最重要的电路图，不能漏掉任何一个元件，甚至不能缺少一个引脚的连接点。根据接线关系可以看到各单元电路之间的信号流程及信号变换过程，对熟悉整机结构是很有帮助的。

电路原理图的识读可以按照如下四个步骤进行。

① 了解电子产品功能　一个电子产品的电路图是为了完成和实现这个产品的整体功能而设计的，首先搞清楚产品电路的整体功能和主要技术指标，便可以在宏观上对该电路图有一个基本的认识。

电子产品的功能可以根据名称了解。比如，收音机的功能是接收电台信号，处理后将信号还原并输出声音的信息处理设备；电风扇则是将电能转换为驱动扇叶转动机械能的设备。

② 找到整个电路图总输入端和总输出端　整机电路原理图一般是按照信号处理流程为顺序绘制的，按照一般人的阅读习惯，通常输入端画在左侧，信号处理为中间主要部分，输出端则位于整张图纸的最右侧部分。比较复杂的电路，输入与输出的部位无定则。因此，分析整机电路原理图可先找出整个电路图的总输入端和总输出端，即可判断出电路图的信号处理流程和方向。

③ 以主要元器件为核心将整机电路原理图“化整为零”　在掌握整个电路原理图大致流程基础上，根据电路中的核心元件将整机划分成一个一个的功能单元，然后将这些功能单元对应学过的基础电路进行分析。

④ 将各个功能单元的分析结果综合，“聚零为整”　每个功能单元的结果综合在一起即为整个产品，即最后“聚零为整”，完成整机电路原理图的识读。

分析整机电路原理图，简单地说就是了解功用、找到两头、化整为零、聚零为整的思路和方法。用整机原理指导具体电路分析、用具体电路分析诠释整机工作原理。

收音机整机电路原理图的单元电路划分过程如图 1-9 所示。

根据整机原理图中的主要功能部件和电路特征，可以将该电路划分成五个电路单元：高频放大电路、本机振荡电路、混频和中放电路、中频放大电路、中放和检波电路。

整机电路原理图示出了组成收音机的各个部分，下面就可以对上述划分的几个功能模块进行逐一识读和理解，了解电路构成、工作原理及各主要元器件的功能。

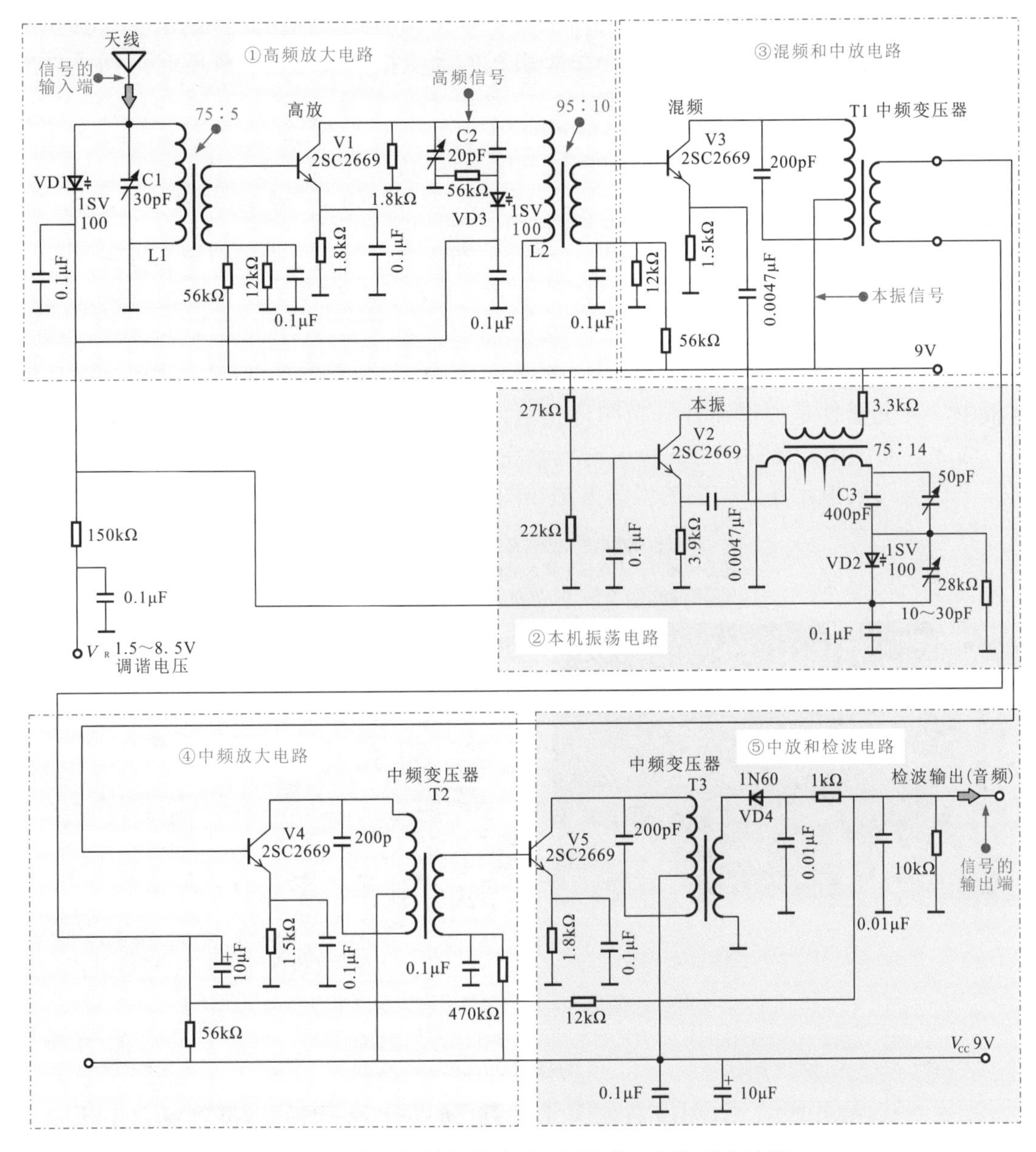

图 1-9　收音机整机电路原理图的单元电路划分过程

2　方框图的识图步骤

识读框图时一般可按如下步骤进行。

① 分析信号传输过程　了解整机电路图中的信号传输过程主要是看框图中箭头的指向。箭头所在的通路表示信号的传输通路，箭头的方向指出信号的传输方向。

② 熟悉整机电路系统的组成　在框图中可以直观看出整机电路各部分单元电路之间的相互关系，即相互之间是如何连接的，特别是在控制电路系统中，可以看出控制信号的传输过程、控制信号的来源及所控制的对象。

③ 了解框图中集成电路的引脚功能　在一般情况下，在框图中没有集成电路的引

脚资料时，可以借助集成电路的内电路框图了解引脚的具体作用，特别是明确哪些是输入引脚、输出引脚和电源引脚，当引脚引线的箭头指向集成电路外部时，则是输出引脚，箭头指向内部时则是输入引脚。

3 元件分布图的识图步骤

识读元件分布图时可分为以下几个步骤。

① 找到典型元器件及集成电路　在元件分布图中，各元器件的位置和标识都与实物相对应，简洁、清晰地表达了电路板中所有元器件的位置关系，可以很方便地找到相应的元器件及集成电路。

② 找出各元器件、电路之间的对应连接关系，完成对电路的理解　在电子产品电路板中，各元器件是根据元件分布图将元器件按对应的安装位置焊接在电路实物板中的，因此分布图中元器件的分布情况与实物完全对应。

手机电路板中元件分布图的识读方法如图 1-10 所示。

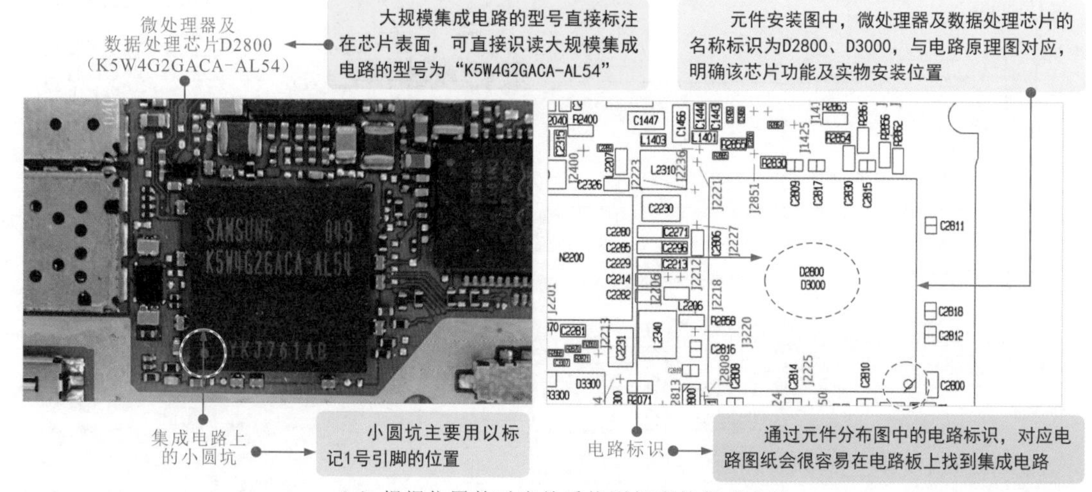

（a）根据位置的对应关系找到相应的集成电路

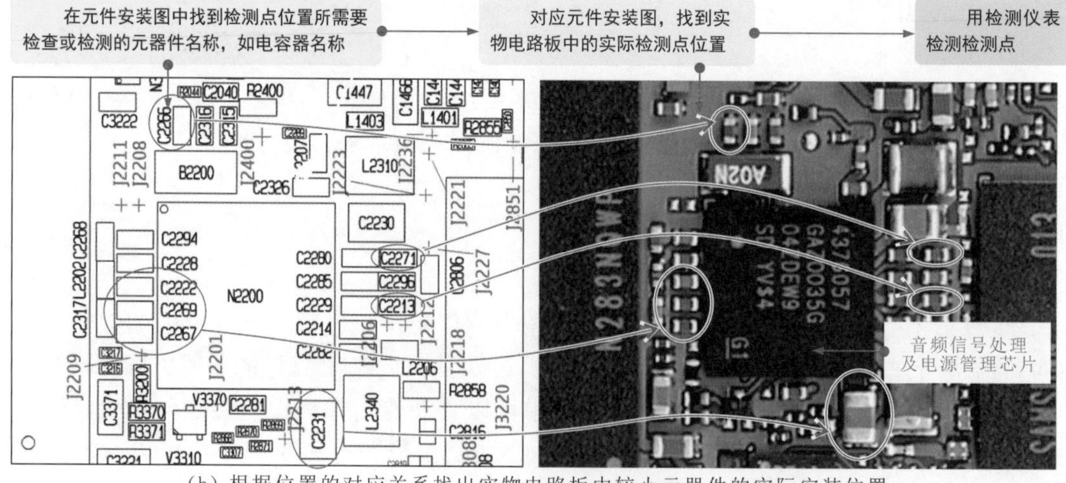

（b）根据位置的对应关系找出实物电路板中较小元器件的实际安装位置

图 1-10　手机电路板中元件分布图的识读方法

第2章 元器件拆卸焊接工具的特点与使用

2.1 电烙铁的特点与使用

电烙铁是电子整机装配人员用于各类电子整机产品的手工焊接、补焊、维修及更换元器件的最常用的工具之一。

2.1.1 电烙铁的种类特点

电烙铁根据不同的加热方式，可以分为直热式、恒温式、吸焊式、感应式、气体燃烧式等。根据被焊接产品的要求，还有防静电电烙铁及自动送锡电烙铁等。为适应不同焊接面的需要，通常烙铁头也有不同的形状，有凿形、锥形、圆面形、圆尖锥形和半圆沟形等，如图2-1所示。

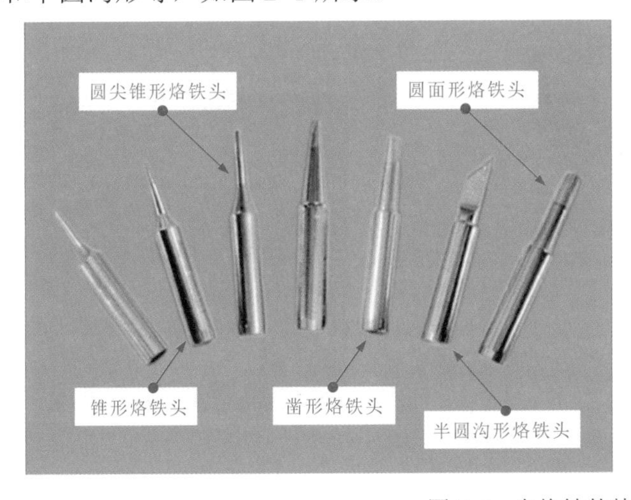

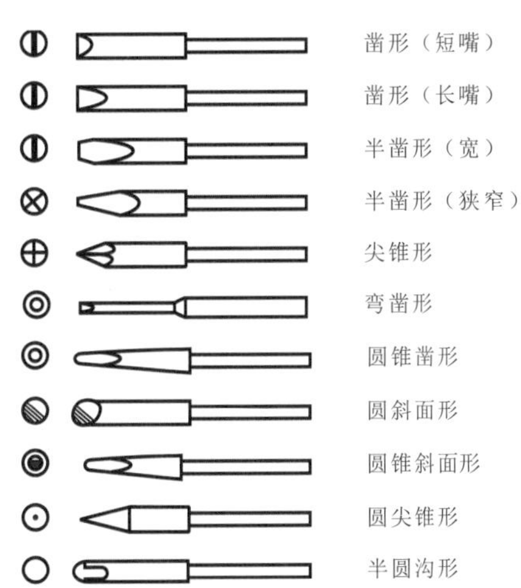

图2-1　电烙铁的特点

在电子元器件焊接操作中，常用的电烙铁主要有直热式电烙铁、恒温电烙铁和吸锡电烙铁等。

1 直热式电烙铁

直热式电烙铁又可以分为内热式和外热式电烙铁两种。

内热式电烙铁是手工焊接中最常用的焊接工具，如图 2-2 所示。内热式电烙铁由烙铁芯、烙铁头、连接杆、手柄、接线柱和电源线等部分组成。内热式电烙铁的烙铁芯安装在烙铁头的里面，因而其热效率高（高达 80 %～90 %），烙铁头升温比外热式快，通电 2 分钟后即可使用；相同功率时的温度高、体积小、重量轻、耗电低、热效率高。

由于该电烙铁烙铁头为圆斜面通用型，适合点焊练习，为一般的无线电初学者使用。一般电子产品电路板装配多选用35W以下功率的电烙铁

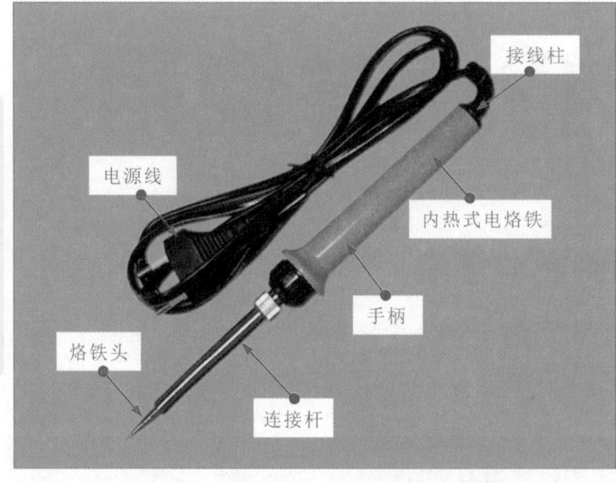

图 2-2　内热式电烙铁

图 2-3 为外热式电烙铁实物外形。可以看到，外热式电烙铁是由烙铁头、烙铁芯、连接杆、手柄、电源线、插头及紧固螺丝等部分组成，但烙铁头和烙铁芯的结构与内热式电烙铁不同。外热式电烙铁的烙铁头安装在烙铁芯的里面，即产生热能的烙铁芯在烙铁头外面。

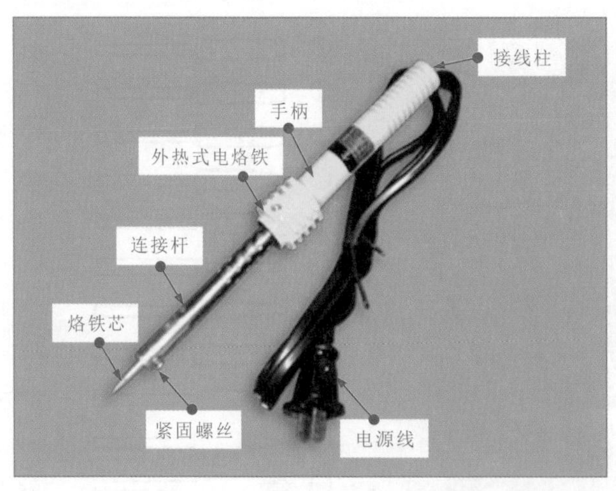

图 2-3　外热式电烙铁实物外形

2 恒温电烙铁

恒温电烙铁的烙铁头温度可以控制，烙铁头可以始终保持在某一设定的温度。根

据控制方式的不同，可分为电控恒温电烙铁和磁控恒温电烙铁两种，如图 2-4 所示。

恒温电烙铁采用断续加热，耗电省，升温速度快，在焊接过程中焊锡不易氧化，可减少虚焊，提高焊接质量，烙铁头也不会产生过热现象，使用寿命较长。

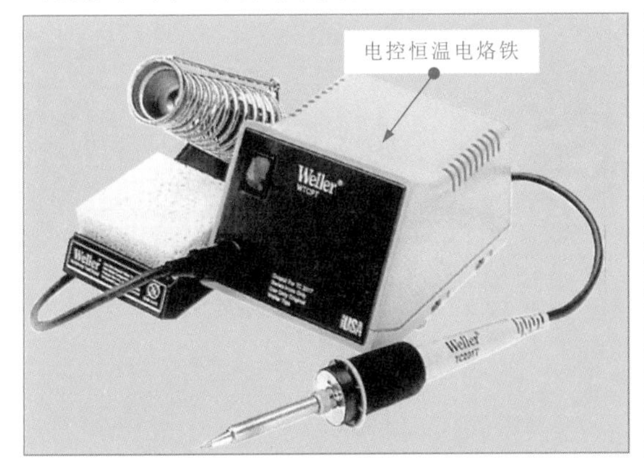

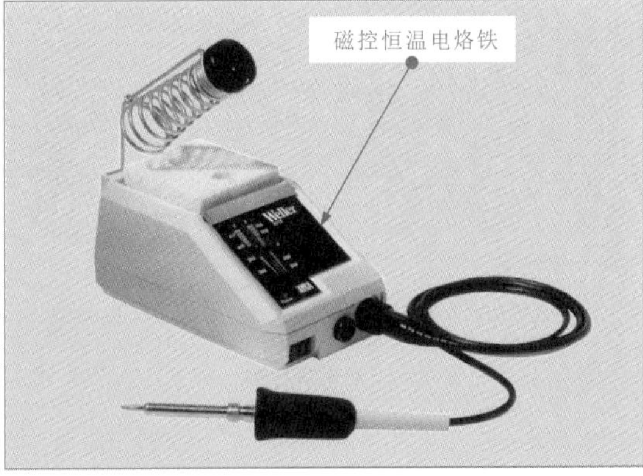

图 2-4　恒温电烙铁的实物外形

3 吸锡电烙铁

吸锡电烙铁又称吸锡器，其主要用于在取下元器件后吸去焊盘上多余的焊锡，与普通电烙铁相比，其烙铁头是空心的，而且多了一个吸锡装置，如图 2-5 所示。

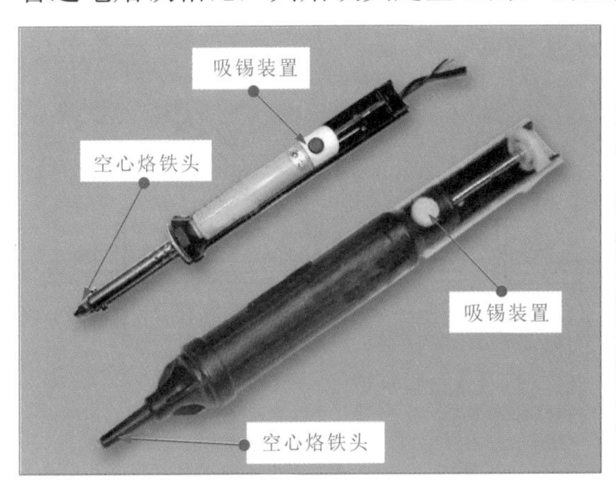

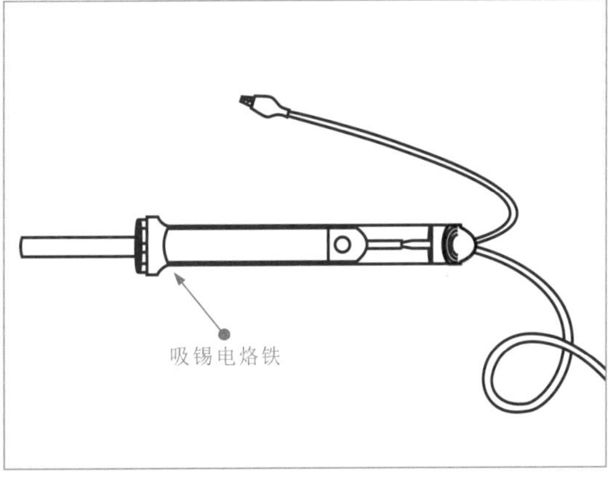

图 2-5　吸锡电烙铁的实物外形

2.1.2 电烙铁的使用方法

电烙铁是焊接过程中必不可少的工具，正确使用电烙铁也是极其重要的，所以手工焊接的第一步就是要正确掌握电烙铁的使用方法。

1 电烙铁的握拿方式

使用电烙铁前掌握电烙铁的正确握拿方式是很重要的。一般电烙铁的握拿方式有握笔法、反握法、正握法三种，如图 2-6 所示。

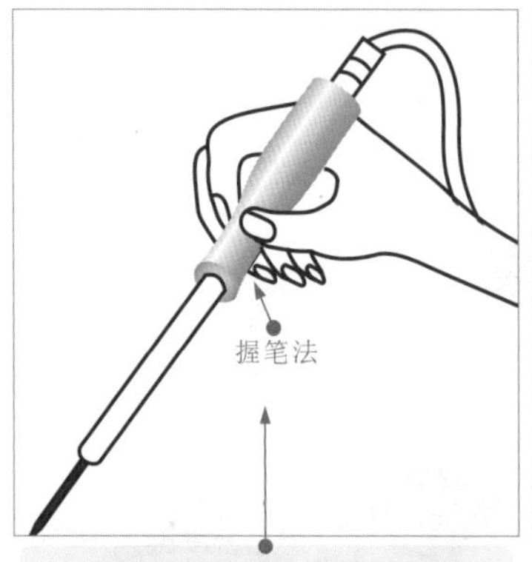

握笔法的握拿方式，这种姿势比较容易掌握，但长时间操作比较容易疲劳，烙铁容易抖动，影响焊接效果，一般适用于小功率烙铁和热容量小的被焊件

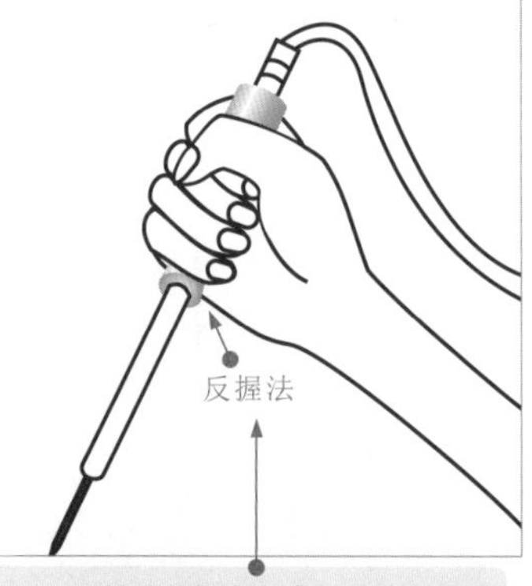

反握法的握拿方式，这种方式是用反握法把电烙铁柄置于手掌内，烙铁头在小指侧，这种握法的特点是比较稳定，长时间操作不易疲劳，适用于较大功率的电烙铁

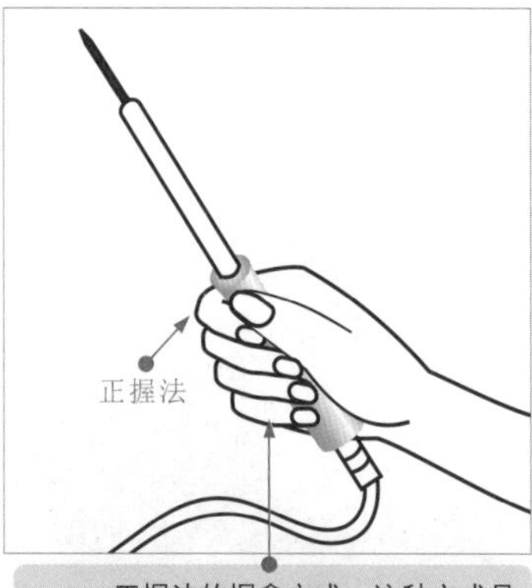

正握法的握拿方式，这种方式是把电烙铁柄握在手掌内，与反握法不同的是其拇指靠近烙铁头部，这种握法适于中等功率电烙铁或采用弯形电烙铁头的操作

图 2-6　电烙铁的握拿方法

2 电烙铁的使用方法及注意要点

在电烙铁的使用过程中应该注意一些细节，以免影响电烙铁的正常使用。图 2-7 为电烙铁的使用方法和注意事项。

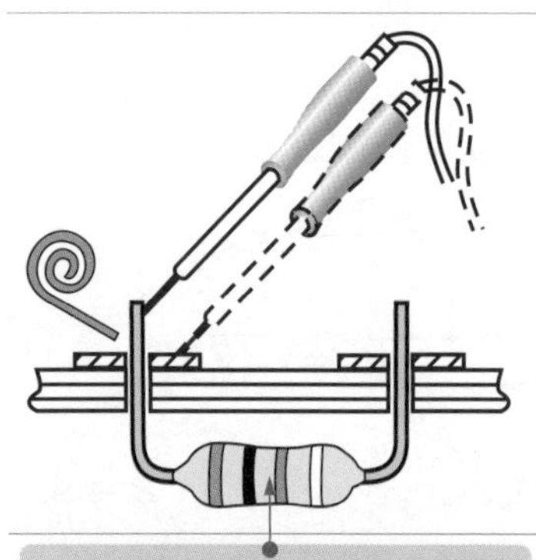

烙铁头对焊点不要施加力量或加热时间过长，会引发高温损伤元器件，高温会导致焊点表面的焊剂挥发严重、塑料、电路板等材质受热变形、焊料过多焊点性能变质等不良的后果

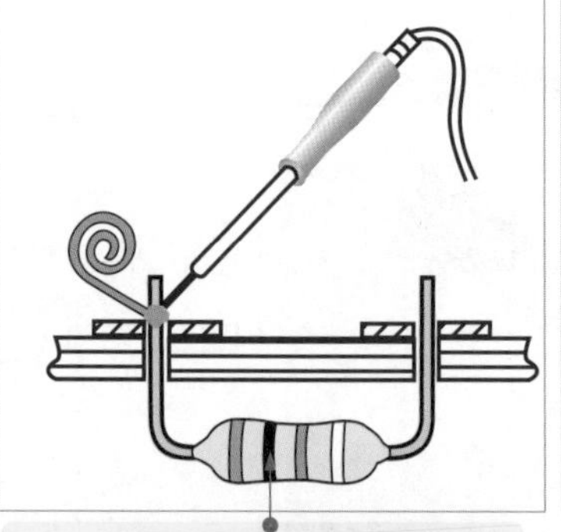

烙铁头温度比焊料熔化温度高50℃较为适宜。加热温度过高，也会引发因为焊剂没有足够的时间在被焊面上漫流而过早挥发失效、焊料熔化速度过快影响焊剂作用的发挥等不良后果

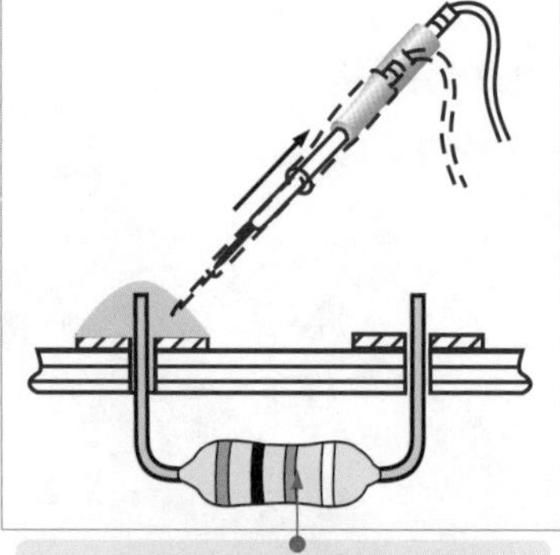

烙铁要及时撤离，而且撤离时的角度和方向对焊点形成有一定的影响，不正确撤离电烙铁会对焊接的效果造成不良的后果，影响焊接质量。要达到焊点圆滑美观，需要不断摸索训练

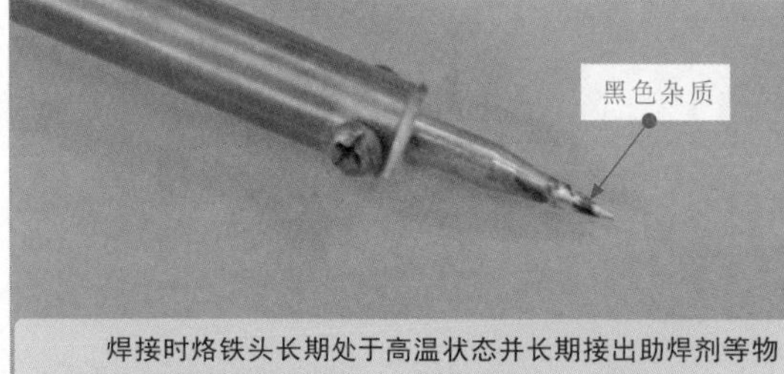

焊接时烙铁头长期处于高温状态并长期接出助焊剂等物质，其表面很容易氧化而形成一层黑色杂质，形成隔热效应，使烙铁头失去加热作用。因此在使用后要将烙铁头用一块湿布或湿海绵擦拭干净，预防烙铁头受到污染，影响电烙铁的使用

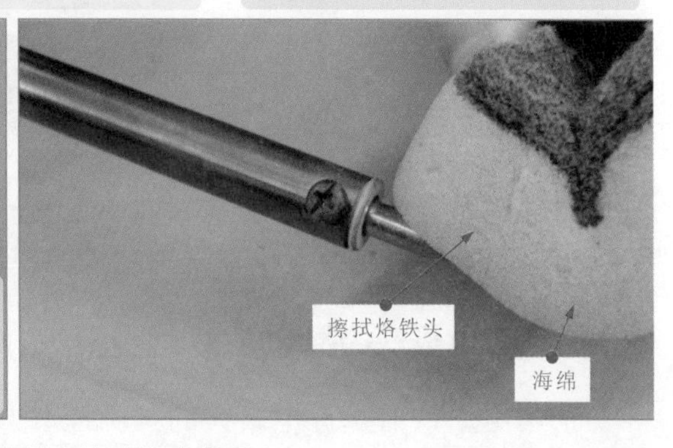

图 2-7　电烙铁的使用方法及注意事项

3 吸锡电烙铁的使用方法

图 2-8 为吸锡电烙铁的使用方法。在需要拆解很小的元器件时，有时也需要电烙铁配合。

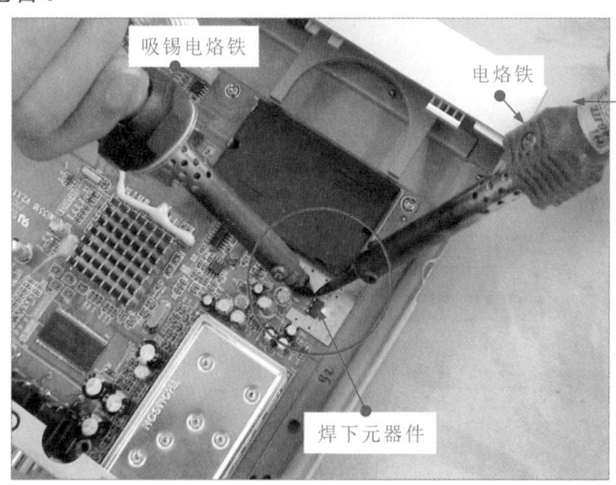

使用吸锡电烙铁时，需先压下吸锡电烙铁的活塞杆，再将加热装置的吸嘴放置到待拆解元件的焊点上。待焊点熔化后，按下吸锡电烙铁上的按钮，活塞杆就会随之弹起，通过吸锡装置，将熔锡吸入吸锡电烙铁内

对于不带自加热的吸锡电烙铁，只能与电烙铁配合使用，先用电烙铁加热焊点，焊锡熔化的同时迅速将焊锡器放到已熔化的焊锡上，并按动吸锡装置，吸走焊锡，使元器件与印制电路板的焊点脱开，完成拆解操作

图 2-8　吸锡电烙铁的使用方法

2.1.3 分立直插式元器件的焊接方法

在安装或代换分立直插式元器件时，主要采用锡焊的方式进行拆卸和焊装。

一般情况下，在对分立直插式元器件进行焊接时，通常使用电烙铁焊接。焊接前应做好相应的焊接准备，如图 2-9 所示。

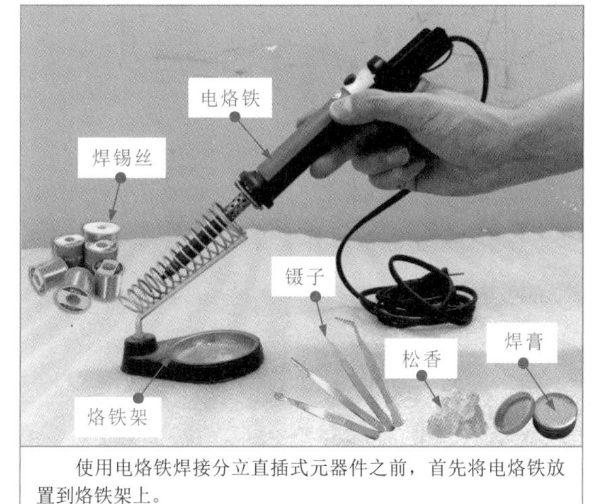

使用电烙铁焊接分立直插式元器件之前，首先将电烙铁放置到烙铁架上。

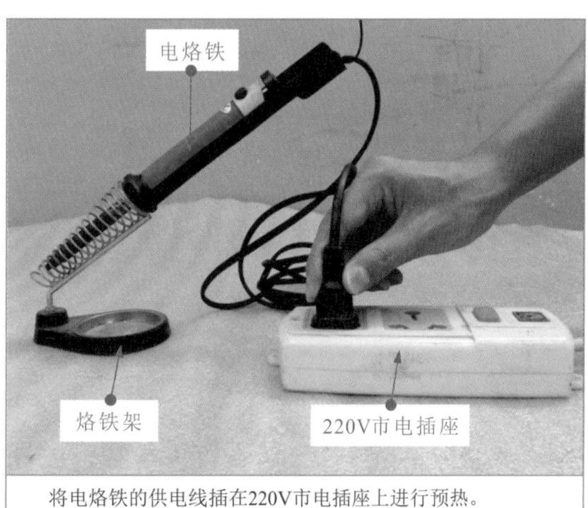

将电烙铁的供电线插在220V市电插座上进行预热。

图 2-9　分立直插式元器件焊接前的准备操作

在使用电烙铁前，首先要确保电烙铁放置环境的干净整洁，不可有任何易燃易爆的物品，保证工作环境的通风良好。将电烙铁妥善放置到烙铁架上之后，接通电源，待电烙铁加热到焊接温度后可进行焊接操作。另外，除了电烙铁外，焊锡丝、助焊剂（松香、焊膏）、镊子都是分立直插式元器件焊接时常用的辅助材料和工具，焊接前应准备好。

焊接分立直插式元器件的工具准备完成后就可以进行具体的焊接了，在使用电烙铁进行焊接操作时，一般可按照插装分立直插式元器件、加热分立直插式元器件、熔化焊料、移开焊锡丝、完成分立直插式元器件的焊接五个步骤进行，如图 2-10 所示。

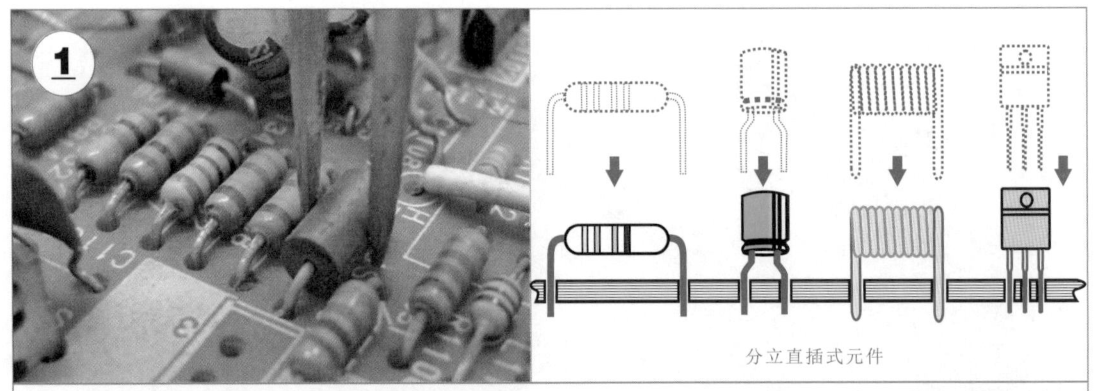

对于分立直插式元件的插接，使用镊子夹住元器件外壳，将引脚对应插到电路板的插孔中即可。安装元器件时，引脚不要出现歪斜、扭曲的现象。

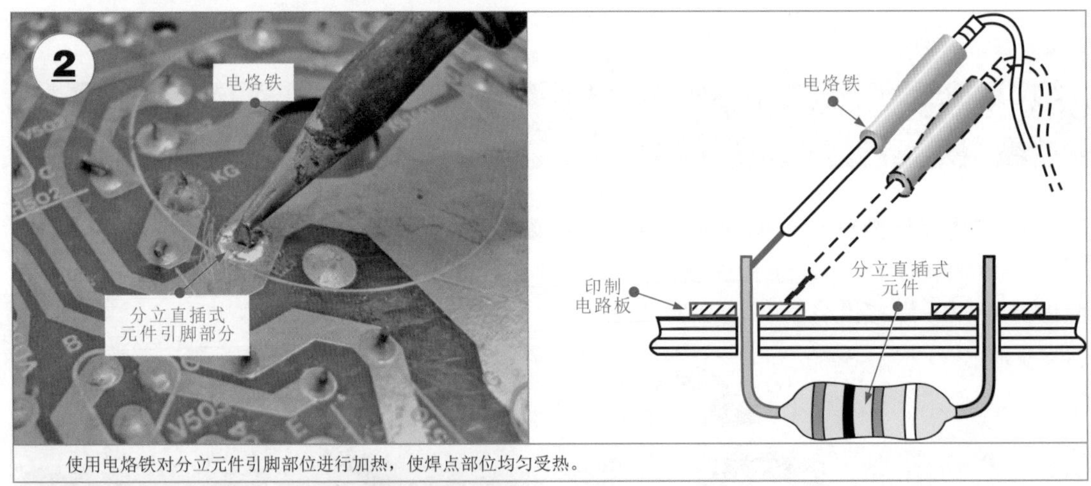

使用电烙铁对分立元件引脚部位进行加热，使焊点部位均匀受热。

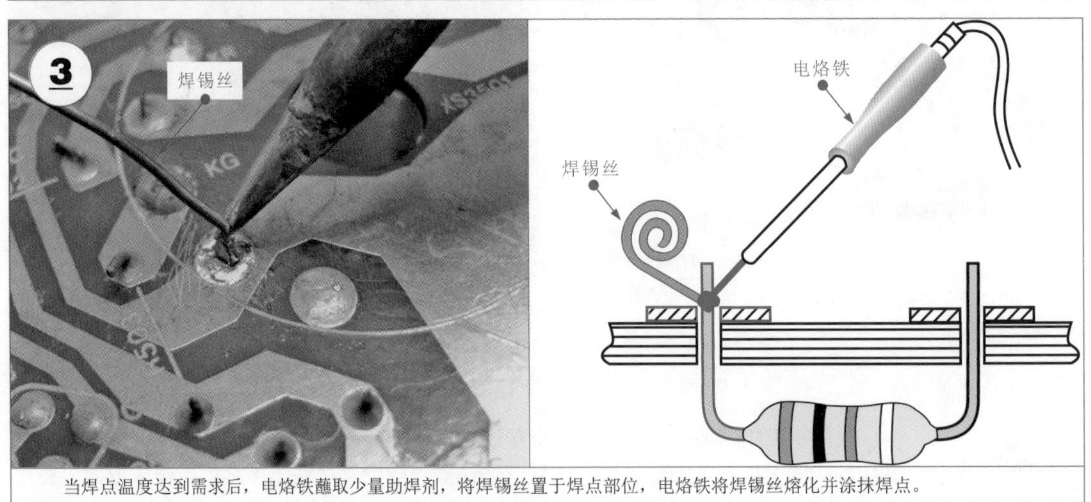

当焊点温度达到需求后，电烙铁蘸取少量助焊剂，将焊锡丝置于焊点部位，电烙铁将焊锡丝熔化并涂抹焊点。

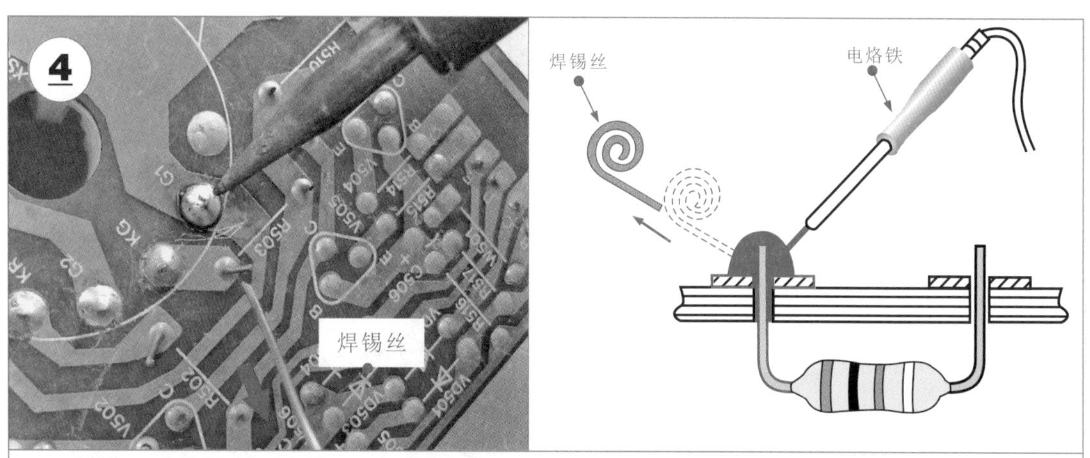

当熔化了一定量的焊锡后将焊锡丝移开，所熔化的焊锡不能过多也不能过少。过多的焊锡会造成成本浪费，降低工作效率，也容易造成搭焊，形成短路。而过少的焊锡又不能形成牢固的焊接点。

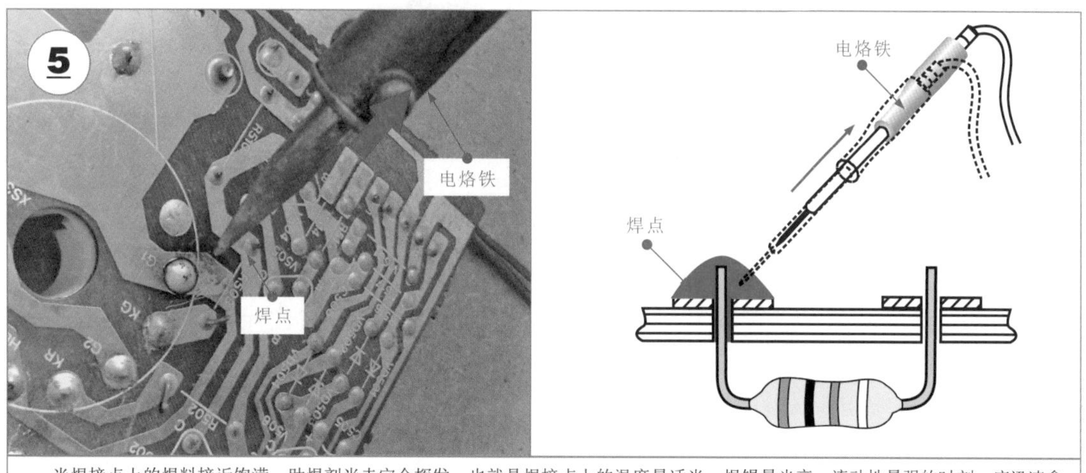

当焊接点上的焊料接近饱满，助焊剂尚未完全挥发，也就是焊接点上的温度最适当、焊锡最光亮、流动性最强的时刻，应迅速拿开烙铁头。

图 2-10　分立直插式元器件的焊接方法

2.1.4 分立直插式元器件的拆卸方法

在实际操作中，分立直插式元器件的拆焊要比焊接的难度高，如果拆焊不得当，就会损坏元器件以及印制板，拆焊也是焊接工艺中一个重要的工艺手段。

拆焊前一定要弄清楚原焊接点的特点，不要轻易动手，拆卸分立直插式元器件的基本原则为：

① 不损坏待拆除的元器件、导线及周围的元器件。

② 拆焊时不可损坏印制板上的焊盘与印制导线。

③ 对已判定为损坏元器件，可先将其引脚剪断再拆除，这样可以减少其他损伤。

④ 在拆焊过程中，应尽量避免拆动其他元器件或变动其他元器件的位置，如确实需要应做好复原工作。

对于分立直插式电子元器件，可采用电烙铁、吸锡器镊子等工具进行拆卸。如果引脚是弯折的，用尖嘴钳掰直后再行拆除。

拆焊时，首先对电烙铁通电，进行预热，待预热完毕后，将电路板竖起，一边用烙铁加热待拆元器件的引脚焊点，一边用镊子或尖嘴钳夹住元器件引脚轻轻拉出，如图 2-11 所示。

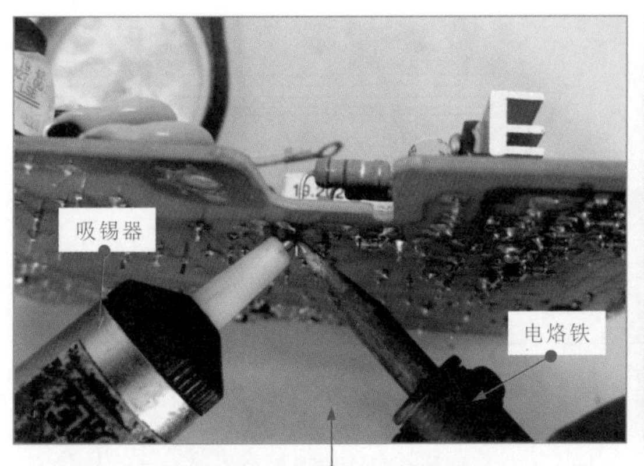

用电烙铁加热待拆卸分立直插式元器件的引脚焊点，待焊锡熔化后，用吸锡器吸除熔化后的焊锡

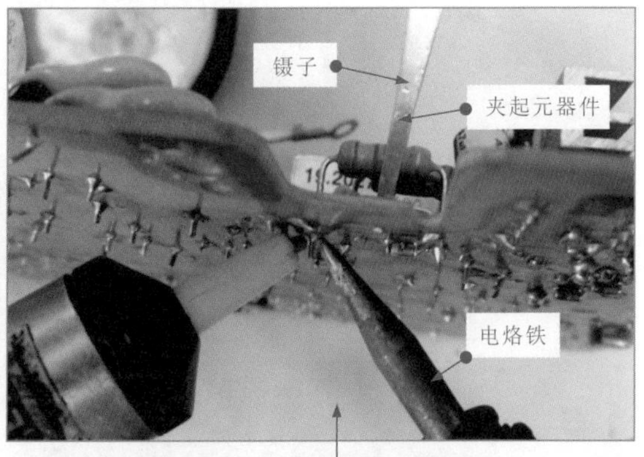

用镊子夹持住待拆卸的元器件，待引脚侧的焊锡清除干净后，垂直提起元器件，完成拆卸

图 2-11　分立直插式元器件的拆卸操作

需要注意的是，分立直插式电子元器件的焊点一般位于印制板的另一侧。拆卸时，则需要将电路板倾斜放置，确认电路板放置妥当后，用镊子夹住元器件的引脚，用电烙铁在电路板另一侧对其焊点进行熔锡操作，待焊点焊锡熔化，即可将元器件引脚从电路板的焊孔中拔出，如图 2-12 所示。

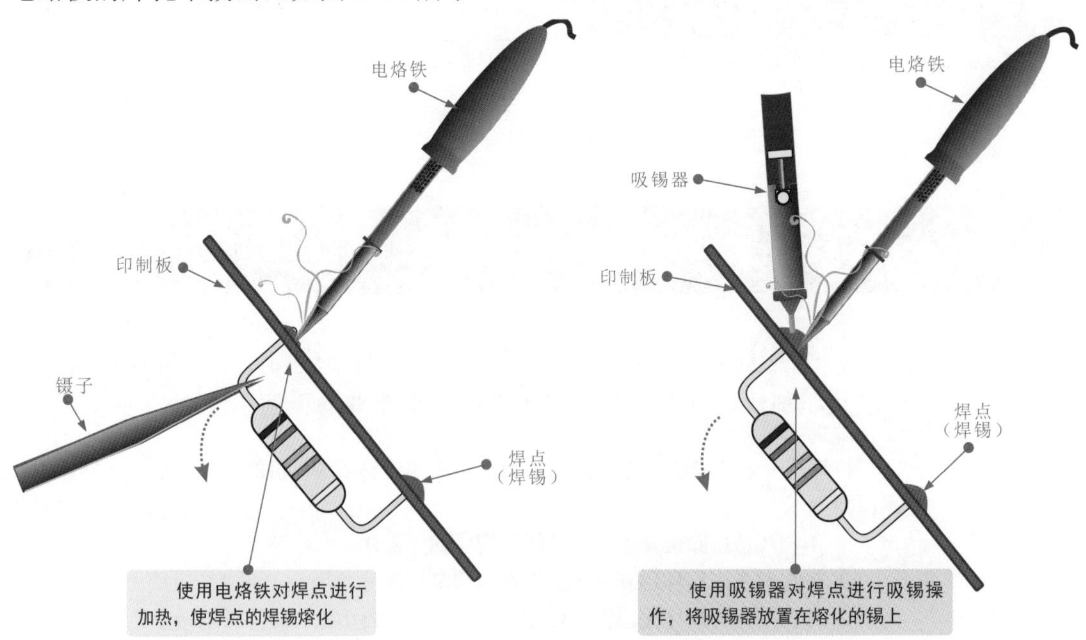

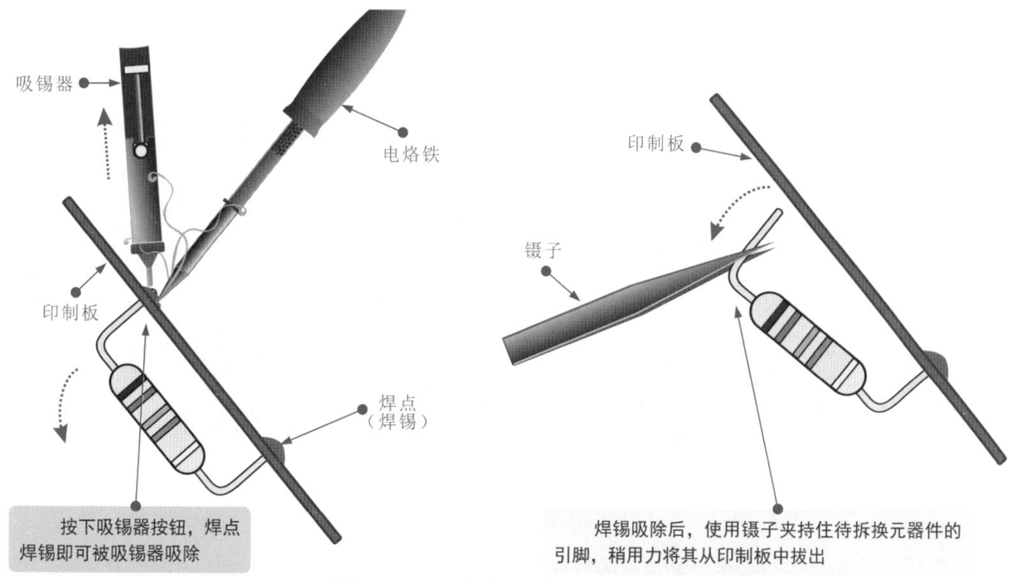

图 2-12 分立直插式元器件的拆卸步骤

2.2 热风焊机的特点与使用

2.2.1 热风焊机的结构特点

热风焊机是专门用来拆焊、焊接贴片元器件和贴片集成电路的焊接工具，它主要由主机和热风焊枪两大部分构成，如图 2-13 所示。

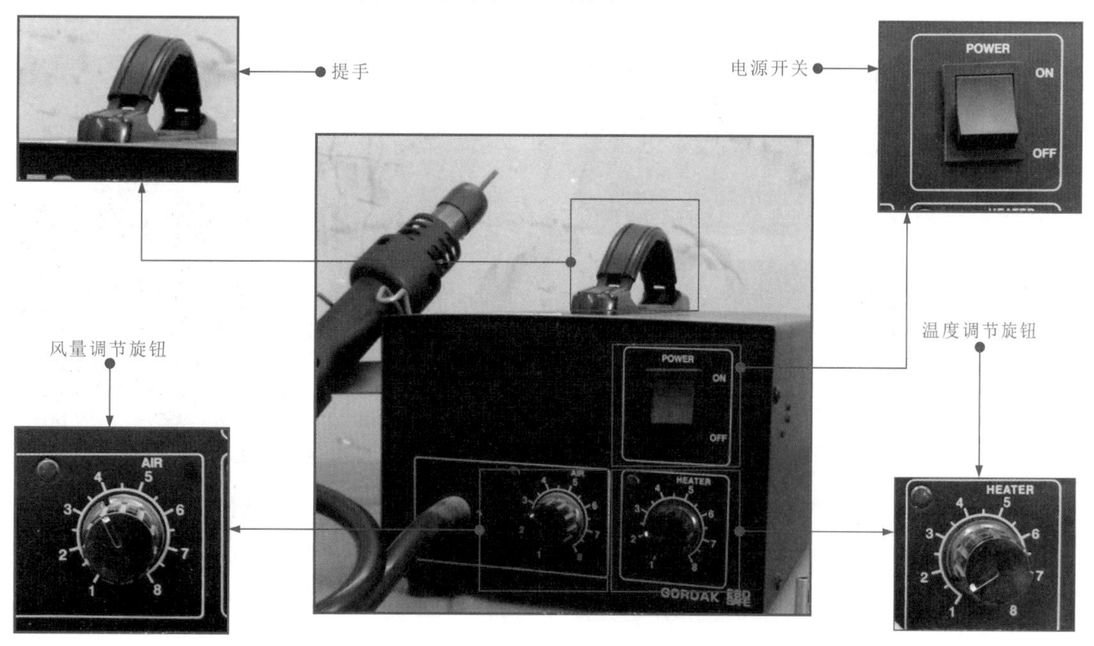

图 2-13 热风焊机的结构特点

热风焊机的风量调节旋钮和温度调节旋钮在热风焊机的使用过程中是可以根据所需要焊接的元器件的类型调节的，如图 2-14 所示。

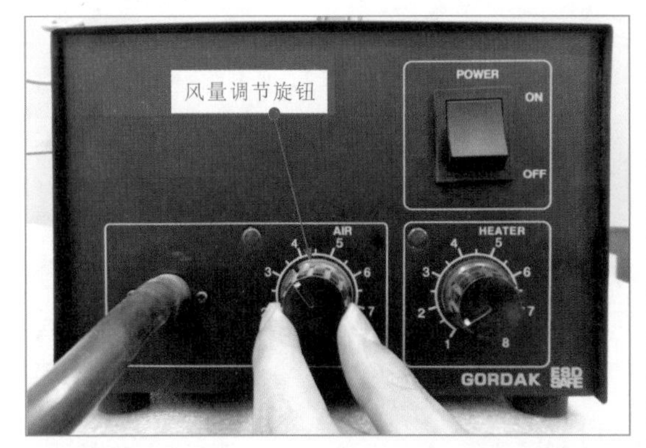

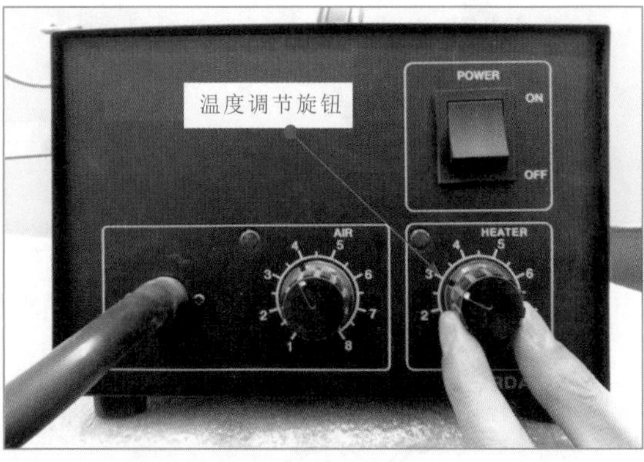

图 2-14　热风焊机的风量调节旋钮和温度调节旋钮

热风焊机的风量和温度的设置根据所拆焊或焊接元器件的类型不同而所有不同。

表 2-1 所列为使用热风焊接在拆焊或焊接贴片式元器件、双列贴片式集成电路、四面贴片式集成电路时的设置参数信息。

表 2-1　热风焊机的温度调节旋钮和风量调节旋钮的参数设置

代换元器件名称	温度调节钮	风量调节钮
贴片式元器件	5～6级	1～2级
双列贴片式集成电路（芯片）	5～6级	4～5级
四面贴片式集成电路（芯片）	5～6级	3～4级

热风焊机的焊枪部分主要由导风管、手柄和焊枪嘴等部分构成，如图 2-15 所示。

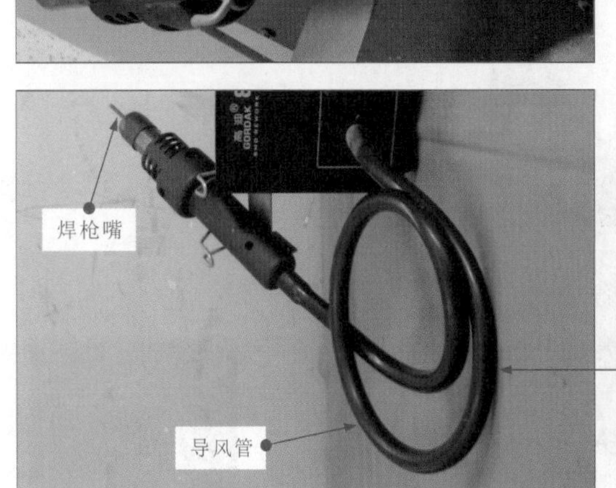

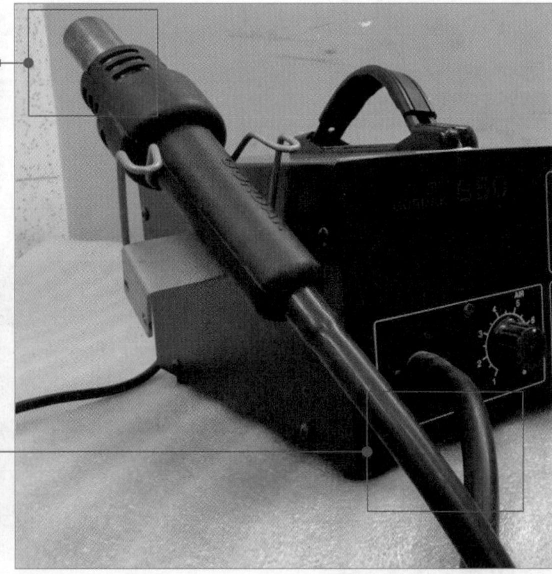

图 2-15　热风焊机焊枪的结构特点

热风焊机配有不同形状的焊枪嘴，在拆卸元器件时，可根据焊接部位的大小选择合适的焊枪嘴，如图 2-16 所示。

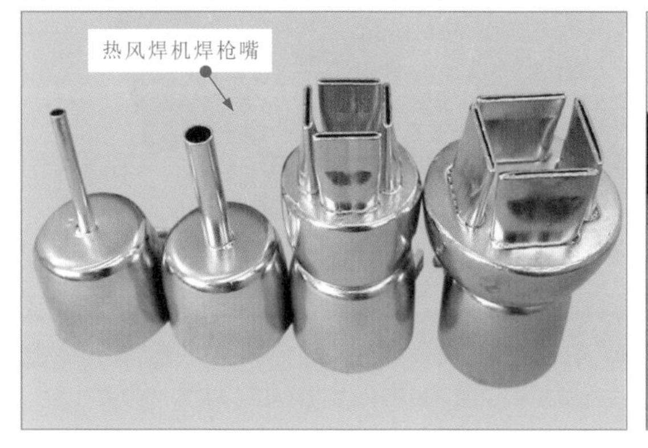

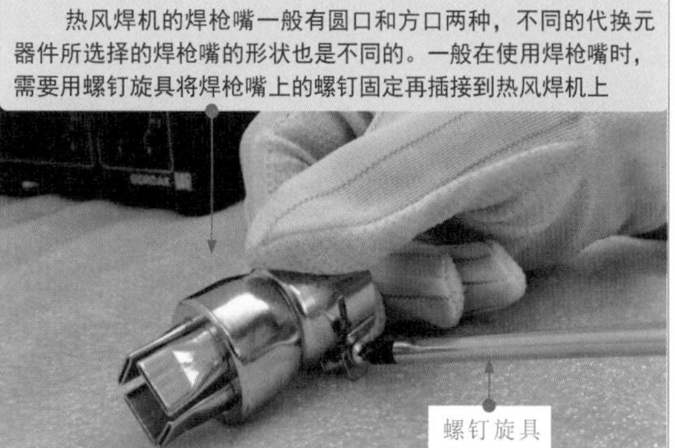

图 2-16 热风焊机焊枪嘴的类型

2.2.2 热风焊机的使用方法

热风焊机的焊接操作主要可分为四个步骤：一是装配焊枪嘴；二是通电开机；三是调整温度和风量；四是进行拆焊，如图 2-17 所示。

在使用热风焊机前，应先根据贴片元器件引脚的大小和形状，选择合适的圆口焊枪嘴进行装配，使用十字螺钉旋具拧松焊枪嘴上的螺钉，将合适的焊枪嘴转配到热风焊枪上。

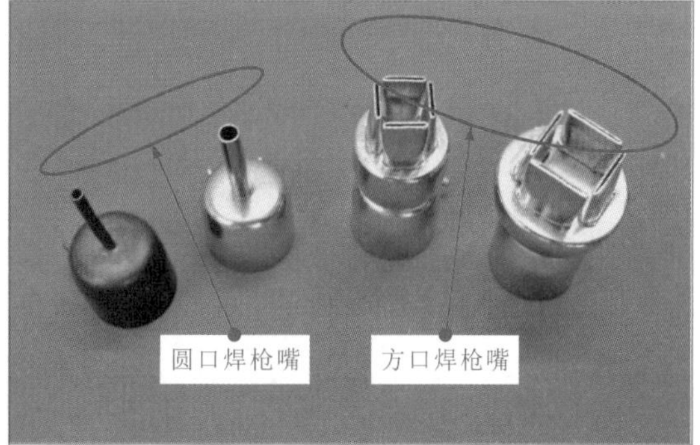

针对不同封装形式的贴片元器件，需要更换不同型号的专用焊枪嘴，例如，普通贴片元器件需要使用圆口焊枪嘴；贴片式集成电路需要使用方口焊枪嘴。

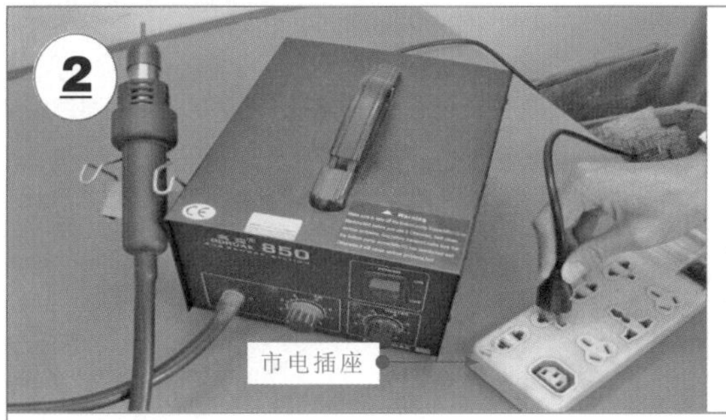

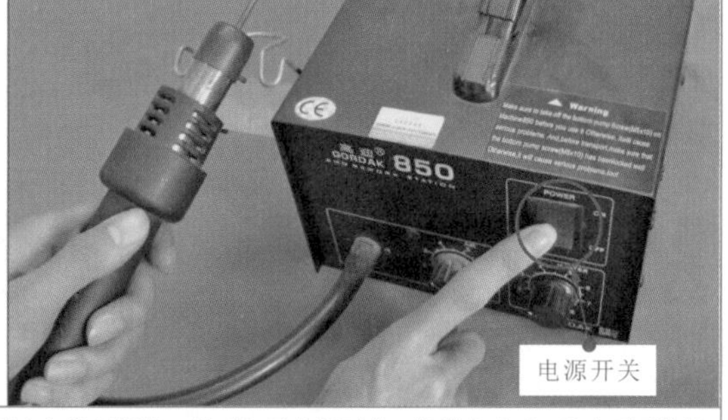

焊枪嘴装配完毕后，将热风焊机的电源插头插到插座中，用手拿起热风焊枪，然后打开电源开关。机器启动后，注意不要将焊枪的枪嘴靠近人体或可燃物。

图 2-17

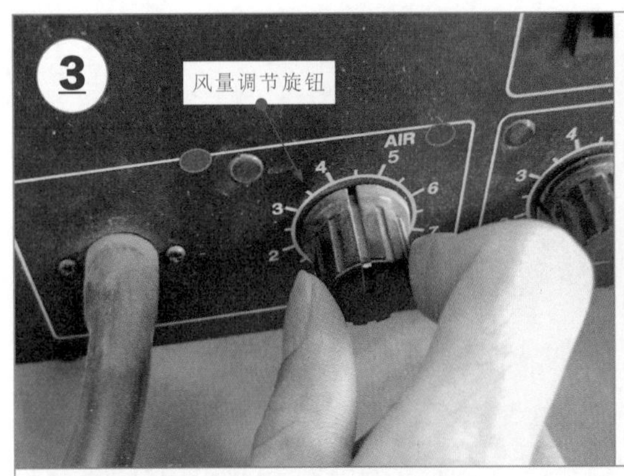

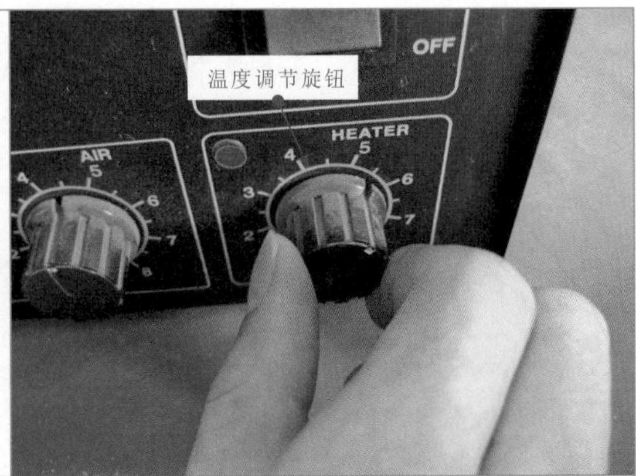

调整热风焊机面板上的温度调节旋钮和风量调节旋钮。这两个旋钮都有八个挡位，通常将温度旋钮调至5~6挡，风量调节旋钮调至1~2挡或4~5挡即可。

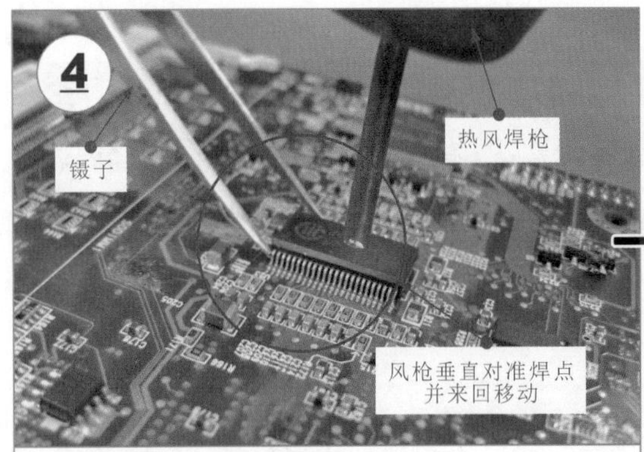

在温度和风量调整好后，等待几秒钟，待热风焊枪预热完成后，将焊枪口垂直悬空放置于元器件引脚上，并来回移动进行均匀加热，直到引脚焊锡熔化。

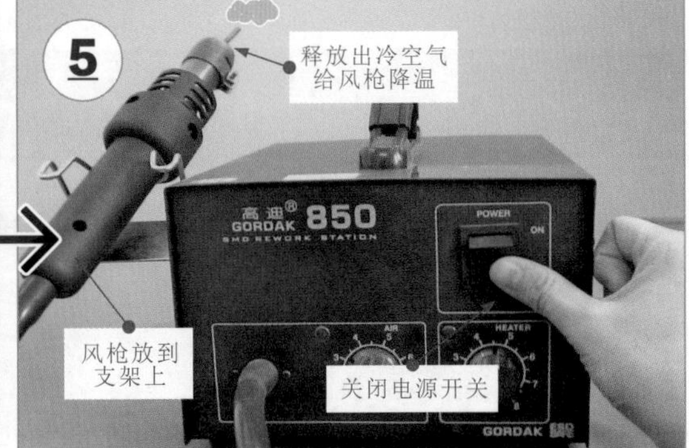

热风焊机使用完成以后，要先将焊枪放回到支架上，再将电源开关关闭。在关闭热风焊枪时，要注意热风焊枪会释放出冷空气对焊枪进行降温，因此要特别注意安全。

图 2-17 热风焊机的使用方法

使用热风焊机时，当温度和风量调整好以后，只要等待几秒钟，热风焊枪就可以达到指定温度。等待的过程中，不要用手靠近焊枪嘴来感觉温度高低，以防将手部烫伤，如图 2-18 所示。

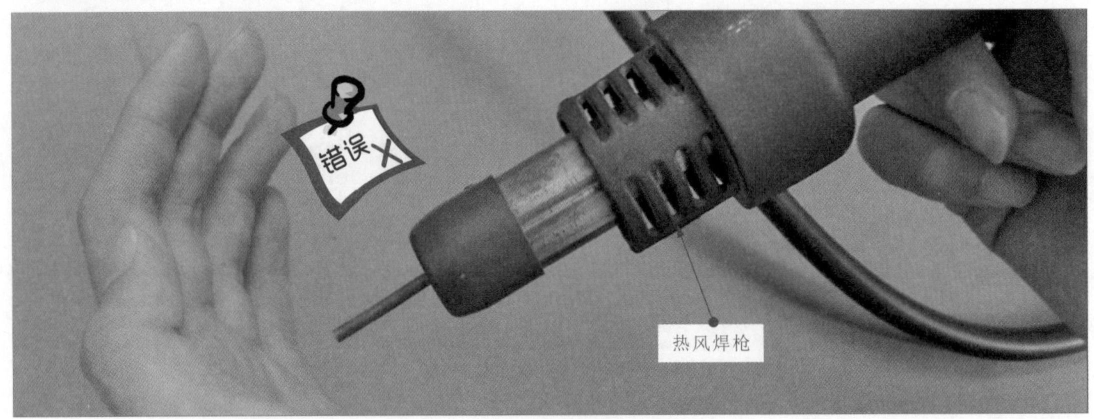

图 2-18 热风焊机的错误操作

2.2.3 贴片式元器件的焊接方法

贴片式元器件的焊接方法与分立直插式元器件的焊接方法有所区别，由于贴片式元器件的体积较小、集成度较高、引脚较多，因此焊接过程中一定要小心谨慎，以免出现焊接不良的情况。对贴片式元器件进行焊接时，可以使用电烙铁或热风焊机进行焊接操作。

1 使用电烙铁焊接贴片元器件

使用电烙铁焊接贴片元器件的操作方法如图 2-19 所示，焊接时对贴片元器件的安装处进行加热，待少量焊锡熔化后，迅速用镊子将元器件放置在安装位置上，元器件引脚便会与电路板连接在一起，注意引脚的安装位置，不要放错。然后将烙铁头蘸取少量助焊剂，将焊锡丝置于引脚部位，熔化少量焊锡覆盖住焊点即可。

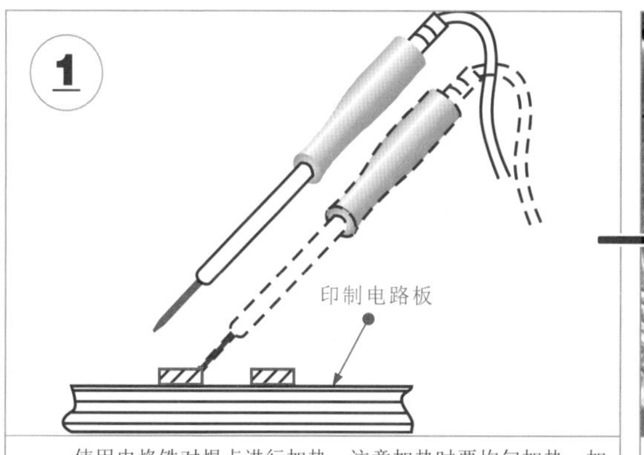

使用电烙铁对焊点进行加热，注意加热时要均匀加热，加热时间不宜过长。

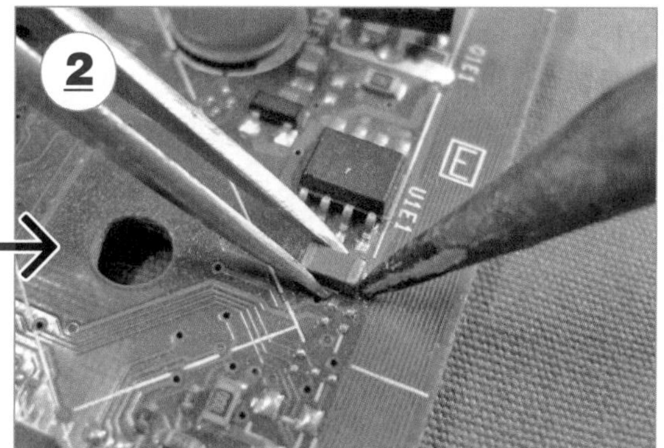

待少量焊锡熔化后，迅速用镊子将元器件放置在安装位置上，元器件引脚便会与电路板连接在一起。

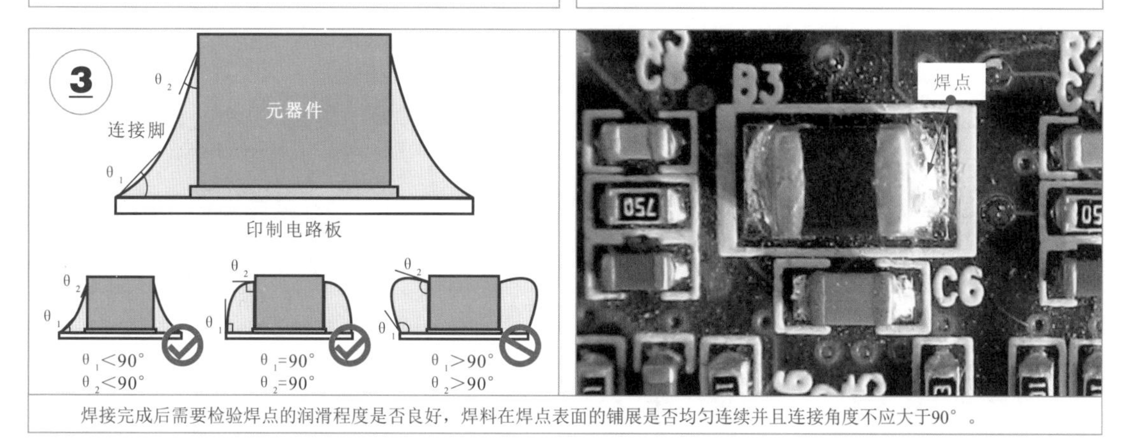

焊接完成后需要检验焊点的润滑程度是否良好，焊料在焊点表面的铺展是否均匀连续并且连接角度不应大于90°。

图 2-19 使用电烙铁焊接贴片元器件的操作方法

2 使用热风焊机焊接贴片元器件

使用热风焊机焊接贴片式元器件，首先根据焊接元器件的类型，调节热风焊机的风量和温度，然后打开电源开关，待风枪嘴达到拆焊温度后，便可将风枪嘴直接对准待焊接的贴片式元器件，并来回移动风枪嘴完成焊接操作，如图 2-20 所示。

图 2-20　使用热风焊机焊接贴片元器件的操作方法

2.2.4 贴片式元器件的拆卸方法

贴片元器件安装密度高，减小了引线分布的影响，增强了抗电磁干扰和射频干扰能力。拆卸贴片式电子元器件，可借助电烙铁或热风焊机进行拆卸操作。

1 使用电烙铁拆卸贴片元器件

图 2-21 为使用电烙铁和吸锡器配合拆卸贴片元器件的操作方法。拆卸时，首先使用电烙铁对焊点进行加热，然后使用吸锡器将焊锡吸走，最后用镊子夹取贴片式电子元器件。

用电烙铁加热待拆卸贴片元器件引脚上的焊锡，待焊锡熔化后用吸锡器吸走焊锡。

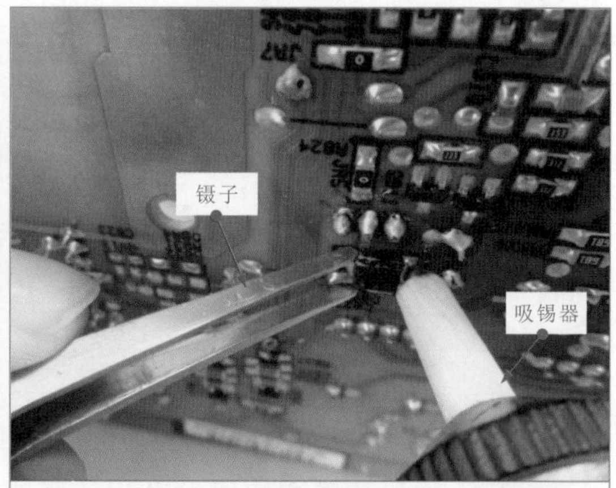

待贴片元器件引脚上的焊锡全部吸除干净后，用镊子夹持元器件，使其从电路板上分离开，完成拆卸。

图 2-21　使用电烙铁和吸锡器配合拆卸贴片元器件的操作方法

若贴片式电子元器件采用单面焊接工艺。在拆焊时，首先将电路板固定好，并用镊子小心夹住待拆焊的元器件引脚，然后使用电烙铁对待拆焊的引脚焊点进行加热，使焊锡熔化。接下来，用镊子夹住拆焊引脚，小心向上用力提拉，直至引脚与印制板脱离。同样方法拆焊另外的引脚，最终将待拆卸元器件卸下，如图2-22所示。

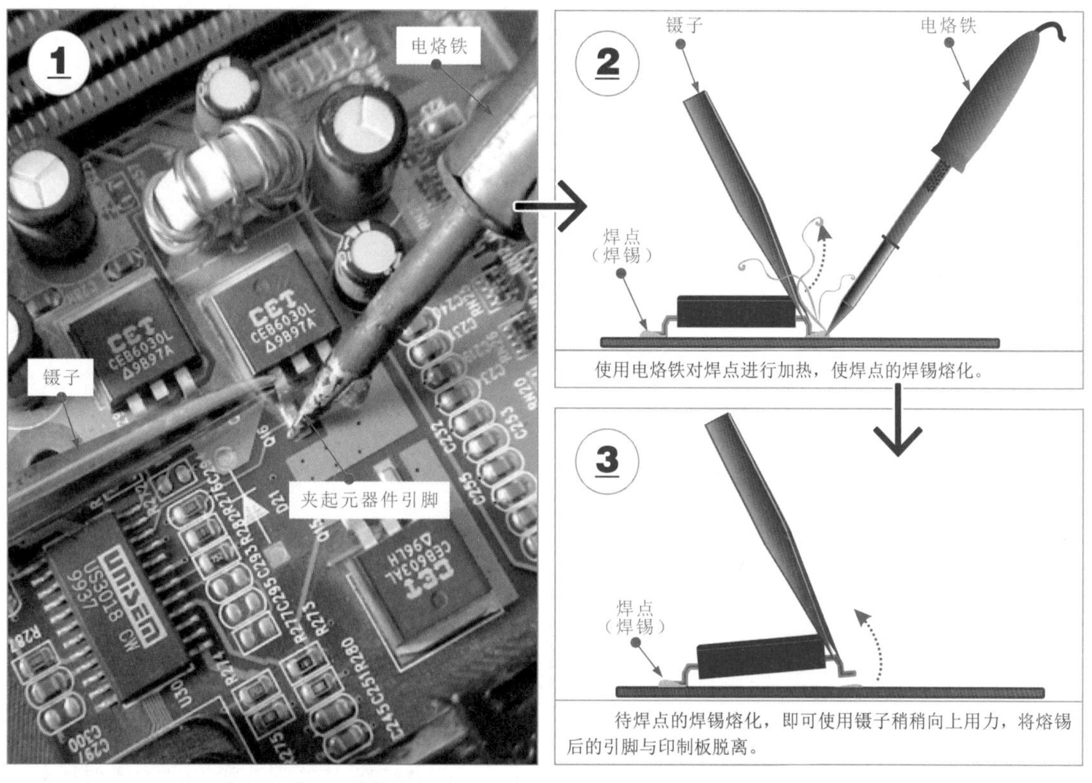

图2-22　使用电烙铁拆卸单面焊接的贴片元器件操作方法

另外，还可以使用电烙铁、吸锡器和吸锡线配合完成对贴片式电子元器件的拆卸。使用电烙铁对焊点进行加热，焊点熔化后，将吸锡线置于融化的锡上，然后使用电烙铁对吸锡线均匀加热，移除吸锡线，即可将锡带走，然后可继续拆卸，如图2-23所示。

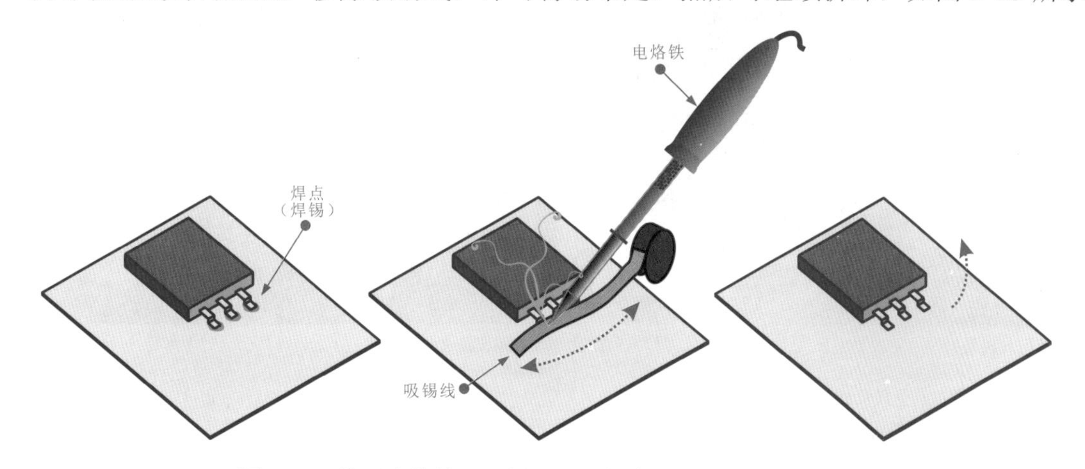

图2-23　使用电烙铁、吸锡器和吸锡线配合拆卸的贴片元器件

使用吸锡电烙铁焊下贴片集成电路时，由于集成电路的引脚非常密集，使用吸锡器不容易将锡吸走，这时可以使用金属丝编织的吸锡绳，或用电缆的屏蔽网制成吸锡带进行拆焊操作。具体方法如下：先进行屏蔽网吸锡带的制作，找一段话筒线或视频线，剥取其中的屏蔽网，将屏蔽网线放入松香中，再将烧热的电烙铁搭在屏蔽网线上，烙铁头不动，慢慢抽取屏蔽网线，使溶化的松香均匀地渗入的屏蔽网线中（也可将屏蔽网线放在适当浓度的松香酒精溶液中沾一下），这样屏蔽网吸锡带就制成了，如图 2-24 所示。

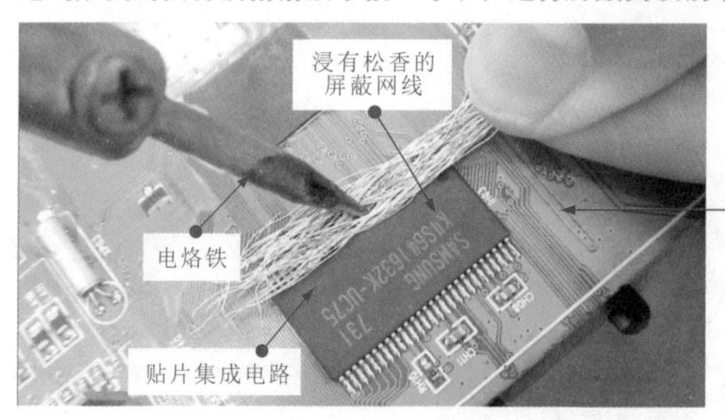

使用时，将吸锡带放在要去焊的焊脚上，再用电烙铁加热焊脚上方的吸锡带部分，由于热传导作用，吸锡带下方的焊锡迅速熔化，而熔化后的焊锡就会自动吸附在屏蔽网上，这样焊脚和焊盘上的焊锡被会吸干净，达到元器件焊脚与焊盘脱离的目的

图 2-24 屏蔽网吸锡带的制作方法

2 使用热风焊机拆卸贴片元器件

使用热风焊机拆卸贴片元器件是一种常用的操作方法。在拆卸之前首先应根据贴片元器件引脚的大小和形状，选择合适的焊枪嘴装配到热风焊枪上，然后打开电源开关启动热风焊机，如图 2-25 所示。热风焊机面板上的温度调节旋钮和风量调节旋钮，将温度旋钮调至 5 ～ 6 挡，风量调节旋钮调至 1 ～ 2 挡或 4 ～ 5 挡。

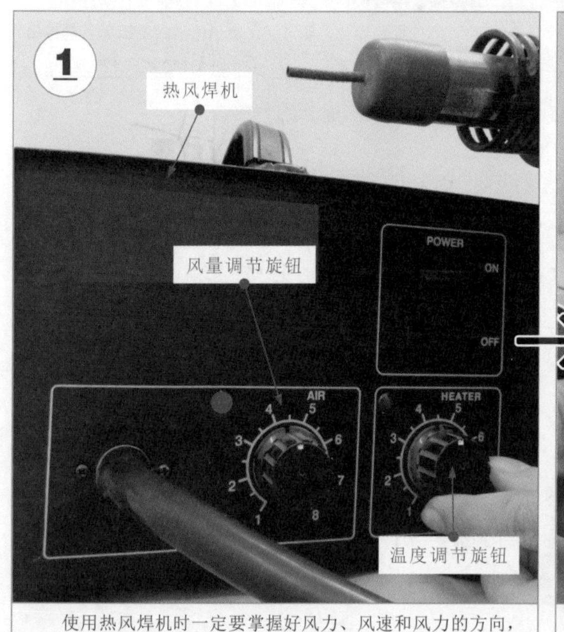

使用热风焊机时一定要掌握好风力、风速和风力的方向，若操作不当，不但将贴片式电子元器件吹跑，还会将周围的其他小的电子元器件吹动位置或吹跑。

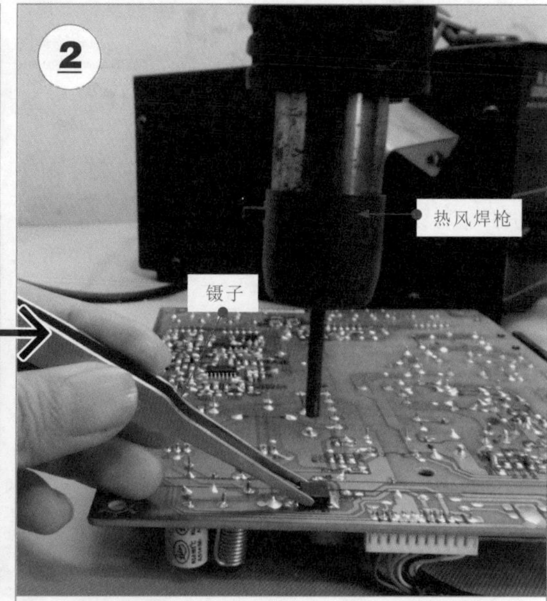

用镊子夹住贴片式电子元器件，另一只手拿稳热风枪手柄，使喷头离欲拆卸的元器件保持垂直，距离为2～3cm，沿贴片式电子元器件上均匀加热，喷头不可触贴片式电子元器件。待贴片式电子元器件周围焊锡熔化后用镊子将贴片式电子元器件取下。

图 2-25 使用热风焊机拆卸贴片元器件的操作方法

第3章

空调器中元器件的检修

3.1 典型空调器的结构组成

空调器是一种能够调解处理空间区域空气的设备。其主要功能是调节空气的温度、湿度、纯净度及流速等。图 3-1 为空调器的结构组成。

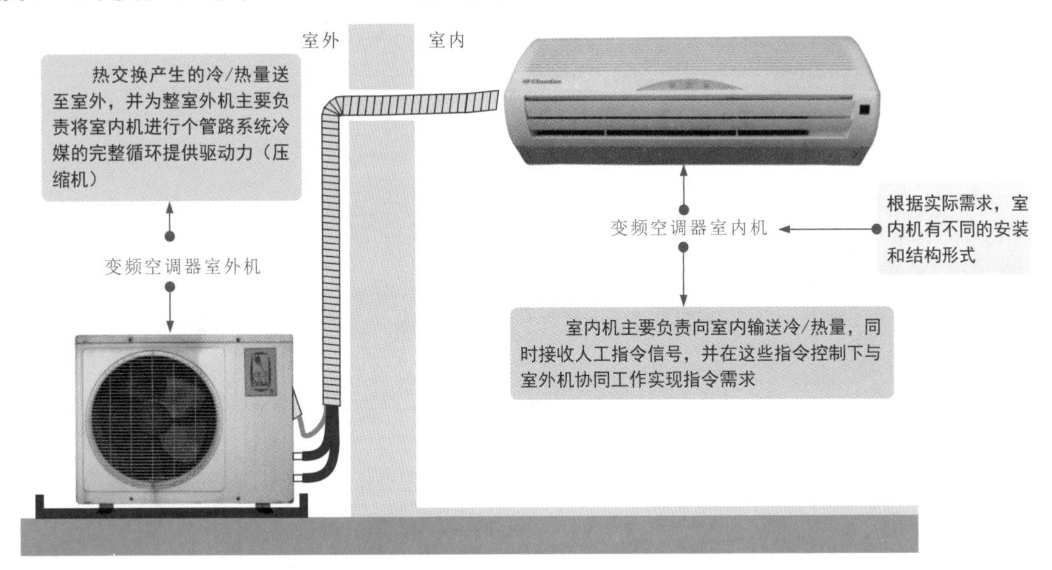

图 3-1　空调器的结构组成

图 3-2 为空调器整机控制过程。可以看到，空调器主要由电路和管路两大系统构成。电路系统是实现整机控制的主要部分，管路是实现制冷功能的循环部分。

当空调器出现故障时，排查管路系统故障后，应重点检修电路系统中的主要组成元器件，如贯流风扇、轴流风扇、电磁四通阀、压缩机、电源电路中三端稳压、遥控电路中遥控接收器、控制电路中微处理器、变频电路中功率模块等。

3.2 贯流风扇的检修

贯流风扇位于空调器室内机中，主要用来加速房间内的空气循环，提高制冷、制热效率。贯流风扇主要由贯流风扇扇叶和贯流风扇驱动电动机构成，如图 3-3 所示。

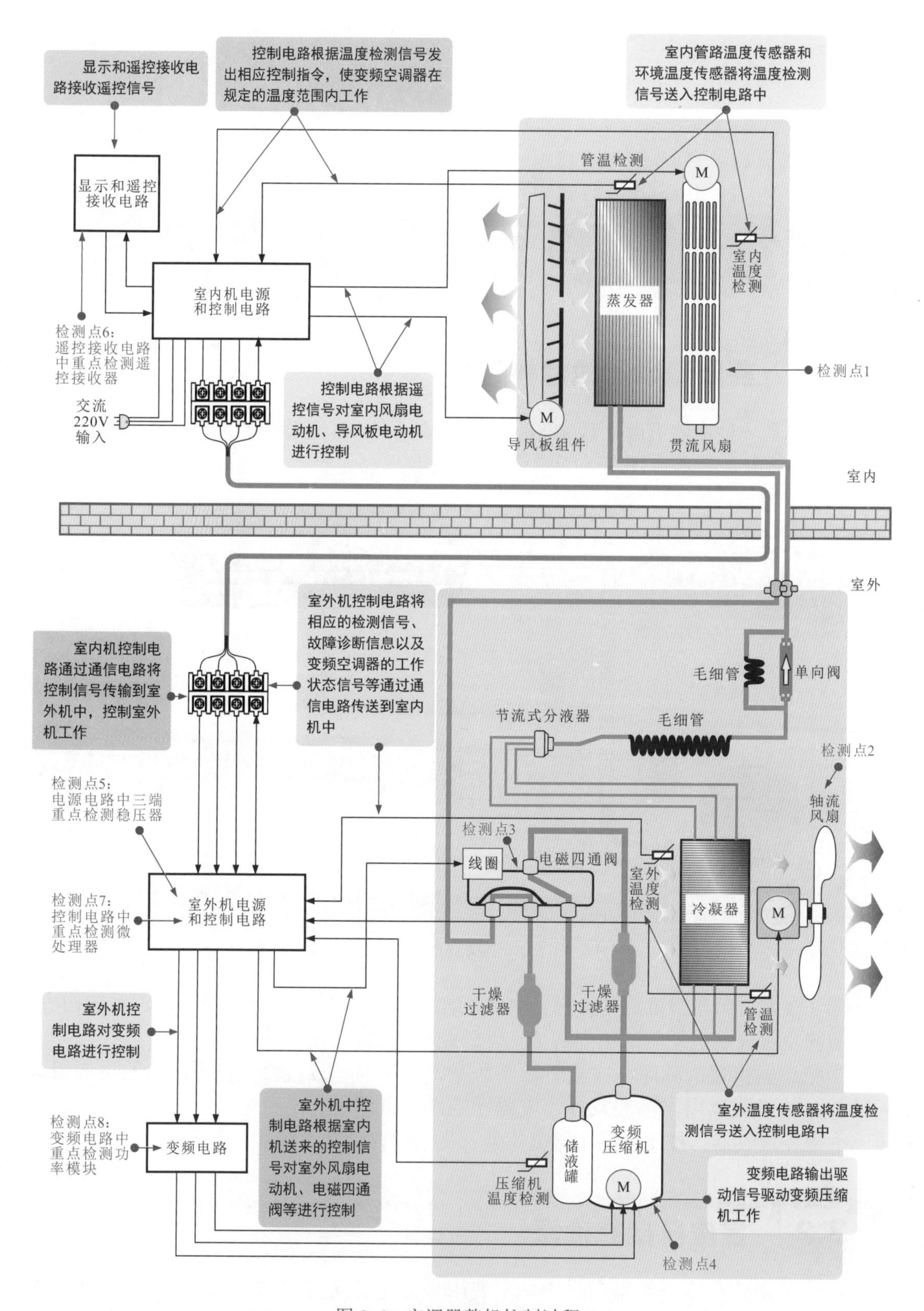

图 3-2 空调器整机控制过程

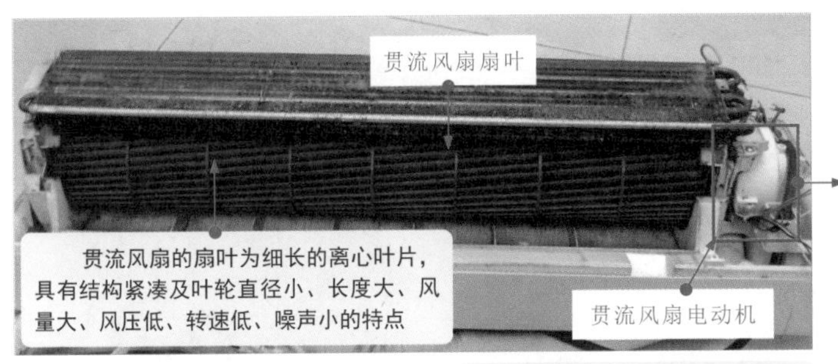

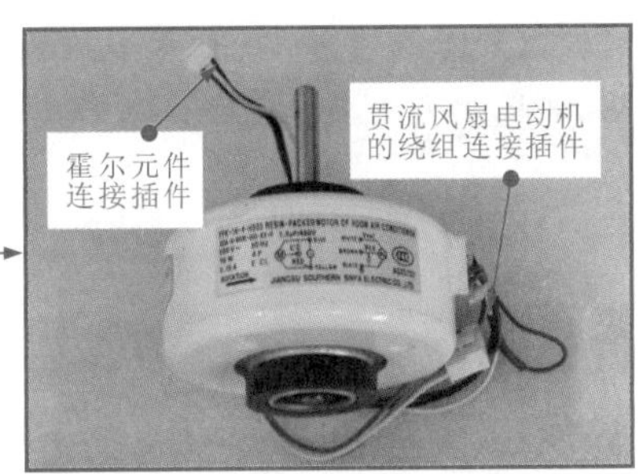

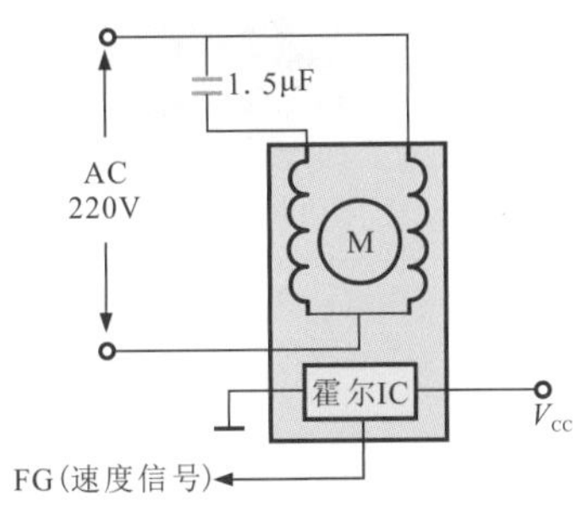

贯流风扇驱动电动机位于室内机的一侧，通过连接导线与电源电路和控制电路部分连接，在电动机的表面可以清楚地看到相关的驱动电路和内部的相关元器件

在贯流风扇驱动电动机的内部安装有霍尔元件，用来检测电动机的转速，检测到的转速信号送入微处理器中，主控电路可准确地控制贯流风扇电动机的转速

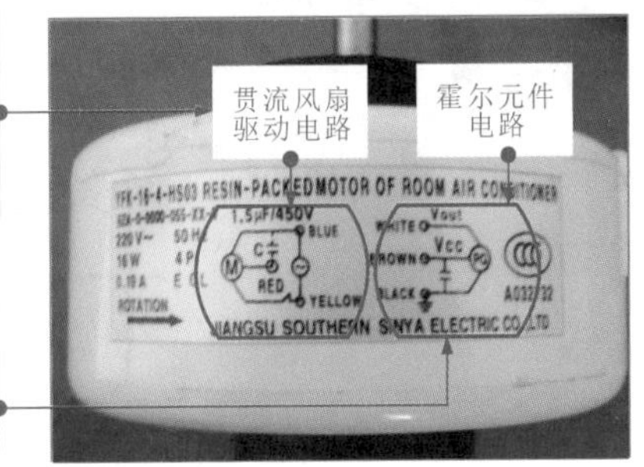

图 3-3　贯流风扇组件的结构

贯流风扇驱动电动机是贯流风扇中的核心部件，若贯流风扇驱动电动机不转或转速异常，则需要通过万用表对贯流风扇驱动电动机绕组的阻值及内部霍尔元件间的阻值进行检测，以判断贯流风扇驱动电动机是否出现故障。

贯流风扇电动机的检测方法如图 3-4、图 3-5 所示。

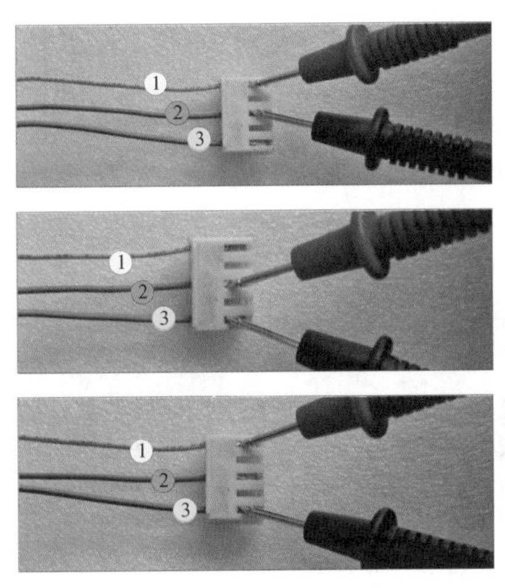

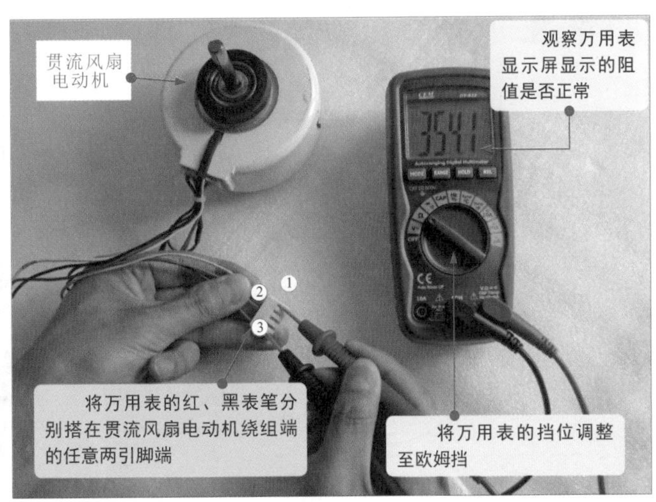

图 3-4　贯流风扇电动机的检测方法（1）

提示说明

分别对电动机内各绕组的阻值进行检测：

将红、黑表笔分别搭在贯流风扇驱动电动机绕组连接插件的 1 脚和 2 脚，可测得阻值为 0.730kΩ；检测 2 脚和 3 脚时可测得阻值为 0.375kΩ；检测 1 脚和 3 脚时，可测得阻值为 354.1Ω，即 0.3541kΩ。

在检测贯流风扇驱动电动机时，若发现某两个接线端的阻值与正常值偏差较大，则说明贯流风扇驱动电动机内的绕组可能存在异常，应更换贯流风扇驱动电动机。

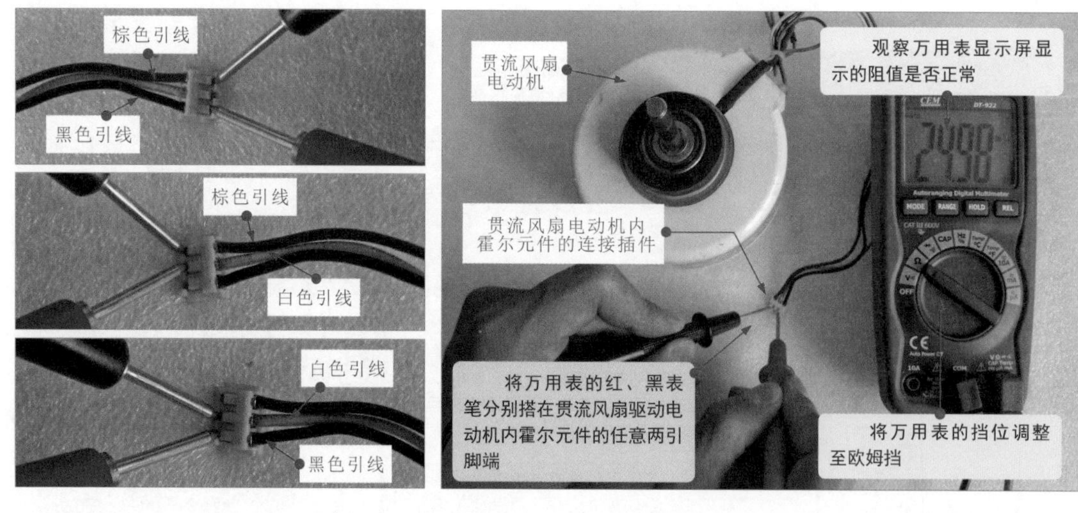

图 3-5 贯流风扇电动机的检测方法（2）

将万用表的红、黑表笔分别搭在贯流风扇驱动电动机内霍尔元件的任意两引脚端，棕色引线和黑色引线之间的阻值为 24.98MΩ，棕色引线和白色引线之间的阻值为 25.9kΩ，白色引线和黑色引线之间的阻值为 20.3MΩ。

在检测贯流风扇驱动电动机内的霍尔元件时，在正常情况下，各引线端应有一定的阻值，若发现某两个引线端的阻值与正常值偏差较大，则说明贯流风扇驱动电动机内霍尔元件可能存在异常，应对贯流风扇驱动电动机进行更换。

3.3 轴流风扇的检修

空调器的轴流风扇组件安装在室外机内，位于冷凝器的内侧。轴流风扇组件主要由轴流风扇驱动电动机、轴流风扇扇叶和轴流风扇启动电容组成。其主要作用是确保室外机内部热交换部件（冷凝器）良好的散热。

图 3-6 为轴流风扇组件的结构。

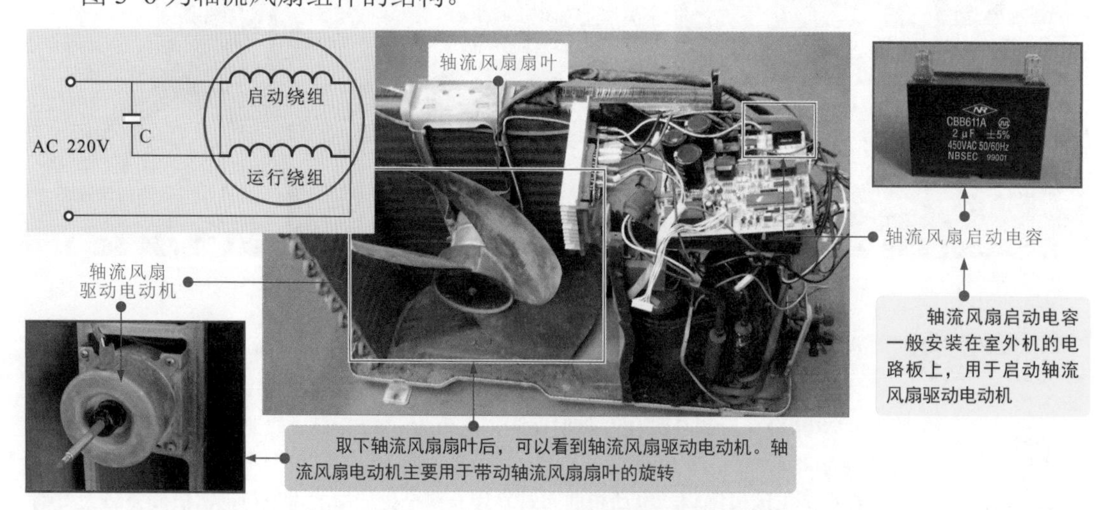

图 3-6 轴流风扇组件的结构

轴流风扇电动机是轴流风扇组件中的核心部件。在轴流风扇启动电容正常的前提下，若轴流风扇电动机不转或转速异常，需通过万用表对轴流风扇电动机绕组的阻值进行检测，以判断轴流风扇电动机是否出现故障。

轴流风扇电动机一般有五根引线或三根引线，在实际检测中，应先确定轴流风扇电动机各引线的功能（区分启动端、运行端和公共端），可根据电动机铭牌标识进行区分，如图 3-7 所示。

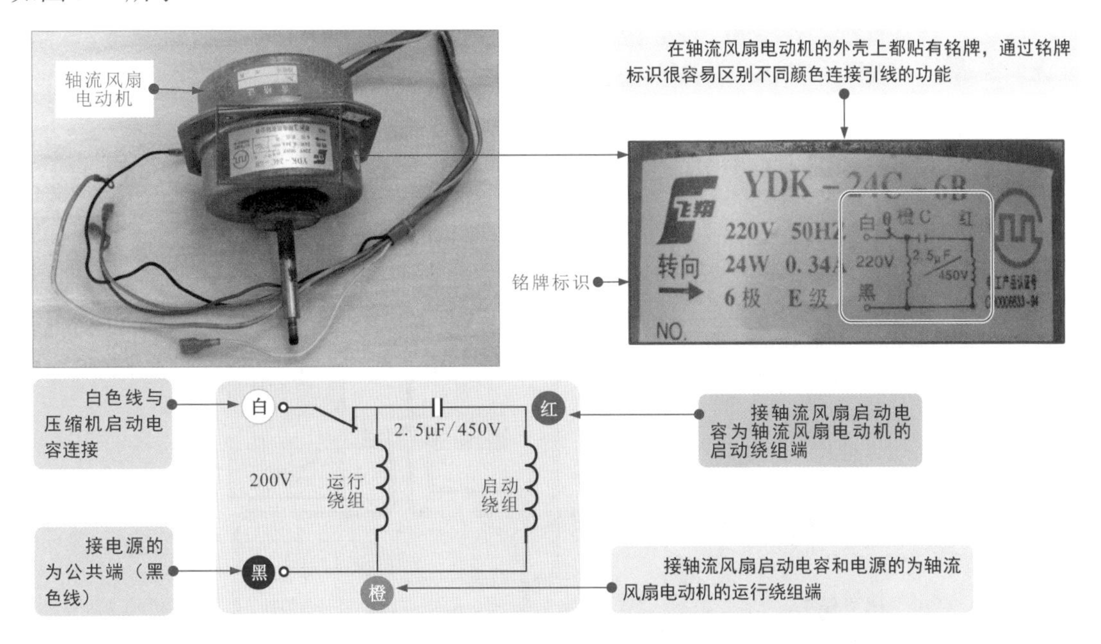

图 3-7 根据铭牌标识区分轴流风扇电动机三根引线的功能

明确轴流风扇电动机各引线的功能后，即可对轴流风扇电动机进行检测，检测时，可使用万用表的欧姆挡分别检测轴流风扇电动机各绕组间的阻值是否正常，具体的检测方法如图 3-8 所示。

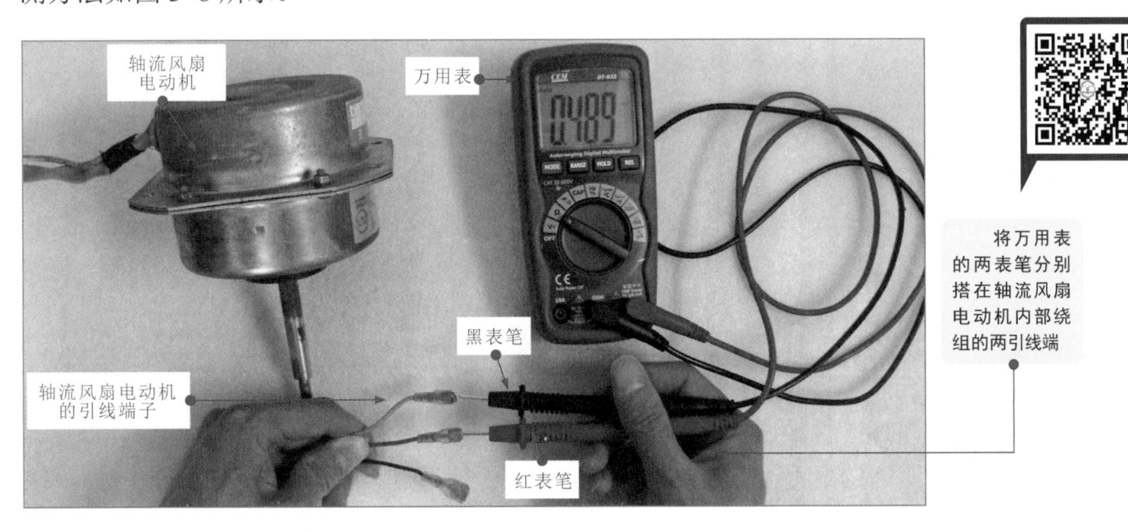

图 3-8 轴流风扇电动机的检测方法

观察万用表显示的数值，在正常情况下，任意两引线端均有一定的阻值，且满足其中两组阻值之和等于另外一组数值（轴流风扇电动机运行绕组与启动绕组之间的阻值 = 运行绕组与公共端之间的阻值 + 启动绕组与公共端之间的阻值）。

若检测时发现某两个引线端的阻值趋于无穷大，则说明绕组中有断路情况；若三组数值间不满足等式关系，则说明轴流风扇电动机绕组可能存在绕组间短路情况。出现上述两种情况时均应更换轴流风扇电动机。

注意，测量轴流风扇驱动电动机绕组间的阻值时，应防止轴流风扇电动机转轴转动（如未拆卸进行检测时，则由于刮风等原因，扇叶可带动轴流风扇电动机转轴转动），否则可能因轴流风扇电动机转动时产生感应电动势，干扰万用表的检测数据。

3.4 电磁四通阀的检修

电磁四通阀又称四通换向阀，是一种电控阀门，主要应用在冷暖型空调器的室外机中，用来改变制冷管路中制冷剂的流向，实现制冷和制热模式的转换，如图 3-9 所示。

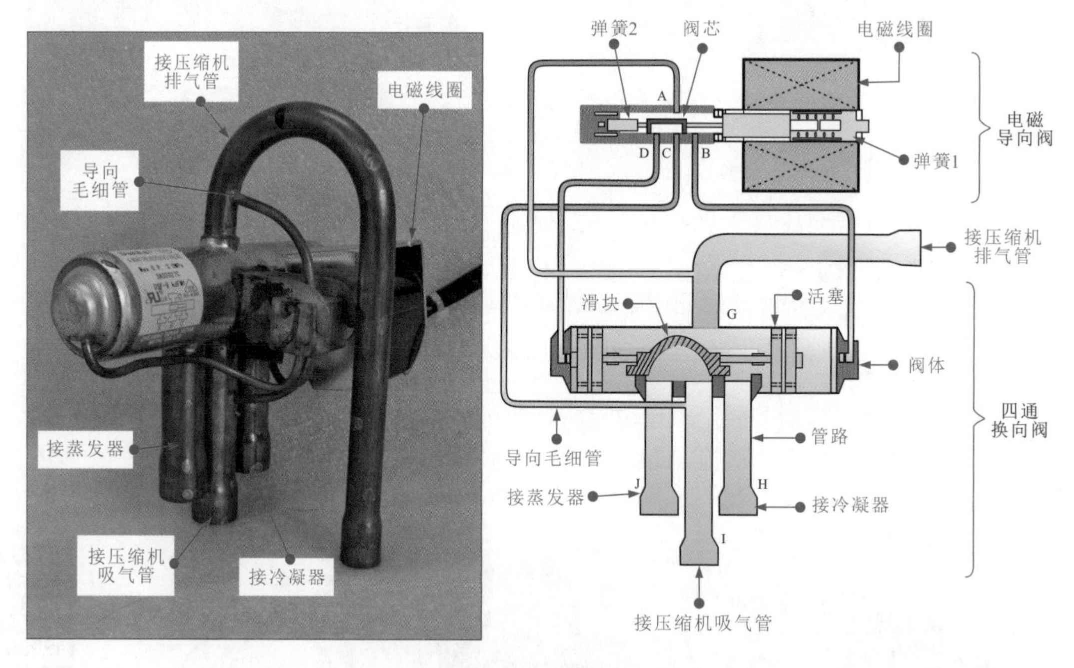

图 3-9 电磁四通阀的实物外形

电磁四通阀通常由电磁导向阀、四通换向阀两部分构成。其中，电磁导向阀由阀芯、弹簧和电磁线圈等配件组成，通过 3 根导向毛细管连接四通换向阀阀体。四通换向阀是由阀体、滑块、活塞等配件构成的，与 4 根管路连接。

电磁四通阀发生故障时，空调器会出现制冷 / 制热异常、制冷 / 制热模式不能切换、不制冷或不制热的故障。怀疑电磁四通阀损坏时，可首先排查管路部分故障。若管路连接均正常，则应重点对电路部分进行检修，即检测电磁四通阀中的电磁线圈有无异常。

检测电磁四通阀线圈时，需要先将连接插件拔下，通过连接插件，使用万用表对电磁四通阀线圈的阻值进行检测，即可判断电磁四通阀是否出现故障。

图 3-10 为电磁四通阀线圈阻值的检测方法。

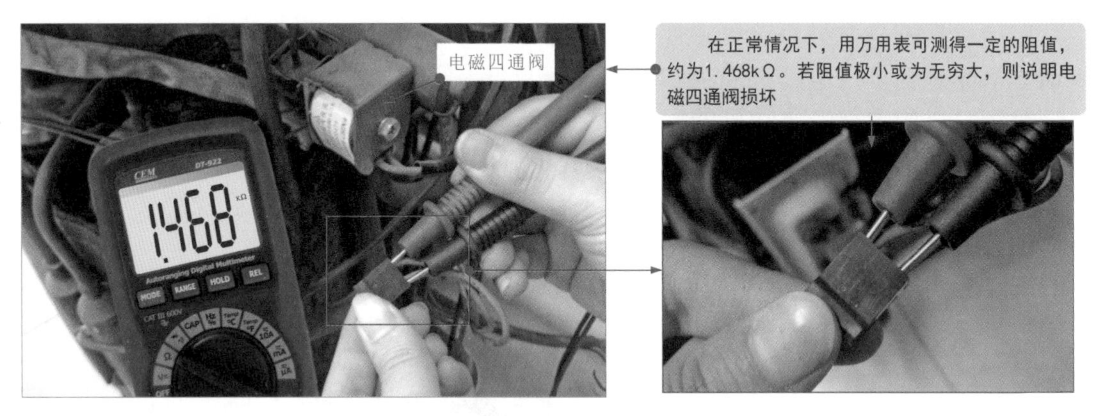

图 3-10　电磁四通阀线圈阻值的检测方法

3.5　压缩机的检修

压缩机是空调器制冷循环系统的重要动力源。它从吸气口将制冷管路中的制冷剂抽入其内部强力压缩，并将压缩后的高温高压制冷剂从排气口输出，驱动制冷剂在管路中循环流动，通过热交换达到制冷的目的。

图 3-11 为压缩机的实物外形及功能示意图。

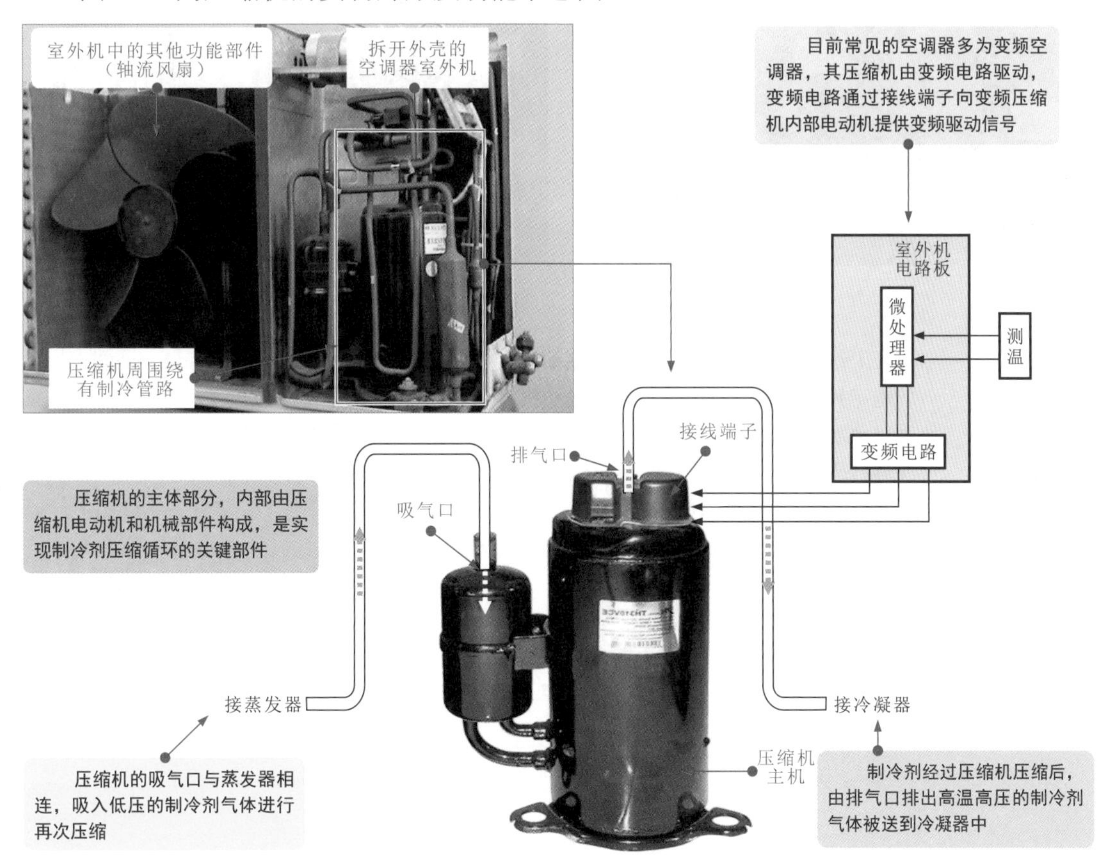

图 3-11　压缩机的实物外形及功能示意图

空调器压缩机内的电动机出现电气故障是检修压缩机过程中最常见的故障之一，可通过检测压缩机内电动机绕组的阻值进行判断。空调器压缩机的电动机通常安装在压缩机密封壳的内部，电动机的绕组通过引线连接到压缩机顶部的接线柱上，因此可通过对压缩机外部接线柱之间阻值的检测完成对电动机绕组间阻值的检测。

检测时，将压缩机绕组上的引线拔下，用万用表分别检测电动机绕组接线柱间的阻值，如图 3-12 所示。

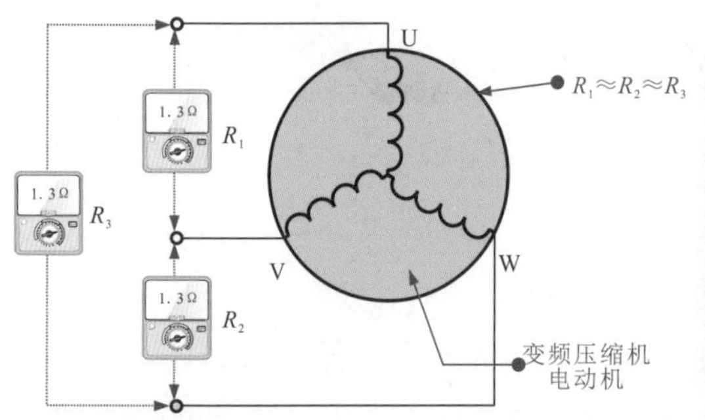

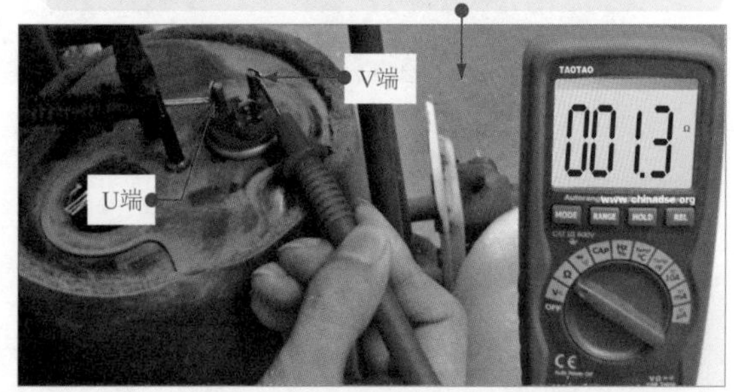

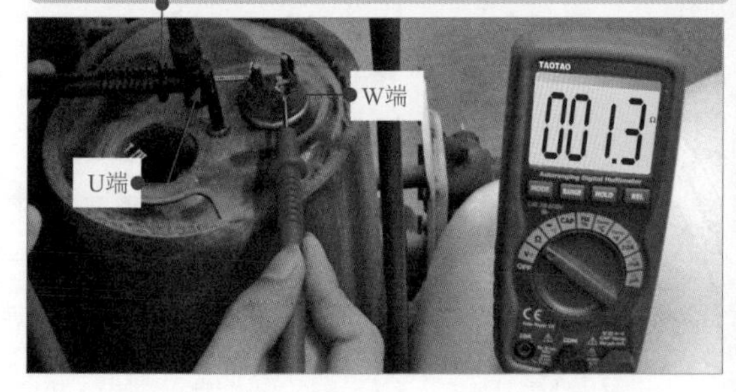

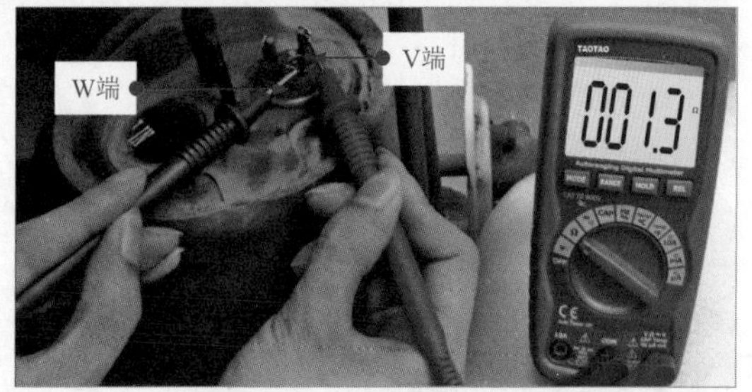

图 3-12　压缩机内电动机绕组阻值的检测

提示说明

上述为空调器变频压缩机内电动机绕组的检测方法和判断结果。定频空调器中通常采用定频压缩机。该压缩机内的电动机多为两相绕组电动机，连接端为 3 个端子，分别为启动端、运行端、公共端。用万用表检测三个端子间的阻值，在正常情况下，启动端与运行端之间的阻值 = 公共端与启动端之间的阻值 + 公共端与运行端之间的阻值，如图 3-13 所示。检测时，若压缩机内电动机的绕组阻值不符合上述规律，则绕组间可能存在短路情况，应更换压缩机；若发现有阻值趋于无穷大的情况，则绕组可能有断路故障，需要更换压缩机。

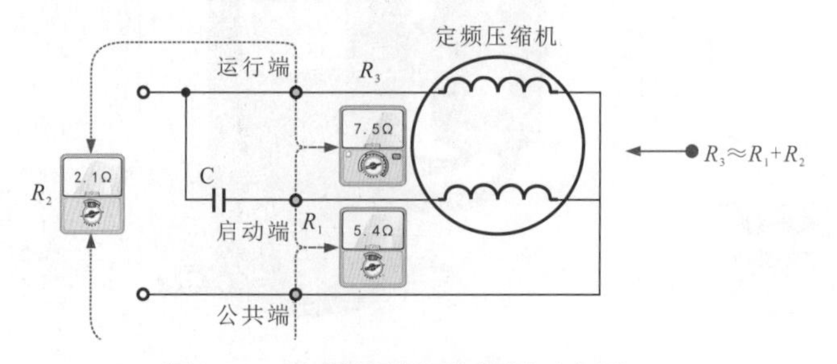

图 3-13　定频压缩机的检测示意图

3.6 电源电路中三端稳压器的检修

三端稳压器是空调器电源电路中的重要组成元件。若三端稳压器损坏将直接导致电源电路输出异常，从而引起空调器电路功能失常的故障。

三端稳压器共有三个引脚，分别为输入端、输出端和接地端，如图 3-14 所示，由桥式整流电路送来的直流电压（约 12V）经三端稳压器稳压后输出 +5V 直流电压，为控制电路或其他部件供电。

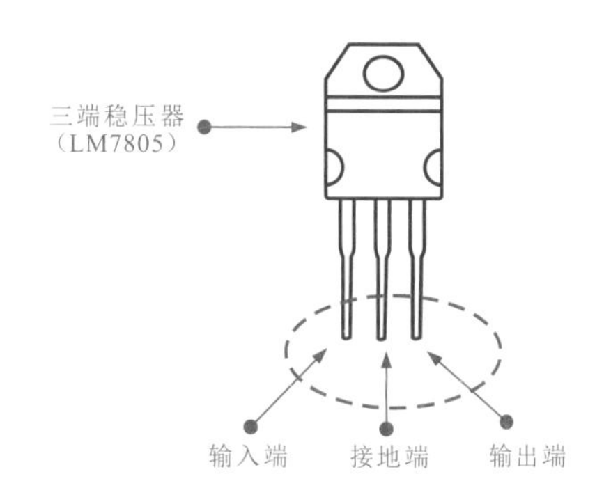

图 3-14 三端稳压器的实物外形

若空调器可通电检测，可通过检测三端稳压器输入和输出端的电压值判断其是否损坏，如图 3-15 所示。

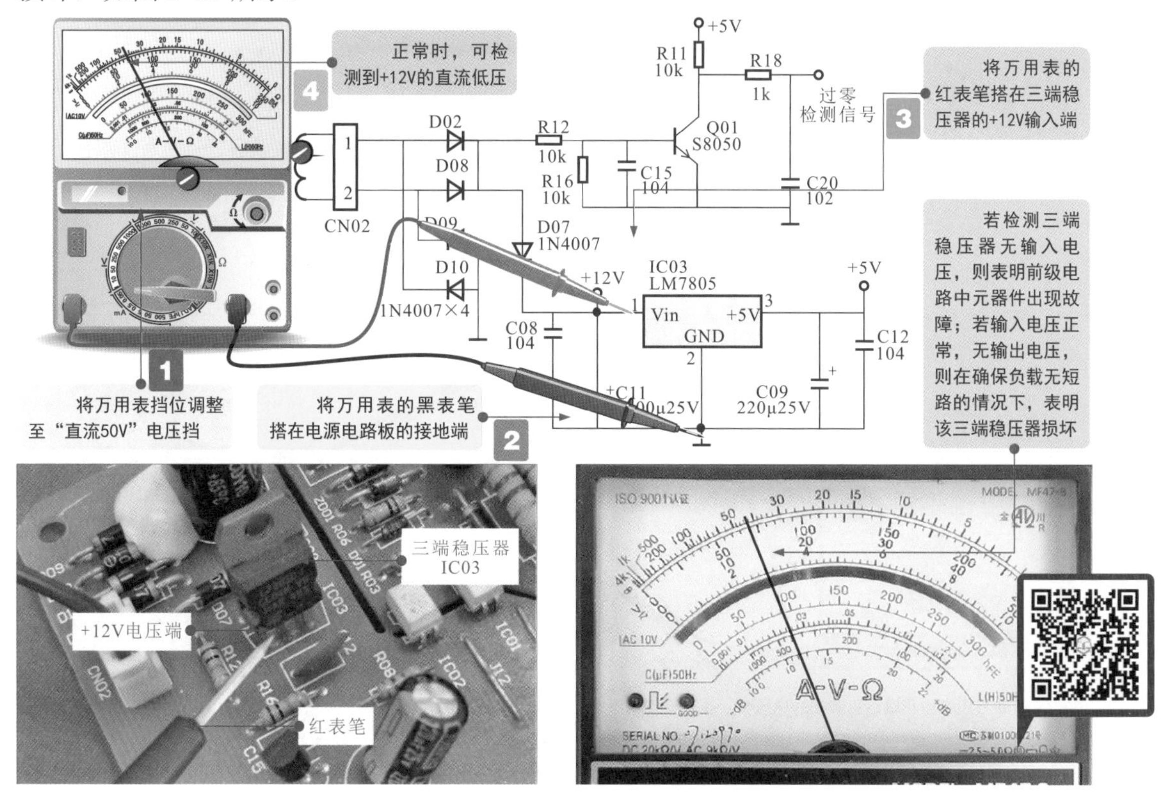

图 3-15 三端稳压器的检测方法

值得注意的是，如果检测三端稳压器的输入电压正常，输出电压为 0V，则可能有两种情况：一是三端稳压器本身损坏；二是负载有短路故障，导致电源输出直流电压对地短路，此时测量数值也为 0V。区分这两种情况可通过检测电源电路直流电压输出端元器件的对地阻值进行判断。

例如，若测得 +5V 输出电压为 0V 时，则可首先断开电源供电，然后，用万用表的电阻挡检测三端稳压器 5V 输出端的对地阻值。若有一定的阻值，则说明 5V 电压负载基本正常，应对电源电路中的 7805 及前级相关元器件进行检测；若检测阻值为 0Ω，则说明 5V 电压的负载器件有短路故障。

3.7 遥控电路中遥控接收器的检修

遥控接收器是空调器遥控器中的核心器件，主要用来接收由遥控器发出的人工指令，并将接收到的信号放大、滤波以及整形等处理后，将其变成脉冲控制信号，送到室内机的微处理器中，为控制电路提供人工指令，图 3-16 为遥控接收器的实物外形。

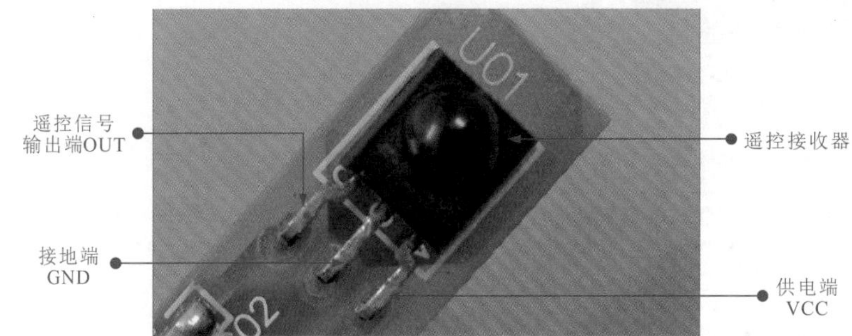

图 3-16　遥控接收器的实物外形

遥控接收器损坏将引起遥控功能失常的故障，可通过检测其工作条件和输出信号判断好坏，如图 3-17 所示。

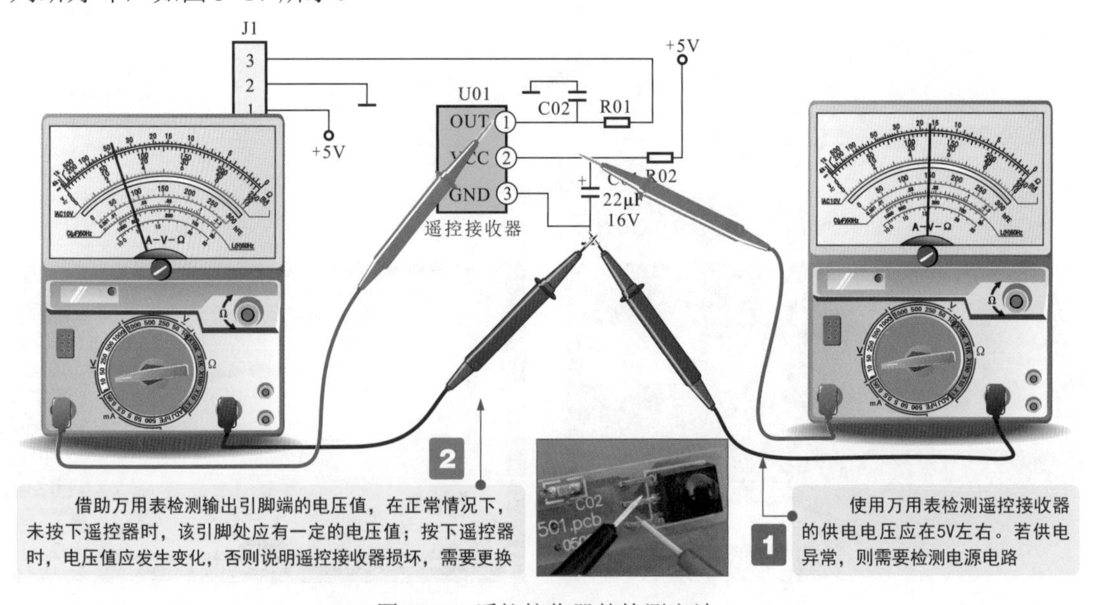

图 3-17　遥控接收器的检测方法

3.8 控制电路中微处理器的检修

微处理器是控制电路中的核心器件，又称为CPU，内部集成有运算器和控制器，主要用来对人工指令信号和传感器检测信号进行识别处理，并转换为相应的控制信号，对变频空调器整机进行控制。

图3-18为典型空调器室内机控制电路中微处理器的实物外形。

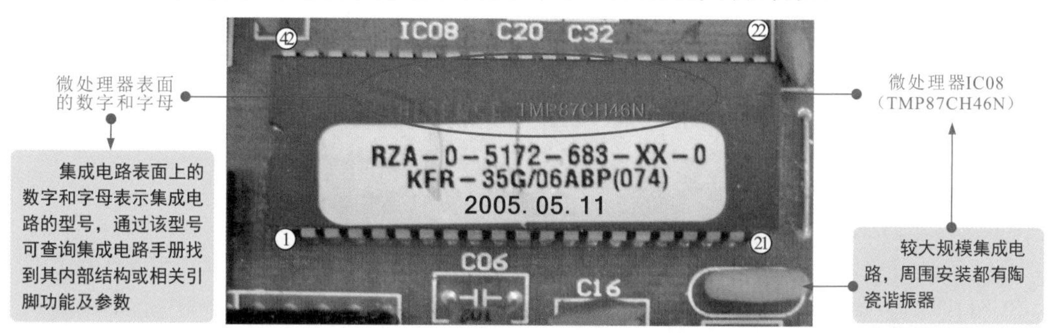

图3-18　典型空调器室内机控制电路中微处理器的实物外形

提示说明

在图3-18中，微处理器表面标识其型号为TMP87CH46N，通过查询集成电路手册可知，其各引脚功能如图3-19所示，了解引脚功能是检测微处理器好坏的前提条件。

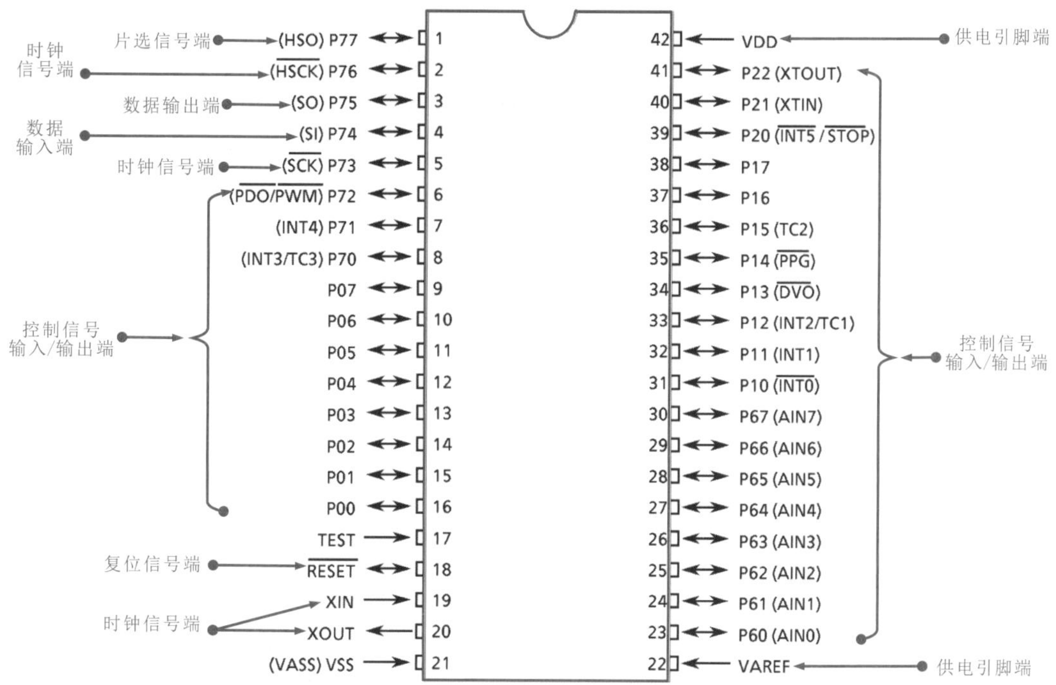

图3-19　微处理器（TMP87CH46N）各引脚功能

微处理器是变频空调器中的核心部件，若该部件损坏将直接导致变频空调器不工作、控制功能失常等故障。

一般检测微处理器包括三个方面，即检测工作条件、输入信号和输出信号。检测结果的判断依据为：在工作条件均正常的前提下，输入信号正常，而无输出或输出信号异常，则说明微处理器本身损坏。

如图3-20所示，供电、复位和时钟信号是微处理器正常工作的三个基本要素，缺一不可，因此判断控制电路是否正常，需要先判断三要素是否满足。

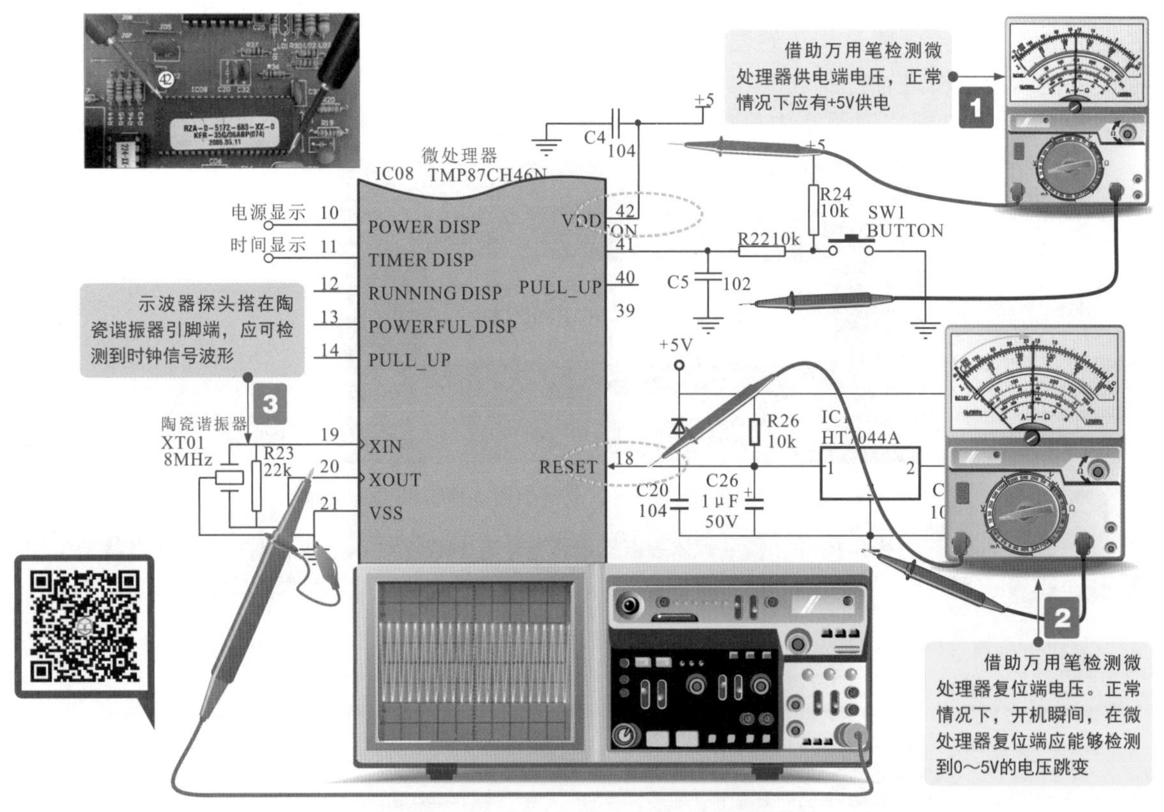

图3-20　微处理器工作条件的检测方法

如图3-21所示，检测控制电路时，若检查微处理器的工作条件正常，接下来可检测其输出的控制信号，来判断控制电路当前的工作状态。

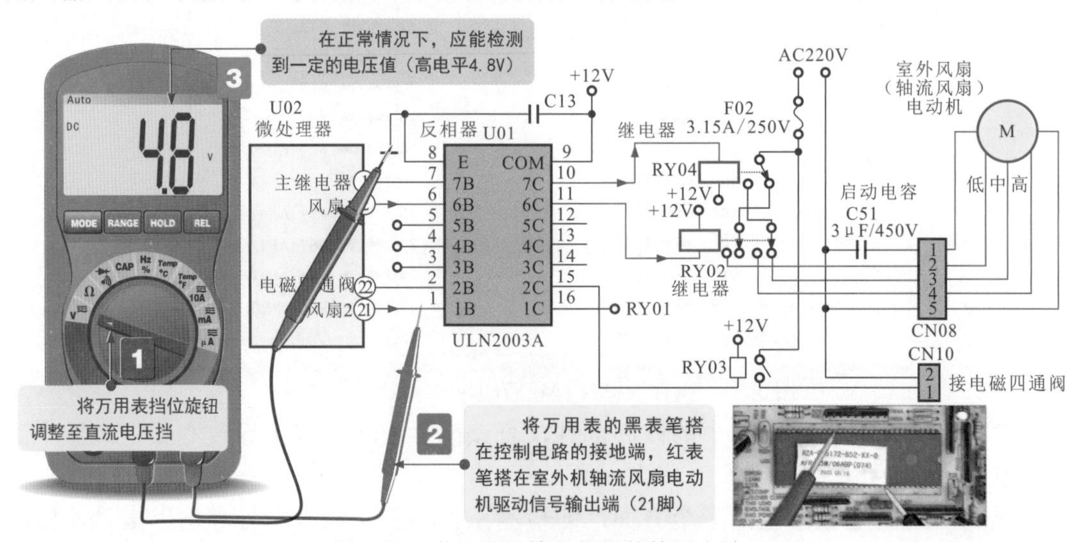

图3-21　微处理器输出信号的检测方法

若检测控制电路输出的轴流风扇驱动信号（或检测其他电气部件的控制信号）正常，则说明控制电路中微处理器的工作状态正常，但若轴流风扇电动机不运转或运转异常，应检测驱动电路中的反相器、继电器、轴流风扇电动机等器件。

若无驱动信号输出，则可能微处理器故障或未工作，可在确认工作条件正常的前提下，检测其输入侧的指令信号或温度检测等信号是否正常，来锁定故障范围。

如图 3-22 所示，使空调器控制电路正常工作需要向控制电路输入相应的控制信号，其中包括遥控指令信号和温度检测信号，可通过检测这些信号判断控制电路输入侧是否正常。

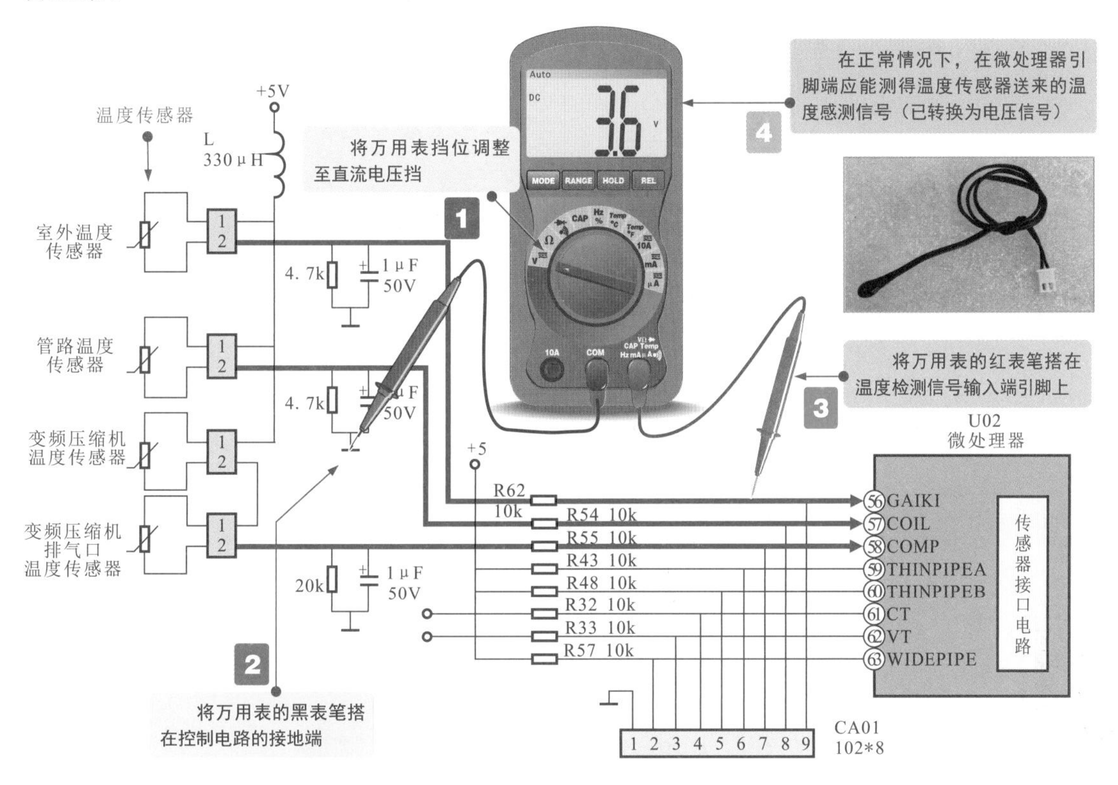

图 3-22　微处理器输入信号的检测方法

若控制电路输入的检测信号或遥控信号正常，说明输入侧电路正常；若输入不正常，需要检测相关输入电路及输入侧与微处理器引脚之间的线路。

若微处理器输入信号正常，且工作条件也正常，而无任何输出，则说明微处理器本身损坏，需要进行更换；若输入控制信号正常，而某一项控制功能失常，即某一路控制信号输出异常，则多为微处理器相关引脚外围元件（如继电器、反相器等）失常，找到并更换损坏元件即可排除故障。

在检测空调器控制电路中微处理器时，还可使用万用表检测微处理器各引脚间的正反向阻值来判断其是否正常。检测正向对地阻值时，应将黑表笔搭在微处理器的接地端，红表笔依次搭在其他引脚上；检测反向对地阻值时，应将红表笔搭在微处理器接地端，黑表笔依次搭在其他引脚上。将检测结果与微处理器型号手册上的标准数值对照，若检测结果相同或相近则说明微处理器正常；若非接地引脚出现多组对地阻值为零的情况，则多为微处理器内部存在击穿短路故障。

3.9 变频电路中功率模块的检修

在空调器中，变频电路是实现空调器变频节能功能的关键电路。变频电路中的功率模块是实现变频控制的核心器件，图 3-23 为空调器变频电路中功率模块的实物外形及电路功能。

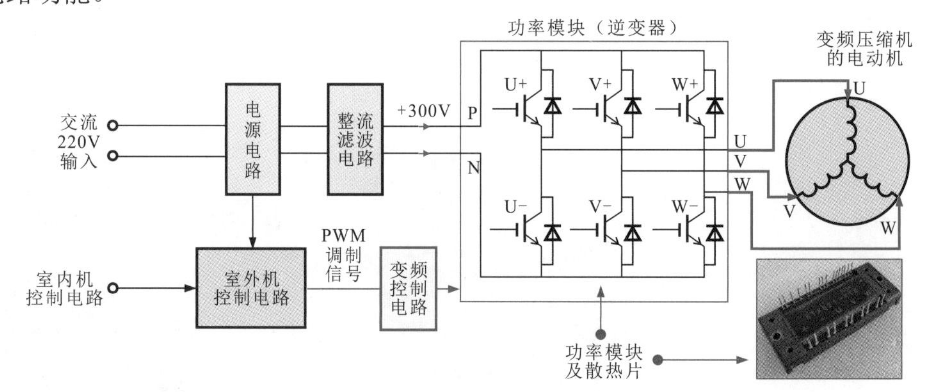

图 3-23　空调器变频电路中功率模块的实物外形及电路功能

功率模块异常将直接导致变频电路功能失常，无法实现对压缩机的变频控制。判断功率模块是否正常，可根据功率模块内部的结构特性，使用万用表的二极管检测 P（“+”）端与 U、V、W 端，或 N（“−”）与 U、V、W 端，或 P 与 N 端之间的正反向导通特性，若符合正向导通，反向截止的特性，则说明智能功率模块正常，否则说明功率模块损坏，如图 3-24 所示。

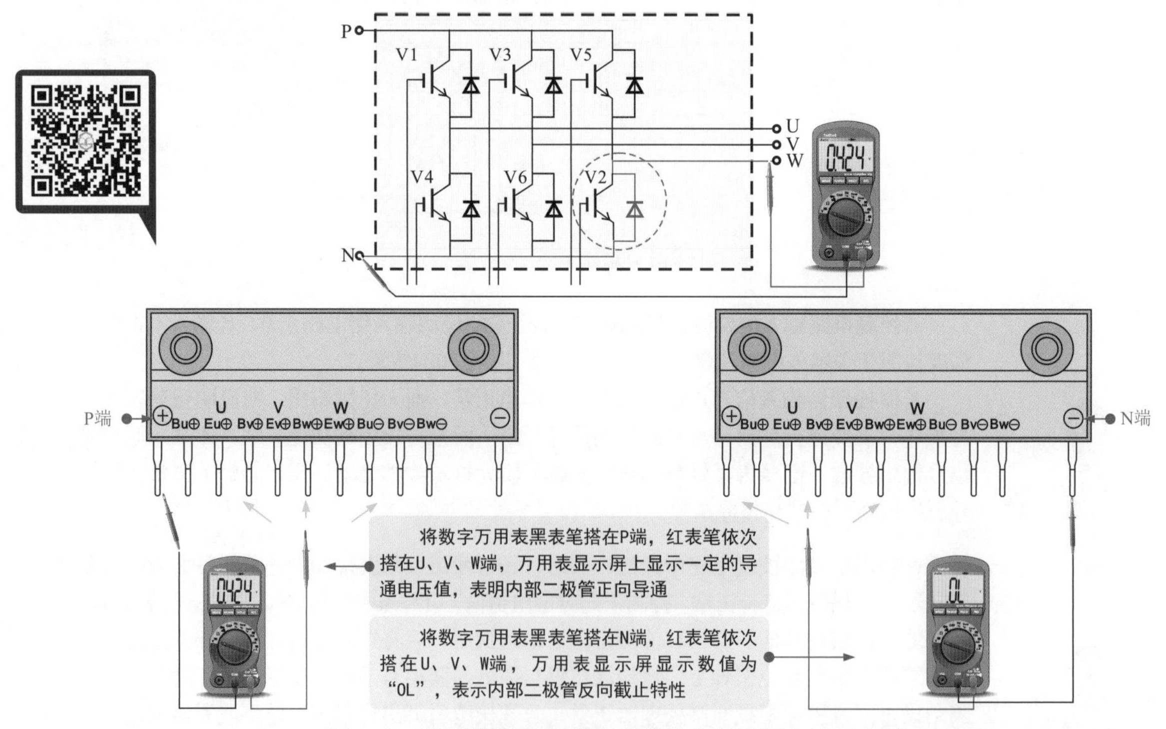

图 3-24　空调器变频电路中功率模块的检测方法示意图

如图 3-25 所示，借助万用表二极管挡检测功率模块 P 端与 U、V、W 端之间的正反向导通特性。

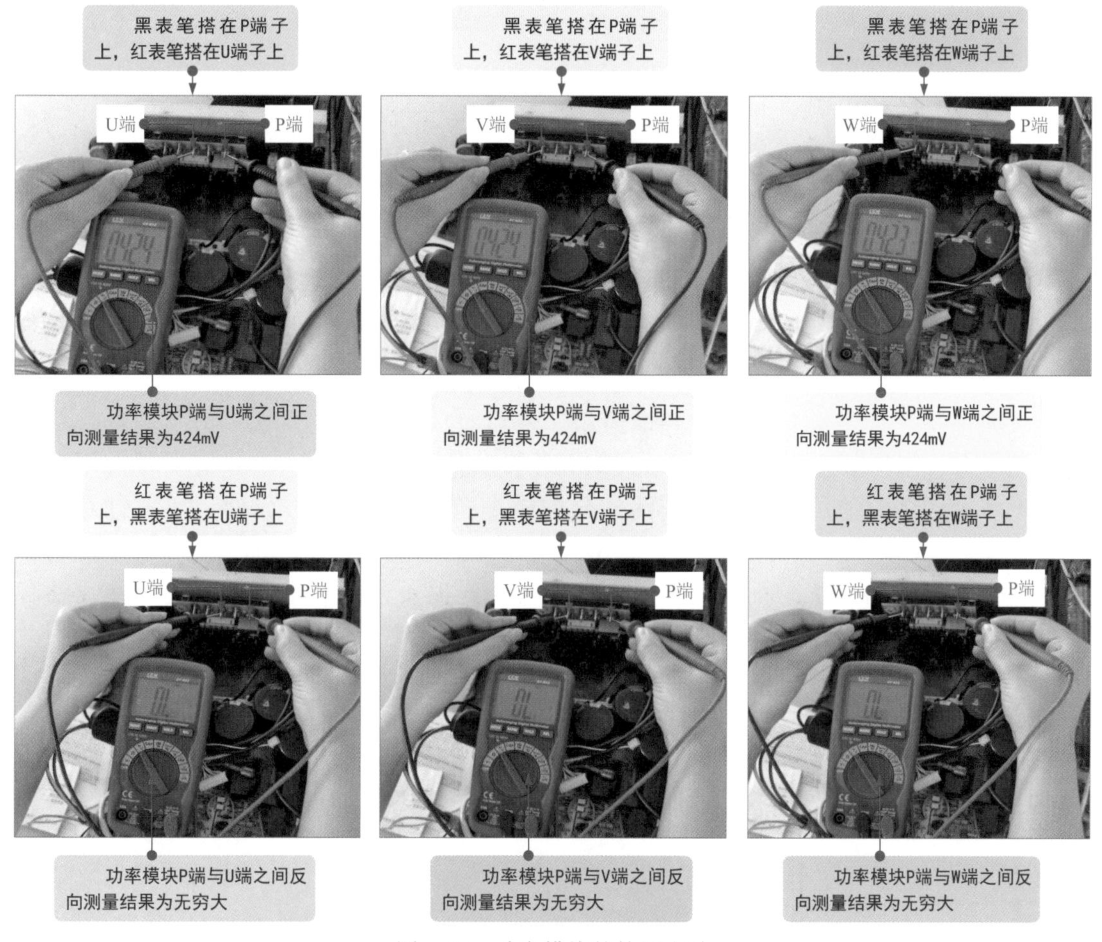

图 3-25 功率模块的检测方法

功率模块 N 端与 U、V、W 端之间正反向导通特性的检测方法同上。由于功率模块型号、测试用万用表的型号或种类不同，测试的结果也不一定相同，一般导通引脚之间的阻值为几百欧姆至几千欧姆不等，见表 3-1。如果实测各项数值（导通情况下）基本相等，则可判断为良好。

表 3-1 智能功率模块引脚间的正反向阻值

内部晶体管名称	万用表表笔		测量结果	内部晶体管名称	万用表表笔		测量结果
	红表笔接端子名称	黑表笔接端子名称			红表笔接端子名称	黑表笔接端子名称	
V1	U	P/+	无穷大	V4	U	N/-	有一定阻值
	P/+	U	有一定阻值		N/-	U	无穷大
V3	V	P/+	无穷大	V6	V	N/-	有一定阻值
	P/+	V	有一定阻值		N/-	V	无穷大
V5	W	P/+	无穷大	V2	W	N/-	有一定阻值
	P/+	W	有一定阻值		N/-	W	无穷大

第4章

电冰箱中元器件的检修

4.1 典型电冰箱的结构组成

电冰箱是一种带有制冷装置的储藏柜，它可对放入的食物、饮料或其他物品进行冷藏或冷冻，延长食物的保存期限，或对食物及其他物品进行降温。

电冰箱由管路系统和电路系统两部分构成。当电冰箱出现异常时，主要针对这两个部分进行检修。其中，电路系统是指由与电相关的功能部件构成的，具有一定控制、操作和执行功能的系统。不同类型的电冰箱复杂程度不同，其电路系统的结构也各有不同，大体上可分为机械式电冰箱电路系统和微电脑式电冰箱电路系统两种。

图4-1为机械式电冰箱电路系统的组成部件。

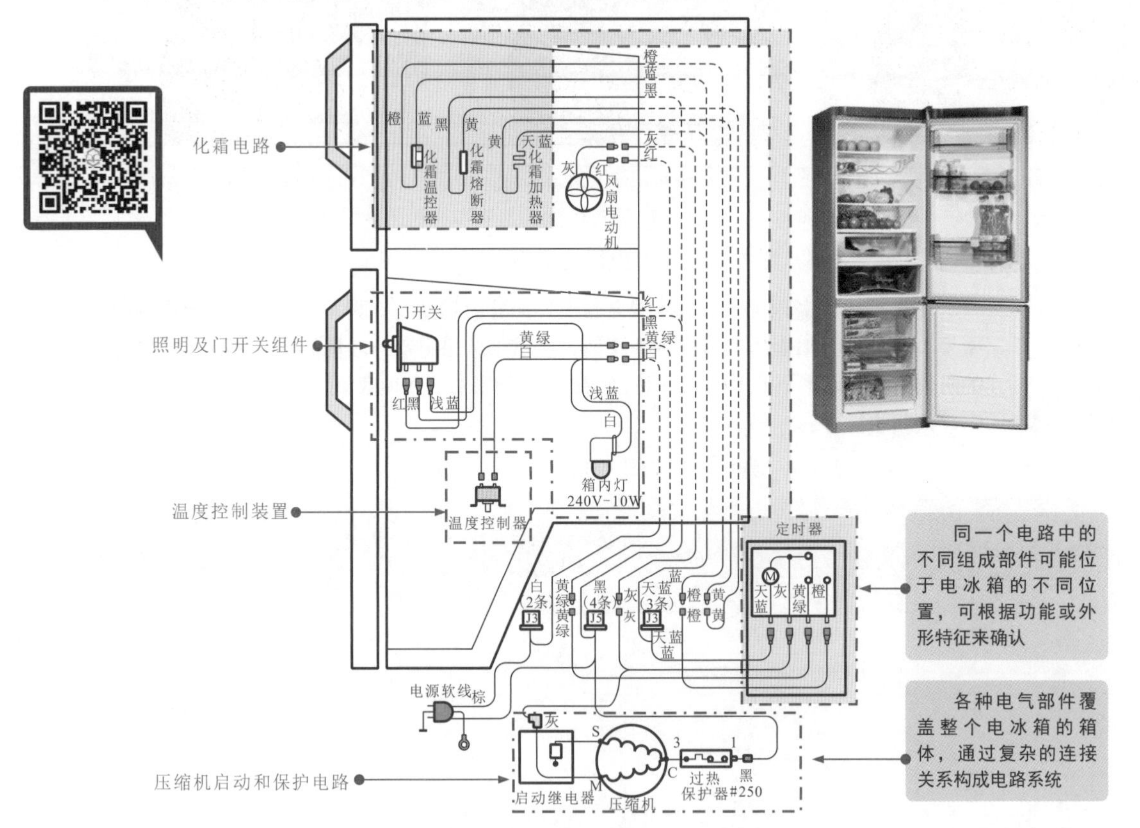

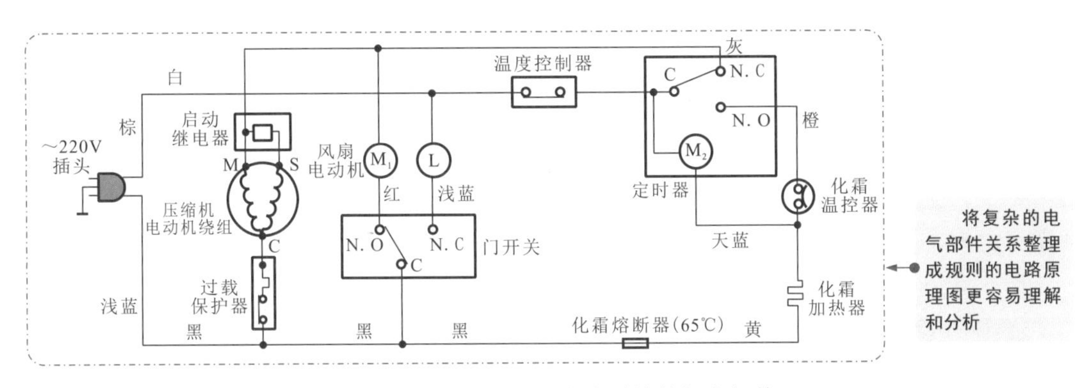

图 4-1 机械式电冰箱电路系统的组成部件

图 4-2 为微电脑式电冰箱电路系统的组成部件。

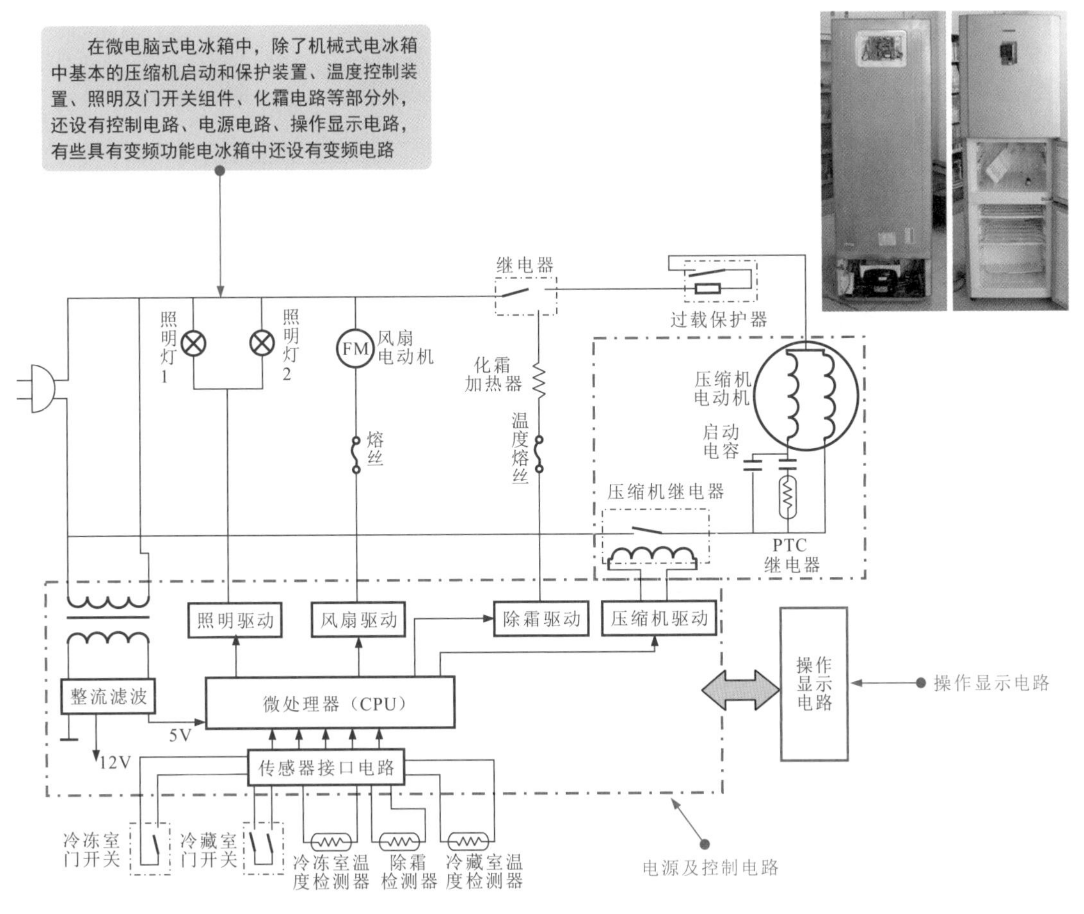

图 4-2 微电脑式电冰箱电路系统的组成部件

由图 4-1、图 4-2 可以看到，不论采用哪种结构的电冰箱，其电路系统都是由多种电子元器件通过一定电路关系连接起来，构成具备启动、温度检测、控制等功能的电路。其中，门开关、温度控制器、温度补偿开关、化霜定时器、启动继电器、过热保护器、压缩机等是电冰箱检修时的重点检测元器件（其中，压缩机的检测方法与空调器压缩机基本相同，这里不再重复）。

4.2 门开关的检修

门开关组件是用来对照明灯进行控制的部件，通常安装在电冰箱冷藏室靠近箱门的箱壁上，通过冷藏室箱门的打开与关闭控制门开关的接通与断开，从而控制照明灯点亮与熄灭。

图 4-3 为门开关的实物外形及电路功能。

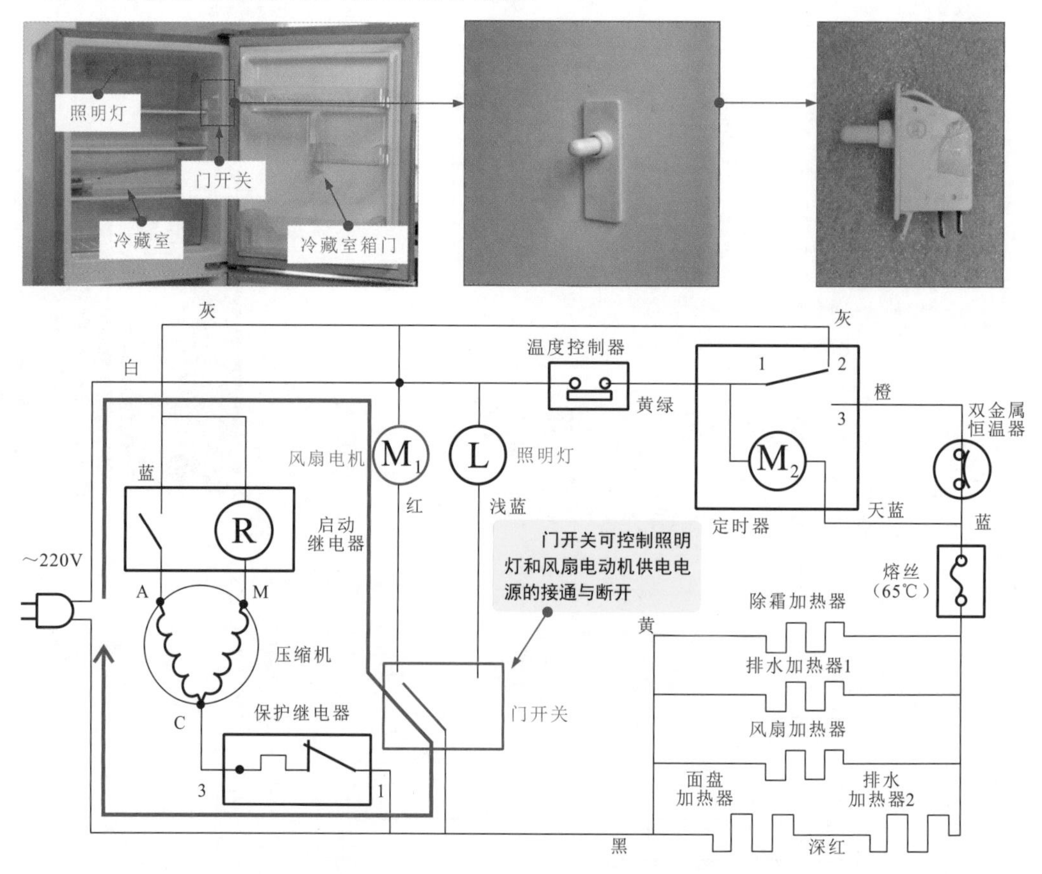

图 4-3 门开关的实物外形及电路功能

门开关出现问题时会使电冰箱箱体内照明灯不能正常点亮或关闭，风扇不能正常运转或停止。判断门开关组件是否正常，可使用万用表检测门开关组件在断开与闭合状态时，两引脚触点间的阻值是否正常，如图 4-4 所示。

若经检测门开关引脚触点阻值异常，需要用同规格门开关进行更换排除故障。

4.3 温度控制器的检修

温度控制器是用来对电冰箱箱室内的制冷温度进行调节控制的器件，一般安装在电冰箱的冷藏室内。

图 4-5 为电冰箱中温度控制器的实物外形及电路功能特点。

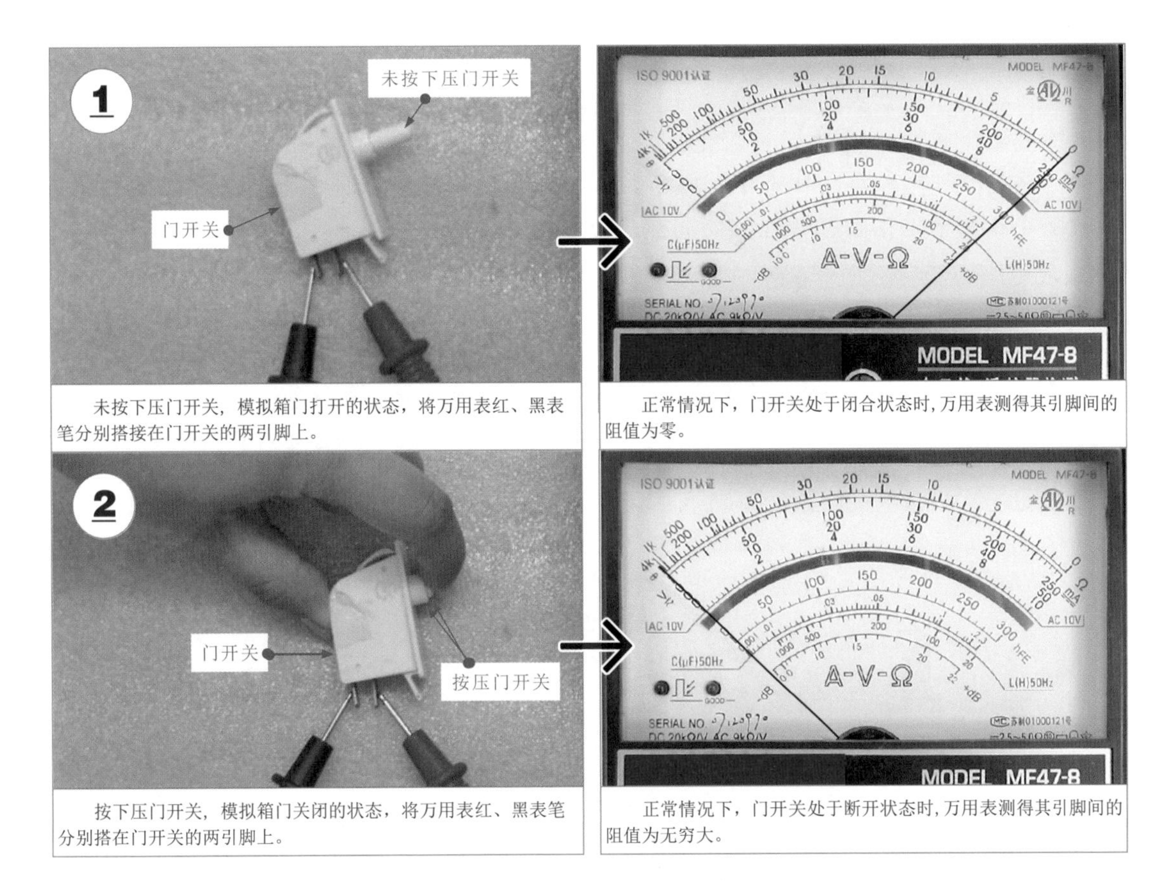

图 4-4　门开关的检测方法

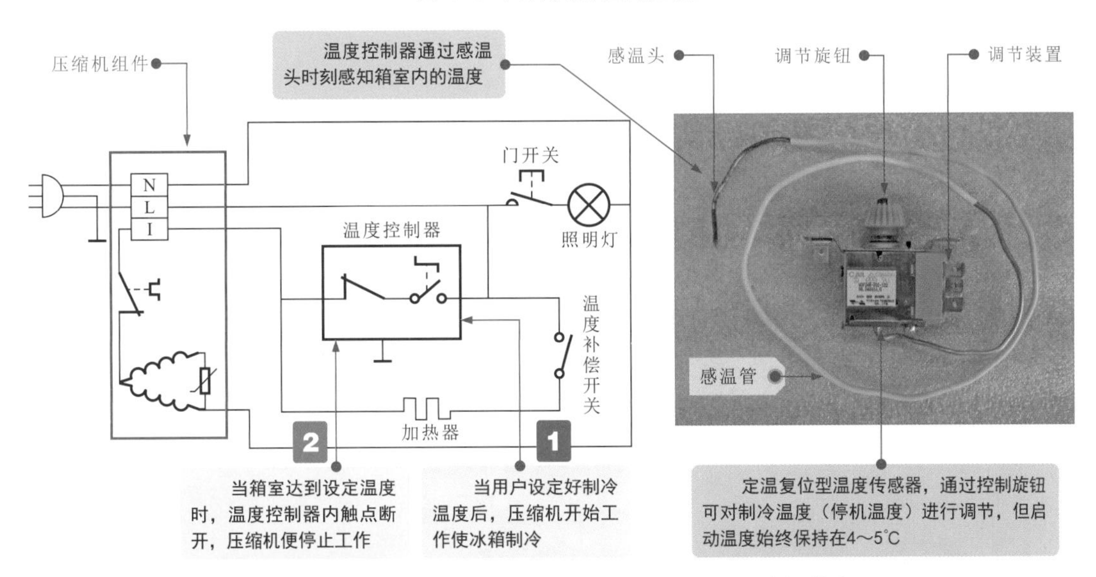

图 4-5　电冰箱中温度控制器的实物外形及电路功能特点

温度控制器主要由调节装置、感温管和感温头构成。调节装置用来设定电冰箱内的制冷温度。感温头是温度控制器的温度检测部件，通过感温管与温度控制器相连。

当设定好制冷温度后，压缩机开始工作使电冰箱制冷。温度控制器通过感温头时刻感知箱室内的温度，当箱室达到设定温度时，温度控制器内触点断开，压缩机停止工作。

温度控制器出现故障后，会导致制冷产品出现不制冷、制冷异常等现象。若怀疑温度控制器损坏，就需要按照步骤对温度控制器进行检测。

检测温度控制器的性能是否正常，先检测感温头、感温管是否正常，再使用万用表检测温度控制器在不同状态下的阻值，即可判断温度控制器是否出现故障。

图 4-6 为电冰箱中温度控制器的检测方法。

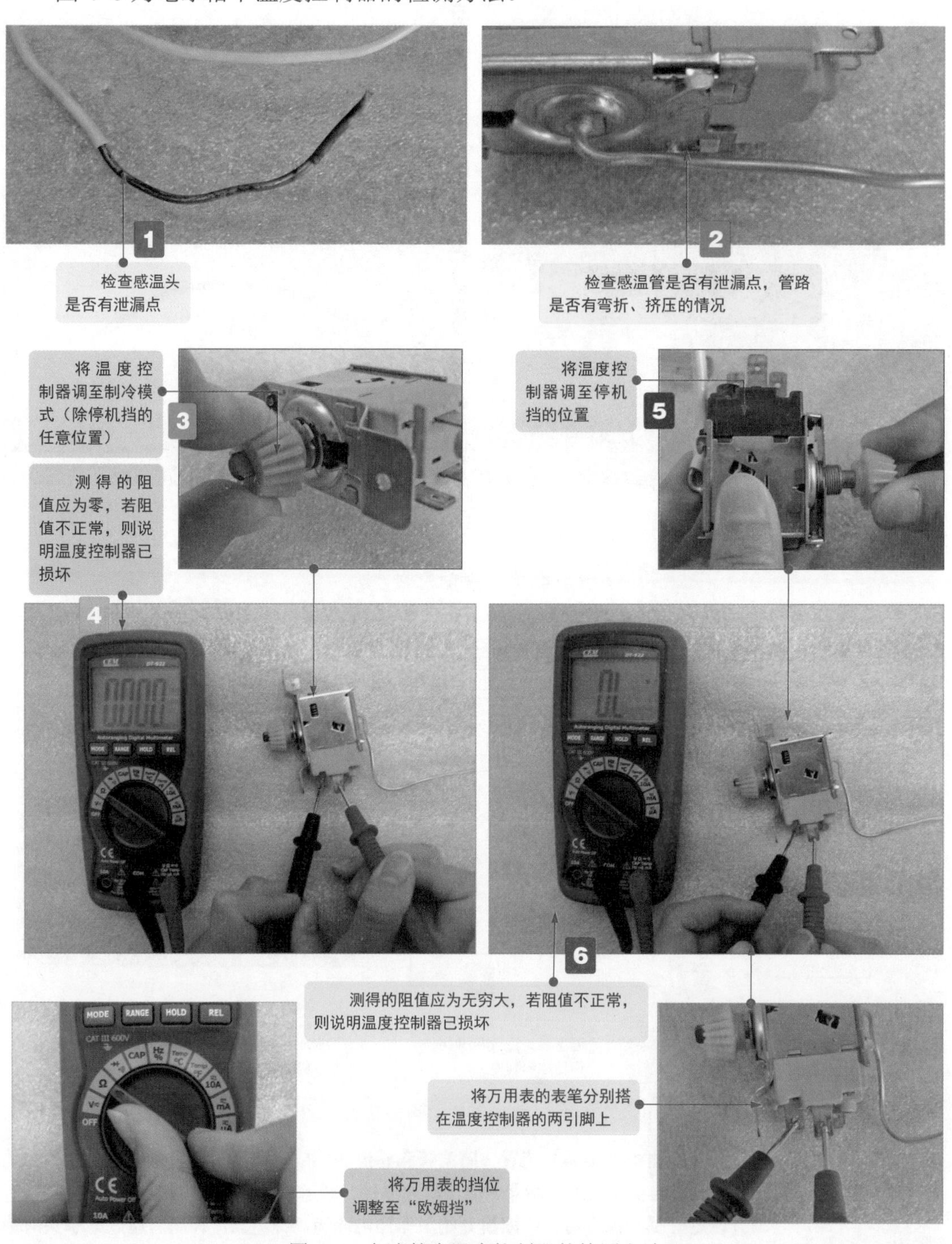

图 4-6 电冰箱中温度控制器的检测方法

4.4 温度补偿开关的检修

温度补偿开关是用来对电冰箱制冷工作进行补偿调节的电气部件，一般安装在电冰箱的冷藏室内。图 4-7 为电冰箱中温度补偿开关的实物外形及电路功能特点。

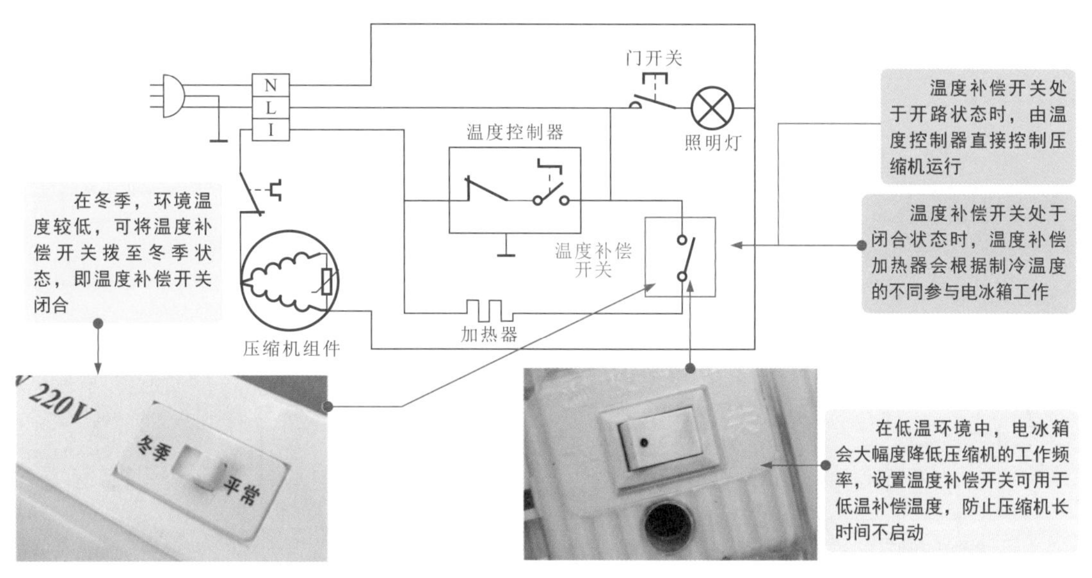

图 4-7　电冰箱中温度补偿开关的实物外形及电路功能特点

正常情况下，温度补偿开关处于断开状态，当冬季温度较低时，将温度补偿开关拨至“冬季”状态，相当于将温度补偿加热器连入电路系统，使电冰箱箱室内温度达到压缩机工作条件，防止电冰箱压缩机长时间不启动。

温度补偿开关出现故障，电冰箱可能会出现冬季制冷量较小的现象。怀疑温度补偿开关异常，可将其从电冰箱中取下后，借助万用表检测其性能好坏，如图 4-8 所示。

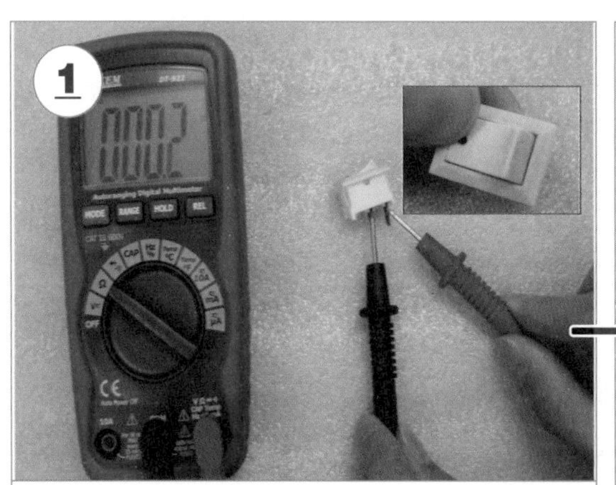

将温度补偿开关拨至“冬季”位置，即触点处于闭合状态，将万用表的两表笔分别搭在温度补偿开关的两引脚端，观察万用表的阻值，正常时应趋于零。

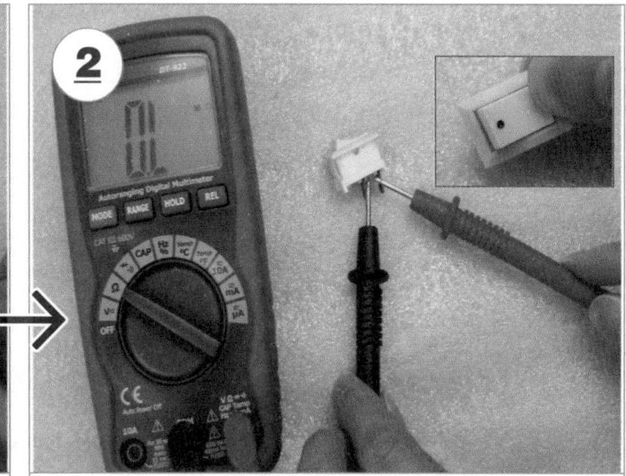

将温度补偿开关拨至“平常”位置，即触点处于断开状态，万用表的表笔保持不变，观察万用表的阻值，正常时应为无穷大。

图 4-8　电冰箱中温度补偿开关的检测方法

4.5 化霜定时器的检修

化霜定时器安装在电冰箱的冷藏室内，主要用来完成对化霜时间的设定。图 4-9 为典型电冰箱中化霜定时器的实物外形及电路功能特点。

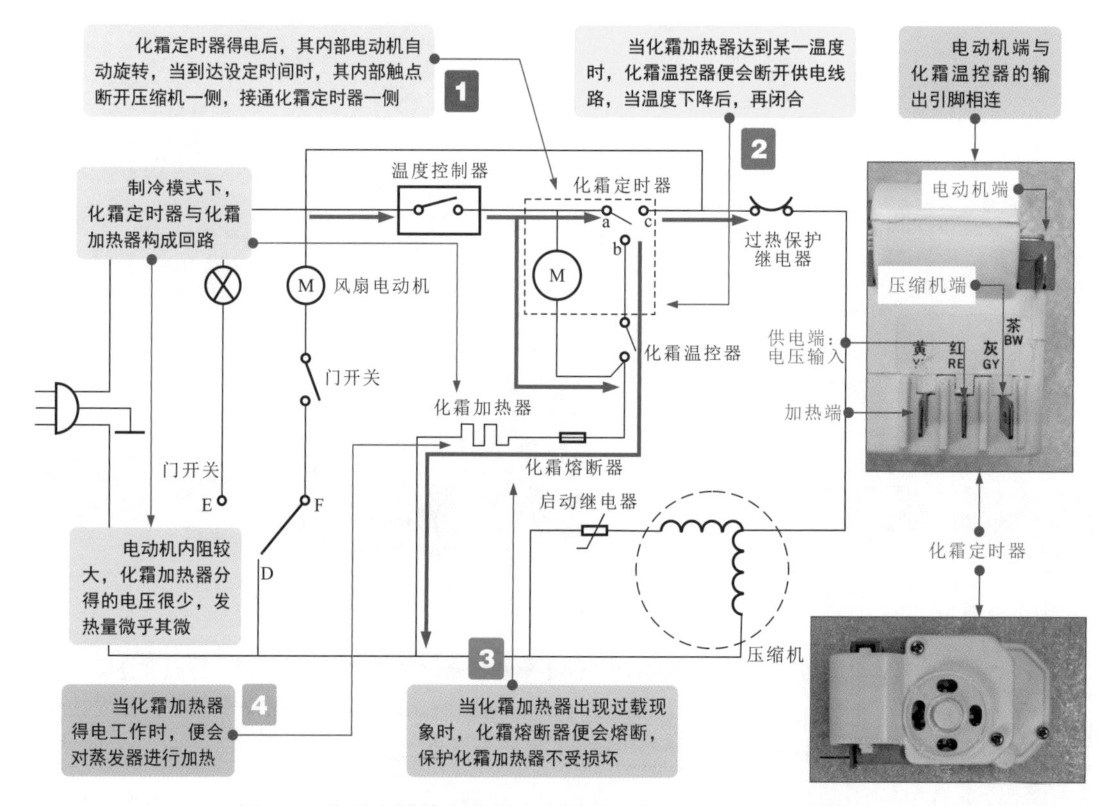

图 4-9　典型电冰箱中化霜定时器的实物外形及电路功能特点

化霜定时器安装在电冰箱冷藏室的箱壁上，设定好化霜时间后，化霜定时器便会每隔一段时间自动化霜工作。

电冰箱通电后，压缩机得电开始工作，化霜定时器内部电动机得电开始运转，当达到预定时间时（设定时间不可调），化霜定时器内部触点 a、b 相连，切断压缩机供电，停止制冷；同时供电电压经触点、化霜温控器、化霜熔断器为化霜加热器供电，开始化霜操作。

当化霜加热器温度升高到某一点时，化霜温控器断开，交流 220V 电压再次经过定时器电动机，电动机开始下一次化霜运转，化霜定时器内部触点 a、c 相连，压缩机得电再次工作。

化霜定时器损坏将导致电冰箱自动化霜功能失常。可使用万用表检测化霜定时器触点的阻值判断化霜定时器是否出现故障。图 4-10 为电冰箱中化霜定时器的检测方法。

将化霜定时器旋钮调至化霜位置，供电端和加热端的内部触点接通，供电端和压缩机端触点断开。正常情况下，测得化霜定时器供电端和压缩机端的阻值为无穷大；测得供电端和加热端的阻值为零；若阻值不正常，则说明该部件已损坏。

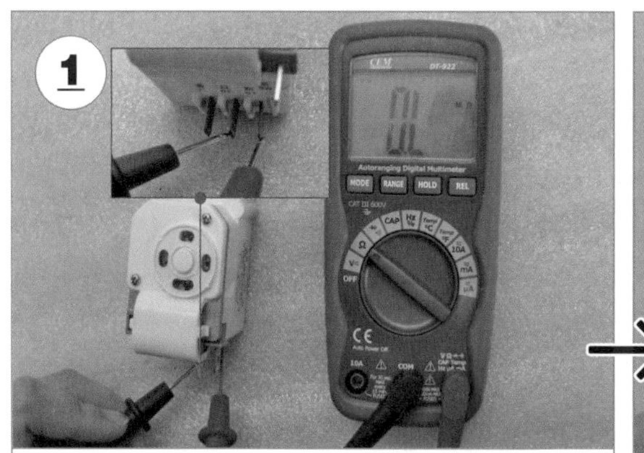

将化霜定时器旋钮调至化霜位置，这时供电端和加热端内部触点接通，供电端和压缩机端触点断开，将万用表的表笔分别搭在供电端和压缩机端两引脚上，万用表显示屏显示的阻值为无穷大。

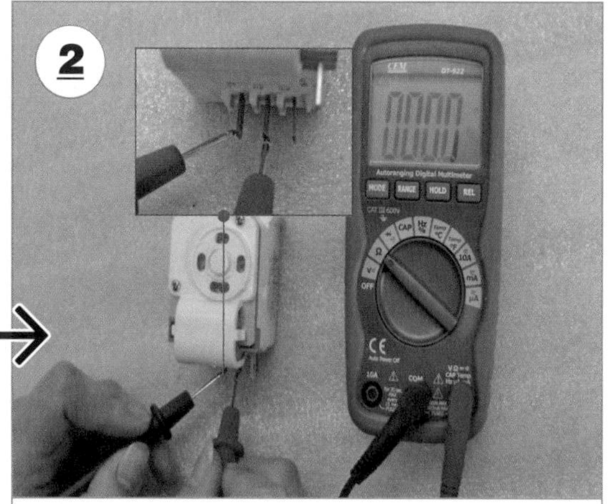

万用表的表笔分别搭在供电端和加热端两引脚上，万用表显示屏显示的阻值为零。

图 4-10 电冰箱中化霜定时器的检测方法

4.6 启动继电器的检修

启动继电器是对压缩机进行启动和控制的装置，它位于电冰箱压缩机侧面的塑料保护盒内。

在电冰箱中，多采用电流式启动继电器控制压缩机的启动，控制压缩机从启动状态进入正常的运行状态。根据电流式启动继电器原理的不同，又可分为重锤式启动继电器和 PTC 启动继电器两种。

重锤式启动继电器又称为组合式启动继电器，它广泛应用于电容启动式压缩机中，在老式电冰箱比较常见。图 4-11 为重锤式启动继电器的实物外形及电路功能特点。

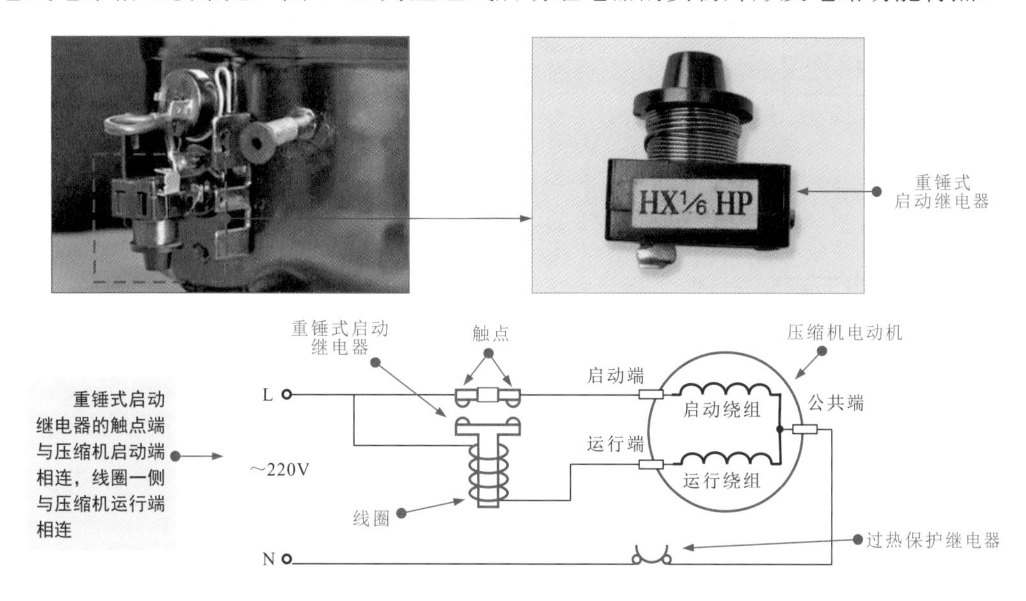

图 4-11 电冰箱中重锤式启动继电器的实物外形及电路功能特点

PTC启动继电器又称为半导体式启动继电器，它内部是由PTC元件构成的。其结构简单，内部无触点和运动部件，性能可靠。图4-12为PTC启动继电器的实物外形及电路功能特点。

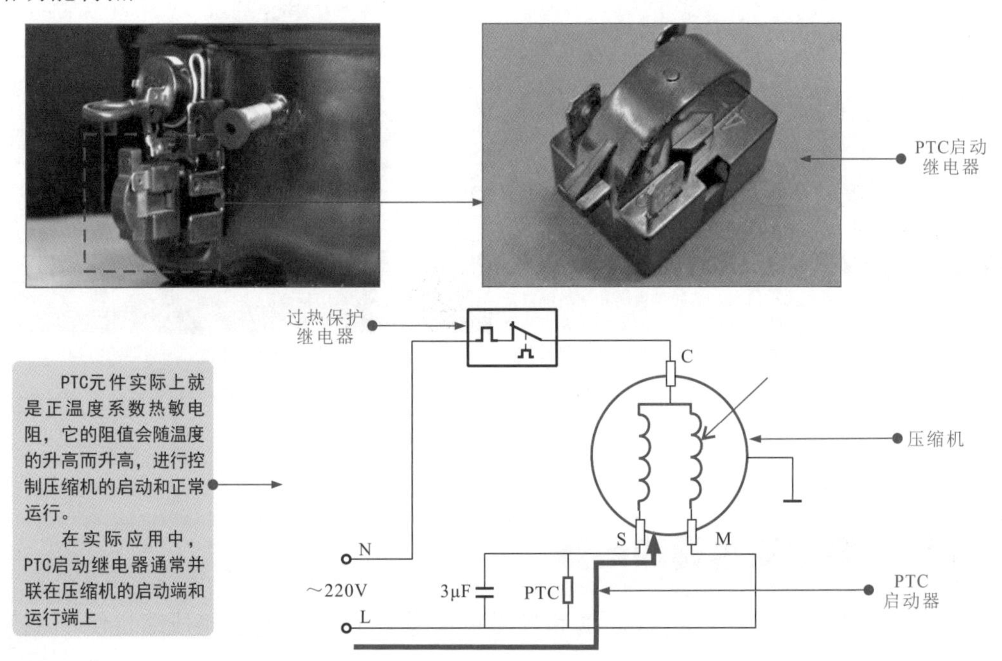

图4-12　电冰箱中PTC启动继电器的实物外形及电路功能特点

图4-13为PTC启动继电器的工作过程。

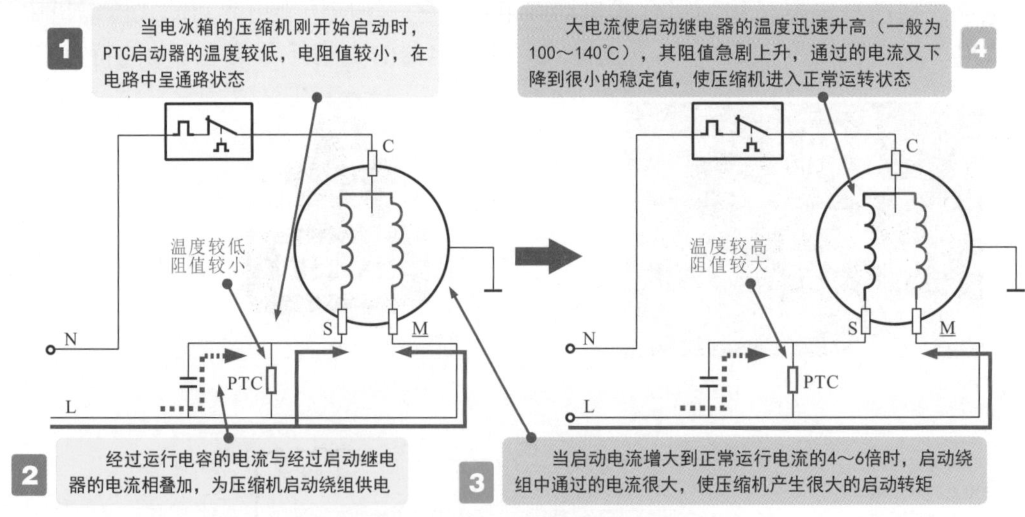

图4-13　PTC启动继电器的工作过程

启动继电器出现故障，电冰箱将不能正常启动。如果怀疑启动继电器出现问题，首先需要将其从压缩机上拆下，然后再借助万用表对启动继电器进行检测。

图4-14、图4-15分别为电冰箱中重锤式启动继电器和PTC启动继电器的检测方法。

图 4-14　电冰箱中重锤式启动继电器的检测方法

将重锤式启动继电器正置时，使线圈朝下，人为模拟断开状态，用万用表检测继电器触点的阻值，正常情况应为∞，若测得阻值为零，则说明该重锤启动继电器内部损坏。将重锤式启动继电器倒置时，使线圈朝上，人为模拟接通状态，用万用表检测继电器触点的阻值，正常情况应为零，若测得阻值为∞，则说明该重锤启动继电器内部损坏。

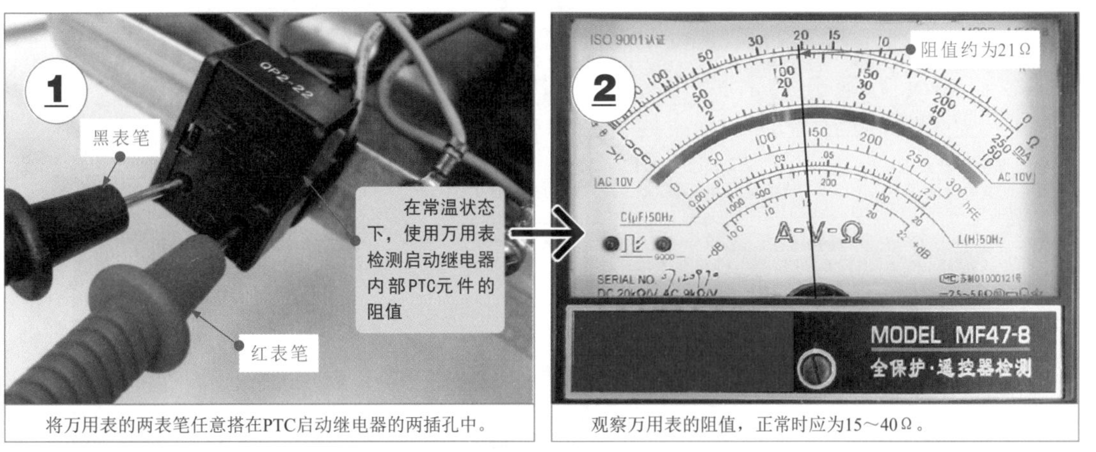

图 4-15　电冰箱中 PTC 启动继电器的检测方法

正常情况下，PTC 启动继电器在常温状态下测得的阻值应为 15 ～ 40Ω，若测得阻值为零或无穷大，则说明该 PTC 启动继电器损坏。

第5章

液晶电视机中元器件的检修

5.1 典型液晶电视机的结构组成

液晶电视机是采用液晶显示屏作为显示器件的视听设备。归根究底液晶电视机就是一种输出图像和声音设备，因此，其电路功能就是图像信号和声音信号的处理和输出过程。图5-1为典型液晶电视机的电路结构。

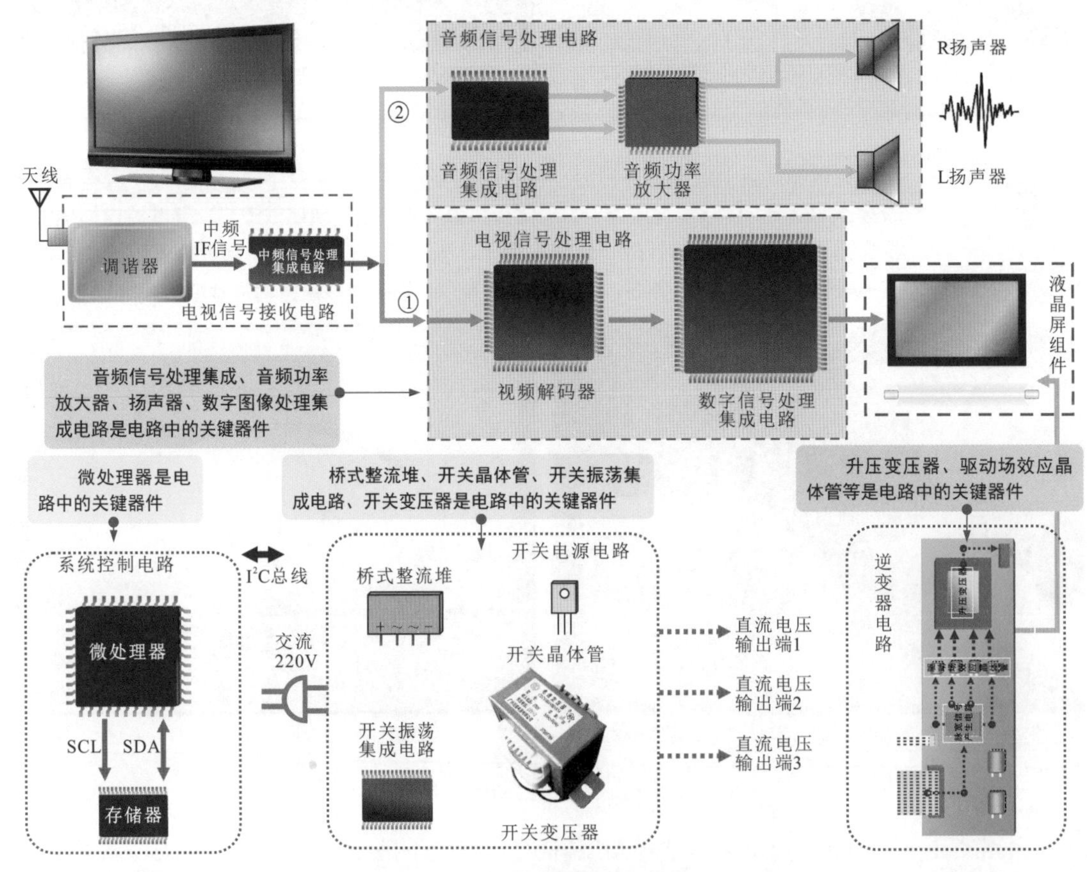

图5-1 典型液晶电视机的电路结构

由图 5-1 可以看到，液晶电视机电路部分主要由电视信号接收电路、开关电源电路、音频信号处理电路、控制电路、电源电路及逆变器电路构成。每种单元电路内部都是由各种电子元器件按照一定电路关系连接起来构成的。

液晶电视机工作失常时，主要根据电路关系和故障表现分析和判断故障点，借助检测仪表检测怀疑损坏的电子元器件。其中，音频信号处理集成电路、音频功率放大器、扬声器、数字图像处理集成电路、微处理器、开关变压器、桥式整流堆、开关晶体管等是液晶电视机检修时的重点检测元件。

5.2 音频信号处理集成电路的检修

音频信号处理集成电路用来对液晶电视机中输入的音频信号进行解调、变换等处理后，输出可识别的音频信号送入音频功率放大器中。

图 5-2 为典型液晶电视机中音频信号处理集成电路的实物外形。

图 5-2 典型液晶电视机中音频信号处理集成电路的实物外形

音频信号处理集成电路异常将导致液晶电视机无声音或声音异常的故障。判断该集成电路的好坏可通过检测输入、输出音频信号波形、工作条件判断好坏。即在满足供电等基本工作条件的前提下，检测其输入、输出的信号波形。若输入正常，无输出则多为集成电路内部损坏，检测方法如图 5-3 所示。

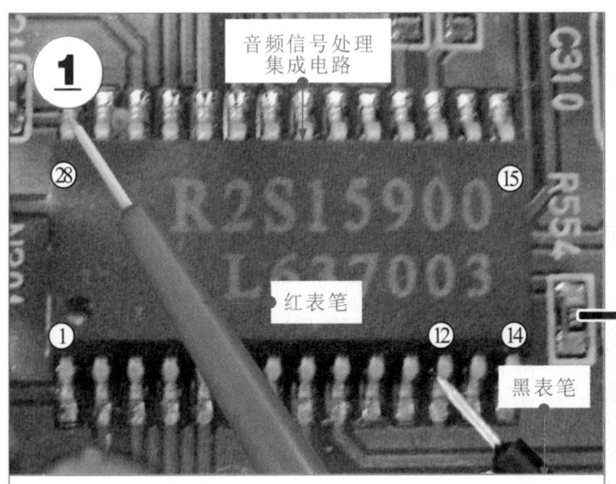

将万用表的黑表笔搭在音频信号处理集成电路的接地端，红表笔搭在音频信号处理芯片的供电电压端。

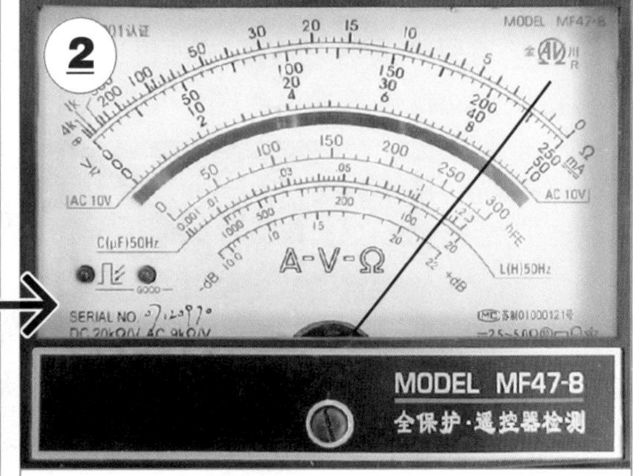

在正常情况下，应可测得+9V的供电电压（万用表挡位旋钮置于“直流10V电压挡”）。

图 5-3

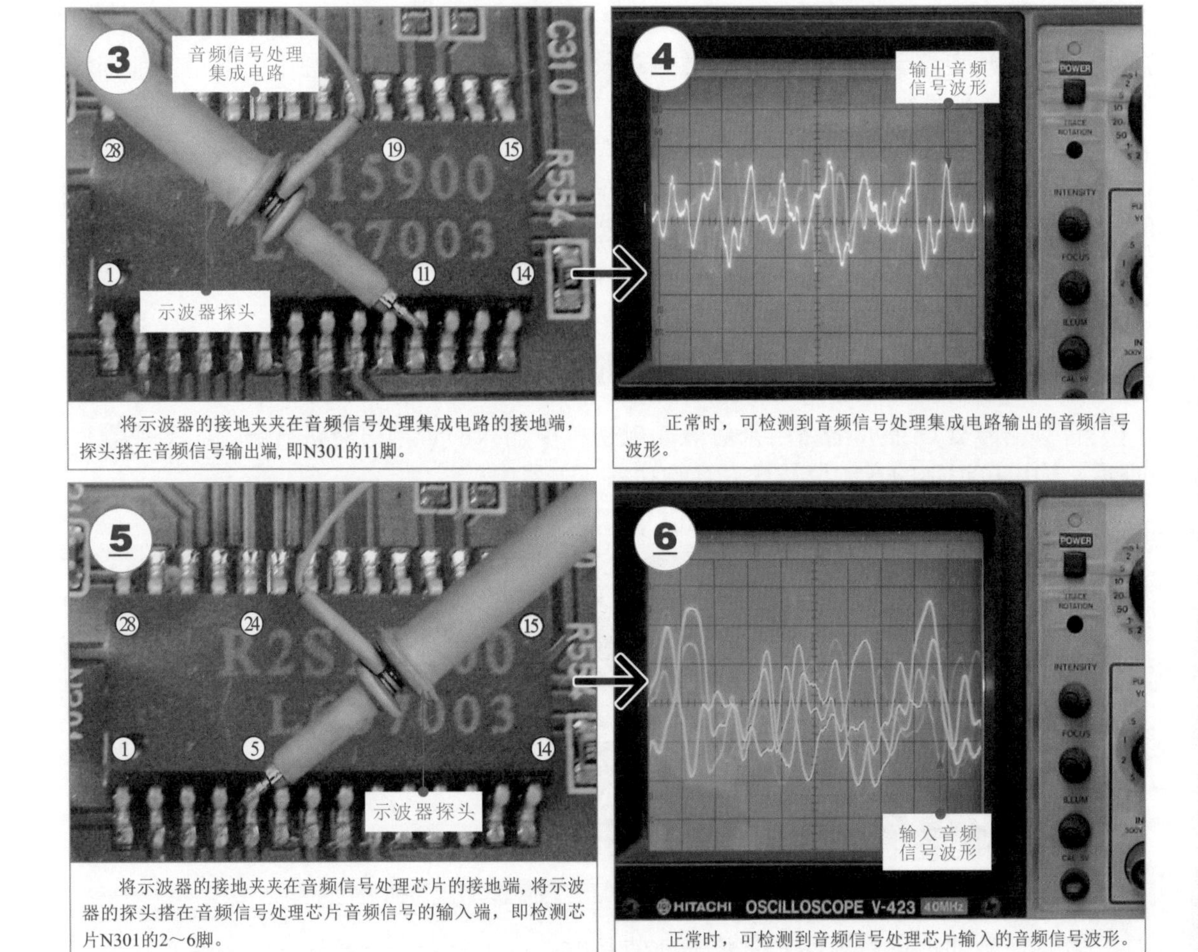

图 5-3　典型液晶电视机中音频信号处理集成电路的检测方法

5.3 音频功率放大器的检修

音频功率放大器是液晶电视机中的重要器件，用于放大音频信号的功率，使音频信号足以驱动扬声器发声。图 5-4 为典型液晶电视机中音频功率放大器的实物外形。

图 5-4　典型液晶电视机中音频功率放大器的实物外形

音频功率放大器损坏也会引起液晶电视机无声或声音异常的故障。判断音频功率放大器好坏，也可通过检测工作条件、输入、输出信号波形的方法判断，如图5-5所示。

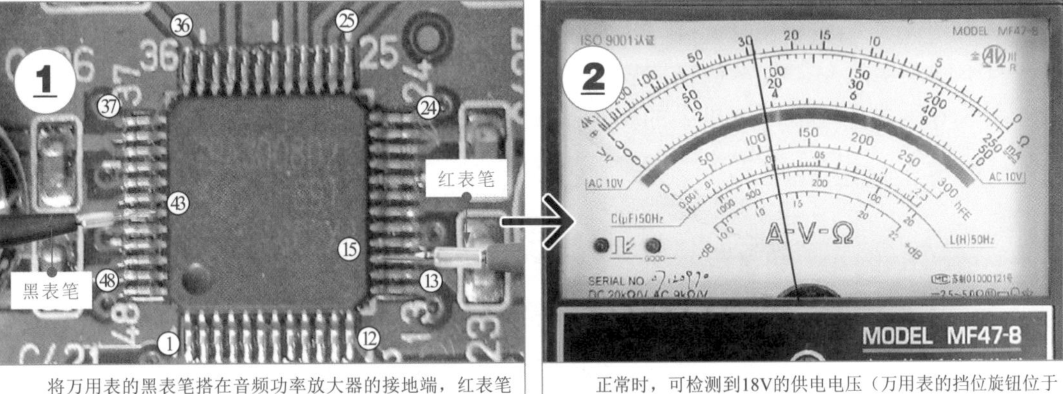

将万用表的黑表笔搭在音频功率放大器的接地端，红表笔搭在音频功率放大器的供电端。

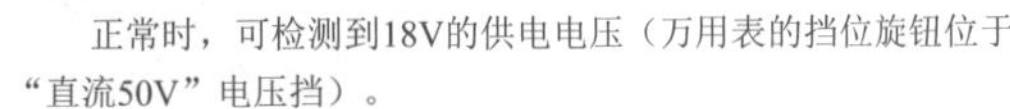
正常时，可检测到18V的供电电压（万用表的挡位旋钮位于“直流50V”电压挡）。

将示波器接地夹夹在音频功率放大器的接地端，即电容负极。探头搭在音频功率放大器的输入端，即检测芯片N401的3脚。

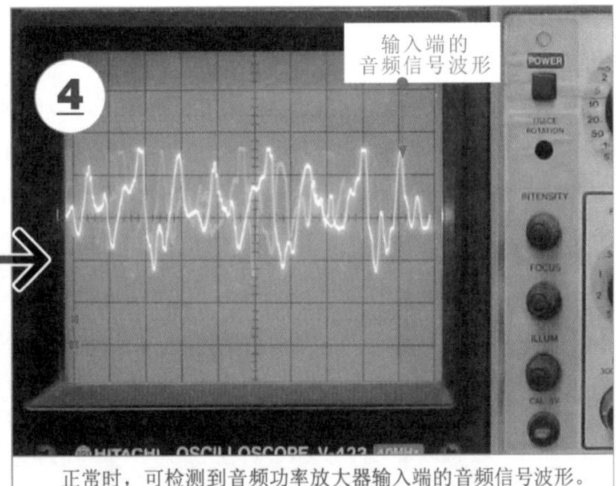

正常时，可检测到音频功率放大器输入端的音频信号波形。

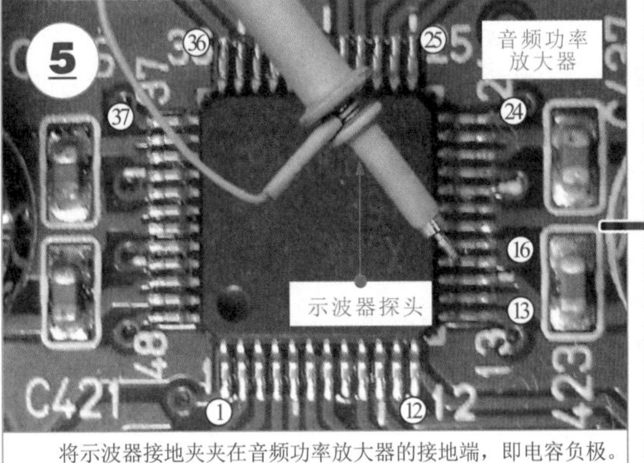

将示波器接地夹夹在音频功率放大器的接地端，即电容负极。探头搭在音频功率放大器的输出端，即检测芯片N401的16脚。

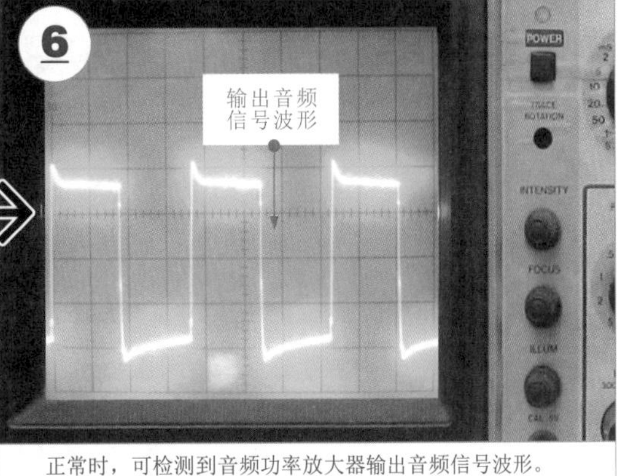

正常时，可检测到音频功率放大器输出音频信号波形。

图5-5 典型液晶电视机中音频功率放大器的检测方法

若音频功率放大器的供电条件正常，输入信号正常，无任何输出，则多为其内部损坏。

值得注意的是，音频功率放大器作为一个元器件应用在液晶电视机中时，判断其性能好坏，可根据其所应用电路的工作特点检测相关信号来判断，如图5-5所示，通电状态下检测信号波形，能够快速判断元器件性能。

5.4 扬声器的检修

扬声器是液晶电视机中的声音输出元器件。一般安装在液晶电视机两侧，由一组或两组不同功率的左、右声道扬声器构成。

图 5-6 为典型液晶电视机中的扬声器实物外形。

图 5-6 典型液晶电视机中扬声器的实物外形

扬声器损坏将直接导致液晶电视无声的故障，可借助万用表检测扬声器阻值的方法判断好坏，如图 5-7 所示。

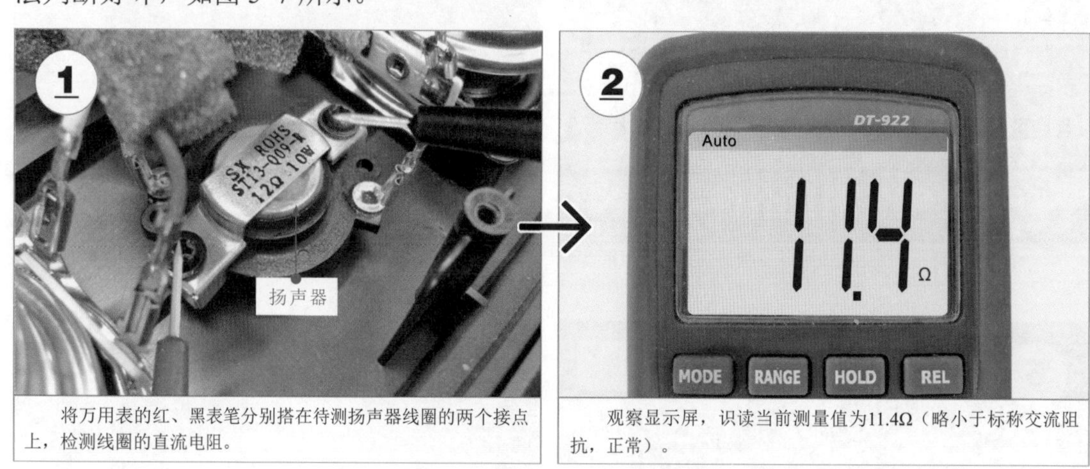

图 5-7 典型液晶电视机中扬声器的检测方法

在正常情况下，用万用表电阻挡检测扬声器的阻值，所测结果为直流电阻值，该阻值略小于其标称阻值（标称阻值为交流阻值，即在有交流信号驱动下呈现出的阻值）。若实测阻值无穷大，则扬声器已损坏。

5.5 数字图像处理集成电路的检修

数字图像处理集成电路是液晶电视机中处理视频图像信号的主要芯片。其功能是将送入的视频图像信号进行自动亮度 / 对比度 / 色度 / 色调调整、图像缩放、画质改善、数字处理等，最终将视频图像信号转换为可驱动液晶显示屏显示的 LVDS 信号（低压差动信号）输出。

图 5-8 为典型液晶电视机中数字图像处理集成电路的实物外形。

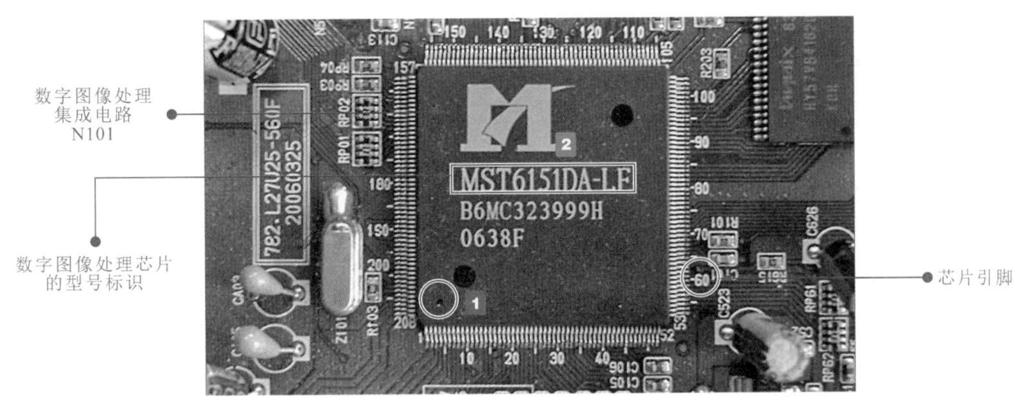

图 5-8　典型液晶电视机中数字图像处理集成电路的实物外形

数字信号处理集成电路将前级送来的视频图像信号进行处理后，输出到后级液晶屏组件中，即当期满足基本的供电、时钟、控制信号条件下，其输入和输出端引脚应能够检测到输入和输出的信号，可借助万用表或示波器检测这些信号以判断集成电路性能好坏，如图 5-9 所示。

若经检测发现，各信号均正常，则说明集成电路工作正常；若输入信号正常、工作条件也正常，而无信号输出则说明集成电路已损坏；若输入端无信号，则应顺信号流程对前级电路进行检测，信号消失的地方即为主要的故障点，依次即可实现对液晶电视机的维修检测。

5.6 微处理器的检修

微处理器（CPU）是系统控制电路的核心元器件，各种控制功能都是围绕该元器件实现的。外部操作显示电路送来的人工指令信号、遥控信号等均由该元器件进行识别处理，并转换为相应的控制信号，对整机进行控制。

图 5-10 为典型液晶电视机中微处理器 N801（MTV412）实物外形。

微处理器出现异常，通常会造成液晶电视机出现各种故障，如不开机、无规律死机、操作控制失常、调节失灵、不能记忆频道等现象。检修时，主要围绕核心元器件，即微处理器的工作条件、输入或检测信号、输出控制信号等展开测试。

在液晶电视机中，微处理器主要检修要点如下：

① 查微处理器的工作条件是否正常。其中包括：

○ 查电源供电电压是否正常；

○ 查复位端信号是否正常；

○ 查晶振端口的时钟信号波形，正常时应有标准的正弦信号波形。

② 查微处理器输入指令信号是否正常。其中包括：

○ 操作遥控器，查遥控输入信号引脚波形；

○ 按动操作按键，查键控输入引脚端电平变换。

③ 查微处理器输出控制信号是否正常。其中包括：

○ 查主 I^2C 总线时钟信号（SCL）输出及主 I^2C 总线数据信号（SDA）输入、输出信号波形。

○ 查微处理器输出的各种控制信号，如开机、待机信号、逆变器开关控制信号、指示灯控制信号、屏电源控制信号、静音控制信号等。

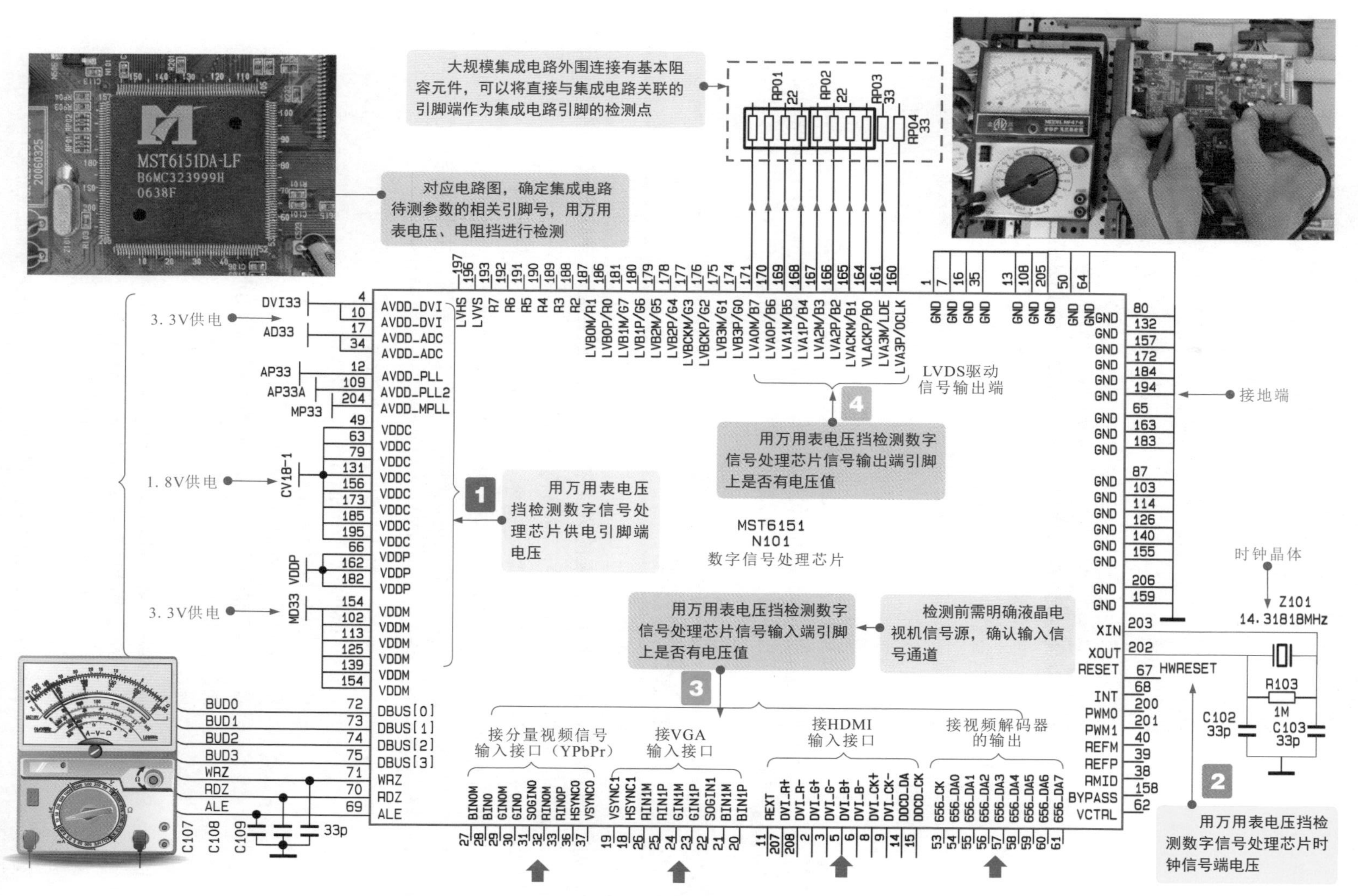

图 5-9 典型液晶电视机中数字图像处理集成电路的检测方法

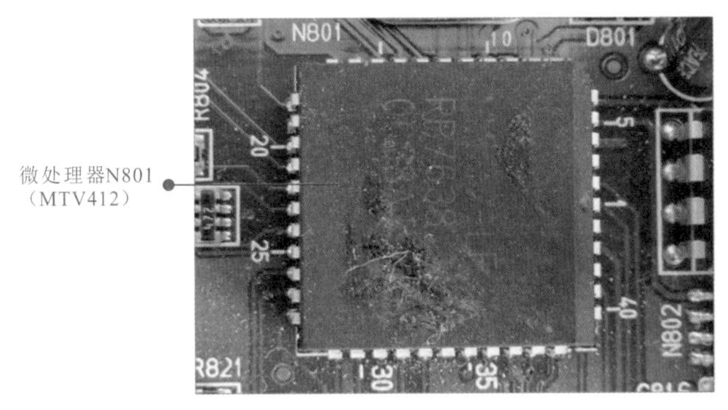

图 5-10　典型液晶电视机中微处理器的实物外形

直流供电电压和复位电压（信号）是微处理器正常工作的基本电压条件，可用万用表测量在微处理器芯片的相应引脚，如图 5-11 所示。

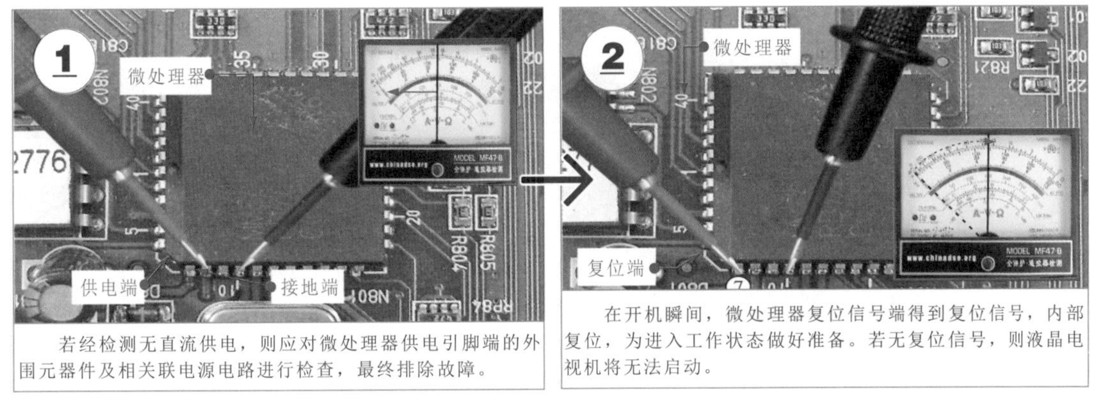

图 5-11　典型液晶电视机中微处理器供电和复位电压条件的检测方法

微处理器正常工作需要基本的时钟、总线等信号，且在接收到人工指令等信号后，相关的控制端也输出控制信号，如开机、待机信号等，可在识别芯片相应信号后，借助示波器逐一检测，如图 5-12 所示。

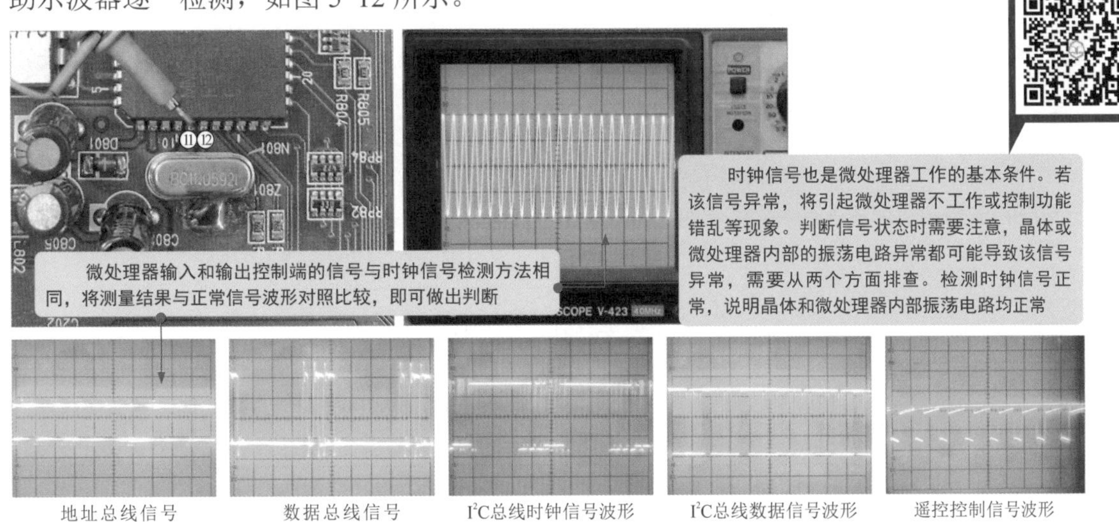

图 5-12　典型液晶电视机中微处理器关键引脚信号波形的检测方法

若经检测微处理器时钟信号、供电电压、复位信号均正常，说明微处理器的工作条件得到满足，若此时与控制功能相关的输入指令信号也正常，而控制功能仍无法实现则多为微处理器本身存在故障。

5.7 开关变压器的检修

液晶电视机中的开关变压器是开关电源电路中的关键器件。开关变压器是一种脉冲变压器，其工作频率较高（1 ～ 50 kHz），芯片使用铁氧体，脉冲变压器的初级绕组与开关晶体管构成振荡电路，次级与初级绕组隔离，主要的功能是将高频高压脉冲变成多组高频低压脉冲，经整流滤波后变成多组直流输出，为液晶电视机各单元电路提供工作电压。

图 5-13 为典型液晶电视机中开关变压器的实物外形。

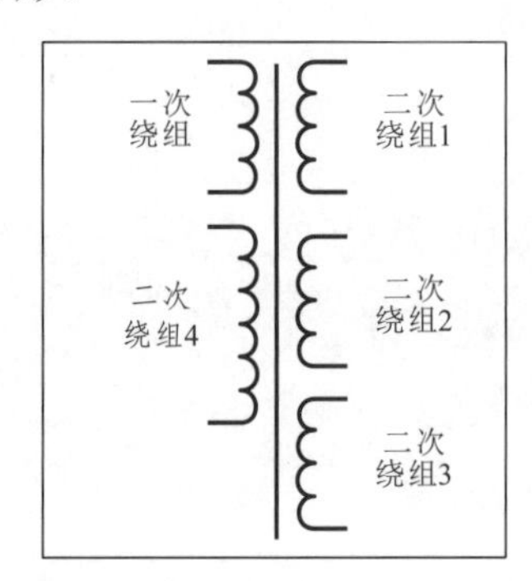

图 5-13 典型液晶电视机中开关变压器的实物外形

判断开关变压器是否正常时，通常可以在开路状态下检测开关变压器的一次绕组和二次绕组的电阻值，再根据检测的结果进行判断，如图 5-14 所示。

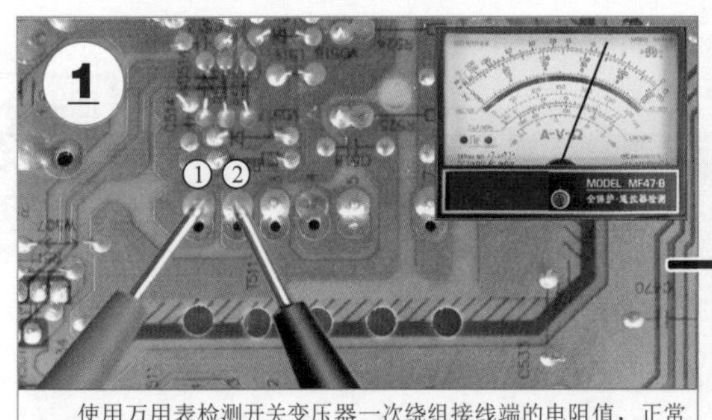

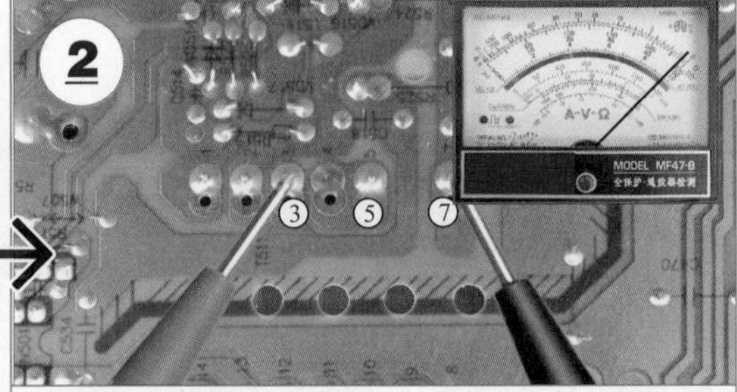

图 5-14 典型液晶电视机中开关变压器的检测方法

在检测开关变压器的一次、二次绕组时，不同的开关变压器的电阻值差别很大，必须参照相关数据资料，若出现偏差较大的情况，则说明开关变压器损坏。开关变压器的一次绕组和二次绕组之间的绝缘电阻值应为 1MΩ 以上，若出现 0Ω 或有远小于 1MΩ 的情况，则开关变压器绕组间可能有短路故障或绝缘性能不良。

另外，若开关变压器所在电路可通电，还可用示波器探头靠近其铁芯部分，若可感应到明显的脉冲信号波形，也可说明开关变压器正常。

5.8 开关晶体管的检修

在液晶电视机中，开关晶体管多为三极管或场效应晶体管，主要用来放大开关脉冲信号去驱动开关变压器工作。开关晶体管工作在高电压、大电流的状态下，是液晶电视机开关电源电路故障率最高的器件。

图 5-15 为典型液晶电视机开关电源电路中的开关晶体管的实物外形及电路符号，可以看到，该电路中的开关晶体管为场效应晶体管。

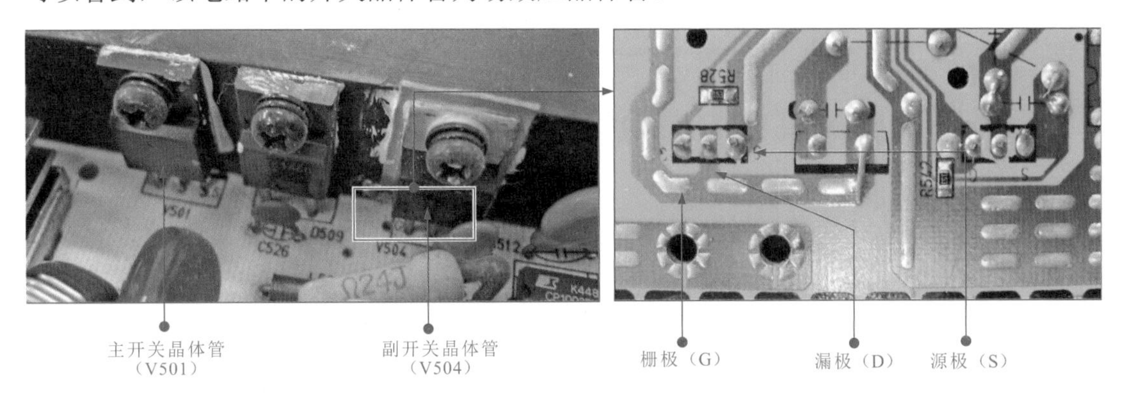

图 5-15　典型液晶电视机中开关晶体管的实物外形及电路符号

开关晶体管损坏将导致开关电源电路工作失常，无输出，从而引起液晶电视机开机不动作、无法开机等故障。检查开关晶体管的好坏，一般可以在不通电的情况下，利用万用表在路检测三个引脚的阻值来判别。

图 5-16 为典型液晶电视机开关电源电路中开关晶体管的检测方法。

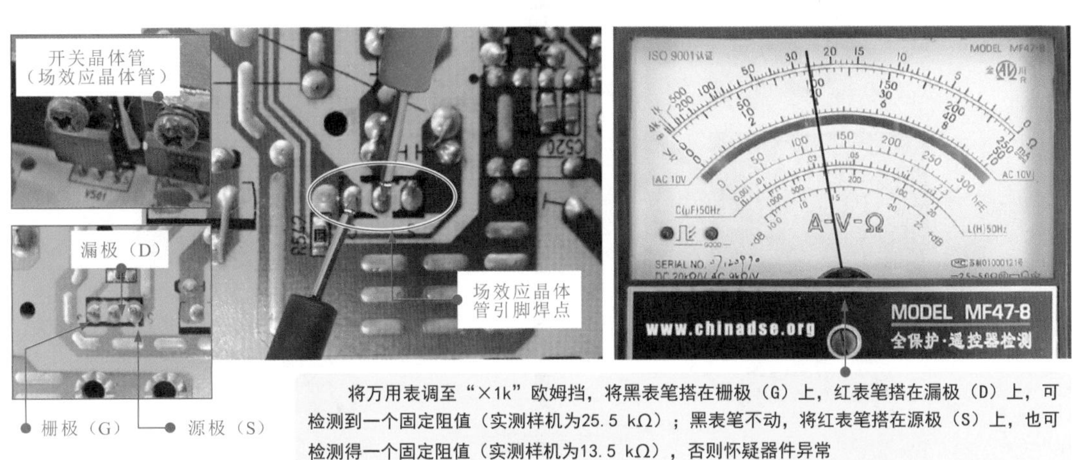

图 5-16　典型液晶电视机开关电源电路中开关晶体管的检测方法

当开关晶体管为场效应晶体管时，为避免检测时因静电击穿晶体管（场效应晶体管易受静电影响导致击穿短路），多采用在路检测方法。检测量两引脚间阻值时，若栅极和漏极、栅极和源极具有一个固定阻值，其他引脚间阻值为无穷大，则说明场效应晶体管正常。若检测结果不符合上述规律，先排除外围元器件影响后，再进行判断。

第6章

电风扇中元器件的检修

6.1 典型电风扇的结构组成

电风扇是夏季时家庭日常生活中必备的家电产品之一，是用于增强室内空气的流动，达到清凉目的的一种家用设备。电风扇的种类多样，设计也各具特色，但不论电风扇的设计如何独特，外形如何变化，电风扇的基本结构组成还是大同小异的。

图6-1为典型电风扇的结构组成。

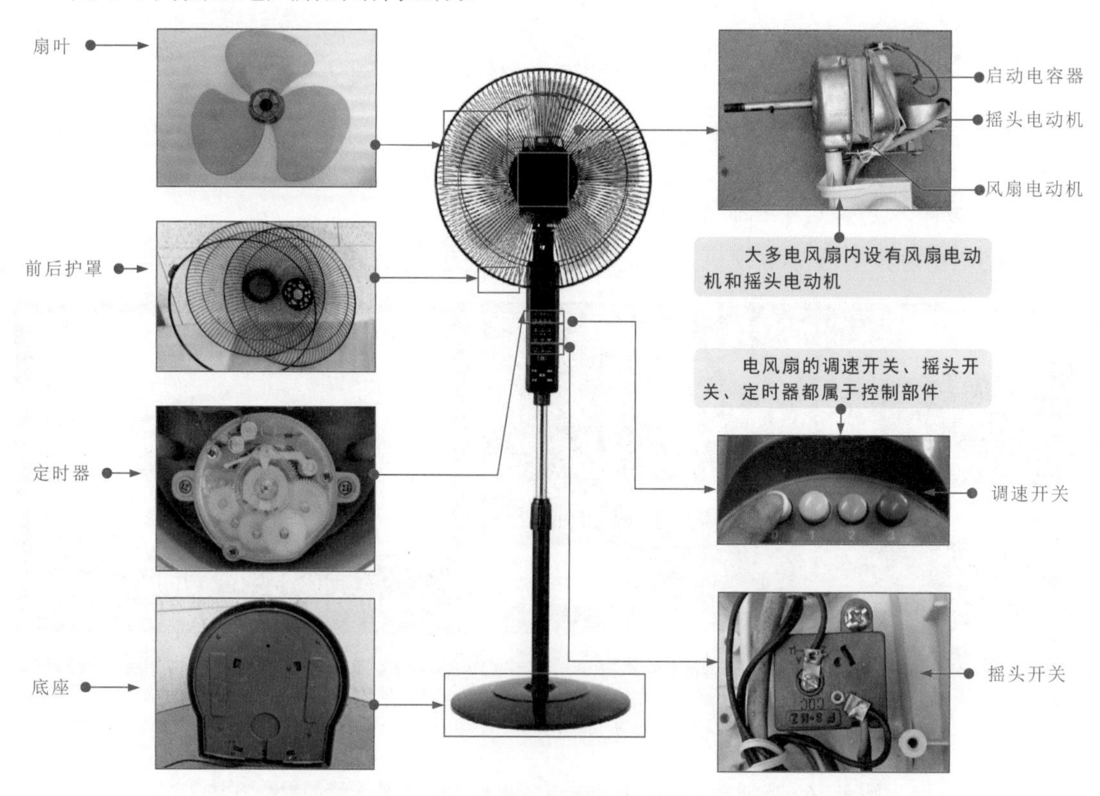

图6-1 典型电风扇的结构组成

可以看到，电风扇主要是由风扇电动机组件（包括电动机及其启动电容器）、摇头组件、风速开关、摇头开关、定时器、支撑组件、扇叶、网罩、底座等构成的。

图6-2为多速可定时电风扇的工作原理图。

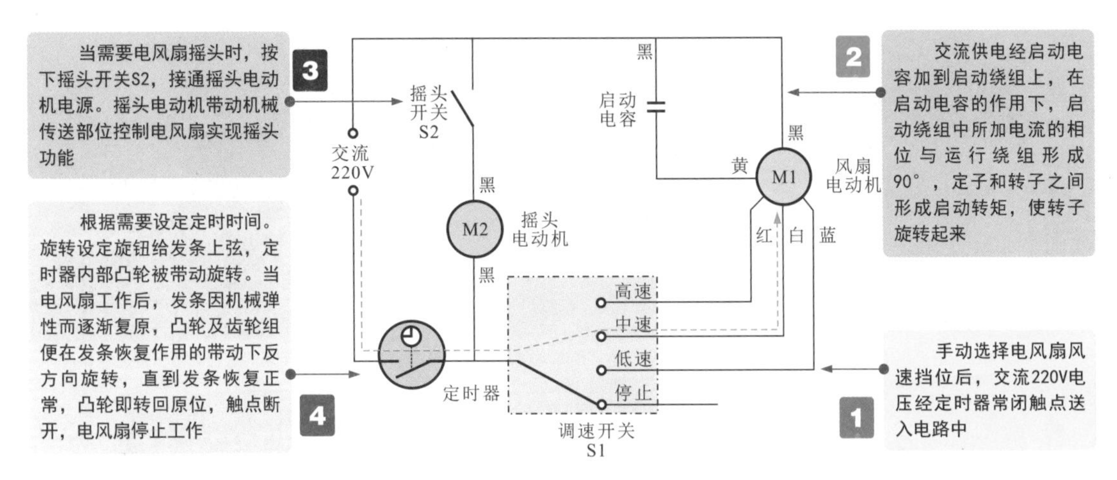

图 6-2　多速可定时电风扇的工作原理图

在电风扇中，电动机和控制部件是其主要的功能部件。电风扇出现异常故障也多是由这两部分引起的。检测电风扇时，可主要针对风扇电动机启动电容、风扇电动机、摇头电动机、摇头开关、风速开关等器件重点检测。

6.2 风扇电动机启动电容的检修

启动电容用于为风扇电动机提供启动电压，是控制风扇电动机启动运转的重要部件。图 6-3 为风扇电动机组件中的启动电容及其与电动机的工作关系。

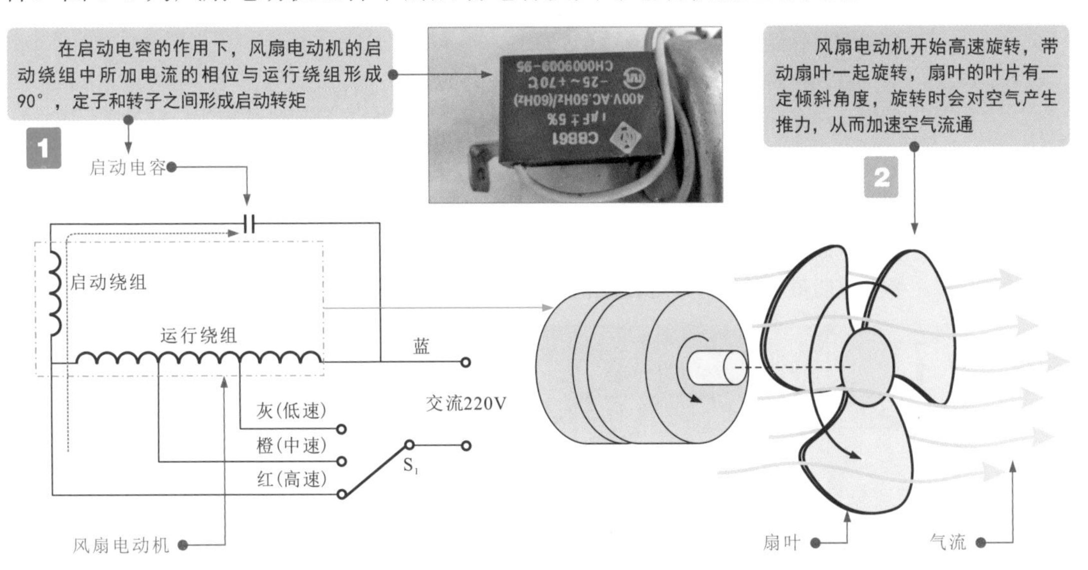

图 6-3　风扇电动机组件中的启动电容及其与电动机的工作关系示意图

若启动电容出现故障，则开机运行时，电风扇没有任何反应或只摇头扇叶不转。

判断启动电容好坏可借助数字万用表检测启动电容的电容量来判断，具体操作如图 6-4 所示。

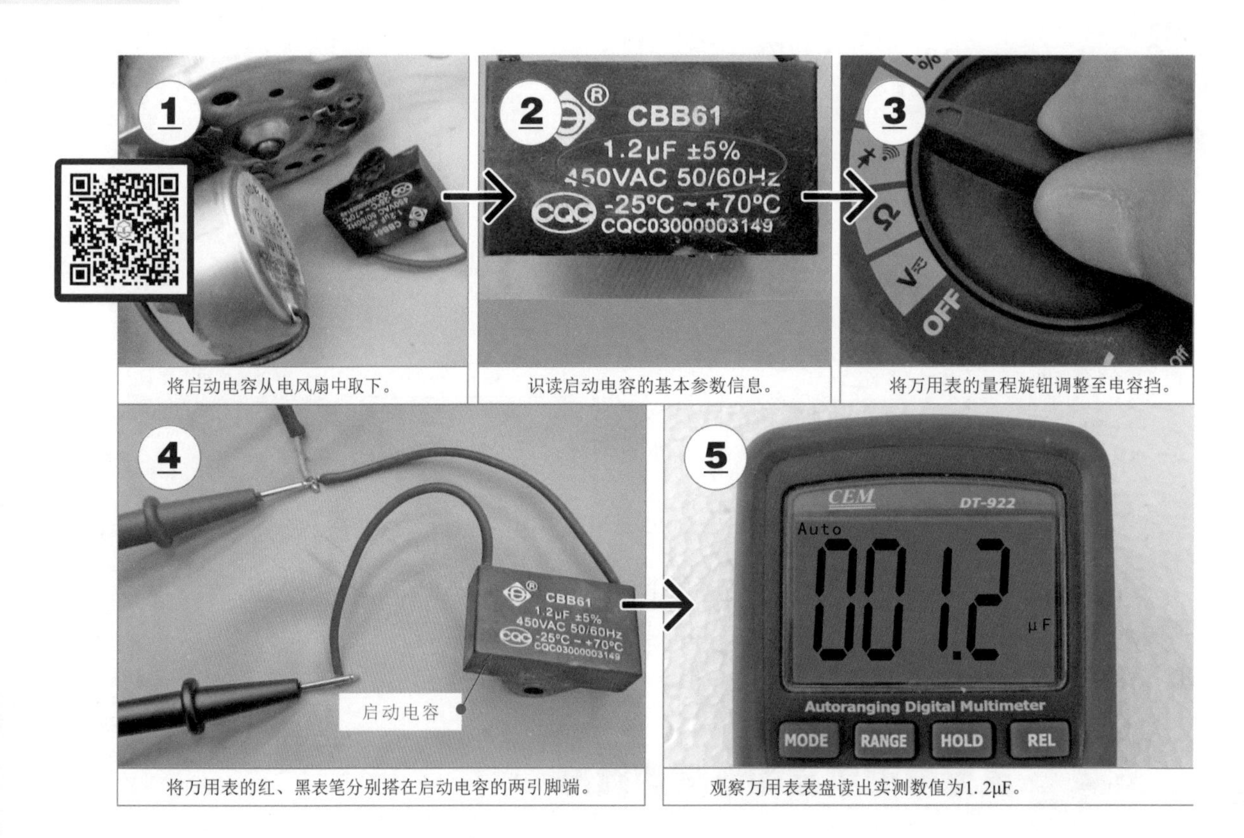

图 6-4　风扇电动机启动电容的检测方法

若实测值与标称值相同或相近，则表明启动电容的容量正常；若实测数值小于标称值，则说明其性能不良。

在实际检修中，大多启动电容不会完全损坏，而是出现漏液、变形等导致容量减少，此时，多会引起风扇电动机转速变慢的故障；若启动电容漏电严重，完全无容量时，将会导致风扇电动机不启动、不运行的故障。

判断启动电容的好坏，除了使用数字万用表直接检测其电容量外，还可以通过对其充、放电判断性能好坏，即用指针万用表的电阻挡进行检测，如图 6-5 所示。在正常情况下，检测其阻值时，指针万用表的指针有明显的摆动情况。

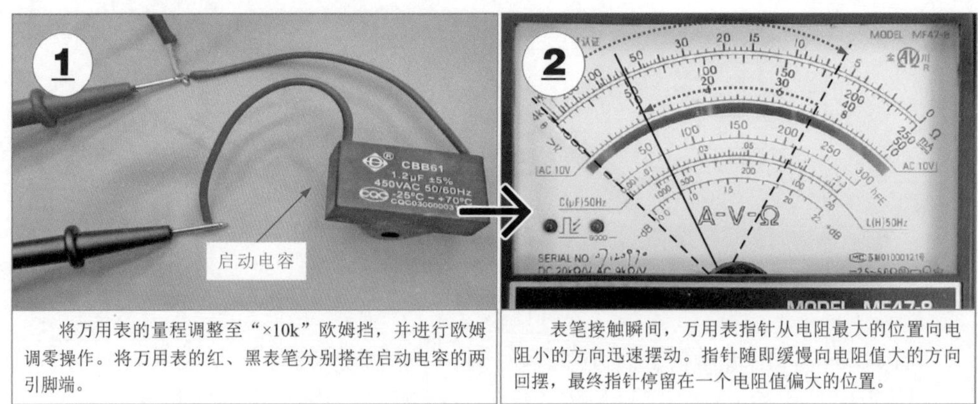

图 6-5　借助指针万用表判断启动电容的好坏

6.3 风扇电动机的检修

电风扇中的风扇电动机多为交流感应电动机，具有两个线圈（绕组），主绕组通常作为运行绕组，另一辅助绕组作为启动绕组。电风扇通电启动后，交流供电经启动电容加到启动绕组上。

图 6-6 为电风扇中风扇电动机的实物外形。

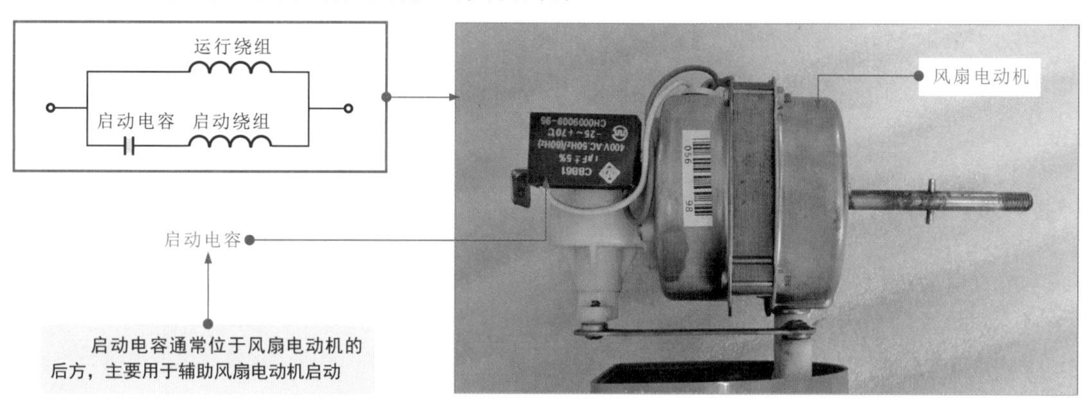

图 6-6　电风扇中风扇电动机的实物外形

交流感应电动机是一种转速随负载变化略有变化的单相异步电动机。这种电动机的电源是加到定子线圈（绕组）上的。外加交流电压使定子线圈形成旋转磁场，即使启动绕组中电流减小也不影响电动机旋转。实际上，在启动后，由于启动电容被充电，因此启动绕组中的电流减小。

风扇电动机是电风扇的动力源，与扇叶相连，带动扇叶转动。若风扇电动机出现故障，将导致电风扇开启无反应等故障。风扇电动机有无异常，可借助万用表检测各绕组之间的阻值来判断，如图 6-7 所示。

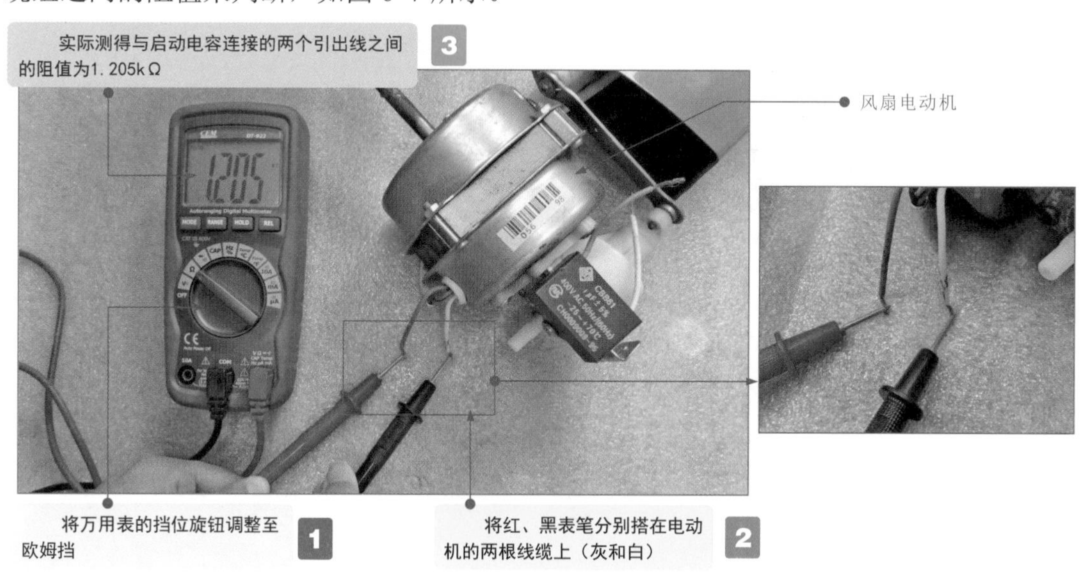

图 6-7　风扇电动机的检测方法

结合风扇电动机内部的接线关系，如图 6-8 所示，可以看到，与启动电容连接的两根引出线即为风扇电动机启动绕组和运行绕组串联后的总阻值。

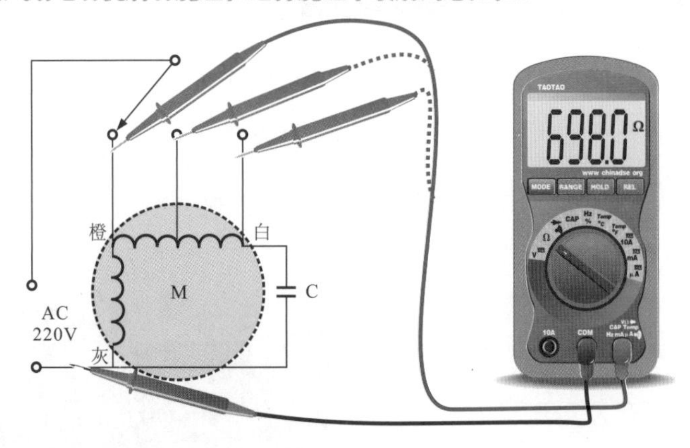

图 6-8　风扇电动机的检测示意图

采用相同的方法，测量橙 - 白、橙 - 灰引出线之间的阻值分别为 698Ω 和 507Ω，即启动绕组阻值为 698Ω，运行绕组阻值为 507Ω。

满足 698Ω+507Ω=1205Ω 的关系，则说明风扇电动机绕组正常，可进一步排查风扇电动机的机械部分。

6.4 摇头电动机的检修

摇头电动机是电风扇摇头组件的重要元器件。摇头电动机内设有齿轮等机械传动部件实现动力传动，如图 6-9 所示。

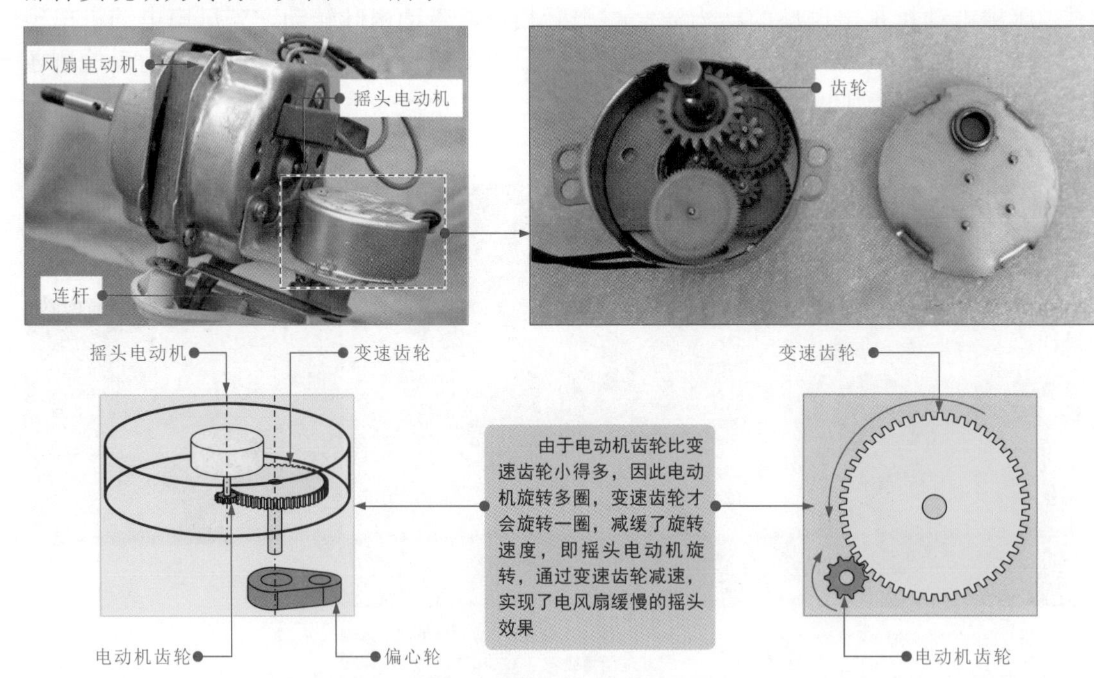

图 6-9　电风扇中采用摇头电动机构成的摇头组件

在电风扇工作中，若出现摇头功能失常需要对摇头电动机进行检测和判断。图 6-10 为摇头电动机的检测方法。

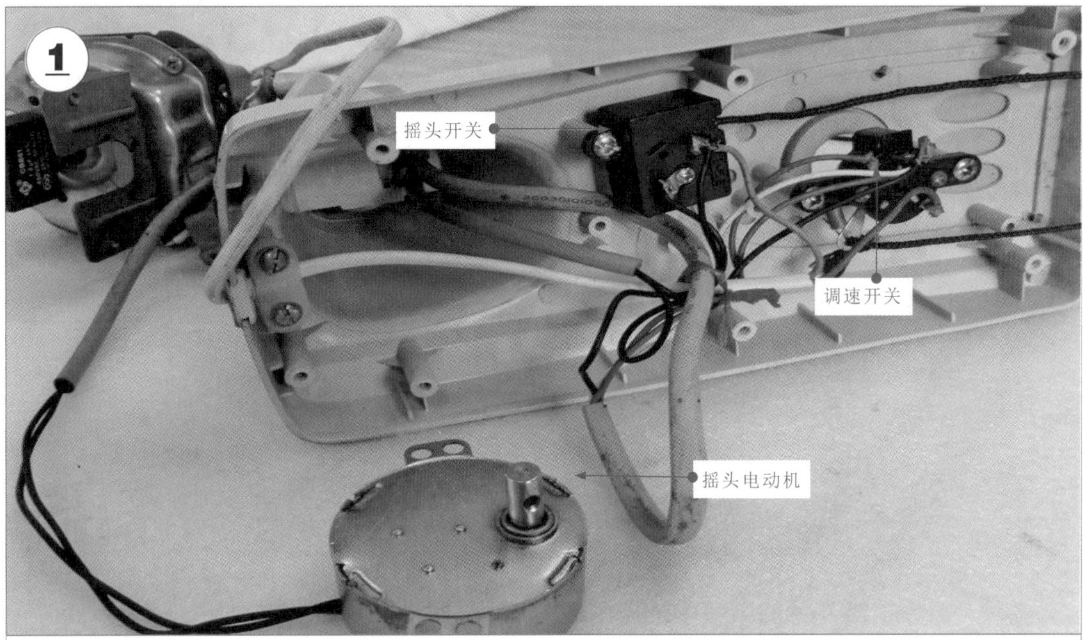

根据摇头电动机的连接线，找到摇头电动机两条黑色引线的连接点：一根黑色引线连接摇头开关；另一根黑色引线连接调速开关。

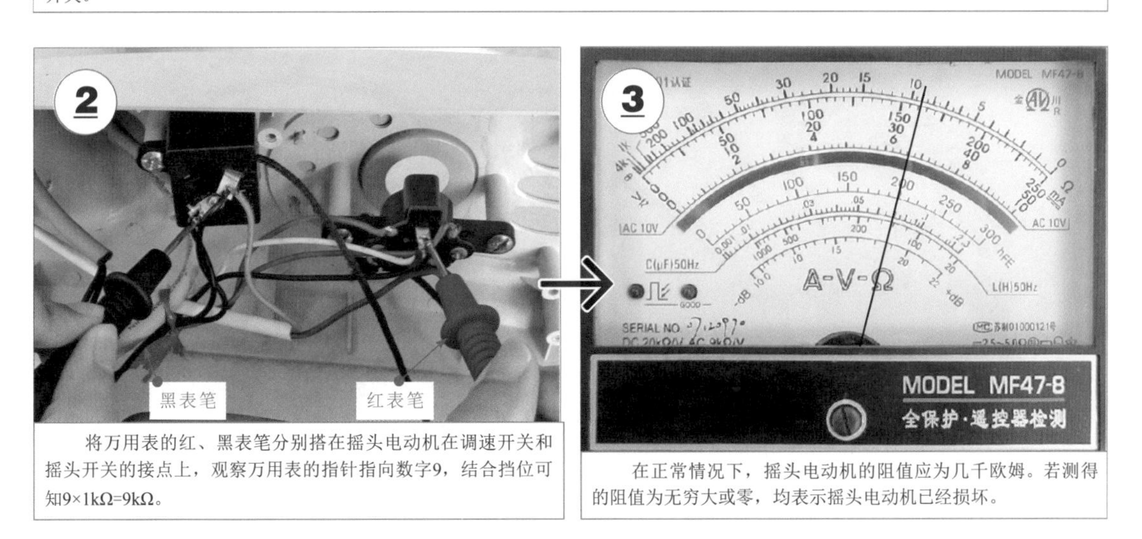

将万用表的红、黑表笔分别搭在摇头电动机在调速开关和摇头开关的接点上，观察万用表的指针指向数字9，结合挡位可知9×1kΩ=9kΩ。

在正常情况下，摇头电动机的阻值应为几千欧姆。若测得的阻值为无穷大或零，均表示摇头电动机已经损坏。

图 6-10 摇头电动机的检测方法

6.5 摇头开关的检修

摇头开关是控制电风扇摇头功能的控制部件。常见的摇头开关有两种形式：一种是机械式，用于控制机械式摇头组件；一种是电气开关，用于控制摇头电动机式摇头组件。图 6-11 为摇头开关及其功能示意图。

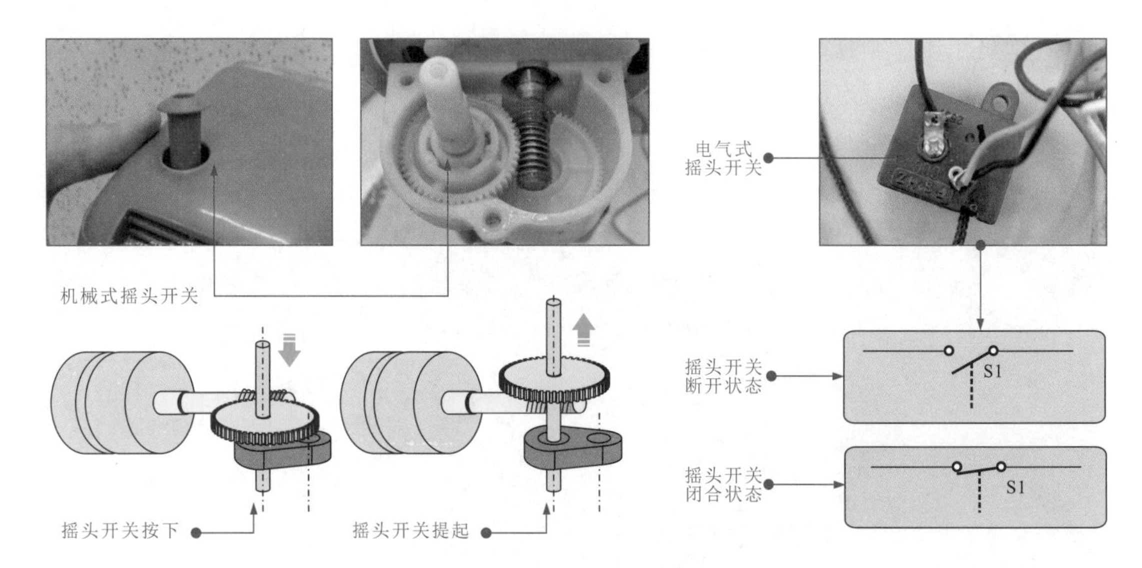

图 6-11 摇头开关及其功能示意图

摇头开关控制风扇摇头功能是否开启。当摇头控制功能失常时，需要检测和判断摇头开关是否正常。

图 6-12 为摇头开关的检测方法。

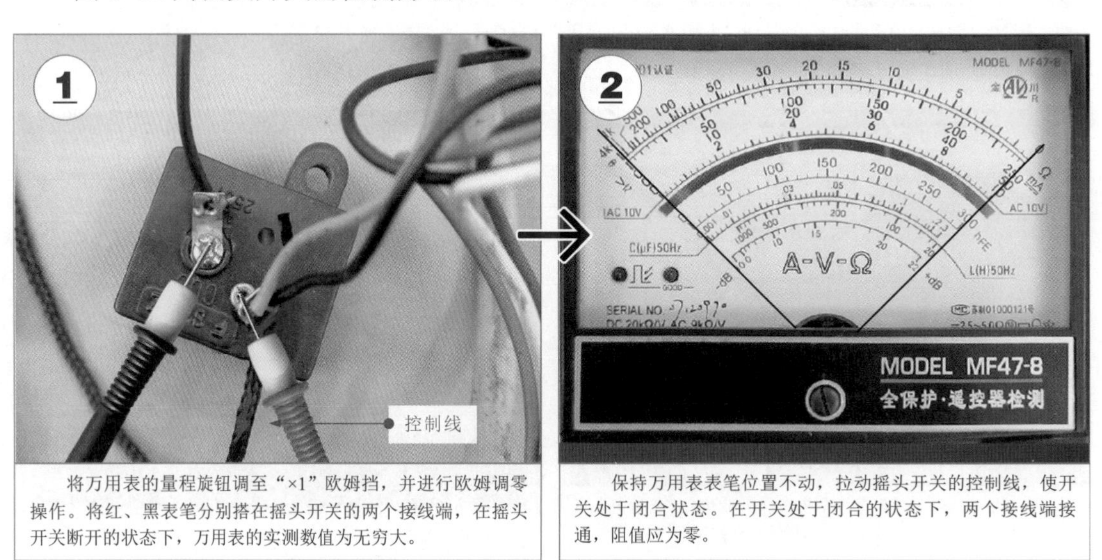

图 6-12 摇头开关的检测方法

6.6 风速开关的检修

风速开关是电风扇的控制部件，可以控制风扇电动机内绕组的供电，使风扇电动机以不同的速度旋转。

图 6-13 为风速开关及内部结构。

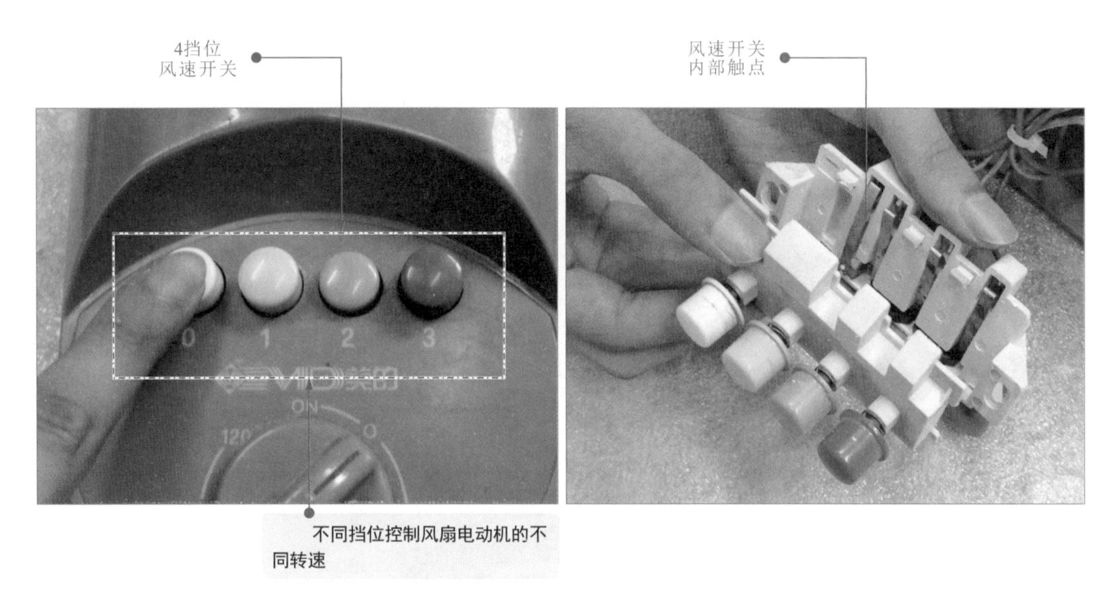

图 6-13　风速开关及内部结构

风速开关主要由挡位按钮、触点、接线端等构成。其中，挡位按钮带有自锁功能，按下后会一直保持接通状态。不同挡位的接线端通过不同颜色的引线与风扇电动机内的绕组相连。

按下不同挡位的按钮，按钮便会自锁，内部触点一直保持闭合，供电电压便会通过触点、接线端、引线送入相应的绕组中。交流电压送入不同的绕组中，风扇电动机便会以不同的转速工作。图 6-14 为风速开关的功能示意图。

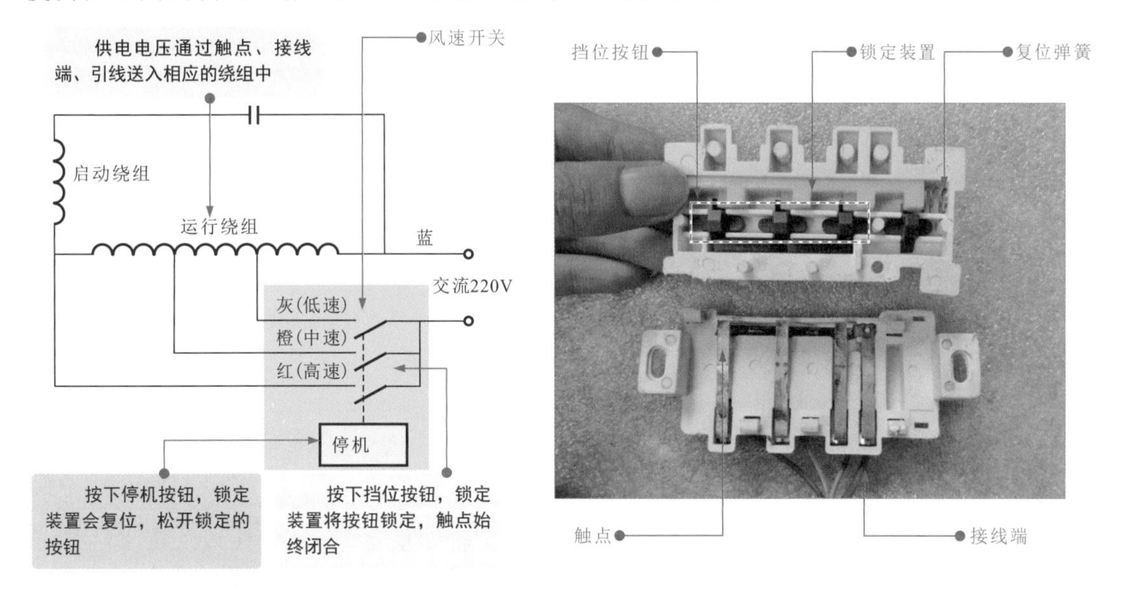

图 6-14　风速开关的功能示意图

风速开关用于控制电风扇的风速，当风速开关损坏时，经常会引起电风扇扇叶不转动、无法设置电风扇风速的故障。

检修风速开关时，应当先查看风速开关与各导线是否连接良好，然后对内部的主要部件进行检测，如图 6-15 所示。

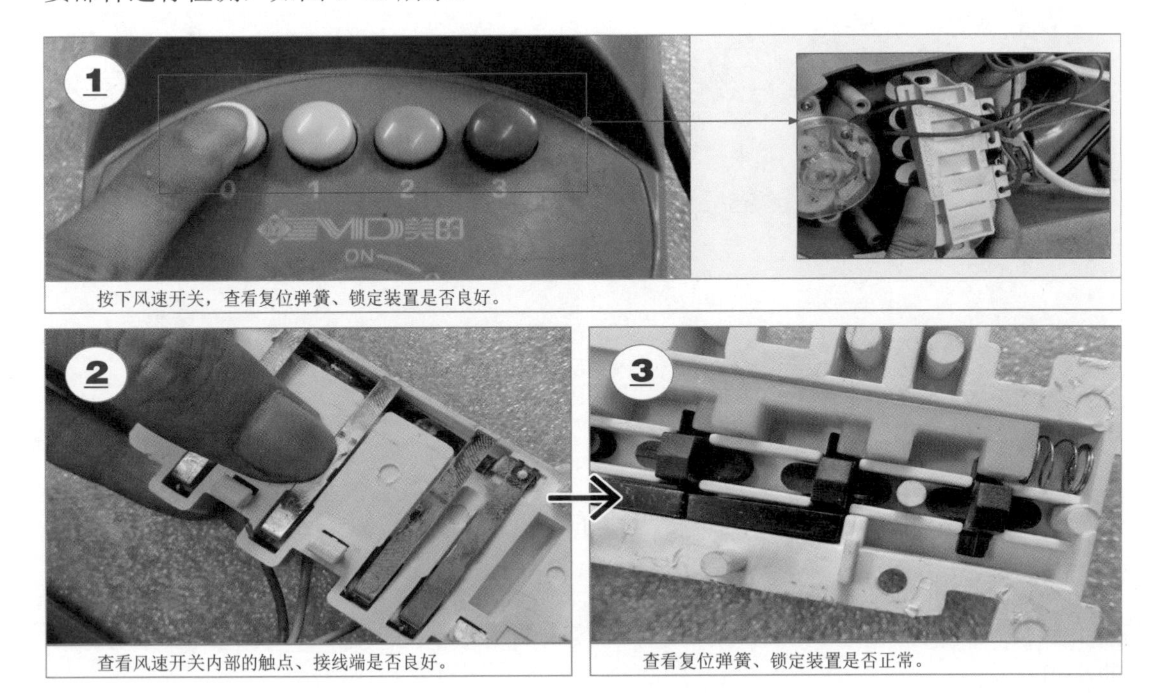

图 6-15 风速开关的检测方法

有些采用拉线控制风速的电风扇中，风速开关采用多挡触片形式，可用万用表检测不同挡位状态下触点的通断状态判断好坏，如图 6-16 所示。

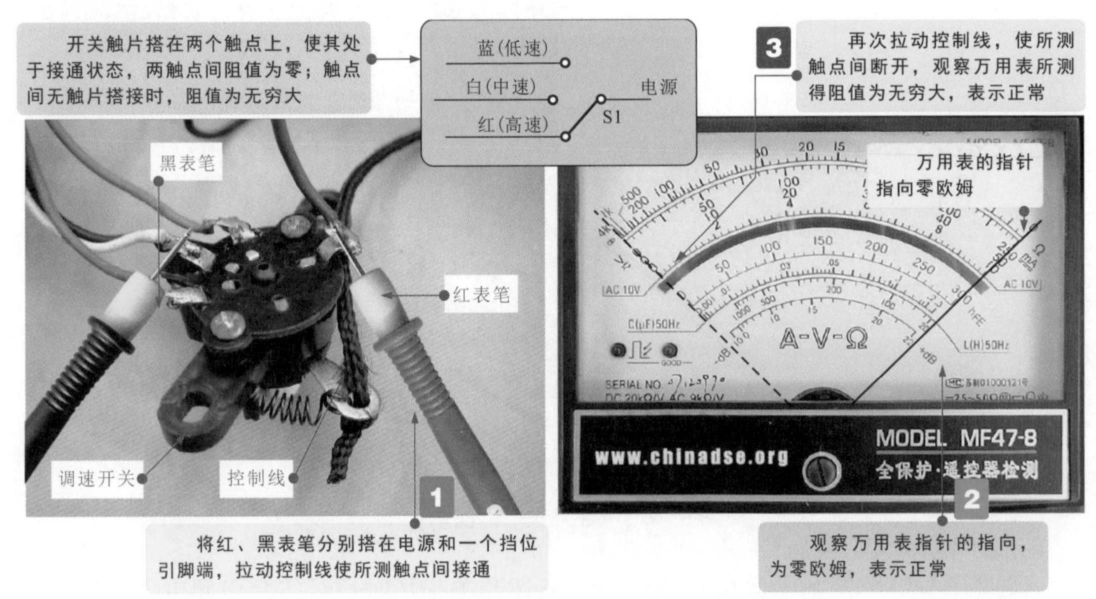

图 6-16 拉线式风速开关的检测方法

6.7 定时器的检修

定时器是用于控制电风扇运行时间的元器件，可根据需要设置电风扇的运行时间，当设定时间到达时，自动切断电风扇的供电，使电风扇停止工作。

图 6-17 为电风扇中定时器及其功能示意图。

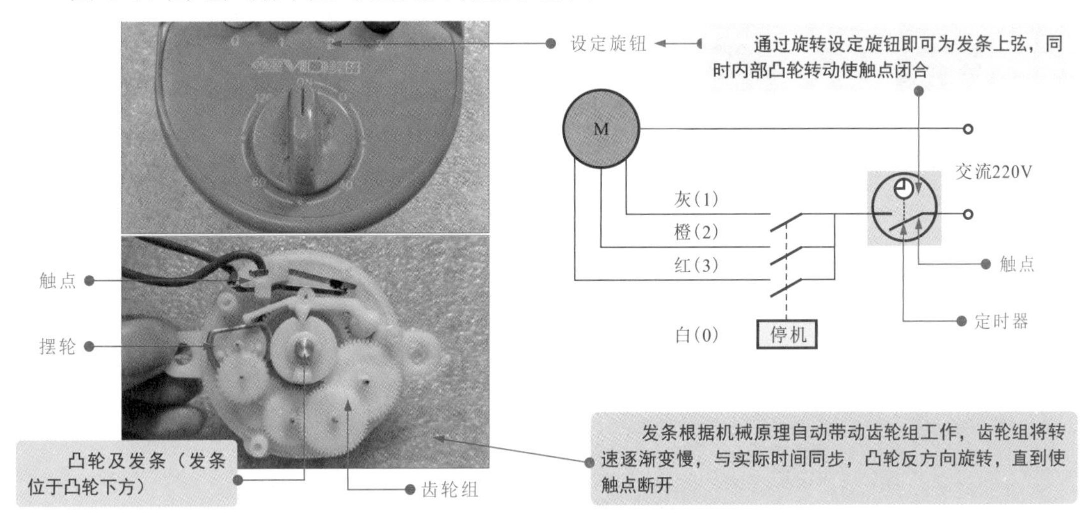

图 6-17　电风扇中定时器及其功能示意图

定时器主要由触点、设定旋钮、齿轮组及发条等构成。设定旋钮对时间的延时设定实际上是借助发条的机械原理实现的，由于发条与设定旋钮相连，旋转设定旋钮设置时间就相当于给发条上弦，同时定时器内部凸轮也被带动旋转，使触点闭合，电风扇开始工作。

此后，发条会因机械弹性而逐渐复原，凸轮及齿轮组便在发条恢复作用的带动下反方向旋转，直到发条恢复正常，凸轮即转回原位，触点断开，电风扇停止工作。

定时器可控制电风扇的运行时间，当设定时间到达时，会自动切断电风扇的供电，使电风扇停止工作，当定时器损坏时，经常会造成电风扇不能进行定时操作的故障。

检修定时器时，应当重点对定时器内的齿轮组、触点及引线焊点等进行检查，如图 6-18 所示。

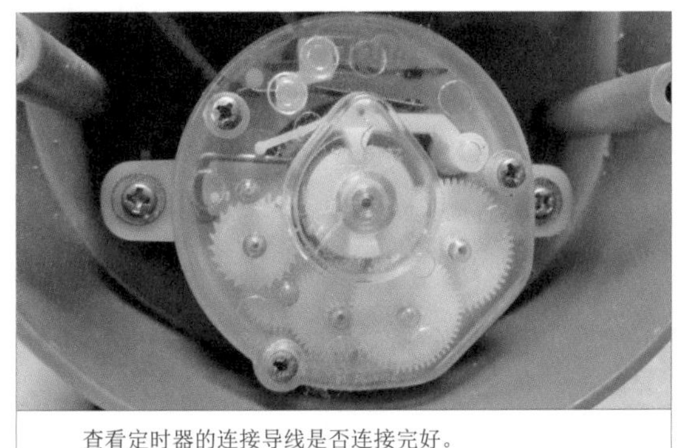

查看定时器的连接导线是否连接完好。

触点

齿轮组

查看定时器内的触点、引线焊点、齿轮组等。

图 6-18　定时器的检测方法

第7章 电热水壶中元器件的检修

7.1 典型电热水壶的结构组成

电热水壶是一种具有蒸汽智能感应控制、过热保护、水沸或水干自动断电功能的器具，可将水快速煮沸，使用便捷。

图7-1为典型电热水壶的结构组成。

图7-1 电热水壶的结构组成

由图 7-1 可知，电热水壶主要是由壶身、壶盖、提手、分立式电源底座、蒸汽式自动断电开关、温控器、热熔断器、加热盘、水壶插座等部分构成的。

图 7-2 为典型电热水壶的电路结构。可以看到，其主要是由控制部件（蒸汽式自动断电开关 S1、温控器 ST、热熔断器 FU）、电热部件（加热盘 EH）等构成的。

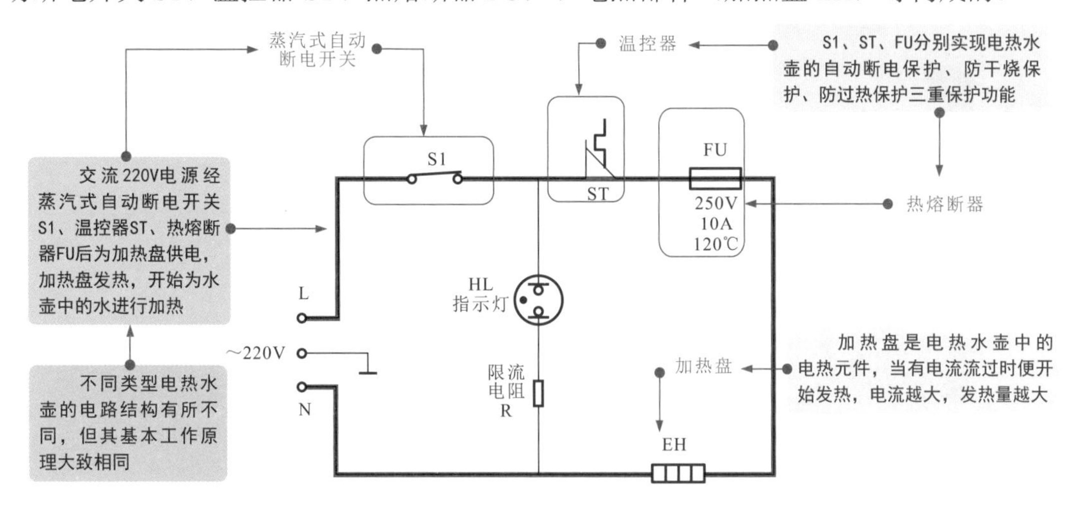

图 7-2 典型电热水壶的电路结构

加热盘、蒸汽式自动断电开关、温控器、热熔断器是电热水壶主要的功能部件。电热水壶出现异常故障也多是由这些电气部件引起的。其他如插座、提手等多为机械部件，使用中可能会出现磨损、断裂等情况，可通过检查和代换来排除故障。

7.2 加热盘的检修

加热盘是为电热水壶中重要的加热部件，主要是用于对电热水壶内的水进行加热，图 7-3 为加热盘的实物外形和结构图。

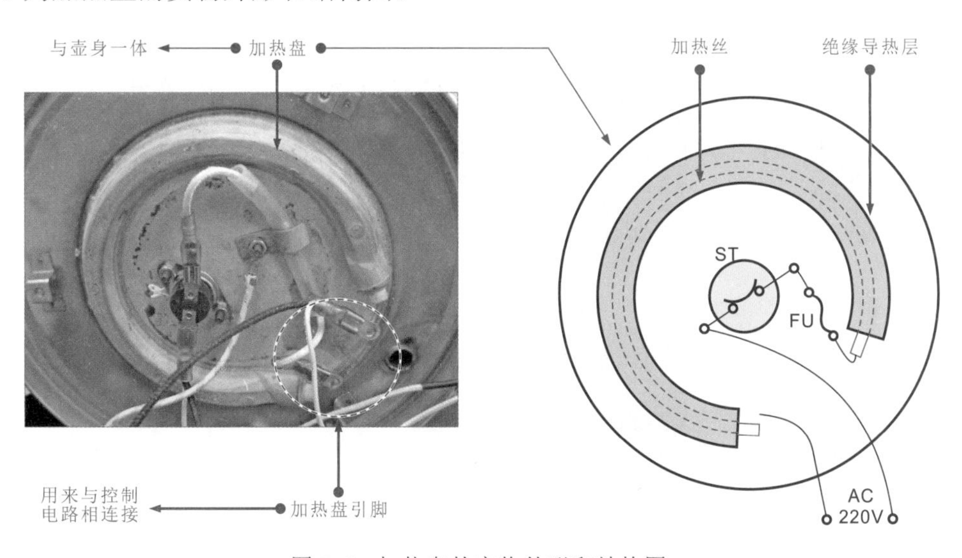

图 7-3 加热盘的实物外形和结构图

加热盘实际上属于一种阻值较大的电阻元器件。加热盘不轻易损坏，若损坏会导致电热水壶无法正常加热。检查加热盘时，可以使用万用表检测加热盘阻值的方法判断其好坏。图 7-4 为加热盘的检测方法。

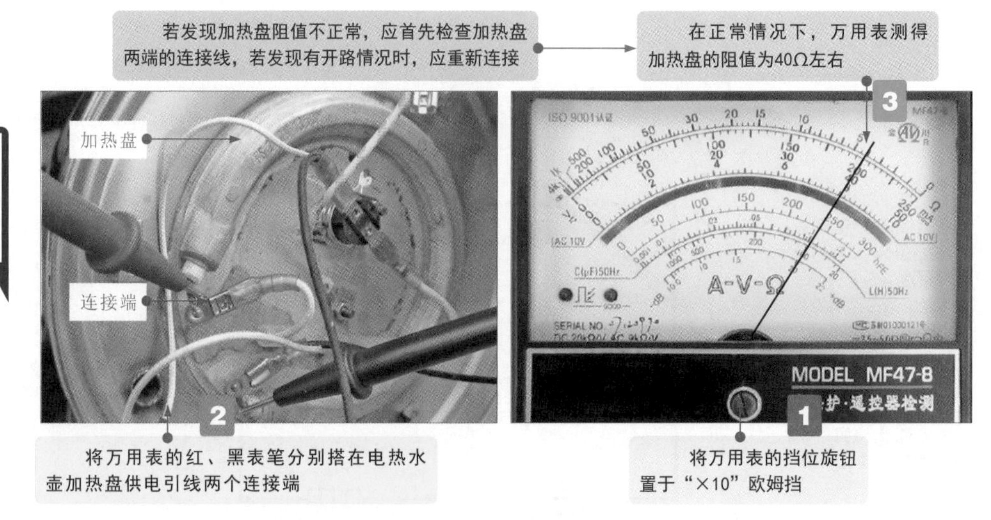

图 7-4　加热盘的检测方法

加热盘工作的实质是将电能转换成热能，也就是当有电流流过导体时，通电导体会发热，发热公式为：热量 = 导体电阻值 × 电流 × 时间。由此可见只要把电热器中的电阻做得很大（比电线的电阻值大很多），在通电电流相同、通电时间相同的情况下，加热盘所产生的热量就比电线的热量大很多，从而实现加热效果。

7.3 蒸汽式自动断电开关的检修

蒸汽式自动断电开关是控制电热水壶中自动断电的装置，当电热水壶内的水沸腾后，水蒸气通过导管使蒸汽式自动断电开关断开电源，切断加热盘的供电电源，停止加热，如图 7-5 所示。

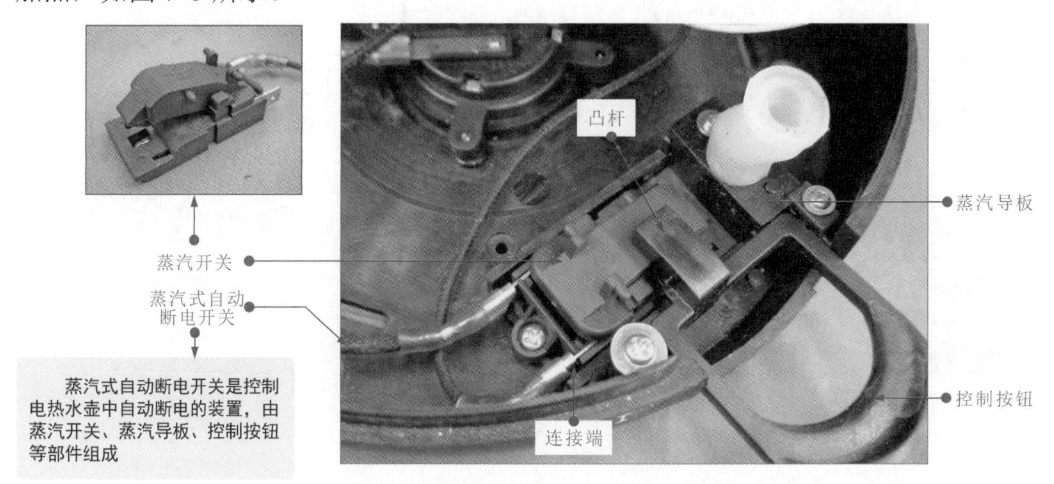

图 7-5　蒸汽式自动断电开关的实物外形

蒸汽式自动断电开关是感应水蒸气的器件，当水烧开后，由电热水壶产生的水蒸气使蒸汽式开关自动断开，如图 7-6 所示。

当水壶内的水烧开以后，产生的水蒸气经过水壶内的蒸汽导管送到水壶底部的橡胶管，由蒸汽导板再将蒸汽送入蒸汽开关内。蒸汽开关内部的断电弹簧片会受热变形，使蒸汽开关动作，从而实现自动断电的功能。

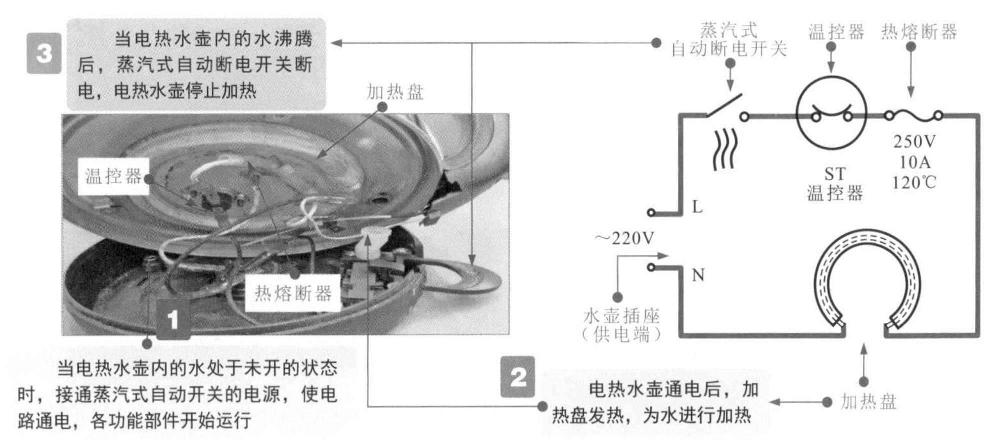

图 7-6　蒸汽式自动断电开关的功能特点

蒸汽式自动断电开关是控制电热水壶自动断电的装置，如果损坏，可能会导致壶内的水长时间沸腾而无法自动断电，还有可能导致电热水壶无法加热。

在检测时，可先通过直接观察法检查开关与电路的连接、橡胶管的连接、蒸汽开关、压断电弹簧片、弓形弹簧片及接触端等部件的状态和关系，即先排除机械故障。若从表面无法找到故障，可再借助万用表检测蒸汽式自动断电开关能否实现正常的“通、断”控制状态。图 7-7 为蒸汽式自动断电开关的检测方法。

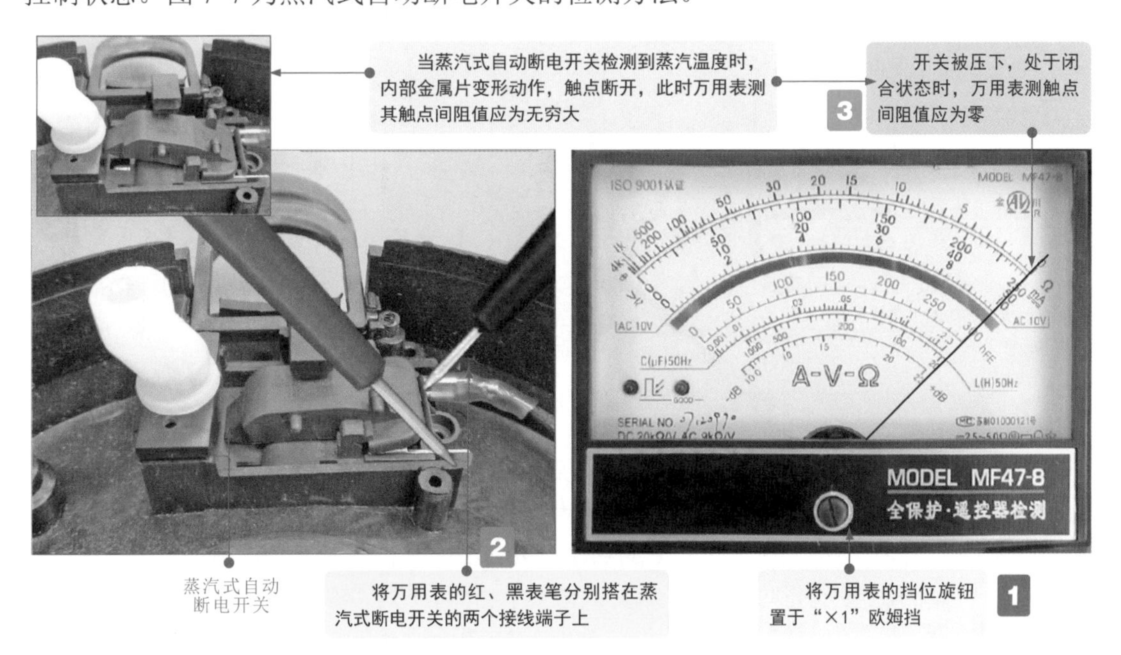

图 7-7　蒸汽式自动断电开关的检测方法

7.4 温控器的检修

温控器是电热水壶中关键的一种保护元器件，用于防止蒸汽式自动断电开关损坏后，电热水壶内的水被烧干，其实物外形如图 7-8 所示。

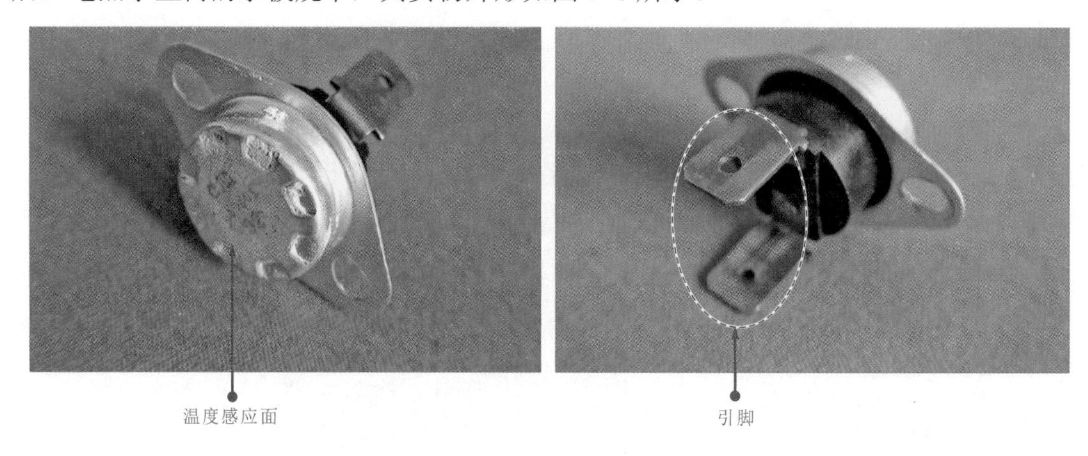

图 7-8 温控器的实物外形

温控器的内部主要由电阻加热丝、蝶形双金属片、一对动 / 静触点组成。温控器实际上是一种过电流、过电压双重保护部件，是电热水壶电气部件中的重要部分。

图 7-9 为温控器的功能特点。

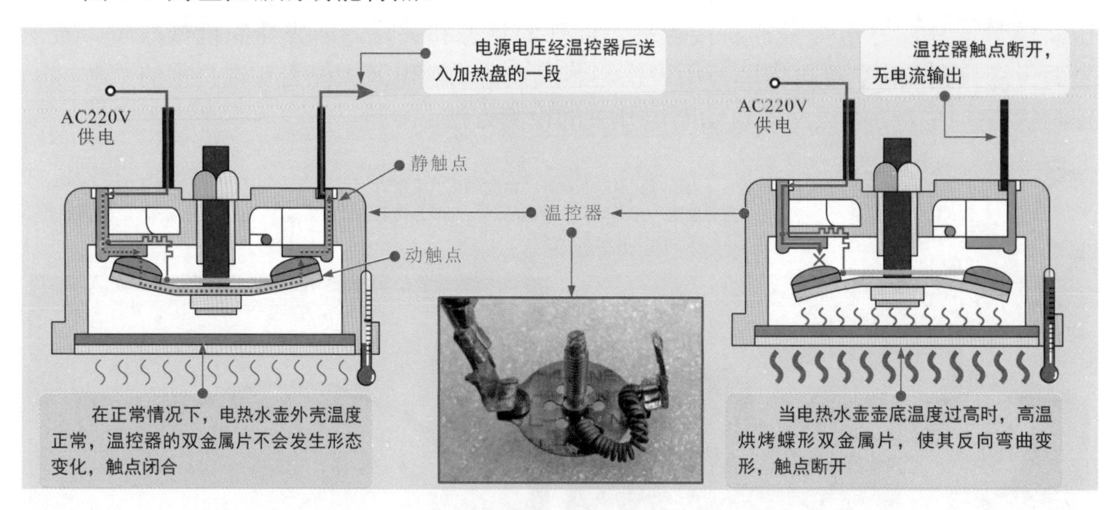

图 7-9 温控器的功能特点

可以看到，温控器的感温面实时检测壶底的温度变化。当壶底温度在一定范围内时，温控器双金属片上的动触点与内部的静触点保持原始接触状态，通过接线端子连接的线缆将电源传输到加热盘供电端上，加热盘开始加热。

当加热盘的温度过高时，温控器受到壶底温度的烘烤，双金属片受热变形向下弯曲，带动其动触点与内部的静触点分离，断开接线端子所接线路，加热盘断电停止加热，可有效防止加热盘加热温度过高而损坏。

温控器除了温度保护和控制功能外，还具有过流保护功能，如图7-10所示。当电热水壶工作正常时，温控器内的电阻加热丝微量发热，蝶形双金属片受热较低，处于正常工作状态，动触点与接线端子上的静触点处于接通状态，通过接线端子连接的线缆将电源传输到加热盘上，加热盘得电开始加热。

当电热水壶的电源电流过大时，温控器内的电阻加热丝发热，烘烤蝶形双金属片，使其反向拱起，保护触点断开，切断电源，加热器断电停止加热。

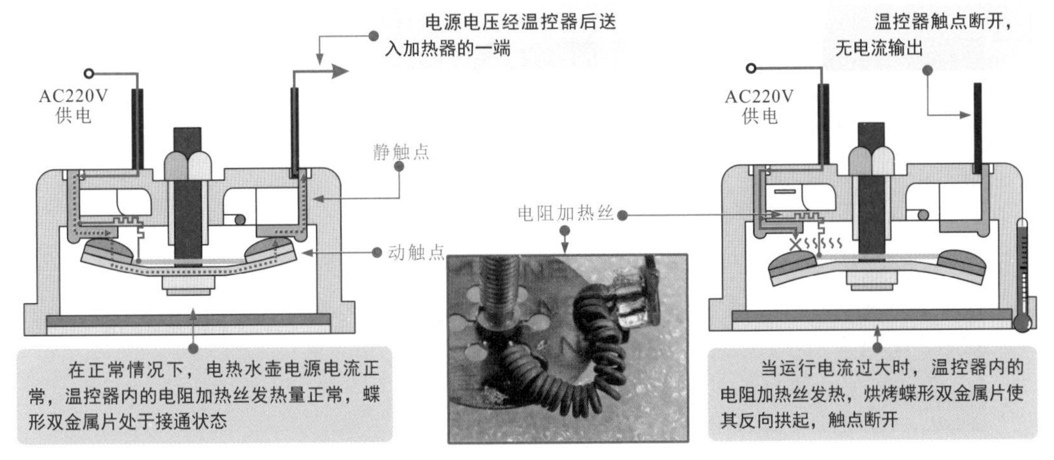

图 7-10 温控器的温度控制功能

温控器是电热水壶中关键的保护元器件，用于防止蒸汽式自动断电开关损坏后水被烧干。如果温控器损坏，将会导致电热水壶加热完成后不能自动跳闸或无法加热故障。可使用万用表电阻挡检测其在不同温度条件下两引脚间的通断情况来判断好坏。

图 7-11 为温控器的检测方法。

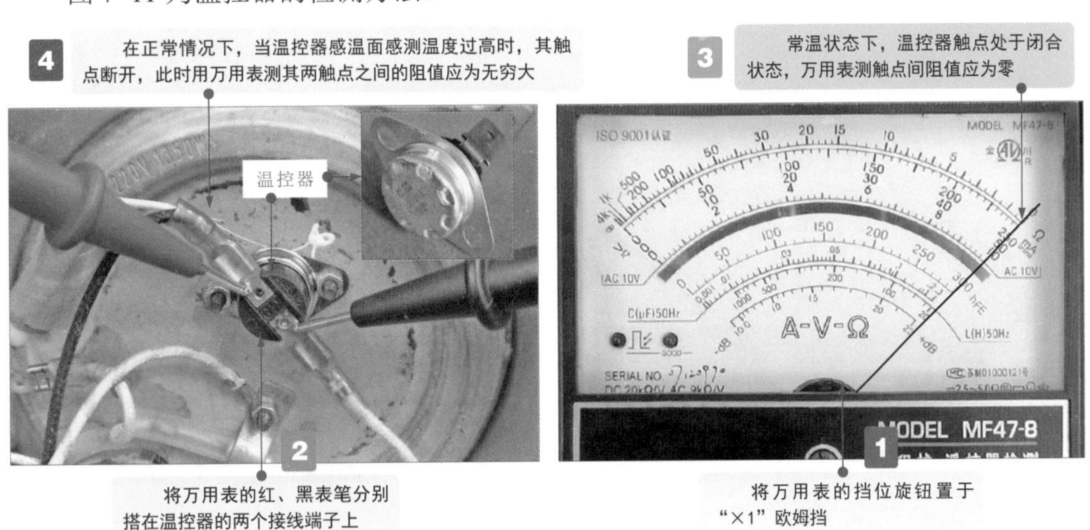

图 7-11 温控器的检测方法

在正常情况下，常温状态下，温控器触点处于闭合状态，万用表测触点间阻值应为零；当温控器感温面感测温度过高时，其触点断开，此时用万用表测其两触点之间的阻值应为无穷大。

7.5 热熔断器的检修

热熔断器是电热水壶的过热保护元器件之一，主要是用于防止温控器、蒸汽式自动断电开关损坏后，电热水壶持续加热。

图 7-12 为热熔断器的实物外形。

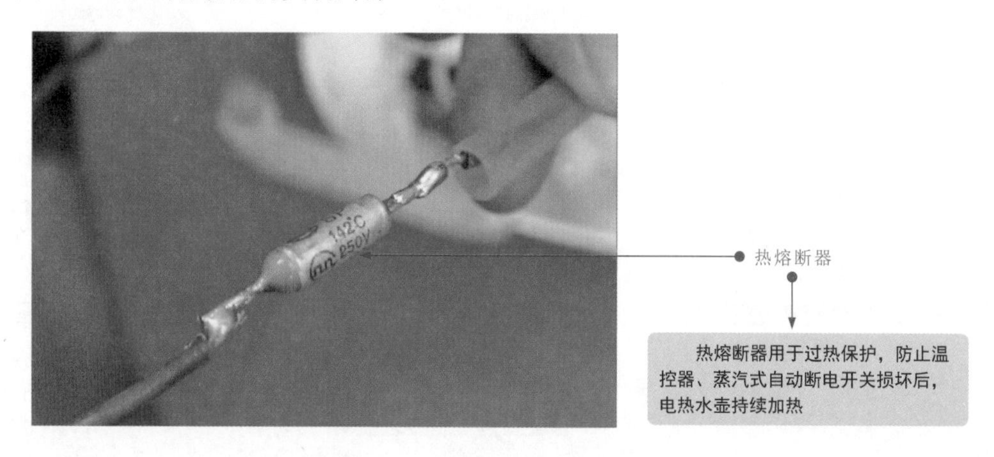

图 7-12 热熔断器的实物外形

热熔断器是整机的过热保护器件，若该器件损坏，可能会导致电热水壶无法工作。判断热熔断器的好坏可使用万用表电阻挡检测其阻值。

图 7-13 为热熔断器的检测方法。

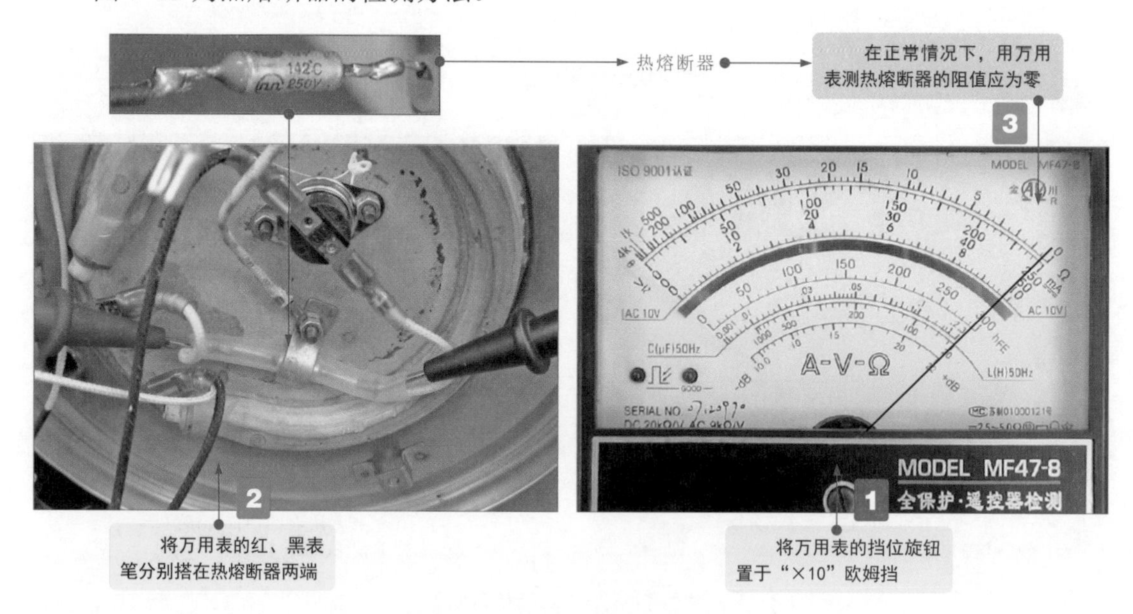

图 7-13 热熔断器的检测方法

在正常情况下，热熔断器的阻值为零。若实测阻值为无穷大，说明热熔断器内容已经熔断损坏。

第8章 微波炉中元器件的检修

8.1 典型微波炉的结构组成

微波炉是一种靠微波加热食物的厨房电器。其微波频率一般为2.4GHz，频率很高，可以被金属反射，并且可以穿过玻璃、陶瓷、塑料等绝缘材料。

微波炉采用箱体式设计。整个微波炉被外壳罩住，通过微波炉的正面可以看到炉门，炉门上通常安装有门罩，方便用户观看加热情况；在炉门旁边常设计有控制面板（旋钮、按键、显示屏等），方便用户对微波炉进行操作，并同步显示当前微波炉的工作状态；微波炉的电源插头位于微波炉的背面，主要是方便用户连接供电电源；微波炉的散热口位于顶部和背部，利于微波炉散热。

微波炉的外形、控制方式虽有不同，但其内部的结构却大同小异，拆开微波炉的底板和上下盖即可看到其内部结构，如图8-1所示。

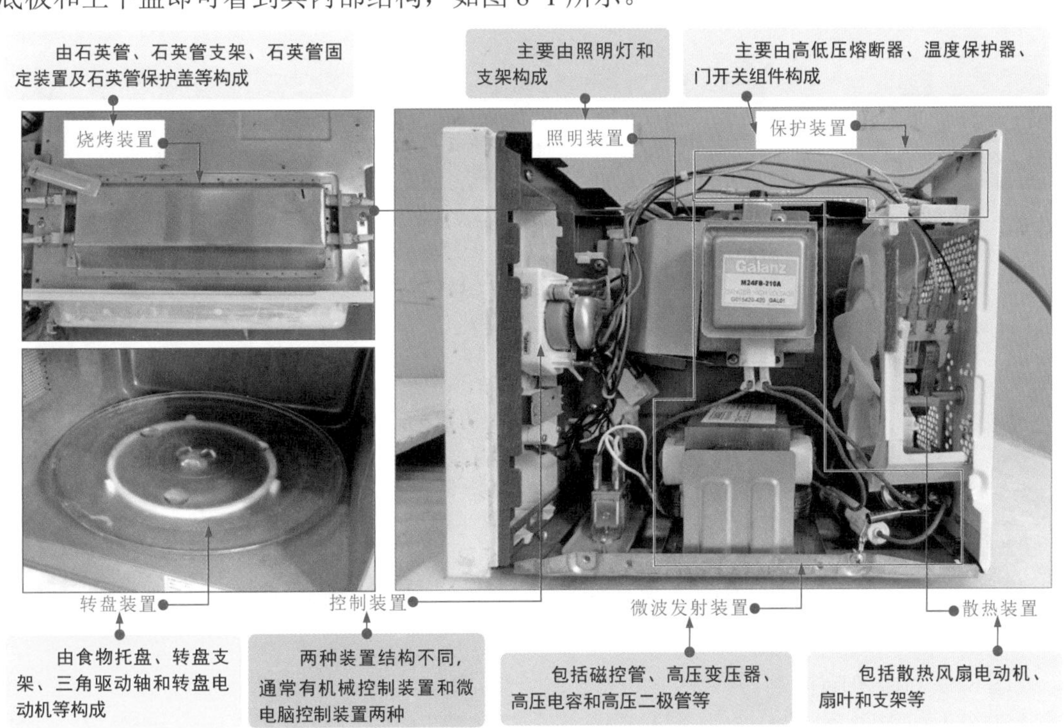

图8-1 微波炉的结构

根据微波炉内部主要组成部件的电路功能可将微波炉内部划分成几个部分，即微波发射装置（包括磁控管、高压变压器、高压电容、高压二极管）、转盘装置（转盘电动机、转盘支架等）、烧烤装置（石英管等）、保护装置（高压熔断器、温度保护器、熔断器、门开关组件）、控制装置等。除控制装置外，其余几个组成部分在不同类型微波炉中基本都相同。

控制装置根据微波炉控制方式的不同分为机械控制和微电脑控制。

图 8-2 为机械控制式微波炉的整机电路结构（LG MG-4987T 型）。

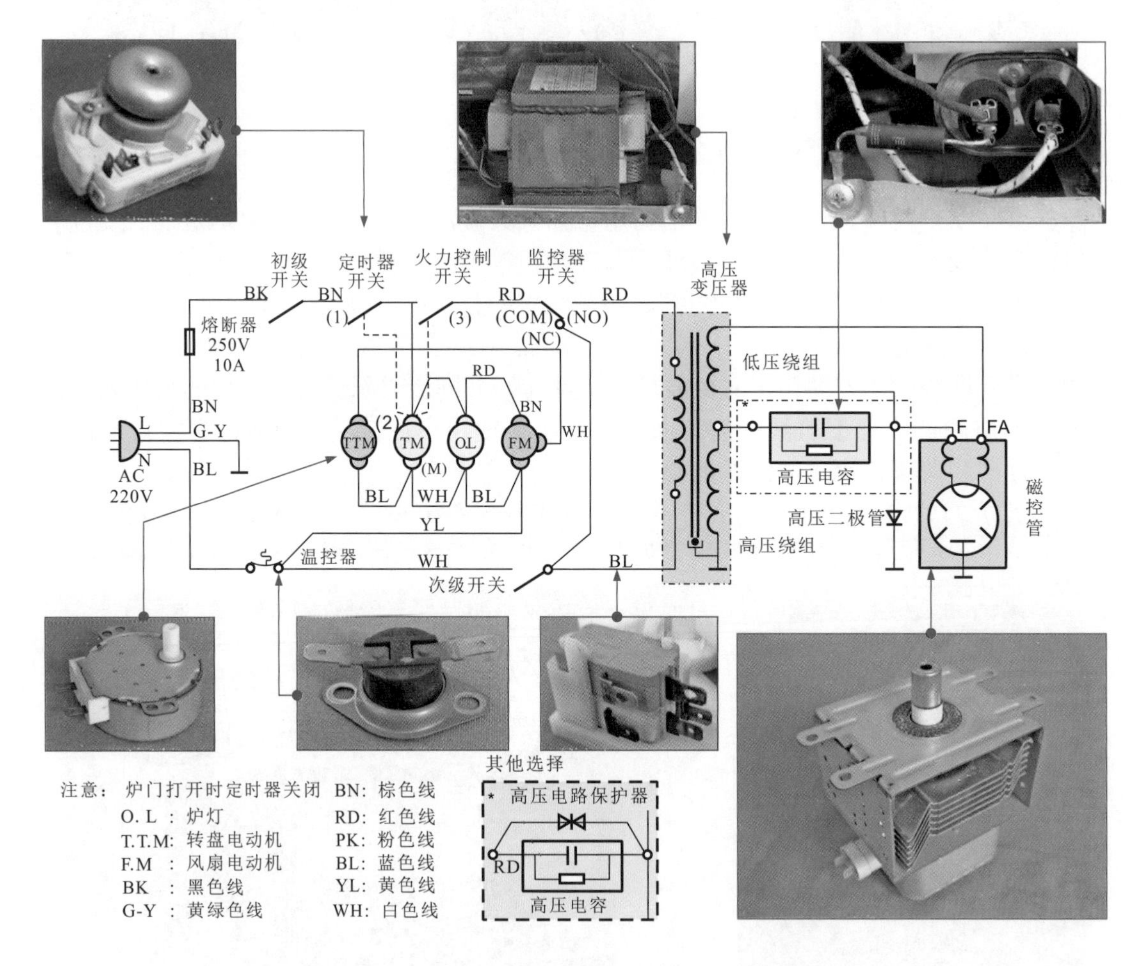

图 8-2　机械控制式微波炉的整机电路结构

关上微波炉门，门开关闭合，旋转定时器的定时旋钮，交流 220V 电压通过定时器为高压变压器供电，由次级绕组（高压端）输出 2000V 左右的高压，在高压电容器和高压二极管的作用下形成 4000V 左右、2000MHz 以上的振荡信号提供给磁控管，磁控管将电能转换为微波能，通过天线（发射端子）送入炉腔加热食物。当到达预定时间后，定时器回零，切断交流 220V 供电，微波炉停机。

图 8-3 为微电脑控制式微波炉的整机电路结构。

从图 8-2、图 8-3 可以看到，磁控管、高压变压器、高压电容器、高压二极管、石英管、门开关组件、机械控制装置、微电脑控制装置是微波炉检修时的重点检测元件。

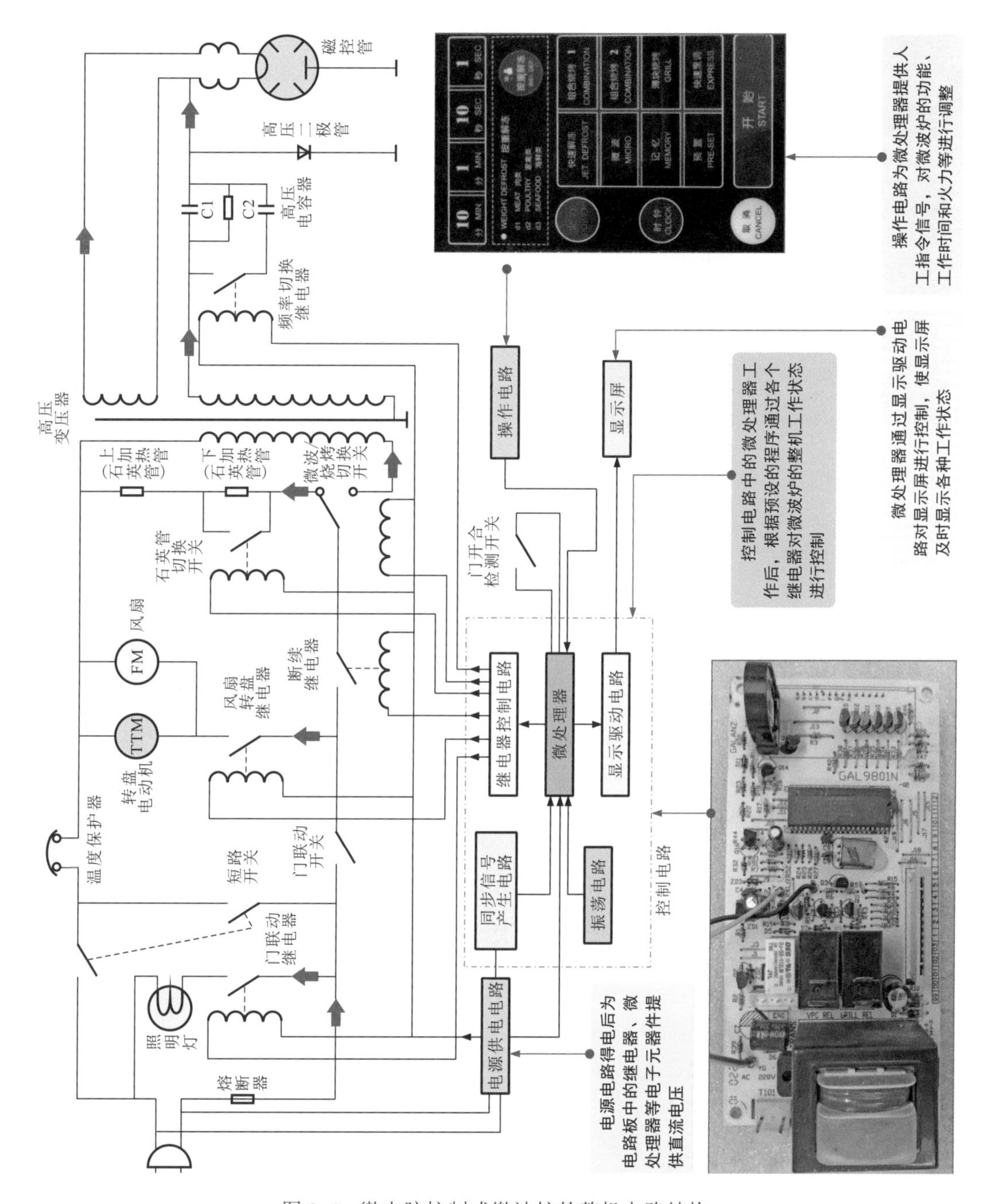

图 8-3 微电脑控制式微波炉的整机电路结构

8.2 磁控管的检修

磁控管是微波发射装置中的主要元件之一，主要由发射天线、散热片、阳极外壳、灯丝端、垫圈和固定孔等组成。该元件可通过发射天线将电能转换成微波能，辐射到微波炉中，对食物进行加热。

图 8-4 为磁控管的实物外形及结构示意图。

磁控管工作时，阳极接地，阴极接负电压（通常达-4000V）。灯丝对阴极加热，阴极受热后会产生电子流飞向阳极。在磁控管的外部加上强磁场，磁控管中的电子流受到磁场的作用会作圆周运动。由于磁控管内空间的特殊形状，电子在谐振腔内运动时，便会形成谐振，从而产生微波振荡信号。

在磁控管的中心有一个圆筒形的波导管，微波信号便从波导管中辐射出来，这就是波导管的作用。这类似于发射天线，因此也被称为微波天线。

微波的传输特性是沿着波导管的方向辐射。微波炉的炉腔是由金属板制成的，微波遇到金属板会形成反射，微波借助于炉腔金属板的反射作用，可以辐射到炉腔的所用空间。放入的食物在微波的作用下，温度升高，最终熟透

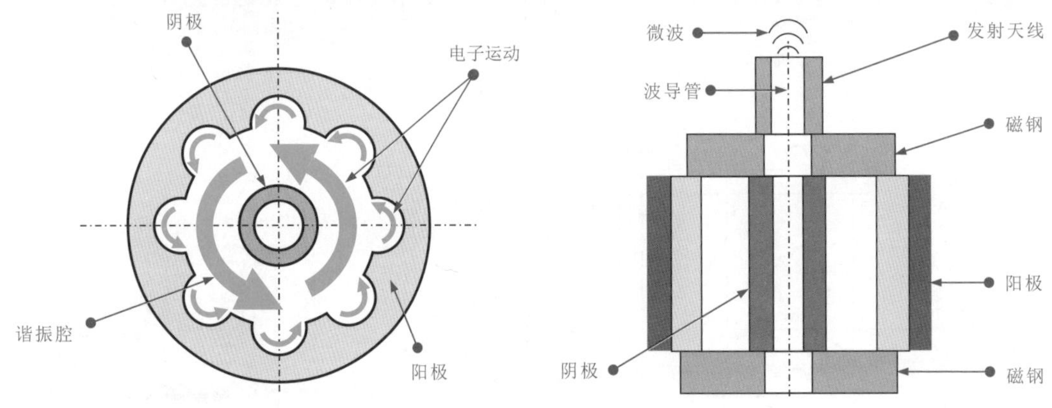

图 8-4 磁控管的实物外形及结构示意图

当磁控管出现故障时，微波炉会出现转盘转动正常，但微波出的食物不热的故障。

检测磁控管，可在断电状态下借助万用表检测磁控管的灯丝端、灯丝与外壳之间的阻值，如图 8-5 所示。

磁控管

1 将万用表的红、黑表笔搭在磁控管灯丝引脚上，检测灯丝的阻值

2 万用表实测数值为“0Ω”，属于正常状态，表明磁控管灯丝正常

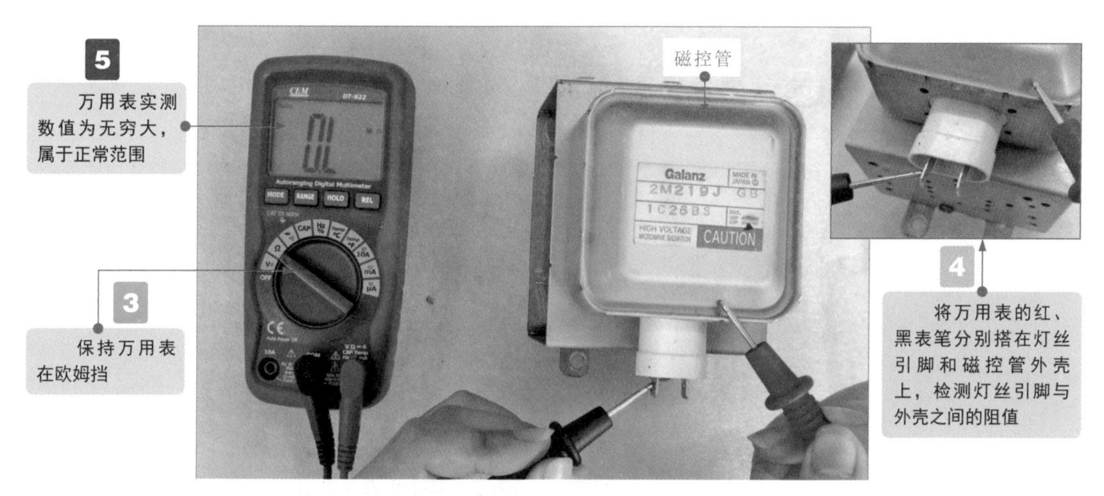

图 8-5　微波炉中磁控管的检测方法

用万用表测量磁控管灯丝阻值的各种情况为：

☆ **磁控管灯丝两引脚间的阻值小于 1Ω 为正常；**

☆ **若实测阻值大于 2Ω，则多为灯丝老化，不可修复，应整体更换磁控管；**

☆ **若实测阻值为无穷大，则为灯丝烧断，不可修复，应整体更换磁控管；**

☆ **若实测阻值不稳定变化，多为灯丝引脚与磁棒电感线圈焊口松动，应补焊。**

用万用表测量灯丝引脚与外壳间阻值的各种情况为：

☆ **磁控管灯丝引脚与外壳间的阻值为无穷大为正常；**

☆ **若实测有一定阻值，则多为灯丝引脚相对外壳短路，应修复或更换灯丝引脚插座。**

8.3 高压变压器的检修

高压变压器是微波发射装置中的辅助部件，也称作高压稳定变压器，在微波炉中主要用于为磁控管提供高压电压和灯丝电压。

图 8-6 为高压变压器的实物外形及结构示意图。

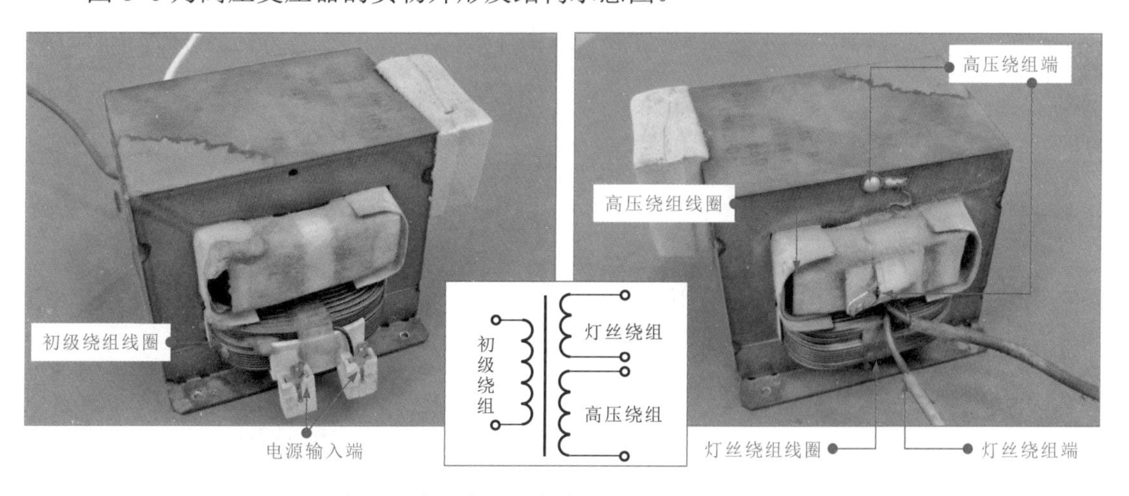

图 8-6　高压变压器的实物外形及结构示意图

当高压变压器损坏时，将引起微波炉出现不微波的故障。检测高压变压器可在断电状态下，通过检测高压变压器各绕组之间的阻值来判断高压变压器是否损坏，如图 8-7 所示。

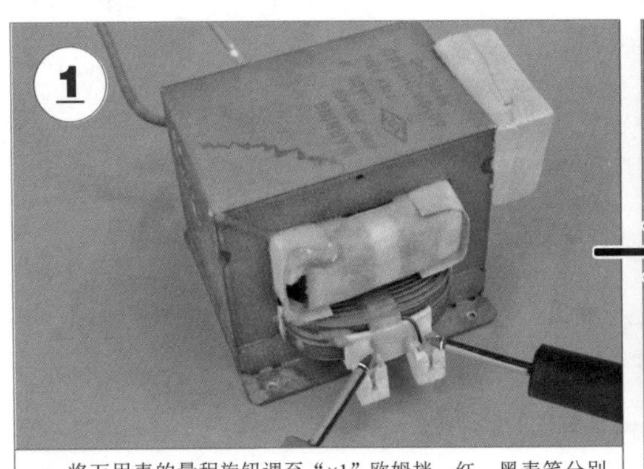

将万用表的量程旋钮调至“×1”欧姆挡，红、黑表笔分别搭在高压变压器的电源输入端。

万用表实测电源输入端（初级绕组）的阻值约为1.1Ω。若实测绕组阻值为0或无穷大，则说明高压变压器的绕组线圈出现短路或断路情况。

图 8-7　微波炉中高压变压器的检测方法

若实测高压变压器的绕组阻值为 0 或无穷大，则说明高压变压器的绕组线圈出现短路或断路情况，采用同样的方法分别检测高压绕组、灯丝绕组的阻值，正常情况下分别约为 100Ω、0.1Ω。

8.4 高压电容器的检修

高压电容器是微波发射装置中的滤波元器件，通常位于微波炉侧面的底端，其中一个引脚连接着高压二极管。

图 8-8 为微波炉中高压电容器的实物外形。

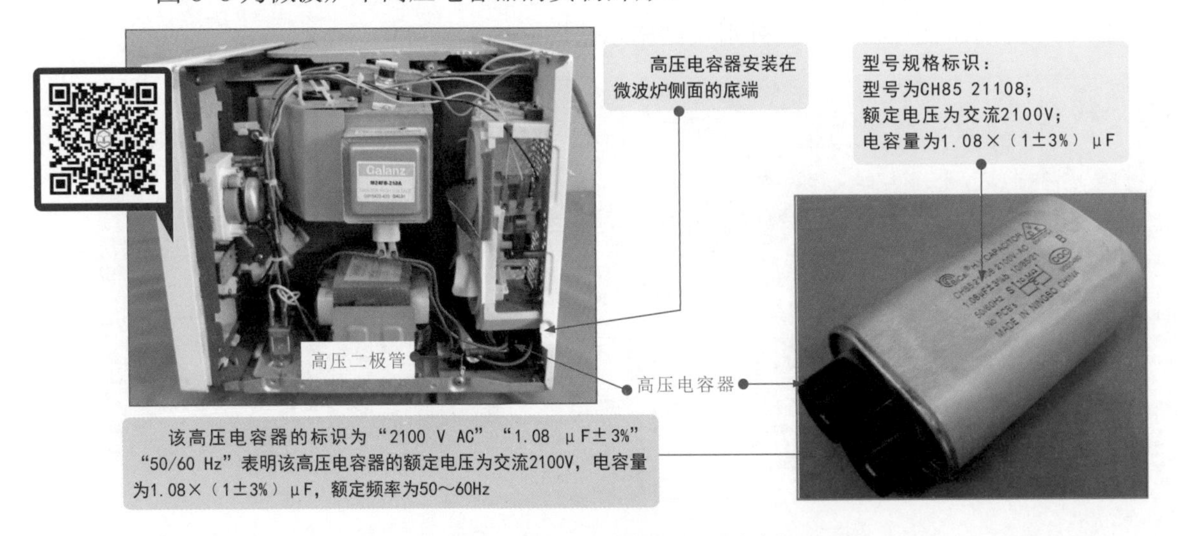

图 8-8　微波炉中高压电容器的实物外形

高压电容器变质或损坏，常会引起微波炉出现不开机、不微波的故障。检测高压电容器时，可用数字万用表检测电容量来判断好坏，如图 8-9 所示。

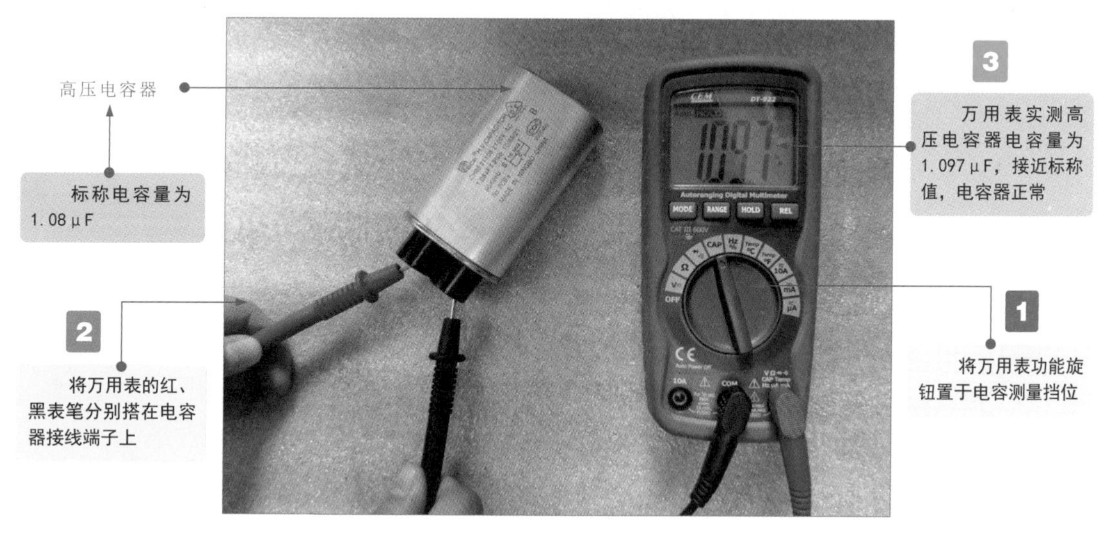

图 8-9 微波炉中高压电容器的检测方法

8.5 高压二极管的检修

高压二极管接在高压变压器的高压绕组输出端，主要对高压变压器输出的交流高压进行整流。通常该元器件位于微波炉风扇支架的底端，其中一端连接高压电容器，另一端为接地端。

图 8-10 为高压二极管的实物外形。

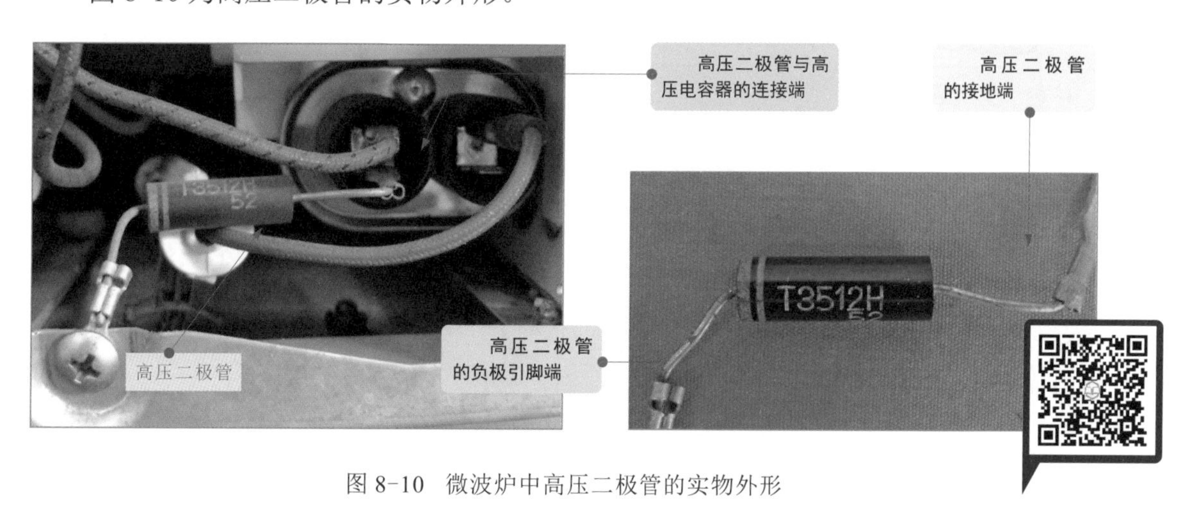

图 8-10 微波炉中高压二极管的实物外形

高压二极管是微波炉中微波发射装置的整流元器件，该二极管接在高压变压器的高压绕组输出端，对交流输出进行整流。

检测高压二极管时，可借助万用表检测正、反向阻值来判断好坏，如图 8-11 所示。

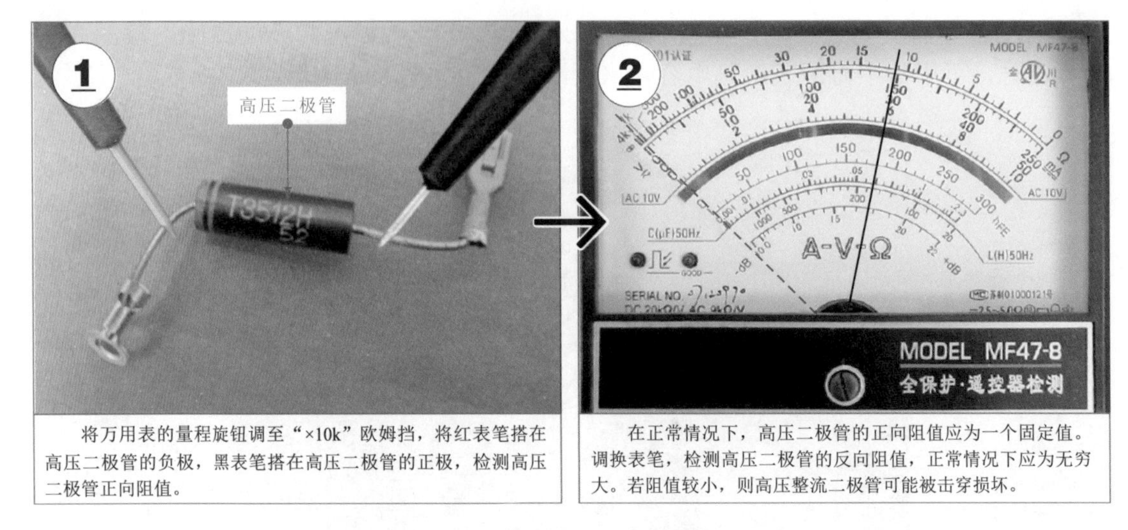

将万用表的量程旋钮调至“×10k”欧姆挡，将红表笔搭在高压二极管的负极，黑表笔搭在高压二极管的正极，检测高压二极管正向阻值。

在正常情况下，高压二极管的正向阻值应为一个固定值。调换表笔，检测高压二极管的反向阻值，正常情况下应为无穷大。若阻值较小，则高压整流二极管可能被击穿损坏。

图 8-11　微波炉中高压二极管的检测方法

8.6 石英管的检修

石英管是烧烤组件中的重要元器件。该管是一种电热元器件，主要由供电端、石英管外壳和电热丝等构成。

图 8-12 为石英管的实物外形及内部结构。

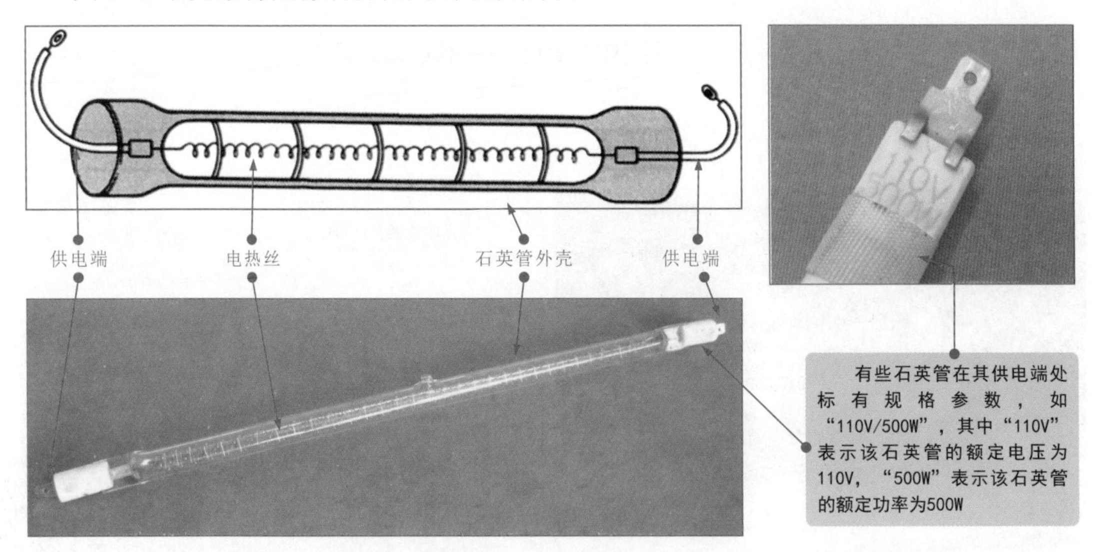

图 8-12　石英管的实物外形及内部结构

若石英管损坏，则会引起微波炉烧烤功能失常。对石英管进行检测时，应先检查石英管连接引线是否出现松动、断裂、烧焦或接触不良等现象，然后借助万用表对石英管的电阻值进行检测。

图 8-13 为石英管的检测方法。

1 检查石英管连接线是否有松动现象，若有松动，重新将其插接好

2 检查石英管连接线有无断线情况，即将万用表搭在连接线的两端

3 若连接线为导通状态，万用表实测阻值为0Ω

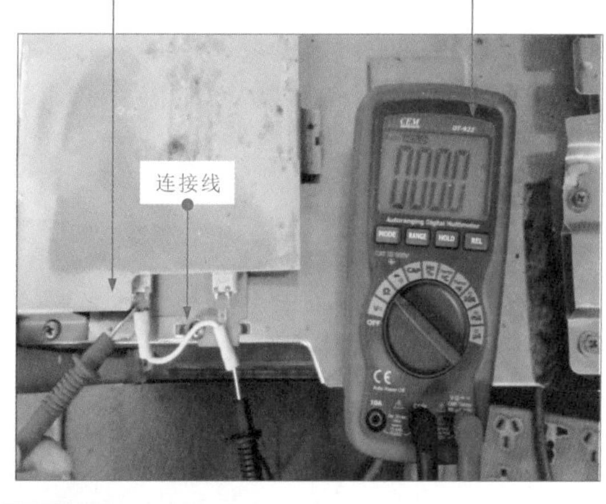

石英管引出端

4 微波炉石英管串联连接，使用万用表检测两个石英管串联后的阻值

5 万用表实测阻值为47.5Ω左右

若检测到阻值为无穷大，说明石英管损坏

6 对单个石英管进行检测。将一个石英管两端的连接线均拔下。用万用表检测一个石英管两端的阻值

7 万用表实测阻值为24.2Ω左右

若检测到石英管的阻值为无穷大，说明该石英管内部已断路损坏

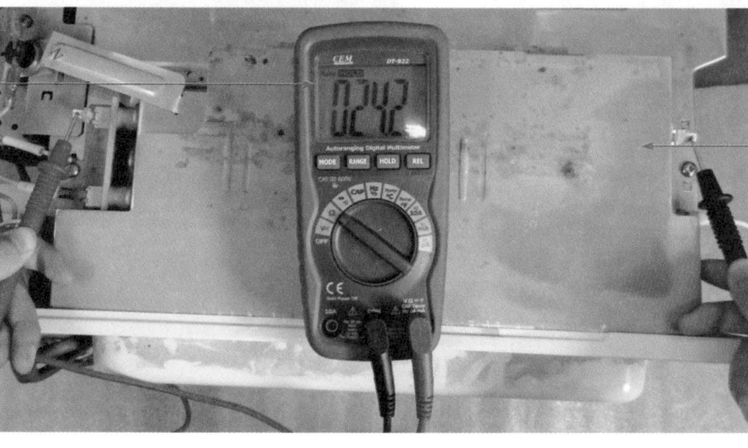

图 8-13 微波炉中石英管的检测方法

8.7 高压熔断器的检修

高压熔断器是微波炉保护装置中的热保护元器件。当微波炉中的电流有过流、过载的情况时，熔断器会被烧断，起到保护电路的作用，从而实现对整个微波炉的保护。

图 8-14 为微波炉中高压熔断器的实物外形。

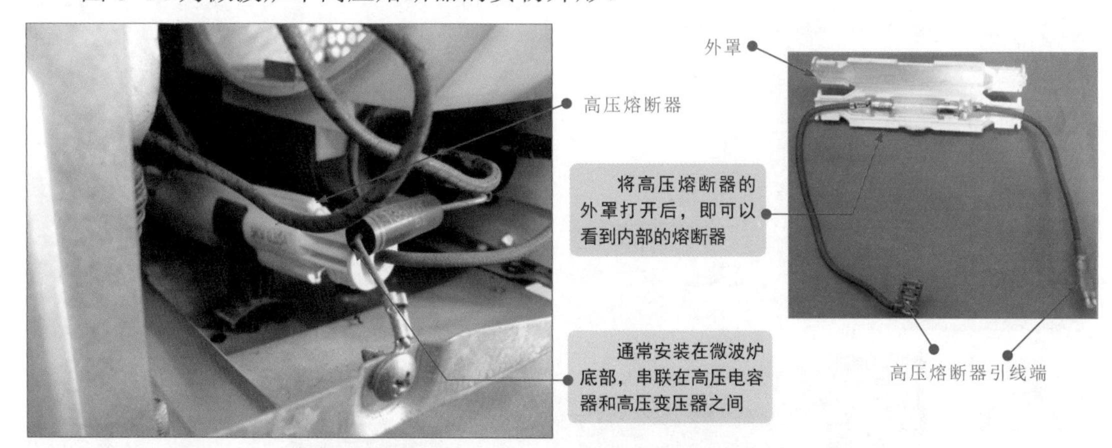

图 8-14 微波炉中高压熔断器的实物外形

由于长时间使用，高压熔断器会出现烧焦或断裂的现象。如果怀疑熔断器出现问题，就需要对其进行检查。

判断高压熔断器是否正常时，可使用万用表对其通断情况进行检测，如图 8-15 所示。

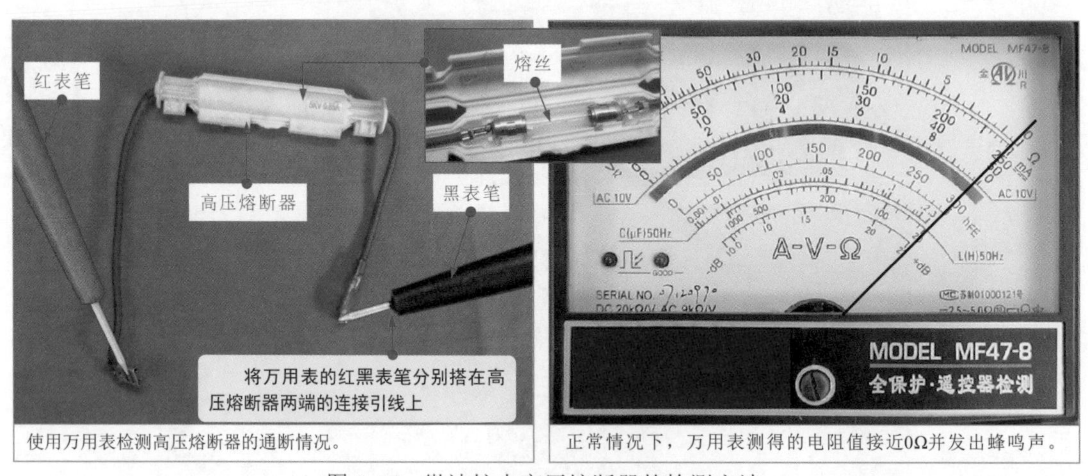

图 8-15 微波炉中高压熔断器的检测方法

使用万用表检测高压熔断器时，若电阻值为无穷大，并且万用表没有发出蜂鸣声，则表明该高压熔断器可能损坏。

除此之外，高压熔断器是否损坏也可以通过观察进行判断，即仔细观察高压熔断器内部的熔丝，若熔丝断开，则说明该高压熔断器发生损坏。

高压熔断器损坏，表明微波炉中存在较严重的故障，除了更换熔断器外，必须要找出引起熔断器损坏的原因，否则更换的熔断器还会再次被烧毁。

8.8 门开关组件的检修

门开关组件也是微波炉保护装置中的重要组成部分。该组件主要由多个微动开关构成。它是为了确保安全而设置的一种保护装置，安装于微波炉门框边。

图 8-16 为微波炉中门开关组件的实物外形。

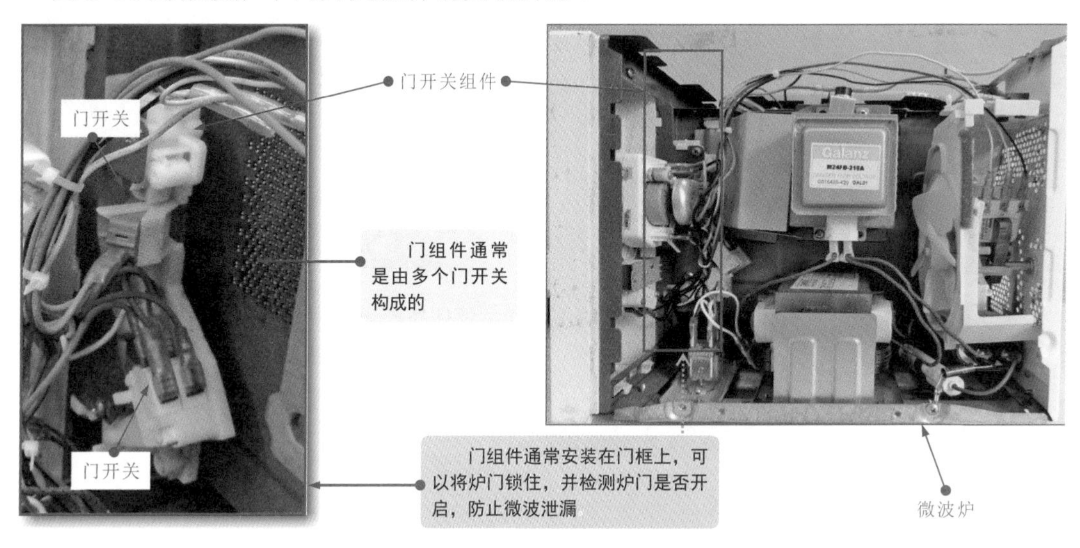

图 8-16　微波炉中门开关组件的实物外形

门组件用于对高压变压器的供电进行控制。当微波炉的门被关上时，门开关引线间的触点就会接通，给高压变压器供电；当微波炉的门被打开时，门开关引线间的触点就会断开，停止给高压变压器供电。

门开关组件常因内部触片损坏而不能良好地为高压变压器供电，造成关好炉门后，微波炉却不能正常工作等故障。怀疑门开关组件异常时，可借助万用表检测其在通、断状态下的阻值，如图 8-17 所示。

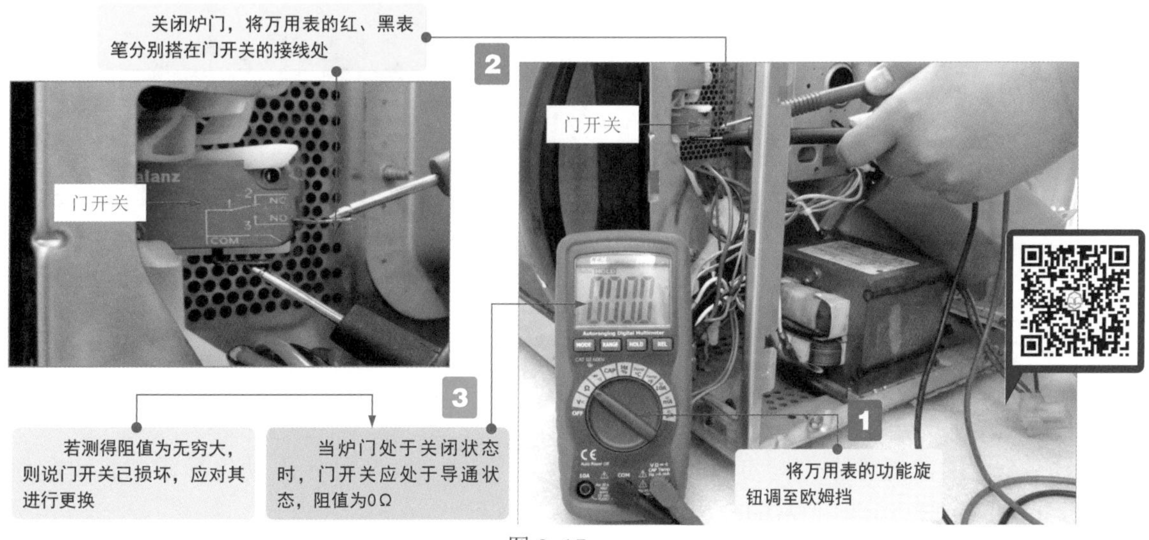

图 8-17

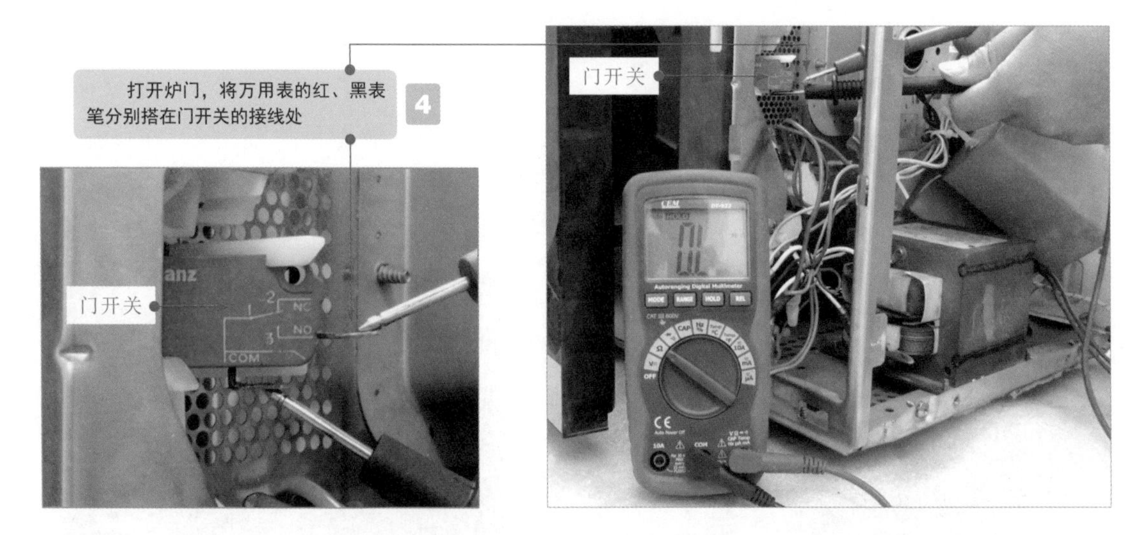

图 8-17 微波炉中门开关组件的检测方法

8.9 机械控制装置的检修

机械控制装置是指通过机械功能部件实现整机控制的装置，主要由定时器组件和火力调节组件等构成，如图 8-18 所示。

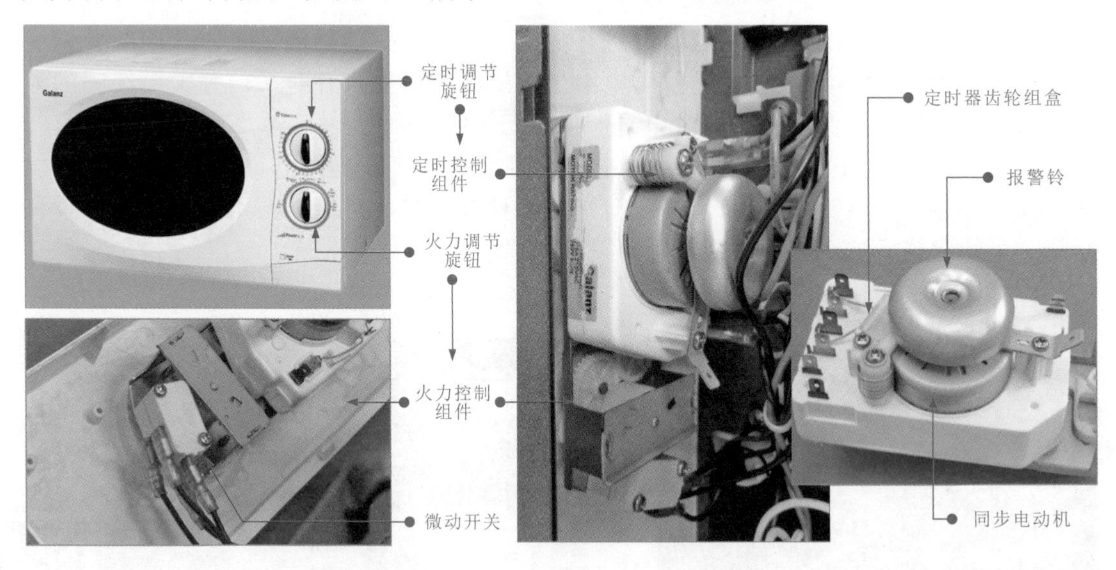

图 8-18 微波炉中的机械式控制装置

机械控制装置是机械控制式微波炉中的控制部分，当出现控制功能失常时，可重点对其内部的定时器组件和火力调节组件进行检修。

在定时器组件中，同步电动机较易出现异常情况，若同步电动机异常，将引起微波炉无法定时或定时失常的故障。

检测同步电动机时可借助万用表检测阻值的方法来判断好坏，如图 8-19 所示。

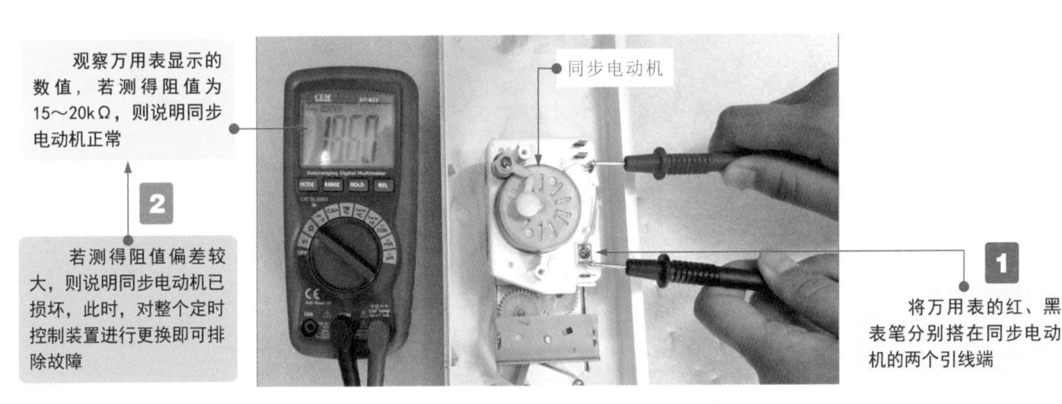

图 8-19 微波炉定时器中同步电动机的检测方法

在火力调节组件中，微动开关的状态决定火力控制功能是否实现。若微动开关异常，将引起微波炉火力控制功能失常的故障。

检测火力调节组件中的微动开关时可借助万用表检测其引脚间的通、断状态判断好坏，如图 8-20 所示。

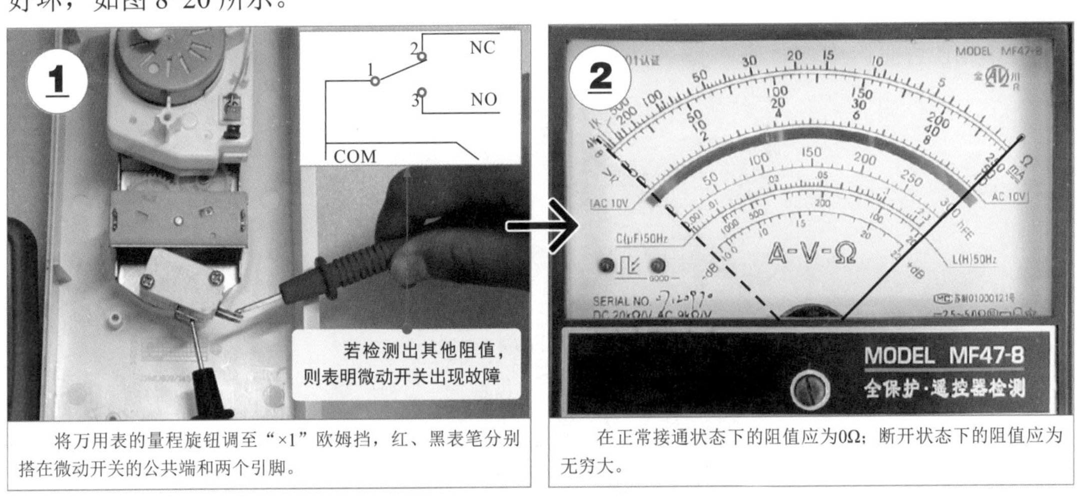

图 8-20 微波炉控制装置中微动开关的检测方法

检修机械式控制装置时，除了对同步电动机、火力调节组件开关进行检测外，还应该将控制装置拆开，查看内部的触点、齿轮组是否良好，如图 8-21 所示。

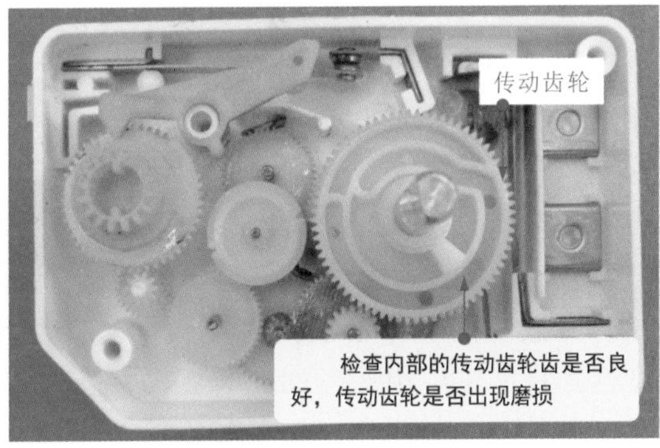

图 8-21

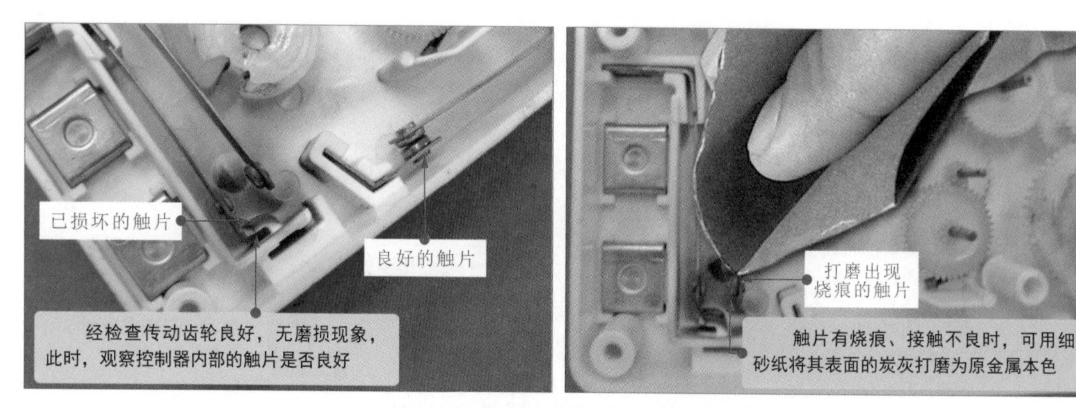

图 8-21　检查定时控制器内部

8.10 微电脑控制装置的检修

微电脑控制装置主要通过微处理器对微波炉各部分的工作进行控制，并且通过显示屏显示出当前的工作状态。图 8-22 为典型微波炉中微电脑控制装置的结构。

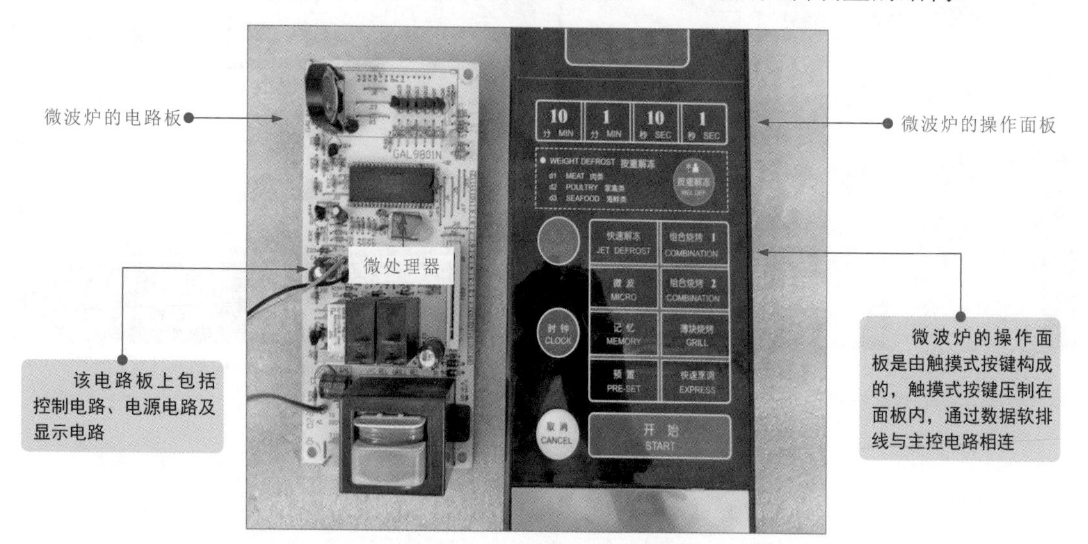

图 8-22　微波炉中微电脑控制装置的结构

在采用微电脑控制装置的微波炉中，几种电路安装在操作显示电路板上，包括电源供电、控制、操作和显示几部分。若该部分出现故障时，常会引起通电后微波炉无反应、按键失灵、蜂鸣器无声、数码显示管无显示等现象。对电脑控制方式微波炉电路进行检修时，可依据具体故障表现分析出产生故障的原因，并根据电路的控制关系，对可能产生故障的相关部件逐一进行排查。

微波炉的微处理器功能比较简单，检测时要先检查基本工作条件，找到供电端，检测其直流供电电压，如图 8-23 所示。

晶体与微处理器晶振引脚连接，与微处理器内部振荡器构成晶体振荡器。检测时，可直接检测晶体两引脚有无时钟信号，如图 8-24 所示。

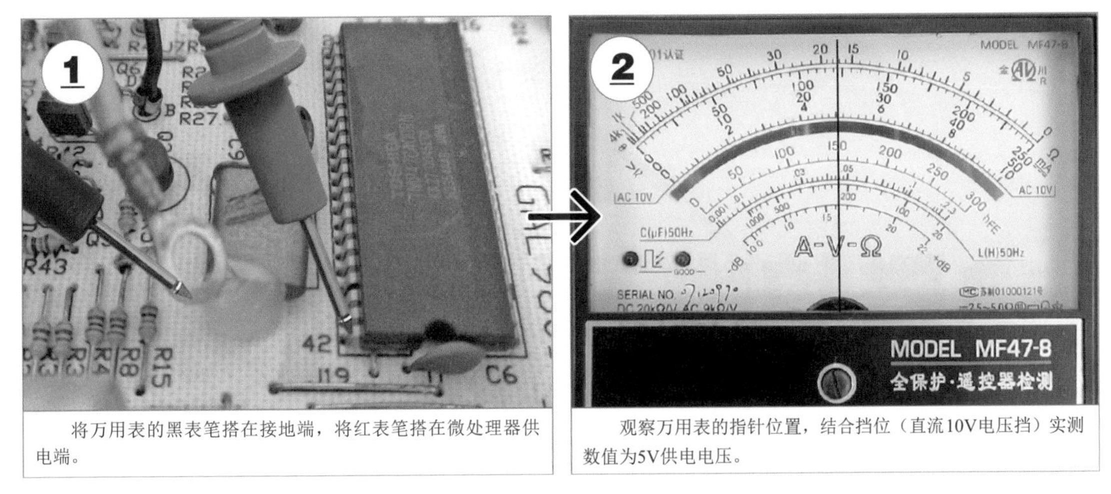

图 8-23　微波炉操作显示电路中微处理器供电电压的检测

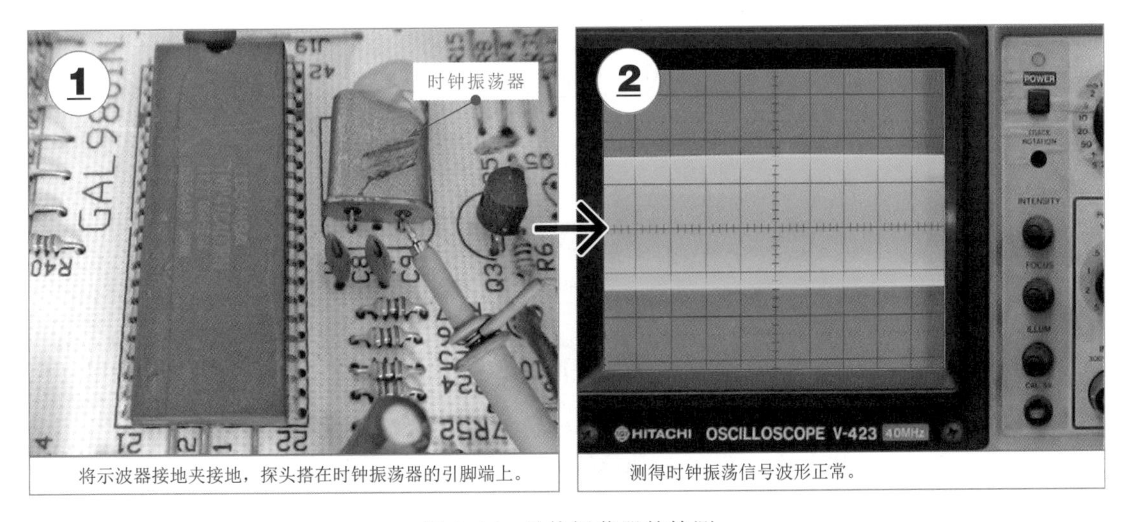

图 8-24　晶体振荡器的检测

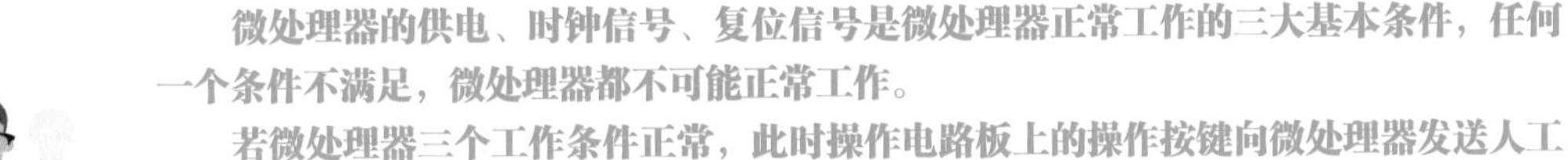

微处理器的供电、时钟信号、复位信号是微处理器正常工作的三大基本条件，任何一个条件不满足，微处理器都不可能正常工作。

若微处理器三个工作条件正常，此时操作电路板上的操作按键向微处理器发送人工指令，监测微处理器控制信号输出引脚端的信号。若供电、时钟、复位三大基本条件满足时，无控制信号输出，则多为微处理器芯片内部损坏，需用同型号芯片更换。

若实测微处理器的工作条件均正常，此时可以对微处理器的控制信号做进一步检查。检测微处理器的显示控制信号，可以从显示控制端检测是否有正常的信号输出。检测显示控制信号需要使用示波器，调整示波器的幅度钮和时间轴，正常情况下可以很清楚地看到信号波形。若工作条件均满足的前提下，无任何信号波形输出，则多为微处理器无输出，怀疑微处理器损坏。

需要注意的是，微处理器显示信号端的引脚不同，所显示的波形也有所不同。不用追求波形信号的脉冲幅度及排列顺序，只要能看清波形的基本形状就可以，因为根据显示的内容不同，脉冲信号的显示形状及排列顺序也是不同的。

第9章

电磁炉中元器件的检修

9.1 典型电磁炉的结构组成

电磁炉（也称电磁灶）是一种利用电磁感应原理进行加热的电炊具，可以进行煎、炒、蒸、煮等各种烹饪，使用非常方便，广泛应用于家庭生活中。

拆开电磁炉外壳即可看到其内部结构组成，如图9-1所示，主要由电路板、炉盘线圈和散热风扇组件构成。

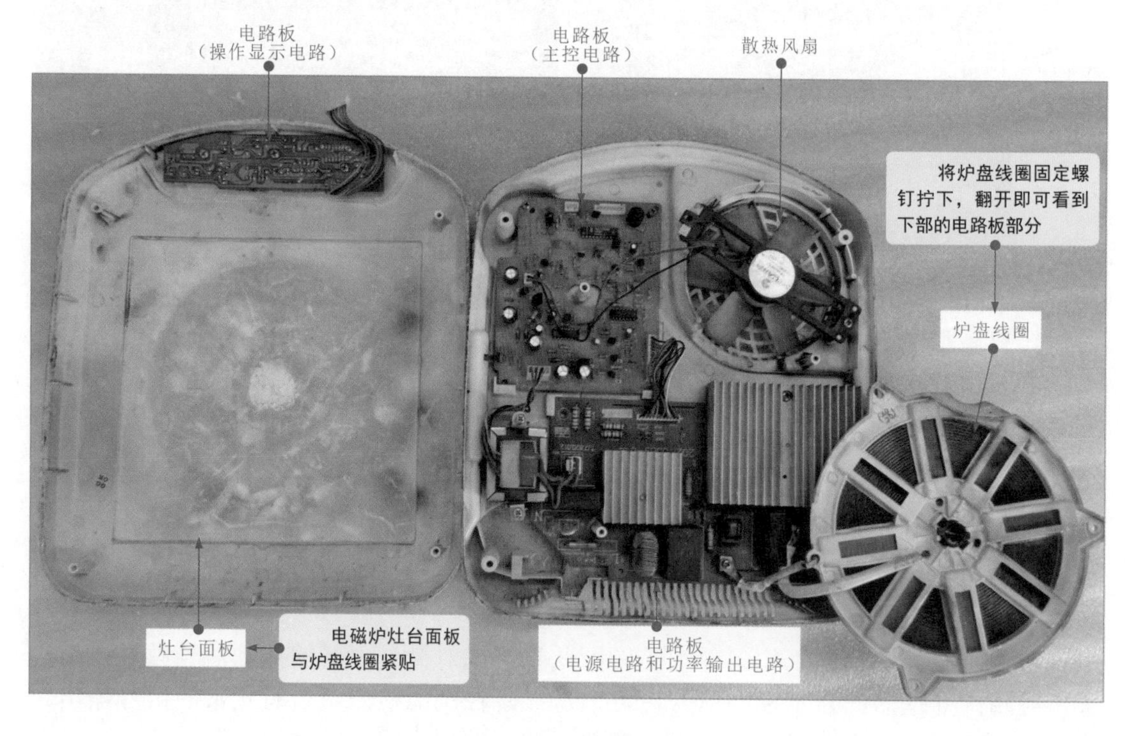

图9-1　电磁炉的结构组成

图9-2为电磁炉的电路结构框图。从图中可以看到，电磁炉电路部分主要由电源供电电路、功率输出电路、控制电路和操作显示电路构成。这些功能电路由不同类型的电子元器件按照一定电路关系连接，实现电路功能。

检修电磁炉时，主要应检测这些功能电路中的易损元器件，如过压保护器、降压变压器、桥式整流堆、炉盘线圈、谐振电容、IGBT、阻尼二极管、微处理器、晶体、电压比较器、操作按键等。

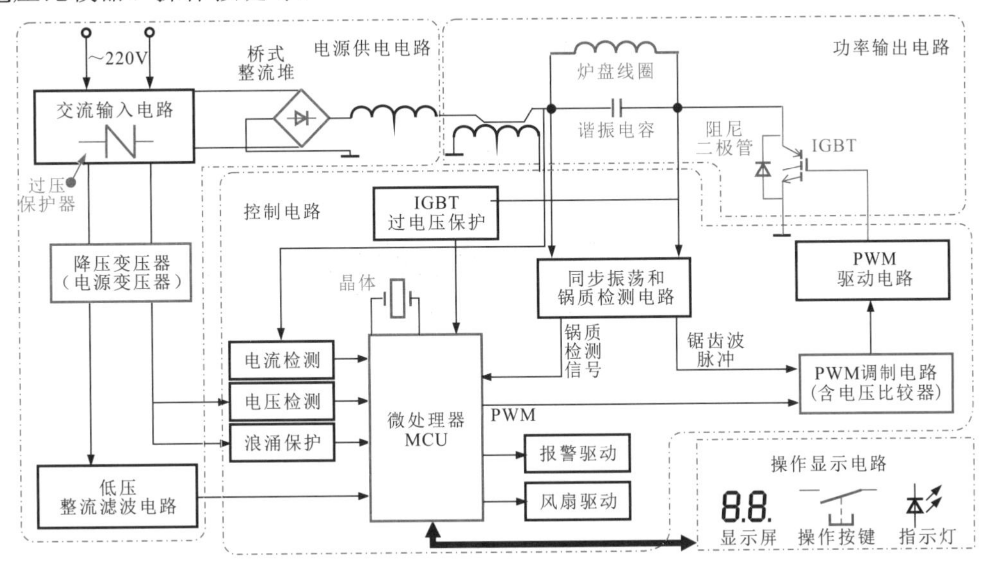

图 9-2 电磁炉的电路结构框图

9.2 过压保护器的检修

电磁炉中的过压保护器实际为压敏电阻器，主要用于防止市电电网中冲击性高压输入电磁炉内部，起到过压保护的目的，过压保护器的实物外形如图 9-3 所示。

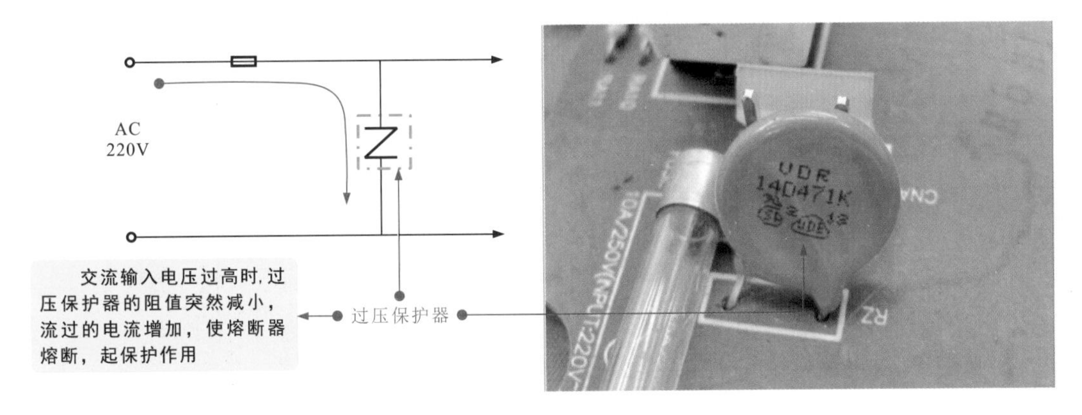

图 9-3 电磁炉中过压保护器的实物外形

若电磁炉出现现故障，在确保熔断器正常的情况下，应检测压保护器，具体检测方法如图 9-4 所示。

在正常情况下，过压保护器两引脚间阻值的这种变化受其外部电容并联的影响。为了能够对过压保护器进行更准确的检测，还可以将其从电路板上取下来，进行断路检测。在断路状态下，过压保护器的正、反向阻值都很大，如果阻值较小，则说明该过压保护器本身已经损坏。

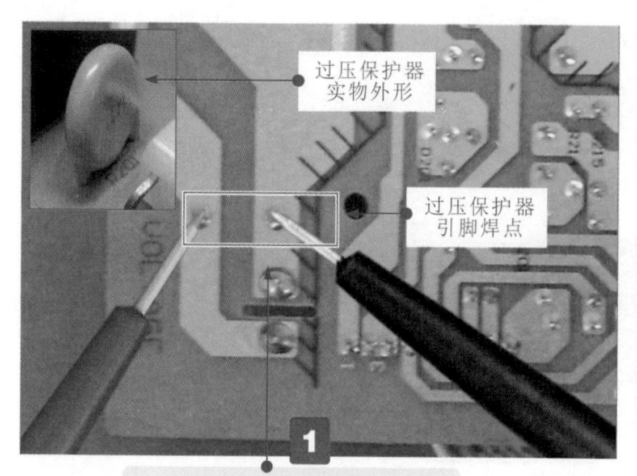

图 9-4　电磁炉中过压保护器的检测方法

提示说明

过压保护器属于高阻抗电阻器，当市电电压过高，超出其耐压值时，将处于击穿状态，从而将市电交流 220V 短路，瞬间电流过大，烧断熔断器，起到保护电路的作用。过压保护器是否击穿可从其表面状态判断，一般会出现炸裂、黑炭点等现象。

9.3　降压变压器的检修

电磁炉的降压变压器是将 220V 交流电转换为低电压交流电的元器件。电磁炉中的降压变压器通常具有一个一次侧绕组，降压变压器一次侧绕组的连接引线线径相对较粗，用于接 220 V 电压。降压变压器二次侧绕组的连接引线线径相对较细，可以为单绕组，输出一路交流低压；也可以设置多个绕组，以便输出多路交流低压电。

图 9-5 为电磁炉中降压变压器的实物外形。

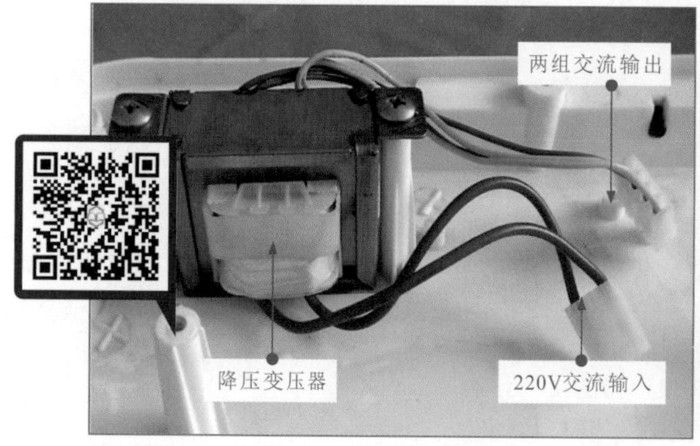

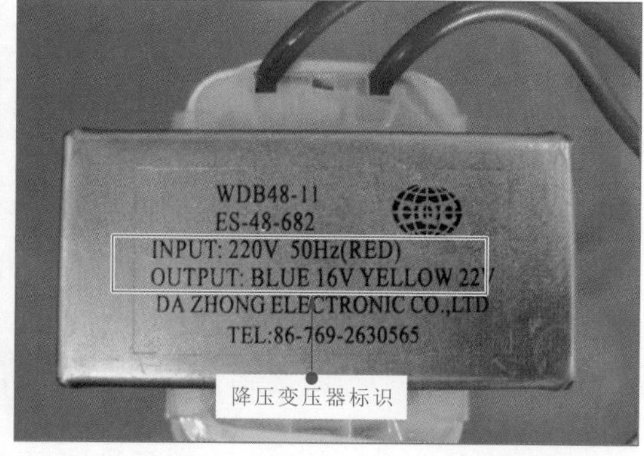

图 9-5　电磁炉中降压变压器的实物外形

在电磁炉中，降压变压器损坏将直接导致电路板无电源供电，电磁炉将出现不工作、通电无反应等故障。

检测降压变压器，一般可在通电的状态下，借助万用表检测其输入侧和输出侧的电压值判断好坏，如图 9-6 所示。

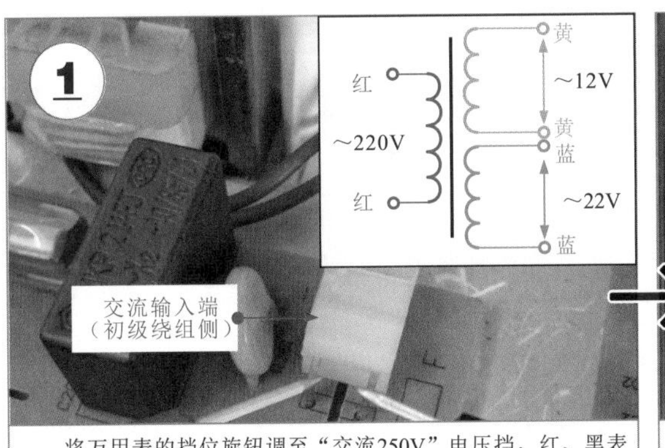

将万用表的挡位旋钮调至“交流250V”电压挡，红、黑表笔搭在电源变压器交流输入端插件上。

观察指针万用表的读数，在正常情况下，可测得交流220V电压。

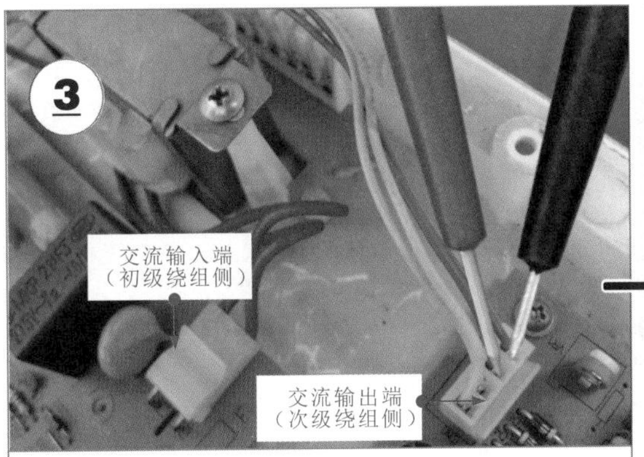

将万用表的挡位旋钮调至“交流50V”电压挡，将红、黑表笔分别搭在电源变压器交流输出端的一个插件上，检测输出端的电压值。

在正常情况下，可测得交流22V电压。采用同样的方法在输出插件另两个引脚上可测得交流12V电压，否则说明电源变压器不正常。

图 9-6　降压变压器的检测方法

检测降压变压器时，也可在断电的状态下，使用万用表检测其初级绕组之间、次级绕组之间及初级绕组和次级绕组之间电阻值的方法判断其好坏。

在正常情况下，其初级绕组之间、次级绕组之间应均有一定阻值，初级绕组和次级绕组之间的阻值应为无穷大，否则说明降压变压器损坏。

9.4　桥式整流堆的检修

桥式整流堆主要用于将交流 220V 电压整流为直流 +300V 电压输出，其内部由四个整流二极管桥接构成，外部具有四个引脚，其中两个引脚输入交流电压，另两个引脚输出直流电压，从其外壳的标识很容易识别出来。

图 9-7 为电磁炉中桥式整流堆的实物外形。

桥式整流堆损坏将导致电磁炉无法工作的故障。检测桥式整流堆，可使用电阻检测法判断好坏。电阻检测法是指对桥式整流堆内的各个整流二极管的正反向阻值进行检测，如图 9-8 所示。

检测后与正常桥式整流堆引脚间的阻值进行对比，若实测结果偏差较大，可怀疑桥式整流堆损坏，可将其从电路板中拆下后再次测量，以明确桥式整流堆是否存在故障。

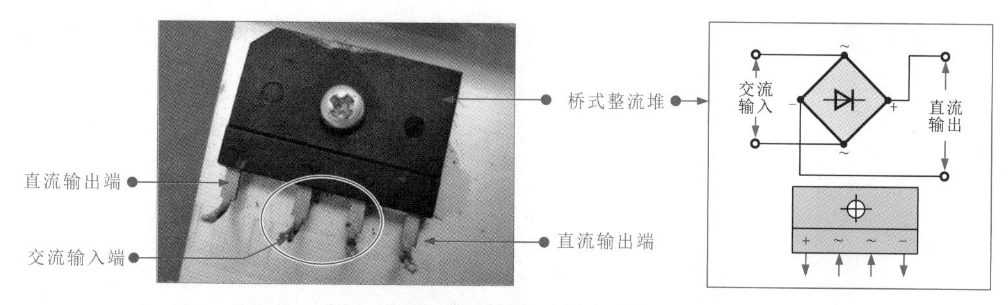

图 9-7 电磁炉中桥式整流堆的实物外形

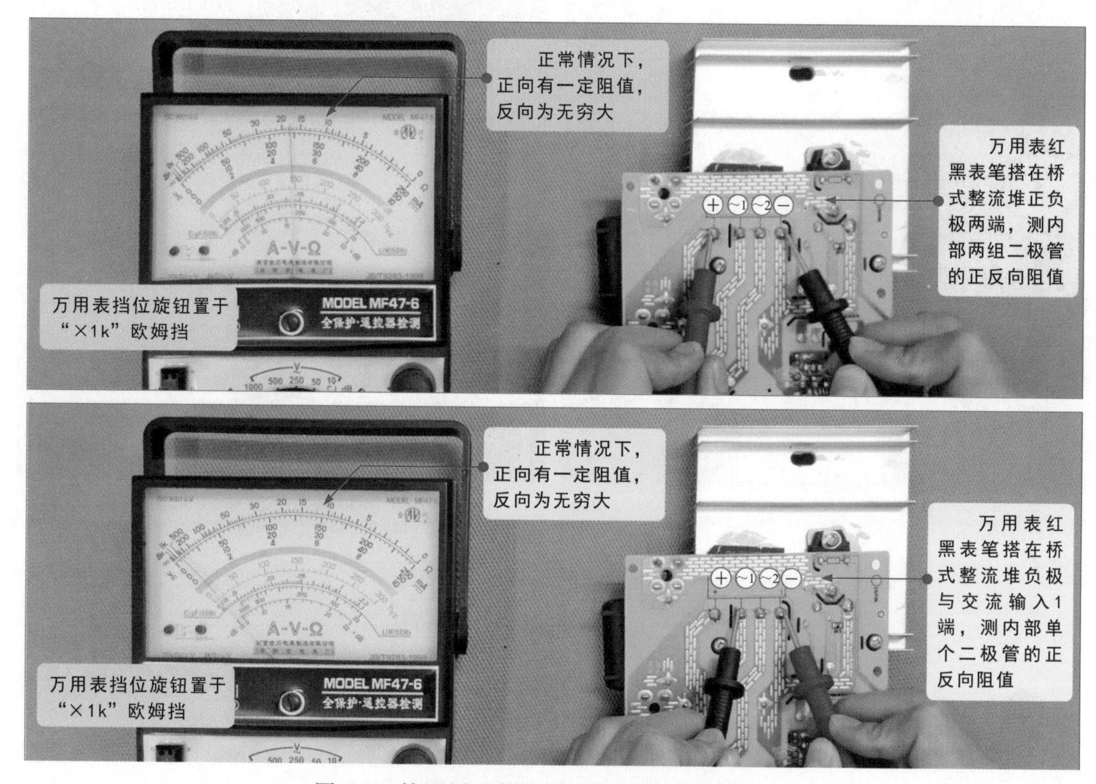

图 9-8 检测桥式整流堆引脚间阻值判断好坏

在正常情况下在路测量桥式整流堆时其各引脚的阻值见表 9-1 所列。

表 9-1 桥式整流堆引脚间阻值对照表

桥式整流堆结构	桥式整流堆端子名称		测量结果	桥式整流堆端子名称		测量结果
	红表笔接端子名称	黑表笔接端子名称		红表笔接端子名称	黑表笔接端子名称	
	~1	~2	∞	+	~1	6×1kΩ
	~2	~1	∞	~1	+	∞
	+	-	17×1kΩ	-	~2	∞
	-	+	∞	~2	-	6×1kΩ
	+	~2	6×1kΩ	-	~1	∞
	~2	+	∞	~1	-	6×1kΩ

若检修时，电磁炉能够通电，还可借助万用表检测桥式整流堆的输入端、输出端电压值，根据检测结果判断桥式整流堆的好坏。正常情况下，若输入端有220V交流电，输出端应能够测得约300V直流电，否则说明桥式整流堆存在异常。

9.5 炉盘线圈的检修

电磁炉的炉盘线圈又叫作加热线圈，实际上是将多股导线绕制成圆盘状的电感线圈，它是将高频交变电流转换成交变磁场的元器件，用于对铁磁性材料锅具加热。

图9-9为炉盘线圈的实物外形。

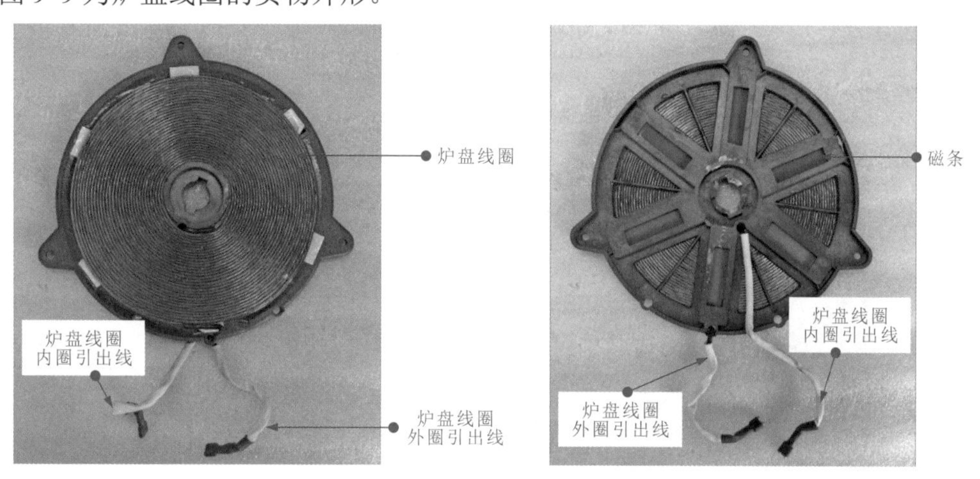

图9-9　电磁炉中炉盘线圈的实物外形

若炉盘线圈损坏，将直接导致电磁炉无法加热的故障。怀疑炉盘线圈异常，可借助万用表检测炉盘线圈的阻值来判断炉盘线圈是否损坏，如图9-10所示。

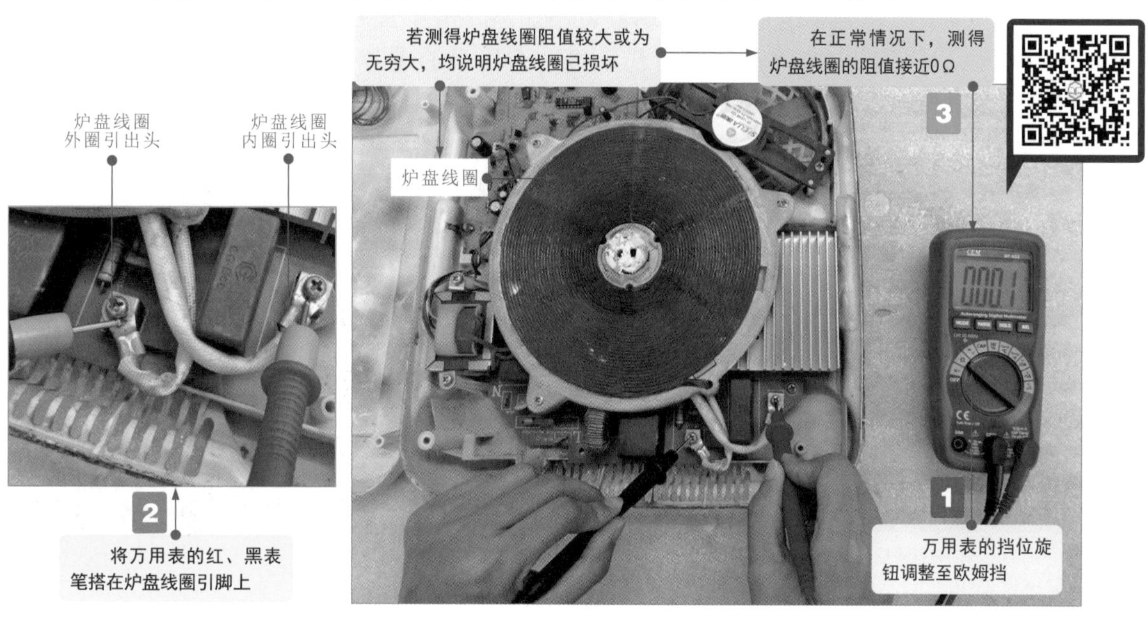

图9-10　电磁炉中炉盘线圈的检测方法

检查电磁炉炉盘线圈时，除可用万用表检测线圈阻值的方法判断外，也可借助数字万用表电感量测量挡位测量炉盘线圈的电感量来判断好坏。目前，电磁炉炉盘线圈的电感量主要有 137μH、140μH、175μH、210μH 等几种规格。

9.6 高频谐振电容的检修

在电磁炉中，与炉盘线圈并联的电容器称为高频谐振电容，它与炉盘线圈并联组成 LC 谐振电路。常用的高频谐振电容规格主要有 0.27μF±5% 或 0.3μF±5%，如图 9-11 所示。

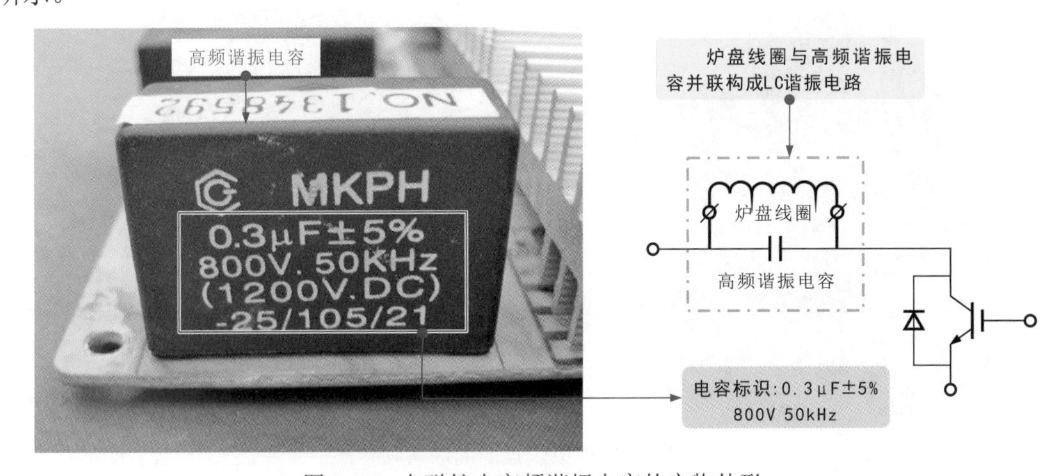

图 9-11 电磁炉中高频谐振电容的实物外形

高频谐振电容与炉盘线圈构成 LC 谐振电路，若谐振电容损坏，电磁炉无法形成振荡回路，将引起电磁炉出现加热功率低、不加热、击穿 IGBT 等故障。

检测高频谐振电容时，一般可借助数字万用表的电容量测量挡检测其电容量，将实测电容量值与标称值相比较来判断好坏，如图 9-12 所示。

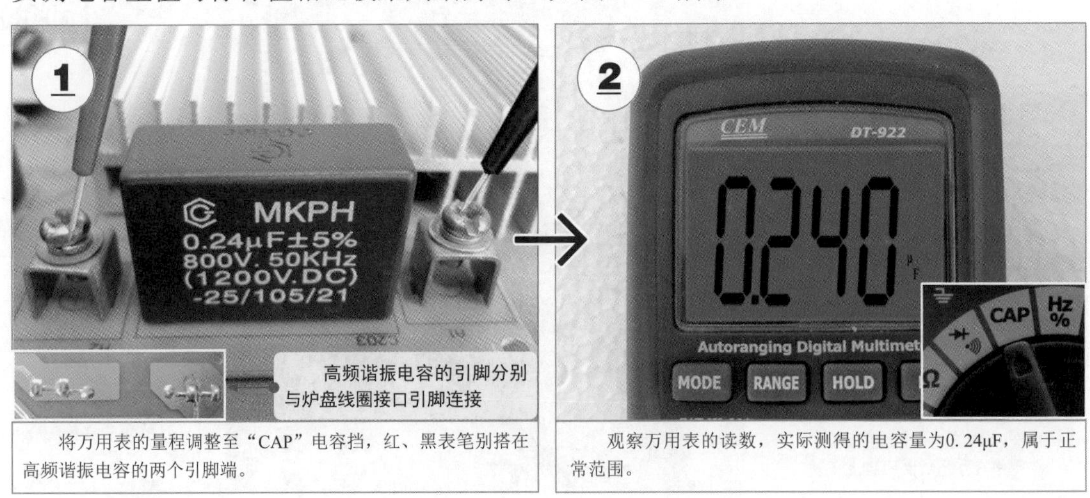

图 9-12 电磁炉中高频谐振电容的检测方法

9.7　IGBT 的检修

IGBT 又称门控管（绝缘栅双极晶体管），是整个电磁炉中最关键的元器件之一。IGBT 的功能是控制炉盘线圈的电流，即在高频脉冲信号的驱动下使流过炉盘线圈的电流形成高速开关电流，并使炉盘线圈与并联电容形成高压谐振，其幅度高达上千伏，所以在 IGBT 上都安装有大型散热片以利于散热，其实物外形如图 9-13 所示。

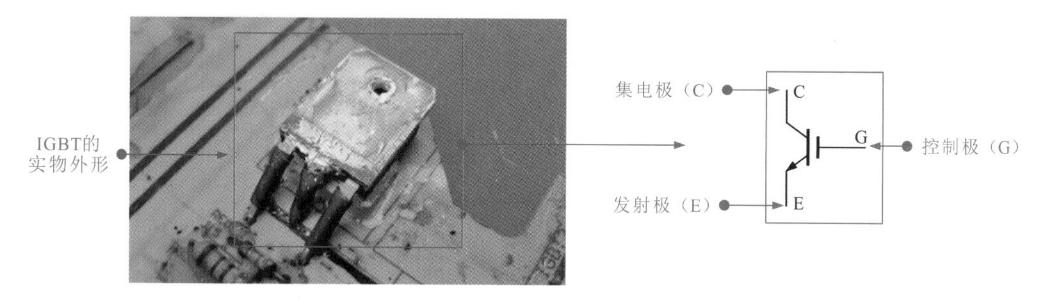

图 9-13　电磁炉中 IGBT 的实物外形

由于工作环境特性，IGBT 是损坏率最高的元件之一。若 IGBT 损坏，将引起电磁炉出现开机跳闸、烧保险、无法开机或不加热等故障。检测 IGBT 是否正常，可借助万用表检测 IGBT 各引脚间的正、反向阻值来判断，如图 9-14 所示。

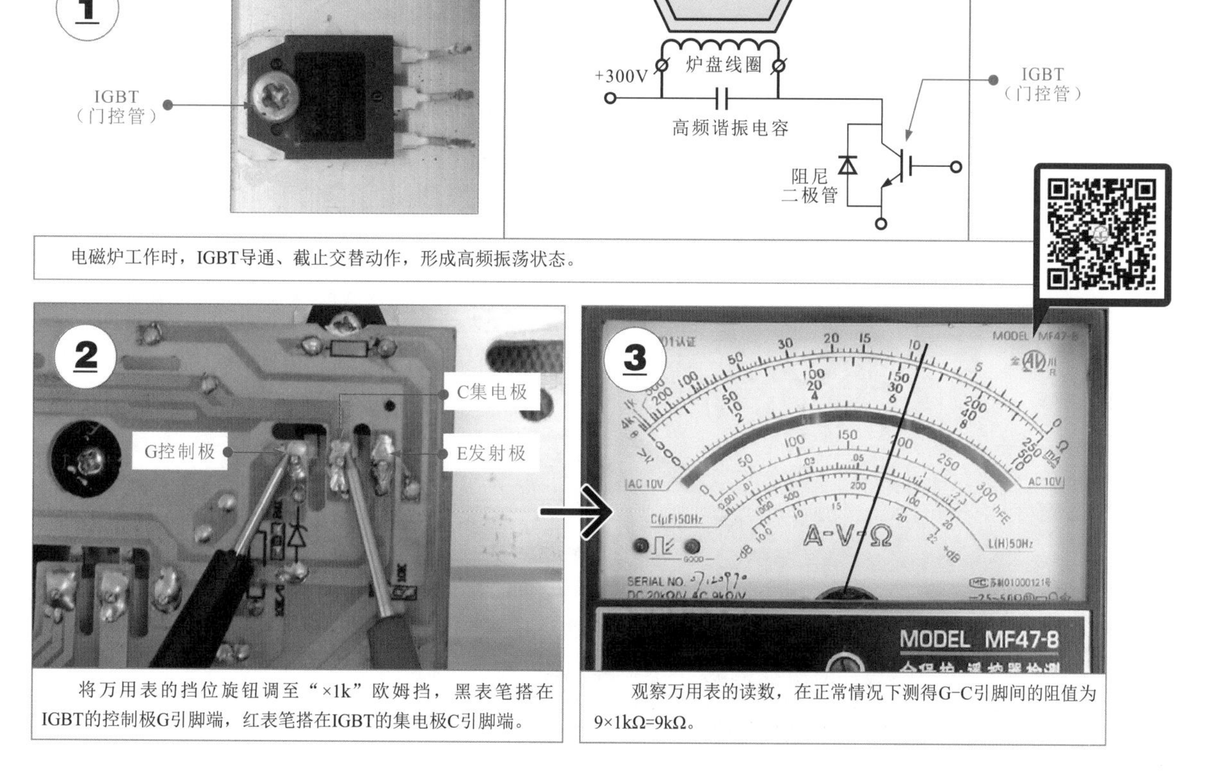

图 9-14

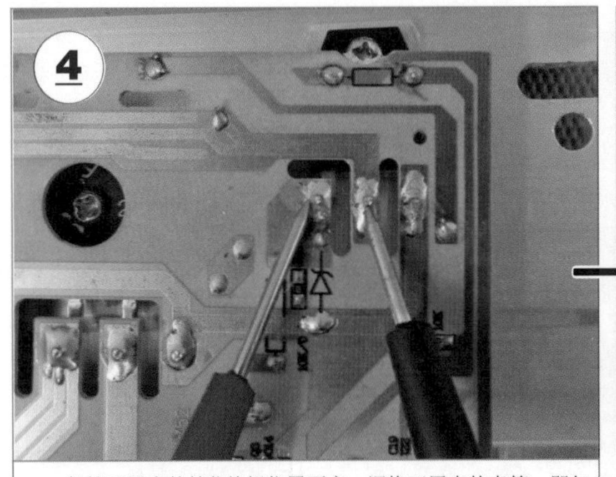

保持万用表的挡位旋钮位置不变，调换万用表的表笔，即红表笔搭在控制极G，黑表笔搭在集电极C，检测控制极与集电极之间反向阻值。

在正常情况下测得，反向阻值为无穷大。使用同样的方法检测IGBT控制极G与发射极E之间的正、反向阻值。实测控制极与发射极之间正向阻值为3kΩ、反向阻值为5kΩ左右

图 9-14 电磁炉中 IGBT 的检测方法

在实测中，IGBT 在路检测时，控制极与集电极之间正向阻值为 9kΩ 左右，反向阻值为无穷大；控制极与发射极之间正向阻值为 3kΩ，反向阻值为 5kΩ 左右。若实际检测时，检测值与正常值有很大差异，则说明该 IGBT 损坏。

另外，有些 IGBT 内部集成有阻尼二极管，因此检测集电极与发射极之间的阻值受内部阻尼二极管的影响，发射极与集电极之间二极管的正向阻值为 3kΩ（样机数值），反向阻值为无穷大。单独 IGBT 集电极与发射极之间的正、反向阻值均为无穷大。

9.8 电压比较器 LM339 的检修

电压比较器 LM339 是一种引脚较少的集成电路，是电磁炉检测及控制电路中的关键元器件之一。

图 9-15 为电压比较器 LM339 的实物外形，其内部集成了四个独立的电压比较器，每个电压比较器都可以独立地构成单元电路。

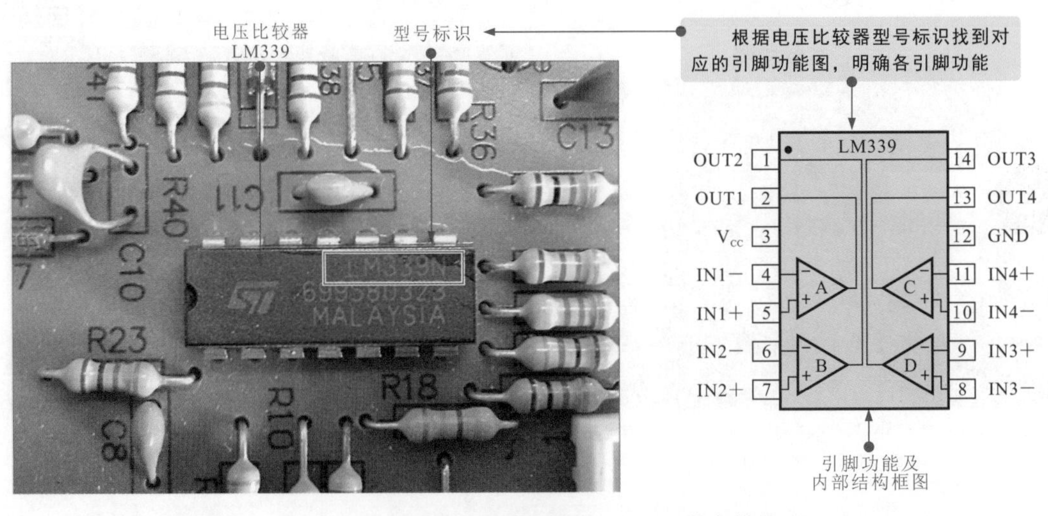

图 9-15 电磁炉中电压比较器 LM339 的实物外形

当电压比较器的同相输入端电压高于反相输入端电压时，输出高电平；当反相输入端电压高于同相输入端电压时，输出低电平。电磁炉中的许多检测信号的比较、判断及产生都是由该芯片完成的。

电压比较器 LM339 各引脚的功能如表 9-2 所列。

表 9-2　电压比较器 LM339 各引脚的功能

引脚号	名称	功能	引脚号	名称	功能
1	OUT2	输出2	8	IN3-	反相输入3
2	OUT1	输出1	9	IN3+	反相输入3
3	VCC	电源	10	IN4-	反相输入4
4	IN1-	反相输入1	11	IN4+	反相输入4
5	IN1+	反相输入1	12	GND	接地
6	IN2-	反相输入2	13	OUT4	输出4
7	IN2+	反相输入2	14	OUT3	输出3

电压比较器 LM339 是电磁炉炉盘线圈正常工作的基本条件元件，若该元件异常，将引起电磁炉不加热或加热异常故障。检测电压比较器 LM339 时，通常可在断电条件下用万用表检测各引脚对地阻值的方法判断好坏，如图 9-16 所示。

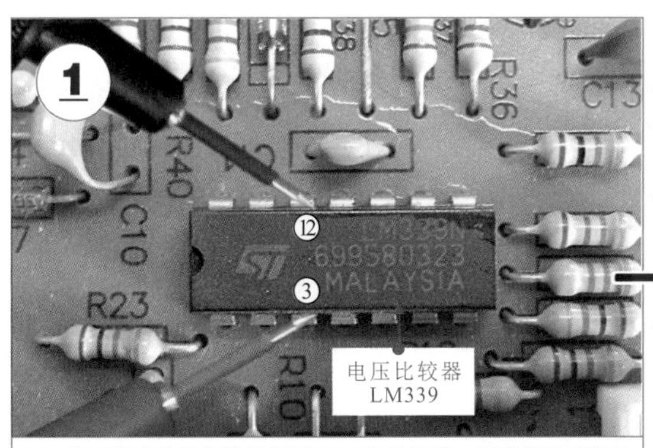

将万用表的挡位旋钮调至“×1k”欧姆挡，黑表笔搭在微处理器接地端（12脚），红表笔依次搭在微处理器各引脚上（以3脚为例），检测微处理器各引脚正向对地阻值。

在正常情况下，可测得3脚正向对地阻值为2. 9kΩ；调换表笔，采用同样的方法检测电压比较器各引脚的反向对地阻值。

图 9-16　电磁炉中电压比较器的检测方法

将实测结果与正常结果相比较，若偏差较大，则多为电压比较器内部损坏。一般情况下，若电压比较器引脚对地阻值未出现多组数值为零或为无穷大的情况，基本属于正常。

电压比较器各引脚对地阻值见表 9-3，可作为参数数据对照判断。

表 9-3　电压比较器 LM339 各引脚对地阻值

引脚	对地阻值/kΩ	引脚	对地阻值/kΩ	引脚	对地阻值/kΩ	引脚	对地阻值/kΩ
1	7.4	5	7.4	9	4.5	13	5. 2
2	3	6	1.7	10	8.5	14	5. 4
3	2.9	7	4.5	11	7.4	—	—
4	5.5	8	9.4	12	0	—	—

9.9 温度传感器的检修

电磁炉中的温度检测传感器主要包括炉面温度检测传感器和 IGBT 温度检测传感器两种，这两种传感器均采用热敏电阻器实现温度检测，如图 9-17 所示。

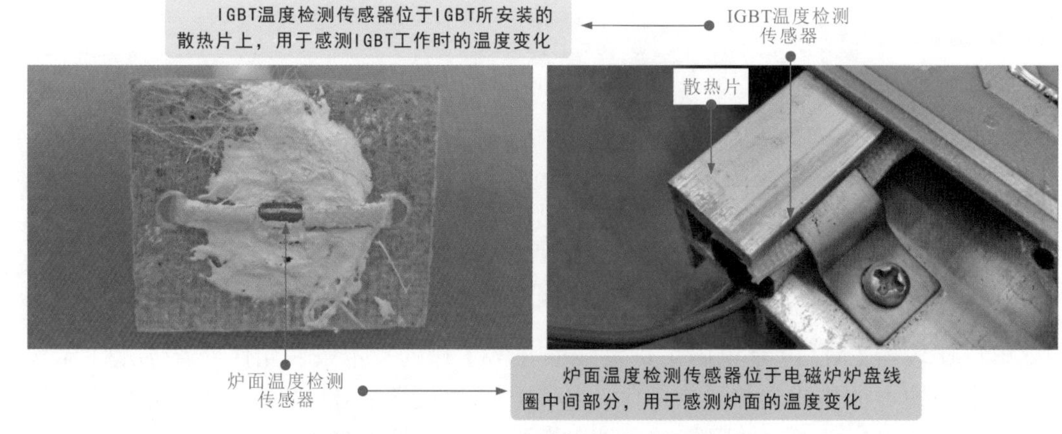

图 9-17　电磁炉中温度传感器的实物外形

炉面温度检测传感器位于电磁炉炉盘线圈中间部分，用于感测炉面的温度变化；IGBT 温度检测传感器位于 IGBT 所安装散热片的下方，用于感测 IGBT 工作时的温度变化。温度检测传感器实质是一种热敏电阻器，它利用热敏电阻器的电阻值随温度变化而变化的特性来测量温度及与温度有关的参数，并将参数变化量转换为电信号，送入控制部分，实现自动控制。

温度传感器异常可能导致电磁炉无法实现过热保护功能。检测温度传感器一般可在改变温度条件下检测其阻值变化情况来判断好坏，图 9-18 为炉面温度传感器的检测方法。

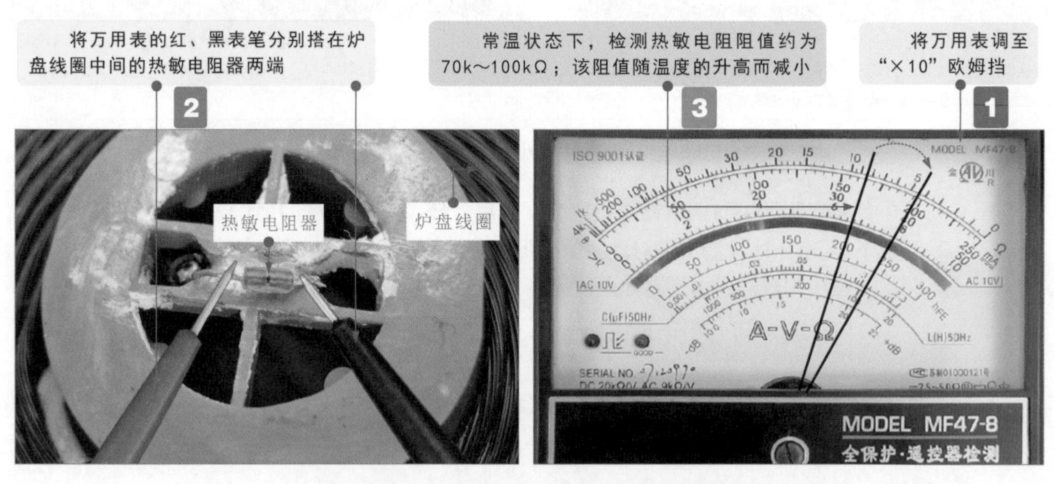

图 9-18　电磁炉中炉面温度传感器的检测方法

若实际检测温度传感器阻值无穷大或阻值不随温度变化而发生变化，则多为温度传感器损坏。

第10章 电动机控制电路中元器件的检修

10.1 直流电动机控制电路的结构组成

直流电动机控制电路是指实现直流电动机启动、运转、停机等控制功能的电路。图10-1为典型直流电动机控制电路的结构组成。

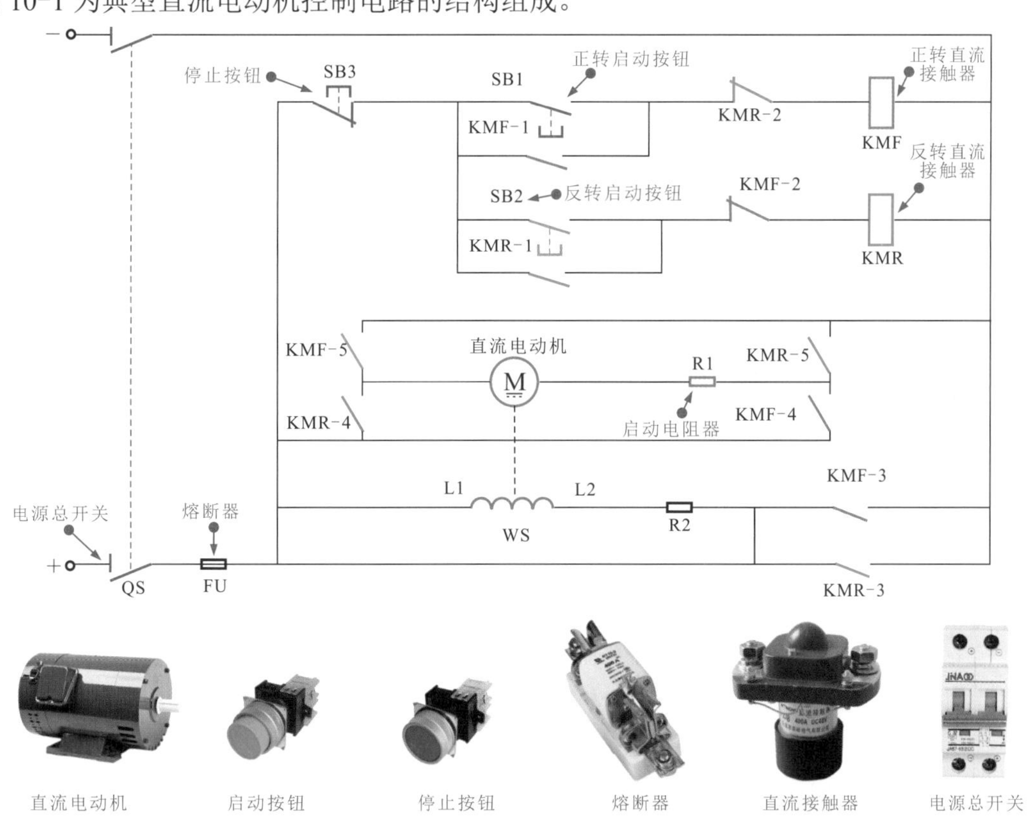

图10-1 典型直流电动机控制电路的结构组成

可以看到，直流电动机控制电路主要由直流电动机和电源总开关、按钮开关、接触器、熔断器等器件构成（不同功能的电路组成部件的类型和数量不同）。

10.1.1 直流电动机的特点

直流电动机是指由直流电源（需区分电源的正负极）供给电能，将电能转变为机械能的电动装置。直流电动机具有良好的可控性能。

1 直流电动机的种类

直流电动机按照主磁场不同可分为永磁式和电磁式直流电动机，如图 10-2 所示。永磁式直流电动机的定子磁极（铁芯）或转子磁极是由永久磁铁组成的。电磁式直流电动机是指在接入外部直流电源后，定子和转子磁极都产生磁场，驱动转子旋转。

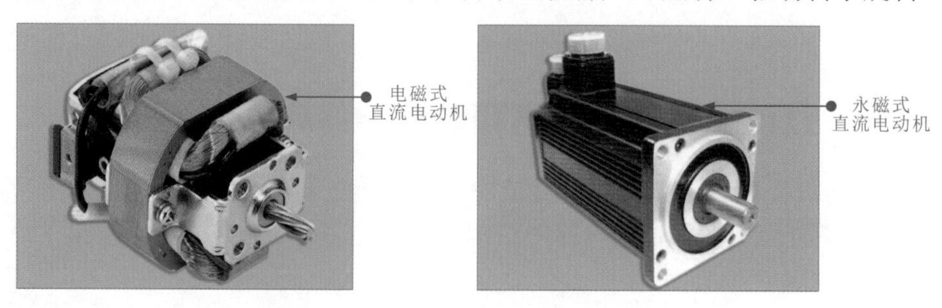

图 10-2　直流电动机按照主磁场分类

2 直流电动机的结构

直流电动机是由定子（静止）和转子（旋转）两个主要部分构成。图 10-3 为直流电动机的内部结构。

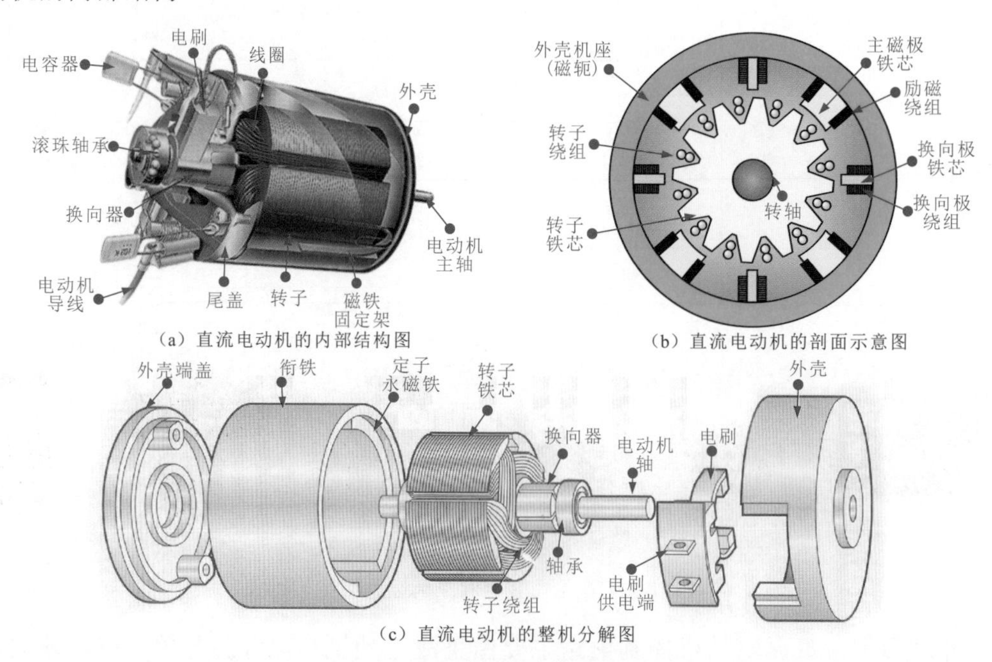

图 10-3　直流电动机的内部结构

直流电动机的定子部分包含了主磁极、衔铁、端盖和电刷等部分；转子部分包含了转子铁芯、转子绕组、转轴、换向器、轴承等部分。

① 直流电动机的定子部分　直流电动机的定子部分主要由主磁极（定子永磁铁或绕组）、衔铁、端盖和电刷等部分组成，如图 10-4 所示。其中主磁极是由定子绕组和衔铁构成，用于建立主磁场。电刷安装于电刷架上，它是由石墨或金属石墨合金构成的导电块，用于为转子线圈供电。

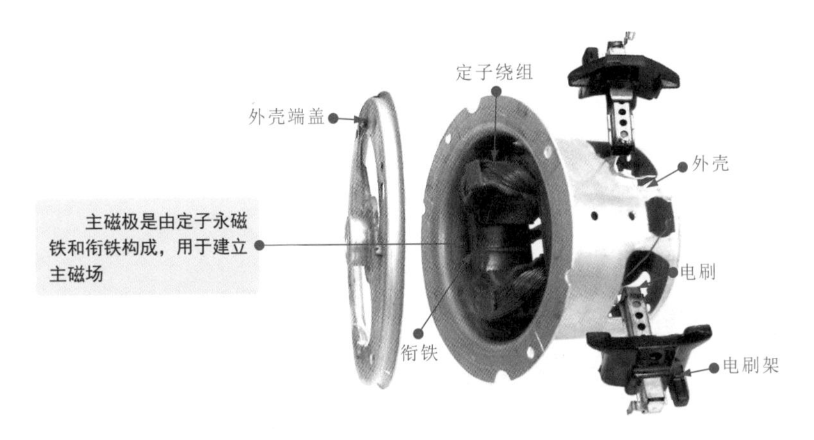

图 10-4　直流电动机的定子部分

② 直流电动机的转子部分　直流电动机的转子部分主要由转子铁芯、转子绕组、轴承、电动机轴、换向器等部分构成的，如图 10-5 所示。

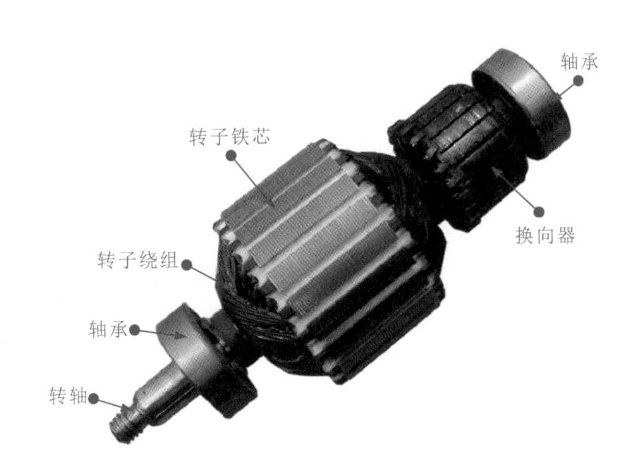

图 10-5　直流电动机的转子部分

转子绕组是由一定数目的绕组按一定规律连接构成的，它们按一定规则嵌放在转子铁芯槽内，它是直流电动机的电路部分，也是产生感应电动势形成电磁转矩进行能量转换的部分。

换向器是由许多换向片构成的圆柱体或圆盘，换向片之间隔有云母绝缘片，每个换向片按一定规则与转子绕组连接。换向器的表面与电刷接触，可以使转动的转子绕组与静止的外电路相连接，引入直流电。

转轴一般是用中碳钢制成的，轴的两端用轴承支撑。

10.1.2 控制按钮的检修

在直流电动机控制电路中，控制按钮用于控制直流电动机的启动和停机。若控制按钮不正常，将导致直流电动机控制电路功能失常。一般可借助万用表检测控制按钮触点间阻值的方法判断好坏。

以常作为启动按钮的常开按钮为例，图 10-6 为该类控制按钮的检测方法。

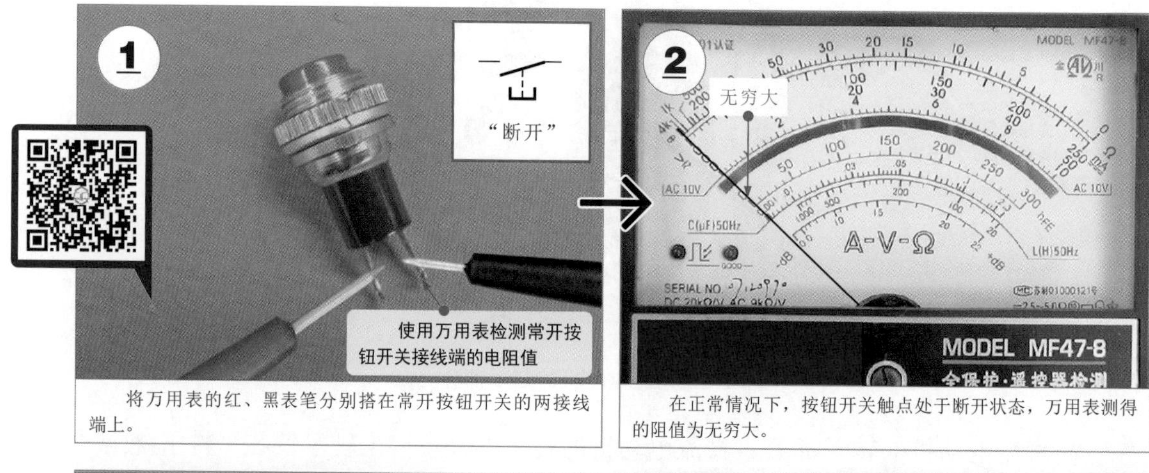

将万用表的红、黑表笔分别搭在常开按钮开关的两接线端上。

在正常情况下，按钮开关触点处于断开状态，万用表测得的阻值为无穷大。

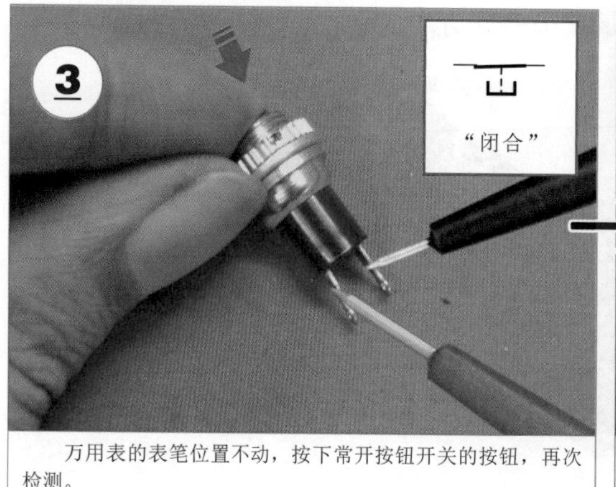

万用表的表笔位置不动，按下常开按钮开关的按钮，再次检测。

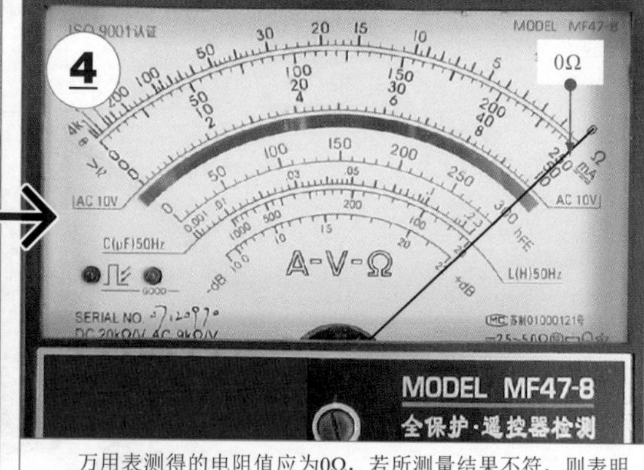

万用表测得的电阻值应为0Ω，若所测量结果不符，则表明该常开按钮开关损坏。

图 10-6 控制按钮的检测方法

10.1.3 熔断器的检修

在直流电动机控制电路中，熔断器通常串接在电源供电电路部分，当电路中的电流超过熔断器允许值时，熔断器会自身熔断，使电路断开，起到保护作用。

图 10-7 为熔断器的工作原理示意图。

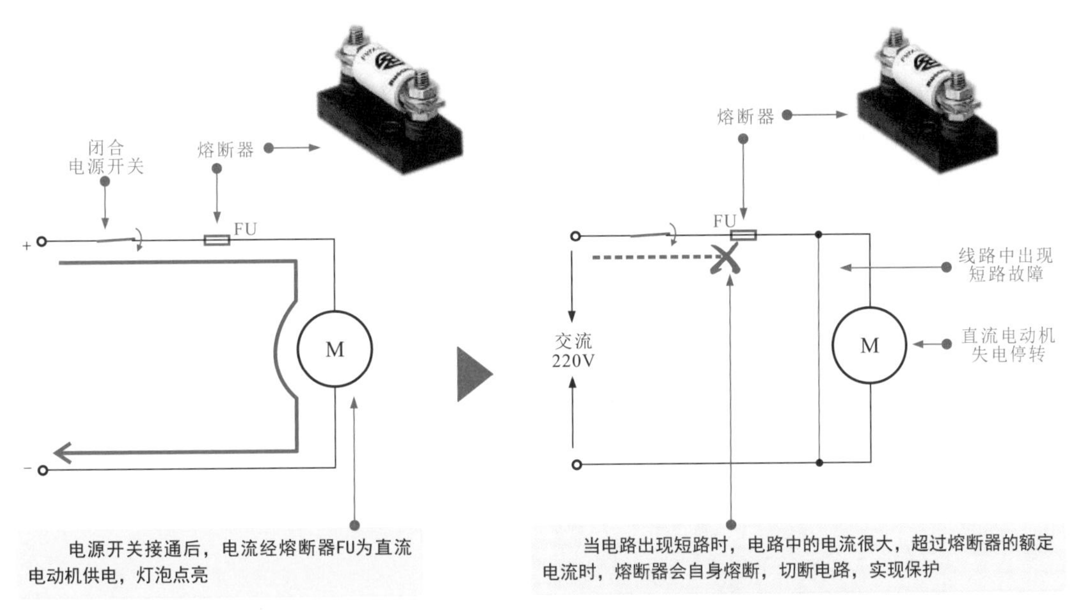

（a）电路正常工作时　　（b）电路出现短路时

图 10-7　熔断器的工作原理示意图

判断熔断器好坏，一般可借助万用表检测熔断器的阻值，如图 10-8 所示。若经检测熔断器的阻值为零，说明其正常；若检测其阻值为无穷大，说明熔断器内部已经熔断损坏。

图 10-8　熔断器的检测方法

10.1.4 直流接触器的检修

直流接触器也是直流电动机控制电路中常用的控制部件。图 10-9 为检测直流接触器，使用万用表对线圈和触点的阻值进行检测。正常情况下，线圈阻值应为无穷大；触点闭合时，阻值为零，断开时，阻值为无穷大。

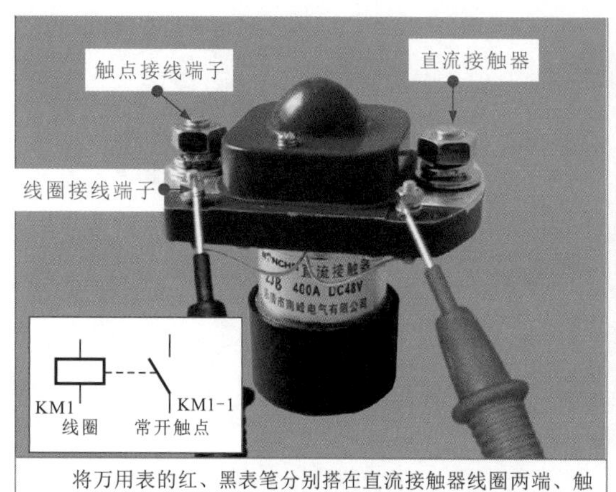

将万用表的红、黑表笔分别搭在直流接触器线圈两端、触点两端接线端子上，分别检测线圈阻值、触点间阻值。

在正常情况下，线圈应有一定阻值；常开触点阻值为无穷大（若包含常闭触点，则常闭触点默认状态阻值应为零）。

图 10-9　直流接触器的检测方法

10.1.5　直流电动机的检修

在直流电动机控制电路中，直流电动机是电路的核心器件。在电路中，检测直流电动机可通过检测其空载电流判断其工作状态。图 10-10 为使用钳形表检测直流电动机的空载电流，在正常的情况下 250W 以下的直流电动机，电流通常在 1A 左右，说明该直流电动机正常。若当该直流电动机的空载电流出现异常时，应对该直流电动机进行检修。

图 10-10　检测直流电动机的空载电流

当直流电动机的绝缘性能不良时，也会导致直流电动机漏电而无法正常进行运转。可使用兆欧表检测直流电动机的绝缘性能。将兆欧表的红色测试夹与直流电动机的连接线进行连接，黑色测试夹与直流电动机的外壳进行连接，摇动手动摇杆，测试绝缘阻值应当为无穷大。若检测到的阻值较小时，说明直立电动机绝缘性能不良或内部与外壳连接短路。

10.2 单相交流电动机供电电路中元器件的检修

单相交流电动机控制电路是指实现单相交流电动机启动、运转、停机等控制功能的电路。图 10-11 为典型单相交流电动机控制电路的结构组成。

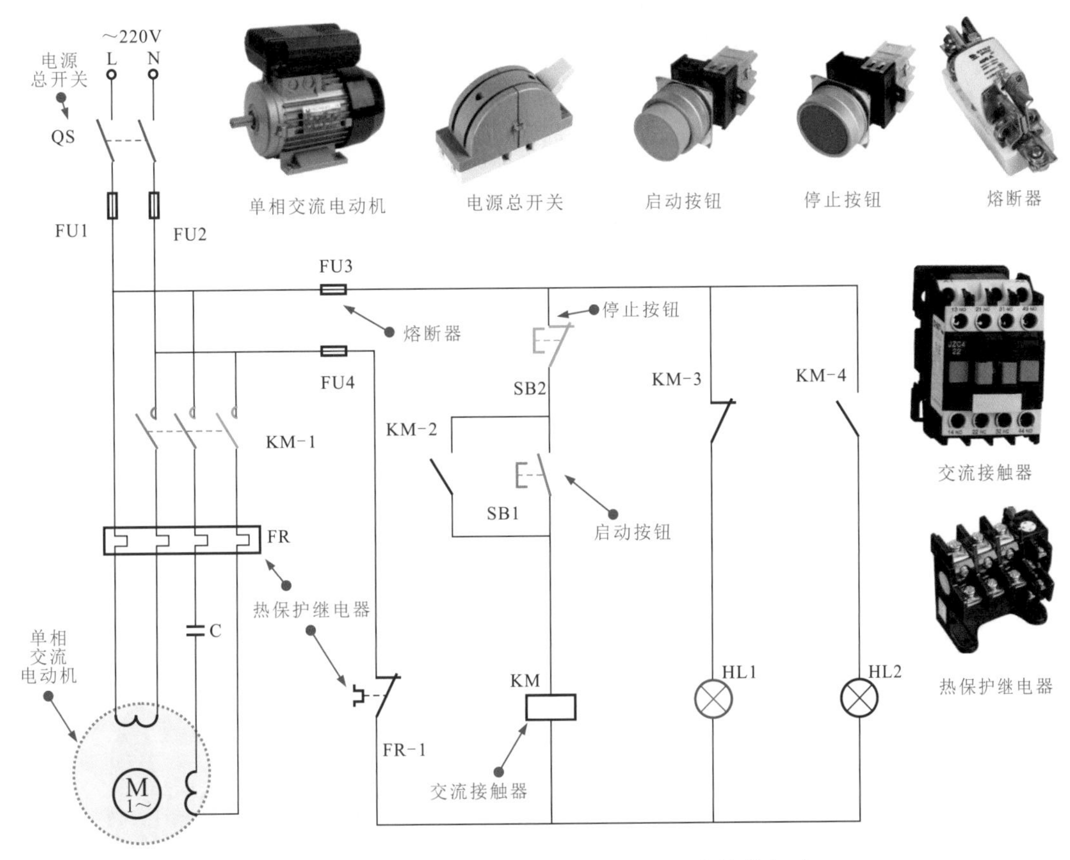

图 10-11　典型单相交流电动机控制电路的结构组成

可以看到，单相交流电动机控制电路主要由单相交流电动机和电源总开关、按钮开关、接触器、熔断器等器件构成（不同功能的电路组成部件的类型和数量不同）。

10.2.1 单相交流电动机的特点

单相交流电动机是利用单相交流电源（220 V）供电，通过电磁感应原理，将电能转化成机械能的设备。单相交流电动机根据内部结构不同可分为单相同步电动机和单相异步电动机，如图 10-12 所示。

单相同步电动机是指电动机的转动速度与供电电源的频率保持同步，该电动机的转速主要取决于市电的频率和磁极对数，而不受电压和负载大小的影响。单相同步电动机结构简单、体积小、消耗功率少，转速比较稳定，适用于自动化仪器和生产设备中。

单相异步电动机是指电动机的转动速度与供电电源的频率不同步，其转速低于同步转速，应用广泛。一般常应用于输出转矩大、转速精度要求不高的产品中。

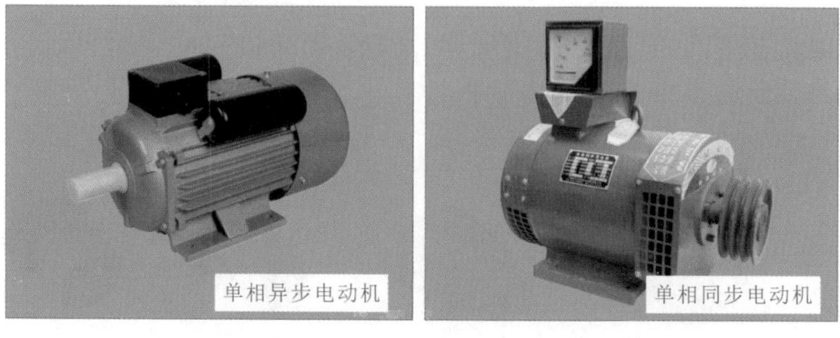

图 10-12 单相交流电动机

单相异步电动机是目前应用比较广泛的单相电动机，其内部结构和直流电动机基本相同，都是由静止的定子、旋转的转子以及端盖等部分构成的，但这种电动机的电源是加到定子绕组上，无电刷和换向器，图 10-13 为典型单相异步电动机的内部结构。

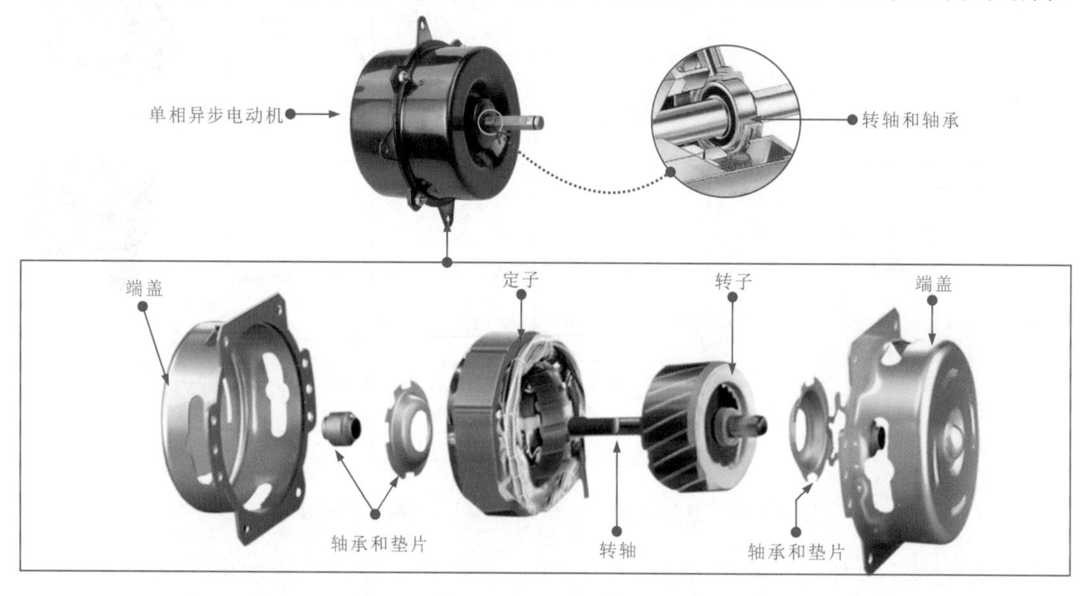

图 10-13 典型单相异步电动机的内部结构

单相异步电动机的定子部分主要是由定子铁芯、定子绕组和引出线等部分构成的，其中引出线用于接通单相交流电，为定子绕组供电，而定子铁芯除支撑线圈外，主要功能是增强线圈所产生的电磁场。

单相异步电动机的转子主要是由转子铁芯和转轴等部件构成的，是单相交流电动机的旋转部分，通常采用笼形铸铝转子，转子铁芯一般为斜槽结构。

10.2.2 单相交流电动机的检修

检修单相交流电动机一般可对其绕组阻值、绝缘阻值和空载电流三个方面检测。

1 单相交流电动机绕组阻值的检测

判断单相交流电动机是否发生故障，可使用万用电桥对单相交流电动机的绕组阻值进行检测，检查绕组是否有短路或断路性故障。

① 估测绕组阻值。将接线盒拆开后，可看到两组线圈的 4 根引线，使用万用表预测一下绕组的阻值，将万用表调至“×1”欧姆挡，断开电机绕组的接线分别检测两个绕组的电阻，如图 10-14 所示，测得运行绕组的阻值结果接近 15Ω。根据该结果，便可对万用电桥的量程进行选择。使用电桥测量比较准确，在没有万用电桥的情况下，也可使用万用表进行检测。

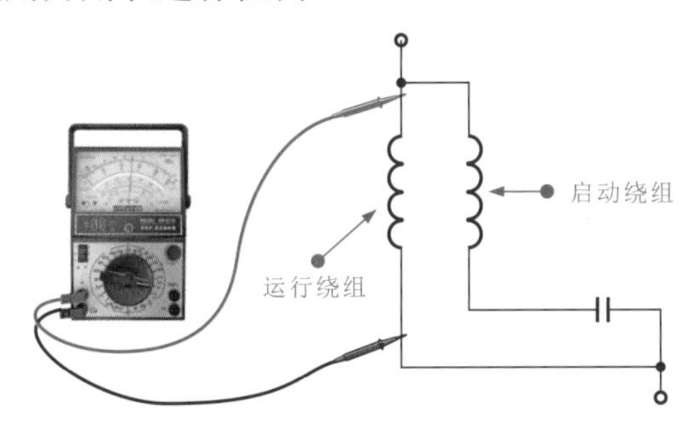

图 10-14　估测绕组阻值

② 测量绕组阻值。根据估测阻值（15Ω），将万用电桥的量程旋钮调至 100Ω，测量范围调至“R ⩾ 10”处，然后将鳄鱼夹插到万用电桥的插孔中。将红、黑鳄鱼夹分别夹在运行绕组的两端，调整读数和损耗因数旋钮，直到指针指向零处，如图 10-15 所示。损耗平衡调整到“1”处，第一位读数为 0.1，第二位读数为 0.04，即被测阻值为（0.1+0.04）×100Ω=14Ω。然后再对启动绕组的阻值进行检测，测量结果为 7Ω。

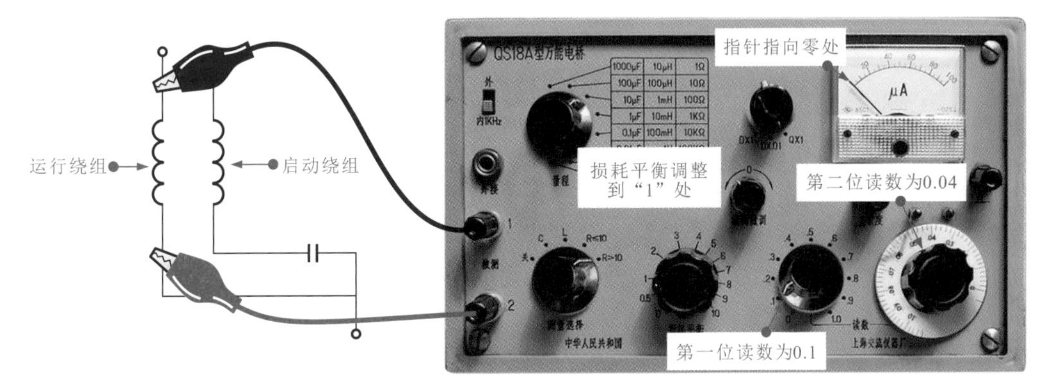

图 10-15　测量绕组阻值

在正常情况下，两根相线之间的阻值等于两组相线与零线之间的阻值之和，即 21Ω=14Ω+7Ω。若测量结果不相符以及出现无穷大或 0，说明电动机的线圈绕组有故障。

2 单相交流电动机外壳绝缘阻值的检测

若电动机外壳有漏电现象，可使用兆欧表检测其外壳的绝缘性能是否良好。将红鳄鱼夹夹在相线上，将黑鳄鱼夹夹在电动机外壳上，用手匀速摇动兆欧表的摇杆，如

图 10-16 所示。正常情况下，绝缘阻值应为无穷大。再将红鳄鱼夹夹在另一根相线上，测得的绝缘阻值也为无穷大。若检测阻值较小或为 0，说明电动机绝缘性能不良或内部导电部分与外壳相连。

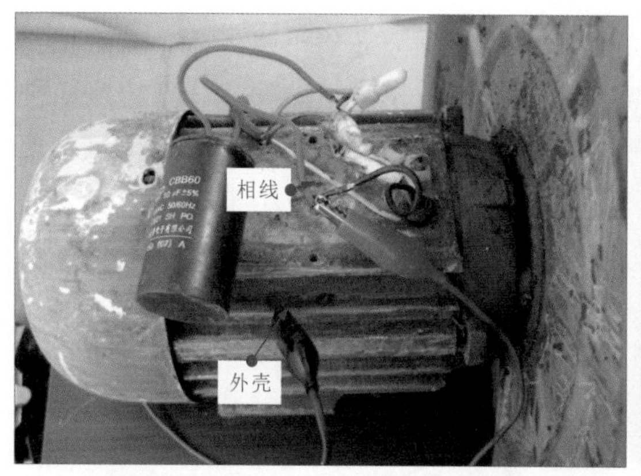

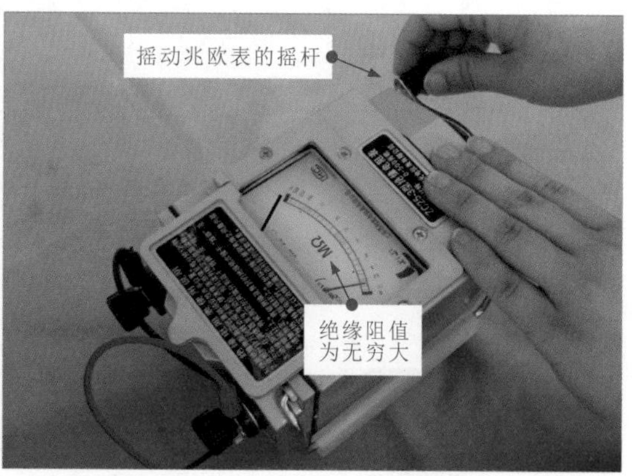

图 10-16　测量线圈与外壳的绝缘阻值

3 单相交流电动机空载电流的检测

使用钳形表分别钳住为电机绕组供电的相线或零线，如图 10-17 所示，所测得的空载电流量应相差不多。若测的电流值偏离正常值或测得的两个电流相差较大，说明电动机存在故障。

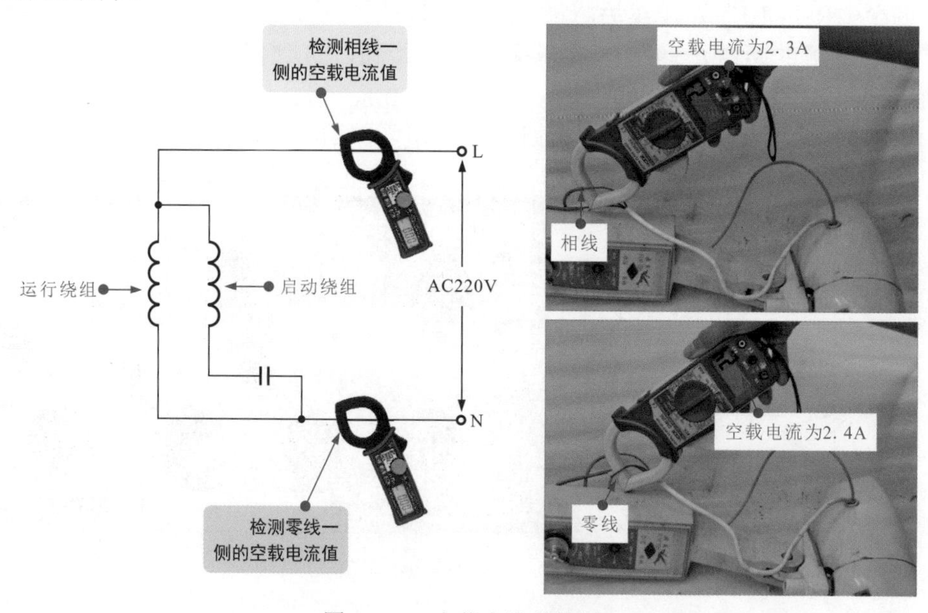

图 10-17　空载电流的检测

10.2.3 电源总开关的检修

在单相交流电动机供电电路中，电源总开关用于控制整个电路电源的输入。当电

路供电失常时，应重点检测电源总开关。

检测电源总开关，应先检查电源总开关的输入输出引线连接是否牢固。如图 10-18 所示。检查线缆连接部分，此时要注意电源总开关的依然有 220V 电压，检查时不要用手触摸金属部分。确认完线缆连接情况后，打开外壳，检查熔丝是否烧断。若熔丝烧断，直接更换熔丝即可。

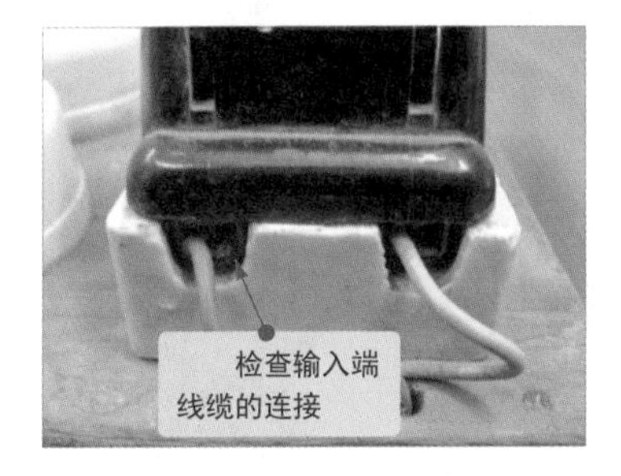

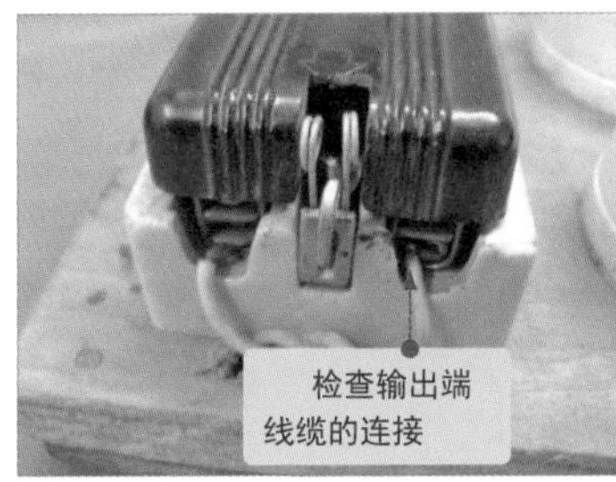

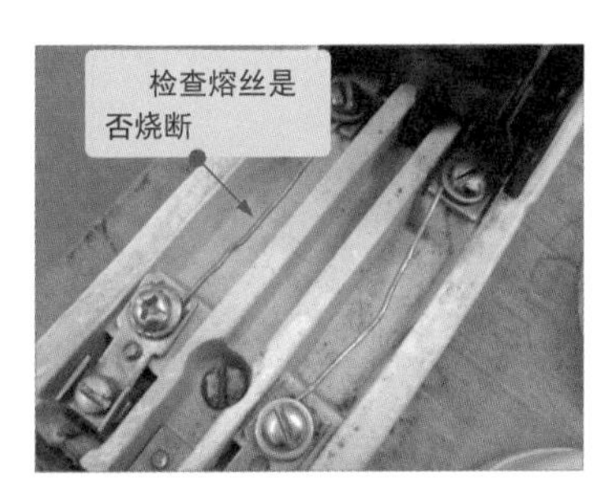

图 10-18　检查输入输出引线和熔丝

若熔丝没有烧断，将电源总开关拆下，使用万用表检测其阻值，如图 10-19 所示。在闭合状态下，总开关两端阻值极小，接近于零；在断开状态下，阻值应为无穷大。若测量阻值不正常，说明熔丝不良或触刀部分有故障。

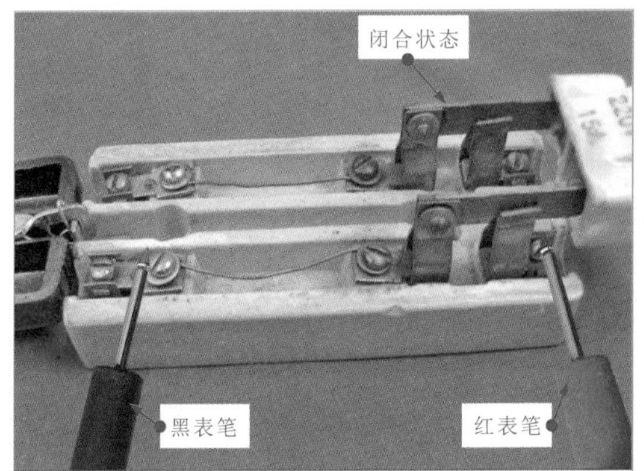

将万用表的红、黑表笔分别搭在电源总开关其中一相的两个接线端子上.

在正常情况下，电源总开关闭合，其触点间阻值应为零；电源总开关断开，其触点间阻值应为无穷大。

图 10-19　检测电源总开关

10.3 三相交流电动机供电电路中元器件的检修

三相交流电动机控制电路是指实现三相交流电动机启动、运转、调速、反转、制动、停机等控制功能的电路。

图 10-20 为典型三相交流电动机控制电路的结构组成。

可以看到，三相交流电动机控制电路主要由三相交流电动机和三相断路器、按钮开关、交流接触器、熔断器、过热保护继电器等元器件构成（不同功能的电路组成部件的类型和数量不同）。

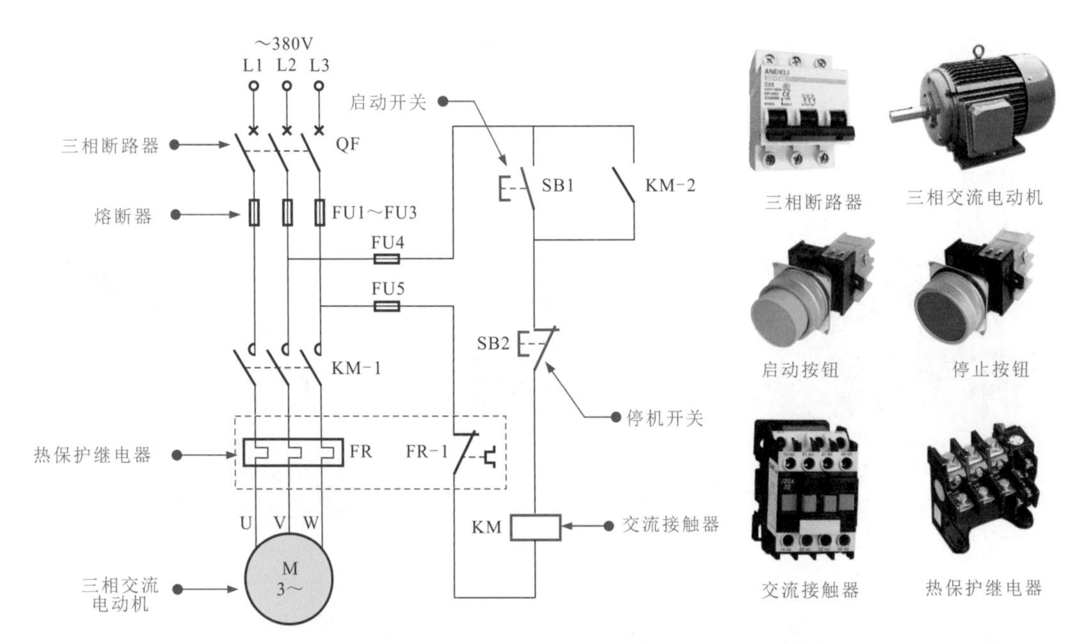

图 10-20 典型三相交流电动机控制电路的结构组成

10.3.1 三相交流电动机的特点

三相交流电动机是利用三相交流电源供电的电动机，一般供电电压为交流三相380V。在三相交流电动机中最常见的就是三相异步电动机。根据其内部结构不同，通常可分为笼型异步电动机和绕线型异步电动机。

图 10-21 为典型三相异步电动机的实物外形。

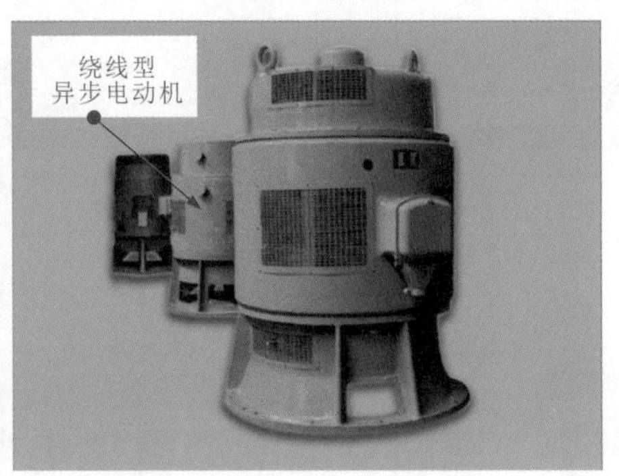

图 10-21 典型三相异步电动机的实物外形

笼型异步电动机的转子线圈采用嵌入式导电条性做鼠笼，这种电动机结构简单，部件较少，而且结实耐用，工作效率也高，主要应用于机床、电梯等设备中。

绕线型异步电动机中转子采用绕线方式，可以通过滑环和电刷为转子线圈供电，通过外接可变电阻器就可方便地实现速度调节，因此其一般应用于要求有一定调速范围、调速性能好的生产机械中，如起重机、卷扬机等。

三相异步电动机同样是由静止的定子部分和转动的转子两个主要部分构成的。其中定子部分是由定子绕组（三相线圈）、定子铁芯和外壳等部件构成的；转子部分是由转子、转轴、轴承等部分构成的，图 10-22 为典型三相异步电动机的内部结构。

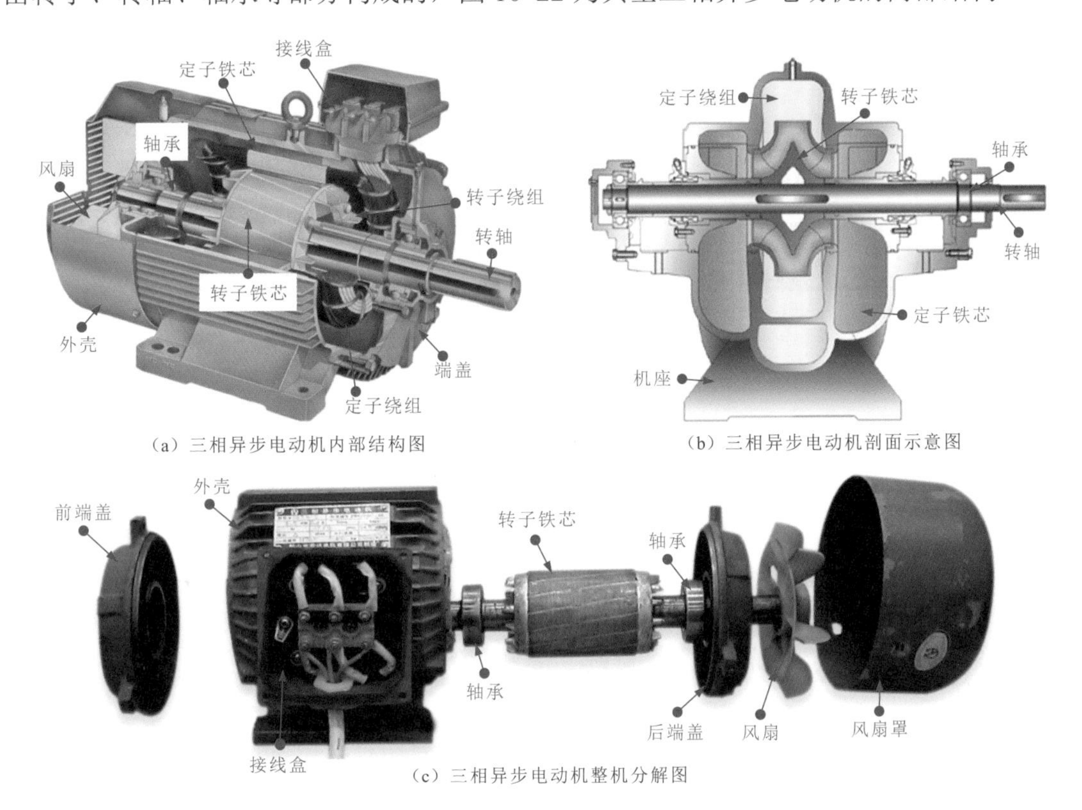

图 10-22　三相异步电动机的内部结构

三相异步电动机的定子部分主要由定子绕组、定子铁芯和外壳部分构成，其中定子绕组有 3 组，分别对应于三相电源，它是定子中的电路部分，每个绕组包括若干线圈；而定子铁芯是三相异步电动机磁路的一部分，由涂有绝缘漆的薄硅钢片叠压而成。

三相异步电动机的转子部分主要由铁芯、转子绕组、转轴和轴承等部件构成，是三相异步电动机的旋转部分。

10.3.2 三相断路器的检修

三相断路器是三相交流电动机控制电路中用于控制电源通断的重要元器件。在工作状态用万用表检测断路器的输出电压（检测时注意绝缘保护，防止触电），可判别断路器是否有故障。正常情况下，任意两相之间应有 380V 的交流电压。如图 10-23 所示，将万用表的两只表笔任意搭在断路器的输出端上，当断路器处于断开状态时，电压应为 0；当断路器处于闭合状态时，电压应为交流 380V。经检测，该断路器正常，无故障。

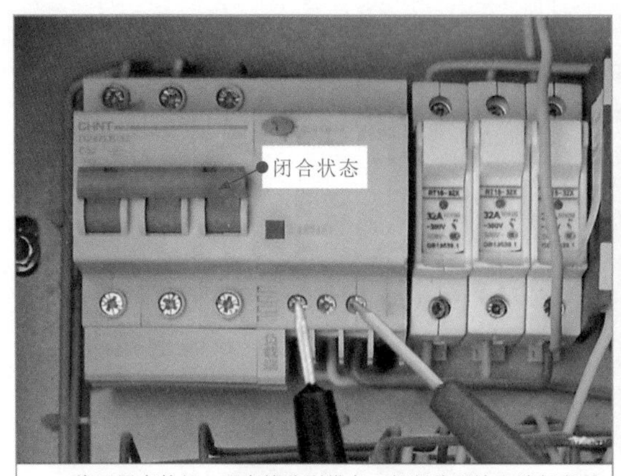

将万用表的红、黑表笔分别搭在三相断路器输出端任意两相的接线端子上（注意确认人身安全）。

在正常通电情况下，三相断路器输出端任意两相之间的电压应为380V，否则说明断路器存在断路故障。

图 10-23　三相断路器的检测方法

也可将断路器拆下，使用万用表进行开路检测。万用表调至“×1”欧姆挡，将红、黑表笔搭在触点的两个接线端子上，在闭合状态下，触点阻值应为0；在断开状态下，测得阻值应为无穷大。若测量阻值不正常，说明该断路器已损坏。

10.3.3 热继电器的检修

热继电器是利用电流热效应原理实现过热保护的一种继电器，是一种电气保护元器件。它利用电流的热效应来推动动作机构使触头闭合或断开，用于电动机的过载保护、断相保护、电流不平衡保护及其他电气设备发热状态时的控制。

取下热继电器，检测触点间的电阻值是否正常，具体操作如图10-24所示。

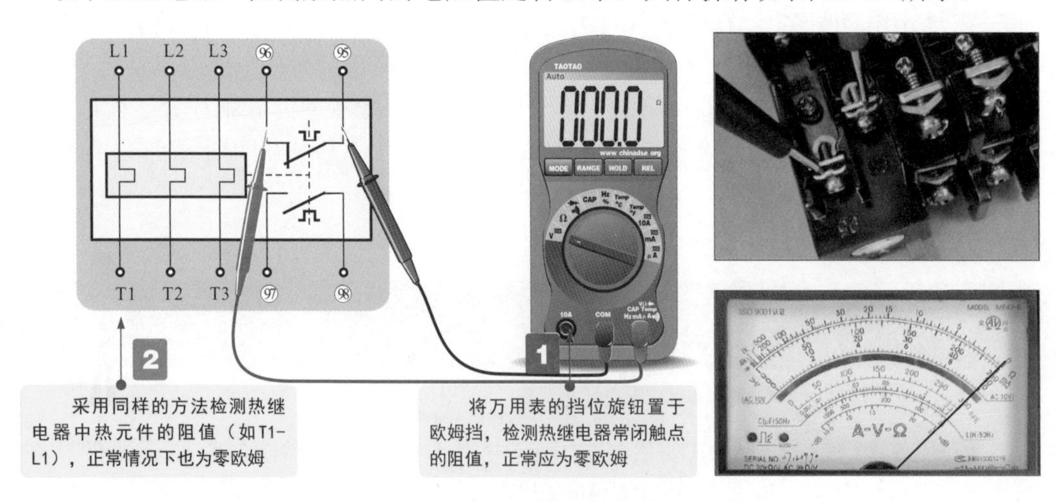

图 10-24　热继电器的检测方法

在正常情况下，热继电器热元件的阻值为零；常闭触点间的阻值也为零。若实际检测不符合这一规律则多为热继电器内部存在断路故障。

第 11 章 变频控制电路中元器件的检修

11.1 变频电动机的结构组成

变频控制电路是指通过变频器控制变频电动机或三相交流电动机工作状态的电路。图 11-1 为典型变频控制电路的结构组成。

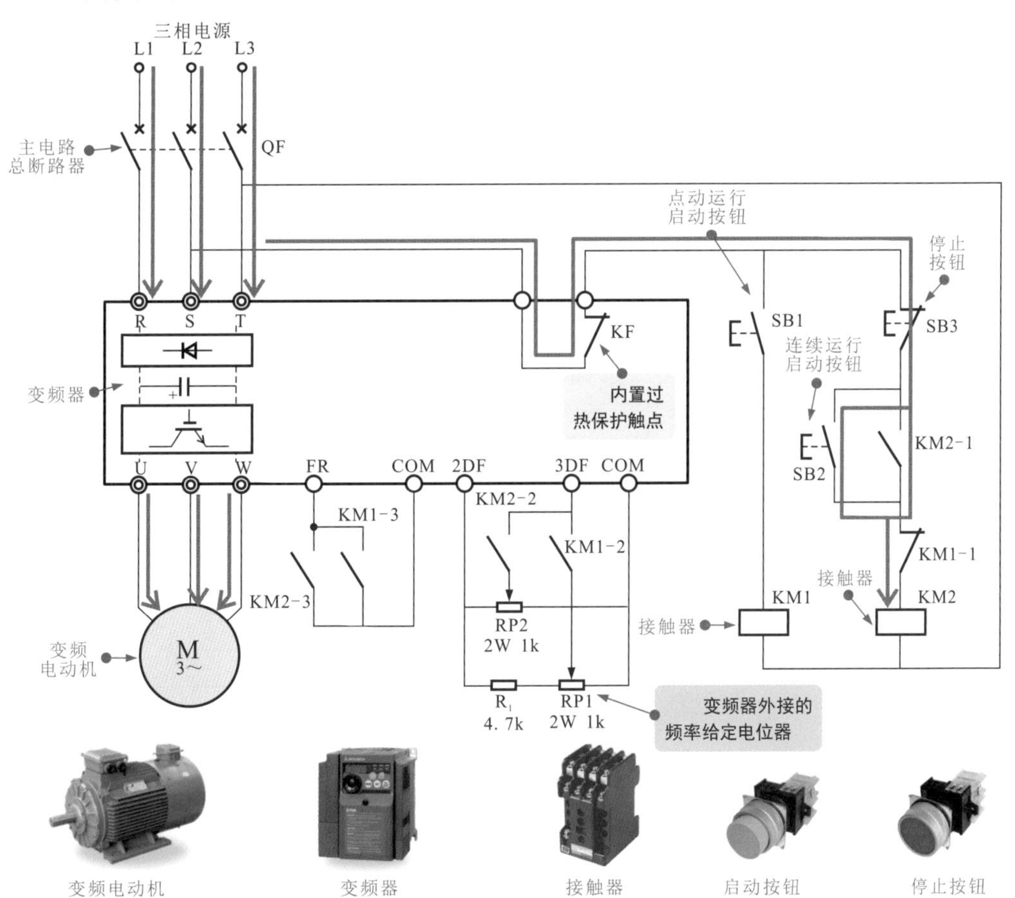

图 11-1 典型变频控制电路的结构组成

可以看到，在变频控制电路中，变频电动机是主要的动力来源。变频电动机是指可通过改变供电电源频率来实现调速目的的电动机，目前多指专用于和变频器配合使用的一类电动机，其外形和基本电气结构与普通交流电动机大致相同，如图 11-2 所示。

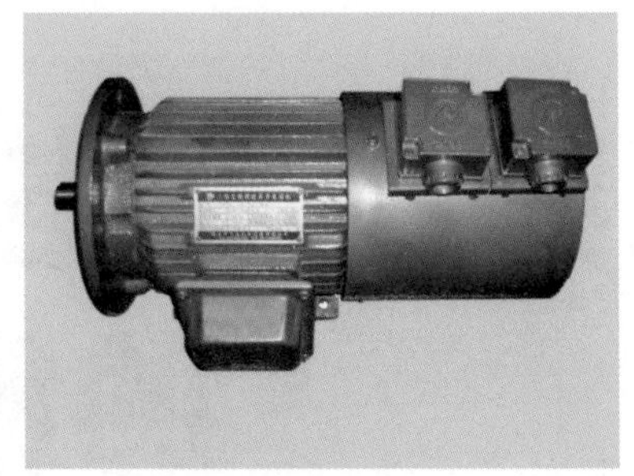

图 11-2　典型变频电动机的实物外形

相对于普通电动机（这里指交流异步电动机）来说，从结构上，变频电动机是在普通电动机的基础上为适应变频器的调速控制进行相应技术上的调整和改进；从性能上，变频电动机更能够适应变频调速控制系统中的各种参数要求和控制特点。

在介绍变频电动机特点之前，首先了解一下普通电动机与变频器配合使用时的一些特点和状态。

在采用普通电动机实现的变频调速控制线路中，不论变频器采用何种控制方式，其输出的都是非正弦波电源。而普通电动机都是按照恒频恒压（正弦电源）的条件进行设计的，可见非正弦波电源不可避免地会对普通电动机在运行特性上产生影响，主要有以下几个方面。

① 在效率、损耗和温升方面的影响。以目前较普通的 PWM 型变频器来说，其产生的非正弦波电源具有很高的高次谐波电压分量，如图 11-3 所示。该电压分量将引起电动机定子铜损、转子铜损和铁损的增加，从而影响电动机的效率。

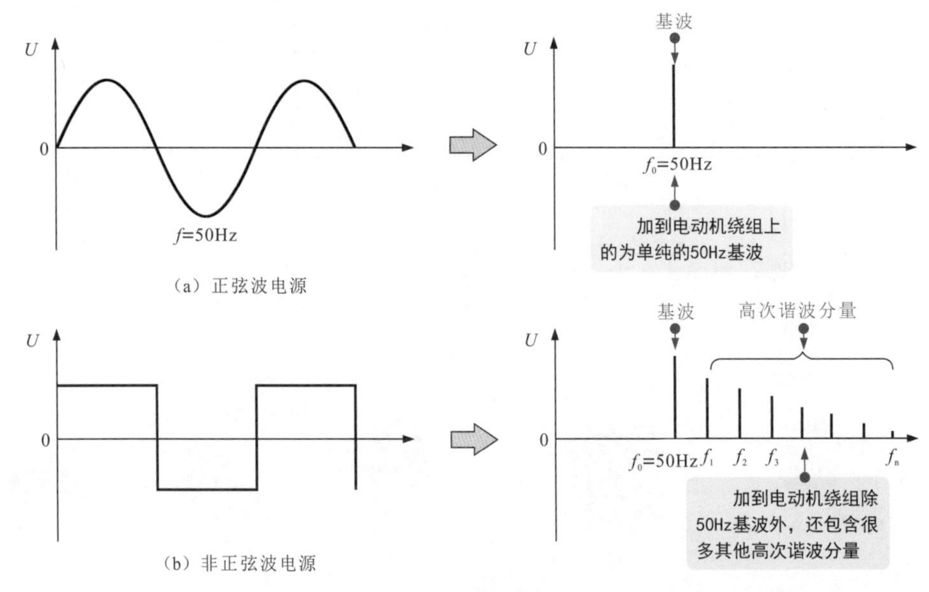

图 11-3　非正弦波电源中的高次谐波电压分量

② 变频器输出较大的冲击电压，对电动机绕组的绝缘强度产生一定的影响。变频器在进行变频调速时，将产生矩形斩波冲击电压，该电压不但峰值高而且出现的频率高，在与运行电压进行叠加后将直接影响电动机的对地绝缘效果，特别是在冲击电压较大，并反复冲击时，对地绝缘将加速老化，直接影响电动机的安全性和稳定性。

另外，目前不少中小型变频器采用PWM控制方式，它的载波频率约为几千到几十千赫兹，载波分量会叠加在驱动电动机的电流中，这就使得电动机定子绕组要承受很高冲击电压，这就对电动机的绕组匝间绝缘提出了更高的要求。

③ 噪声及振荡的影响。当采用正弦波电源供电时，普通电动机因电磁、机械、通风散热等引起的振动和噪声问题，在采用非正弦波电源供电时变得更为复杂，特别是当非正弦波电源中的高次谐波与电动机各种结构件固有的频率一致或接近时，将产生共振，从而加大噪声。

④ 低速运转时的散热问题。在采用普通电动机与变频器配合工作实现变频调速的线路中，当变频器执行调速功能，输出电源频率较低时，电动机的转速随之降低，但同时冷却风量与转速的三次方成比例减小，将直接引起电动机低速下散热困难，将导致电动机内部温升急剧增加。

⑤ 频繁启动、制动时的适应性问题。在变频器控制下，由于变频器具有低频率启动和各种制动方式进行快速制动功能，普通电动机在其控制下可实现频繁启动、正反转和制动控制。例如，为了达到节能效果，风机可每天启动几十次，泵类可启动几百次等等，可见电动机将常常处于循环交变力的作用下，将直接加速电动机的机械部分和电磁部分老化。

⑥ 轴电压和轴承的问题。非正弦波电源对电动机轴电压和轴承的影响一般体现在大容量电动机上，特别对于高速和采用滑动轴承的情况下，轴电压过高可能会破坏轴承油膜，从而缩短轴承寿命或损坏轴承合金。

为了有效地避免上述各方面的影响，并改善电动机对非正弦波电源的适应能力，变频电动机在磁路和物理结构上进行了改进。

1 变频电动机磁路特点

① 变频电动机的主磁路一般设计成不饱和状态。

② 定子和转子电阻尽可能减小，以降低基波铜耗，弥补高次谐波铜耗的增加，提高效率，降低温升。

③ 适当增加电动机绕组的匝数，以抑制高次谐波，但需要兼顾整个调速范围内阻抗匹配的合理性。

2 变频电动机结构特点

变频电动机结构的变化也主要是考虑非正弦波电源对电动机的影响，一般从绝缘强度、振动、噪声和冷却方式上有所突破。

① 变频电动机对地绝缘和绕组线匝的绝缘等级比较高，一般为F级或更高，具有很强的绝缘耐冲击电压的能力。

② 变频电动机通常采用强迫通风冷却方式，如图11-4所示，与普通的自带风扇冷

却方式不同，变频电动机的散热风扇采用独立的电动机进行驱动。

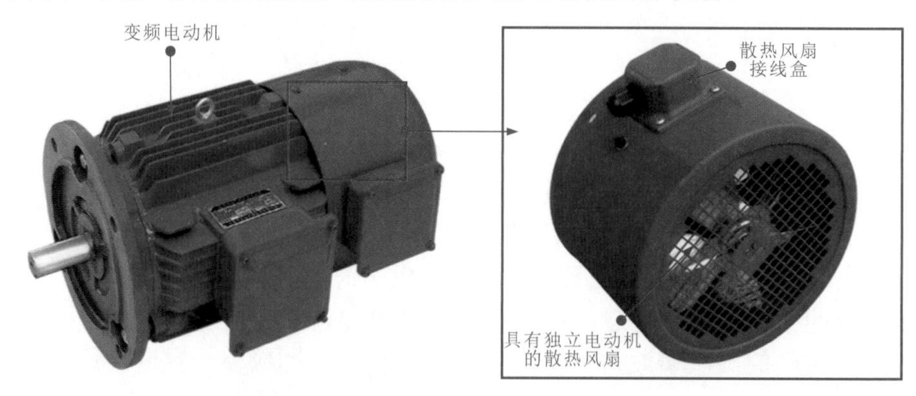

图 11-4　变频电动机的强迫通风冷却方式

对于不能采取强迫通风的场合，也应尽可能减少各种损耗，提高线圈短路的传热性能，加强机座本身的散热能力。

③ 变频电动机在充分考虑电动机构件及整体刚性的前提下，尽力提高电动机机体的固有振动频率，避免与电磁力波产生共振现象，降低噪音产生。

④ 对于超过 160 kW 的变频电动机，其轴承采取绝缘措施，防止轴电流过大而导致轴承损坏。

⑤ 变频电动机的轴承采用耐高温特殊润滑脂。特别是对于恒功率的变频电动机，其转速较高，需要用特殊润滑脂来补偿轴承的温度升高。

综合所述，变频器电动机突出优势主要体现在能够克服低频时的过热与振动、特殊的绝缘结构、强制通风散热系统、低噪音、宽调速（0.1 ～ 130 Hz）平稳特性、与变频器良好的匹配和一定程度的节能等各方面。

3 典型变频电动机的性能特点

目前，在实际应用中，由变频器实现调速控制的线路大多还是采用普通电动机，特别是一些采用中小功率的电动机场合，普通电动机可满足一般生产需求，并不影响正常使用，但在一些特大功率、特殊电压（如轧钢厂）、伺服或机床主轴等要求定位性能较高的场合、要求运行和电磁性能较高的场合、调速范围大且长期工作在低速的场合，需要用专用的变频电动机与变频器匹配使用。

下面简单介绍几种常见变频电动机的性能特点。

① YVP（YVF）系列变频电动机　图 11-5 为典型 YVP 系列变频电动机的实物外形，属于变频调速三相异步电动机。

YVP 系列变频电动机是为了满足以变频器为供电电源，对三相异步电动机特殊的电枢磁场及匝间绝缘的要求而产生的 Y 系列派生电动机。可应用于要求调速及快速停车、准确定位的场所，如机械、轻工、纺织、化工、冶金以及各种流水线等行业。其具体性能特点如下：

a. 绝缘等级：F 级或 H 级；

b. 外壳防护等级：IP44 或 IP54；

c. 工作方式：连续型；

d. 冷却方式：IC01 或 IC06（全封闭自扇冷及单独轴流风机冷）；

e. 调速范围（5 ～ 100Hz）：5 ～ 50Hz 为恒转矩调速；50 ～ 100Hz 为恒功率调速。

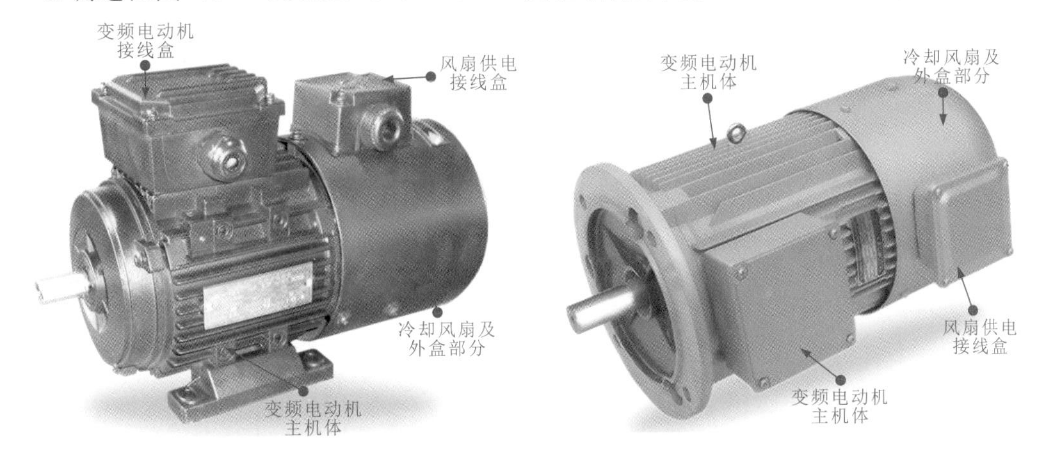

图 11-5 典型 YVP 系列变频电动机的实物外形

② YTSP 系列变频电动机 图 11-6 为典型 YTSP 系列变频电动机的实物外形，也属于变频调速三相异步电动机。

图 11-6 典型 YTSP 系列变频电动机的实物外形

YTSP 系列变频电动机是一种符合国际和国家标准的节能型电动机，额定电压为 380 V，功率范围 0.75 ～ 300kW，其性能特点如下：

a. 绝缘等级：F 级或 H 级；

b. 工作方式：连续；

c. 过载能力：160% 过载，历时 1min；

d. 调速范围：IC411 系列——10 ～ 50Hz 恒转矩调速，50 ～ 70Hz 实现恒功率调速。IC416 系列——在 U/f 控制条件下 3 ～ 50Hz 恒转矩调速，50 ～ 100Hz 实现恒功率调速。

4 变频电动机的速度控制原理

变频电动机的速度控制是指由控制电路部分对其旋转速度的控制。一般来说，电动机转速的计算公式为：

$$N_1=\frac{60f_1}{P}$$

式中，N_1 为电动机转速；f_1 为电源频率；P 为电动机磁极对数（由电动机内部结构决定），可以看到，电动机的转速与电源频率成正比。

在普通电动机供电及控制线路中，电动机直接由工频电源（50Hz）供电，如图 11-7 所示。

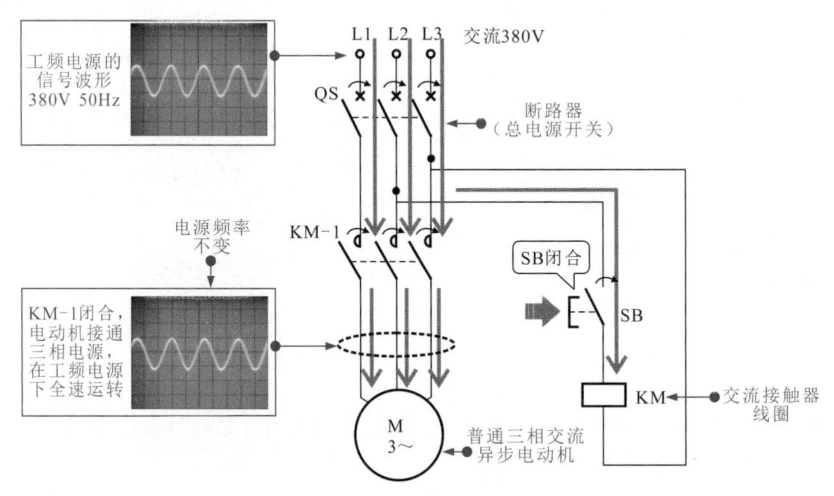

图 11-7 普通电动机的定频速度控制

合上断路器 QF，接通三相电源。按下启动按钮 SB1，交流接触器 KM 线圈得电，常开主触点 KM-1 闭合，电动机启动并在频率 50Hz 电源下全速运转。该过程中供电电源的频率 f_1 是恒定不变的，例如，若当交流电动机磁极对数 P=2 时，可知其在工频电源下的转速为：

$$N_1=\frac{60f_1}{P}=\frac{60\times50}{2}=1500\text{r/min}$$

在变频电动机控制线路中，外部工频电源首先送入变频器中，由变频器对电动机供电电源的频率进行调整后，再为电动机供电，如图 11-8 所示。

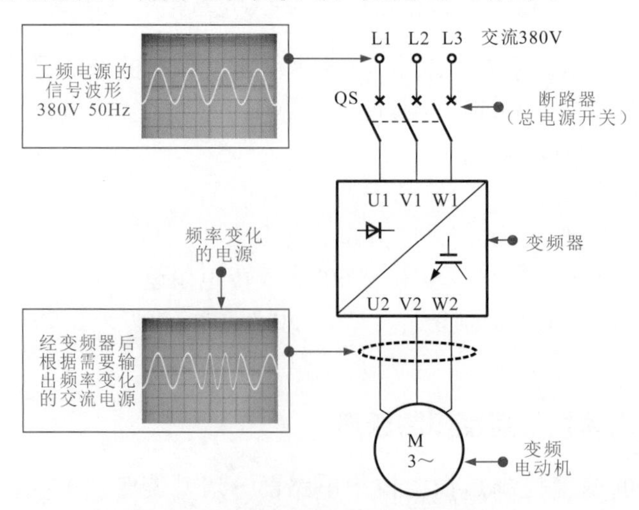

图 11-8 变频电动机的变频速度控制

由于变频器可以将工频电源通过一系列的转换输出频率可变的交流电源，根据电动机转速计算公式可知，变频电动机的速度随着电源频率的变化而升高或降低。

11.2 变频电动机的检修

变频电动机本身异常的故障一般都有较明显的特征，可首先根据故障现象进行判断，再使用合适的测量工具和测量方法进行检测。

1 变频电动机不能启动故障的检测

根据维修经验变频电动机不能启动多是由其绕组匝间短路、绕组高压击穿、电动机两相运行、电源电压过低等引起的。

检测变频电动机绕组匝间是否短路，一般可用匝间绝缘测试仪进行测量，如图 11-9 所示。

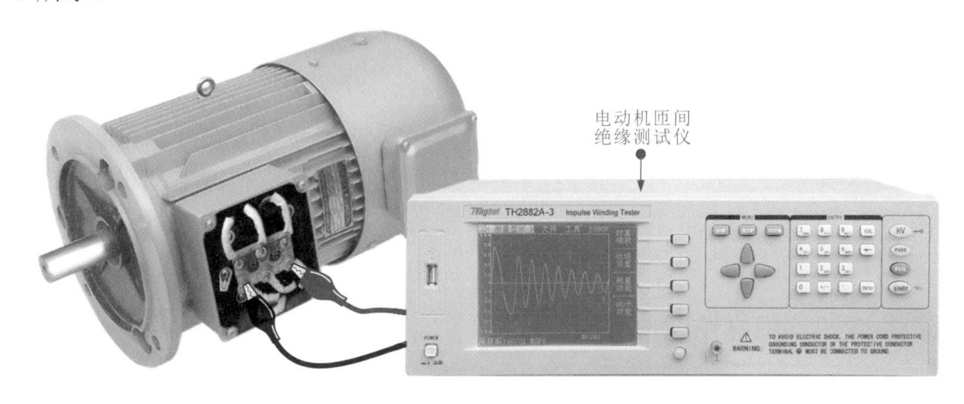

图 11-9 变频电动机绕组匝间绝缘的检测

正常情况下，变频电动机绕组匝间应保持良好绝缘，若绝缘性能下降，应及时进行绝缘处理。

若电动机绕组匝间绝缘正常，则接下来可用万用表检测绕组是否有击穿断路、缺相运行的情况，如图 11-10 所示。

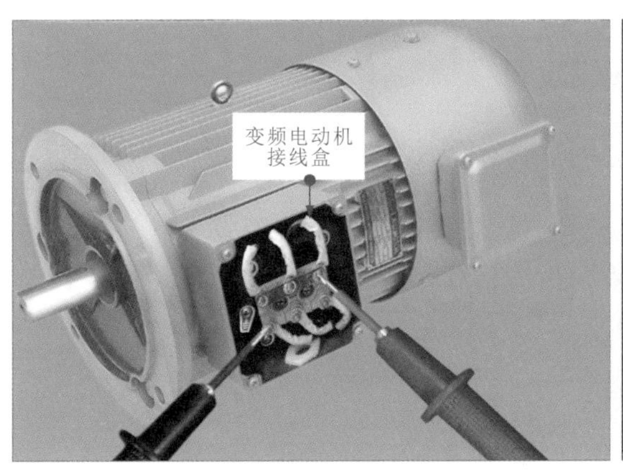

图 11-10 用万用表检测变频电动机绕组有无断路故障

若上述情况均正常，应对控制线路部分进行检测，检查变频器输出的变频电源是否过低，控制线路部分是否故障等。

2 变频电动机发热异常故障的检测

变频电动机发热异常一般是由散热不良或过载引起的，重点检查变频电动机冷却风扇部分运行是否正常，风扇电机供电部分是否正常、通风道是否有异物等；另外，应检查负载部分是否与变频电动机参数相匹配，负载过大会引起电动机异常发热的故障。

3 变频电动机振动异常故障的检测

变频电动机振动异常多是由机械故障引起的，重点检查电动机是否有机械变形，电动机连接底座是否牢固，轴部连接是否松动等。

11.3 变频器的检修

变频器属于精密的电子器件，若使用不当，受外围环境影响或部分元器件老化，都可能会造成变频器无法正常工作或损坏，从而使变频器控制的电动机无法正常转动（无法转动、转速不均、正转和反转控制失常等），此时需要对变频器本身或外围元器件进行检测，从而判断故障部位。

1 变频器绝缘性能的检测

当怀疑变频器存在漏电时，可借助兆欧表对变频器进行绝缘测试。这里，我们主要对变频器主电路部分进行绝缘测试，检测方法如图 11-11 所示。

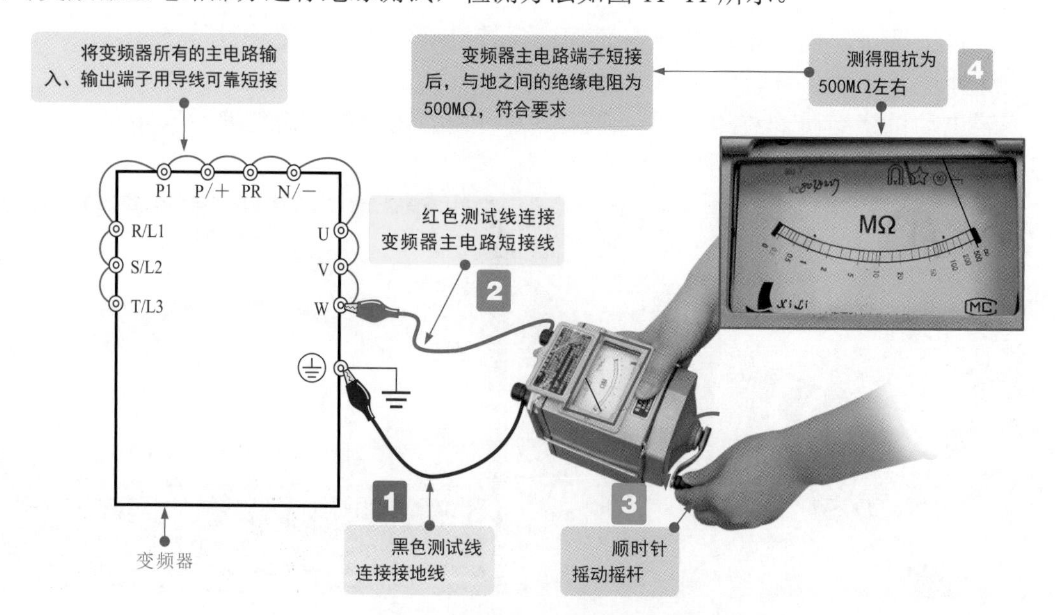

图 11-11　变频器绝缘性能测试的检测方法

由于变频器出厂时已经进行过绝缘试验，因此为了防止操作不当对变频器造成损坏，一般尽量不要再进行绝缘测试。但如果检修需要，必须对变频器进行绝缘测试时，应特别注意：

必须首先拆除变频器与电源、变频器与负载电动机之间的所有连线；

将所有的主电路输入、输出端子用导线可靠短接；

切勿仅连接单个主电路端子对地进行绝缘测试，否则可能会损坏变频器；

不可对控制端子进行绝缘测试；

测试完成后，应拆除所有端子上的短接线。

2 变频器通电后各种动态参数的检测

变频器通电后，通过相关操作开始启动运行，在该状态下可通过对变频器输入、输出端电压、电流、功率等动态参数的检测，来判断变频器当前的工作状态。

① 变频器输入、输出端电流的检测　变频器输入和输出端的电流一般采用动铁式交流电流表进行检测。由于变频器输入端的电流具有不平衡特点，实际检测时一般三相同时检测，如图 11-12 所示。

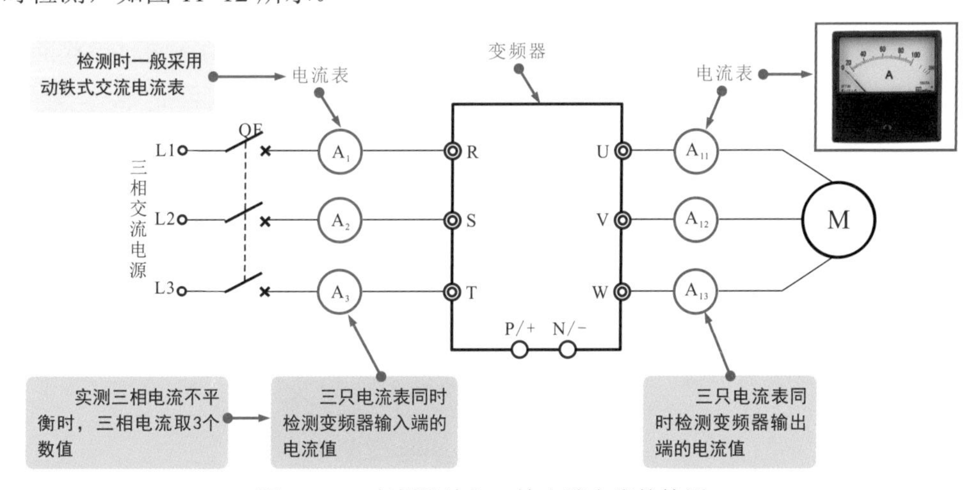

图 11-12　变频器输入、输出端电流的检测

动铁式交流电流表测量的是电流的有效值，通电后两块铁产生磁性，相互吸引，使指针转动，指示电流值，具有灵敏度和精度高的特点。

在变频器的操作显示面板上，通常能够即时显示变频器的输入、输出电流参数，即使在变频器输出频率发生变化时，也能够显示正确的数值，因此通过变频器操作显示面板获取变频器输入、输出端电流数值是一种比较简单、有效的方法。

② 变频器输入、输出端电压的检测　对变频器输入、输出端电压进行检测时，输入端电压为普通的交流正弦波，使用一般的交流电压表进行检测即可；而输出端为矩形波（由变频器内部 PWM 控制电路决定），为了防止 PWM 信号干扰，检测时一般采用整流式电压表，如图 11-13 所示。

整流式电压表是指由包含整流元件的测量变换电路与磁电系电表组合成的机械式指示电表，按交流电流的有效值进行显示，具有测量精度高的特点。

若采用一般万用表检测输出端三相电压时，因可能会受到干扰，所读的数据均不准确（一般数值会偏大），只能作参考。

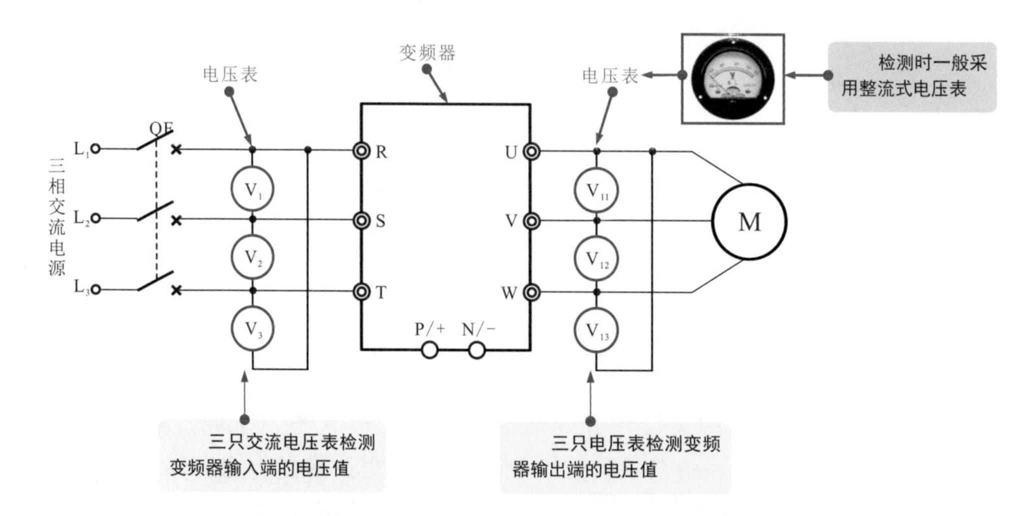

图 11-13　变频器输入、输出端电压的检测

③ 变频器输入、输出端功率的检测　变频器输入、输出端功率的检测方法与电流检测方法相似，多通过电动式功率表进行检测，通常也采用三相功率同时检测的方法，如图 11-14 所示。

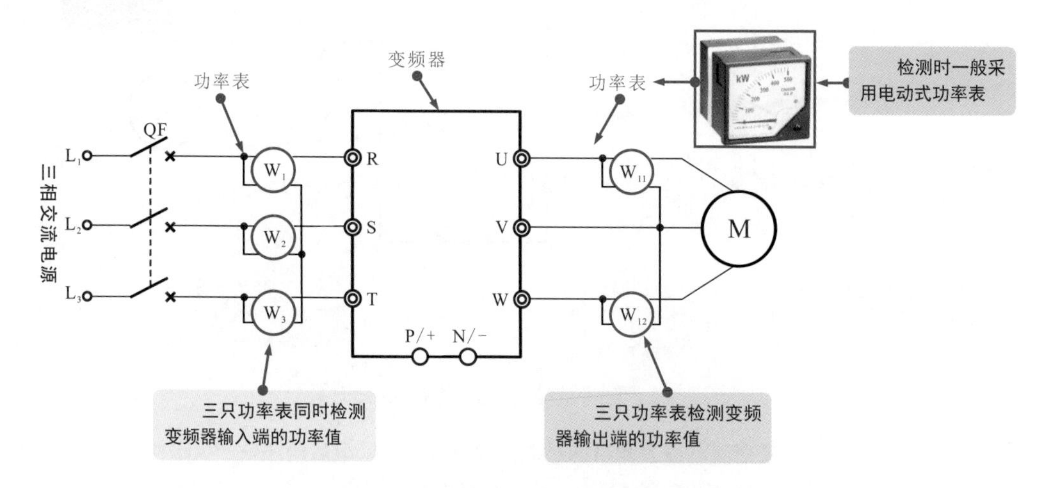

图 11-14　变频器输入、输出端功率的检测

根据实测变频器输入、输出端电流、电压和功率的数值，可以计算出变频器输入、输出端的功率因数。计算公式为：

$$\text{输入端功率因数}=\frac{\text{输入功率}}{3\times\text{输入电压}\times\text{输入电流（三相平均电流）}}$$

$$\text{输出端功率因数}=\frac{\text{输出功率}}{3\times\text{输出电压}\times\text{输出电流（三相平均电流）}}$$

变频器输入、输出端电流、电压的关系如图 11-15 所示。

主要注意的是，大多变频器本身都有故障显示功能，通过识别其故障代码可较直观地了解其故障部位和原因，并针对不同的故障原因，采取相应的检修措施，排除故障。

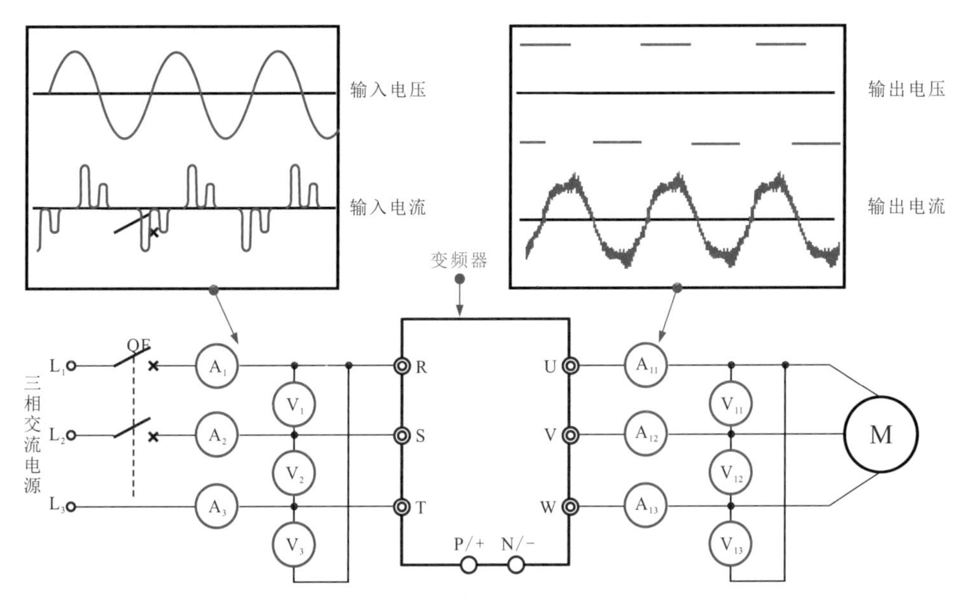

图 11-15 变频器输入、输出端电流、电压的关系

11.4 接触器的检修

接触器是指由交流电流控制的电磁开关，供远距离接通与分断电路，该电路中用于控制变频器供电电源的通断。对接触器的检测，一般可通过检测其内部线圈的控制电压和触点的电压来判断如不正常，可取下来对线圈和触点的通断情况判断其好坏，如图 11-16 所示。

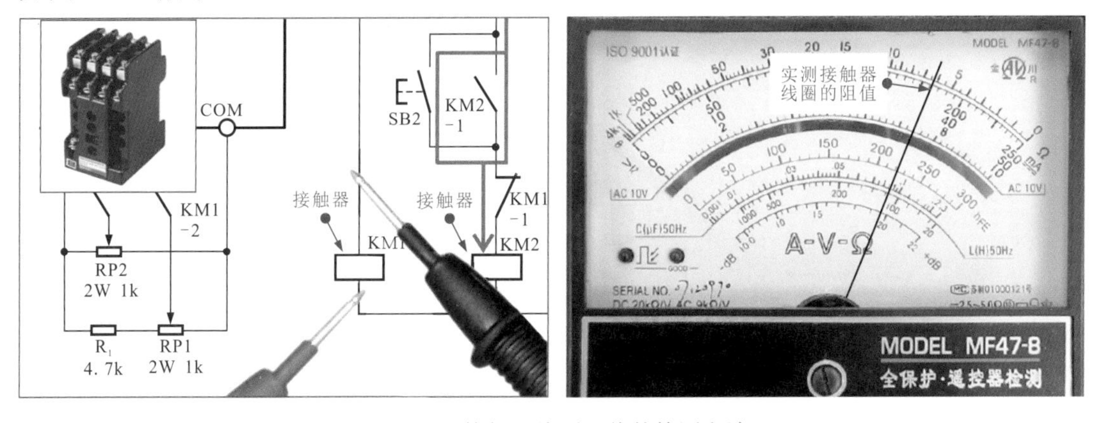

图 11-16 接触器线圈阻值的检测方法

将万用表调至“×100”电阻挡，两只表笔分别搭在交流接触器的线圈接线端，正常情况下可检测到一较小的固定阻值。若其阻值为无穷大或零，均表明该接触器已损坏，需要对其进行更换。

若交流接触器的线圈正常，接下来应对内部的各组触点进行检测，具体检测方法基本相同。正常情况下未按下接触器控制杆时，即触点未接通，阻值为无穷大；按下控制杆时，触点接通，阻值为零。

第12章 照明控制电路中元器件的检修

12.1 典型照明控制电路的结构组成

照明控制电路是指在自然光线不足的情况下，创造明亮环境的照明线路。该线路主要由控制开关或控制器、照明灯具等构成。

图 12-1 为典型照明控制电路的结构组成。

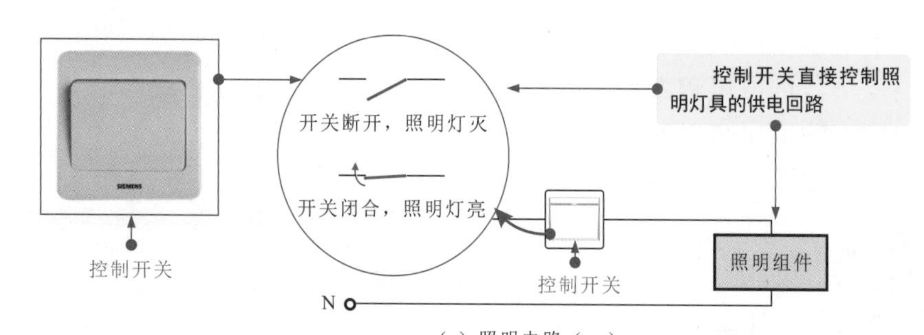

（a）照明电路（一）

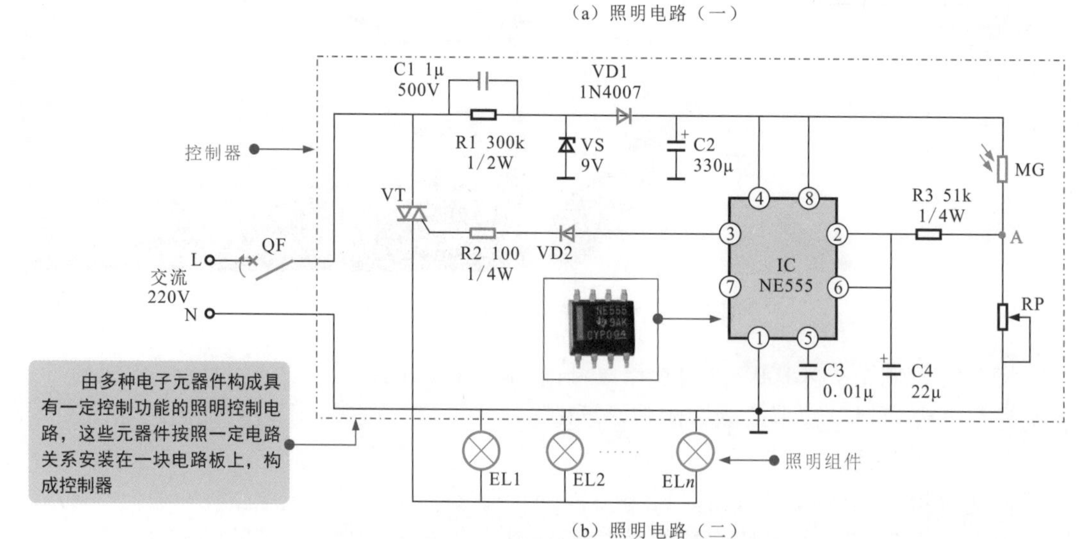

（b）照明电路（二）

图 12-1 典型照明控制电路的结构组成

可以看到照明控制电路主要是由控制部件和照明组件构成。其中，简单的照明控制电路的控制部件主要为常见的照明控制开关。一些智能化照明控制电路的控制部分由具有一定电路关系的电子元器件构成，其中控制集成电路 NE555 是照明控制电路中常用的一种电子元件。

照明组件则主要由照明灯具和相关控制部件（如镇流器）等构成。

在照明控制电路检修操作中，控制开关、控制集成电路 NE555 和镇流器是重点检测元件。

12.2 控制开关的检修

控制开关是照明控制电路电路中的重要组成部件。根据控制功能不同，常用的控制开关主要有单控开关和双控开关，这类开关的结构和功能比较简单，主要是通过触点的通断实现对控制线路的通断控制，如图 12-2 所示。

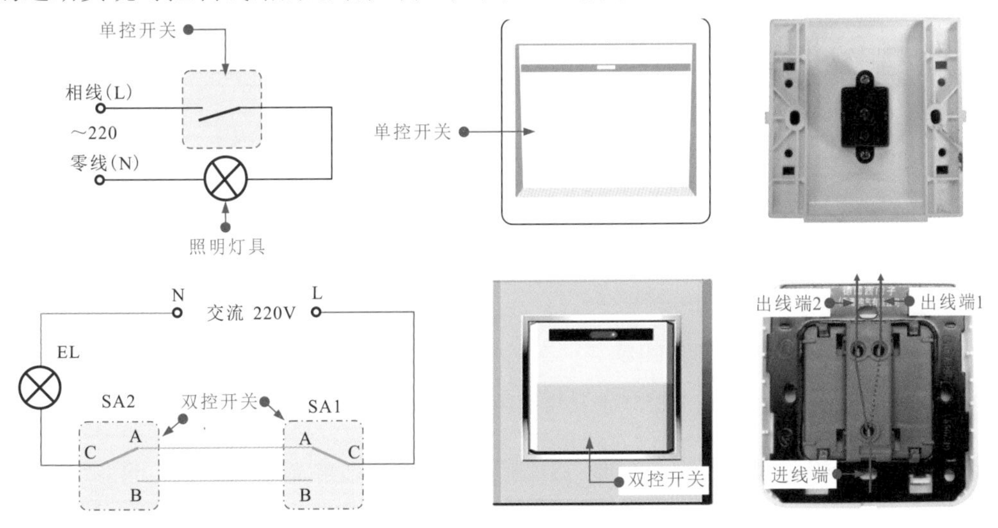

图 12-2 照明控制电路中的控制开关

控制开关损坏将无法显示照明电路的通断控制。控制开关的检测方法比较简单，借助万用表检测其触点间阻值在开关通断两个状态下的阻值即可，如图 12-3 所示。

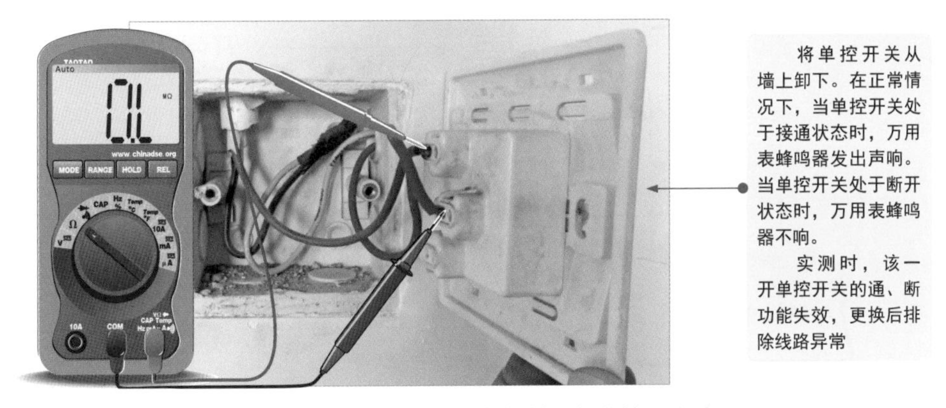

图 12-3 照明控制电路中控制开关的检测方法

12.3 控制集成电路 NE555 的检修

控制集成电路 NE555 是一种时基电路。该集成电路用字母“IC”标识，其内部设有振荡电路、分频器和触发电路，如图 12-4 所示。

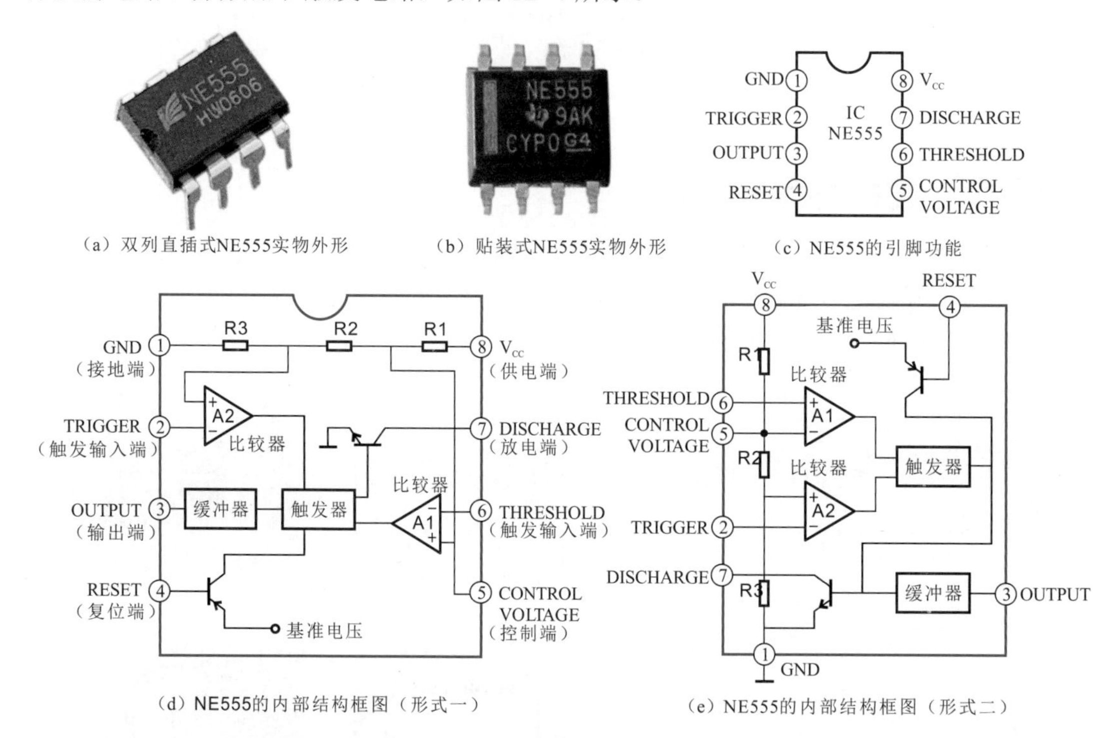

（a）双列直插式NE555实物外形　（b）贴装式NE555实物外形　（c）NE555的引脚功能

（d）NE555的内部结构框图（形式一）　（e）NE555的内部结构框图（形式二）

图 12-4　NE555 时基电路的实物外形及内部结构框图

可以看到，NE555 的 2 脚、6 脚、3 脚为关键输入端和输出端引脚。3 脚输出电平为高电平还是低电平受内部触发器的控制，触发器则受 2 脚和 6 脚触发输入端控制。

NE555 损坏将导致整个控制器控制功能失常。检测 NE555 一般可在电路中检测其供电、输出电压等判断好坏。

图 12-5 为在路检测 NE555 的供电电压。

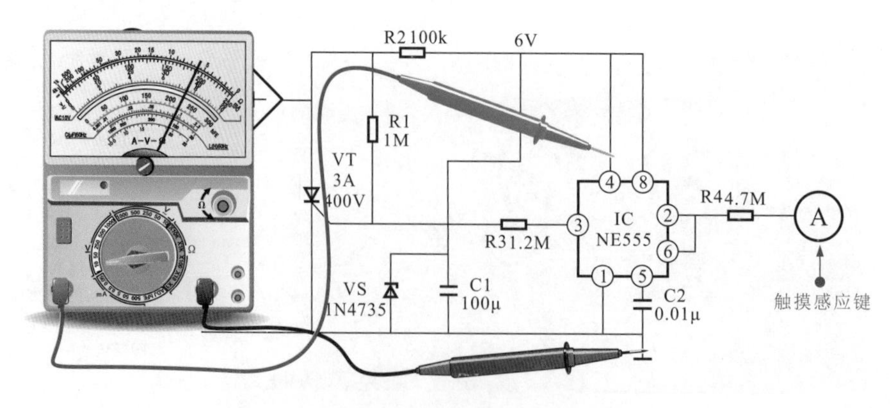

图 12-5　在路检测 NE555 的供电电压

实测 NE555 的供电电压为 6V，正常。

供电电压正常，接下来检测 IC NE555 的 3 脚输出电压是否正常，当触摸触摸感应键 A 时，查看 3 脚电压是否有变化，如图 12-6 所示。

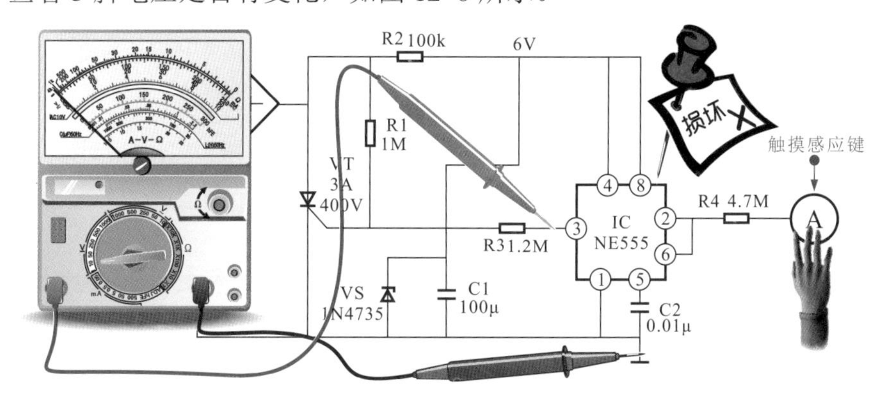

图 12-6　在路检测 NE555 的 3 脚输出电压

正常环境下，经检测 IC NE555 的 3 脚电压为 0 V 左右，当触摸触摸感应键 A 时，3 脚电压应该升高。经检测，该处在触摸 A 时，电压没有变化，说明 IC NE555 已损坏，该触摸开关失灵，更换 NE555 排除故障。

12.4 电子镇流器的检修

电子镇流器是照明控制电路照明组件中的重要控制元器件，用于启动照明灯具。

图 12-7 为电子镇流器的实物外形及内部电路结构组成。

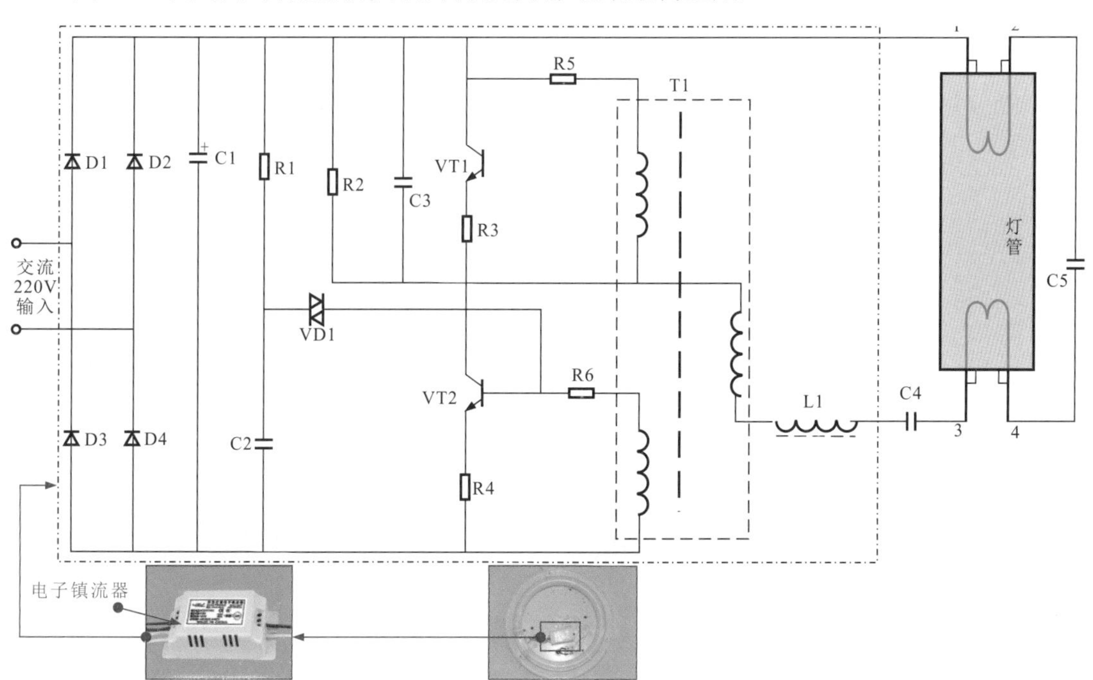

图 12-7　电子镇流器的实物外形及内部电路结构组成

图 12-7 中，交流 220V 经桥式整流后经 C1 滤波形成直流电压，该直流电压经 R1 为 C2 充电，当充电到一定值后 C2 上的电压经 VD1 加到晶体管 VT2 的基极上，于是 VT2 导通，使 VT1 发射极电压下降，VT1 也随之导通。

与此同时 C2 上的电压经 VD1 放电后，电压降低，电源又会重新经 R1 给 C2 充电，C2 又重新经 VD1 触发 VT1。这样就形成了振荡状态，变压器次级将输出的振荡信号升压并经 L1、C4 加到荧光灯座上。荧光灯在振荡信号的驱动下发光。

检测镇流器好坏，一般可借助万用表检测其阻值来判断。即将万用表的两支表笔分别搭在电子镇流器输出引线端子上，如图 12-8 所示。正常情况下，镇流器输出引线之间应有一定阻值。

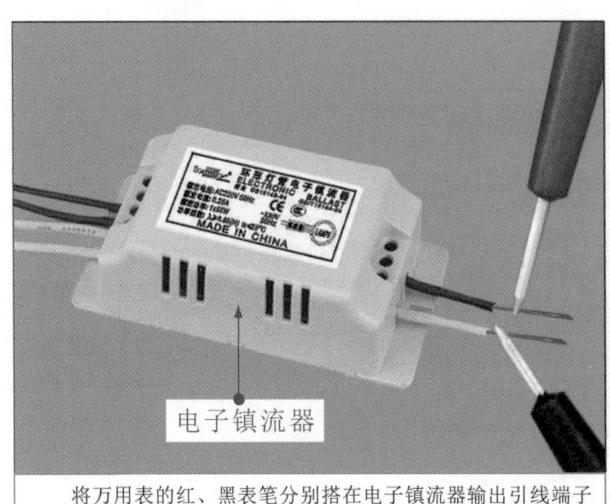

将万用表的红、黑表笔分别搭在电子镇流器输出引线端子上，检测其引线间的阻值情况。

在正常情况下，电子镇流器输出引线端子间阻值约为50Ω。若检测出现阻值为零的情况，则多为电子镇流器损坏。

图 12-8　电子镇流器的检测方法

若发现电子镇流器损坏，可以将其使用一字螺钉旋具拆卸，对其内部进行检查，如图 12-9 所示。可以看到其内部由三极管、二极管、电阻、电容、磁环、振荡变压器等构成。可分别对这些电子元器件进行检测，找到损坏的元器件，更换排除故障。

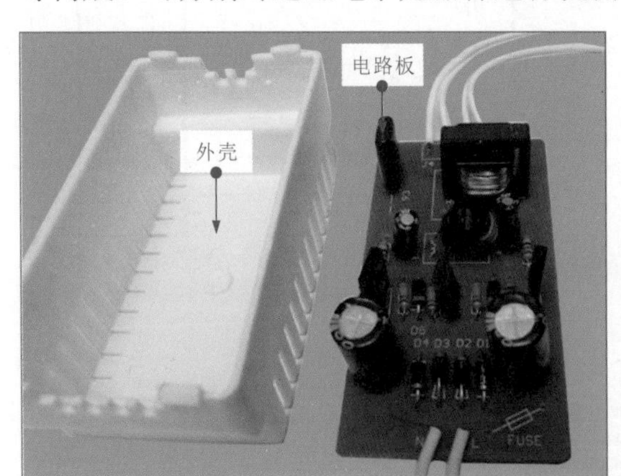

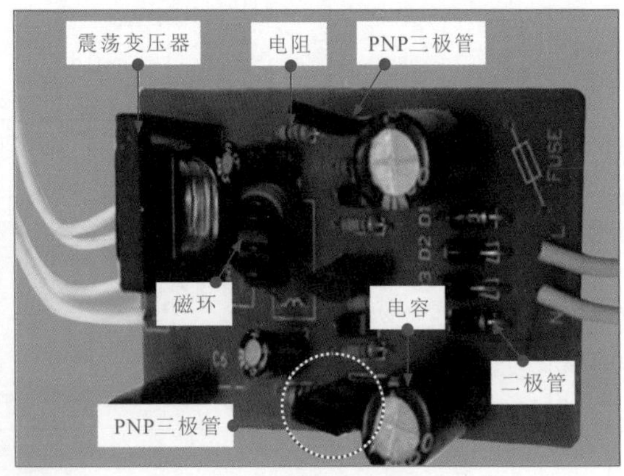

图 12-9　电子镇流器内部的电子元器件

在电子镇流器中最容易损坏的元器件为三极管。判断三极管好坏，可先根据三极管外壳上的型号标识了解三极管类型，然后通过检测两两引脚间阻值的方法判断好坏。